A CANÇÃO DA CÉLULA

SIDDHARTHA MUKHERJEE

A canção da célula

As descobertas da medicina e o novo humano

Tradução
Berilo Vargas

Companhia Das Letras

Versões modificadas das pp. 20-3, 217, 223, 256-7, 303, 338-41 e 344-5, escritas pelo autor, apareceram em números anteriores de *New Yorker*, *The New York Times Magazine* e *Cell*.

Grafia atualizada segundo o Acordo Ortográfico da Língua Portuguesa de 1990, que entrou em vigor no Brasil em 2009.

Título original
The Song of the Cell: An Exploration of Medicine and the New Human

Capa
Jaya Miceli

Imagem de capa
Kiki Smith, cortesia de Pace Gallery

Revisão técnica
Carlos Jardim

Preparação
Cacilda Guerra

Índice remissivo
Luciano Marchiori

Revisão
Luís Eduardo Gonçalves
Clara Diament

Dados Internacionais de Catalogação na Publicação (CIP)
(Câmara Brasileira do Livro, SP, Brasil)

Mukherjee, Siddhartha
A canção da célula : As descobertas da medicina e o novo humano / Siddhartha Mukherjee ; tradução Berilo Vargas. — 1ª ed. — São Paulo : Companhia das Letras, 2023.

Título original : The Song of the Cell : An Exploration of Medicine and the New Human.

ISBN 978-85-359-3472-4

1. Célula 2. Biologia celular 3. Medicina – Filosofia I. Vargas, Berilo. II. Título.

23-154172 CDD-610.1

Índice para catálogo sistemático:
1. Medicina : Filosofia 610.1

Tábata Alves da Silva – Bibliotecária – CRB-8/9253

Todos os direitos desta edição reservados à
EDITORA SCHWARCZ S.A.
Rua Bandeira Paulista, 702, cj. 32
04532-002 — São Paulo — SP
Telefone: (11) 3707-3500
www.companhiadasletras.com.br
www.blogdacompanhia.com.br
facebook.com/companhiadasletras
instagram.com/companhiadasletras
twitter.com/cialetras

Para W. K. e W. W. — entre os primeiros a cruzarem

Na soma das partes, só existem as partes.
O mundo precisa ser medido a olho.[*]

Wallace Stevens

[A vida] é um movimento rítmico contínuo, do pulso, da passada, mesmo das células.[**]

Friedrich Nietzsche

* Wallace Stevens, "On the Road Home". In: ______, *Selected Poems: A New Collection*. Org. de John N. Serio. Nova York: Alfred A. Knopf, 2009, p. 119.

** Friedrich Nietzsche, "Rhythmische Untersuchungen". In: ______, *Werke, Kritische Gesamtausgabe*. Org. de Fritz Bornmann e Mario Carpitella (Vorlesungsaufzeichnungen [ss 1870-ss 1871]). Berlim: De Gruyter, 1993, v. 2.3, p. 322.

Sumário

Prelúdio

"As partículas elementares dos organismos"

"Elementar", disse ele. "É um desses casos em que a pessoa que raciocina pode produzir um efeito que parece notável aos olhos do vizinho porque este deixou de perceber o pequeno detalhe que foi a base da dedução."[1]

Sherlock Holmes para o dr. Watson, em
"O corcunda", de Arthur Conan Doyle

A conversa se deu num jantar em outubro de 1837.[2] Provavelmente já escurecera, e os lampiões a gás da cidade iluminavam as ruas centrais de Berlim. Daquela noite, sobrevivem apenas lembranças dispersas. Ninguém tomou notas e nenhuma correspondência científica nasceu dali. O que resta é a história de dois amigos — colegas de laboratório — conversando sobre experimentos durante uma refeição informal, e a transmissão de uma ideia crucial. Um dos dois comensais, Matthias Schleiden, era botânico. Tinha na testa uma cicatriz desfigurante e chamativa, marca de uma tentativa de suicídio. O outro, Theodor Schwann, tinha costeletas até as papadas. Ambos trabalhavam com Johannes Müller, eminente fisiologista da Universidade de Berlim.

Schleiden, advogado que se tornara botânico, vinha estudando a estrutura e o desenvolvimento de tecidos vegetais. Estivera "coletando feno" ("*Heusammelei*"),[3] como dizia, e reunira centenas de espécimes do reino vegetal: tulipas, viburnos, abetos, capins, orquídeas, sálvias, *linanthus*, ervilhas e dezenas de tipos de lírio. Sua coleção era muito valorizada pelos botânicos.[4]

Naquela noite, Schwann e Schleiden conversavam sobre fitogênese — a origem e o desenvolvimento das plantas. E Schleiden disse o seguinte ao amigo: ao examinar todos os seus espécimes de planta, ele descobrira uma "unidade" de construção e organização. Durante o desenvolvimento de tecidos vegetais — folhas, raízes, cotilédones —, uma estrutura subcelular, chamada núcleo, se tornava claramente visível. (Schleiden não sabia qual era a função do núcleo, mas identificava sua forma distinta.)

O mais surpreendente, no entanto, era que havia uma uniformidade na construção dos tecidos. Cada parte da planta era estruturada, ao estilo "faça você mesmo", a partir de células unitárias autônomas, independentes. "Cada célula leva uma vida dupla", escreveria Schleiden um ano depois, "uma vida totalmente independente, que só pertence a seu desenvolvimento; e outra incidental, conforme se torna parte de uma planta."[5]

Uma vida dentro da vida. Um ser vivo independente — uma unidade — que faz parte do todo. Um elemento vivo contido dentro do ser vivo maior.

Schwann ficou alerta. Ele também identificara a preeminência do núcleo, mas nas células de um animal em desenvolvimento, um girino. E também percebera a uniformidade na construção microscópica dos tecidos animais. A "unidade" que Schleiden tinha observado nas células de planta era, talvez, uma unidade mais profunda, inerente à vida.

Uma ideia incipiente, mas radical — que mudaria de forma brusca a história da biologia e da medicina —, começou a se formar em sua cabeça. Talvez naquela mesma noite, ou logo em seguida, ele tenha chamado Schleiden (ou pode tê-lo arrastado) ao laboratório no teatro anatômico, onde guardava seus espécimes. Schleiden se debruçou sobre o microscópio. E, confirmou, a estrutura do animal microscópico em desenvolvimento, incluindo o núcleo que se destacava claramente, era quase idêntica à da planta.[6]

Animais e plantas — tão distintos na aparência quanto os organismos vivos podem ser. No entanto, como Schwann e Schleiden tinham percebido, a similaridade de seus tecidos sob o microscópio era fantástica. O palpite de Schwann estava correto. Naquela noite em Berlim, como ele recordaria mais tarde, os dois amigos chegaram à mesma verdade científica essencial e universal: tanto os animais como as plantas têm "um meio comum de formação através de células".[7]

Em 1838, Schleiden reuniu suas observações num extenso artigo intitulado "Contribuições para nosso conhecimento da fitogênese".[8] Um ano depois, Schwann deu continuidade ao trabalho do colega a respeito das plantas e produziu seu próprio calhamaço sobre células animais: *Pesquisa microscópica da concordância de estrutura e crescimento entre animais e plantas*.[9] Postulava ele que tanto as plantas como os animais eram organizados da mesma forma — cada qual um "agregado de seres independentes totalmente individualizados".

Em duas obras seminais publicadas com uma diferença de doze meses entre uma e outra, o mundo vivo convergia num único e agudo ponto. Schleiden e Schwann não eram os primeiros a ver células, ou a perceber que células eram as unidades fundamentais dos organismos vivos. A perspicácia de sua observação residia na tese de que uma profunda unidade de organização e de função é inerente a todos os seres vivos. "Um vínculo de união" conecta os diferentes ramos da vida, escreveu Schwann.[10]

Schleiden se mudou de Berlim para ocupar um cargo na Universidade de Jena no fim de 1838.[11] E em 1839 Schwann também se mudou, para trabalhar na Universidade Católica de Leuven, na Bélgica.[12] Apesar de cada um ter seguido seu caminho depois de saírem do laboratório de Müller, mantiveram uma correspondência e uma amizade muito ativas. Seu influente trabalho sobre os fundamentos da teoria celular remonta sem dúvida a Berlim, onde foram bons colegas, colaboradores e amigos. Tinham encontrado, nas palavras de Schwann, as "partículas elementares dos organismos".

Este livro conta a história da célula. É uma narrativa da descoberta de que todos os organismos, entre os quais os humanos, são feitos dessas "partículas elementares". É a história de como a acumulação cooperativa e organizada dessas unidades vivas autônomas — tecidos, órgãos e sistemas orgânicos — possibilita profundas formas de fisiologia: a imunidade, a reprodução, a senciência, a cognição, o reparo e o rejuvenescimento. Por outro lado, é a história do que ocorre quando as células se tornam disfuncionais, fazendo com que nosso corpo penda da fisiologia para a patologia celular — o mau funcionamento de células provocando o mau funcionamento do corpo. Por fim, é a história de como nossa maior compreensão da fisiologia e da patologia celulares deflagrou uma revolução na biologia e na medicina, levando ao nascimento de medicinas transformadoras, e de seres humanos transformados por elas.

Entre 2017 e 2021, escrevi três artigos para a revista *New Yorker*.[13] O primeiro versava sobre a terapia celular e seu futuro — em particular, sobre a invenção de células T reprojetadas para atacar cânceres. O segundo tratava de uma nova perspectiva a respeito do câncer centrada na ideia da *ecologia* das células — não de células cancerosas isoladas, mas de cânceres não invasivos (in situ), e por que lugares específicos do corpo parecem mais acolhedores ao crescimento maligno do que outros órgãos. O terceiro, escrito nos primeiros dias da pandemia de covid-19, abordava o comportamento dos vírus em nossas células e em nosso corpo — e como isso pode nos ajudar a compreender a devastação fisiológica causada por alguns vírus em seres humanos.

Refleti sobre as ligações temáticas desses três artigos. No centro de todos havia a história de células e de reengenharia celular. Havia uma revolução em andamento, e uma história (e um futuro) ainda não escrita: de células, de nossa capacidade de manipular células e da transformação da medicina que avança à medida que a revolução avança.

A partir da semente desses três artigos, este livro desenvolveu caules, raízes e tentáculos próprios. Esta narrativa começa nas décadas de 1660 e 1670, quando um recluso holandês que vendia tecidos e um excêntrico polímata inglês, trabalhando de maneira independente, e distantes cerca de duzentos anos um do outro, com o auxílio de microscópios artesanais descobriram os primeiros indícios de células. Depois a história se desloca até o presente — época em que células-tronco humanas são manipuladas por cientistas e infundidas em pacientes com doenças crônicas, potencialmente fatais, como diabetes e anemia falciforme, e eletrodos são inseridos em circuitos celulares do cérebro de homens e mulheres acometidos de moléstias neurológicas persistentes. E nos traz até o precipício de um futuro incerto, no qual cientistas "independentes" (um dos quais cumpriu três anos de prisão e foi proibido em definitivo de realizar experimentos) estão projetando embriões com códigos genéticos editados e usando transplante de células para misturar as fronteiras entre o natural e o aumentado.

Bebo de variadas fontes: entrevistas; encontros com pacientes; passeios com cientistas (e seus cachorros); visitas a laboratórios; análises através de microscópio; conversas com enfermeiros, pacientes e médicos; fontes históricas; artigos científicos; e cartas pessoais. Meu objetivo não é escrever uma história exaustiva da medicina ou do nascimento da biologia celular. *The Greatest Benefit to Mankind: A Medical History of Humanity* [O maior benefício para a humanidade: Uma história médica da humanidade],[14] de Roy Porter; *The Birth of the Cell* [O nascimento da célula], de Henry Harris;[15] e *Müller's Lab* [Laboratório de Müller], de Laura Otis, são relatos exemplares. Esta, por sua vez, é a história de como o conceito de célula e nosso entendimento da fisiologia celular alteraram a medicina, a ciência, a biologia, as estruturas sociais e a cultura. Culmina na visão de um futuro no qual aprendemos a manipular essas unidades para criar novas formas, ou talvez até versões sintéticas de células, e partes do ser humano.

É inevitável que haja lacunas nesta versão da história da célula. A biologia celular é inseparável da genética, da patologia, da epidemiologia, da epistemologia, da taxonomia e da antropologia. Os aficionados de áreas específicas da medicina ou da biologia celular, com razão atraídos por um tipo particular de célula, poderão enxergar esta história por uma perspectiva bem diferente; botânicos, bacteriologistas e micologistas sem dúvida sentirão falta de mais ênfase em plantas, bactérias e fungos. Penetrar em cada um desses campos de maneira não superficial equivaleria a se embrenhar em labirintos que se subdividem em novos labirintos. Desloquei muitos aspectos da história para as notas de rodapé e para as notas de fim. Recomendo aos leitores que as leiam com seriedade.

Ao longo desta jornada, conheceremos muitos pacientes, entre os quais pacientes meus. Alguns são identificados pelo nome; outros preferiram o anonimato, sem nomes ou características que pudessem identificá-los. Sinto uma gratidão imensa por essas pessoas que se aventuraram por territórios desconhecidos, confiando corpo e mente a um reino da ciência ainda incerto e em fase de evolução. E sinto também uma alegria imensurável ao ver a biologia celular ganhar vida como uma nova espécie de medicina.

Introdução

"Devemos sempre voltar à célula"

Por mais que nos contorçamos, por mais que nos reviremos, acabaremos sempre voltando à célula.[1]

Rudolf Virchow, 1858

Em novembro de 2017, vi meu amigo Sam P. morrer porque suas células se rebelaram contra seu corpo.[2]

Sam tinha recebido o diagnóstico de melanoma maligno na primavera de 2016. O câncer apareceu primeiro como uma verruga em forma de moeda, de um preto arroxeado com uma espécie de auréola, perto da bochecha. A mãe, Clara, uma pintora, notara o sinal pela primeira vez durante umas férias de fim de verão em Block Island. Ela insistiu — depois suplicou e ameaçou — para que ele fosse consultar um dermatologista, mas Sam era um repórter muito ocupado e ativo da editoria de esportes de um grande jornal, quase sem tempo para se preocupar com a chatice de uma mancha na bochecha. Quando o vi e o examinei em março de 2017 — eu não era seu oncologista, mas um amigo me pedira para dar uma olhada no caso —, o tumor evoluíra para uma massa alongada, do tamanho de um polegar, e havia sinais de metástase em sua pele. Quando toquei no tumor, Sam retraiu-se de dor.

Uma coisa é detectar um câncer. Outra, bem diferente, é assistir à sua mobilidade. O melanoma tinha começado a percorrer o rosto de Sam em direção à orelha. Olhando com atenção, dava para ver que ele tinha assinalado sua evolução como uma balsa atravessando a água e deixando atrás de si uma esteira de pontinhos roxos.

Até Sam, que passara a vida aprendendo sobre velocidade, mobilidade e agilidade, ficou espantado com a rapidez do avanço do melanoma. Como, ele insistia — *como, como, como* —, uma célula que permanecera imóvel em sua pele durante décadas tinha adquirido as propriedades de uma célula capaz de deslizar pelo rosto enquanto se dividia de modo tão agressivo?

No entanto, as células cancerosas não "inventam" essas propriedades. Elas não constroem uma nova forma, elas sequestram — ou, para ser mais preciso, as células mais aptas para a sobrevivência, o crescimento e a metástase são selecionadas de modo natural. Os genes e as proteínas de que as células se utilizam para gerar os elementos necessários ao crescimento são usurpados dos genes e das proteínas que um embrião em desenvolvimento usa como combustível para sua veloz expansão nos primeiros dias de vida. As trajetórias usadas pela célula cancerosa para se movimentar através de amplos espaços do corpo são confiscadas daquelas que permitem às células naturalmente móveis do corpo se movimentarem. Os genes que possibilitam a divisão celular irrestrita são versões distorcidas, modificadas de genes que permitem a divisão em células normais. O câncer, em suma, é a biologia celular visualizada num espelho patológico. E, como oncologista, sou, acima de tudo, um biólogo celular — com a diferença de perceber o mundo normal das células refletido e invertido num espelho.

No fim da primavera de 2016, Sam passou a tomar um remédio para transformar as próprias células T num exército capaz de combater o exército rebelde que crescia em seu corpo. Pensemos nisto: durante anos, talvez décadas, o melanoma de Sam e suas células T tinham coexistido basicamente ignorando uns aos outros. O caráter maligno era invisível para seu sistema imunológico. Milhões de células T haviam passado perto de seu melanoma todos os dias e simplesmente seguiram em frente, espectadoras que viravam o rosto e ignoravam uma catástrofe celular.

Esperava-se que o medicamento prescrito para Sam acabaria com a invisibilidade do tumor e faria suas células T reconhecerem o melanoma como um invasor "estrangeiro" e rejeitá-lo, mais ou menos como elas rejeitam células infectadas por micróbios. As espectadoras passivas se tornariam agentes ativos. Manipulávamos as células de seu corpo para tornar visível o que até então permanecera invisível.

A descoberta desse medicamento "revelador" foi o ponto culminante de avanços radicais em biologia celular que datam dos anos 1950: uma compreensão dos mecanismos usados pelas células T para distinguir o eu do não eu, a identificação das proteínas que essas células imunológicas usam para detectar invasores estrangeiros, a identificação de trajetórias por onde nossas células normais resistem a ser atacadas por esse sistema de detecção, a maneira como células cancerosas o cooptam para se tornarem invisíveis e a invenção de uma molécula que tiraria das células malignas sua capa de invisibilidade — cada achado, construído em cima de um achado anterior, e cada escavação feita por biólogos celulares na terra dura e fria.

Quase de imediato após o início do tratamento, travou-se uma guerra civil no corpo de Sam. As células T, despertadas para a presença do câncer, se lançaram contra as células malignas, cuja vingança provocava novos ciclos de vingança. Certa manhã, o tumor arroxeado da bochecha ficou quente porque as células imunológicas se infiltraram e desencadearam uma resposta inflamatória; então, as células malignas levantaram acampamento e foram embora, deixando fogueiras ardendo sem chamas, até se apagarem. Quando o examinei de novo poucas semanas depois, a massa alongada e o pontilhado atrás dela tinham desaparecido. Havia apenas os restos moribundos de um tumor, engelhados como uma grande uva-passa. Ele estava em remissão.

Tomamos um café para comemorar. A remissão não representava só uma mudança física em Sam, mas também o recarregara psicologicamente. Pela primeira vez em semanas, vi as rugas de preocupação de seu rosto desaparecerem. Ele ria.

Mas as coisas mudaram: abril de 2017 foi um mês cruel. As células T que atacavam o tumor de Sam se voltaram contra o fígado, provocando uma hepatite autoimune, que não respondia a medicamentos imunossupressores. Em outubro, descobrimos que o câncer — em remissão poucas semanas antes —

tinha se espalhado pela pele, pelos músculos e pelos pulmões, refugiando-se em outros órgãos e encontrando novos nichos para sobreviver ao ataque de suas células imunológicas.

Sam mantinha uma dignidade inflexível nos altos e baixos. Às vezes, seu humor afiado parecia uma forma de contra-ataque: *ele dissecava o câncer sem dó*. Quando certo dia fui visitá-lo em sua mesa na redação, perguntei se gostaria que fôssemos a um local privado — o banheiro masculino, talvez — para que pudesse me mostrar onde os novos tumores tinham aparecido. Ele riu, todo alegre. "Daqui até chegarmos ao banheiro ele já vai ter mudado de lugar. Melhor olhá-lo enquanto ainda está aqui."

Os médicos abrandaram o ataque imunológico para controlar a hepatite autoimune, mas o câncer voltou a crescer. Retomaram a imunoterapia, para atacar o câncer, e a hepatite fulminante apareceu de novo. Era como assistir a uma contenda de guerra bestial: você punha as células imunológicas na coleira, e os animais faziam força para se soltar e atacar e matar. Você os soltava e eles atacavam a torto e a direito tanto o câncer como o fígado. Sam morreu numa manhã de primavera, seis meses depois que apalpei seu tumor pela primeira vez. No fim, o melanoma venceu.

Numa tarde muito chuvosa em 2019, fui a uma conferência na Universidade da Pensilvânia, na Filadélfia. Quase mil cientistas, médicos e pesquisadores de biotecnologia se reuniram num auditório de tijolo e pedra na Spruce Street. Estavam ali para discutir avanços numa audaciosa frente da medicina: o uso de células, geneticamente modificadas e transplantadas para seres humanos, com o objetivo de curar doenças. Falou-se de modificações de célula T, de novos vírus que poderiam levar genes para as células e dos próximos grandes avanços na área de transplante celular. A linguagem, no palco e fora dele, dava a impressão de que a biologia, a robótica, a ficção científica e a alquimia tinham se juntado numa noite de êxtase para produzir uma criança precoce. "*Reiniciar o sistema imunológico*." "*Reengenharia celular terapêutica*." "*Persistência a longo prazo de células enxertadas*." Era uma conferência sobre o futuro.

Mas o presente também estava presente. Sentada a poucas fileiras de mim estava Emily Whitehead, então com catorze anos, um ano a mais do que minha filha mais velha. Tinha cabelos castanhos despenteados, vestia uma blusa amarela e preta e calça escura, e estava no sétimo ano de remissão de leucemia. "Ela está feliz por perder um dia de aula", comentou comigo o pai, Tom. Emily achou engraçado e sorriu.

Emily era a Paciente nº 7, tratada no Hospital Infantil da Filadélfia.[3] Quase todo mundo na plateia a conhecia ou sabia a seu respeito: ela mudara a história da terapia celular. Em maio de 2010, Emily recebera o diagnóstico de leucemia linfoide aguda (LLA). Uma das formas de câncer que progridem com maior rapidez, essa leucemia tende a acometer crianças pequenas.

O tratamento da LLA é um dos protocolos de quimioterapia mais intensivos que existem: sete ou oito fármacos combinados, alguns injetados diretamente no liquor para matar qualquer célula de câncer escondida no cérebro e na coluna. Apesar da gravidade dos efeitos colaterais — dormência permanente nos dedos das mãos e dos pés, dano cerebral, crescimento interrompido e infecções que podem ser letais, para citar apenas alguns —, o tratamento cura cerca de 90% dos pacientes pediátricos. Infelizmente, o câncer de Emily estava incluído nos outros 10% e não respondeu à terapia-padrão. Ela teve uma recidiva depois de dezesseis meses de tratamento. Entrou numa lista para transplante de medula óssea — única possibilidade de cura —, mas a doença piorou enquanto ela esperava um doador compatível.

"Os médicos me disseram para não pesquisar no Google", disse a mãe de Emily, Kari, sobre as possibilidades de sobrevivência da filha. "Então, é claro, foi o que fiz na mesma hora."

O que Kari descobriu na internet foi assustador: das crianças que têm recidiva cedo, ou que têm duas recidivas, quase nenhuma sobrevive. Quando Emily chegou ao Hospital Infantil no começo de março de 2012, quase todos os seus órgãos estavam repletos de células malignas. Ela passou por um oncologista pediátrico, Stephan Grupp, um homem bondoso, robusto, com um bigode expressivo em constante movimento, e em seguida foi inscrita num estudo clínico.

O estudo de Emily envolvia introduzir as próprias células T em seu corpo. Mas antes era preciso que elas fossem transformadas em armas, por intermédio de terapia genética, para reconhecer e matar o câncer. Ao contrário de Sam, que recebera medicamentos para ativar a imunidade *no interior* do próprio corpo, as células T de Emily foram extraídas para crescer *em ambiente externo*. Essa modalidade de tratamento tinha sido usada pela primeira vez pelo imunologista Michel Sadelain, no Instituto Sloan Kettering, em Nova York, e por Carl June, na Universidade da Pensilvânia, a partir do trabalho desenvolvido antes pelo pesquisador israelense Zelig Eshhar.

A algumas dezenas de metros de onde estávamos sentados ficava a unidade de terapia celular, uma espécie de caixa-forte com portas de aço, salas esterilizadas e incubadoras. Ali, equipes de técnicos processavam células coletadas de dezenas de pacientes inscritos nos estudos clínicos e as guardavam em freezers em forma de cuba. Cada freezer levava o nome de um personagem do desenho animado *Os Simpsons*. Uma parte das células de Emily foi congelada em Krusty, o Palhaço. Outra porção de suas células T tinha sido modificada para expressar um gene que reconheceria e mataria sua leucemia, cultivada no laboratório para que se multiplicasse de forma exponencial e depois retornasse ao hospital para ser reintroduzida no corpo de Emily.

As infusões, realizadas ao longo de três dias, pareciam um tratamento de rotina. Emily chupava um picolé enquanto o dr. Grupp gotejava as células em suas veias. De noite, ela e os pais ficavam hospedados na casa de uma tia que morava nas proximidades. Nas duas primeiras noites, a garota brincou e andou de "cavalinho" montada nas costas do pai. No terceiro dia, porém, desmoronou, com vômitos e uma febre alarmante. Os Whitehead voltaram correndo com ela para o hospital. As coisas logo degringolaram. Insuficiência renal. Emily oscilava entre a consciência e a inconsciência, à beira de uma falência múltipla de órgãos.

"Nada fazia sentido", contou Tom. A filha, então com seis anos, foi transferida para a unidade de tratamento intensivo, onde os pais e Grupp passaram a noite em vigília.

Carl June, o médico-cientista que também acompanhava Emily, foi sincero: "Achávamos que ela ia morrer. Redigi um e-mail para o reitor da universidade, dizendo-lhe que uma das primeiras crianças submetidas ao tratamento estava nas últimas. Era o fim do estudo. Salvei o e-mail nos rascunhos, mas nunca apertei o botão de enviar".

Os técnicos de laboratório da Penn viraram a noite para determinar a causa da febre. Não encontraram indícios de infecção; em vez disso, detectaram no sangue elevados níveis de moléculas chamadas citocinas — sinais excretados durante a inflamação ativa. Em particular, os níveis de uma citocina conhecida como interleucina 6 (IL-6) estavam quase mil vezes acima do normal. Enquanto matavam as células cancerosas, as células T emitiam uma tempestade desses mensageiros químicos, como uma multidão revoltada espalhando panfletos sediciosos num alvoroço.

Por uma estranha coincidência, no entanto, a filha do próprio June padecia de uma forma de artrite juvenil, uma doença inflamatória. Ele tinha informações sobre um novo remédio, aprovado pela Food and Drug Administration (FDA) [órgão federal americano de vigilância sanitária] havia apenas quatro meses, que bloqueava a IL-6. Como último recurso, Grupp pediu à farmácia do hospital, em caráter de urgência, permissão para usar a nova terapia com outra finalidade. O conselho autorizou o uso do bloqueador de IL-6 naquela noite e, na UTI, Grupp injetou uma dose do medicamento em Emily.

Dois dias depois, em seu aniversário de sete anos, Emily despertou. "Bang", disse o dr. June, agitando as mãos no ar. "Bang", repetiu. "Simplesmente derreteu. Fizemos uma biópsia da medula óssea 23 dias mais tarde, e ela estava em total remissão."

"Eu nunca tinha visto um paciente num estágio daqueles se recuperar tão depressa", contou Grupp.

O hábil tratamento da doença de Emily — e sua surpreendente recuperação — salvou o campo da terapia celular. Emily Whitehead continua em remissão profunda até hoje. Nenhum câncer é detectável na medula ou em seu sangue. Ela é considerada curada.

"Se Emily tivesse morrido", disse June, "é provável que todo o estudo tivesse sido suspenso." A terapia celular teria recuado uma década, ou talvez mais.

Durante um intervalo nas apresentações da conferência, Emily e eu fizemos um passeio pelo campus num grupo liderado pelo dr. Bruce Levine, um dos colegas de June. Diretor-fundador das instalações da Penn onde células T são modificadas, submetidas a controle de qualidade e fabricadas, ele foi um dos primeiros a lidar com as células de Emily. Os técnicos de lá trabalham sozinhos ou em duplas, verificando caixas, otimizando protocolos, levando células de uma incubadora para outra, esterilizando as mãos.

As instalações podem também fazer as vezes de um pequeno monumento a Emily. Há fotografias da menina coladas nas paredes: Emily aos oito anos, com rabo de cavalo; Emily aos dez, segurando uma placa comemorativa; Emily aos doze, com uma janelinha nos dentes da frente, sorrindo ao lado do presidente Barack Obama. Em determinado momento do passeio, vi a Emily de carne e osso olhando pela janela para o hospital, do outro lado da rua. Quase dava para ver a sala da UTI onde ficara quase um mês confinada.

A chuva escorria pelas janelas em pequenas gotas.

Perguntei a mim mesmo como Emily devia se sentir, sabendo que havia três versões dela no hospital: a que se encontrava ali naquele momento, de folga da escola; a que aparecia nas fotos, e vivera e quase morrera na UTI; e a que estava congelada no freezer de Krusty, o Palhaço, na sala ao lado.

"Você se lembra de quando chegou ao hospital?", perguntei.

"Não", respondeu ela, olhando a chuva. "Só me lembro de quando saí."

Observando os avanços e retrocessos da doença de Sam e a notável recuperação de Emily Whitehead, eu sabia que ao mesmo tempo testemunhava o nascimento de um tipo de medicina no qual as células são reaproveitadas como ferramentas para combater doenças — a engenharia celular. Mas isso era também a reprise de uma história secular. Somos feitos de unidades celulares. Nossas vulnerabilidades são fruto das vulnerabilidades das células. Nossa capacidade de arquitetar ou manipular células (células imunológicas, nos casos de Sam e Emily) se tornou a base de um novo tipo de medicina — que ainda está nascendo. Se soubéssemos armar as células imunológicas de Sam com mais eficácia contra o melanoma, mas sem desencadear o ataque autoimune, será que ele ainda estaria vivo, de caderno espiral na mão, escrevendo artigos sobre esporte para uma revista?

Dois novos humanos, exemplos de manipulação e reengenharia celulares. Emily, cujo caso demonstrou que nossa compreensão das leis da biologia das células T pelo visto foi suficiente para conter uma doença letal por mais de uma década e, torçamos, pelo resto de sua vida. Sam, cujo desfecho pelo visto indica que ainda nos falta uma descoberta indispensável que nos permita equilibrar um ataque de células T contra o câncer e um ataque contra o próprio corpo.

O que o futuro nos reserva? Aqui faço um esclarecimento: utilizo o termo "novo humano" em todo o livro, inclusive no título. Dou-lhe um sentido muito preciso. Explicitamente, não me refiro ao "novo humano" característico do futuro imaginado pela ficção científica: uma criatura aprimorada pela inteligência artificial, otimizada pela robótica, dotada de infravermelho e consumidora de pílulas azuis que coabita tranquilamente o mundo real e o mundo virtual: Keanu Reeves num *muumuu* preto. Tampouco me refiro a "transumano", dotado de novas habilidades e capacidades que transcendem as que hoje possuímos.

Falo de um humano reconstruído, com células modificadas, que é parecido com você e comigo e sente (basicamente) o que sentimos. Uma mulher que sofre de uma depressão duradoura e incapacitante, cujas células nervosas (neurônios) são estimuladas por eletrodos. Um menino que passa por um transplante experimental de medula óssea com células com código genético editado para curar a anemia falciforme. Um paciente de diabetes tipo 1 que recebe as próprias células-tronco reprojetadas para produzirem o hormônio insulina e manterem um nível normal de glicose no sangue, o combustível do corpo. Um octogenário que, em consequência de múltiplos ataques do coração, recebe a injeção de um vírus que se acomodará em seu fígado para reduzir em definitivo o colesterol que entope artérias e, por consequência, os riscos de outro evento cardíaco. Falo de meu pai, com neurônios implantados, ou com um dispositivo estimulador de neurônios, que teriam estabilizado seus movimentos para que ele não sofresse o tombo que resultou em sua morte.

Esses "novos humanos" — e as tecnologias celulares usadas em sua criação — me parecem muito mais interessantes do que seus homólogos imaginários que povoam a ficção científica. Modificamos esses humanos para aliviar seu sofrimento, usando uma ciência que teve de ser produzida à mão e esculpida com trabalho e amor incomensuráveis, e tecnologias tão engenhosas que desafiam nossa capacidade de acreditar: por exemplo, a fusão de uma célula cancerosa com uma célula imunológica para dar origem a uma célula imortal que cure o câncer; ou a extração de uma célula T do corpo de uma menina, reprojetando-a com um vírus para transformá-la em arma contra a leucemia e reinserindo-a no corpo de sua dona. Esses novos humanos aparecerão praticamente em todos os capítulos deste livro. E, conforme aprendemos a reconstruir corpos e partes do corpo com células, vamos encontrá-los no presente e no futuro: em lanchonetes, supermercados, estações ferroviárias e aeroportos; em nosso bairro; e em nossa família. Nós os encontraremos entre nossos primos e avós, entre nossos pais e irmãos — e talvez em nós mesmos.

Em pouco menos de dois séculos — do fim dos anos 1830, quando os cientistas Matthias Schleiden e Theodor Schwann formularam a tese de que todo tecido animal e vegetal era feito de células, ao momento da recuperação de Emily —, um conceito radical invadiu a biologia e a medicina, atingindo praticamente cada aspecto de ambas as ciências e alterando-as para sempre. Complexos organismos vivos eram montagens de unidades minúsculas, autônomas e autorreguladas — compartimentos vivos, se me permitem dizer, ou "átomos vivos",[4] como os chamou o microscopista holandês Antonie van Leeuwenhoek em 1676. Humanos eram ecossistemas dessas unidades vivas. Éramos montagens pixeladas, compósitos; nossa existência, o resultado de uma aglomeração cooperativa.

Éramos uma soma de partes.

A descoberta das células e a reformulação do corpo humano como um ecossistema celular também anunciaram o nascimento de um novo tipo de medicina, baseado nas manipulações terapêuticas dessas unidades microscópicas. Fratura de quadril, parada cardíaca, imunodeficiência, doença de Alzheimer, aids, pneumonia, câncer de pulmão, insuficiência renal, artrite — tudo poderia ser reconstituído como resultado de células, ou sistemas de células, funcionando de forma anormal. E tudo poderia ser visto como pontos específicos para terapias celulares.

A transformação da medicina que nosso novo entendimento da biologia celular tornou possível pode ser dividida, em termos gerais, em quatro categorias.

A primeira é o uso de remédios, substâncias químicas ou estímulos físicos para modificar as propriedades das células — suas interações umas com as outras, sua intercomunicação e seu comportamento. Antibióticos contra micro-organismos, quimioterapia e imunoterapia contra o câncer, e o estímulo de neurônios com eletrodos para modular circuitos celulares no cérebro estão nesta primeira categoria.

A segunda é a transferência de células de corpo para corpo (incluindo a reinfusão para o próprio organismo), como transfusões de sangue, transplante de medula óssea e fertilização in vitro (FIV).

A terceira é o uso de células para sintetizar uma substância — seja insulina, seja anticorpos — que produz efeito terapêutico numa doença.

E, em tempos mais recentes, surgiu uma quarta categoria: a modificação genética de células, seguida de transplantes, para criar células, órgãos e corpos dotados de novas propriedades.

Alguns desses tratamentos, como os antibióticos e a transfusão de sangue, já estão tão arraigados na prática da medicina que é difícil pensar neles como "terapias celulares". Mas surgiram de nossa compreensão da biologia celular (a teoria dos germes, logo veremos, era uma extensão da teoria celular). Outros, a exemplo da imunoterapia contra o câncer, são avanços do século XXI. Outros, ainda, como a infusão de células-tronco modificadas para diabetes, são considerados experimentais, de tão novos. No entanto, todas essas terapias — velhas ou novas — são "terapias celulares", porque dependem em essência de nossa compreensão da biologia celular. E cada avanço muda o curso da medicina e nossa concepção do que significa ser humano e viver como tal.

Em 1922, um menino de catorze anos com diabetes tipo 1 foi ressuscitado de um coma — a bem dizer, nascendo de novo — pela infusão de insulina extraída das células pancreáticas de um cachorro. Em 2010, quando Emily Whitehead recebeu sua infusão de células CAR-T (receptor de antígeno quimérico), ou doze anos depois, quando os primeiros pacientes com anemia falciforme estão sobrevivendo, sem doença, com células-tronco sanguíneas geneticamente modificadas, estamos fazendo a transição do século do gene para um século contíguo, sobreposto, da célula.[5]

A célula é a unidade da vida. Mas isso suscita uma pergunta mais profunda: O que é "vida"? Talvez o fato de ainda estarmos lutando para definir justamente aquilo que nos define seja um dos enigmas metafísicos da biologia. A definição de vida não pode ser capturada por uma propriedade única. Como bem o dizia o biólogo ucraniano Serhiy (ou Sergey, como era mais conhecido) Tsokolov:

> Toda teoria, hipótese ou ponto de vista adota definições de vida de acordo com premissas e interesses científicos próprios. Há centenas de definições funcionais e convencionais de vida dentro do discurso científico, mas nenhuma delas até agora conseguiu atingir um consenso.[6]

(E Tsokolov, que infelizmente morreu em seu auge intelectual em 2009, sabia do que estava falando, pois essa era a pedra de seu sapato. Ele era *astro*biólogo, cujo campo de pesquisa envolvia encontrar vida fora da Terra. Mas como encontrar vida se os cientistas ainda lutam para definir o próprio termo?)

A definição de vida hoje em vigor lembra um menu. Não é uma coisa, mas uma série de coisas, um conjunto de *comportamentos*, uma série de processos, e não uma propriedade isolada. Para viver, um organismo precisa ter capacidade de se reproduzir, de crescer, de metabolizar, de se adaptar a estímulos e de manter seu meio interno. Seres vivos complexos, multicelulares, também possuem o que eu chamaria de propriedades "emergentes":[7] propriedades que emergem de sistemas de células, como mecanismos de defesa contra ferimentos e invasões, órgãos com funções especializadas, sistemas fisiológicos de comunicação entre órgãos e até senciência e cognição. E não é por acaso que todas essas propriedades repousam, em última análise, nas células, ou em sistemas de células.[8] Em certo sentido, portanto, pode-se definir vida como dotada de células, e células como dotadas de vida.

A definição redundante não é um disparate. Se Tsokolov tivesse encontrado seu primeiro ser astrobiológico — digamos, um alienígena ectoplásmico de Alpha Centauri — e quisesse saber se a criatura era "viva" ou não, poderia ter perguntado se esse Ser preenchia o menu das propriedades da vida. Mas também poderia lhe perguntar: "Você tem células?". É difícil imaginar a vida sem células, assim como é impossível imaginar células sem vida.

Talvez esse fato defina a importância da história da célula: precisamos compreender as células para compreender o corpo humano. Precisamos delas para compreender a medicina. Porém, mais essencialmente, precisamos da história da célula para contar a história da vida e de nós mesmos.

O que *é* a célula, afinal? Num sentido estrito, é uma unidade viva autônoma que age como uma máquina decodificadora de um gene. Os genes dão instruções — código, se me permitem dizer — para construir proteínas, as moléculas que executam praticamente todo o trabalho na célula. As proteínas possibilitam reações biológicas, coordenam mensagens dentro da célula, formam seus elementos estruturais e ligam e desligam os genes para regular a identidade, o metabolismo, o crescimento e a morte da célula. São os funcionários essenciais da biologia, as máquinas moleculares que possibilitam a vida.*

Os genes, que carregam os códigos para a produção de proteínas, estão localizados, em termos físicos, numa molécula de fita dupla helicoidal chamada ácido desoxirribonucleico (DNA), que é embalada em células humanas em estruturas parecidas com meadas, os cromossomos. Pelo que sabemos, o DNA está presente em cada célula viva (a menos que tenha sido ejetado dela). Cientistas têm procurado células que usem moléculas que não sejam DNA para levar suas instruções — RNA, por exemplo —, mas até agora não encontraram uma célula carregando instruções em RNA.

Quando me refiro a *decodificação*, quero dizer que moléculas dentro da célula *interpretam* certas seções do código genético, como músicos que numa orquestra leem suas partes numa partitura — a canção individual da célula —, permitindo que as instruções de um gene se tornem fisicamente evidentes na proteína real. Ou, de maneira mais simples, um gene carrega o código; uma célula decifra esse código. A célula, portanto, converte informação em forma; código genético em proteínas. Um gene sem célula não tem vida — um manual de instruções guardado dentro de uma molécula inerte, uma partitura musical sem músico, uma biblioteca solitária sem ninguém para ler seus livros. A célula traz materialidade e fisicalidade para um conjunto de genes. Ela *dá vida* aos genes.

Mas a célula não é só uma máquina decodificadora de genes. Depois de desempacotar o código sintetizando um conjunto seleto de proteínas que está codificado em seus genes, ela se torna uma máquina integradora. Usa esse conjunto de proteínas (e os produtos bioquímicos feitos por proteínas) em conexão umas com as outras para começar a coordenar sua função, seu *comportamento* (movimento, metabolismo, sinalização, entrega de nutrientes para outras células, inspeção à procura de objetos estranhos), para alcançar as propriedades da vida. E esse comportamento, por sua vez, se manifesta como o comporta-

* Os genes fornecem o código para a construção do ácido ribonucleico (RNA), o qual, por sua vez, é decifrado para construir proteínas. Mas, além de transportar o código para fazer proteínas, alguns desses RNAs executam diversas tarefas nas células, algumas delas ainda não decifradas. O RNA pode também regular genes e função trabalhando em conjunto com proteínas em algumas reações biológicas.

mento do organismo. O metabolismo do organismo repousa no metabolismo da célula. A reprodução do organismo repousa na reprodução da célula. O reparo, a sobrevivência e a morte do organismo repousam no reparo, na sobrevivência e na morte de células. O comportamento de um órgão, ou organismo, repousa no comportamento da célula. A *vida* do organismo repousa na vida da célula.

E, por fim, a célula é uma máquina de dividir. Moléculas dentro da célula — proteínas, de novo — dão início ao processo de duplicação do genoma. A organização interna da célula muda. Os cromossomos, onde o material genético da célula está fisicamente localizado, se dividem. A divisão celular é o que impulsiona o crescimento, o reparo, a regeneração e, em última análise, a reprodução, que estão entre as características fundamentais, definidoras, da vida.

Passei a vida lidando com células. Sempre que vejo uma célula ao microscópio — refulgente, cintilante, viva —, sinto de novo a emoção de ver minha primeira célula. Numa tarde de sexta-feira, no outono de 1993, mais ou menos uma semana depois que, como aluno de pós-graduação, cheguei ao laboratório de Alain Townsend, na Universidade de Oxford, para estudar imunologia, triturei o baço de um camundongo e pus a sopa tingida de sangue numa placa de Petri com fatores para estimular células T. O fim de semana chegou e foi embora e, na segunda-feira de manhã, liguei o microscópio. A iluminação da sala era tão fraca que nem foi preciso fechar as cortinas — a cidade de Oxford estava *sempre* mal iluminada (se a Itália de céus sem nuvem era uma terra feita para o telescópio, a nevoenta e sombria Inglaterra parecia feita sob medida para o microscópio) —, e coloquei a placa sob o microscópio. Movendo-se com dificuldade sob a substância de cultura de tecidos, havia massas de células T translúcidas, em forma de rim, dotadas do que só posso descrever como um brilho interior e uma plenitude luminosa — os sinais de células saudáveis, ativas. (Quando as células morrem, seu brilho diminui e elas murcham, adquirindo uma consistência granulosa, ou picnótica, para usar o jargão da biologia celular.)

"*Como olhos olhando para mim também*", sussurrei comigo mesmo. E então, para meu espanto, a célula T *se moveu* — de maneira proposital, à procura de uma célula infectada que pudesse expurgar e matar. Estava viva.

Anos depois, portanto, foi nada menos do que sensacional — hipnotizante

— assistir à revolução celular que se realizava em humanos. Quando conheci Emily Whitehead, num corredor iluminado por lâmpadas fluorescentes perto do auditório da Universidade da Pensilvânia, foi como se ela me permitisse atravessar um portal entre futuro e passado. Formado em imunologia, tornei--me sucessivamente cientista de célula-tronco, biólogo especializado em câncer e médico oncologista.* Emily representava todas essas vidas passadas — não só minhas, mas também, e mais importante, a vida e o trabalho de milhares de pesquisadores, debruçados sobre milhares de microscópios, ao longo de milhares de dias e noites. Ela personificava nosso desejo de atingir o coração luminoso da célula, de compreender seus mistérios infinitamente cativantes. E representava também nossa angustiante aspiração de testemunhar o nascimento de um novo tipo de medicina — terapias celulares — a partir de nossa decifração da fisiologia das células.

Encontrar meu amigo Sam em seu quarto de hospital e acompanhar suas remissões e recidivas semana após semana era sentir um estremecimento oposto — não euforia, mas apreensão pelo quanto ainda havia por aprender e saber. Como oncologista, ocupo-me de células que se comportam de modo errático; células que tomaram espaços onde não deveriam existir; células que se dividem sem controle. Essas células distorcem e perturbam os comportamentos que descrevo neste livro. Tento compreender por que e como isso ocorre. Pense em mim como um biólogo celular apanhado num mundo em grande desordem. Assim, a história da célula é uma história costurada no próprio tecido de minha vida científica e de minha vida pessoal.

Enquanto eu escrevia furiosamente dos primeiros meses de 2020 até 2022, a pandemia de covid-19 se espalhava como fogo selvagem mundo afora. Meu hospital, minha cidade de adoção, Nova York, e minha pátria transbordavam de corpos de doentes e mortos. Em fevereiro de 2020, nos leitos de UTI do Centro Médico da Universidade Columbia, onde trabalho, pacientes se afogavam nas próprias secreções, enquanto respiradores mecânicos enchiam e esvaziavam

* Fiz até uma breve incursão pela neurobiologia entre 1996 e 1999, quando trabalhei com Connie Cepko, professora na faculdade de medicina da Universidade Harvard, estudando o desenvolvimento da retina. Estudei células gliais bem antes de elas estarem em voga na neurobiologia. Cepko, bióloga do desenvolvimento e geneticista, me ensinou a ciência e a arte do rastreamento de linhagem, método que será abordado mais adiante neste livro.

seus pulmões. O começo da primavera de 2020 foi particularmente desolador: Nova York se tornou uma metrópole irreconhecível, com ruas e avenidas varridas pelo vento, onde pessoas fugiam umas das outras. A onda mais letal da Índia veio quase um ano depois, em abril e maio de 2021. Corpos eram queimados em estacionamentos, becos, favelas e playgrounds. Nos crematórios, os fornos ardiam com tanta frequência, e com tanta intensidade, que as grades de metal que sustentavam os corpos ficavam corroídas e derretiam.

De início permaneci em um dos consultórios do hospital, e depois, quando as atividades da própria clínica de câncer foram reduzidas ao mínimo, isolei-me com minha família em casa. Olhando pela janela para o horizonte, pensava mais uma vez em células. A imunidade e suas contrariedades. A virologista Akiko Iwasaki, da Universidade Yale, me disse que a patologia fundamental causada pelo Sars-cov-2 (vírus da covid-19) era uma "falha imunológica" — uma desregulação das células imunológicas.[9] Eu nunca tinha ouvido o termo, mas sua imensidão me atingiu com força: a pandemia era também, no fundo, uma doença das células. Sim, havia o vírus, mas os vírus são inertes, sem vida, sem células. Nossas células tinham despertado a praga e lhe dado vida. Para compreender os traços cruciais da pandemia, teríamos que compreender não só as idiossincrasias do vírus, mas também a biologia das células imunológicas e suas contrariedades.

Por um momento, portanto, parecia que cada rua e cada avenida de meu pensamento e de meu ser me levavam de volta para as células. Não sei dizer até que ponto dei vida a este livro e até que ponto este livro exigiu que eu o escrevesse.

Em *O imperador de todos os males*, escrevi sobre a busca ansiosa de curas para o câncer ou de meios para evitá-lo. *O gene* foi motivado pelo desejo de compreender e decifrar o código da vida. *A canção da célula* nos conduz numa jornada diferente: compreender a vida em termos de sua unidade mais simples — a célula. Este livro não trata da busca de cura ou da decifração de um código. Não há um adversário único. Seus protagonistas desejam compreender a vida compreendendo a anatomia, a fisiologia e o comportamento da célula e suas interações com as células circundantes. Uma música das células. E a aspiração médica do livro é a busca de terapias celulares, o uso dos elementos construtivos dos humanos para reconstruí-los e repará-los.

Em vez de apresentar uma sequência cronológica, optei por uma estrutura bem diferente. Cada parte do livro trata de uma propriedade fundamental de complexos seres vivos e explora sua história. Cada parte é uma mini-história, uma cronologia de descoberta. Cada parte ilumina uma propriedade fundamental da vida (reprodução, autonomia, metabolismo) que repousa num determinado sistema de células. E cada uma contém o nascimento de uma nova tecnologia celular (como transplante de medula óssea, fertilização in vitro, terapia genética, estimulação cerebral profunda, imunoterapia) que resulta de nossa compreensão das células e desafia nossas concepções de como os humanos são construídos e de como funcionamos. O livro é, em si, uma soma de partes: narrativa e história pessoal, fisiologia e patologia, passado e futuro — e um registro de meu próprio crescimento como biólogo celular e médico —, misturados num todo. A organização é, digamos assim, celular.

Quando dei início a este projeto, no inverno de 2019, resolvi dedicá-lo a Rudolf Virchow. Cativava-me a figura desse médico-cientista alemão, recluso, progressista, de fala mansa, que, resistindo às forças sociais doentias de sua época, promoveu o livre pensamento, defendeu a saúde pública, desprezou o racismo, publicou sua própria revista, trilhou um caminho único e confiante na medicina e lançou uma compreensão do estudo de doenças em órgãos e tecidos com base em disfunções de células — "patologia celular", em suas palavras.[10]

Voltei, no fim, a um paciente, um amigo, que tratou seu câncer com uma nova forma de imunoterapia, e a Emily Whitehead — pessoas que possibilitaram avanços em nossa compreensão das células e da terapia celular. Eles estavam entre os primeiros a experimentar nossas tentativas iniciais de fazer uso das células para a terapia humana e para transformar a patologia celular em medicina celular — tentativas em parte bem-sucedidas, em parte não.[11] É a eles, e a suas células, que este livro é dedicado.

PARTE I

DESCOBERTA

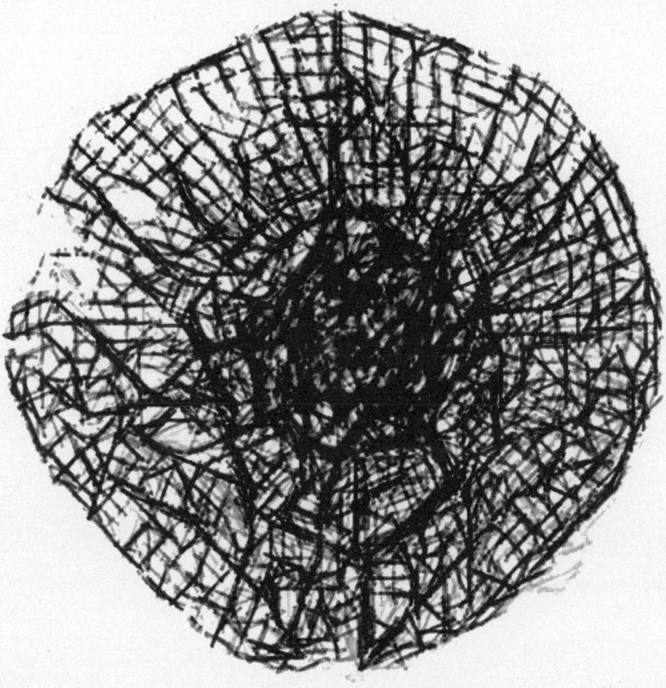

Tanto você como eu começamos como uma única célula.

Nossos genes são diferentes, porém nem tanto. Meu corpo se desenvolve de maneira diferente do seu. Nossa pele, nosso cabelo, nossos ossos, nosso cérebro são construídos de maneiras diferentes. Nossas experiências de vida variam muito. Perdi dois tios para doenças mentais. Perdi o pai para uma espiral mortífera depois de uma queda. Um joelho para a artrite. Um amigo — tantos amigos — para o câncer.

No entanto, apesar de todos os abismos que se abrem entre nosso corpo e nossas experiências, você e eu compartilhamos dois traços. Em primeiro lugar, nascemos de um embrião unicelular. Em segundo, de uma célula vieram múltiplas células — aquelas que povoam seu corpo e o meu. Somos construídos das mesmas unidades materiais e nos assemelhamos a duas pepitas de matéria construída dos mesmos átomos.

De que somos feitos? Alguns antigos acreditavam que éramos criados por sangue menstrual coagulado em corpos. Outros, que havíamos sido previamente formados: seres em miniatura que se expandiam ao longo do tempo, como balões de forma humana soprados para um desfile. Outros, ainda, que os humanos eram esculpidos com lama e água de rio. E havia ainda os que pensavam que somos transformados de maneira gradativa, no útero, de seres parecidos com girinos em criaturas com boca de peixe, e enfim em humanos.

Mas, se examinarmos ao microscópio sua pele e a minha, seu fígado e o meu, veremos que são extraordinariamente parecidos. E nos daremos conta de que todos nós somos, na verdade, construídos de unidades vivas: células. A primeira célula deu origem a mais células, e depois se dividiu para formar mais outras, até que nosso fígado, nossos intestinos e nosso cérebro — todas as complexas estruturas anatômicas no corpo — aos poucos foram sendo formados.

Quando percebemos que humanos eram, na verdade, compósitos de unidades vivas e independentes? Ou que essas unidades são a base de todas as funções de que o corpo é capaz — em outras palavras, que nossa fisiologia repousa, em última análise, na fisiologia celular? E, por outro lado, quando formulamos a tese de que nosso destino e nosso futuro médicos tinham uma íntima ligação com mudanças nessas unidades vivas? De que nossas doenças são consequências de patologia celular?

É nessas perguntas — e, embutida nelas, a história de uma descoberta que impactou e transformou de maneira radical a biologia, a medicina e nossa concepção de humanos — que vamos nos concentrar primeiro.

1. A célula original: Um mundo invisível

O verdadeiro conhecimento é a consciência de nossa ignorância.[1]

Rudolf Virchow, carta ao pai, *c.* anos 1830

Vamos começar agradecendo pela suavidade da voz de Rudolf Virchow.[2] Virchow nasceu na Pomerânia, Prússia (agora dividida entre a Polônia e a Alemanha), em 13 de outubro de 1821. O pai, Carl, era agricultor e tesoureiro da cidade. Sabemos pouco da mãe, Johanna Virchow, nascida Hesse. Rudolf foi um aluno aplicado e brilhante — inteligente, atento e com uma queda para línguas. Aprendeu alemão, francês, árabe e latim e recebeu prêmios por seu desempenho acadêmico.

Com dezoito anos, escreveu seu trabalho final de ensino médio, "Uma vida repleta de trabalho e labuta não é fardo, mas bênção", e começou a se preparar para uma vida profissional no clero. Queria ser pastor e pregar para uma congregação. Mas Virchow se sentia inseguro com a fraqueza da voz. A fé emanava da força da inspiração, e a inspiração, da força da pronúncia. Mas e se ninguém conseguisse *ouvi-lo* quando tentava, do púlpito, se comunicar vivamente com a plateia? A medicina e a ciência pareciam profissões menos hostis para um menino recluso, estudioso e de fala mansa. Depois da formatura, em 1839, Virchow conseguiu uma bolsa de estudos militar e foi estudar medicina no Instituto Friedrich-Wilhelms, em Berlim.

O mundo da medicina no qual Virchow ingressou em meados dos anos 1800 poderia ser dividido em duas metades — anatomia e patologia —, a primeira, relativamente avançada, e a outra, ainda meio perdida. No século XVI, anatomistas começaram a descrever as formas e estruturas do corpo humano com precisão cada vez maior. O mais conhecido de todos os anatomistas era o cientista flamengo Andreas Vesalius, professor da Universidade de Pádua, na Itália.[3] Filho de um boticário, Vesalius chegou a Paris em 1533 para estudar e praticar cirurgia. Encontrou a anatomia cirúrgica em estado de caos absoluto. Os livros didáticos eram escassos e não existia nenhum mapa sistemático do corpo humano. A maioria dos cirurgiões e de seus alunos dependia, mais ou menos, dos ensinamentos anatômicos de Galeno, médico romano que viveu de 129 a 216 d.C. Os tratados centenários de Galeno sobre anatomia humana se baseavam no estudo de animais, tinham se tornado muito ultrapassados e, na verdade, na maior parte eram incorretos.

O subsolo do hospital Hôtel-Dieu, em Paris, onde cadáveres humanos em decomposição eram dissecados, não passava de um espaço sujo, abafado, mal iluminado, com cães pouco dóceis perambulando debaixo das macas para lamber sobras de gordura — um "mercado de carnes", como Vesalius descreveria uma dessas câmaras anatômicas. Os professores se acomodavam em "cadeiras elevadas, cacarejando como gralhas",[4] escreveu ele, enquanto os assistentes cortavam e puxavam pedaços do corpo a esmo, eviscerando órgãos e partes como se arrancassem o recheio de algodão de um brinquedo.

"Os médicos nem tentavam cortar", escreveu Vesalius, amargurado,

> mas aqueles barbeiros, a quem se delegava o ofício da cirurgia, eram incultos demais para compreender os escritos dos professores de dissecação [...]. Eles simplesmente desmembram as coisas que devem ser mostradas por instrução do médico, que, nunca tendo usado as mãos para cortar, simplesmente se esquiva de fazer comentários — e não sem arrogância. E assim tudo é ensinado errado, e os dias se passam em discussões bobas. Menos fatos são postos diante dos espectadores nesse tumulto do que um açougueiro seria capaz de ensinar a um médico em seu mercado de carne.

E concluía, sombrio: "Fora os oito músculos do abdômen, muito mutilados e na ordem errada, ninguém jamais me mostrou um músculo, nem qualquer osso, menos ainda a sucessão de nervos, veias e artérias".

Frustrado e confuso, Vesalius decidiu criar seu próprio mapa do corpo humano. Invadia capelas mortuárias perto do hospital, com frequência duas vezes por dia, em busca de espécimes para seu laboratório. Os túmulos do Cemitério dos Inocentes, quase sempre ao ar livre, com corpos triturados até os ossos, forneciam material em perfeito estado de preservação para desenhos do esqueleto. E, passando por Montfaucon, o enorme patíbulo de três andares de Paris, Vesalius se deparava com corpos de prisioneiros pendurados. Esgueirava-se às escondidas com os corpos recém-enforcados, músculos, vísceras e nervos intactos o suficiente para que ele os esfolasse camada por camada e mapeasse os locais dos órgãos.

Os intricados desenhos que Vesalius produziu na década seguinte transformaram a anatomia humana.[5] De vez em quando, ele cortava o cérebro em seções horizontais, como um melão fatiado desde a ponta, para criar o tipo de imagens que uma moderna tomografia axial computadorizada (TAC) poderia criar. Outras vezes, estendia os vasos sanguíneos em cima dos músculos ou abria os músculos em abas, como uma série de janelas anatômicas imaginárias por onde se poderia passar para revelar as superfícies e camadas debaixo delas.

Ele podia desenhar o abdômen humano visualizado de baixo para cima, como na perspectiva do corpo de Cristo do pintor italiano do século XV Andrea Mantegna na *Lamentação sobre o Cristo morto*, e fatiar a imagem, da maneira que o faz uma imagem por ressonância magnética (RM). Colaborou com o pintor e gravador Jan van Kalkar para produzir os desenhos mais detalhados e delicados de anatomia humana até então. Em 1543, publicou suas obras anatômicas em sete volumes sob o título *De Humani Corporis Fabrica* [O tecido do corpo humano].[6] A palavra "tecido" no título era uma pista sobre sua textura e objetivo: aquilo era o corpo humano tratado como material físico, não como mistério; feito de tecido, e não de espírito. Era em parte livro didático de medicina, com quase setecentas ilustrações, e em parte tratado científico, com mapas e diagramas que lançariam os alicerces dos estudos anatômicos humanos pelos próximos séculos.

Por coincidência, ele foi publicado no mesmo ano em que o astrônomo polonês Nicolau Copérnico lançou sua "anatomia dos céus", o monumental livro

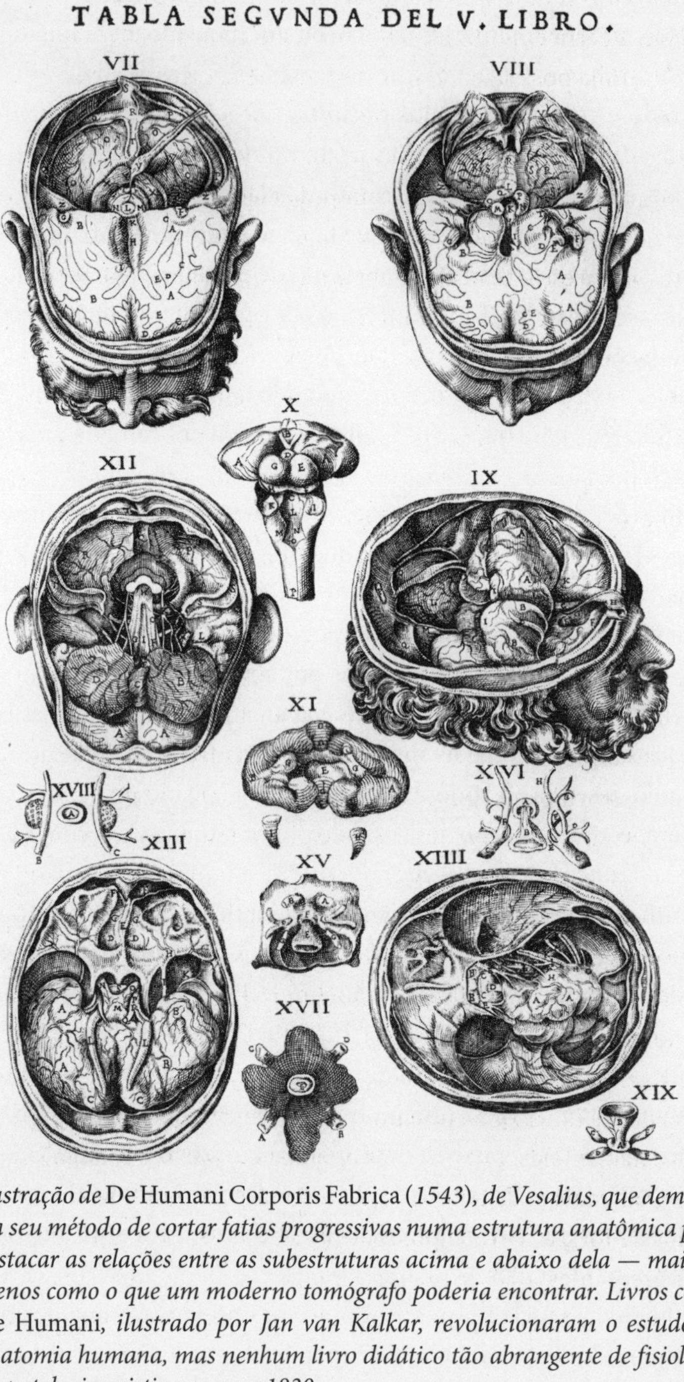

Ilustração de De Humani Corporis Fabrica *(1543), de Vesalius, que demonstra seu método de cortar fatias progressivas numa estrutura anatômica para destacar as relações entre as subestruturas acima e abaixo dela — mais ou menos como o que um moderno tomógrafo poderia encontrar. Livros como* De Humani, *ilustrado por Jan van Kalkar, revolucionaram o estudo da anatomia humana, mas nenhum livro didático tão abrangente de fisiologia ou patologia existia nos anos 1830.*

Das revoluções das órbitas celestes, que trazia um mapa do sistema solar heliocêntrico, com a Terra em órbita e o Sol firme no centro.[7]

Vesalius tinha posto a anatomia humana no centro da medicina.

Mas enquanto a anatomia, o estudo dos elementos estruturais do corpo humano, fazia progressos radicais, a patologia — o estudo das doenças humanas e suas causas — era escanteada. Era um universo sem mapa, disperso. Não havia livro similar sobre patologia e nenhuma teoria comum para explicar as doenças — nem revelações, nem *Revoluções*. Durante os séculos XVI e XVII, a maioria das enfermidades era atribuída a miasmas: vapores venenosos emanados por esgotos ou ar contaminado. Os miasmas carregavam partículas de matéria em decomposição chamadas *miasmata*, que de alguma forma penetravam no corpo e o forçavam a se decompor. (Uma doença como a malária ainda carrega essa história, sendo seu nome criado pela junção dos termos italianos *mala* e *aria* para formar "ar insalubre".)

Os primeiros reformadores da área da saúde se concentravam na reforma sanitária e na higiene pública para prevenir e curar doenças. Escavavam sistemas de esgoto para descartar resíduos ou abriam dutos de ventilação em casas e fábricas para impedir que a névoa contagiosa de *miasmata* se acumulasse em seu interior. A teoria parecia coberta por uma indisputável névoa lógica. Muitas cidades, passando por um rápido processo de industrialização e incapazes de lidar com o influxo de trabalhadores assalariados e suas famílias, eram arenas fétidas de poluição e esgoto — e as doenças pareciam ir atrás das áreas mais fedorentas e populosas. Ondas ressurgentes de cólera e tifo assolavam as partes mais pobres de Londres e arredores, como o East End (agora fulgurante com suas lojas e restaurantes que vendem aventais de linho de alto padrão e caras garrafas de gim de destilarias únicas). A sífilis e a tuberculose corriam soltas. O parto era um acontecimento apavorante, com a evidente probabilidade de terminar não em nascimento, mas em morte — do bebê, da mãe ou de ambos. Nas zonas mais abastadas da cidade, onde o ar era limpo e os resíduos, descartados de forma correta, predominava a saúde, enquanto os pobres, que viviam em áreas infestadas de miasma, inevitavelmente sucumbiam a doenças. Se o asseio era o segredo da saúde, então a doença era consequência de sujeira ou contaminação.

Todavia, enquanto a noção de contaminação vaporosa e de *miasmata* parecia vagamente plausível — oferecendo uma justificativa perfeita para segregar ainda mais os bairros ricos dos pobres nas cidades —, o entendimento da patologia era infectado por enigmas peculiares. Por que, por exemplo, uma mulher que dava à luz numa parte de uma clínica de obstetrícia em Viena, Áustria, corria um risco três vezes maior de morte pós-parto do que outra que dava à luz na clínica adjacente?[8] Qual era a causa da infertilidade? Por que um jovem sem problemas de saúde sucumbia a uma doença que torturava suas juntas com a dor mais excruciante?

Ao longo dos séculos XVIII e XIX, médicos e cientistas buscaram um modo sistemático de explicar as doenças humanas. Mas o máximo que conseguiram foi um insatisfatório excesso de explicações que, em última análise, tinham por base a anatomia macroscópica: cada doença era a disfunção de um órgão individual. O fígado. O estômago. O baço. Haveria um princípio de organização mais profundo a ligar esses órgãos e seus difusos e desconcertantes distúrbios? Seria possível pensar na patologia humana de maneira sistemática? Talvez a resposta não estivesse na anatomia visível, mas na anatomia microscópica. Na verdade, por analogia, os químicos do século XVIII já tinham começado a descobrir que as propriedades da matéria — a combustibilidade do hidrogênio ou a fluidez da água — nasciam das propriedades emergentes de partículas invisíveis, moléculas e átomos que a formavam. Seria a biologia organizada de maneira parecida?

Rudolf Virchow tinha apenas dezoito anos quando se matriculou no Instituto Friedrich-Wilhelms de medicina e cirurgia em Berlim.[9] O estabelecimento se destinava a formar oficiais médicos para o Exército prussiano, tendo, portanto, uma rotina militar: dos alunos se esperava que assistissem a sessenta horas de aula por semana de dia e memorizassem informações à noite. (No Pépinière, como era conhecido o instituto, oficiais médicos graduados costumavam surpreender os alunos com "exercícios de assiduidade". Se um aluno faltasse, toda a turma era punida.)[10] "É assim todos os dias, sem descanso, das seis da manhã às onze da noite, exceto aos domingos", escreveu ele com tristeza para o pai, "[...] e nesse processo a gente fica tão cansado que à noite tudo que quer é uma cama dura, na qual, tendo dormido em estado de quase letargia, acorda de manhã quase tão cansado quanto antes." Os estudantes se alimentavam de uma porção diária de carne, batata e sopa aguada e viviam em quartos pequenos, isolados e independentes. Celas.

Quanto às informações, Virchow as decorava. O ensino de anatomia era razoável: o mapa macroscópico do corpo vinha sendo aos poucos aperfeiçoado desde a época de Vesalius por gerações de vivisseccionistas e milhares de autópsias. Mas a patologia e a fisiologia careciam de lógica fundamental. Por que os órgãos funcionavam, o que faziam, e por que se tornavam disfuncionais — tudo isso era matéria da mais pura especulação, em que, como que por proclamação militar, conjeturas eram promovidas a fatos. Os patologistas tinham havia muito se dividido em escolas que defendiam essa ou aquela fonte para explicar doenças. Havia os miasmistas, que achavam que elas eram produzidas por vapores contaminados; os galenistas, para quem a doença era um desequilíbrio patológico entre fluidos e semifluidos corporais chamados de "humores"; e os "psiquistas", que sustentavam que a doença era a manifestação de um processo mental frustrado. Quando Virchow ingressou na medicina, a maioria dessas teorias já se tornara confusa ou defunta.

Em 1843, Virchow terminou seu curso de medicina e foi para o hospital Charité, de Berlim, onde começou a trabalhar em estreita colaboração com Robert Friorep, que ali atuava como patologista, microscopista e curador de espécimes patológicos. Livre da rigidez intelectual do antigo instituto, Virchow sonhava em descobrir uma forma sistemática de compreender a fisiologia e a patologia humanas. Mergulhou fundo na história da patologia. "Há uma necessidade urgente e abrangente de entendimento [da patologia microscópica]",[11] escreveu ele — mas lhe parecia que a disciplina tinha descarrilado. Talvez os microscopistas tivessem razão: talvez a resposta sistemática não pudesse ser encontrada no mundo visível. E se o coração fraco ou o fígado cirrótico fossem apenas epifenômenos — propriedades emergentes de uma disfunção subjacente mais profunda invisível a olho nu?

Enquanto se debruçava sobre o passado, Virchow percebeu que outros pioneiros também tinham visualizado esse mundo invisível. Desde o fim do século XVII, pesquisadores haviam descoberto que tecidos de animais e plantas eram todos construídos com estruturas de unidades vivas chamadas células. Estariam tais células no coração da fisiologia e da patologia? Se estavam, de onde vinham, e o que faziam?

"O verdadeiro conhecimento é a consciência de nossa ignorância", escrevera Virchow, quando estudante de medicina, no fim dos anos 1830, numa carta ao pai. "Como sinto, e com que dor, as lacunas de meu conhecimento. É por essa razão que ainda não me detive em nenhum ramo da ciência [...]. Há muita coisa a meu respeito que é incerta e irresoluta." Na ciência médica, Virchow tinha afinal encontrado um ponto de apoio, e era como se uma região dolorosa de sua alma tivesse se acalmado. "Sou meu próprio conselheiro",[12] escreveu ele com confiança renovada em 1847. Se a patologia celular não existia, ele a inventaria. Tendo alcançado a maturidade de médico e adquirido um conhecimento exaustivo da história médica, podia enfim parar e preencher essa lacuna.

2. A célula visível: “Histórias fictícias sobre os animaizinhos”

Na soma das partes, só existem as partes. O mundo precisa ser medido a olho.

Wallace Stevens

“O mundo precisa ser medido a olho.”

A genética moderna foi lançada pela prática da agricultura: o monge morávio Gregor Mendel descobriu os genes fazendo a polinização cruzada de ervilhas no jardim de seu mosteiro em Brno, com o auxílio de um pincel.[1] O geneticista russo Nikolai Vavilov se inspirou na seleção de plantas cultivadas.[2] Até o naturalista inglês Charles Darwin tinha notado as mudanças extremas nas formas animais criadas pela reprodução seletiva.[3] A biologia celular foi instigada, também, por uma tecnologia pragmática e modesta. A ciência culta nasceu de “mexidinhas” incultas.

No caso da biologia celular, foi simplesmente a arte de ver: o mundo medido, observado e dissecado pelo olho. No começo do século XVII, uma dupla de fabricantes de lentes holandeses, Hans e Zacharias Janssen, pai e filho, puseram duas lentes de aumento nas partes superior e inferior de um tubo e descobriram que podiam ampliar um mundo oculto.*[4] Microscópios com duas lentes viriam

* Alguns historiadores sustentam que os concorrentes dos Janssen, os fabricantes de óculos

a ser chamados de "microscópios compostos", ao passo que os microscópios de uma única lente ficaram conhecidos como "simples"; ambos se baseavam em séculos de inovação na fabricação do vidro, que tinha percorrido uma trajetória iniciada nos mundos árabe e grego, estendendo-se até as oficinas de fabricantes italianos e holandeses. No século II a.C., o escritor Aristófanes descreveu "globos brilhantes": esferas de vidro vendidas como bugigangas no mercado para concentrar e direcionar raios de luz; se olhasse com atenção através de um globo brilhante, você veria aquele mesmo universo em miniatura ampliado. Esticando esse globo brilhante para formar uma lente do tamanho de um olho, você tem o espetáculo — inventado, dizia-se, por um fabricante italiano, Amati, no século XII. Instalado num suporte, você tem uma lupa.

A crucial inovação introduzida pelos Janssen consistiu em fundir a arte do vidro soprado com a manobra de mover as peças de vidro numa placa montada. Montando uma ou duas peças translúcidas de vidro em forma de lente em placas de metal ou tubos, com sistemas de parafusos e rodas dentadas para deslizá-las, cientistas logo encontraram um caminho para um mundo invisível, em miniatura — um cosmos inteiro até então desconhecido dos humanos —, o anverso do cosmos macroscópico observável por um telescópio.

Um reservado comerciante holandês tinha aprendido sozinho a visualizar esse mundo invisível. Nos anos 1670, Antonie van Leeuwenhoek, vendedor de tecidos de Delft, precisou de um instrumento para examinar a qualidade e a integridade de fios. A Holanda do século XVII era um próspero elo da comercialização de tecidos — seda, veludo, lã, linho e algodão chegavam em rolos e fardos de portos e colônias, e eram comercializados via Holanda em toda a Europa continental.[5] Tomando como base o trabalho dos Janssen, Van Leeuwenhoek construiu um microscópio simples, com uma única lente presa a uma placa de latão e uma minúscula platina para posicionar as peças. De início, ele o utilizava para determinar a qualidade dos tecidos. Mas seu interesse pelo instrumento que ele próprio fabricara logo se tornou compulsão: ele punha sob a lente qualquer objeto que encontrasse.

Hans Lipperhey e Cornelis Drebbel, inventaram de maneira independente o microscópio composto. As datas dessas invenções ainda são objeto de discussão, mas tudo indica que se situam entre as décadas de 1590 e de 1620.

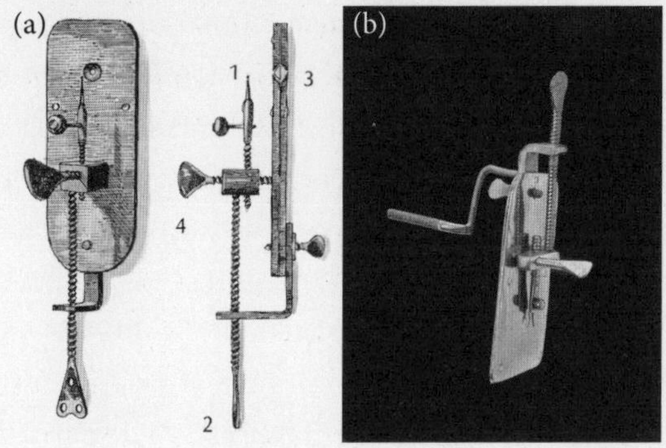

(a) Representação esquemática de um dos primeiros microscópios de Van Leeuwenhoek mostrando (1) o pino de amostragem, (2) o parafuso principal, (3) a lente e (4) o parafuso para ajustar o foco. (b) Um dos microscópios reais de Leeuwenhoek montado numa placa de latão.

Em 26 de maio de 1675, a cidade de Delft foi inundada por uma tempestade. Van Leeuwenhoek, então com 42 anos, coletou um pouco de água das calhas do telhado, deixou-a em repouso por um dia, depois pingou uma gotícula num de seus microscópios e a segurou contra a luz.[6] No mesmo instante ficou em êxtase. Ninguém que ele conhecia vira nada parecido. A água era turvada por dezenas de tipos de organismos minúsculos — "animálculos", como passou a chamá-los. Telescopistas tinham visto mundos macroscópicos — a Lua tingida de azul, Vênus gasoso, Saturno anelado, Marte pontilhado de vermelho —, mas ninguém descrevera o maravilhoso cosmos de um mundo vivo numa gota de chuva. "Das maravilhas que descobri na natureza, aquela foi a mais maravilhosa", escreveu ele em 1676. "Meus olhos jamais se depararam com prazer maior do que aquele espetáculo de milhares de criaturas vivas numa gota d'água."*[7]

Van Leeuwenhoek desejava olhar mais, construir instrumentos melhores para visualizar esse novo e cativante universo de seres vivos. Por isso, comprava contas e glóbulos de vidro veneziano da mais alta qualidade e os lixava e polia com todo o esmero em formas perfeitamente lenticulares (agora sabemos que

* Van Leeuwenhoek tinha observado a presença de organismos microscópicos, unicelulares, já em 1674, mas sua carta para a Royal Society, datada de 1676, continha as descrições mais vívidas desses organismos em água de chuva parada.

para fazer suas lentes ele esticava uma haste de vidro numa chama até transformá-la numa agulha, quebrava a ponta e deixava a agulha "borbulhar" e virar um glóbulo em forma de lente). Ele montava essas lentes em finas placas de metal, feitas de latão, prata ou ouro, cada qual com um sistema cada vez mais complexo de rotores em miniatura e parafusos para movimentar partes do instrumento para cima e para baixo e alcançar o foco perfeito. Fez quase quinhentos desses telescópios, cada qual uma maravilha de meticulosos ajustes.

Estariam essas criaturas presentes também em outras amostras de água? Van Leeuwenhoek convenceu um homem que estava de partida para o litoral a lhe trazer uma amostra de água do mar numa "garrafa de vidro limpa". E de novo encontrou minúsculos organismos unicelulares — "o corpo de uma cor de rato, claro mais perto da ponta oval" — nadando na água. Por fim, em 1676, ele registrou suas descobertas e as enviou para a mais respeitável sociedade científica daquela época.

"No ano de 1675", escreveu ele para a Royal Society, em Londres,

> descobri criaturas vivas na água da chuva, que tinha permanecido apenas alguns dias numa nova vasilha de barro [...]. Quando esses animálculos ou átomos vivos se movimentavam, expunham dois chifres, que se moviam sem cessar [...]. O resto do corpo era arredondado, afinando um pouco na ponta, onde tinham uma cauda, quase quatro vezes maior que o corpo.

Ao terminar de redigir esse último parágrafo, eu estava igualmente obcecado: queria olhar também. Suspenso no limbo do meio da pandemia, decidi construir meu próprio microscópio, ou pelo menos a versão mais aproximada que estivesse a meu alcance. Encomendei uma placa de metal e um botão giratório, perfurei-a e montei a melhor lente minúscula que consegui comprar. Lembrava tanto um microscópio moderno como um carro de boi lembra, digamos, uma nave espacial. Quebrei dezenas de protótipos até enfim fazer um capaz de funcionar. Numa tarde ensolarada, coloquei uma gotícula de água de chuva estagnada de uma poça no pino de montagem e ergui o aparelho contra a luz solar.

Nada. Formas difusas, como sombras de um mundo fantasmagórico, se moviam em meu campo de visão. Um borrão. Desapontado, ajustei com suavidade o botão de foco, como Van Leeuwenhoek teria feito. A ansiedade me fazia sentir cada volta do parafuso em meu próprio corpo, como se o botão de fato entrasse, torcendo-se, em minha coluna. E de repente consegui ver. A gota apareceu com nitidez, e a seguir um mundo inteiro dentro dela. Uma forma ameboide passou pela lente como um relâmpago. Eram as ramificações de um organismo que eu não conseguia identificar. Depois um organismo em forma de espiral. Uma bolha redonda, móvel, cercada por um halo dos filamentos mais lindos, mais tenros que eu já tinha visto. Eu não conseguia parar de olhar. *Células*.

Em 1677, Van Leeuwenhoek observou espermatozoides humanos, "um animálculo genital", em seu sêmen e também numa amostra de sêmen de um homem com gonorreia.[8] Ele os viu "se movimentarem como uma cobra ou uma enguia nadando na água".[9] No entanto, apesar de seu ardor e de sua produtividade, o comerciante de tecidos relutava, de maneira notória, em permitir que observadores ou cientistas examinassem seus instrumentos. A desconfiança era recíproca, pois cientistas quase sempre o viam com desdém. Henry Oldenburg, o secretário da Royal Society, implorou a Van Leeuwenhoek que "nos ponha a par de seus métodos de observação, para que outros possam confirmar observações como essas",[10] e fornecesse desenhos e dados comprobatórios, uma vez que, das quase duzentas cartas que Van Leeuwenhoek mandou para a sociedade, apenas metade delas apresentava provas ou usava métodos científicos considerados adequados para publicação. Mas ele só fornecia vagos detalhes de seus instrumentos e métodos. Como escreveu o historiador da ciência Steven Shapin, Van Leeuwenhoek não era

> nem filósofo, nem médico, nem cavalheiro. Não tinha passado por nenhuma universidade, não sabia latim, francês ou inglês [...]. Suas alegações [sobre organismos microscópicos existentes em abundância na água] desafiavam mecanismos existentes de plausibilidade e sua identidade não ajudava a dar credibilidade a essas alegações.[11]

Ele por vezes parecia se deleitar na identidade do amador reticente, cauteloso — um comerciante de tecidos adulando um amigo para lhe trazer água do mar numa garrafa de vidro. A única maneira de acreditar nesse negociante de panos convertido em microscopista, que, além disso, estava causando uma re-

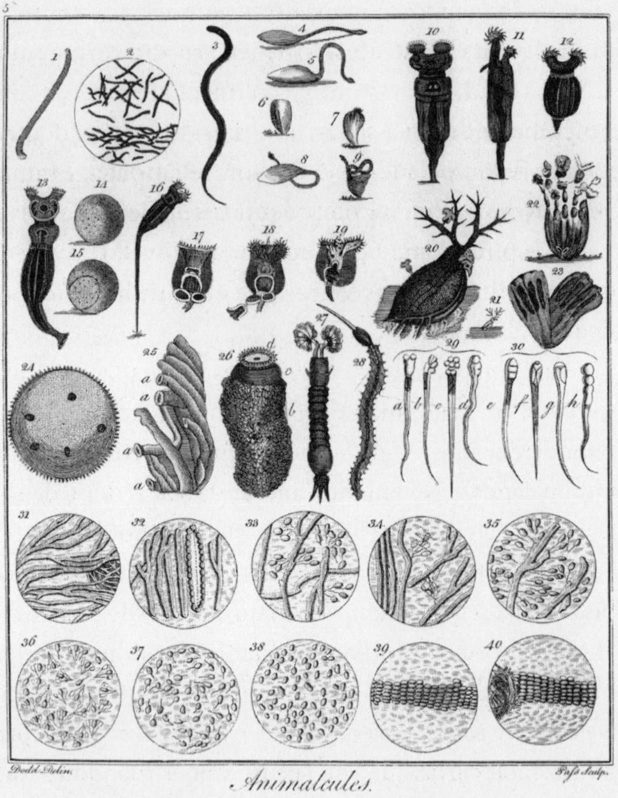

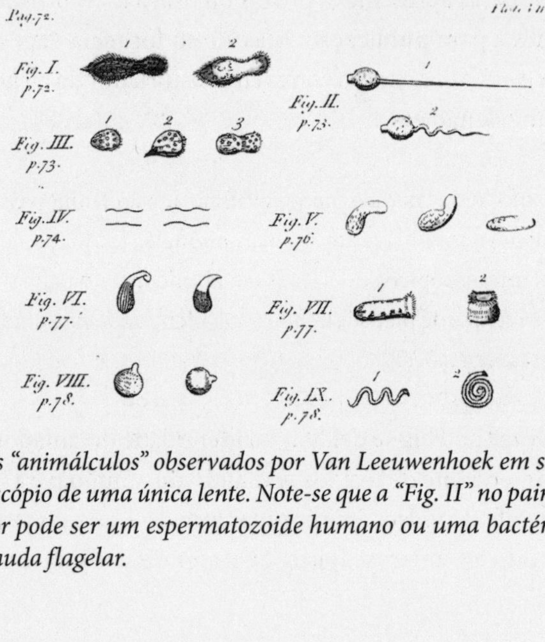

Alguns "animálculos" observados por Van Leeuwenhoek em seu microscópio de uma única lente. Note-se que a "Fig. II" no painel inferior pode ser um espermatozoide humano ou uma bactéria com cauda flagelar.

volução na biologia ao propor um novo universo de organismos microscópicos, era confiar no testemunho de um grupo heterogêneo de oito moradores de Delft que ele tinha reunido. Eles juraram que de fato era possível observar os "animais nadadores" através de seus instrumentos. Isso era ciência por depoimento juramentado, e a reputação de Van Leeuwenhoek sofreu as consequências. Desconfiado e aborrecido, ele se enclausurou ainda mais num mundo em miniatura, visível, ao que parecia, só para ele mesmo. "Meu trabalho, ao qual me dedico há muito tempo", escreveu, indignado, em 1716, "não tinha como objetivo ganhar os elogios que agora ganho, mas nascia acima de tudo do desejo de conhecimento, que percebo que existe em mim mais do que na maioria dos outros homens."[12]

Foi como se ele tivesse sido engolido pelo próprio microscópio, a estatura reduzida. Logo ele se tornou quase invisível, diminuído, esquecido.

Em 1665, quase uma década antes de Van Leeuwenhoek publicar sua carta em que descrevia animálculos na água, Robert Hooke, cientista e polímata inglês, também tinha visto células — embora não células vivas, e nem de longe tão diversas como os animálculos do comerciante de Delft.[13] Como cientista, Hooke talvez fosse o oposto do holandês. Tinha estudado no Wadham College, em Oxford, e seu intelecto perambulava por várias áreas, buscando alimento em diferentes mundos da ciência e consumindo regiões inteiras enquanto avançava. Hooke era não apenas médico, mas também arquiteto, matemático, telescopista, ilustrador científico e microscopista.

À diferença da maioria dos cavalheiros cientistas de sua época — homens de famílias ricas que podiam se dar ao luxo de ruminar sobre ciências naturais sem prejudicar o salário que receberiam no próximo pagamento —, Hooke vinha de uma família inglesa paupérrima. Como bolsista de Oxford, sobrevivera sendo aprendiz do eminente físico Robert Boyle. Em 1662, mesmo subordinado a Boyle, se estabelecera como pensador totalmente independente e conseguiu emprego de "curador de experimentos" da Royal Society.

A inteligência de Hooke era luminosa e plástica, à imagem de um elástico que brilha ao ser esticado. Ele ingressava numa disciplina e a expandia, iluminando-a como se usasse uma luz interna. Escreveu exaustivamente sobre mecânica, óptica e ciências físicas. Na esteira do Grande Incêndio de Londres, que

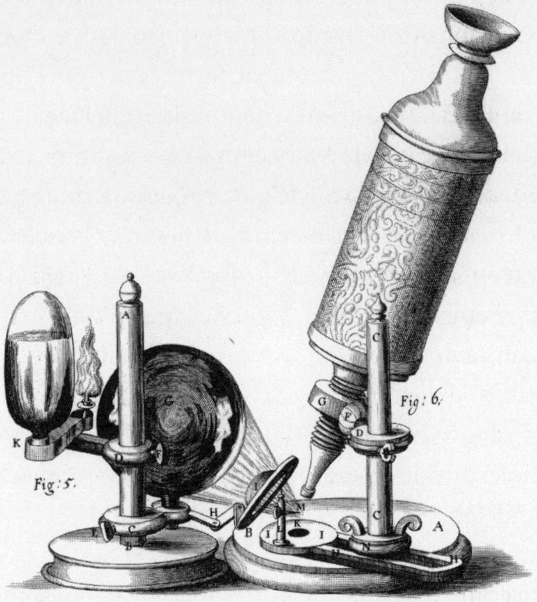

Ilustração do microscópio composto de duas lentes usado por Robert Hooke. Note-se o tubo de latão, que tem duas lentes, uma chama com uma série de espelhos como constante fonte de luz e o espécime montado na parte inferior do tubo.

ardeu durante cinco dias em setembro de 1666, destruindo quatro quintos da cidade, Hooke ajudou o conceituado arquiteto Christopher Wren a inspecionar e reconstruir edifícios.[14] Montou um novo e potente telescópio que lhe permitia visualizar a superfície de Marte, e estudava e classificava fósseis.

No começo dos anos 1660, Hooke deu início a uma série de estudos com microscópios. Ao contrário dos inventos de Antonie van Leeuwenhoek, os seus eram microscópios compostos. Duas lentes finamente polidas eram fixadas nas duas extremidades de um tubo móvel, o qual era então enchido com água, propiciando mais claridade. Escreveu ele:

> Se [...] um objeto, posicionado muito perto, for examinado através dele, ele ampliará e tornará alguns objetos mais distintos do que qualquer um dos grandes microscópios. Mas como esses, apesar de feitos com [extrema] facilidade, são de uso muito problemático, por causa de sua pequenez e da proximidade do objeto;

portanto, para impedir as duas coisas, e apesar de isso ter apenas duas refrações, arranjei para mim um tubo de latão.[15]

Em janeiro de 1665, Hooke publicou um livro que explicava em pormenores seus experimentos e observações com o microscópio, intitulado *Micrografia: Ou algumas descrições fisiológicas de corpos diminutos feitas através de lentes de aumento e com observações e investigações sobre eles*. Foi o sucesso inesperado do ano — "o livro mais brilhante que li na vida", escreveu o autor de diários Samuel Pepys.[16] Os desenhos de corpos diminutos, jamais vistos tão ampliados, assustavam e fascinavam os leitores. Entre as dezenas de detalhadas ilustrações havia a enorme representação de uma pulga; a imagem gigantesca de um piolho, a boca grotesca, de parasita, ocupando um oitavo da página;[17] e o complexo olho de uma mosca, com suas centenas de lentes, que lembrava um candelabro multifacetado em miniatura. "Os olhos de uma mosca [...] são quase como uma treliça",[18] escreveu ele. Hooke embebedou uma formiga com conhaque para conseguir desenhar uma imagem minuciosa de suas antenas.[19] Mas, enfiada no meio dessas imagens de parasitas e pragas, havia uma imagem de aparência relativamente prosaica que, sem chamar a atenção, abalaria as raízes da biologia. Era um corte transversal do caule de uma planta — uma fina fatia de cortiça [sobreiro] — que Hooke tinha posto sob seu microscópio.

Hooke descobriu que a cortiça não era apenas um bloco plano e monótono de material. "Peguei um bom e distinto pedaço de cortiça", explicou ele em *Micrografia*, "e com um canivete afiado como uma navalha cortei uma fatia, e alisei ao máximo a superfície, depois, examinando-a cuidadosamente com o microscópio, tive a impressão de que era um pouco porosa."[20] Esses poros ou células não eram muito profundos, mas consistiam em "muitas caixinhas". Em suma, o pedaço de cortiça fora criado pela montagem regular de estruturas poligonais, com "unidades" distintas, repetitivas, reunidas para formar um todo. Lembravam os favos de mel de uma colmeia — ou os alojamentos de um monge.

Ele buscou um nome para designá-las e acabou se decidindo por *células*, de "cella", palavra latina que significa "pequeno quarto". (Hooke a rigor não viu "células", mas os contornos das paredes que as células de plantas constroem ao redor de si mesmas; talvez, aninhada entre elas, houvesse uma célula viva de

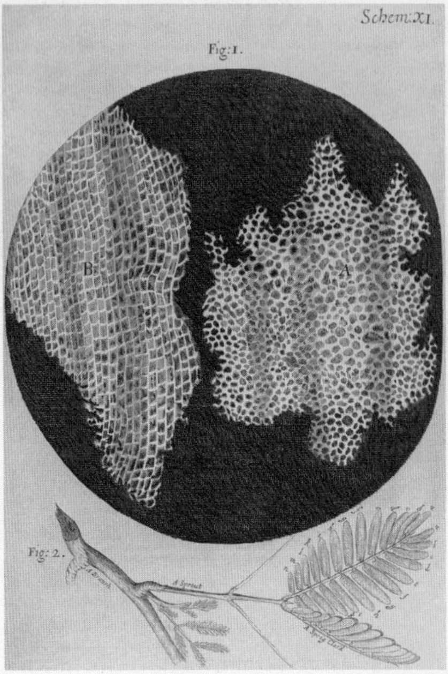

Desenho de Robert Hooke da seção de um pedaço de cortiça [sobreiro], de Micrografia *(1665). O livro despertou uma atenção imensa e improvável, tornando-se popular em toda a Inglaterra, graças a suas imagens ampliadas de animais e plantas diminutos. É provável que Hooke tenha visto paredes celulares neste espécime, embora mais tarde tenha conseguido também visualizar células reais na água.*

verdade, mas não há ilustração que o comprove.) "Muitas caixinhas", como Hooke as imaginava. Sem querer, ele inaugurou um novo conceito de seres vivos, e de humanos.

Hooke continuou a procurar cada vez mais fundo por unidades vivas pequenas, independentes, invisíveis a olho nu. Numa assembleia da Royal Society em novembro de 1677, ele descreveu suas observações microscópicas em água de chuva. A entidade anotou suas observações:

> O primeiro experimento exibido foi a água de pimenta, feita com água de chuva [...] colocada toda ali cerca de nove ou dez dias antes. Nela, o sr. Hooke descobriu durante a semana toda grande número de animais extraordinariamente pequenos nadando de um lado para o outro. Pareciam do tamanho de um ácaro através de um vidro, que aumentava cerca de 100 mil vezes o volume; e, por consequência, avaliou-se que eram um centésimo de milésimo de um ácaro. Tinham o aspecto de uma bolha pequena e clara de forma oval; e a extremidade maior dessa bolha oval se movia mais. Foi observado que eles têm um jeito de se movimentar para

um lado e para o outro na água; e todos que os viram acreditaram que se trata de animais; e que não poderia haver falácia na aparência.[21]

Na década seguinte, Antonie van Leeuwenhoek, havendo tomado conhecimento do trabalho anterior de Hooke, se comunicou com ele ao perceber que os animálculos que vira fazer acrobacias sob seus microscópios talvez fossem análogos à coleção de unidades vivas — células — que o cientista inglês tinha visto na cortiça ou aos organismos girando em água de pimenta. Há, no entanto, um tom desconsolado nas cartas, como nesta, de novembro de 1680: "Tem chegado a meus ouvidos que eu só conto histórias fictícias sobre os animaizinhos [...]".[22] Mas numa nota presciente, redigida em 1712, ele continua: "Não, ainda podemos levar isso mais adiante, e descobrir na menor partícula deste pequeno mundo um novo fundo inexaurível de matéria, capaz de ser estendido para outro universo".[23]

Hooke só respondia de vez em quando, mas tomou providências para que as cartas de Van Leeuwenhoek fossem traduzidas e apresentadas à Royal Society. No entanto, apesar de talvez ter salvado a reputação do holandês para a posteridade, sua própria influência sobre o pensamento biológico celular ainda era muito restrita. Como escreve o historiador da biologia celular Henry Harris:

> Hooke nem por um momento sugeriu que aquelas estruturas fossem esqueletos residuais das subunidades básicas das quais todas as plantas e todos os animais eram constituídos. Nem necessariamente teria imaginado, se é que pensava em subunidades básicas, que teriam o tamanho e a forma das cavidades de cortiça que havia observado.[24]

Ele tinha visto "as paredes de uma célula viva em cortiça, mas entendeu mal sua função, e, é claro, não fazia ideia do que, no estado vivo, ocupava os espaços entre aquelas paredes".*[25] Um pedaço de sobreiro morto com poros; o que mais

* Em 1671, a Royal Society recebeu mais duas comunicações: uma do cientista italiano Marcello Malpighi e outra de Nehemiah Grew, secretário da entidade, ambas descrevendo formas celu-

tirar desse seu desenho micrográfico? Por que o caule de uma planta era construído daquela maneira? Como surgiam essas "células"? Qual era sua função? Eram elas aplicáveis a todos os organismos? E qual era a relevância desses compartimentos vivos para o corpo normal ou para a doença?

O interesse de Hooke pela microscopia acabou desaparecendo. Seu intelecto itinerante precisava de espaço para se expandir, e ele voltou para a óptica, a mecânica e a física. Na verdade, esse interesse por praticamente *qualquer coisa* talvez tenha sido sua grande falha. O lema da Royal Society, *Nullius in verba*, que pode ser traduzido como "Não aceitar a palavra de ninguém como prova", era seu mantra pessoal. Ele pulava de disciplina em disciplina, apresentando observações impressionantes, sem aceitar a palavra de ninguém como prova, aspirando a dominar partes essenciais de uma ciência, mas sem adquirir autoridade completa em nenhum assunto. Adotara para si o modelo do filósofo-cientista aristotélico — um indagador de todos os problemas do mundo, um árbitro de todas as provas —, em vez de adotar a visão contemporânea do cientista como autoridade num único assunto, e sua reputação sofreu as consequências.

Em 1687, Isaac Newton publicou *Princípios matemáticos de filosofia natural*, obra tão abrangente em profundidade e amplitude que destruiu o passado e definiu uma nova paisagem para o futuro da ciência.[26] Entre suas revelações, a lei da gravitação universal. Hooke, no entanto, alegava que *ele* a havia formulado antes de Newton e que este plagiara suas observações.

Era uma afirmação ridícula. Na verdade, Hooke, assim como vários outros físicos, tinha sugerido que corpos planetários eram atraídos pelo Sol por meio de "forças" invisíveis, mas nenhuma das análises anteriores sequer chegara perto do rigor matemático ou da profundidade científica que Newton trouxe para a decifração do enigma nos *Princípios*.[27] A animosidade entre Hooke e

---

lares em vários tecidos, sobretudo em material vegetal. No entanto, ainda que Leeuwenhoek e Hooke reconhecessem o trabalho de ambos, as observações de Malpighi e de Grew sobre anatomia celular foram basicamente ignoradas no século XVII. As ilustrações de Grew de células em caules de plantas foram relegadas à história, mas Malpighi, que viria a explorar a anatomia microscópica de tecidos animais, continua vivo graças a muitas estruturas celulares que carregam seu nome: entre elas, a camada malpighiana da pele e as células de Malpighi, do rim.

Newton foi se agravando ao longo de décadas, embora seja possível dizer que Newton riu por último. Segundo uma história muito difundida e ao que tudo indica apócrifa, o único retrato de Hooke desapareceu quando Newton supervisionou a mudança da Royal Society para suas novas instalações em Crane Court, em 1710, sete anos depois da morte de Robert Hooke — e não se deu ao trabalho de encomendar uma versão póstuma. O pioneiro da óptica, o homem que revelou um universo inteiro, é invisível para nós. Hoje não existe imagem ou retrato incontestável de Hooke.[28]

3. A célula universal: "A menor partícula deste pequeno mundo"

Pude ver com a maior clareza que era toda perfurada e porosa, muito parecida com um favo de mel, mas que os poros eram irregulares [...]. Esses poros, ou células [...] foram, na verdade, os primeiros poros microscópicos que vi na vida.[1]

Robert Hooke, 1665

Quando o microscópio foi aplicado à investigação da estrutura das plantas, a grande simplicidade de sua estrutura [...] necessariamente chamou a atenção.[2]

Theodor Schwann, 1847

Na história da biologia, vales de silêncio costumam suceder a picos de descobertas monumentais. A descoberta do gene por Gregor Mendel em 1865 foi seguida pelo que um historiador chamou de "um dos silêncios mais estranhos na história da ciência":[3] os genes (ou "fatores" e "elementos", como Mendel informalmente os chamava) deixaram de ser mencionados por quase quarenta anos, até serem redescobertos no começo da década de 1900. Em 1720, o médico londrino Benjamin Marten concluiu que a tuberculose — tísica, ou consunção, como era conhecida — era uma doença contagiosa do sistema respiratório, talvez transmitida por organismos microscópicos. Ele chamava os potenciais elementos contagiosos de "criaturas vivas maravilhosamente pequenas"[4] e *contagium vivum*, ou "contágio vivo".[5] (Note-se a palavra "vivo".) Marten quase se tornou o pai da microbiologia moderna, o que ele teria sido se aprofundasse suas descobertas médicas, mas só quase um século depois é que os microbiologistas Robert Koch e Louis Pasteur vincularam doença e putrefação à célula microbiana.

No entanto, olhando mais de perto esses vales da história, vemos que eles não são nem tão silenciosos, nem tão inativos. Representam períodos extraordinariamente fecundos, nos quais cientistas tentam entender ou aceitar a magnitude, a generalidade e a capacidade de explicação de uma descoberta. Essa descoberta é um princípio abrangente, universal de sistemas vivos, ou a idiossincrasia particular de uma galinha, de uma orquídea, de uma rã? Explica observações até então ininteligíveis? Há mais níveis de organização para além dela?

Parte da explicação desse vale de silêncio tem a ver com o tempo necessário para desenvolver instrumentos e sistemas-modelo para responder a essas perguntas. A genética teve que aguardar o trabalho do biólogo Thomas Morgan, que explorou a herança de traços em moscas-das-frutas nos anos 1920 para provar a existência física do gene, e, em última análise, o nascimento da cristalografia de raios X, a técnica usada na decifração da estrutura tridimensional de moléculas como o DNA, nos anos 1950, para entender o que são os genes em termos de forma física. A teoria atômica, enunciada pela primeira vez por John Dalton no começo dos anos 1800, teve que aguardar o desenvolvimento do tubo de raios catódicos em 1890 e as equações matemáticas necessárias para modelar a física quântica no começo do século XX para elucidar a estrutura do átomo. A biologia celular teve que aguardar a centrifugação, a bioquímica e a microscopia eletrônica.

Mas talvez exista uma resposta parecida nas mudanças conceituais, ou heurísticas, necessárias para passar da descrição de uma entidade — uma célula ao microscópio, um gene como unidade de hereditariedade — à compreensão de sua universalidade, organização, função e comportamento. As pretensões atomísticas são as mais audaciosas de todas: o cientista propõe a reorganização fundamental de um mundo em entidades unitárias. Átomos. Genes. Células. É preciso *pensar* na célula de maneira diferente: não como um objeto sob uma lente, mas como um lugar funcional onde ocorrem todas as reações químicas fisiológicas, como uma unidade organizacional para todos os tecidos, e como um ponto de encontro entre a fisiologia e a patologia. É preciso passar de uma organização contínua do mundo biológico para uma descrição que envolve elementos descontínuos, distintos, autônomos que unificam esse mundo. Em termos metafóricos, pode-se dizer que é preciso olhar além da "carne" (contínua, corpórea e visível) para imaginar "sangue" (invisível, corpuscular e descontínuo).

O período de 1690 a 1820 representa um desses vales na história da biologia celular. Depois da descoberta das células — ou das paredes celulares, para sermos exatos — por Hooke, multidões de botânicos e zoólogos apontaram seus microscópios para espécimes animais e vegetais, na tentativa de entender suas subestruturas microscópicas. Até morrer, em 1723, Antonie van Leeuwenhoek continuou debruçado sobre seus microscópios documentando elementos — "átomos vivos", como os chamava — do mundo invisível. A emoção do primeiro encontro com o mundo invisível jamais o abandonou (e, desconfio, jamais me abandonará).

No fim do século XVII e começo do século XVIII, microscopistas como Marcello Malpighi e Marie-François-Xavier Bichat perceberam que os "átomos vivos" de Van Leeuwenhoek não eram, necessária ou exclusivamente, unicelulares; em animais e plantas mais complexos, eles se organizavam em tecidos. O anatomista francês Bichat, em especial, distinguiu 21 (!) formas de tecido elementar, das quais os órgãos humanos eram construídos.[6] Tragicamente, ele morreu aos trinta anos, de tuberculose. E embora de vez em quando estivesse errado quanto às estruturas de alguns desses tecidos elementares, o fato é que Bichat empurrou a biologia celular na direção da histologia: o estudo de tecidos e de sistemas de células cooperantes.

Mais do que qualquer outro microscopista, porém, foi François-Vincent Raspail quem tentou elaborar uma teoria da *fisiologia* celular a partir dessas primeiras observações. No entanto, reconhecia ele, havia células, células em toda parte — em tecidos vegetais e animais —, mas, para entender por que existiam, elas tinham que estar *fazendo* alguma coisa.

Raspail acreditava no fazer. Esse botânico, químico e microscopista autodidata tinha nascido em 1794 em Carpentras, no departamento de Vaucluse, no sul da França.[7] Via-se como um livre-pensador iluminista, recusando-se a professar o catolicismo e dedicando-se a resistir à autoridade moral, cultural, acadêmica e política. Consentiu em ingressar em agremiações científicas, em sua opinião clubistas e antiquadas, e optou por não cursar faculdade de medicina. Raspail não pensou duas vezes antes de se envolver com sociedades secretas para libertar a França durante a Revolução dos anos 1830, o que resultou em seu encarceramento entre 1832 e o começo de 1840. Na prisão, ensinou aos outros presos noções de antissepsia, saneamento e higiene. Em 1846, voltou a ser julgado por envolvimento numa tentativa de golpe contra o governo — bem como por dar assistência médica a prisioneiros sem ser formado em medicina. Foi despachado para o exílio na Bélgica, embora os promotores se desculpassem pela decisão: "O tribunal hoje está diante de um cientista eminente, um homem que a profissão médica se sentiria honrada em ter como membro, se ele se dignasse a ingressar nela e aceitar um diploma da Faculdade de Medicina".[8] Bem a seu modo, Raspail recusou.[9]

E, no entanto, em meio a todas essas distrações políticas e sem formação oficial em biologia, entre 1825 e 1860 Raspail publicou mais de cinquenta artigos sobre os mais diversos assuntos, como botânica, anatomia, medicina legal, biologia celular e antissepsia. Além disso, dando um passo além em relação a seus antecessores, começou a investigar a composição, a função e a origem das células.

De que as células eram feitas? "Cada célula faz uma escolha seletiva no ambiente circundante, pegando apenas aquilo de que necessita", escreveu ele no final dos anos 1830, pressagiando um século de bioquímica celular.[10] "As células têm várias maneiras de escolher, resultando em diferentes proporções de água, carbono e bases que entram na composição de suas paredes. É fácil concluir que certas paredes celulares permitem a passagem de certas moléculas", prosseguiu, antecipando-se à ideia de uma membrana celular seletiva e porosa, a autonomia da célula, e também à noção de célula como unidade metabólica.

O que faziam as células? "Uma célula é [...] uma espécie de laboratório", sugeriu ele. Paremos um instante para refletir sobre o alcance desse pensamento. Partindo apenas de suposições básicas de química e de células, Raspail deduziu que a célula executa processos químicos para fazer tecidos e órgãos funcionarem. Em outras palavras, que *ela possibilita a fisiologia*. Ele concebia a célula como o local onde aconteciam as reações que sustentam a vida. Mas a bioquímica estava engatinhando, o que significava que a química e as reações que ocorriam no interior desse "laboratório" celular eram invisíveis para Raspail. Ele só podia descrevê-las como teoria. Como hipótese.

E, por fim, de onde vinham as células? Camuflado como epígrafe num manuscrito de 1825, Raspail formulou o aforismo latino *Omnis cellula e cellula*: "Toda célula procede de outra célula".[11] Não investigou isso mais a fundo, pois não dispunha de ferramentas ou de métodos experimentais para comprovar sua afirmação, mas já havia mudado a concepção fundamental do que a célula é e faz.

Almas pouco ortodoxas recebem recompensas pouco ortodoxas. Raspail, que desprezava tanto a sociedade como as sociedades, jamais foi reconhecido pelo establishment científico na Europa. Mas um dos mais extensos bulevares de Paris, que vai das Catacumbas a Saint-Germain, leva seu nome. Andando pelo Boulevard Raspail, passa-se por trás do Instituto Giacometti, com suas esculturas de homens solitários, esqueléticos, em pequenas ilhas de pedestal, perdidos em perenes pensamentos. Toda vez que ando pela rua, penso no relutante e intransigente pioneiro da biologia celular (embora Raspail, é bom lembrar, não fosse particularmente esquelético). O conceito de célula como laboratório da fisiologia dos organismos me volta à mente: cada célula que cresce em uma de minhas incubadoras é um laboratório dentro de um laboratório. As células T que vi sob o microscópio no laboratório de Oxford eram "laboratórios de vigilância", nadando em fluido para descobrir patógenos virais no interior de outras células. As células de esperma que Van Leeuwenhoek tinha visto sob seu microscópio eram "laboratórios de informação", coletando informações hereditárias de um macho, embrulhando-as em DNA e agregando um poderoso motor natatório que as conduzisse ao óvulo para reprodução. A célula, por assim dizer, está fazendo um experimento em fisiologia, passando moléculas para dentro e para fora, produzindo e destruindo substâncias químicas. É o laboratório de reações que possibilita a vida.

Em outra época, ou talvez em outro lugar, a descoberta de formas unitárias, autônomas, de matéria viva — células — poderia não ter causado tanto impacto na biologia. Mas desde o momento em que surgiu, a biologia celular entrou em choque com dois dos mais litigiosos debates sobre a vida que sacudiam a ciência europeia nos séculos XVII e XVIII. Ambos podem parecer enigmáticos hoje em dia, mas representavam duas das mais sérias contestações à teoria celular. Enquanto a disciplina emergia de sua nebulosa membrana fetal nos anos 1830, biólogos celulares tiveram que lidar com essas duas contestações — antes que sua disciplina pudesse amadurecer.

O primeiro debate foi provocado pelos vitalistas: um grupo de biólogos, químicos, filósofos e teólogos para quem os seres vivos não poderiam, em hipótese alguma, ser construídos com as mesmas substâncias químicas disseminadas pelo mundo natural. Teorias de vitalismo tinham existido desde a época de Aristóteles, mas a fusão do vitalismo com o Romantismo do fim do século XVIII produziu uma descrição extática da Natureza, permeada por um elã "orgânico" irredutível a qualquer matéria ou força química ou física. O histologista francês Marie-François-Xavier Bichat, nos anos 1790, e o fisiologista alemão Justus von Liebig, no começo dos anos 1800, foram vitalistas influentes. Em 1795, o movimento encontrou sua voz poética mais rica em Samuel Taylor Coleridge, que imaginava toda a "natureza animada" estremecendo de vida quando essa força vital fluía através dela, assim como a brisa pode ressoar numa harpa e produzir música irredutível a simples notas. Escreveu Coleridge: "E se toda a natureza animada/ For apenas harpas orgânicas dispostas de outra forma/ Que tremem de pensamento quando por elas sopra/ Plástica e vasta, uma brisa intelectual/ Ao mesmo tempo Alma de cada uma e Deus de todas".[12]

Tem que haver, necessariamente, uma marca divina que distinga os fluidos e os corpos dos seres vivos, sustentavam os vitalistas. O vento na harpa. Humanos não eram apenas aglomerados de reações químicas inorgânicas, "sem vida", e, mesmo que fôssemos feitos de células, elas próprias deviam também possuir esses fluidos vitais. Os vitalistas não tinham nenhum problema com as células propriamente ditas. A seu ver, um Criador divino que deu forma a todo o repertório de organismos biológicos no período de seis dias pode muito bem ter preferido construí-los a partir de blocos unitários (é muito mais fácil construir um elefante e um miriápode com os mesmos blocos, sobretudo se o pedido é urgente e você tem apenas seis dias para entregar a encomenda). O aspecto que interessava a eles era a *origem* das células. Alguns vitalistas afirmavam que células nasciam dentro de células, como os humanos dentro de úteros humanos; outros conjeturavam que as células "se cristalizavam" de forma espontânea a partir de fluido vital, como substâncias químicas que se cristalizam no mundo inorgânico — só que, nesse caso, era a matéria viva que gerava a matéria viva. Um corolário natural do vitalismo era a noção de "geração espontânea": que esse fluido vital que impregna todos os sistemas vivos era necessário e suficiente para criar vida a partir da própria vida. Incluindo células.

Contrapunha-se aos vitalistas um pequeno e sitiado grupo de cientistas que afirmava que as substâncias químicas vivas e as substâncias químicas naturais eram a mesma coisa, e que seres vivos eram provenientes de seres vivos — e não de maneira espontânea, mas nascendo e se desenvolvendo. No fim dos anos 1830, em Berlim, o cientista alemão Robert Remak examinou embriões de rã e sangue de galinha num microscópio. Esperava capturar o nascimento de uma célula, acontecimento particularmente raro no sangue de galinha, e, portanto, estava disposto a esperar. E a esperar. E então, num fim de noite, viu, sob seu microscópio, uma célula estremecer, crescer, inchar e se dividir em duas, dando origem a células "filhas". Nada menos do que um arrepio de euforia deve ter percorrido a espinha de Remak, pois ele encontrara a prova incontestável de que células em desenvolvimento surgem da divisão de células preexistentes — *Omnis cellula e cellula*, como Raspail tinha, de modo tão discreto, enfiado numa epígrafe.* Mas a observação pioneira de Remak foi amplamente ignorada: por ser judeu, o cargo de professor titular da universidade lhe estava vedado. (Um século depois, seu bisneto, distinto matemático, morreria no campo nazista de extermínio de Auschwitz.)

Os vitalistas continuaram a afirmar que as células coagulavam a partir de fluidos vitais. Para provar que eles estavam errados, os não vitalistas precisariam encontrar uma explicação para o surgimento das células — desafio que, segundo os vitalistas, jamais poderia ser superado.

O segundo debate que se estendeu ao longo do início dos anos 1800 era o da pré-formação: a ideia de que o feto humano já estava formado, embora em estado de miniatura, quando aparecia no útero depois da fertilização. A pré-formação teve uma história longa e pitoresca, cuja origem ao que tudo indica se baseia no folclore e no mito e foi adotada pelos primeiros alquimistas. Em meados da década de 1500, o médico e alquimista suíço Paracelso escreveu sobre mini-humanos "semitransparentes", "meio parecidos com um homem", que já estavam presentes

* O botânico alemão Hugo von Mohl também tinha visto células nascerem de células em meristemas de plantas. Tanto Remak como Virchow sabiam da obra de Von Mohl, obra essa que viria a ser ampliada por Theodor Boveri e Walther Flemming, entre outros, que descreveram os estágios da divisão celular em células de plantas e de ouriços-do-mar.

no feto. Alguns alquimistas estavam tão convencidos da preexistência de todas as formas humanas no feto que achavam que, ao chocar um ovo de galinha com esperma, seria gerado um humano plenamente formado, uma vez que as instruções para construí-lo a partir do zero já estavam presentes no espermatozoide. Em 1694, o microscopista holandês Nicolaas Hartsoeker publicou desenhos de humanos em miniatura no espermatozoide, já com cabeça, mãos e pés dobrados, como origamis, na cabeça do espermatozoide, que ele aparentemente tinha observado ao microscópio. O desafio para os biólogos celulares era provar que uma criatura complexa como um humano podia surgir de um ovo fertilizado *sem* que houvesse um molde pré-formado em seu interior.[13]

Foi a demolição das teorias do vitalismo e da pré-formação — e sua substituição pela teoria das células — que estabeleceu, com firmeza, a nova ciência e inaugurou o século da célula.

Em meados dos anos 1830, enquanto François-Vincent Raspail definhava na prisão e Rudolf Virchow ainda era um esforçado estudante de medicina, um jovem advogado alemão de nome Matthias Schleiden se sentia frustrado em sua profissão. Tentou, sem êxito, enfiar uma bala na cabeça, mas errou o tiro. Não tendo conseguido se matar, resolveu abandonar o direito para se dedicar à sua verdadeira paixão: a botânica.

Pôs-se então a estudar tecidos vegetais ao microscópio. Os instrumentos àquela altura já eram muito mais sofisticados do que os de Hooke ou de Van Leeuwenhoek, com lentes superiores e parafusos bem ajustados para alcançar pontos focais com extrema nitidez. Como botânico, Schleiden tinha curiosidade pela natureza dos tecidos vegetais e, ao examinar caules, folhas, raízes e pétalas, encontrou as mesmas estruturas unitárias que Hooke tinha descoberto. Os tecidos, escreveu ele, eram constituídos de aglomerados de minúsculas unidades poligonais, "um agregado de seres plenamente individualizados, independentes, separados, as células em si".[14]

Schleiden comentou suas descobertas com o zoólogo Theodor Schwann, que se tornaria parceiro fiel, solidário e colaborador pelo resto da vida. Schwann também observara que tecidos animais tinham um sistema de organização visível apenas ao microscópio: eles eram construídos, unidade por unidade, de células.

"Grande parte dos tecidos animais tem origem ou consiste em células",[15] escreveu Schwann num tratado de 1838. "A extraordinária diversidade na figura [de órgãos e tecidos] é produzida por diferentes modos de junção de simples estruturas elementares, as quais, apesar de apresentarem diferentes modificações, são essencialmente as mesmas, ou seja, *células*."[16] Complexos tecidos animais e vegetais eram construídos dessas unidades vivas — arranha-céus feitos de peças de Lego. Compartilhavam o mesmo sistema de organização. As células dos músculos, que lembravam fibras, *pareciam* totalmente diferentes de um glóbulo vermelho de sangue ou de uma célula hepática, mas, "ainda que apresentem diferentes modificações", escreveu Schwann, eram as mesmas: unidades vivas usadas para construir organismos vivos. Em todo tecido que Schwann minuciosamente examinara, havia unidades de vida menores: "as muitas caixinhas" que Hooke tinha descrito.

Schwann e Schleiden não haviam encontrado algo novo ou revelado uma propriedade desconhecida da célula. O que lhes trouxe fama não foi a novidade, mas a audácia do que afirmavam. Eles cotejaram a obra dos antecessores — Hooke, Van Leeuwenhoek, Raspail, Bichat e um médico-cientista holandês chamado Jan Swammerdam — e sintetizaram tudo numa tese radical. Perceberam que o que todos esses pesquisadores tinham descoberto não era uma propriedade especial ou peculiar de certos tecidos, ou de certos animais e plantas, mas um princípio vasto e universal da biologia.* O que *fazem* as células? Elas constroem organismos. Aos poucos, à medida que o alcance e a generalidade de

* À medida que historiadores da ciência aprofundam suas investigações sobre os primeiros anos da biologia celular, a posição de Schwann e Schleiden como os primeiros a explicar a teoria da célula vai se tornando mais nebulosa. Em particular, a obra pioneira do cientista Jan Purkinye (ou Purkinje, como é mais conhecido) e alguns de seus alunos, como Gabriel Gustav Valentin, parece ter sido mais ou menos ignorada. Parte disso talvez tenha sido subproduto do nacionalismo científico: Schwann, Schleiden e Virchow trabalharam na Alemanha e escreveram suas obras em alemão, tida como a linguagem erudita da ciência, enquanto Purkinje e seus alunos trabalharam em Breslau. Embora formalmente território prussiano, a cidade de modo geral era vista como um lugar atrasado, povoado basicamente por cidadãos poloneses. Em 1834, tendo adquirido um novo microscópio, Purkinje e Valentin fizeram várias observações de tecidos e enviaram um artigo ao Instituto de França afirmando que alguns animais e plantas eram construídos de componentes unitários. Ao contrário de Schwann e Schleiden, porém, não postularam um princípio abrangente e universal unindo toda a matéria viva.

suas afirmações ficavam evidentes, Schleiden e Schwann propuseram os dois primeiros dogmas da teoria da célula:

1. Todos os organismos vivos são compostos de uma ou mais células.
2. A célula é a unidade básica de estrutura e organização dos organismos.

No entanto, até Schwann e Schleiden pelejaram para entender a origem das células. Se animais e plantas eram construídos de unidades vivas autônomas e independentes, de onde vinham essas unidades? Afinal, as células de um animal tinham que ter surgido da primeira célula fertilizada, e nesse caso a célula devia ter sido ampliada milhões ou bilhões de vezes para construir o organismo. Qual era, portanto, o processo de surgimento e de multiplicação das células?

Tanto Schwann como Schleiden tinham sido alunos embevecidos do fisiologista Johannes Müller, a força singularmente dominante no rarefeito mundo das ciências biológicas alemãs. "Figura confusa, enigmática e transitória",[17] como a estudiosa das ciências Laura Otis o descreveu para mim, Müller era um cientista assombrado por contradições — preso, de um lado, à crença vitalista de que a matéria viva tinha propriedades especiais, mas também, por outro, numa busca constante de princípios científicos unificadores que governavam o mundo vivo.* Influenciado pela obsessão de Müller com princípios unificadores, Schleiden se voltou para o problema da origem das células. A única explicação que conseguia encontrar para suas descobertas microscópicas sobre células — para o fato de muitas unidades organizadas surgirem dentro de tecidos — era relacioná-las a um processo químico que também produzisse muitas unidades organizadas a partir de substâncias químicas — ou seja, a *cristalização*. As células só podiam surgir de um processo qualquer de cristalização num fluido vital, afirmara Müller, e Schleiden não conseguia discordar.

* O conflito interior de Müller ante o vitalismo se revelava em boa parte de seus escritos. Na introdução do influente *Elementos de fisiologia*, por exemplo, ele comentou sua incerteza sobre a vida surgindo de fluidos vitais e não de material inorgânico "ordinário": "Seja como for, é preciso, no entanto, admitir que o modo como os elementos são combinados em corpos orgânicos, bem como as energias que efetuam a combinação, é muito peculiar e não pode ser regenerado por nenhum processo químico". Johannes Müller, *Elements of Physiology*. Org. de John Bell. Trad. de William M. Baly. Filadélfia: Lea and Blanchard, 1843, p. 15.

No entanto, quanto mais Schwann estudava tecidos ao microscópio, mais se sentia tentado a derrubar essa teoria. Onde estavam os chamados cristais vivos? Em seu livro *Pesquisas microscópicas*, ele escreveu: "Comparamos o crescimento de organismos à cristalização [...]".[18] "Mas ela envolve muita coisa incerta e paradoxal."[19] Entretanto, apesar de paradoxal, nem mesmo Schwann conseguia abandonar a ortodoxia do vitalismo, apesar do que seus olhos lhe contavam. Ele sugeriu: "O principal resultado disso é que um princípio comum está por trás do desenvolvimento [...] mais ou menos como as mesmas leis governam a formação de cristais".[20] Por mais que tentasse, não conseguia entender como a célula nascia.

No outono de 1845, em Berlim, Rudolf Virchow, então com 24 anos e recém-saído da faculdade de medicina, foi chamado para atender uma mulher de cinquenta anos com extrema fadiga, abdômen inchado e baço palpável, crescido. Ele coletou uma gota de sangue da mulher e a examinou no microscópio. A amostra exibia um nível altíssimo de glóbulos brancos. Virchow chamou esse distúrbio de *leucocitemia*, depois apenas *leucemia* — uma abundância de glóbulos brancos no sangue.[21]

Caso similar tinha sido relatado na Escócia. Numa noite de março de 1845, o médico escocês John Bennett foi chamado com urgência para atender um pedreiro de 28 anos que estava morrendo de maneira misteriosa. "É de pele escura",[22] escreveu Bennett,

> no geral saudável e abstêmio; declara que vinte meses atrás foi afetado por uma grande apatia física, que continua até hoje. Em junho passado percebeu um tumor do lado direito do abdômen, que aumentou de maneira gradativa durante quatro meses, quando seu tamanho ficou estacionário.

Nas semanas seguintes, grandes tumores se desenvolveram nas axilas, nas virilhas e no pescoço do paciente. Na autópsia, semanas mais tarde, Bennett descobriu que o sangue do pedreiro estava repleto de glóbulos brancos. Sugeriu então que o paciente tinha morrido de infecção. "O caso a seguir me parece particularmente valioso",[23] escreveu Bennett, "servindo para demonstrar a existência de verdadeiro pus, formado em todo o sistema vascular." Uma "supuração de sangue" espontânea, definiu ele — mais uma vez retornando, implicitamente, como era hábito dos vitalistas, à geração espontânea. Mas não havia nenhum outro sinal de infecção ou inflamação em parte alguma, fato que deixou os médicos desnorteados.

O caso escocês foi tratado como curiosidade ou anomalia médica, mas Virchow, tendo visto com os próprios olhos uma versão dessa peculiaridade, ficou intrigado. Se Schwann, Schleiden e Müller estivessem certos no que dizia respeito ao papel da cristalização de fluidos vitais na formação das células, por que — ou como — milhões de glóbulos brancos haviam se cristalizado no sangue a partir do nada?

A origem dessas células continuou exigindo a atenção de Virchow. Ele não podia conceber que dezenas de milhões de glóbulos brancos se desenvolvessem do nada e sem razão alguma. Começou então a se perguntar se esses milhões de células brancas anormais não teriam vindo de outras células. As células eram até *parecidas* umas com as outras, com as células cancerosas uniformes e similares na aparência. Ele tinha conhecimento das observações de Hugo von Mohl sobre células vegetais, mostrando células que se dividiam para formar duas células-filhas. E havia Remak, é claro, a aguardar pacientemente ao lado do microscópio até ver células de rã e galinha surgirem de células. Mas se esse processo acontecia em plantas e animais, por que não no sangue humano? E se a leucemia que ele vira tivesse resultado de um processo fisiológico, a divisão celular, que havia fugido de controle? E se células disfuncionais gerassem células disfuncionais, e fosse esse nascimento de células constante e desregrado que causasse a leucemia?

Os temas da vida de Virchow até aquele momento tinham sido bastante consistentes: uma ânsia de conhecimento inquieta, implacável, e um ceticismo sobre opiniões aceitas e explicações ortodoxas. Em 1848, essa inquietação adquiriu uma dimensão política.[24] No início daquele ano, a Silésia fora vítima de uma grande escassez de alimentos; em seguida, uma epidemia letal de tifo tinha varrido a região. Espicaçados pela imprensa e pela indignação pública, os ministérios do Interior e da Educação tardiamente formaram uma comissão para investigar as causas. Virchow, um dos nomeados, viajou à Silésia, perto das bordas polonesas do Império prussiano (hoje em grande parte na Polônia). Durante as várias semanas que passou lá, começou a perceber que a patologia do Estado se tornara a patologia de seus cidadãos. Virchow escreveu um artigo contundente sobre a epidemia e o publicou na revista médica que havia pouco ajudara a fundar, *Arquivos de Anatomia Patológica e de Fisiologia e Medicina Clínica* (mais tarde renomeada *Arquivos de Virchow*).[25] A causa da doença, concluiu ele, não era só o agente infeccioso, mas também as décadas de desgoverno político e negligência social.[26]

Os escritos acusatórios de Virchow não passaram despercebidos. Ele foi rotulado de liberal — termo perigoso e pejorativo na Alemanha daquela época — e posto sob observação. Quando uma fulminante revolução populista tomou conta da Europa em 1848, Virchow saiu às ruas para protestar. Fundou outra publicação, *Reforma Médica*, na qual a convergência de suas convicções científicas e políticas foi usada como uma marreta contra o Estado.

Essas peraltices de um ativista radical — ainda que fosse um homem que se estabelecera como um dos mais brilhantes pesquisadores de sua geração — não eram bem recebidas pelos monarquistas. A rebelião foi esmagada, com eficiência brutal em algumas áreas, e Virchow recebeu ordem para renunciar a seu cargo no hospital Charité. Teve que assinar um documento declarando que restringiria seus escritos políticos, e em seguida foi despachado, com silenciosa desonra, para um instituto mais sossegado em Würzburg, onde pudesse ficar longe dos refletores — e de problemas.

É tentador conjeturar sobre os pensamentos que passavam pela cabeça de Virchow quando se mudou da animada e efervescente Berlim para a sonolenta e suburbana Würzburg. Se a revolução de 1848 trouxe alguma lição, foi que o Estado e seus cidadãos estavam ligados entre si. A soma era feita das partes, e as partes faziam a soma. A doença e o descaso em uma das partes poderiam se tornar uma doença difusa do todo, assim como uma única célula cancerosa poderia gerar bilhões de células malignas e desencadear uma enfermidade complexa e mortal. "O corpo é um Estado celular no qual cada célula é um cidadão",[27] escreveria Virchow. "A doença é apenas o conflito dos cidadãos do Estado provocado pela ação de forças externas."

Em Würzburg, isolado da agitação de Berlim e sua política, Virchow começou a formular dois princípios adicionais que alterariam o futuro da biologia celular e da medicina. Aceitou a convicção de Schwann e Schleiden de que todos os tecidos, de animais e plantas, eram feitos de células. Mas ele próprio não conseguiu acreditar que as células surgissem de forma espontânea de fluidos vitais.

Mas de onde vinham as células? Como no caso de Schwann e Schleiden, era a hora das máximas unificadoras, e Virchow estava preparado. Todas as provas tinham sido apresentadas por seus antecessores: ele só precisava pegar a coroa e colocá-la na cabeça. Essa característica de células surgindo de células não era verdadeira apenas para *algumas* células e *alguns* tecidos, declarou Virchow, mas para *todas* as células, sem exceção. Não se tratava de anomalia ou de peculiaridade, mas de propriedade universal da vida nas plantas, nos animais e nos humanos. A divisão de uma célula dava origem a duas, a de duas a quatro, e assim por diante. "*Omnis cellula e cellula*", escreveu ele — "toda célula procede de outra célula." A frase de Raspail se tornou o dogma central de Virchow.[28]

Não havia coalescência de células a partir de fluido vital ou do interior do fluido vital de uma célula individual. Não havia "cristalização". Tudo isso era fantasia: ninguém jamais observara nenhum desses fenômenos. Até então, três gerações de microscopistas tinham se debruçado sobre as células. E o que cientistas *tinham* observado era o nascimento de células de outras células — e isso, também, por divisão. Não era preciso invocar substâncias químicas especiais ou processos divinos para descrever a origem da célula. Uma nova célula vinha da divisão de uma célula anterior; isso era tudo. "Não existe vida",[29] escreveu Virchow, "que não seja por sucessão direta."

Células vinham de células. E a fisiologia celular é a base da fisiologia normal. Se o primeiro dogma de Virchow dizia respeito à fisiologia normal, o segundo era seu oposto; redefinia o entendimento da anormalidade pela medicina. E se as disfunções das células, começou ele a se perguntar, fossem responsáveis pelas disfunções do corpo? *E se toda patologia fosse patologia celular?* No fim do verão de 1856, Virchow foi solicitado a voltar para Berlim — com os pecados políticos da juventude perdoados, à luz de sua crescente proeminência científica. Pouco depois, ele publicou seu livro mais influente, *Patologia celular*, que reunia uma série de palestras feitas de início no Instituto de Patologia de Berlim na primavera de 1858.

Patologia celular explodiu no mundo da medicina.[30] Gerações de patologistas anatômicos tinham pensado nas doenças como o colapso de tecidos, órgãos e sistemas de órgãos. Virchow sustentava que eles tinham deixado de perceber a real fonte das doenças. Como as células eram os blocos unitários da vida e da fisiologia, raciocinava, as mudanças patológicas observadas em tecidos e órgãos doentes deveriam ser rastreadas de volta até as mudanças patológicas nas unidades do tecido afetado — em outras palavras, nas células. Para entender a patologia, os médicos precisavam procurar rupturas essenciais não só nos órgãos visíveis, mas em suas unidades invisíveis.*

As palavras "*função*" e "*disfunção*", seu oposto, eram cruciais: células normais "faziam" coisas normais para garantir a inviolabilidade e a fisiologia do corpo. Não eram apenas características passivas, estruturais. Eram atores, jogadores, empreendedores, trabalhadores, construtores, criadores — os principais funcionários da fisiologia. E quando essas funções de alguma forma eram perturbadas, o corpo adoecia.

Mais uma vez era a simplicidade da teoria que lhe dava força e alcance. Para entender a doença, não era necessário que o médico procurasse humores galênicos, aberrações psíquicas, histerias internas, neuroses ou miasmas — ou, de resto, a vontade de Deus. As alterações na anatomia ou os espectros de sintomas — as febres e os caroços do pedreiro, seguidos pela abundância de glóbulos brancos no sangue — poderiam ser rastreados de volta até alterações e disfunções nas células.

No fundo, Virchow tinha refinado a teoria da célula de Schwann e Schleiden, acrescentando três dogmas cruciais aos dois primeiros ("Todos os organismos vivos são compostos de uma ou mais células" e "A célula é a unidade básica de estrutura e organização dos organismos"):

* Virchow citou a obra de dois cirurgiões escoceses, John Hunter e seu irmão, William, bem como a de Giovanni Morgagni, patologista de Pádua. Autópsias realizadas pelos Hunter, por Morgagni e por uma série de outros patologistas e cirurgiões tinham revelado que, quando a doença atacava um órgão, havia descobertas patológicas inevitáveis e reveladoras na anatomia do tecido ou órgão afetado. Na tuberculose, por exemplo, os pulmões se enchiam de nódulos brancos, repletos de pus, chamados granulomas. Na insuficiência cardíaca, as paredes musculares do coração costumavam ser finas, de aparência desgastada. Virchow postulou que em cada um desses casos havia uma disfunção *celular* que era a verdadeira causa da doença. No nível microscópico, a insuficiência cardíaca era consequência da insuficiência *das células* do coração. Os granulomas repletos de pus da tuberculose eram consequência das reações *celulares* à doença micobacteriana.

3. Toda célula procede de outra célula (*Omnis cellula e cellula*).

4. Fisiologia normal é a função da fisiologia celular.

5. Doença, a perturbação da fisiologia, é o resultado da fisiologia perturbada da célula.

Esses cinco princípios formariam os pilares da biologia e da medicina celulares. Revolucionariam nossa compreensão do corpo humano como conjuntos dessas unidades. Completariam a concepção atomista do corpo humano, com a célula como sua unidade fundamental, "atômica".

A fase final da vida de Rudolf Virchow demonstra não apenas suas teorias sobre a organização social cooperativa do corpo — células trabalhando em conjunto com células —, mas também sua crença na organização social cooperativa do Estado: humanos trabalhando em conjunto com humanos. Mergulhado numa sociedade que se tornava cada vez mais racista e antissemita, ele defendia com veemência a igualdade dos cidadãos. A doença era um equalizador; a medicina não era concebida para discriminar. "A admissão a um hospital deve estar aberta a qualquer pessoa doente que esteja necessitando",[31] escreveu ele, "tenha dinheiro ou não, seja judia ou gentia."

Em 1859, Virchow foi eleito para a Câmara Municipal de Berlim (e, por fim, nos anos 1880, para o Reichstag). E começou a testemunhar na Alemanha o renascimento de uma forma maligna de nacionalismo radical que culminaria no Estado nazista. O mito central do que viria a ser chamado de superioridade racial "ariana", e de um país dominado por *Volk* "limpas" que eram louras, de olhos azuis e pele branca, já era uma patologia a se disseminar de forma nefasta pelo país.

A resposta de Virchow foi, como era de seu feitio, rejeitar as ideias aceitas e tentar restringir o mito cada vez mais influente da divisão racial: em 1876, começou a coordenar um estudo de 6,76 milhões de alemães para determinar cor de cabelo e tom de pele. Os resultados desmentiam a mitologia do Estado. Apenas um em cada três alemães trazia as marcas da superioridade ariana, enquanto mais de metade era uma mistura: algumas combinações de pele morena ou branca, ou de cabelo louro ou castanho e de olhos azuis ou castanhos. Das crianças judias, notavelmente, 47% traziam a mesma combinação de traços e 11% tinham cabelo louro e olhos azuis — indiscerníveis do ideal ariano. Ele publicou os dados em *Arquivo de Patologia*,[32] em 1886, três anos antes do nascimento, na Áustria, de um demagogo alemão que se revelaria um mestre na

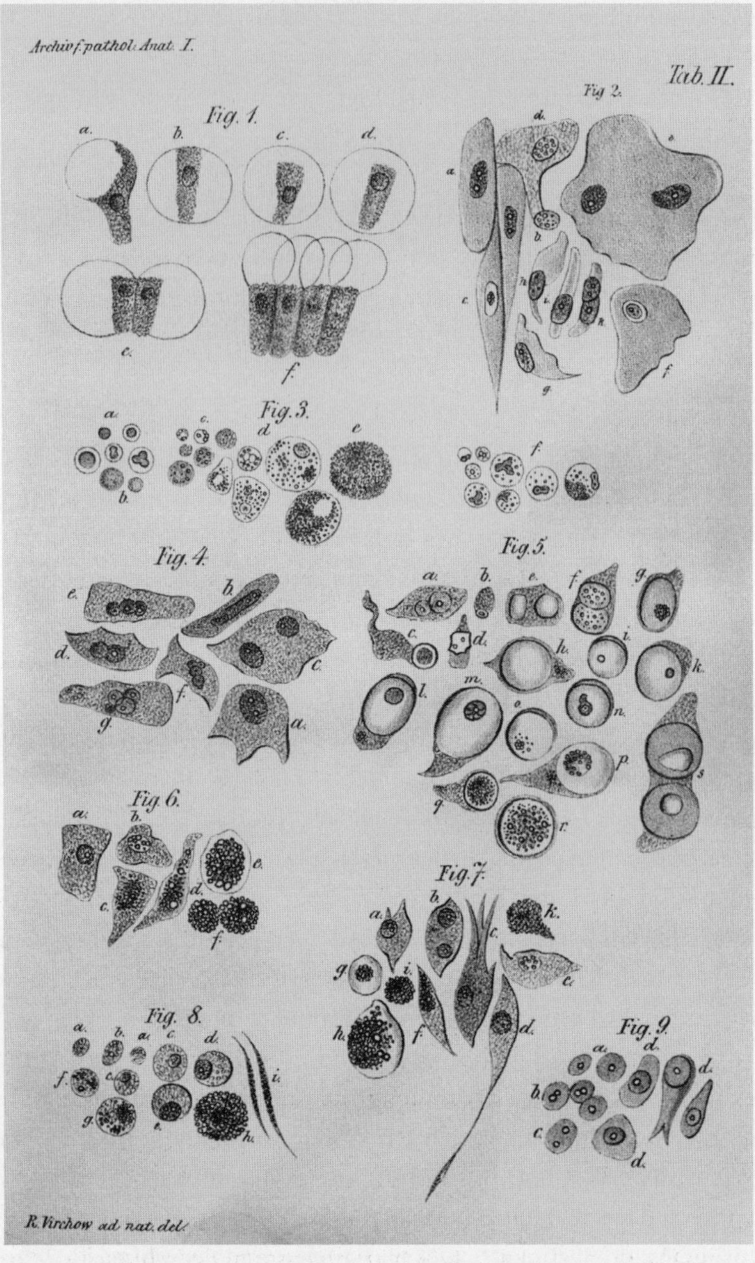

Desenho dos Arquivos de Virchow, c. *1847, que ilustra a organização de células e de tecidos. Notem-se os múltiplos tipos de células adjacentes ou aderentes na Figura 2. A Figura 3f mostra as várias células encontradas no sangue, entre as quais as células com grânulos e núcleo polilobulado (neutrófilos).*

fabricação de mitos e teria êxito, apesar dos dados científicos, em criar raças a partir de rostos, destruindo por completo as ideias de civilidade que Virchow tinha promovido de modo tão radical.

Virchow passou boa parte de seus últimos anos trabalhando em reforma social e saúde pública, com foco em sistemas de saneamento e na higiene das cidades. Deixou um luminoso (e extenso) rastro de documentos, cartas, palestras e artigos à medida que se metamorfoseava de médico em pesquisador, antropólogo, ativista e político. Mas são seus primeiros escritos — as reflexões de um jovem com uma curiosidade feroz em busca de uma teoria celular das doenças — que permanecem atemporais. Numa palestra profética em 1845, Virchow definiu a vida, a fisiologia e o desenvolvimento embrionário como consequências de atividade celular:

> A vida é, em geral, atividade celular. Começando com o uso do microscópio no estudo do mundo orgânico, estudos de grande alcance [...] mostraram que todas as plantas e todos os animais, no início [...] uma célula dentro da qual outras células se desenvolvem para dar origem a novas células que, juntas, passam por transformações e adquirem novas formas e, por fim [...] constituem o incrível organismo.[33]

Numa carta em resposta a um cientista que lhe perguntara sobre a base da doença, ele identificou a célula como o local de origem da patologia:

> Toda doença depende da alteração de um número maior ou menor de unidades celulares no corpo vivo, toda perturbação patológica, todo efeito terapêutico, só encontra sua explicação final quando é possível designar os elementos celulares vivos específicos envolvidos.[34]

Esses dois parágrafos — o primeiro propondo a célula como unidade de vida e fisiologia, e o segundo propondo a célula como o lócus de doenças da unidade — estão expostos num quadro em meu escritório. Ao pensar em biologia celular, terapias celulares e a construção de novos humanos a partir de células, a eles retorno inevitavelmente. São, por assim dizer, as melodias gêmeas que ressoam através deste livro.

* * *

No inverno de 2002, vi um dos casos médicos mais complicados de toda a minha carreira, no Hospital Geral de Massachusetts, em Boston, onde passei três anos como médico residente. O paciente, M. K., um jovem de 23 anos, padecia de uma pneumonia implacável, grave, que não respondia a antibióticos.[35] Pálido e engelhado, ele se encolhia na cama debaixo dos lençóis, molhado de uma febre que parecia aumentar e diminuir sem obedecer a padrão algum. Seus pais — ítalo-americanos e primos em segundo grau, como fiquei sabendo — se mantinham ao lado da cama, no rosto uma expressão de aturdimento, de vazio. O corpo do rapaz tinha sido tão arrasado por infecções crônicas que ele parecia ter doze ou treze anos. Os residentes juniores e os enfermeiros tinham dificuldade para encontrar nas mãos dele uma veia onde enfiar um cateter, e, quando me pediram para inserir um dispositivo intravenoso central de grosso calibre em sua jugular para administrar antibióticos e fluidos, foi como se minha agulha estivesse perfurando um pergaminho. A pele tinha uma aparência de papel, translúcida, e só faltou estalar quando a toquei.

M. K. tinha uma variante particular de imunodeficiência combinada grave,[36] na qual tanto as células B (glóbulos brancos que produzem anticorpos) como as células T (que matam células infectadas por micróbios e ajudam a montar uma resposta imunológica) são disfuncionais. Um grotesco jardim inglês de micróbios — alguns comuns, outros exóticos — crescia em seu sangue: *Streptococcus*, *Staphylococcus aureus*, *Staphylococcus epidermidis*, estranhas variedades de fungo e raras espécies bacterianas cujos nomes eu não conseguia sequer pronunciar. Era como se seu corpo tivesse sido transformado numa placa de Petri viva para micróbios.

Mas havia elementos no diagnóstico que não faziam sentido. Quando examinamos M. K., a contagem de suas células B estava bem abaixo do esperado, mas não chegava a ser alarmante. O mesmo ocorria com os níveis sanguíneos de anticorpos, os soldados de infantaria do sistema imunológico contra doenças. A ressonância magnética e a tomografia computadorizada não revelaram caroços ou massas que pudessem indicar doença maligna. Novos exames de sangue foram pedidos. Durante toda essa provação, a mãe do paciente permanecia com ele, de olhos vermelhos e calada, dormindo numa maca, e pondo-o para adormecer com a cabeça no colo todas as noites. Por que aquele jovem estava doente daquele jeito?

Estávamos deixando de perceber algum tipo de disfunção celular. No fim de uma fria noite de novembro, sentado à minha escrivaninha em Boston — um denso manto de neve tinha bloqueado as ruas; dirigir de volta para casa era correr o risco de escorregar em zigue-zague pelas ruas —, fui mentalmente eliminando as possibilidades. Precisávamos de uma dissecação sistemática, ao estilo de uma dissecação anatômica, de patologia celular; um atlas celular do corpo daquele paciente. Abri o livro de palestras de Virchow e reli algumas frases: "Todo animal se apresenta como a soma de unidades vitais [...] o que chamamos de indivíduo sempre representa um arranjo social de partes".[37] Toda célula, prosseguia ele, "tem sua própria ação especial, ainda que o estímulo venha de outras partes".

"Um arranjo social de partes." "*Toda célula* [...] *recebe seu estímulo de outra célula*." Imaginemos uma rede celular — uma rede social — na qual um nó rasga toda a rede. Imaginemos uma rede de pescador com um buraco numa parte crucial. Podemos encontrar um ponto aleatório de flacidez na borda e concluir que ali está a causa do problema. Mas deixaríamos de ver a verdadeira fonte — o epicentro — do mistério. Estaríamos dando atenção demais à periferia, quando era o centro que não segurava o rompimento.

Na semana seguinte, os patologistas levaram o sangue e a medula óssea do paciente para o laboratório e começaram a dissecar os subconjuntos de células, parte por parte, como se fizessem uma dissecação cirúrgica — uma "análise virchowiana", como eu a descreveria. "Ignorem as células B", recomendei. "Vamos examinar o sangue, célula por célula, e buscar o centro da rede flácida." Os neutrófilos que trafegavam pelo sangue e pelos órgãos, à procura de micróbios, estavam normais, assim como os macrófagos, outros glóbulos brancos com função semelhante. Mas quando contamos e analisamos as células T, a resposta saltou dos gráficos da página: eram gravemente baixas em número, imaturas no desenvolvimento e quase não funcionais. Tínhamos enfim localizado o centro da rede rompida.

As anormalidades em todas as outras células e o colapso da imunidade do jovem eram apenas *sintomas* dessa disfunção das células T: o colapso destas havia provocado uma reação em cadeia no sistema imunológico inteiro, fazendo toda a rede se desintegrar. Aquele jovem não tinha a variante de imunodeficiência combinada grave que constava em seu diagnóstico inicial. Era como uma máquina de Rube Goldberg que houvesse fugido do controle: um problema nas células T se tornara problema nas células B, acumulando-se até resultar no colapso total da imunidade.

Nas semanas seguintes, tentamos um transplante de medula óssea para restaurar a função imunológica de M. K. Acreditávamos que, uma vez enxertada a nova medula, poderíamos transferir para ele as células T funcionais de um doador para restaurar sua imunidade. Ele sobreviveu ao transplante. As células da medula voltaram a se desenvolver e sua imunidade se regulou. As infecções cederam e ele voltou a crescer. A normalidade celular tinha restabelecido a normalidade do organismo. Num exame de acompanhamento cinco anos depois, o rapaz continuava livre de infecções, com a função imunológica normalizada e com as células B e as células T de novo se comunicando.

Sempre que penso no caso de M. K. e me lembro dele no quarto de hospital — o pai se arrastando na neve até o North End de Boston em busca das almôndegas italianas favoritas do rapaz, e mais tarde encontrando-as intactas ao lado da cama, e a confusão e a perplexidade dos médicos fazendo anotações atrás de anotações repletas de pontos de interrogação —, penso também em Rudolf Virchow e na "nova" patologia que ele promoveu. Não basta localizar uma doença num órgão; é preciso entender quais *células* do órgão são responsáveis. Uma disfunção imunológica pode surgir de um problema com as células B, do mau funcionamento das células T ou de uma falha em qualquer das dezenas de tipos de célula que compõem o sistema imunológico. Por exemplo, pacientes com aids ficam imunocomprometidos porque o vírus da imunodeficiência humana (o HIV) mata um determinado subconjunto de células — as células T CD4 — que ajudam a coordenar a resposta imunológica. Outras imunodeficiências surgem porque as células B não conseguem produzir anticorpos. Em cada caso, as manifestações superficiais da doença podem se sobrepor, mas o diagnóstico e o tratamento da deficiência imunológica particular são impossíveis sem que se identifique a causa. E identificar a causa envolve dissecar um sistema de órgãos em termos da composição e da função de suas partes unitárias: as células. Ou, como Virchow me lembra diariamente: "Toda perturbação patológica, todo efeito terapêutico, só encontra sua explicação final quando é possível designar os elementos celulares vivos específicos envolvidos".

Para localizar o coração da fisiologia normal, ou da doença, é preciso olhar, primeiro, para as células.

4. A célula patogênica: Micróbios, infecções e a revolução dos antibióticos

Como os eremitas, os micróbios só precisam se preocupar com o alimento: nem a coordenação nem a cooperação com outros é necessária, embora alguns micróbios de vez em quando somem forças. Já as células num organismo multicelular, das quatro células em algumas algas aos 37 trilhões num humano, abrem mão de sua independência para se juntarem com tenacidade; assumem funções especializadas e cerceiam a própria reprodução por um bem maior, crescendo apenas o que precisam crescer para desempenhar suas funções. Quando se rebelam, o câncer pode surgir.[1]

Elizabeth Pennisi, *Science*, 2018

Rudolf Virchow não foi o único cientista a chegar ao entendimento das células pelo exame atento da patologia nos anos 1850. Os animálculos fazendo acrobacias sob o microscópio que Antonie van Leeuwenhoek observara quase dois séculos antes eram provavelmente seres vivos autônomos, unicelulares: micróbios. E, embora a ampla maioria desses micróbios seja inofensiva, alguns têm a capacidade de invadir tecidos humanos e desencadear inflamação, putrefação e doenças mortais. Foi a teoria dos germes — segundo a qual micróbios são células vivas independentes, capazes, em alguns casos, de provocar doenças humanas — que primeiro pôs a célula (no caso, a célula microbiana) em íntimo contato com a patologia e a medicina.

O vínculo entre células microbianas e doenças humanas surgiu da resposta a uma pergunta que ocupou cientistas e filósofos durante séculos: Qual é a causa da decomposição? A decomposição não era um problema apenas científico, mas também teológico. Em algumas doutrinas cristãs, acreditava-se que os corpos de santos e reis eram poupados da putrefação, em especial enquanto aguardavam o estado intermediário entre morte, ressurreição e ascensão aos céus. No entanto, como as taxas de decomposição de santos e pecadores pareciam não ser diferentes, havia uma dissonância teológica a ser resolvida: o agente da putrefação, fosse lá o que fosse, não estava se comportando de acordo com as leis de Deus. Era difícil conciliar um cadáver divino subindo aos céus com pedaços dele em decomposição sendo descartados como excesso de bagagem corporal.

Em 1668, Francesco Redi publicou um polêmico artigo intitulado "Experimentos sobre a geração de insetos".[2] Redi concluiu que larvas, um dos primeiros sinais de matéria em putrefação, só podiam surgir de ovos postos por moscas, e não do nada, mais uma vez contestando a doutrina vitalista de geração espontânea.[3] Quando ele cobria um pedaço de vitela ou de peixe com um fino véu de musselina, permitindo a entrada de ar, mas não de moscas, a carne continuava livre de larvas, ao passo que a mesma carne, exposta ao ar e a moscas, desenvolvia larvas em abundância. Teorias anteriores de *miasmata* determinavam que a decomposição da carne se dava de dentro para fora ou vinha de miasma flutuando no ar. Redi afirmou que essa decomposição ocorria quando células vivas (larvas) caíam do ar em cima da carne. "*Omne vivum ex vivo*", escreveu ele. "Toda vida procede da vida." O fundador da biologia experimental, como é conhecido, tinha, em resumo, enunciado uma declaração precursora da de Virchow, muito mais ousada. A vida vem da vida, propôs ele — apenas a um passo de distância da ideia de que células vêm de células.

Em 1859, em Paris, Louis Pasteur levou os experimentos de Redi mais longe.[4] Despejou caldo de carne cozida num frasco do tipo "pescoço de cisne" — redondo, com gargalo vertical dobrado em forma de S, como o pescoço da ave. Quando Pasteur deixou o frasco aberto, o caldo permaneceu estéril: micróbios existentes no ar não conseguiam passar com facilidade pela curva do "pescoço". Mas quando ele virou o frasco para expor o caldo ao ar, ou rachou o "pescoço", desenvolveu-se no caldo uma turva cultura de micróbios. Células bacterianas, concluiu Pasteur, eram transportadas no ar e na poeira. A putrefação, ou decomposição, não era causada pela decomposição interna de criaturas vivas — ou por alguma forma visceral de pecado interior. Na verdade, a decomposição só se dava quando essas células bacterianas pousavam no caldo.

À primeira vista, decomposição e doença talvez pareçam muito diferentes, mas Pasteur estabeleceu um vínculo crucial entre elas. Estudou infecções em bichos-da-seda, a decomposição do vinho e a transmissão de antraz em animais. Em todos esses casos, ele determinou que infecções surgiam não em consequência de partículas flutuantes de miasma ou de malfeitos divinos, mas por causa da invasão de micróbios — organismos unicelulares que entravam em outros organismos e causavam alterações patológicas e degeneração de tecido.

Em Wöllstein, Alemanha, Robert Koch, um jovem oficial subalterno, mas com formação médica, que trabalhava num laboratório improvisado, fez a teoria de Pasteur dar um salto radical para a frente.[5] No começo de 1876, ele aprendeu a isolar bactérias do antraz de vacas e ovelhas infectadas e visualizá-las ao microscópio.[6] Eram micróbios trêmulos, transparentes, em forma de bastão e, apesar da aparência frágil, potencialmente letais. As bactérias também podiam formar esporos redondos, dormentes, muito resistentes à dessecação ou ao calor; acrescidos de água ou introduzidos num hospedeiro suscetível, os esporos despertavam da dormência para a vida letal, gerando os bacilos em forma de bengala do antraz, que se multiplicavam em alta velocidade e desencadeavam a doença. Koch coletou uma gotícula de sangue de uma vaca infectada por antraz, transferiu-a para um pequeno corte na cauda de um camundongo feito com uma lasca de madeira estéril e esperou. Na história da biologia, mesmo hoje continua sendo um deslize incrível, ou inexplicável, o fato de que, até 1876, nenhum outro cientista tivesse experimentado transferir uma doença de um organismo para outro de forma sistemática e científica.

As bactérias do antraz expelem uma toxina venenosa que mata células. O camundongo desenvolveu lesões do antraz. Seu baço ficou escuro e inchado com células mortas, e os pulmões, esburacados com lesões negras semelhantes. Examinando o baço ao microscópio, Koch encontrou as mesmas bactérias trêmulas, em forma de bastão, fervilhando em seu interior, cercadas de milhões de células mortas de camundongo. Repetiu o experimento — inoculando um ca-

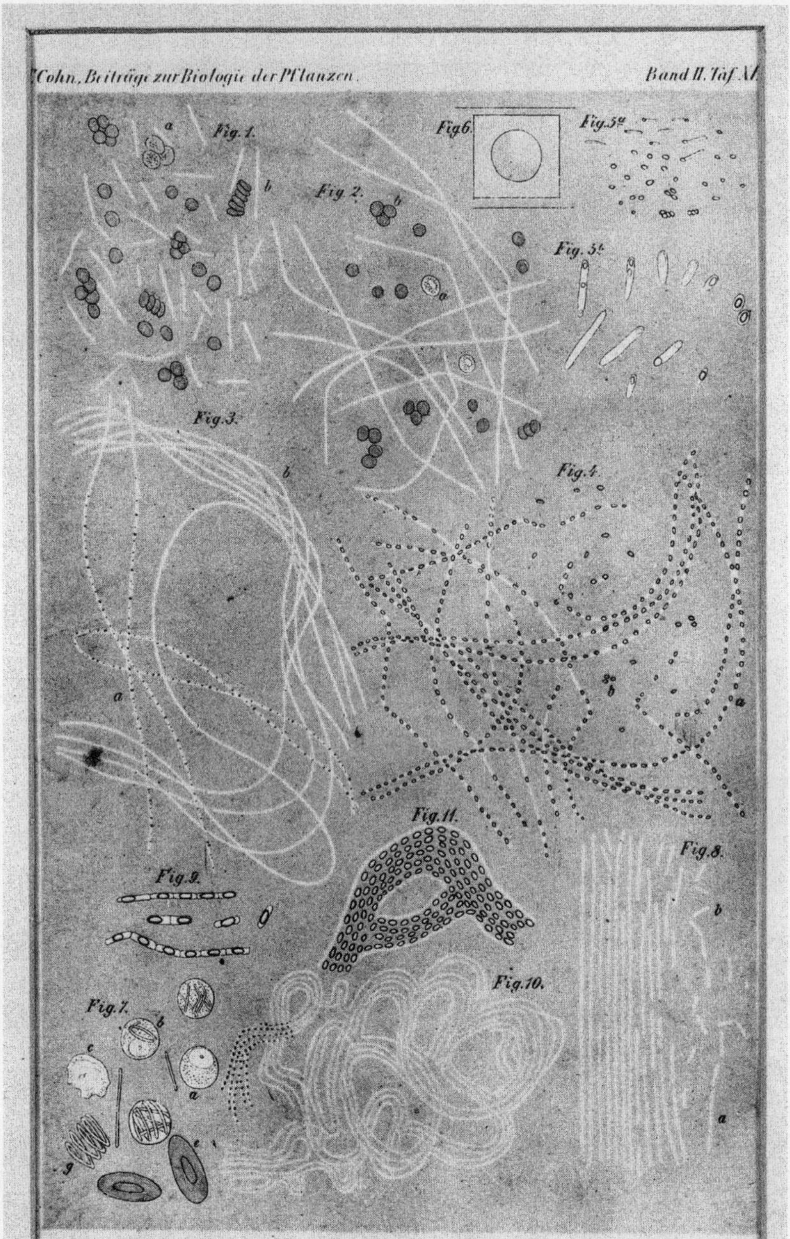

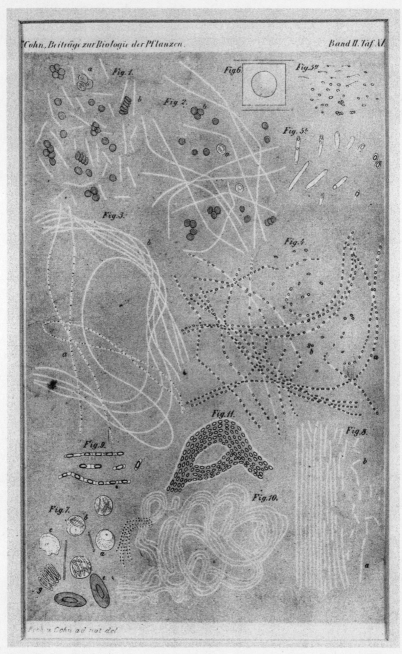

Desenho das observações sobre o Bacillus anthracis *feitas por Robert Koch. Notem-se as formas longas e filamentosas do bacilo, bem como os minúsculos esporos circulares.*

mundongo, colhendo o baço e transferindo uma gotícula para outro camundongo — vinte vezes. A cada vez, o camundongo recipiente desenvolveu antraz. O experimento final de Koch foi o mais complexo: ele criou uma câmara de vidro estéril e introduziu nela uma gotícula de líquido extraído do olho de um boi morto. Injetou um pedaço do baço de um camundongo infectado por antraz na gotícula. As mesmas bactérias em forma de bastão se desenvolveram densamente no fluido, com células microbianas escurecendo a gotícula.

O avanço dos experimentos de Koch foi constante e sistemático — quase como exercícios de precisão. Louis Pasteur tinha deduzido causalidade por associação: a decomposição do vinho estava associada a um excessivo crescimento de bactérias; a putrefação do caldo, ao contato com micro-organismos. Já Koch queria uma arquitetura de causalidade mais formal. Primeiro, isolou um micro-organismo de um animal doente. Em seguida, demonstrou que, ao introduzir o patógeno em animais saudáveis, provocava a mesma doença. Então isolou de novo o micróbio de animais inoculados, cultivou o organismo em forma pura numa cultura e mostrou que ele poderia recriar a doença. Como encontrar furos nessa lógica? "Em vista desse fato", escreveu ele em suas observações, "todas as dúvidas sobre se o *Bacillus anthracis* é mesmo a causa e o contágio do antraz simplesmente se calam."[7]

Em 1884, oito anos depois de ter concluído seus experimentos com antraz, Koch usou suas observações e experimentos para postular quatro dogmas de uma teoria de causalidade para doença microbiana. Para afirmar que um micróbio causa determinada doença (da maneira que, digamos, o *Streptococcus* causa a pneumonia ou o *Bacillus anthracis* causa o antraz), ele propôs o seguinte: (1) o organismo/célula microbiana tem que ser encontrado num indivíduo doente e não num indivíduo saudável; (2) a célula microbiana tem que ser isolada e cultivada a partir do indivíduo doente; (3) a inoculação de um indivíduo saudável com o micróbio cultivado deve recapitular as características essenciais da doença; e (4) o micróbio tem que ser reisolado do indivíduo inoculado e corresponder ao micro-organismo original.*

* Os postulados de causalidade de doença feitos por Koch, embora aplicáveis à maioria das doenças infecciosas, não levam em conta fatores do hospedeiro e não são aplicáveis com facilidade a doenças não infecciosas. Fumar, por exemplo, causa câncer de pulmão, mas nem todos os fumantes de cigarro o desenvolvem. Não se pode isolar a fumaça de cigarro de um paciente

Os experimentos de Koch, e seus dogmas, repercutiram de maneira profunda na biologia e na medicina, influenciando também o pensamento de Pasteur. E, no entanto, apesar de sua proximidade intelectual (ou talvez *por causa* dela), Koch e Pasteur desenvolveram uma acirrada rivalidade nas décadas seguintes. (Claro, a Guerra Franco-Prussiana, nos anos 1870, não incentivava particularmente a camaradagem científica entre franceses e alemães.) Os artigos de Pasteur sobre o antraz, publicados quase ao mesmo tempo que os de Koch, usavam o termo francês *bacteridia** quase com um prazer vingativo, referindo-se à terminologia de Koch numa obscura nota de rodapé: "O *Bacillus anthracis* dos alemães".[8] E Koch revidava o insulto científico com zombaria: "Até agora, a obra de Pasteur sobre o antraz não levou a coisa alguma", escreveu ele numa revista francesa em 1882.[9]

No fim das contas, a rixa científica entre eles era uma questão menor: Pasteur insistia em afirmar que, por repetidas culturas no laboratório, células bacterianas poderiam ser enfraquecidas em sua capacidade de provocar doenças, ou, no jargão da biologia, atenuadas. Ele pretendia usar o antraz atenuado como vacina: as bactérias enfraquecidas fortaleceriam a imunidade, mas sem causar a doença. De acordo com Koch, no entanto, atenuação era bobagem, pois os micróbios eram constantes em sua patogenicidade. Com o tempo, provou-se que os dois estavam corretos: alguns micróbios podem ser atenuados, enquanto outros são difíceis de modificar. Mas, no geral, as obras de Pasteur e de Koch deram novos rumos ao estudo da patologia. Elas demonstraram que células microbianas vivas e autônomas causavam tanto a putrefação como a doença — pelo menos em modelos animais e em culturas.

---

de câncer e transmitir a doença para um segundo paciente, apesar de os fumantes passivos poderem certamente desenvolver câncer de pulmão. O HIV sem dúvida causa aids, mas nem todo indivíduo exposto ao HIV é infectado e desenvolve aids, pois a genética do hospedeiro afeta a capacidade do vírus de penetrar nas células. Não se pode isolar um micróbio ou causa de pacientes com a doença neurodegenerativa esclerose múltipla (EM) ou transferir a doença para outro humano. Com o tempo, os epidemiologistas criariam critérios mais amplos para determinar a causalidade de doenças não infecciosas.

* O cientista francês Casimir Davaina também tinha observado micro-organismos em forma de bastão em espécimes de antraz, chamando-os de *bacteridia*. O uso do termo por Pasteur foi uma homenagem científica ao colega francês e uma esnobada nos alemães. Agnes Ullmann, "Pasteur--Koch: Distinctive Ways of Thinking About Infectious Diseases". *Microbe*, v. 2, n. 8, pp. 383-7, ago. 2007. Disponível em: <www.antimicrobe.org/h04c.files/history/Microbe%202007%20Pasteur-Koch.pdf>. Ver também Richard M. Swiderski, *Anthrax: A History* (Jefferson, NC: McFarland, 2004), p. 60.

* * *

Qual era, no entanto, a associação entre a putrefação causada por células microbianas e a doença *humana*? O primeiro indício de uma potencial ligação veio de um obstetra húngaro, Ignaz Semmelweis, que trabalhava como assistente numa maternidade vienense no fim dos anos 1840.[10] O hospital era dividido em duas alas: a primeira clínica e a segunda clínica. O parto, no século XIX, era quase tanto uma ameaça à vida como um jeito de trazer à vida. Infecções — febre puerperal — eram responsáveis por taxas de mortalidade materna pós-parto que iam de 5% a 10%. Semmelweis observou um padrão peculiar: em comparação com a segunda clínica, a primeira tinha uma taxa de mortalidade materna por febre puerperal significativamente mais alta. A notícia dessa discrepância, que a usina de fofocas e boatos espalhava por toda Viena, não era nenhum segredo. Mulheres grávidas suplicavam, adulavam ou se utilizavam de todo tipo de manipulação junto aos responsáveis para serem admitidas na segunda clínica. Algumas, de maneira sensata, até optavam pelo parto de rua — fora da clínica —, argumentando que a primeira clínica era um lugar muito mais perigoso para ter um bebê.

"O que protege essas mulheres que dão à luz fora da clínica dessas desconhecidas influências endêmicas destrutivas?", perguntava-se Semmelweis.[11] Era uma rara oportunidade de realizar um experimento "natural": duas mulheres, com o mesmo estado de saúde, entraram por duas portas do mesmo hospital. Uma saiu com um bebê saudável; a outra foi despachada para o necrotério. Por quê? Como um detetive que elimina possíveis culpados, Semmelweis fez mentalmente uma lista de causas, riscando uma por uma. Não era a superlotação, ou a idade materna, ou a falta de ventilação, ou a duração do parto, ou a proximidade entre os leitos.

Em 1847, o dr. Jacob Kolletschka, colega de Semmelweis, se cortou com um bisturi quando fazia uma autópsia. Logo após estava febril e séptico; Semmelweis não conseguiu deixar de notar que os sintomas de Kolletschka eram idênticos aos das mulheres com febre puerperal.[12] Ali, portanto, estava uma possível resposta: na primeira clínica trabalhavam cirurgiões e estudantes de medicina, que circulavam à vontade entre o departamento de patologia e a ala da maternidade — depois de realizar dissecações e autópsias iam direto para os partos. Já na segunda clínica trabalhavam parteiras, que não tinham contato com cadáveres e jamais realizavam autópsias. Semmelweis se perguntou se os estudantes e cirurgiões, que costumavam examinar mulheres sem usar luvas, não estariam transferindo alguma substância material — "material cadavérico", nas palavras dele — dos corpos em decomposição para o corpo de grávidas.

Ele insistiu para que os estudantes e cirurgiões lavassem as mãos com cloro e água antes de entrar na ala da maternidade. E passou a manter registros cuidadosos das mortes nas duas clínicas. O impacto foi espantoso, com a taxa de mortalidade na primeira clínica despencando 90%. Em abril de 1847, a taxa de mortalidade tinha sido de quase 20%: uma em cada cinco mulheres morria de febre puerperal. Em agosto, depois que a rigorosa higienização das mãos foi instituída, a mortalidade entre as novas mamães tinha caído para 2%.

Por mais espantosos que fossem os resultados, Semmelweis não conseguia vislumbrar uma explicação. Era sangue? Um fluido? Cirurgiões importantes de Viena não acreditavam na teoria dos germes e tampouco deram atenção à insistência de um assistente para que lavassem as mãos antes de entrar na ala da maternidade. Semmelweis foi intimidado e ridicularizado, preterido numa promoção e por fim demitido do hospital. A ideia de que a febre puerperal fosse, na verdade, uma "praga de médico" — uma doença iatrogênica, induzida por médicos — dificilmente agradaria aos professores vienenses. Decepcionado, ele escreveu cartas cada vez mais acusadoras para obstetras e cirurgiões em toda a Europa, os quais, sem exceção, o repudiaram como maníaco. Semmelweis acabou se mudando para a isolada Budapeste, onde sofreu um colapso mental. Internado num asilo, foi espancado por guardas, que lhe quebraram ossos e o deixaram com um pé gangrenoso. Ignaz Semmelweis morreu em 1865, muito provavelmente de sepse provocada pelos ferimentos; consumido, ao que tudo indica, por germes — a mesma substância "material" que ele tinha tentado identificar como causa de infecções.

Nos anos 1850, não muito tempo depois do infortúnio de Semmelweis e seu isolamento em Budapeste, um médico inglês de nome John Snow rastreava a trajetória de uma violenta epidemia de cólera na área do Soho, em Londres.[13] Snow não só via as doenças em termos de sintomas e tratamentos como também considerava a geografia e a transmissão fatores contribuintes: suspeitava que a epidemia se deslocava, de acordo com padrões específicos, através

Um dos desenhos originais de John Snow dos anos 1850 sobre os casos de cólera em torno da bomba da Broad Street, em Londres. A seta mostra o lugar da bomba (acréscimo do autor) e o número de casos por domicílio é assinalado pelo médico pela altura das barras (note-se o círculo em torno da área que Snow identificou, acréscimo do autor).

de determinados distritos e paisagens, o que poderia dar uma pista sobre sua causa. Snow então recrutou moradores locais para identificar tempo e local de cada caso. Em seguida, começou a rastrear a infecção recuando no tempo e no espaço, como se assistisse a um filme de trás para a frente — encontrando origens, fontes e causas.

A fonte, concluiu o médico, não era *miasmata* invisível flutuando no ar, mas a água de uma bomba específica na Broad Street, de onde a epidemia parecia ter se espalhado — ou melhor, fluído —, como as ondulações causadas por uma pedra jogada numa lagoa. Quando Snow desenhou um mapa da epidemia, assinalando cada caso de morte com uma barra, as barras cercavam a bomba. (Um mapa posterior, traçado nos anos 1960, com pontos marcando os casos, agora é mais conhecido da maioria dos epidemiologistas.) "Descobri que quase todas as mortes tinham ocorrido a uma distância pequena da bomba [da Broad Street]",[14] escreveu ele.

Houve apenas dez mortes em casas situadas sem dúvida mais perto de outra bomba de rua. Em cinco desses casos, as famílias das pessoas falecidas me informaram que sempre mandavam buscar água na bomba da Broad Street, por preferi-la à das bombas mais próximas. Em outros três casos, os mortos eram crianças que iam para a escola perto daquela bomba.

Mas qual era a substância transportada pela fonte contaminada? Em 1855, Snow tinha começado a examinar a água ao microscópio. Estava convencido de que era alguma coisa capaz de reprodução; alguma partícula com uma estrutura e função capazes de infectar e reinfectar humanos. Em seu livro *On the Mode of Communication of Cholera* [Sobre o modo de comunicação do cólera], ele escreveu: "Para que a matéria mórbida do cólera tenha a propriedade de reproduzir sua própria espécie, é preciso que ela tenha algum tipo de estrutura, muito provavelmente a de uma célula".[15]

Era um palpite perspicaz, em especial no uso da palavra "célula". Snow tinha, em essência, juntado parcialmente três teorias e campos da medicina distintos. O primeiro, a epidemiologia, tentava explicar os *padrões* de doenças humanas em conjunto. Como disciplina, a epidemiologia "pairava" sobre as pessoas — daí *epi* (sobre) *demos* (pessoas). Buscava compreender as doenças humanas em termos de sua transmissão em populações, sua ascensão e queda em incidência e prevalência, e sua presença ou ausência em determinadas distribuições geográficas ou físicas — a distância, digamos, da bomba da Broad Street. Em última análise, era uma disciplina concebida para avaliar riscos.

Mas Snow também tinha levado a teoria da epidemiologia na direção de uma teoria da patologia, do risco inferido para uma substância material. Alguma *coisa* — uma célula, nada menos — na água era a causa da infecção. A geografia, ou o mapa da doença, era só uma pista para sua causa primeira; era o indício de uma substância física movendo-se no tempo e no espaço, desencadeando a doença.

A teoria dos germes, o segundo campo, ainda engatinhando, propunha a noção de que as doenças infecciosas eram causadas por organismos microscópicos que invadiam o corpo e perturbavam sua fisiologia.

O terceiro era o mais audacioso: a teoria das células, segundo a qual o micróbio invisível causador da doença era, na verdade, um *organismo* vivo, independente — uma célula — que tinha contaminado a água. Snow não chegou a ver o bacilo do cólera ao microscópio. Mas compreendera instintivamente que os elementos causais tinham que ser capazes de se reproduzir no corpo, voltar à rede de esgoto e reiniciar o ciclo infeccioso. As unidades infecciosas tinham que ser entidades vivas capazes de copiar a si mesmas.

Ocorre-me agora, enquanto escrevo, que essa estrutura — germes, células, risco — ainda sustenta a arte do diagnóstico na medicina. Cada vez que vejo um paciente percebo que estou sondando a causa de sua doença com três perguntas elementares. Será um agente exógeno, como uma bactéria ou vírus? Será uma perturbação endógena de fisiologia celular? Será consequência de um risco particular — a exposição a algum patógeno, uma história de família ou uma toxina ambiental?

Anos atrás, quando era um jovem oncologista, conheci um professor até então saudável que de repente foi acometido por uma fadiga recorrente tão intensa que em certos dias não conseguia erguer os membros ou levantar da cama. Depois de muitas visitas a vários especialistas, tinha recebido diagnósticos de todas as doenças imagináveis: síndrome da fadiga crônica, lúpus, depressão, síndrome psicossomática e câncer oculto. A confusa lista continuava indefinidamente.

Todos os testes tinham dado resultado negativo, à exceção de um exame de sangue que indicava anemia crônica. Mas uma contagem baixa de glóbulos vermelhos é sintoma, e não causa, de doença. Enquanto isso, a fraqueza aumentava, implacável. Uma estranha erupção cutânea apareceu nas costas — outro sintoma sem causa. Poucos dias depois, o homem estava de volta à clínica, sem diagnóstico. Uma radiografia revelou um véu diáfano de fluido acumulado no espaço pleural de duas camadas que cerca os pulmões. Eu agora tinha certeza do que se tratava. Era câncer, claro, oculto todo aquele tempo. Introduzi uma seringa entre duas costelas, retirei uma pequena porção de fluido e a enviei para o laboratório de patologia. Eu estava convencido de que células cancerosas seriam encontradas no fluido e então fecharíamos o diagnóstico.

No entanto, antes de prescrever novos exames e biópsias para o paciente, eu precisava resolver umas duvidazinhas incômodas. Meu instinto se insurgia contra a certeza de meu próprio diagnóstico, e por isso o encaminhei para o melhor internista que conhecia (um homem esquisito, cabeça no mundo da lua, que às vezes quase parecia um médico anacrônico vindo de outro século. "Não se esqueça de cheirar o paciente", me aconselhara certa vez esse Proust da medicina, antes de citar uma lista de numerosas doenças que poderiam ser diagnosticadas só pelo cheiro; eu ficava em seu consultório, ouvindo e aprendendo, desconcertado).

Um dia depois, o médico internista me ligou.

Eu havia perguntado ao paciente sobre riscos?

Murmurei um vago "sim", mas percebi, constrangido, que tinha concentrado minha avaliação apenas no câncer.

Eu sabia que meu paciente tinha passado seus três primeiros anos de vida na Índia?, perguntou o médico internista. Ou que fora para lá várias vezes depois disso? Não me ocorrera perguntar. O homem me dissera que tinha morado em Belmont, Massachusetts, desde criança, mas não investiguei mais fundo para saber onde havia nascido ou quando se mudara para os Estados Unidos.

"E o senhor mandou o fluido pulmonar para o laboratório de bacteriologia?", perguntou o sagaz dr. Proust.

Àquela altura, meu rosto estava rubro.

"Por quê?"

"Porque está claro que é tuberculose reativada."

Felizmente, o laboratório tinha guardado metade do fluido que eu enviara. Em três semanas, desenvolveu-se nele *Mycobacterium tuberculosis*, o agente causal da tuberculose. O homem foi tratado com os antibióticos adequados e aos poucos se recuperou. Em alguns meses, todos os sintomas desapareceram.

O episódio foi uma lição de humildade. Até hoje, quando vejo um paciente com uma doença não diagnosticável, murmuro baixinho comigo mesmo, lembrando-me de John Snow e de meu amigo internista que gostava de cheirar pacientes. *Germes. Células. Risco.*

A aplicação médica da teoria dos germes foi transformadora. Em Glasgow, Escócia, em 1864, poucos anos depois que Louis Pasteur completara seus experimentos sobre putrefação (e mais de uma década antes de Robert Koch provar que micróbios causavam doenças em modelos animais), um jovem cirurgião chamado Joseph Lister deparou por acaso com artigos de Pasteur, *Recherches sur la putréfaction* [Pesquisas sobre a putrefação]. Numa ilação inspirada, fez a conexão entre a putrefação que Pasteur testemunhara em seu frasco de gargalo "pescoço de cisne" e as infecções cirúrgicas que via em suas enfermarias. Mesmo na Índia e no Egito antigos, médicos limpavam seus instrumentos por meio de fervura. No entanto, na época de Lister, os cirurgiões davam pouca atenção à possibilidade de contaminação por micróbio.[16] A cirurgia era uma prática incrivelmente insalubre, como se fosse concebida de propósito para contestar qualquer conhecimento histórico de higiene. Por exemplo, uma sonda cirúrgica coberta de pus retirada da ferida de um paciente era enfiada, sem esterilização, no corpo de outro. Na verdade, os cirurgiões usavam a frase "pus louvável", porque supunham que a presença de pus era parte do processo de cura. Se um bisturi caísse no piso sujo de sangue e pus de uma sala de operação, o cirurgião se limitava a limpá-lo em seu avental igualmente contaminado e, confiante, usava a mesma ferramenta no próximo paciente.

Lister resolveu ferver seus instrumentos numa solução que mataria os germes que, em sua opinião, causavam a infecção. Mas qual solução? Sabia que ácido carbólico era usado para remover o cheiro pútrido de esgoto e águas residuais; nesse caso, era provável que matasse os germes criadores dos miasmas em torno do esgoto, pensou ele. Dessa maneira, dando um salto inspirado depois de outro, começou a ferver nesse ácido seus instrumentos cirúrgicos. A taxa de infecções pós-operatórias despencou. Feridas cicatrizavam com rapidez e o choque séptico — a temida aflição de todo procedimento cirúrgico — diminuiu com rapidez entre os pacientes. De início, os cirurgiões resistiram à teoria de Lister, mas os dados se tornaram cada vez mais irrefutáveis. Como Semmelweis, Lister tinha transformado a teoria dos germes em prática médica.

Em pouco menos de um século, dos anos 1860 aos anos 1950, a esterilização, a higiene e a antissepsia, os únicos métodos estabelecidos para prevenir infecções, seriam largamente ampliadas pela invenção de medicamentos antibióticos que matavam células microbianas. Em 1910, o primeiro deles, um derivado do arsênico conhecido como arsfenamina, foi descoberto por Paul Ehrlich e Sahachiro Hata, que verificaram que ele conseguia matar micróbios que causavam a sífilis.[17] Logo surgiu uma abundância aparentemente ilimitada de antibióticos, entre eles a penicilina, uma substância química antibacteriana excretada por um fungo descoberto em placas de cultura por Alexander Fleming em 1928,[18] e o agente antituberculose estreptomicina, isolado de bactérias do solo por Albert Schatz e Selman Waksman em 1943.[19]

Os antibióticos, remédios que mudaram a face da medicina, em geral funcionam porque atacam alguma coisa que distingue uma célula microbiana da célula hospedeira. A penicilina mata enzimas bacterianas que sintetizam a parede celular, resultando em bactérias com "furos" nas paredes. As células humanas não têm esse tipo de parede celular, o que torna a penicilina uma bala mágica contra espécies bacterianas que dependem da integridade de suas paredes celulares.

Todo antibiótico potente — doxiciclina, rifampicina, levofloxacino — reconhece algum componente molecular de células humanas que difere de uma célula bacteriana. Nesse sentido, todo antibiótico é um "medicamento celular" — uma substância que, para funcionar, depende das distinções entre uma célula microbiana e uma célula humana. Quanto mais aprendemos sobre biologia celular, mais sutis são as distinções que descobrimos, e mais potentes os antimicrobianos que podemos aprender a produzir.

Antes de deixarmos os antibióticos e o mundo microbiano, reflitamos por um momento sobre distinções. Toda célula na Terra — o que equivale a dizer toda unidade de todo ser vivo — pertence a um de três domínios, ou ramos, inteiramente distintos de organismos vivos. O primeiro ramo compreende as bactérias: organismos unicelulares cercados de uma membrana que carecem de estruturas celulares específicas encontradas em células animais e vegetais e têm outras estruturas exclusivamente suas. (Essas diferenças é que servem de base para a especificidade das substâncias antibacterianas acima mencionadas.)

As bactérias são perturbadoras, ferozes e misteriosamente bem-sucedidas. Dominam o mundo celular. Pensamos nelas como patógenos — *Bartonella*, *Pneumococcus*, *Salmonella* —, porque algumas causam doenças. Mas nossa pele, nossas entranhas, nossa boca fervilham de bilhões de bactérias que não causam doença alguma. (O influente livro *I Contain Multitudes: The Microbes Within Us and a Grander View of Life* [Eu contenho multidões: Os micróbios dentro de nós e uma visão mais grandiosa da vida],[20] do divulgador científico Ed Yong, oferece uma visão panorâmica de nosso pacto íntimo e em geral simbiótico com as bactérias.) A rigor, as bactérias são ou inofensivas ou úteis. No intestino, ajudam a digestão. Na pele, alguns pesquisadores suspeitam que elas inibem a colonização por micróbios muito mais nocivos. Um especialista em doenças infecciosas certa vez me disse que os humanos eram apenas "malas bonitas para transportar bactérias pelo mundo".[21] Ele talvez tivesse razão.

A abundância e a resistência das bactérias são atordoantes. Algumas vivem em fontes hidrotermais oceânicas onde a água quase atinge a temperatura da ebulição: podem prosperar com facilidade dentro de uma chaleira fumegante. Outras se desenvolvem no ácido estomacal. Há, no entanto, as que vivem, com igual facilidade, nos lugares mais frios, onde a terra congela em tundra compacta e impenetrável dez meses por ano. São autônomas, móveis, comunicativas e reprodutivas. Dispõem de poderosos mecanismos de homeostase que mantêm seu meio interno. São eremitas autossuficientes, mas podem também cooperar com outras, para compartilhar recursos.

Nós — você e eu — habitamos um segundo ramo, ou domínio, chamado eucariota. A palavra "eucariota" é uma tecnicalidade: refere-se à ideia de que nossas células, e as dos animais, fungos e plantas, contêm uma estrutura especial, o núcleo (*karyon*, ou "noz", em grego). Esse núcleo, como logo veremos, é um ponto de armazenamento de cromossomos. As bactérias carecem de núcleos e são conhecidas como procariotas — ou seja, "antes dos núcleos". Em comparação com as bactérias, somos seres frágeis, débeis, mimados, capazes de habitar ambientes muitíssimo mais limitados e nichos ecológicos restritos.

E agora o terceiro ramo: arqueias. O que há de mais singularmente surpreendente na história da taxonomia talvez seja o fato de que todo um ramo de seres vivos tenha permanecido desconhecido até cerca de cinquenta anos atrás. Em meados dos anos 1970, Carl Woese, professor de biologia da Universidade de Illinois em Urbana-Champaign, usou a genética comparativa — a comparação de genes de vários organismos — para deduzir que havíamos classificado de maneira equivocada não só alguns micróbios misteriosos, mas um *domínio inteiro* da vida.[22] Durante décadas, Woese travou uma guerra vibrante, mas solitária e amarga, que o deixou à beira da exaustão. Não que a taxonomia não estivesse entendendo direito isto ou aquilo; ela estava deixando de perceber todo um domínio de seres vivos. As arqueias, afirmava Woese, não eram "quase como" bactérias, ou "quase como" eucariotas.[23] ("Quase como" é a versão taxonômica de um pai que diz ao filho: "Sai daqui, não chateia".)

Muitos biólogos renomados ridicularizaram ou simplesmente ignoraram o trabalho de Woese. Em 1998, o biólogo Ernst Mayr escreveu um artigo sobre ele impregnado de desdém professoral ("A evolução é questão de fenótipos [...]

e não de genes"), entendendo a história de maneira completamente errada.[24] Woese não estava contestando a evolução, e sim a taxonomia — que é, justamente, questão de genes. Um morcego e um pássaro podem ter quase as mesmas características físicas, ou fenótipos. É a diferença em seus *genes* que revela o segredo: que eles pertencem a diferentes grupos taxonômicos. A revista *Science* descreveu Woese como um "revolucionário marcado por cicatrizes".[25] Mas hoje, décadas depois, nós aceitamos, validamos e corroboramos sua teoria, de modo que as arqueias agora são classificadas como um terceiro domínio distinto de criaturas vivas.

À primeira vista, arqueias são parecidas com bactérias, em quase tudo. São minúsculas e carecem de algumas das estruturas associadas a células animais ou vegetais. Mas não há dúvida de que são diferentes de bactérias, ou de células de plantas, de animais ou de fungos. Na verdade, ainda sabemos relativamente pouco sobre elas. Como diz Nick Lane, biólogo evolucionista da University College London, em seu livro *Questão vital: Por que a vida é como é?*,[26] elas são os Gatos Risonhos do reino da vida: absolutamente essenciais para a história completa, porém marcando "sua presença apenas pela ausência" — em outras palavras, pelo fato de carecerem das características definidoras dos outros dois domínios, em parte porque só há pouco tempo começamos a estudá-las.

Essa divisão da vida em seus principais domínios nos leva de volta para mais uma distinção essencial na trajetória de nossa narrativa das células. Aqui, na verdade, duas histórias se cruzam. A primeira é a da biologia celular. Viajamos através de seu vasto território nesta primeira história: de Van Leeuwenhoek a Hooke visualizando células no fim dos anos 1600 à descoberta de tecidos e órgãos dois séculos depois; e da descoberta das bactérias como causa de putrefação e doença por Pasteur e Koch à síntese dos primeiros antibióticos por Ehrlich em 1910. Viemos das origens da fisiologia celular — o profético comentário de Raspail "Uma célula é [...] uma espécie de laboratório" — à desafiadora tese de Virchow de que a célula é o lócus tanto da fisiologia normal como da patologia.

Mas essa é a história da biologia celular, não a história da célula. Esta ultrapassa aquela em bilhões de anos. As primeiras células — nossos ancestrais mais simples, mais primitivos — surgiram na Terra de 3,5 bilhões a 4 bilhões de anos atrás, cerca de 700 milhões de anos após o nascimento do planeta. (Pensando bem, um período notavelmente curto; apenas cerca de um quinto da história terrestre se passara antes que seres vivos começassem a se reproduzir aqui.) Como essa "primeira célula" apareceu? Que aparência tinha? Biólogos evolucionistas lutam com essas perguntas há décadas. A célula mais simples — vamos chamá-la de "protocélula" — tinha que ser dotada de um sistema de informações genéticas capaz de se reproduzir. O sistema original de replicação da célula era quase com certeza feito de uma molécula parecida com uma fita chamada ácido ribonucleico, ou RNA. Na verdade, em experimentos de laboratório, substâncias químicas simples, deixadas em condições semelhantes às condições atmosféricas da Terra em seus primórdios, e presas dentro de camadas de barro, podem fazer surgir precursores de RNA e até fitas de moléculas de RNA.

Mas a transição de uma fita de RNA para uma molécula de RNA *que se replica* não é uma proeza evolutiva qualquer. Muito provavelmente foram necessárias duas dessas moléculas — uma para servir de molde (isto é, a portadora de informações) e a outra para fazer uma cópia do molde (isto é, a duplicadora).

Quando essas duas moléculas de RNA — molde e duplicadora — se encontraram, deu-se, talvez, o caso de amor mais importante e explosivo em toda a história de nosso planeta vivo. Mas os amantes tinham que evitar a separação; se as duas fitas de RNA se afastassem uma da outra, não haveria duplicação e, por extensão, não haveria vida celular. Assim, algum tipo de estrutura — uma membrana esférica — deve ter sido necessário para confinar esses componentes.

Esses três componentes (uma membrana, uma molécula portadora de RNA e outra duplicadora) podem ter definido a primeira célula.[27] Um sistema autorreplicante de RNA, se ficasse confinado numa membrana esférica, faria mais cópias de RNA dentro dos limites da esfera e cresceria aumentando a membrana.

A certa altura, acreditam os biólogos, o esferoide confinado numa membrana se dividiria em dois, cada qual portando o sistema duplicador de RNA.[28] (Em experimentos laboratoriais, Jack Szostak e seus colegas mostraram que uma simples estrutura esferoidal, contida numa membrana formada por moléculas de gordura, pode absorver mais moléculas de gordura, crescer e acabar se dividindo em duas.) E, depois disso, a protocélula daria início à sua longa marcha evolutiva até o progenitor da célula moderna. A evolução selecionaria traços cada vez mais complexos da célula, substituindo por fim RNA por DNA como portadora de informações.

As bactérias evoluíram a partir desse progenitor simples há cerca de 3 bilhões de anos, e continuam a evoluir.* As arqueias, ao que tudo indica, são pelo menos tão antigas quanto as bactérias, tendo surgido mais ou menos na mesma época — embora a data precisa ainda seja objeto de vigoroso debate —, e também continuam a existir e a evoluir hoje.

Mas que dizer das células não bacterianas, não arqueicas — em outras palavras, de *nossas* células? Há cerca de 2 bilhões de anos (mais uma vez a data precisa é objeto de discussão), a evolução deu uma guinada estranha e inexplicável. É quando uma célula que é o ancestral comum das células de humanos, de plantas, fungos, animais e amebas aparece na Terra. "Esse ancestral", como diz Lane,

> era reconhecível como célula "moderna", com uma refinada estrutura interna e um dinamismo molecular sem precedentes, tudo impulsionado por sofisticadas nanomáquinas codificadas por milhares de novos genes que são basicamente desconhecidos em bactérias.[29]

Novos indícios sugerem que essa célula eucariótica "moderna" surgiu *dentro* das arqueias.[30] Em outras palavras, a vida tem apenas *dois* domínios principais — bactérias e arqueias — e as eucariotas ("nossas" células) representam um sub-ramo mais ou menos recente das arqueias. Somos, talvez, a vida que veio por último, a serragem deixada pela fabricação dos dois principais domínios da vida.

Nas partes e nos capítulos que se seguem, vamos conhecer essa célula moderna. Entenderemos sua elaborada anatomia interna. Descobriremos seu "dinamismo molecular sem precedentes" que possibilita a reprodução e o desenvolvimento. Entenderemos como *sistemas* organizados de células — sistemas multicelulares com formas e funções especializadas — permitem a formação e a função de órgãos e de sistemas orgânicos, mantêm a constância do corpo, re-

* Este livro não cobrirá o terceiro grupo de seres celulares, as arqueias, limitando-se a uma breve menção a ele. Alguns biólogos sustentam que traços da célula moderna podem ser explicados por algum tipo de assembleia cooperativa entre bactérias e arqueias — mas se discute até que ponto a evolução da arqueia, ou de algum ancestral comum, contribui para a evolução de células portadores de núcleo — ou seja, das *nossas* células modernas. Essas discussões são essenciais para biólogos evolucionistas que exploram os primórdios da história da vida, mas estão fora do âmbito deste livro.

param tornozelos quebrados e combatem a deterioração. E contemplaremos um futuro no qual esse conhecimento será usado para desenvolver medicamentos que tentem construir partes funcionais dos novos humanos para remediar ou curar doenças.

Mas há uma pergunta à qual não responderemos e talvez não possamos responder. A origem da célula moderna é um mistério evolutivo. Ela parece ter deixado apenas vaguíssimas impressões digitais de sua ancestralidade ou de sua linhagem, sem qualquer traço de um primo em segundo ou terceiro grau, sem pares próximos o suficiente que ainda vivam, sem formas intermediárias. É o que Lane chama de "vazio inexplicado [...] o buraco negro no coração da biologia".[31]

Logo passaremos para a anatomia, a função, o desenvolvimento e a especialização da moderna célula eucariótica. Mas é essa segunda história — da origem de nossas células — que nem este livro nem a ciência evolutiva sabem contar por completo.

PARTE II

O UNI E O MULTI

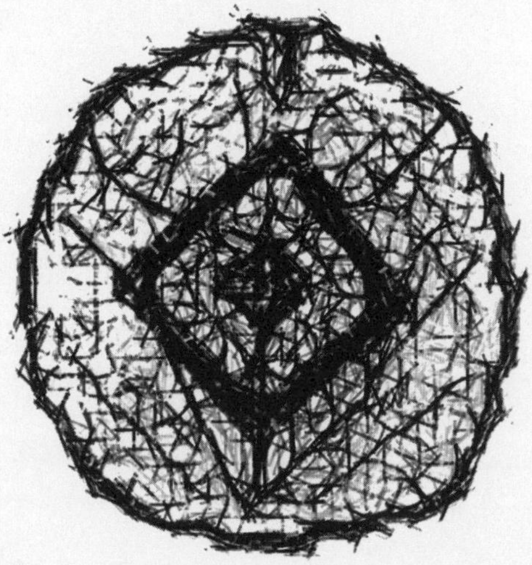

As palavras "organismo" e "organizado" têm a mesma raiz. Ambas vêm do grego "organon" (mais tarde do latim "organum"), "instrumento" ou "ferramenta", ou mesmo um método de lógica, projetado para se conseguir alguma coisa. Se a célula é a unidade básica da vida — a ferramenta viva que forma o organismo —, então ela foi "projetada" para fazer o quê?

Bem, primeiro ela evoluiu para ser autônoma, para sobreviver como unidade viva independente. Essa autonomia depende, por sua vez, de organização — da anatomia interior da célula. A célula não é uma gota de substâncias químicas; tem dentro de si estruturas, ou subestruturas, distintas, que possibilitam seu funcionamento independente. As subunidades são projetadas para fornecer energia, descartar resíduos, armazenar nutrientes, isolar produtos tóxicos e manter o meio interno da célula. Em segundo lugar, a célula é projetada para se reproduzir, de modo que possa dar origem a todas as outras células que povoam o corpo do organismo. E por fim, para os organismos multicelulares, a célula (ou pelo menos a primeira célula) é projetada para se diferenciar e se desenvolver em outras células especializadas, de modo que várias partes do corpo — tecidos, órgãos, sistemas de órgãos — possam ser formadas.

*Estas são, portanto, algumas das primeiras e mais importantes propriedades da célula: autonomia, reprodução e desenvolvimento.**

Durante séculos, vimos essas características fundamentais como inexpugnáveis. A anatomia interior da célula e sua homeostase interna eram, digamos, interiores e internas — caixas-pretas. A reprodução e o desenvolvimento se davam dentro do útero — outra caixa-preta. Mas, à medida que aprofundamos nosso entendimento da célula, descobrimos que somos capazes de abrir essas caixas-pretas e alterar as propriedades fundamentais de unidades vivas. Podemos reparar uma subunidade de célula que tenha um defeito de funcionamento — e, em caso afirmativo, até que ponto? Podemos construir uma célula com um meio interno diferente, subestruturas diferentes e, por conseguinte, propriedades diferentes? E se possibilitarmos a reprodução humana fora do útero, como já fazemos, esse embrião criado artificialmente será suscetível à manipulação genética? Quais são, portanto, os limites permissíveis, e quais são os perigos de adulterar as propriedades primeiras e fundamentais da vida?

* Em organismos unicelulares, pode-se pensar em "desenvolvimento" como a maturação do organismo. A maturação de organismos microbianos unicelulares já está bem estabelecida. Em organismos *multicelulares*, o desenvolvimento é mais complexo. É uma combinação da multiplicação de células, sua maturação, seu movimento para locais distintos, sua associação com outras células e sua formação de estruturas especializadas com funções especializadas para formar órgãos e tecidos.

5. A célula organizada: A anatomia interior da célula

Deem-me uma vesícula orgânica [célula] dotada de vida, e eu lhes darei de volta todo o mundo organizado.[1]

François-Vincent Raspail

A biologia celular finalmente torna possível um sonho secular: o da análise das doenças no nível celular, primeiro passo para o controle final.[2]

George Palade

"A célula", propôs Virchow em 1852, "é uma unidade fechada de vida que traz em si [...] as leis que governam sua existência."[3] Para começar, uma unidade viva confinada, autônoma — uma "unidade fechada" que traz em si as leis que governam sua existência — precisa ter um limite.

É a membrana que define a fronteira; os limites exteriores do eu. Corpos são confinados por uma membrana multicelular: a pele. Assim é também a psique, por outra membrana: o eu. Da mesma forma, casas e países. Definir um meio interno é definir sua borda — um lugar onde o dentro acaba e o fora começa. Sem uma borda, não existe eu. Para *ser* uma célula, para existir como célula, ela precisa se distinguir de seu não eu.

Mas o que é a fronteira de uma célula? Onde uma célula acaba e outra começa? Ela também começa e acaba com uma membrana que a envolve.

A membrana apresenta um lugar de paradoxos. Se for hermeticamente selada, não deixando entrar nem sair nada, ela preservará a integridade de seu interior. Mas como, então, uma célula conseguiria lidar com os inevitáveis requisitos — e problemas — de viver? Uma célula precisa de poros para permitir que nutrientes entrem e saiam. Precisa de receptores para que mensagens de fora cheguem e sejam processadas. E se o organismo estiver faminto e a célula precisar conservar alimento e suspender o metabolismo? Uma célula precisa expelir resíduos — mas onde, e como, abrir uma escotilha para se livrar deles?

Toda abertura desse tipo é uma exceção à regra da integridade; afinal, uma porta para fora é também uma porta para dentro. Vírus ou outros micróbios podem aproveitar as rotas de absorção de nutrientes ou de eliminação de resíduos para entrar numa célula. A porosidade, em suma, representa um traço essencial da vida — mas também uma vulnerabilidade essencial da vida. Uma célula fechada é uma célula morta. Mas romper o selo da membrana com portas expõe a célula a possíveis danos. A célula precisa das duas coisas: ser fechada para o exterior, mas aberta para o exterior.

Mas de que são feitas as membranas das células? Nos anos 1890, Ernest Overton, fisiologista (e, aliás, primo de Charles Darwin), mergulhou várias células em centenas de soluções contendo diversas substâncias. Ele notou que as substâncias químicas solúveis em óleo tendiam a penetrar na célula, enquanto as insolúveis em óleo não conseguiam. A membrana celular devia ser uma camada oleosa, concluiu Overton,[4] apesar de não conseguir explicar direito de que maneira uma substância como um íon ou açúcar, insolúvel em gorduras, entrava ou saía de uma célula. Suas observações aprofundaram o mistério. A membrana da célula era grossa ou fina? Era feita de uma camada de moléculas de gordura (chamadas lipídios)* alinhadas numa fila única, ou era uma estrutura com múltiplas camadas?

Um estudo criativo de autoria de dois fisiologistas lançou uma luz sobre a

* Os componentes foram depois subclassificados. Os mais abundantes eram tipos particulares de lipídio que transportavam uma molécula carregada — fosfato — como sua "cabeça" e uma longa tira de carbono como sua "cauda". Moléculas adicionais, como o colesterol, também foram encontradas embutidas na membrana de lipídio.

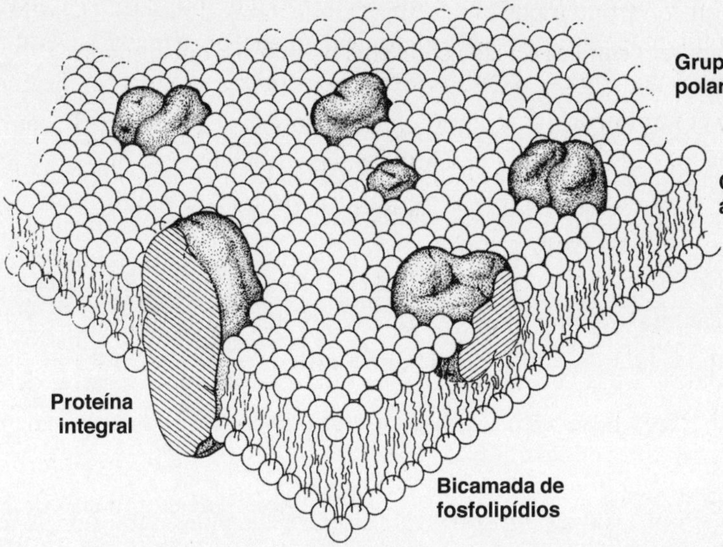

Modelo esquemático da estrutura de uma membrana celular. Notem-se a dupla camada de lipídios com cabeças redondas voltados para fora e para dentro e uma longa cauda no meio. A cabeça representa um fosfato carregado, solúvel em água (por isso voltado para dentro e para fora), enquanto a cauda, presa ao fosfato, é uma longa fita de moléculas de carbono e hidrogênio insolúveis em água (por isso voltadas para dentro da camada dupla acima e abaixo). As estruturas tipo bolha flutuando na membrana são proteínas como canais, receptores e poros.

estrutura topológica da membrana celular. Nos anos 1920, Evert Gorter e François Grendel extraíram toda a gordura da superfície de um número exato de glóbulos vermelhos, espalharam as moléculas numa camada única e calcularam sua superfície.[5] Em seguida, determinaram a superfície das células de onde as membranas tinham sido removidas. A superfície dos lipídios extraídos era quase duas vezes o total da superfície dos glóbulos vermelhos.

Esse número indicava uma verdade inesperada: uma membrana celular tem que ter duas camadas de lipídio. É uma *bicamada* lipídica. Imaginemos, por exemplo, duas folhas de papel coladas uma na outra e depois arranjadas na forma de um objeto tridimensional — digamos, um balão. Se o balão é a célula, então as duas folhas de papel formam a membrana celular em duas camadas.

A peça final do quebra-cabeça — de que maneira moléculas como açúcar ou íons passam pela bicamada lipídica para dentro e para fora, e como a célula se comunica com o exterior — foi encontrada em 1972, quase cinquenta anos depois dos experimentos de Gorter e Grendel. Dois bioquímicos, Garth Nicolson e Seymour Singer, propuseram um modelo no qual proteínas eram embutidas, como escotilhas, ou canais, atravessando a membrana celular.[6] A bicamada lipídica não era uniforme nem monótona; era porosa de propósito. Proteínas, flutuando na membrana e se estendendo de dentro para fora, permitiam que as moléculas permeassem a membrana e que outras proteínas e moléculas se ligassem ao lado de fora da célula.

Percebendo a estrutura em mosaico da membrana, com múltiplos componentes associados, Nicolson e Singer a chamaram de modelo de mosaico fluido da membrana celular — modelo esse que a microscopia eletrônica mostrou estar correto.

É mais simples, talvez, imaginar que se entra e explora o interior de uma célula como um astronauta explora em imaginação uma nave espacial que não conhece. De longe, é possível ver os contornos externos da nave espacial/célula: a esfera alongada e cinza-clara de um oócito, ou o disco carmesim de um glóbulo vermelho.

Ao nos aproximarmos da membrana celular, começamos a ver com mais clareza sua camada externa. Balançando nessa superfície fluida há proteínas. Algumas podem ser receptoras de sinais, ao passo que outras podem funcionar como cola molecular para prender uma célula na outra. Algumas podem ser canais. Com sorte, veremos um nutriente ou um íon passar pelo poro para dentro da célula.

E agora nós, também, podemos "subir a bordo" da nave. Podemos mergulhar através do casco — ou seja, na membrana em bicamada, passando com rapidez pelo espaço entre as duas camadas, de apenas dez nanômetros de espessura, ou um décimo de milésimo da espessura de um fio de cabelo humano — e emergir lá dentro.

Olhemos à nossa volta e acima: agora a lamela interna da membrana celular estará em cima de nós como a superfície fluida do oceano vista de dentro da água. Veremos também as partes internas das proteínas penduradas lá em cima, como a parte inferior de boias.

De início, podemos nadar no fluido interno da célula, chamado de protoplasma, citoplasma ou citosol. Protoplasma é o "fluido vital" que biólogos do século XIX descobriram em células vivas e em criaturas vivas.* Embora muitos biólogos celulares tivessem notado a existência de um fluido dentro da célula, Hugo von Mohl foi o primeiro a usar o termo, nos anos 1840. O protoplasma é uma sopa inimaginavelmente complexa de substâncias químicas. É espesso e coloidal em alguns lugares; aguado em outros.** É a geleia mãe que sustenta a vida.

Por quase meio século depois da obra de Von Mohl sobre o protoplasma nos anos 1840, biólogos celulares pensavam na célula como um balão líquido cheio de fluido informe. Mas a primeira coisa que se pode notar, uma vez dentro dela, é que o citoplasma tem um "esqueleto" molecular que mantém a forma da célula, assim como um esqueleto ósseo mantém a forma de um organismo.*** Esse andaime, o citoesqueleto, é composto basicamente de filamentos de uma proteína em formato de corda chamada actina e de estruturas tubulares criadas por uma proteína de nome tubulina.**** Ao contrário dos ossos, porém, essas estruturas que lembram cordas cruzando a célula não são nem estáticas nem

* Na verdade, o protoplasma é tão importante que nos anos 1850 ocorreu um intenso debate sobre se ele — e não a célula — deveria ser descrito como base unitária da vida; a célula seria apenas um recipiente que o sustentava. O biólogo celular alemão Robert Remak foi um dos maiores entusiastas dessa ideia. No fim das contas, os teóricos da célula venceram, enquanto os "protoplasmistas" admitiram uma posição moderada, afirmando que, apesar da primazia da célula, toda célula contém esse fluido vital. A descoberta de muitas outras organelas dentro do protoplasma pode ter enfraquecido a noção de que ele era o único elemento necessário e suficiente para a construção de um organismo.

** As variações nas propriedades físicas do protoplasma — aguado, semifluido ou semelhante a uma densa gelatina — passaram a constituir, recentemente, uma área de pesquisa de grande interesse. Acumulações em gotículas de substâncias químicas suspensas dentro da célula podem atuar como o lugar de reações bioquímicas específicas. A importância dessas "fases" (como são chamadas) definidas em muitas reações críticas está bem estabelecida e sendo explorada por outros.

*** Em 1904, o botânico Nikolai Kolstov foi um dos primeiros a sugerir que o protoplasma tinha uma dessas estruturas internas organizadas. Com o tempo se provaria que Kolstov estava correto, quando os vários elementos do citoesqueleto foram observados por meio de potentes microscópios.

**** Outras proteínas também contribuem para o esqueleto celular. Um terceiro tipo de proteína, chamado de filamento intermediário, também faz parte do citoesqueleto em algumas células. Há mais de setenta tipos diferentes de proteína que compõem vários filamentos intermediários.

apenas estruturais. Formam um sistema interno de organização. O citoesqueleto amarra os componentes da célula e é requisito para a movimentação dela. Um glóbulo branco, quando se aproxima, sorrateiro, de um micróbio, usa filamentos de actina, entre outras proteínas, para empurrar suas antenas para a frente — coagulando e descoagulando sua parte dianteira como o movimento ectoplásmico de um alienígena.[7]

Presas ao citoesqueleto, ou flutuando no fluido protoplásmico, existem milhares de proteínas que possibilitam reações vivas (respiração, metabolismo, eliminação de resíduos). Ao nadar pelo protoplasma, temos certeza de encontrar uma determinada molécula de importância fundamental: é longa, como uma tira, e se chama ácido ribonucleico, ou RNA.

As fitas de RNA são feitas de quatro subunidades: adenina (A), citosina (C), uracila (U) e guanina (G). Uma fita pode consistir em ACUGGGUUUCCGUCGGGGCCC para milhares dessas subunidades. A fita leva a mensagem, ou o código, para construir uma proteína.* Podemos imaginá-la como um conjunto de instruções; um código Morse estendido ao longo de uma fita. Um RNA específico, recém-produzido no núcleo da célula, pode chegar trazendo as instruções para construir, digamos, insulina. Outras fitas, com códigos de diferentes proteínas, podem estar flutuando por ali.

Como são decodificadas essas instruções? Olhando para a esquerda ou para a direita, podemos ver uma imensa estrutura macromolecular chamada ribossomo, uma montagem de várias partes descrita pela primeira vez pelo biólogo celular romeno-americano George Palade nos anos 1940.[8] Não há como deixar de notá-la: uma célula de fígado, por exemplo, contém milhões delas. O ribossomo captura RNAs e decodifica suas instruções para sintetizar proteínas. Essa fábrica de proteína celular é, ela própria, feita de proteínas e RNA. Trata-se de mais uma das fascinantes recorrências da vida, na qual proteínas possibilitam fazer outras proteínas.

Construir proteínas é uma das grandes tarefas da célula. As proteínas formam enzimas que controlam as reações químicas da vida. Elas criam componentes estruturais da célula. São os receptores de mensagens vindas de fora.

* O RNA tem muitas outras funções, entre as quais regular a ativação e desativação dos genes, bem como ajudar na síntese de proteínas, mas aqui nos concentraremos em sua função codificadora.

Formam poros e canais através da membrana, e os reguladores que ativam e desativam genes em resposta a estímulos. As proteínas são os animais de carga da célula.

Podemos encontrar mais uma estrutura macromolecular, essa em forma de moedor de carne tubular. É o compactador de lixo da célula, o proteassomo aonde as proteínas vão para morrer. Os proteassomos desintegram as proteínas em seus elementos constitutivos e ejetam os pedaços mastigados de volta para o protoplasma, completando o ciclo de síntese e desintegração.

Enquanto nadamos no protoplasma da célula, com toda a probabilidade toparemos com uma multidão de estruturas maiores, envoltas em membranas. Podemos imaginar cada uma delas como uma sala fechada de paredes duplas dentro da nave espacial. Há uma sala para geração de energia, uma sala para armazenamento, uma sala para exportação e importação de mensagens e outra para descarte de resíduos. Ao concentrarem o olhar nas células com precisão cada vez maior, microscopistas e biólogos celulares descobriram dezenas de subestruturas organizadas, funcionais, análogas a órgãos — rins, ossos e corações — que Vesalius e outros anatomistas tinham identificado no corpo. Os biólogos as chamaram de organelas: miniórgãos encontrados dentro das células.

Uma das primeiras estruturas que decerto veremos é uma organela em forma de rim, descrita pela primeira vez, embora de maneira vaga, em células animais nos anos 1840 pelo histologista alemão Richard Altmann.[9] Descobriu-se que essas organelas, mais tarde rebatizadas de mitocôndrias, são os geradores de combustível da célula; as fornalhas que brilham e queimam sem cessar produzindo a energia necessária para a vida. Há algum debate em torno da origem das mitocôndrias. Mas uma das teorias mais intrigantes, e amplamente aceita, é a de que mais de 1 bilhão de anos atrás as organelas eram, na verdade, células microbianas que desenvolveram a capacidade de produzir energia por intermédio de uma reação química envolvendo oxigênio e glicose. Essas células microbianas eram engolfadas, ou capturadas, por outras células e iniciavam uma espécie de parceria num fenômeno chamado de endossimbiose.

Em 1967, a bióloga evolucionista Lynn Margulis descreveu essa ocorrência num artigo científico intitulado "A origem da mitose nas células".[10] Como explica Nick Lane no livro *Questão vital*,[11] Margulis sustentava que organismos complexos "não evoluíam por seleção natural 'padrão', mas por uma orgia de cooperação, na qual células se engajavam de maneira tão íntima a ponto de entrar umas nas outras". Radical demais, cedo demais. Nas ruas de San Francisco e de Nova York, podia ser o Verão do Amor, com jovens de ambos os sexos se engajando com ardor, mas nas assembleias científicas a teoria do engajamento de Margulis encontrou uma barragem de ceticismo. Para ela, o verão do amor endossimbiótico acabou se transformando num longo inverno de zombaria e rejeição — até que, décadas depois, cientistas começaram a perceber não apenas as similaridades estruturais entre mitocôndrias e bactérias, mas também suas semelhanças moleculares e genéticas.

As mitocôndrias são encontradas em todas as células, mas seu número é adensado sobretudo nas que precisam de mais energia ou que regulam estoques de energia, como células de músculo e de gordura e certas células cerebrais. Elas envolvem a cauda dos espermatozoides para fornecer a energia natatória de que estes precisam para alcançar o óvulo. Dividem-se no interior das células, mas quando é hora de a célula se reproduzir, as mitocôndrias se dividem apenas nas duas células-filhas. Em outras palavras, não têm vida autônoma; só podem viver dentro de células.

As mitocôndrias têm seus próprios genes e seus próprios genomas, os quais, de maneira sugestiva, guardam certa semelhança com os genes e os genomas das bactérias — mais uma vez dando apoio à hipótese de Margulis de que havia células primitivas que eram engolfadas por outras células e passavam a viver em simbiose com elas.

Como a célula gera energia? Há duas vias: uma rápida, outra lenta. A rápida se passa basicamente no protoplasma da célula. Enzimas decompõem de maneira consecutiva glicose em moléculas cada vez menores, e a reação produz energia. Como não utiliza oxigênio, o processo é conhecido como anaeróbico. Em termos de energia, os produtos da via rápida são duas moléculas de uma substância química chamada trifosfato de adenosina, ou ATP.

O ATP é a principal moeda de troca da energia em praticamente todas as células vivas. Qualquer substância química ou atividade física que exija energia — por exemplo, a contração de um músculo ou a síntese de uma proteína — utiliza, ou "queima", ATP.

A queima lenta, mais profunda, de açúcares para a produção de energia ocorre na mitocôndria. (Células bacterianas, que não têm mitocôndria, só podem usar a primeira cadeia de reações.) Aqui os produtos da glicólise (literalmente, a quebra química do açúcar) são inseridos num ciclo de reações que por fim fabricam água e dióxido de carbono. Esse ciclo de reações envolve o uso de oxigênio (sendo, portanto, chamado de aeróbico) e é um pequeno milagre de produção de energia: esta é gerada em quantidade muito maior, mais uma vez na forma de moléculas de ATP.

A combinação das queimas rápida e lenta obtém mais ou menos o equivalente a 36 moléculas de ATP de cada molécula de glicose. (O número real é um pouco menor, uma vez que nem sempre a reação é eficiente.) Ao longo de um dia, geramos bilhões de pequenos recipientes de combustível para acionar 1 bilhão de pequenos motores, nos bilhões de células de nosso corpo. "Se todos esses bilhões de pequenos fogos queimando lentamente parassem de arder",[12] escreveu o físico-químico Eugene Rabinowitch, "nenhum coração bateria, nenhuma planta cresceria para cima desafiando a gravidade, nenhuma ameba nadaria, nenhuma sensação se espalharia por um nervo, nenhum pensamento lampejaria no cérebro humano."

Em seguida, poderíamos nos deparar com um labirinto de vias tortuosas, também confinadas por membranas, que cruzam todo o corpo da célula. Trata-se também de uma organela, chamada retículo endoplasmático, embora a maioria dos biólogos prefira identificá-la pelas iniciais RE.

Essa estrutura foi descrita pela primeira vez pelos biólogos celulares Keith Porter e Albert Claude,* trabalhando em estreita colaboração com George Palade, no Instituto Rockefeller, em Nova York, no fim dos anos 1940. Os experimentos para delinear a função dessas vias — e sua centralidade para a biologia da célula — representam uma das jornadas mais importantes da ciência.

A jornada do próprio Palade na biologia tinha sido sinuosa. Nasceu em 1912 em Iasi (então chamada Jassy), na Romênia. O pai, professor de filosofia, queria que o filho fosse filósofo também, mas George se sentia atraído por uma disciplina com elementos mais "tangíveis e específicos". Estudou medicina e começou a carreira de médico na capital, Bucareste. No entanto, logo foi sedu-

* O citologista francês Charles Garnier tinha observado o retículo endoplasmático em 1897 usando um microscópio óptico, mas não lhe atribuiu nenhuma função específica.

zido pela biologia celular. Como Rudolf Virchow, Palade também queria unificar biologia celular, patologia celular e medicina. "[Ela] enfim torna possível um sonho secular: a análise das doenças no nível celular, primeiro passo para o controle final", escreveria mais tarde.[13]

Nos anos 1940, Palade recebeu uma oferta de emprego como pesquisador em Nova York. Sua viagem para os Estados Unidos através da Europa devastada pela guerra foi uma lancinante peregrinação. Ao passar pela desolada Polônia, ficou detido por semanas à espera da imigração. "Ele se via como uma versão científica do personagem Cristão de *O peregrino*",[14] disse-me um colega seu, "de alguma forma livre dos milhares de bloqueios e armadilhas que podiam frustrar sua viagem para Nova York — ou, por falar nisso, para o centro da célula."

Em 1946, aos 34 anos, Palade afinal chegou a seu destino. Após começar na carreira de pesquisador na Universidade de Nova York, arranjou emprego no Instituto Rockefeller. Ali, foi nomeado professor assistente em 1948 e recebeu um laboratório numa "masmorra nada atraente" enfiada no terceiro andar do subsolo de um dos prédios mais antigos da instituição.

A masmorra, apesar de pouco convidativa, se revelou um refúgio para biólogos celulares.[15] "O novo campo praticamente não tinha tradição; todos que nele trabalhavam vinham de alguma outra província das ciências naturais", escreveu Palade.[16] Assim, ele extraiu, tomou de empréstimo e se apropriou de todos os ramos e províncias da ciência — em resumo, criando sua própria disciplina: a moderna biologia celular. Palade iniciou colaborações cruciais com Porter e Claude.[17] O laboratório logo se tornou o alicerce intelectual do campo da anatomia e da função subcelular, o pedestal sobre o qual a imponente disciplina seria construída.

Assim como Robert Hooke e Antonie van Leeuwenhoek, espiando num microscópio, revolucionaram a biologia da célula no século XVII, Palade, Porter e Claude descobriram uma forma mais abstrata de "olhar" seu interior. Primeiro, eles escancararam uma célula e puseram seu conteúdo para girar numa centrífuga de alta velocidade ao longo de um gradiente de densidades. Enquanto a centrífuga girava com velocidade estonteante, empurrando as subpartes mais pesadas para o fundo e deixando as subpartes mais leves em cima, diferentes componentes da célula apareciam em diferentes gradientes ao longo de um tubo.

Cada componente era então extraído de uma parte específica do tubo e avaliado em separado, para que sua anatomia estrutural e as reações bioquímicas nele contidas fossem identificadas: reações como oxidação, síntese, desintoxicação e eliminação de resíduos. E então, seccionando a célula em fatias finíssimas e apontando para elas um microscópio eletrônico, os pesquisadores rastreavam esses componentes e reações de volta até o lugar que cada um ocupava em células animais.

Isso também era "ver" — mas com dois tipos de lente. Havia, de um lado, a lente abstrata da bioquímica: a separação centrífuga de componentes subcelulares e a descoberta de reações químicas e componentes neles confinados. E, do outro lado, havia as lentes físicas da microscopia eletrônica, que atribuíam essas funções químicas a estruturas anatômicas e a lugares dentro das células. Palade descreveu essa aglutinação das duas maneiras de ver como um pêndulo que oscilava da anatomia microscópica para a anatomia funcional, e vice-versa: "A estrutura — como visualizada tradicionalmente pelo microscopista — estava fadada a se fundir na bioquímica, e a bioquímica dos [...] componentes subcelulares parecia ser a melhor maneira de chegar à função de algumas das recém-descobertas estruturas".[18]

Era uma partida de pingue-pongue em que os dois lados ganhavam. Microscopistas viam estruturas subcelulares; bioquímicos lhes atribuíam funções. Ou bioquímicos encontravam uma função e recorriam a microscopistas para identificar com precisão a estrutura responsável por ela. Usando esse método, Palade, Porter e Claude penetraram no coração luminoso da célula.

Voltemos ao retículo endoplasmático, a via sinuosa encontrada em quase todas as células. Há uma voluptuosidade nessa estrutura: seu puro excesso, com rendas sobre rendas, como um plissado. Um exame, através de um microscópio extremamente potente, das células do pâncreas de um cão revelou as bordas externas da membrana do RE cravejadas de partículas minúsculas e densas.

Uma abundância de estruturas, mas o que elas *fazem*?, perguntava-se Palade. Graças à obra de pesquisadores anteriores, ele sabia que o RE estava associado à síntese e à exportação de proteínas, que executam praticamente todo o trabalho da célula. Algumas, como as enzimas responsáveis pela metabolização da glicose, são sintetizadas dentro da célula e ali permanecem para realizar suas

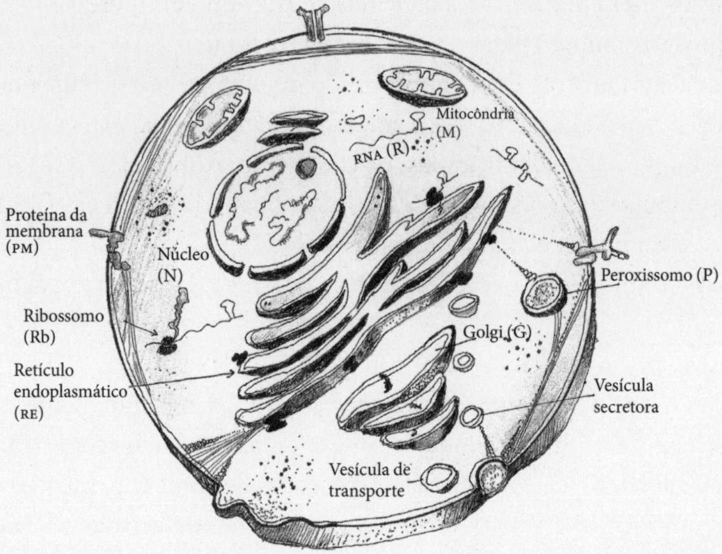

Representação de uma célula feita pelo autor, que mostra suas várias subestruturas, entre as quais RE (retículo endoplasmático), N (núcleo), R (RNA), MC (membrana celular), C (cromatina), P (peroxissomo), G (Golgi), M (mitocôndria), Rb (ribossomo) e PM (proteína da membrana). Os fios dentro da célula correspondem a elementos do citoesqueleto. Note-se que o desenho não respeita escala.

funções. Mas outras proteínas — digamos, a insulina ou as enzimas digestivas — são expelidas pelas células para o sangue ou para os intestinos. E outras proteínas, ainda, como receptores e poros, são inseridas na membrana celular. *Mas como uma proteína chega a seu destino?*

Em 1960, Palade e seus colegas, Philip Siekevitz em particular, lançaram mão da radioatividade — um farol molecular — para rotular proteínas na célula e a seguir acompanhar seu avanço ao longo do tempo. Ele "pulsava" a célula com uma alta dose de radioatividade, com isso rotulando todas as proteínas que eram sintetizadas, e depois "caçava" a localização das proteínas usando um microscópio eletrônico para visualizar o avanço delas.*

* Em 1961, Keith Porter já deixara o grupo para dar início a seu próprio trabalho em Harvard, e antes disso Claude saíra para a Universidade de Louvain, na Bélgica. Mas a Palade se juntou outro grupo de especialistas em fracionamento celular: Siekevitz, Lewis Greene, Colvin Redman,

O mais tranquilizador é que ele descobriu o sinal radioativo mais associado aos ribossomos, o lugar onde as proteínas foram sintetizadas a princípio (os ribossomos eram as partículas minúsculas e densas que Palade vira cravejando as bordas do RE). Então, para seu espanto, algumas das proteínas passaram dos ribossomos para *dentro* do retículo endoplasmático.*

Com o tempo, enquanto acompanhava a peregrinação da proteína, ele a viu se mover através do RE e depois até um compartimento especializado chamado complexo de Golgi, estrutura vista pela primeira vez em 1898 pelo microscopista italiano Camillo Golgi, à qual, no entanto, nunca foi atribuída uma função. A partir dali, as proteínas rotuladas viajavam para grânulos secretores brotados do Golgi e em seguida para sua parada final:[19] ejetadas da célula (os biólogos James Rothman, Randy Schekman e Thomas Südhof foram os primeiros a estudar como proteínas *não* destinadas à exportação acabam ocupando os lugares certos dentro da célula. Em 2013 o trio de cientistas recebeu o prêmio Nobel por sua obra sobre o tráfico intercelular de proteínas). Em praticamente cada ponto da jornada, algumas proteínas são modificadas; elas podem ser aparadas, passar por alterações químicas pela adição de um açúcar ou ser rodadas e presas a outra proteína (as mensagens para executar essas modificações costumam estar contidas na sequência da própria proteína).

Todo o processo pode ser imaginado como um complexo sistema postal. Começa com o código linguístico de genes (RNA), que é traduzido para a redação

---

David D. Sabatini e Yutaka Tashiro, bem como dois especialistas em microscopia eletrônica, Lucien Caro e James Jamieson. Somando forças com esses dois grupos, Palade rastreou o avanço de uma proteína através do retículo endoplasmático.

* Nos anos que se seguiram à descoberta de Palade, Sabatini e um imigrante alemão chamado Günter Blobel fizeram uma das descobertas mais importantes sobre o direcionamento das proteínas para o RE, a fim de serem expelidas da célula ou inseridas na membrana celular. Em resumo, uma mensagem dirigindo a proteína destinada a secreção ou destinada à membrana *já* está estampada na sequência da proteína, como um selo postal. Vias celulares específicas reconhecem esse selo e dirigem a proteína para seu destino predeterminado. A versão mais pormenorizada é esta: Sabatini e Blobel, um biólogo, descobriram que proteínas expelidas e proteínas residentes na membrana carregam essa mensagem específica — uma sequência de aminoácidos — em suas sequências. Quando os ribossomos decodificam o RNA e sintetizam uma proteína, um complexo molecular chamado partícula de reconhecimento de sinal (PRS) reconhece essa mensagem de direcionamento e arrasta a proteína até o RE. Um poro que atravessa da célula para o RE possibilita o transporte da proteína para o RE.

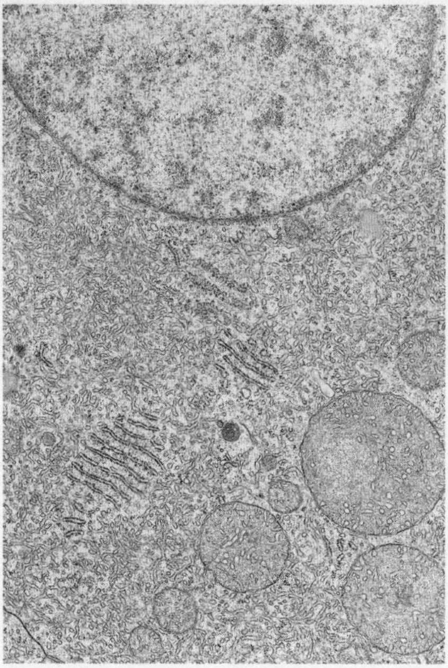

(a)

(*a*) *Retículo endoplasmático* (*RE*) *na glândula adrenal fetal humana. No alto fica o núcleo* (*meia esfera*)*; as estruturas paralelas no meio da imagem são o retículo endoplasmático rugoso, cercado pelo retículo endoplasmático liso.* (*b*) *Representação, feita pelo autor, da migração de uma proteína expelida do ribossomo para o RE e para o Golgi e, por fim, para os grânulos secretores. Note-se a inserção da proteína no RE quando ela é sintetizada. A proteína é modificada no RE, onde cadeias de açúcares podem ser acrescentadas. Sua jornada prossegue até o Golgi, onde pode ser de novo modificada e então direcionada para uma vesícula secretora destinada a extraí-la da célula, ou para outras vesículas que a levem a outros compartimentos celulares.*

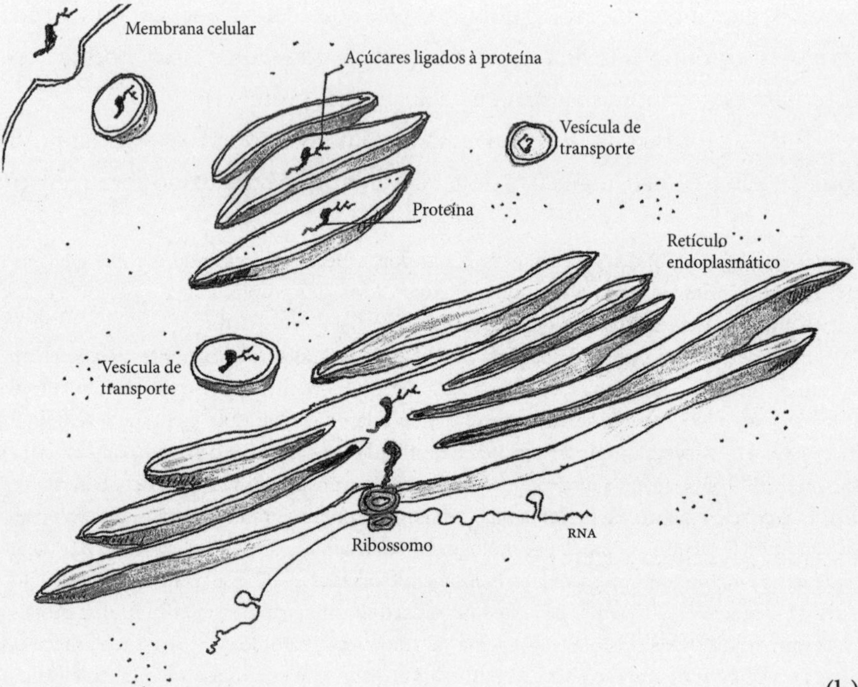

(b)

da carta (a proteína). A proteína é escrita, ou sintetizada, pelo redator da carta-célula (o ribossomo), que então a envia para a caixa de correio (o poro por onde a proteína entra no RE). O poro direciona a carta para a agência central do correio (o RE), que em seguida a despacha para o sistema de triagem (o Golgi) e por fim a leva para o veículo de entrega (grânulo secretor). Há, na verdade, até códigos anexados às proteínas (selos) que permitem à célula determinar o destino final. É por esse "sistema postal", como percebeu Palade, que a maioria das proteínas chega aos lugares corretos dentro da célula.

Os estudos pioneiros de Palade, Porter e Claude abriram um novo mundo de anatomia subcelular. A junção de duas maneiras de ver — a microscopia e a bioquímica — foi sinergética. Ao usar esses métodos nas células, biólogos encontraram dezenas de estruturas subcelulares funcionais, anatomicamente definidas. O biólogo belga Christian de Duve, outro cientista do Instituto Rockefeller, descobriu uma estrutura carregada de enzimas chamada lisossomo.[20] Como um "estômago" celular, o lisossomo digere partes celulares desgastadas, assim como bactérias e vírus invasores.

As células vegetais contêm cloroplastos, estruturas onde ocorre a fotossíntese, a conversão de luz em glicose. Como as mitocôndrias, eles carregam seu próprio DNA, mais uma vez sugerindo uma origem em micróbios engolidos por outras células. Há uma estrutura confinada numa membrana que se chama peroxissomo, outra das descobertas de De Duve, onde algumas das reações mais perigosas da vida — por exemplo, a oxidação de moléculas — são isoladas e onde o peróxido de hidrogênio, substância química de intensa reatividade, é gerado. Se o peroxissomo se abrisse e liberasse seus venenos internos, a célula seria atacada pelos próprios conteúdos reativos. É o cálice, cheio de veneno para metabolizar outros venenos, que a célula mantém cuidadosamente fechado.

Deixei para o fim a mais essencial, e ainda hoje a mais misteriosa, das organelas: o núcleo. Bactérias não têm núcleo, mas nas células em que está presente — todas as células vegetais e animais, entre estas as humanas — o núcleo é o local onde a maior parte do material genético da célula, o manual de instruções da vida, fica guardada. É o banco que armazena o DNA, o genoma.

O núcleo é o centro de comando; a ponte do capitão da célula. É o lugar que recebe e dissemina a maior parte dos comandos da vida. O RNA, o código para construir proteínas, é copiado do código genético ali e em seguida exportado para fora do núcleo. Pode-se imaginar o núcleo como o centro do centro da vida.

O anatomista celular Robert Brown observou o núcleo em células de orquídea em 1836. Notando sua posição central na célula, deu à estrutura o nome grego para "caroço", "essência". Mas sua função, ou sua vitalidade para a função celular, permaneceria ignorada por um século inteiro. Como todas as células, o núcleo é cercado por uma membrana de duas camadas, embora seus poros sejam muito menos caracterizados, ou conhecidos.

Como já mencionei, o núcleo abriga o genoma do organismo, feito de longos trechos de ácido desoxirribonucleico. A hélice dupla do DNA é elaboradamente dobrada e embalada em torno de moléculas chamadas histonas, e apertada e enrolada em estruturas chamadas cromossomos. Se o DNA de uma única célula fosse esticado, como um fio, mediria cerca de dois metros. E se fizéssemos isso com todas as células que formam o corpo humano e enfileirássemos todo esse DNA, ele se estenderia da Terra ao Sol e do Sol à Terra mais de sessenta vezes. Esticando-se todo o DNA de todos os seres humanos do planeta, ele equivaleria a quase duas vezes e meia a distância entre a Terra e a galáxia de Andrômeda.[21]

O núcleo, como o líquido interno da célula, o citoplasma, também é organizado, embora nosso conhecimento de sua estrutura organizacional ainda seja limitado. Cientistas estudiosos do núcleo acham que ele contém seu próprio esqueleto, feito de fibras moleculares. Proteínas, atravessando o citoplasma, entram pelos poros da membrana celular, se prendem ao DNA e ativam e desativam os genes. Hormônios, vinculados a proteínas, trafegam para dentro e para fora. O ATP, a fonte universal de energia, se movimenta com rapidez através dos poros.

O processo de ativação e desativação dos genes é vital, conferindo à célula sua identidade. O conjunto de genes de ligar/desligar instrui um neurônio a ser neurônio, e um glóbulo branco a ser glóbulo branco. Durante o desenvolvimento de um organismo, os genes — ou melhor, proteínas codificadas por genes — dizem às células quais são suas posições relativas e comandam seu destino futuro. Os genes são ligados e desligados por estímulos externos, como os hormônios, que também sinalizam mudanças no comportamento de uma célula.

Quando a célula se divide, todos os cromossomos são copiados, e as duas cópias, separadas no espaço. Nas células humanas, o envelope nuclear se dissolve, um conjunto completo de cromossomos migra para cada uma das duas células-filhas recém-nascidas e a membrana nuclear reaparece em torno delas — em essência, regenerando a célula-filha com um novo núcleo e cromossomos alojados dentro dele.

No entanto, boa parte do núcleo continua sendo um mistério: as portas para o centro de comando da célula ainda estão parcialmente fechadas. Como disse um biólogo,

> só nos resta esperar que aquilo que o geneticista J. B. S. Haldane postulou a respeito do cosmos não seja verdade para o núcleo: "Minha suspeita é que o universo é não apenas mais estranho do que imaginamos, mas mais estranho do que *podemos* imaginar. Se levarmos em conta que o núcleo pode ser mais complicado do que já imaginamos que fosse, e que apesar disso seja cognoscível, então essa crença talvez nos permita, a nós e nossos alunos e sucessores, penetrar nas profundezas do assunto, das quais a próxima agora nos acena. Há todos os motivos do mundo para acreditarmos nesse programa. Por isso, vamos manter o ânimo".[22]

Membrana. Protoplasma. Lisossomo. Núcleo. As subunidades da célula que vimos até agora são vitais para sua existência; elas exercem funções especializadas que lhe permitem ter e manter uma vida independente. Sua localização, sua organização e sua orquestração são cruciais. Em suma, *a autonomia da célula repousa em sua anatomia.*

Essa autonomia, por sua vez, possibilita uma característica essencial dos sistemas vivos: a capacidade de manter a fixidez de um meio interno — fenômeno conhecido como "homeostase". O conceito de homeostase (o termo deriva das palavras gregas "homeo" e "statis", que significam, de maneira aproximada, "relativo à quietude") foi descrito pela primeira vez pelo fisiologista francês Claude Bernard nos anos 1870 e desenvolvido por Walter Cannon, fisiologista da Universidade Harvard, nos anos 1930.

Ao longo de gerações antes de Bernard e Cannon, fisiologistas tinham descrito animais como conjuntos de máquinas, somas de partes dinâmicas. Os músculos eram motores; os pulmões, um par de foles; o coração, uma bomba. Pulsando, articulando e bombeando; a ênfase da fisiologia recaía no movimento, nas ações, no trabalho. *Não fique aí parado, faça alguma coisa.*

Bernard inverteu essa lógica: "*La fixité du milieu intérieur est la condition de la vie libre, indépendante*":[23] a fixidez do meio interior é a condição da vida livre e independente, escreveu ele em 1878. Ao mudar o foco da fisiologia da ação para a manutenção da fixidez, Bernard mudou nosso conceito de como o corpo de um organismo funciona. Um ponto importante da "atividade" fisiológica, paradoxalmente, era possibilitar a *stasis*. *Não faça coisas o tempo todo, fique parado.*

Bernard e Cannon estudaram a homeostase em organismos e órgãos, mas ela é cada vez mais reconhecida como característica fundamental das células — e, na verdade, da vida. Para compreender a homeostase celular, comecemos, mais uma vez, com a membrana que separa a célula de seu meio externo, de modo que suas reações internas possam ser isoladas e autônomas. A membrana também desenvolveu bombas para expulsar substâncias indesejadas da célula — mais uma vez, para manter uma constância no espaço interno da célula. O protoplasma contém amortecedores químicos para que a acidez ou a alcalinidade da célula não mude, mesmo quando há alterações no ambiente químico do lado externo da célula. A célula precisa de energia, e as mitocôndrias fazem isso. O proteassomo descarta proteínas indesejadas, ou mal dobradas. Organelas de armazenamento especializadas em algumas células garantem que um suprimento de nutrientes possa agir como reservatório, em caso de escassez externa. Subprodutos tóxicos do metabolismo são conduzidos ao peroxissomo para serem destruídos.

Logo passaremos da autonomia e da homeostase para outras características fundamentais da célula — a reprodução, a especialização funcional e a capacidade de se dividir e formar organismos multicelulares. Mas fiquem mais um tempinho comigo para que eu ressalte as descobertas extraordinárias de que trata este capítulo. As duas décadas entre 1940 e 1960 podem ter sido o período mais fértil e produtivo para os biólogos celulares que buscavam dissecar a anatomia funcional do interior da célula. Há uma grandiosidade e uma maestria nessas décadas — semelhantes à grandiosidade e à maestria que datam de quase um século antes, quando Schwann, Schleiden, Virchow e outros lançaram os alicerces da biologia celular. Se as novas observações desse período hoje parecem "rotina" (alguma versão da frase "As mitocôndrias são a fábrica de energia da célula" pode ser encontrada em todo livro didático de ciências do ensino médio), é porque nos esquecemos, como quase sempre acontece, do impressionante maravilhamento que cada uma dessas descobertas provocou em sua época. Não acho que seja exagerado descrever as transições da descoberta da célula para a revelação de sua anatomia estrutural e, por fim, para a elucidação de sua anatomia *funcional* como uma das proezas mais inspiradoras da ciência.

A descoberta da anatomia funcional possibilitou uma visão integrada da célula e, por extensão, das características definidoras da vida. A célula, como já foi notado, não é só um sistema de partes ao lado de outras partes, como um carro não é só um carburador ao lado de um motor. É uma máquina integrada que precisa amalgamar as funções dessas partes individuais a fim de possibilitar as características fundamentais da vida. Entre 1940 e 1960, cientistas começaram a *integrar* as partes separadas da célula para entender como uma unidade de vida autônoma pode funcionar e se tornar "viva".

Era inevitável que essas descobertas fundamentais acabassem levando ao desenvolvimento de uma nova medicina. Se a anatomia macroscópica e a fisiologia tinham inaugurado uma nova era para a cirurgia e para a prática médica nos séculos XVIII e XIX, a anatomia celular funcional e a fisiologia anunciaram novas perspectivas sobre doença e intervenção terapêutica no século XX. O colapso funcional de um órgão, sabemos há muito tempo, causa doença: o rim falha, o coração enfraquece, os ossos quebram. Mas que dizer do colapso funcional de uma *organela* celular?

No verão de 2003, um jogador de hóquei de onze anos chamado Jared começou a perder a visão nos dois olhos.[24] O mundo estava ficando escuro, lentamente, e Jared, esforçando-se ao máximo para continuar a jogar, tinha dificuldade para encontrar as linhas na superfície de gelo do hóquei. Os pais o levaram a um oftalmologista na Clínica Mayo em Rochester, Minnesota, para um diagnóstico.

Uma semana depois, foi descoberta a fonte: Jared tinha uma enfermidade chamada neuropatia óptica hereditária de Leber (*Leber hereditary optic neuropathy*, LHON).[25] "Lamento muitíssimo, mas Jared vai ficar cego", informou o oftalmologista da clínica aos pais de Jared. Em geral, a doença hereditária surge de uma mutação num gene chamado mtND4, encontrado nas mitocôndrias.

(O gene culpado foi descoberto e mapeado em 1988, apenas dois anos antes do lançamento do Projeto Genoma Humano.)[26] Por razões ainda desconhecidas, ele afeta especificamente a função da célula ganglionar da retina do olho, que transmite informações da retina para o nervo óptico, e dali para o cérebro.

A doença avança de maneira inexorável nas crianças afetadas. De início, as fibras nervosas ao longo do disco óptico começam a inchar. Então o nervo óptico se atrofia, e os nervos da retina afinam e perdem o brilho. Jared tinha herdado a mutação LHON mais comum: no nucleotídeo na posição 11 778 do genoma mitocondrial, que tem cerca de 16 mil bases no total.*

"11 778", escreveu Jared em seu diário.[27]

> Eu gostaria mesmo era que essa fosse a combinação do armário onde guardo minhas coisas no vestiário do time de hóquei, ou do cadeado de minha bicicleta, ou mesmo de meu armário na escola. Em vez disso, é a combinação de uma mutação genética no nucleotídeo da posição 11 778 que liberaria a doença em meu corpo aos onze anos e que mudaria minha vida para sempre [...]. Cego, que porra queria dizer cego? Tenho onze anos. Sou jogador de hóquei. Gosto de meninas e as meninas gostam de mim. Tenho muitos amigos e nenhuma preocupação. Cego? O que eles querem dizer com não vou conseguir ver? Não conseguir ver o quê? [...] Dê um jeito nisso, papai, e me deixe jogar com meus amigos.

Mas o pai, por mais que tentasse, não pôde dar um jeito. As células ganglionares de Jared começaram a falhar. Espertamente, os pais desviaram a atenção do garoto para o violão. Ele aprendeu a tocar só pelo toque e pelo som. E enquanto a cegueira avançava — de maneira gradativa, mas implacável —, o mesmo se deu com a música.

* As mutações mitocondriais são especiais porque só podem ser herdadas da mãe, ao passo que outras mutações podem vir de qualquer um dos pais. As mitocôndrias não têm existência autônoma; só podem viver dentro de células. Dividem-se quando a célula se divide e então são repartidas entre as duas células-filhas. Quando um óvulo se forma na mãe, todas as suas mitocôndrias são das células dela. Na fertilização, o espermatozoide injeta seu DNA no óvulo — mas não mitocôndrias. Portanto, cada mitocôndria com que nascemos tem origem materna. A mutação no gene mtND4 que Jared herdou só pode ter vindo da mãe. É provável que isso tenha ocorrido por acaso, durante a criação do óvulo, porque a mãe não tinha a doença.

> E aqui estou eu, no Musicians Institute em Los Angeles, Califórnia, oito anos depois de tocar meu primeiro concerto de arrebentar os ouvidos para minha mãe e meu pai no Guitar Center. Acho que sou o primeiro estudante cego a frequentar esta notável instituição musical, o que é muito legal. Acho que eles me consideram bom o suficiente para acompanhar todos os outros alunos, que têm que ler música.[28]

Jared tinha perdido a visão e achado o som.

Em 2011, um grupo de oftalmologistas de Hubei, China, modificou um vírus chamado AAV2 para carregar a versão normal do gene ND4.[29] O vírus infecta células de humanos e primatas, mas não causa nenhuma doença óbvia ou aguda, e pode ser modificado para transportar um gene "estrangeiro" como o ND4. Milhões de partículas de vírus com genes modificados foram suspensas numa gotícula de líquido. Uma agulha minúscula perfurou a borda da córnea e depositou a gota de densa sopa viral na camada vítrea, logo acima da retina.

Os cientistas sabiam que estavam pisando em território perigoso, repleto de armadilhas: em setembro de 1999, Jesse Gelsinger, adolescente com uma doença metabólica leve que afetava a capacidade de seu fígado de metabolizar subprodutos da degradação de proteínas, resultando em níveis quase tóxicos de amônia no sangue, tinha recebido um adenovírus geneticamente modificado. Os médicos do rapaz esperavam que a transfusão do vírus, uma terapia experimental, o curasse da doença. Tragicamente, no entanto, Jesse sofreu uma reação imunológica catastrófica ao vírus, que logo evoluiu para uma falência fatal de órgãos. Os efeitos adversos de sua morte foram imediatos. Durante a primeira década do século XXI, o campo da terapia genética se viu obrigado a uma profunda hibernação. Poucos pesquisadores tentavam inserir vírus geneticamente modificados em humanos e reguladores cercearam o campo com regras rígidas.

Mas a retina é um lugar especial. Não só o equivalente a uma gota de chuva de vírus é suficiente para infectar as células como também ela apresenta um privilégio imune incomum: assim como outros poucos lugares do corpo — os testículos, por exemplo —, ela não é ativamente inspecionada por uma resposta imunológica e, portanto, é muitíssimo improvável que gere uma reação intensa a um agente infeccioso. Além disso, os vetores da terapia genética tinham melhorado muito desde a saga de Gelsinger, aumentando a confiança dos cientistas de que o gene poderia ser inserido sem provocar uma reação adversa.

Em 2011, médicos chineses recrutaram oito pacientes com LHON para um pequeno ensaio clínico.[30] Houve sinais iniciais de sucesso: o vírus levou os genes para dentro das células ganglionares da retina e elas sintetizaram a proteína ND4 correta, que conseguiu chegar às mitocôndrias. Nos 36 meses seguintes, a acuidade visual de cinco dos oito pacientes melhorou.

Os estudos prosseguem no momento em que escrevo, com os pesquisadores refinando a natureza dos pacientes inscritos e ampliando o período de observação. O produto viral, agora chamado de Lumevoq, está em fase final de ensaio clínico para doentes de LHON com perda de visão prematura. Em maio de 2021, os responsáveis relataram o término do ensaio RESCUE, no qual a terapia genética foi usada para conter a progressiva perda de visão em pacientes com a mutação seis meses depois do aparecimento da deficiência visual.[31] O ensaio, controlado por placebo, duplo-cego, multicêntrico e randomizado — um estudo padrão-ouro —, envolveu 39 pessoas. (Uma delas recebeu uma dose menor do vírus, restando 38 pacientes avaliáveis.) Um olho recebeu o vírus, enquanto o outro foi tratado com uma injeção simulada (sem vírus). Depois de 24 semanas, tanto o grupo tratado como o grupo de controle (não tratado) continuaram a apresentar o declínio inevitável de acuidade visual. A perda de visão praticamente se estabilizou nos dois olhos ao fim de 48 semanas. Mas com 96 semanas, de maneira surpreendente, os olhos tratados *e* os não tratados em cerca de três quartos das pessoas do estudo mostraram melhora significativa em acuidade. O ensaio foi, portanto, um êxito e ao mesmo tempo um mistério: embora se esperasse que o olho tratado com terapia genética melhorasse, por que o olho não tratado também melhorou? Haverá nos dois olhos uma interconexão das células ganglionares da retina ou outro mecanismo de conexão sobre o qual nada sabemos? Terá o vírus vazado para a circulação afetando o outro olho?

Infelizmente, para pacientes como Jared, que perderam toda a visão, é improvável que a substituição do ND4 traga algum benefício: para eles, é tarde demais para recuperar a capacidade de enxergar. Quando as células responsivas morrem, a substituição da função de uma organela já não tem como ser benéfica. Uma organela só pode funcionar no contexto da célula certa.

Se os ensaios continuarem em ritmo acelerado, com benefícios de longo prazo — ainda uma grande incógnita —, o Lumevoq acabará encontrando um lugar na farmacopeia médica. Mas o lançamento de uma terapia modificadora da célula que tenta alterar a função mitocondrial já sinaliza uma nova direção para a medicina.

Nos anos 1950 e 1960, a medicina e a cirurgia assistiram a uma explosão de terapias dirigidas a *órgãos*: o redirecionamento de vasos sanguíneos num coração para contornar um bloqueio, ou a substituição de um rim doente por um órgão transplantado. Um novo universo de medicamentos veio à luz — antibióticos, anticorpos, substâncias químicas para prevenir coágulos sanguíneos ou reduzir o colesterol. Mas isso que acabo de descrever é terapia dirigida a *organelas* — a correção de uma deficiência funcional na mitocôndria de uma célula ganglionar de retina. Representa a culminação de décadas de estudo da anatomia celular, a dissecação de compartimentos subcelulares e a caracterização de sua disfunção em estados doentios. É terapia genética, claro, mas também terapia celular no local — em outras palavras, a restauração de função de uma célula doente em seu lugar anatômico nativo no corpo humano.

6. A célula que se divide: Reprodução celular e o nascimento da FIV

Não existe isso que chamam de reprodução. Quando duas pessoas decidem ter um bebê, elas se envolvem num ato de "produção" [...].[1]

Andrew Solomon, *Longe da árvore: Pais, filhos e a busca da identidade*

Uma célula se divide.

Talvez o fato mais monumental no ciclo de vida de uma célula seja o momento em que ela dá origem a células-filhas. Nem todas as células são capazes de se reproduzir: algumas, como os neurônios, passaram por uma divisão permanente ou terminal e jamais voltarão a se dividir. Mas o contrário não é verdade: *toda* célula nasce de outra célula — *Omnis cellula e cellula*. Como disse certa vez o biólogo francês François Jacob, "o sonho de toda célula é se tornar duas células"[2] (excetuando-se, claro, aquelas que preferiram não participar do sonho de forma alguma).

Em termos conceituais, a divisão celular em animais pode ser classificada de acordo com dois propósitos ou funções: produção e reprodução. Por *produção* quero dizer a criação de novas células para construir, desenvolver ou reparar um organismo. Quando células da pele se dividem para curar uma ferida, quando células T se dividem para produzir uma resposta imunológica, as células estão dando à luz novas células para *produzir* um tecido ou órgão, ou para cumprir uma função.

Mas quando espermatozoides ou óvulos são gerados no corpo humano a questão é totalmente diferente. Nesse caso, eles estão sendo gerados para *re*produção — dividindo-se para produzir não uma nova função ou um novo órgão, mas um novo organismo.

Em humanos e organismos multicelulares, o processo de produção de novas células para construir órgãos e tecidos é conhecido como "mitose" — de "mitos", a palavra grega para "fio". Em contraste, o nascimento de células, espermatozoides e óvulos para fins de *re*produção — fazer um novo organismo — recebe o nome de "meiose", de "meion", a palavra grega para "diminuição".

O cientista alemão que descobriu a mitose era um médico militar desiludido, míope, em busca de uma nova visão para a biologia. Walther Flemming, filho de um psiquiatra, estudou medicina nos anos 1860.[3] Como Rudolf Virchow, também frequentou uma faculdade militar de medicina, e, como Virchow, achou a disciplina rígida e inflexível, logo passando a se dedicar ao estudo das células. Humanos — todas as criaturas multicelulares — eram feitos de células e, apesar disso, a construção de um organismo com células, de uma célula para bilhões delas, era um processo misterioso. Nos anos 1870, Flemming estava particularmente intrigado com a anatomia celular, e começou a usar corantes de anilina e seus derivados para marcar tecidos com cores, na esperança de iluminar estruturas subcelulares.

De início, Flemming viu muito pouco. O corante revelava apenas uma substância delgada, como um fio, localizada quase exclusivamente dentro do núcleo, a estrutura em geral esférica, confinada por uma membrana dentro da célula, descoberta pelo botânico escocês Robert Brown nos anos 1830.

Flemming, seguindo o colega Wilhelm von Waldeyer-Hartz, batizou as substâncias parecidas com fios que habitavam o núcleo de cromossomos — "corpos coloridos", um nome neutro. Ele se perguntava quais seriam sua função e sua dinâmica durante a divisão celular. Com a curiosidade despertada, Flemming continuou olhando para as células que se dividiam sob o microscópio. Olhando, mas sem *ver*. A visão — a verdadeira visão — requer percepção. Outros cientistas, como Von Mohl e Remak, tinham observado células se dividindo, mas tiraram poucas conclusões sobre a orquestração ou sobre as fases do processo. Flemming percebeu que eles tinham olhado *para* as células, não para *dentro* delas. Sua descoberta mais importante se deu em 1878: envolvia pintar cromossomos com corante azul durante a divisão celular e em seguida acompanhar todo o processo de divisão ao microscópio, capturando com isso a atividade dos cromossomos e do núcleo dentro da célula.

O que *faziam* os cromossomos? E de que maneira o núcleo, ou os cromossomos dentro dele, se relacionava à divisão celular? "Que forças atuam durante a divisão celular?", perguntava ele num artigo de duas partes escrito em 1878 e 1880. "As mudanças de posição das estruturas visíveis formadas na célula [o núcleo e os cromossomos, durante a divisão celular] obedecem a um plano, e, em caso afirmativo, que plano?"*[4]

Ele descobriu que o plano era espantosamente sistemático.** Era executado com a precisão de um exercício militar. Nas larvas de salamandra — nas células em divisão de mamíferos, anfíbios e peixes —, Flemming descobriu um ritmo comum de divisão celular que se repetia em praticamente todos os organismos. Era um resultado emocionante: nenhum cientista antes dele tinha tido

* Theodor Boveri e Walter Sutton dariam o próximo passo lógico: a conexão dos cromossomos com a herança. Em suma, eles ligariam a herança *genética* à herança *anatômica/física* de cromossomos, com isso situando os genes (e a herança) nos cromossomos. Em seus experimentos com ervilhas, Gregor Mendel só pôde identificar os genes em abstrato como "fatores" que atravessavam gerações carregando traços, ou características, dos pais para sua progênie; Mendel não dispunha de meios para identificar a localização física desses fatores. Sutton e Boveri, entre outros, forneceriam as primeiras provas de que a herança de características (ou seja, os genes) ocorre através da herança de cromossomos. O trabalho do geneticista de moscas-das-frutas Thomas Morgan e de outros tomaria essa teoria como base, vindo por fim a situar o lócus dos genes nos cromossomos. Décadas depois, estudos de Frederick Griffith, Oswald Avery, James Watson, Francis Crick e Rosalind Franklin, entre outros, identificariam o DNA — a molécula que está no centro do cromossomo — como o portador de informações genéticas. E outras pesquisas de Marshall Nirenberg e colegas nos Institutos Nacionais de Saúde (National Institutes of Health, NIH) mostrariam como os genes são decodificados para criar as proteínas que em última análise fornecem formas e traços para os organismos. Walter Sutton, "The Chromosomes in Heredity". *Biological Bulletin*, v. 4, n. 5, pp. 231-51, abr. 1903. DOI: doi.org/1535741; Theodor Boveri, *Ergebnisse über die Konstitution der chromatischen Substanz des Zellkerns*. Jena: Gustav Fischer, 1904.

** O botânico Karl Wilhelm von Nägeli considerava os experimentos de Flemming uma anomalia — mas também descartava o artigo de Mendel como obra de um maníaco. Só décadas depois é que os princípios universais da divisão celular foram elucidados em todos os organismos.

a mais vaga suspeita de que as células de organismos tão diversos obedeceriam a um esquema quase idêntico e rítmico durante a divisão de suas células.

O primeiro passo, como Flemming descobriu, era a condensação dos cromossomos delgados e longos em grossos pacotes — que chamou de "meadas". O corante então pegou firmemente; os cromossomos refulgiram ao microscópio, como carretéis de linha tingidos de azul-violeta. A seguir os cromossomos condensados duplicaram e se dividiram ao longo de um eixo bem definido, criando estruturas que ele comparou a explosões de estrelas se separando. As "figuras nucleares começaram a se organizar em sucessivos estágios durante a divisão", escreveu ele.[5] A membrana nuclear se dissolveu e o núcleo também começou a se dividir. Por fim, a própria célula se dividiu, as membranas segmentando-se, dando origem a duas células-filhas.

Já dentro das células-filhas, os cromossomos se descondensaram devagar e retornaram a seu delgado "estágio de repouso", de volta aos núcleos das células-filhas — como se invertessem o processo que dera início à divisão celular. Como os cromossomos primeiro duplicaram e depois foram reduzidos à metade na divisão celular, o número de cromossomos nas células-filhas se manteve. Quarenta e seis se tornaram 92 e foram reduzidos a 46. Flemming deu a isso o nome de divisão celular homotípica, ou "conservadora": a célula-mãe e as células-filhas acabavam com o mesmo número conservado de cromossomos.* Entre os anos 1880 e o começo dos anos 1900, os biólogos Theodor Boveri, Oscar Hertwig e Edmund Wilson acrescentariam muitos detalhes a esse esboço inicial de divisão celular, escavando mais fundo em cada uma das etapas individuais que Flemming descrevera a princípio.

Flemming desenhou o processo como um ciclo: os cromossomos em forma de fio se condensaram em meadas, se separaram e retornaram ao estado de repouso. E então se compactaram e voltaram a se dilatar quando a célula se aproximava do ciclo seguinte de divisão — condensando-se, dividindo-se e descondensando-se, quase como se um sopro de vida passasse por eles.

* Dois outros citologistas, Eduard Strasburger e Édouard van Beneden, também acompanharam a separação de cromossomos, seguida da divisão da membrana celular em duas células-filhas (mitose).

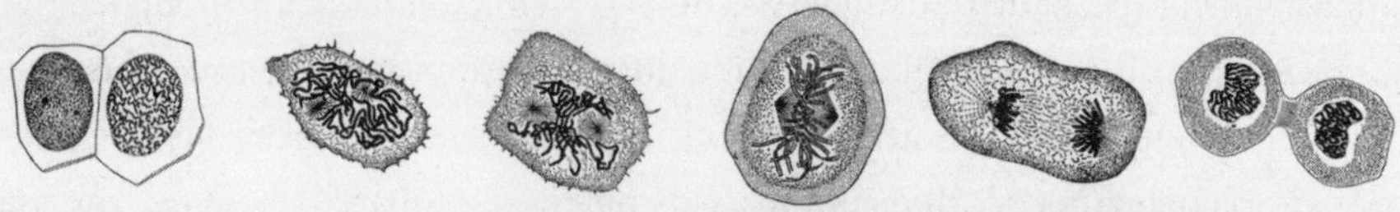

Desenhos de sucessivos estágios da mitose, ou divisão celular, de autoria de Walther Flemming. De início, os cromossomos se apresentam no núcleo em formas que lembram fios. Duas células vizinhas são mostradas, cada qual com um núcleo e com cromossomos descondensados. Então os fios se juntam em densos pacotes. A membrana nuclear se dissolve e os cromossomos se separam, ocupando dois lados da célula, como que arrastados por alguma força. Quando estão separados por completo (penúltima figura), a célula se divide, gerando duas novas células.

No entanto, era inevitável que houvesse um tipo diferente de divisão celular, o tipo que leva à reprodução. É fácil, olhando para trás, entender que a dinâmica dessa forma de divisão celular não tinha como ser a mesma que a da mitose: é uma questão de matemática elementar. Lembremos que na mitose a célula-mãe e as células-filhas acabam tendo o mesmo número de cromossomos. Você começa, digamos, com 46 (o número de cromossomos nas células humanas); os cromossomos duplicam (92) e então cada célula-filha fica com metade: de novo com 46.

Mas como poderiam esses números funcionar na reprodução? Se espermatozoides e óvulos tivessem o mesmo número de cromossomos das células-mães, 46, então o óvulo fertilizado conteria duas vezes mais, 92. Esse número duplicaria na geração seguinte para 184, e depois de novo, para 368, e assim por diante, com um aumento exponencial de geração para geração. Logo a célula explodiria com tantos cromossomos.

A gênese dos espermatozoides e dos óvulos, portanto, exige primeiro *metade* do número de cromossomos, 23 cada um, e depois a restauração deles para 46 após a fertilização. Essa variante de divisão celular — redução, seguida por restauração — foi observada em ouriços-do-mar por Theodor Boveri e Oscar Hertwig em meados dos anos 1870. Em 1883, o zoólogo belga Édouard van Beneden também observou a meiose em vermes, confirmando a semelhança do processo em organismos mais complexos.

O ciclo de vida de um organismo multicelular, em suma, poderia ser reconcebido como um jogo simples de vaivém entre meiose e mitose. Humanos, começando com 46 cromossomos em todas as células do corpo, produzem espermatozoides nos testículos e óvulos nos ovários por meiose, cada um acabando com 23 cromossomos. Quando espermatozoide e óvulo se encontram para formar um zigoto, o número de cromossomos volta a ser 46. O zigoto cresce por divisão celular, mitose, para produzir o embrião, e em seguida desenvolve tecidos e órgãos progressivamente maduros — coração, pulmões, sangue, rins, cérebro — com células que têm 46 cromossomos cada uma. À medida que amadurece, o organismo acaba desenvolvendo uma gônada (testículos ou ovários), com 46 cromossomos em cada célula. E aqui o jogo muda de novo: as células nas gônadas, quando fazem células reprodutivas masculinas e femininas, sofrem meiose, gerando espermatozoides e óvulos com 23 cromossomos cada um. A fertilização restaura o número para 46. Um zigoto nasce e o ciclo se repete. Meiose, mitose, meiose. Corta pela metade, restaura, cresce. Corta pela metade, restaura, cresce. Ad infinitum.

O que controla a divisão de uma célula? Flemming tinha acompanhado os estágios sistemáticos da mitose. Mas quem, ou melhor, o que conduz essa divisão em etapas? Nas décadas posteriores à publicação da obra importantíssima de Flemming sobre divisão celular, biólogos celulares notaram que era possível separar em fases o ciclo de vida de uma célula que se divide.

Comecemos com as células que preferem sair por completo do ciclo. Estão o tempo todo, ou quase, repousando — *quiescentes*, para usar o jargão da biologia. Essa fase agora é chamada de G-zero, G0 se referindo a "interfase", ou ciclo de repouso. Na verdade, algumas células *jamais* se dividirão; são pós-mitóticas. Os neurônios maduros são, na maioria, bons exemplos.

Quando decide entrar no ciclo de divisão, a célula passa para uma nova etapa da interfase, chamada G1. É quase como se estivesse mergulhando o dedo do pé nas águas da divisão celular, testando sua decisão. Poucas mudanças são visíveis ao microscópio durante a G1, mas, em termos moleculares, essa primeira interfase é monumental: as proteínas que coordenam a divisão celular são sintetizadas. Mitocôndrias são duplicadas. A célula junta moléculas, convocando e sintetizando aquelas que são cruciais para o metabolismo e o sustento, e aumentando o número delas antes que sejam alocadas para as duas células-filhas. É também o primeiro ponto de checagem crítico na decisão da célula de cometer ou não a enormidade da divisão celular. Ir? Não ir? Se certos nutrientes estiverem ausentes, ou se o meio hormonal não for apropriado, a célula pode decidir permanecer em G1. É um ponto *antes* do Rubicão.

A fase que vem depois da interfase G1 é distinta e única: a duplicação de cromossomos — e, portanto, a síntese de novo DNA. Exige energia, dedicação e uma drástica mudança de foco. É denominada fase S, de *síntese* — síntese de cromossomos duplicados. Se você habitasse o interior da célula, nadando, como fazia antes, no protoplasma, talvez sentisse uma mudança no centro de atividades da célula, do citoplasma para o núcleo. As enzimas que duplicam DNA se prendem aos cromossomos. No entanto, outras enzimas começam a desenrolar o DNA. Os elementos para construção do DNA são despachados para o núcleo. Um complexo conjunto de enzimas que replicam DNA se estende ao longo dos cromossomos, sintetizando uma cópia duplicada. E um aparelho para separar os cromossomos duplicados começa a se formar dentro da célula.

A terceira fase é talvez a mais misteriosa e menos compreendida: uma segunda fase de repouso, chamada G2. Qual é o sentido de impedir que uma célula continue se dividindo depois de ter sintetizado um cromossomo duplicado? Por que desperdiçar uma fita de DNA que acaba de ser sintetizada? O G2 existe como derradeiro ponto de verificação antes da divisão da célula, porque as células não podem se dar ao luxo de sofrer catástrofes cromossômicas como translocação, braços quebrados de DNA, mutações drásticas, deleções. É esse o momento em que a célula verifica e verifica de novo a fidelidade da replicação do DNA, protegendo-se de danos nele ou de um evento devastador num cromossomo. Uma célula afetada por radiação ou quimioterapia danificadora do DNA pode parar e permanecer nesse estágio. Proteínas chamadas Guardiãs do Genoma[6] — como o supressor de tumor p53 — esquadrinham o genoma e a célula para garantir a própria saúde antes de gerar novas células.*

* Como ponto de verificação, G2 parece uma solução bastante simples, até percebermos que ela precisa realizar um delicado ato de malabarismo. A "parada" em G2, pelo que se sabe, serve basicamente para detectar mutações *catastróficas* na célula. As mutações são geradas na fase S. Como qualquer máquina copiadora com uma intrínseca taxa de erros, as máquinas moleculares que produzem novas cópias de DNA durante a fase de síntese cometem erros. Alguns desses erros são corrigidos de imediato, mas outros permanecem. Se G2 tivesse que impedir *cada* mutação, pegar *cada* erro e corrigir *cada* falha, mutantes jamais seriam gerados e a evolução empacaria. G2, portanto, precisa ser uma guardiã com bom discernimento, sabendo quando ver e quando fingir que não vê.

A fase final é M — a própria mitose —, a separação da célula em duas células-filhas. A membrana nuclear se dissolve. Os cromossomos em vias de separação se apertam com mais força nas densas estruturas que Flemming havia tingido com corantes. O aparelho molecular para apartar cromossomos duplicados está todo montado. E agora os cromossomos duplicados, deitados lado a lado como gêmeos num berço, começam a ser puxados para longe um do outro, até que metade fica de um lado da célula e a outra metade é puxada para o lado oposto. Surge um sulco entre as células e o citoplasma da célula é dividido ao meio. A célula-mãe gera duas células-filhas.

Conheci Paul Nurse em 2017, numa viagem de automóvel pelas planícies da Holanda. Era um homem atarracado, com sotaque inglês e um largo sorriso que me lembrava uma versão idosa e encarquilhada de Bilbo Bolseiro, de *O Senhor dos Anéis*. Íamos fazer palestras no Hospital Infantil Wilhelmina, em Utrecht, e fomos no mesmo carro de Amsterdam para o campus. Nurse era simpático, modesto e gentil, o tipo do cientista que me agrada de imediato. A paisagem à nossa volta era plana e homogênea: campos secos e lavrados de feno e palha, pontilhados de moinhos girando ciclicamente com as ocasionais rajadas de vento.

Ciclos. A mecânica da energia — a ascensão e queda do vento — que impulsiona os ciclos de uma máquina. Seria uma célula que se divide uma máquina, que funciona em ciclos e depois repousa? Quando fazia pós-doutorado em Edimburgo, Nurse começou a se perguntar sobre a coordenação do ciclo celular. Que fatores determinam se ou quando uma célula resolve se dividir? Nos anos 1870 e 1880, Flemming e Boveri, entre outros, tinham observado as etapas distintas da divisão celular. A pergunta era: que moléculas e mensagens conduziam e regulavam essas fases? Como a célula "sabia" quando passar, digamos, da fase G1 para a fase S?

Nurse vem de uma família da classe trabalhadora. "Meu pai era operário",[7] contou ele a um jornalista em 2014. "Minha mãe era faxineira. Todos os meus irmãos abandonaram os estudos aos quinze anos. Comigo foi diferente. Passei nos exames e de alguma forma entrei na faculdade, consegui uma bolsa e fiz doutorado." Décadas depois de seus tempos de universidade, Nurse descobriria que sua "irmã" era, na verdade, sua mãe. Nascido de mãe solteira, Nurse fora criado pela avó, que fingia ser sua mãe, até que o arranjo secreto afinal lhe foi revelado muitos anos mais tarde, quando já tinha mais de sessenta anos. Ele me contou essa história como se fosse algo trivial, quando nos aproximávamos de Utrecht. Seus olhos brilhavam. "A reprodução jamais é tão simples quanto parece", acrescentou com ironia.

O mentor de Nurse na Universidade de Edimburgo, Murdoch Mitchison, vinha estudando o ciclo das células numa estirpe particular de levedura chamada levedura de fissão — *fissão* porque elas se reproduzem como as células humanas, dividindo-se ao meio. As células de levedura mais comuns se dividem por "brotamento", processo no qual o nódulo menor de uma célula-filha aparece quando a célula se divide.

Nos anos 1980, Nurse começou a produzir mutantes de levedura que não se dividiam de maneira apropriada. A quase 8 mil quilômetros de distância, em Seattle, o biólogo celular Lee Hartwell tinha adotado uma estratégia parecida: ele também caçava genes que afetavam o ciclo celular e a divisão celular produzindo mutantes numa cepa diferente: fermento de padeiro, a variedade de brotamento.

Tanto Hartwell como Nurse esperavam que os mutantes pudessem levá-los a descobrir os genes normais que controlam a divisão celular. Era um velho truque biológico: perturbar uma função fisiológica para esclarecer a fisiologia normal. Um anatomista podia cortar ou ligar uma artéria num animal e rastrear a parte do corpo que não era mais perfundida e, dessa maneira, descobrir a função da artéria. Ou um geneticista podia mutar um gene para perturbar um processo genético — a divisão celular, por exemplo — e com isso descobrir quais eram os reguladores mestres funcionais que governavam o processo da mitose.

No verão de 1982, Tim Hunt, biólogo celular da Universidade de Cambridge, viajou para Woods Hole, Massachusetts, no pitoresco Cape Cod, para ajudar a ministrar um curso de embriologia no Laboratório de Biologia Marinha. Turistas de short com estampa de baleia e camisa de linho iam a Cape Cod para comer mariscos e se espreguiçar nas vastas praias de areia locais. Cientistas, por sua vez, iam até lá para vasculhar as poças deixadas nas pedras pela maré à procura de mariscos e, com mais frequência, de ouriços-do-mar.

Os ovos de ouriço-do-mar, em especial, ofereciam uma fonte preciosa, pois eram modelos experimentais grandes e fáceis de coletar. Injetando-se uma simples solução salina num ouriço fêmea, ela explode numa eflorescência de dezenas de ovos alaranjados. Fertilizando-se os ovos com espermatozoide de ouriço macho, o zigoto se desenvolve e divide, com a regularidade de um relógio, para começar a formar um novo animal multicelular. De Flemming nos anos 1870 ao embriologista Ernest Everett Just no início do século XX e Hunt nos anos 1980, cientistas tinham usado essas criaturas espinhosas, globulares, com suas eróticas línguas de carne (Quem teve a ideia de *comê-las*?) como sistemas modelo para estudar fertilização, divisão celular e embriologia. O que a mosca-das-frutas tinha sido para a genética em seus primórdios o ouriço-do-mar seria para o estudo do ciclo das células.

Hunt queria entender como a síntese de proteínas era controlada depois da fertilização, mas era um trabalho frustrante, que não avançava. "Em 1982",[8] escreveu, "a pesquisa sobre o controle de síntese de proteínas em ovos de ouriço-do-mar estava quase paralisada; toda ideia que meus alunos e eu testávamos acabava se mostrando falsa, e a própria base do sistema era falha por si só."

Mas ao anoitecer de 22 de julho de 1982, Hunt percebeu um fenômeno notável: exatamente dez minutos antes de uma célula fertilizada de ouriço-do-mar se dividir, uma proteína abundante atingia um ponto máximo de concentração e desaparecia. Era rítmico e regular, a virada precisa das pás de um moinho de vento. No seminário noturno, seguido do momento do vinho com queijo naquela noite, ele soube que outros cientistas, como Marc Kirschner, de Harvard, também vinham quebrando a cabeça sobre como as células avançavam de fase durante a gênese de espermatozoides e óvulos, ou meiose. A ideia de que o fluxo e refluxo de uma proteína pudesse sinalizar a transição de fases obcecava Hunt. Ele talvez tenha voltado para o laboratório sem terminar sua taça de vinho.

Na década seguinte, Hunt retornou todos os anos a Cape Cod com um laboratório dentro da mala — "tubos e pontas e placas de gel, e mesmo uma bomba peristáltica"[9] — para tentar decifrar os mecanismos que possibilitam transições no ciclo celular. Até o inverno de 1986, ele e seus alunos tinham encontrado mais proteínas do tipo que aumenta e diminui em combinação precisa com as fases da divisão celular mitótica. Uma delas podia subir e descer em perfeita sintonia com a fase S (a etapa em que os cromossomos são duplicados). Outra podia subir e descer com a fase G2 (o segundo ponto de checagem antes que a divisão celular ocorra). Hunt chamou essas proteínas de Ciclinas, porque era um entusiasta dos ciclos. E não tardou a descobrir que tal nome era bem adequado: essas proteínas pareciam estar, de maneira sobrenatural, coordenadas com fases dos ciclos da divisão celular. O nome pegou.

Enquanto isso, Nurse e Hartwell também chegavam perto dos genes que controlam o ciclo celular usando sua abordagem de caça aos mutantes em células de levedura. Eles também tinham descoberto vários genes associados a diferentes fases da divisão celular. No fim dos anos 1980, deram-lhes o nome de genes cdc e, mais tarde, de genes cdk.* As proteínas por eles codificadas foram chamadas de proteínas CDK.

Mas havia um mistério inquietante nas duas trajetórias de descoberta. Apesar das convergências óbvias em suas perguntas, elas não tinham descoberto as mesmas proteínas, com uma notável exceção: um dos mutantes de Nurse estava, de fato, num gene parecido com a Ciclina.

Por quê? Por que Hunt encontrava proteínas Ciclinas em sua busca por reguladores do ciclo celular? E por que Hartwell e Nurse encontravam um diferente conjunto de proteínas (na maior parte) que coordenavam a divisão das células? Era como se dois grupos de matemáticos, tendo resolvido a mesma equação, aparecessem com duas respostas diferentes — e apesar disso, pelo menos em método, ambos pareciam corretos. Em suma, o que as Ciclinas tinham a ver com as CDKs?

Nos anos 1980 e 1990, trabalhando com equipes de pesquisadores, Hunt, Hartwell e Nurse descobriram uma síntese de todas as observações — em essência reconciliando a função das proteínas Ciclinas e CDK no ciclo celular. As proteínas atuam em conjunto para regular as transições nas fases da divisão celular. São parceiras e colaboradoras — funcional, genética, bioquímica e *fisicamente* ligadas. São o yin e o yang da divisão celular.

Uma determinada proteína Ciclina, agora sabemos, se prende a uma deter-

* De início foram chamados de genes cdc (de "ciclo de divisão celular"), mas a terminologia foi mudada para cdc/cdk e depois para cdk. O *K* se refere a uma atividade enzimática das proteínas codificadas por esses genes — uma quinase — que acrescenta um grupo fosfato a sua proteína-alvo e em geral a ativa. Para simplificar, uso cdk para o gene e CDK, com maiúsculas, para a proteína. O mesmo se aplica à família das ciclinas: os genes são denotados em minúsculas e as proteínas ("Ciclinas") começam com letra maiúscula.

minada proteína CDK e a ativa. Essa ativação, por sua vez, desencadeia uma cascata de eventos moleculares na célula — zunindo de uma molécula ativada para outra, como uma bola de fliperama — que, em última análise, "ordena" à célula que faça a transição de uma etapa do ciclo celular para a próxima. Hunt tinha solucionado metade do quebra-cabeça; Nurse e Hartwell, a outra metade. Ou, em forma de diagrama:

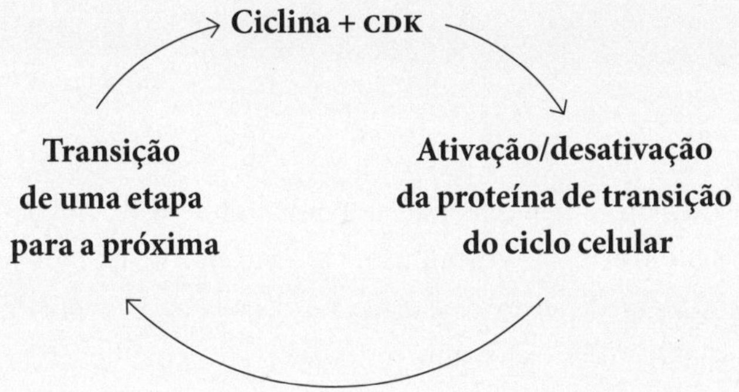

Como Nurse me/ disse na nossa viagem para Utrecht, "estávamos apenas olhando para a mesma coisa a partir de dois lados diferentes. Recuando um pouco, tratava-se na verdade da mesma coisa. Era como se tivéssemos capturado sombras diferentes do mesmo objeto".[10] Os moinhos giravam à nossa volta, completando mais um ciclo.

Ciclinas e CDKs trabalham juntas, mas pares diferentes sinalizam as diferentes transições. Uma determinada associação de Ciclinas e CDKs pode atuar como regulador mestre da transição de G2 para M. A Ciclina ativa a CDK, que por sua vez ativa mais proteínas para facilitar a transição. Quando a Ciclina é degradada, a atividade da CDK cessa, e a célula aguarda o próximo sinal para a próxima etapa.

Outra combinação de Ciclina e CDK regula a transição de G1 para S. Dezenas de outras proteínas se juntam na coordenação da divisão celular, mas a associação íntima entre uma Ciclina e seu cognato CDK é integral: são parceiras no controle do ciclo celular; os principais maestros da orquestra que Flemming havia observado quase um século antes.

É difícil apontar para uma área da medicina ou da biologia que *não* tenha sido transformada por nossa compreensão do ciclo celular ou da dinâmica da divisão celular. O que faz as células cancerosas se dividirem, e será possível encontrar medicamentos para bloquear especificamente essa divisão maligna?* Como uma célula-tronco do sangue se divide para produzir uma cópia de si mesma (chamada "autorrenovação") em certas circunstâncias e, em contraste com isso, para produzir células de sangue maduras ("diferenciação") em outras circunstâncias? Como um embrião se desenvolve a partir de uma única célula? Em 2001, em reconhecimento da importância universal de sua obra para elucidar os mecanismos pelos quais as células controlam sua divisão, Hartwell, Hunt e Nurse compartilharam o prêmio Nobel de Fisiologia ou Medicina.

Em termos conceituais, talvez nenhuma área da medicina esteja mais perto da divisão celular — da mitose e da meiose — do que a reprodução humana artificial ou medicamente assistida, ou a fertilização in vitro (FIV). (A palavra "artificial" parece deslocada aqui. Não seria toda a medicina "artificial"? Devemos chamar o uso de antibióticos para tratar uma pneumonia de "imunidade artificial"? Ou o parto de um bebê de "externalização artificial de um feto"? Assim, usarei a expressão reprodução "medicamente assistida", ainda que "reprodução artificial" seja um termo mais comum.)**

* É intrigante, levando em conta a função central das proteínas Ciclinas e CDKs na divisão celular, que poucas terapias de câncer capazes de bloquear Ciclinas ou CDKs tenham surgido ou dado certo. Na maior parte, isso ocorre porque a divisão celular é um fenômeno universal essencial para a vida e representa um alvo por demais degradado para a terapia do câncer: matando uma célula de câncer que se divide, matamos também uma célula normal que se divide, desencadeando toxicidades intoleráveis. No fim dos anos 1990, descobriu-se uma família de medicamentos que inibe CDK 4/6, dois membros particulares da família CDK. Quase duas décadas depois, estudos comprovaram que novas gerações desses fármacos, em doses baixas e em combinação com outros remédios, como Herceptin, um anticorpo monoclonal contra câncer de mama, prolongavam a sobrevivência em certas pacientes com câncer de mama. A busca de inibidores de Ciclinas e CDKs específicos para o câncer continua, embora seja inevitável o fantasma da toxicidade a pairar sobre esses medicamentos.

** Quando digo "reprodução medicamente assistida", refiro-me ao corpo da medicina que busca aprimorar a reprodução humana usando medicamentos, hormônios, intervenção cirúrgica e manipulação ex vivo (fora do corpo) de células humanas. A abrangência da disciplina é vasta: pode envolver o aprimoramento da produção de espermatozoides e óvulos humanos e possibilitar sua extração e seu armazenamento. Pode incluir métodos para fertilizar espermatozoides e óvulos fora do corpo, ou cultivar embriões humanos e depois implantá-los num útero feminino

Comecemos com um fato ao mesmo tempo notavelmente óbvio para um terapeuta celular e espantoso para uma pessoa de fora desse campo: a fertilização in vitro (FIV) *é terapia celular*. Trata-se, na verdade, de uma das terapias celulares mais comuns em uso humano. Tem sido uma opção reprodutiva há mais de quatro décadas e produziu de 8 milhões a 10 milhões de crianças. Muitos desses bebês FIV agora são adultos, com filhos — em geral produzidos sem necessidade de fertilização in vitro. Tornou-se tão familiar, na verdade, que sequer a imaginamos como medicina celular, embora, é claro, ela seja exatamente isso: a manipulação terapêutica de células humanas para atenuar uma antiga e dolorosa forma de sofrimento humano — a infertilidade.

A tecnologia teve um nascimento incerto; na verdade, quase morreu de prematuridade. A animosidade científica, as rivalidades pessoais, a oposição pública — e até a oposição médica — que acompanharam o nascimento da FIV foram em boa parte ocultadas por seu êxito, mas a criação da tecnologia foi bastante turbulenta e envolta em controvérsias.

Em meados dos anos 1950, Landrum Shettles, um professor nada ortodoxo e muito reservado que lecionava obstetrícia e ginecologia na Universidade Columbia, lançou um projeto para criar um bebê humano fertilizado in vitro.[11] Queria curar a infertilidade. Shettles, que teve sete filhos, raramente ia para casa descansar. Seu laboratório era equipado com um enorme tanque de peixes e uma série de relógios. Ele dormia num catre improvisado, em meio ao tique-taque constante, e os médicos residentes costumavam encontrá-lo, de jaleco verde amarrotado, andando pelos corredores tarde da noite.

No começo, Shettles fazia seus experimentos em placas de Petri e tubos de ensaio. Coletava óvulos humanos de doadoras, fertilizava-os com espermatozoide humano e conseguia manter vivo por seis dias o embrião primordial. Publicava artigos com frequência e ganhava prêmios por seu trabalho, entre eles o Markle Prize, concedido pela universidade.[12]

Mas então sua carreira deu uma guinada estranha. Em 1973, Shettles concordou em ajudar um casal da Flórida, John Del Zio e Doris Del Zio, a conceber

---

para produzir um bebê. A essa lista, podemos acrescentar novas tecnologias que estão rapidamente se cruzando com estratégias reprodutivas: a engenharia genética de espermatozoides, óvulos e embriões humanos para produzir novos tipos de célula e, por extensão, novos tipos de humanos.

um filho. Ele não relatou a extensão do trabalho — da fertilização em placas de Petri à implantação do embrião — aos comitês regulador ou experimental do hospital. Nem informou ao chefe da obstetrícia.

Em 12 de setembro de 1973, um ginecologista do hospital da Universidade de Nova York colheu óvulos de Doris. John levou os óvulos e um frasco de seu sêmen num táxi para o laboratório de Shettles. A viagem, que imagino ter durado mais ou menos uma hora no trânsito para o norte, deve ter sido uma das corridas de táxi mais tensas da história da cidade.

Nesse meio-tempo, o supervisor de Shettles soube do experimento e ficou furioso. A criação de um embrião humano in vitro — um bebê de tubo de ensaio — para implantação num útero real era coisa de que nunca se ouvira falar, e as implicações médicas e éticas eram obviamente desconhecidas. Segundo história, talvez apócrifa, o supervisor invadiu o laboratório, abriu as incubadoras com os óvulos fertilizados e destruiu o experimento. Os Del Zio moveram uma ação contra o hospital e ganharam uma indenização de 50 mil dólares por danos emocionais.

Não é de surpreender que Shettles — tanque de peixes, catre improvisado, relógios, jaleco verde à meia-noite — tenha sido demitido pelo departamento e expulso da universidade logo depois. Ele se mudou para uma clínica em Vermont, onde sua conduta pouco ortodoxa voltou a lhe criar problemas, e por fim se estabeleceu em sua própria clínica em Las Vegas, onde se comprometeu a dar prosseguimento ao sonho de fazer bebês humanos usando FIV.

Enquanto isso, na Inglaterra, uma dupla de cientistas, Robert Edwards e Patrick Steptoe, também tentava a fertilização in vitro. Ao contrário de Shettles, eles não eram alheios às transgressões científicas e morais exigidas para produzir um embrião humano num frasco de vidro. Escreveram protocolos e artigos, apresentaram seu trabalho em conferências e informaram comitês e departamentos hospitalares sobre suas intenções. Trabalhavam devagar e de maneira metódica, derrubando ortodoxia após ortodoxia. Eram não conformistas, mas, nas palavras da historiadora da ciência Margaret Marsh, "não conformistas cuidadosos".[13, 14]

Edwards, filho de pai ferroviário e mãe fresadora, era um geneticista e fisiologista interessado em divisão celular e anomalias cromossômicas. Sua carreira foi prejudicada temporariamente por sua permanência de quatro anos no Exército britânico durante a Segunda Guerra Mundial e pelo tempo que passou estudando para conseguir um diploma de zoologia, que ele qualificou de "um desastre. O dinheiro das bolsas acabou e fiquei endividado. Ao contrário de alguns estudantes, eu não tinha pais ricos [...]. Não podia escrever para casa dizendo: 'Querido pai, por favor me mande cem libras, pois fui mal nos exames'".[15]

Mas Edwards acabou encontrando uma vaga para estudar genética animal na Universidade de Edimburgo, onde seus interesses começaram a se desviar para o estudo da reprodução. Fez experimentos com espermatozoides de camundongo e a seguir com óvulos. Em colaboração com a mulher, Ruth Fowler, zoóloga talentosa, Edwards demonstrou que, ao se injetarem hormônios indutores de ovulação em camundongos, geram-se dezenas de óvulos na mesma etapa do ciclo de vida que podem, em princípio, ser colhidos e fertilizados in vitro, numa placa. Em 1963, depois de uma carreira nômade em várias universidades, Edwards chegou a Cambridge para estudar a maturação de óvulos humanos. Ele, Ruth e suas cinco filhas se instalaram numa casa modesta em Gough Way, perto de Barton Road, e num laboratório em cima do Laboratório de Fisiologia que era um emaranhado de sete salas mal aquecidas.

O campo da biologia reprodutiva, em especial a conexão entre a maturação de óvulos e espermatozoides e o ciclo celular, estava engatinhando. A obra de Tim Hunt sobre ouriços-do-mar, que lançaria os alicerces do ciclo celular, só seria publicada décadas depois, e os genes da divisão celular que tornariam Paul Nurse e Lee Hartwell famosos ainda não tinham sido descobertos.

Edwards conhecia a obra dos cientistas John Rock e Miriam Menkin, de Harvard, que, em meados dos anos 1940, tinham extraído quase oitocentos óvulos de mulheres que passavam por cirurgia ginecológica e tentado fertilizá-los com espermatozoides humanos.[16] O sucesso deles foi aleatório. "Fizemos numerosas tentativas para iniciar a fertilização in vitro de óvulos humanos", escreveu Menkin num artigo de revista. Mas o projeto acabou se mostrando mais complicado do que Rock e Menkin imaginavam; em geral, eles não conseguiram fazer com que os óvulos fossem fertilizados.

Em 1951, Min Chueh Chang, cientista que alcançara pouco reconhecimento trabalhando com reprodução no Instituto Worcester, em Massachusetts, percebeu que espermatozoides, e não apenas óvulos, poderiam contribuir igualmente para a questão de conseguir a FIV.[17] Trabalhando com coelhos, ele sugeriu que o espermatozoide precisava ser ativado — "capacitado", como dizia — antes de poder fertilizar o óvulo. Essa capacitação, pensava Chang, podia ser obtida expondo-se o espermatozoide a determinadas condições e substâncias químicas nas trompas de Falópio.

Edwards passou meses no silêncio reverencial da biblioteca do Instituto Nacional de Pesquisa Médica em Mill Hill, Londres, examinando nos mínimos pormenores todos os experimentos anteriores. Era como estudar uma ladainha de fracassos, mas ele queria tentar fertilizar óvulos humanos fora do corpo mais uma vez. De início, trabalhou com uma ginecologista, Molly Rose, no Hospital Geral de Edgware, para "amadurecer" os óvulos — em essência, para torná-los receptivos à fertilização. Mas, ao contrário dos óvulos de coelhas e de camundongos, os humanos não amadureciam. "Três, seis, nove e doze horas, nenhum deles mudou de aparência. Eles ficavam lá, me encarando", escreveu ele.[18] Os óvulos pareciam, digamos, impenetráveis.

Até que, numa manhã de 1963, Edwards teve uma intuição crucial, tão simples quanto profunda. E se o "programa de amadurecimento nos óvulos de primatas como os humanos simplesmente levasse mais tempo do que em roedores?".[19] De novo, Edwards obteve com Rose uma pequena porção de óvulos e os amadureceu, mas dessa vez resolveu esperar.

"Não devo olhar para eles antes da hora", escreveu, repreendendo a si mesmo pela impaciência. "Exatas dezoito horas depois olhei e vi, para meu desgosto, o núcleo inalterado, sem sinal de amadurecimento."[20] Outro fracasso. Agora só lhe restavam dois óvulos, encarando-o teimosamente, imperturbáveis, na placa. Depois de 24 horas, Edwards retirou um deles e achou que tinha visto um tênue indício de amadurecimento: alguma coisa mudara no núcleo.

Restava um óvulo.

Depois de 28 horas, retirou o último óvulo e o tingiu.

"Euforia inacreditável", escreveu ele. "Os cromossomos iniciavam sua marcha pelo centro do óvulo."[21] A célula amadurecera; estava pronta para a fertilização. "Ali, num óvulo do último grupo, estava todo o segredo do programa humano."

Moral da história? Não nos reproduzimos como coelhos. Nossos óvulos precisam de um pouco mais de sedução.

Edwards estava quase no fim de sua década de solidão. Mas havia outro dilema circular que ele precisava encarar: os óvulos que Rose lhe fornecera vinham de mulheres submetidas a extensas cirurgias ginecológicas e, portanto, era muito provável que não reagissem bem à fertilização in vitro. Assim, embora muito convenientes como material experimental, eram os menos favoráveis a um reimplante. Para concluir seu experimento, Edwards precisava de óvulos humanos de outra fonte.

Os óvulos vieram de pacientes de Patrick Steptoe: mulheres com doenças ovarianas que tinham concordado em doar seus óvulos. Steptoe era consultor de obstetrícia no Hospital Geral de Oldham, uma cidade de fábricas de produtos têxteis poluída e em declínio perto de Manchester. Seu interesse particular era a laparoscopia ovariana, procedimento que consiste em operar no ovário e tecidos circundantes usando um instrumento óptico flexível inserido através de pequenas incisões no abdômen inferior. A técnica, minimamente invasiva, costumava ser ridicularizada por ginecologistas que a consideravam imprecisa em comparação com a cirurgia aberta invasiva. Numa conferência médica, um distinto ginecologista se levantou para anunciar, em tom arrogante: "A laparoscopia não tem qualquer utilidade.[22] É impossível visualizar o ovário". Steptoe, reservado, de fala mansa, teve que se levantar também e defender sua prática. "O senhor está redondamente enganado", retrucou. "Toda a cavidade abdominal pode ser inspecionada."

Robert Edwards também estava presente. Enquanto os ginecologistas faziam pouco-caso de Steptoe, Edwards ouvia com a máxima atenção, pois percebeu que a extração laparoscópica era crucial para que tivesse êxito em seus experimentos. Ao contrário do que ocorria com os óvulos obtidos de procedimentos cirúrgicos invasivos, a extração laparoscópica tornaria o procedimento muito mais tratável para as mulheres — e talvez justamente para a mulher que quisesse reimplantar em seu útero um óvulo fertilizado.

Terminadas as apresentações, enquanto a plateia discutia, Edwards se aproximou de Steptoe no salão de entrada.

"O senhor é Patrick Steptoe", disse ele, cortês.

"Isso."

"Sou Bob Edwards."

Trocaram notas e ideias sobre fertilização in vitro. Em 1º de abril de 1968, Edwards viajou a Oldham para um encontro com Steptoe. Eles traçaram um plano experimental e Steptoe concordou em enviar para Edwards alguns óvulos humanos colhidos em seus procedimentos laparoscópicos. O fato de Oldham ficar a cinco horas de distância de Cambridge não desencorajou nenhum dos dois. A viagem de ida e volta para transportar um óvulo da clínica de Steptoe para o laboratório de Edwards podia consumir quase o dia todo num trem a avançar lenta e pesadamente pelas cidades enfumaçadas e chuvosas do condado de Lancashire. O protocolo experimental parecia simples, mas os detalhes eram complicados: Que solução de cultura preservaria óvulo e espermatozoide vivos? Quantas horas depois da coleta do óvulo o espermatozoide deveria ser introduzido? Quantas divisões celulares eram necessárias para que um óvulo fertilizado se tornasse viável num corpo humano? E como saber que embrião escolher?

Por intermédio de Barry Bavister, seu colega de Cambridge, Edwards ficou sabendo que a taxa de fertilização crescia muitíssimo quando se aumentava a alcalinidade da solução; isso era parte da capacitação do espermatozoide que tinha frustrado Min Chueh Chang. Edwards aprendeu outros truques para ativar o espermatozoide. Aprendeu, também, a amadurecer óvulos em cultura, aguardando o momento exato de maturação antes de acrescentar nela o espermatozoide. Havia proporções a serem determinadas — quantos espermatozoides por óvulo? —, assim como a composição exata do fluido para a cultura de embriões. Mas, peça por peça, Edwards e Steptoe resolveram o problema da fertilização in vitro. Uma tarde no fim do inverno de 1968, Jean Purdy, cientista e enfermeira que trabalhava com Edwards, preparou o experimento crucial.[23] "Aqueles óvulos", escreveu ela, "logo amadureciam em misturas de meio de cultura [...] às quais um pouco do fluido de Barry [Bavister] tinha sido adicionado. Trinta e seis horas depois, consideramos que estavam prontos para fertilização."

Naquela noite, Bavister e Edwards foram de carro até o hospital e estudaram a cultura ao microscópio. Um acontecimento espantoso se desenrolava sob as lentes: os primeiros passos na concepção da vida humana. De acordo com Purdy,

> um espermatozoide acabava de entrar no primeiro óvulo [...]. Uma hora depois, olhamos para o segundo óvulo. Sim, ali estavam, as primeiras etapas da fertilização. Um espermatozoide entrara no óvulo sem dúvida alguma — tínhamos conseguido [...]. Examinamos outros óvulos e descobrimos cada vez mais provas.

> Alguns deles estavam nos primeiros estágios de fertilização, com as caudas dos espermatozoides seguindo suas cabeças rumo às profundezas do óvulo; outros estavam ainda mais avançados, com dois núcleos — um do espermatozoide e o outro do óvulo —, enquanto cada um [espermatozoide ou óvulo] doava seus componentes genéticos para o embrião.[24]

Tinham realizado a fertilização in vitro.

O artigo de autoria de Edwards, Steptoe e Bavister, "Primeiras etapas da fertilização in vitro de oócitos humanos amadurecidos in vitro", foi publicado na revista *Nature* em 1969.[25] Infelizmente, Jean Purdy, que tinha realizado o experimento, não recebeu crédito, em conformidade com a prática convencional de alijar as mulheres da ciência. Mais tarde, tanto Edwards como Steptoe fizeram várias tentativas de reconhecer sua contribuição, pois a FIV nascera nas mãos dela. No laboratório, Purdy criou o primeiro embrião humano produzido através da técnica; mais tarde, no hospital, embalou nos braços o primeiro bebê de FIV. Em 1985, ela morreu de melanoma com apenas 39 anos, sem conseguir alcançar o reconhecimento científico que lhe é devido.

O estudo provocou uma onda de indignação pública, científica e médica quase de imediato. Os ataques vieram de todos os lados ao mesmo tempo. Alguns ginecologistas não consideravam a infertilidade uma doença. Diziam que a reprodução não era requisito para o bem-estar, então por que definir a ausência de reprodução como "enfermidade"? Um historiador escreveu:

> Hoje talvez seja difícil compreender a ausência absoluta da infertilidade na consciência da maioria dos ginecologistas no Reino Unido naquela época, entre os quais Steptoe era uma notável exceção [...]. A superpopulação e o planejamento familiar eram tidos como preocupações dominantes, e na melhor das hipóteses as mulheres inférteis eram ignoradas e vistas como uma minoria minúscula e irrelevante e, na pior, como uma contribuição positiva para o controle populacional.[26]

Boa parte da pesquisa ginecológica no Reino Unido e nos Estados Unidos se concentrava na contracepção — ou seja, em trazer ao mundo *menos* bebês. Nos Estados Unidos, de acordo com um artigo científico, "a pesquisa de desenvolvimento de anticoncepcionais sextuplicou entre 1965 e 1969, e o financiamento filantrópico privado aumentou trinta vezes".[27]

Grupos religiosos, por sua vez, chamavam a atenção para o status especial do embrião humano: produzir um embrião numa placa de Petri em laboratório, com a intenção de transferi-lo para um corpo humano, era violar a mais inviolável das leis de reprodução humana "natural". Especialistas em ética tinham uma consciência aguçadíssima do legado dos experimentos nazistas nos anos 1940, nos quais seres humanos haviam sido submetidos a riscos horríveis, porém com poucos benefícios; e se os bebês produzidos por esse método, ou as mães que carregassem esses bebês, ficassem expostos a riscos desconhecidos?

Após a publicação do artigo de Edwards, Steptoe e Bavister, quase uma década se passou para que a comunidade médica se convencesse de que a infertilidade *era*, de fato, uma "doença". Trabalhando com equipes de obstetras e técnicos de laboratório em meados dos anos 1970, eles lançaram suas primeiras iniciativas para produzir um bebê vivo por intermédio da FIV.

Em 10 de novembro de 1977, um minúsculo grupo de células embrionárias vivas, cerca de 25 vezes menor que um grão de arroz, foi transferido para o útero de Lesley Brown.[28] A britânica de trinta anos e o marido, John, vinham tentando a concepção natural havia nove anos, mas sem sucesso. As trompas de Falópio de Lesley estavam bloqueadas, e seus óvulos, apesar de normais, eram anatomicamente obstruídos em seu movimento do ovário para o lugar da fertilização nas trompas ou no útero. Durante o procedimento, realizado no Hospital Geral de Oldham, os óvulos de Lesley foram colhidos direto do ovário, amadurecidos segundo o protocolo de Edwards e Purdy e então fertilizados com o esperma de John. Purdy foi a primeira a ver as células embrionárias começarem sua divisão com pequenos movimentos — a bem dizer, uma aceleração celular capturada num frasco de vidro.

Cerca de nove meses depois, em 25 de julho de 1978, a sala de cirurgia do hospital estava lotada de pesquisadores, médicos e uma equipe de administradores do governo. Era quase meia-noite quando o obstetra John Webster trouxe ao mundo uma bebê por cesariana. A operação foi executada sob um véu de absoluto sigilo. A princípio, Steptoe tinha anunciado que o nascimento se daria na manhã seguinte, mas sem fazer alarde o antecipou para a meia-noite, em parte para enganar a imprensa, que se amontoava na frente do hospital. No fim da tarde ele tinha saído do hospital em sua Mercedes branca, num elaborado estratagema para convencer os repórteres de que a equipe estava encerrando as atividades do dia. Depois, ao anoitecer, voltara sem ser percebido.

O parto foi espetacularmente comum. "[A bebê] não precisou ser ressuscitada, e o pediatra que a examinou à procura de defeitos não encontrou nenhum", disse Webster.[29] "Todos nós estávamos um pouco receosos de que ela nascesse com fenda palatina ou outro pequeno defeito que tivéssemos deixado passar [...] isso teria de fato acabado com a pesquisa — porque as pessoas diriam que havia sido por causa da técnica [de FIV]." Todas as unhas, todos os cílios, todos os dedos dos pés, todas as articulações, todos os centímetros de pele foram examinados. A bebê era angelicalmente perfeita.

Não houve nenhuma "grande comemoração", disse Webster. Depois do parto, o obstetra foi para a cama e teve uma noite de sono tranquila. "Eu estava exausto, essa é que é a verdade",[30] contou. "Simplesmente voltei para a casa onde estava hospedado e fiz uma refeição leve. Acho que não havia sequer bebida no armário."

A bebê foi batizada com o nome de Louise Brown. O nome do meio é Joy [alegria].

Na manhã seguinte, a notícia do nascimento de Brown explodiu na imprensa. Durante uma semana o hospital foi cercado por jornalistas com câmeras, flashes e blocos de notas nas mãos, lutando para tirar uma foto da mãe e da filha. Louise Brown foi chamada de "bebê de proveta" — termo bizarro, uma vez que provetas praticamente não foram usadas durante a fertilização.[31] (O grande frasco de vidro no qual ela de fato foi concebida está em exibição no Museu da Ciência, em Londres.) Seu nascimento provocou um tsunami de raiva, celebração, alívio e orgulho. Numa carta indignada à revista *Time*, uma mulher do Michigan esbravejou: "Os Brown [...] degradaram e institucionalizaram a criança, e por esse ato, não pelo ato do nascimento medicamente assistido, deveriam ser considerados um símbolo da degeneração moral do Ocidente".[32] Um pacote anônimo enviado dos Estados Unidos chegou à casa dos Brown em Bristol, contendo um tubo de ensaio quebrado, salpicado de grotescas gotículas de sangue falso.

Outros, no entanto, chamavam Louise de bebê milagre. A capa da *Time* de 31 de julho tomou emprestado o famoso detalhe de *A criação de Adão*, pintura de Michelangelo que adorna o teto da capela Sistina, no qual o dedo de Deus quase toca o de Adão.[33] Com a diferença de que nesse caso, suspenso entre os dois dedos, há um tubo de ensaio e, dentro dele, a figura de um embrião: Louise Brown no útero. Para homens e mulheres que não conseguiam ter filhos, esse avanço trouxe uma extraordinária dose de esperança: a infertilidade tinha sido curada, pelo menos para aqueles que ainda tinham espermatozoides e óvulos viáveis.

Louise Joy Brown está com 43 anos. Tem os traços suaves e arredondados da mãe, o sorriso largo do pai e cabelos castanho-claros, que já foram uma torrente de cachos e hoje estão mais lisos e dourados. Ela trabalha numa empresa de fretes e mora perto de Bristol. Quando tinha quatro anos, foi informada de que havia "nascido de um jeito um pouquinho diferente dos outros".[34] Essa frase talvez seja um dos grandes eufemismos da história da ciência.

Robert Edwards recebeu o prêmio Nobel em 2010 por sua obra. Infelizmente, faleceu antes de poder comparecer à cerimônia em dezembro daquele ano. Steptoe, doze anos mais velho do que Edwards, tinha morrido em 1988. E Landrum Shettles faleceu em Las Vegas em 2003, batendo até o fim na tecla de que teria sido o primeiro a desenvolver a FIV se seus esforços não tivessem sido frustrados pela ortodoxia de seus superiores.

Este livro fala da célula e da transformação da medicina. E, embora a fertilização in vitro esteja entre as terapias celulares usadas com mais frequência na prática médica, há uma peculiaridade em sua história que precisa ser encarada: foi a rara combinação de avanços na biologia reprodutiva e na obstetrícia — não na biologia celular — que deu vida a esse procedimento.

Embora o nascimento de Louise Brown tenha assinalado o renascimento da medicina reprodutiva, a parte dos procedimentos da FIV manteve uma frígida indiferença aos fronts da biologia celular que avançavam com rapidez. Mesmo Edwards, cujo interesse inicial pela reprodução tinha sido despertado pela divisão cromossômica anormal durante a maturação do óvulo (um artigo científico que escreveu em 1962 trazia o título de "Meiose em oócitos ovarianos de mamíferos adultos").[35] Não publicou praticamente mais nada sobre as descobertas do ciclo celular, da segregação cromossômica e do controle molecular da meiose e da mitose depois que esses achados de Nurse, Hartwell e Hunt apareceram, nos anos 1980. Isso é mais estranho ainda quando se leva em conta que Hunt era seu colega em Cambridge e que Nurse trabalhava a menos de oitenta quilômetros de distância. E os aspectos da fisiologia celular com os quais se poderia esperar que a fertilização e a maturação do embrião tivessem mais afinidades — a dinâmica da divisão celular, a produção de espermatozoides e óvulos, as etapas mitóticas do zigoto — permaneceram na distante periferia da visão desse campo.

A FIV, em suma, era vista basicamente como uma intervenção hormonal seguida de um procedimento obstétrico. Óvulos e espermatozoides eram extraídos e iam para dentro; um bebê humano vinha para fora. O laboratório entre as duas coisas, onde se dava a fertilização e o embrião amadurecia, era apenas um elo da corrente. Embora úmida e cálida, a incubadora era, literalmente, uma caixa-preta. E as questões de como um óvulo, ou espermatozoide, poderia se tornar mais fecundo ou de como os melhores embriões poderiam ser selecionados para implantação — questões essas que invocam intimamente a biologia celular, e a avaliação cromossômica e celular — permaneciam em aberto e sem resposta.

Mas as revelações de Nurse, Hartwell e Hunt afinal começam a entrar no campo e a transformá-lo. Cada vez mais fica evidente que as questões que perturbam a reprodução humana só podem ser respondidas se compreendermos a reprodução *celular* — trazendo de novo à nossa lembrança o dogma de Rudolf Virchow de que toda doença é doença celular. A FIV está, portanto, aprendendo o vocabulário das Ciclinas e das CDKs. Por que, para citar um exemplo, às vezes é difícil colher óvulos de algumas mulheres, apesar da estimulação hormonal? Em 2016, um grupo de pesquisadores demonstrou que as mesmas moléculas que Nurse, Hartwell e Hunt descobriram — as Ciclinas e as CDKs — estão envolvidas nisso. Se uma dessas combinações, CDK-1 e uma Ciclina, continua inativa nos óvulos, os óvulos ficam adormecidos. Quiescentes. Em G-zero. É só liberar e ativar essas moléculas para que os óvulos comecem a amadurecer.[36] Se amadurecerem "prematuramente", por assim dizer, os óvulos aos poucos vão sendo perdidos. Mesmo com a estimulação hormonal, podem estar desfalcados para começar. Nessas condições, o animal é infértil.

Curiosamente, essa libertação da quiescência (ou "sono" celular) e o consequente amadurecimento prematuro podem ser alvo de um fármaco recém-sintetizado. Essa molécula experimental funciona, como era de imaginar, bloqueando a ativação das Ciclinas-CDKs. Em princípio, deve ser capaz de pôr os óvulos humanos para "dormir" de novo, possibilitando taxas mais altas de sucesso da FIV em certos grupos de mulheres com infertilidade persistente.

Em 2010, um grupo de pesquisadores da Faculdade de Medicina da Universidade Stanford adotou uma abordagem ainda mais simples para desenvolver uma caixa de ferramentas para a FIV mais ligada à dinâmica do ciclo celular. Uma frustração perene da reprodução medicamente assistida é o fato de que apenas um em cada três embriões fertilizados chega ao estágio em que a probabilidade de gerar fetos viáveis é maior. Para aumentar as chances, múltiplos embriões são implantados — o que, por sua vez, resulta numa frequência maior de gêmeos e trigêmeos, acarretando complicações médicas e obstétricas próprias.

É possível identificar zigotos unicelulares com maior probabilidade de dar origem a embriões saudáveis e maduros? É possível identificar esses zigotos *prospectivamente* — em outras palavras, antes de implantá-los, aumentando assim a taxa de sucesso de nascimento de um só ser humano? O grupo de Stanford pegou 242 embriões humanos e filmou sua maturação a partir de zigotos unicelulares em esferas embrionárias ocas multicelulares chamadas blastocistos — um primeiro sinal de embrião sadio e viável.[37] O blastocisto é feito de duas partes. Seu invólucro dá origem à placenta e ao cordão umbilical, o sistema de suporte do bebê em desenvolvimento, ao passo que a massa interna de células, pendurada na parede da cavidade cheia de fluido, se torna o embrião. Tanto o invólucro como a massa interna se formam a partir da primeira célula fertilizada, através da rápida divisão de células, mitose após mitose.

O fato de que apenas um terço dos embriões unicelulares forma blastocistos reflete a taxa de sucesso de um terço das FIVs verificada clinicamente.[38] Rodando o filme de trás para a frente, e usando softwares para medir vários parâmetros, o grupo de Stanford identificou apenas três fatores indicativos de uma futura formação de blastocistos: o tempo que a primeira célula leva para se dividir pela primeira vez; o tempo decorrido entre a primeira e a segunda divisões; e a sincronicidade da segunda e da terceira mitoses. Com base nesse trio de parâmetros, as chances de prever a formação de blastocistos (e, portanto, a chance de implantação viável) subiram para 93%. Imagine-se a FIV realizada com um único embrião — sem gravidez de alto risco com gêmeos e trigêmeos — e uma taxa de sucesso de 90%.

Podemos também notar, com perplexidade, que foram medições como essas — sincronicidade, tempo mitótico e fidelidade de divisão celular — que permitiram a Paul Nurse e seus alunos dissecar o ciclo celular em células de levedura quase três décadas antes.

7. A célula adulterada: Lulu, Nana e a quebra de confiança

Aja, antes de pensar.
Inversão do provérbio

Em 10 de junho de 2017, um biofísico convertido em geneticista chamado He Jiankui, que também atende pelo apelido de JK, teve um encontro com dois casais no campus da Universidade de Ciência e Tecnologia do Sul da China, em Shenzhen. O encontro ocorreu numa sala de reuniões comum, com cadeiras giratórias de couro sintético e uma tela de projeção. Dois outros cientistas, Michael Deem, professor da Universidade Rice, em Houston, e ex-orientador de JK, e Yu Jun, cofundador do Instituto de Genômica de Beijing, também compareceram, apesar de Yu declarar mais tarde que eles estavam apenas sentados ali, cuidando de seus próprios assuntos. Talvez estivessem discutindo as complexidades do genoma do bicho-da-seda, que Yu tinha sequenciado. "Deem e eu conversávamos sobre outra coisa", diria ele mais tarde.[1]

Sabemos pouco sobre essa reunião. Ela foi gravada num vídeo chuviscado e poucas capturas de tela sobrevivem. Os casais tinham procurado JK para lhe dar seu consentimento para um procedimento médico. Era FIV — mas com um toque crucial. JK pretendia alterar de forma permanente os genes do embrião

— em essência, criar "transgênicos", bebês geneticamente modificados — antes de reimplantá-lo no útero.

Pouco mais de dois anos depois, em 30 de dezembro de 2019, He Jiankui seria condenado a três anos de prisão por violar protocolos fundamentais de consentimento livre e esclarecido e por uso impróprio de material humano. Seria impossível contar a história da biologia reprodutiva, ou do nascimento da medicina celular, sem a fábula de JK — da sedução para alterar bebês humanos, das aspirações científicas que dão errado e do futuro da terapia genética para embriões deixado em suspenso, numa frágil situação de precariedade.[2]

Mas para contar essa história temos que recuar quase meio século. Em 1968, o sempre presciente Robert Edwards, que ficou famoso por causa da FIV, publicou um artigo sobre um assunto que parecia obscuro: a determinação do sexo em embriões de coelho. Antes de se dedicar à reprodução medicamente assistida, o interesse inicial de Edward pela biologia reprodutiva tinha sido despertado pela possibilidade de detectar anomalias cromossômicas em embriões. No distúrbio genético síndrome de Down, por exemplo, um cromossomo extra — de número 21 — é deixado no óvulo ou no espermatozoide. Edwards se perguntava se esses problemas cromossômicos poderiam ser detectados no embrião — talvez no estágio de blastocisto, a esfera oca de células — e se os embriões com anomalias cromossômicas poderiam ser selecionados e descartados antes da implantação. Dessa maneira, pensava ele, o casal poderia preferir não implantar um bebê com síndrome de Down, ou com qualquer outra alteração cromossômica. Poderia, na verdade, selecionar os embriões "certos" para implantar.[3]

Em 1968, Edwards fertilizou óvulos de coelha e os desenvolveu até a fase de blastocisto. Manteve o blastocisto parado com uma pera de sucção — tarefa semelhante a imobilizar um balão de água com um aspirador de pó — e então, com milagrosa habilidade, usou tesouras cirúrgicas para remover cerca de trezentas células do invólucro do blastocisto. Em seguida, tingiu as células extraídas com cromatina para determinar as que tinham cromossomos X e Y, denotando blastocistos masculinos. (Os blastocistos femininos têm dois cromossomos X.) Num artigo publicado na revista *Nature* em abril daquele ano, Edwards e o coautor Richard Gardner relataram que, ao implantar de maneira seletiva embriões de coelho machos ou fêmeas, conseguiam controlar o sexo biológico de descendentes de mamíferos, coisa impossível na natureza. O artigo, intitulado

"Control of the Sex Ratio at Full Term in the Rabbit by Transferring Sexed Blastocysts" [Controle da proporção sexual na gravidez a termo em coelho pela transferência de blastocistos sexados] começava e terminava com a propensão de Edwards para o eufemismo:

> Numerosas tentativas foram feitas para controlar o sexo de descendentes de vários mamíferos, entre os quais o homem [...]. Agora que podemos sexar de maneira correta blastocistos de coelho, talvez seja possível detectar outras diferenças em embriões masculinos e femininos.[4]

Edwards tinha inventado um método para a seleção de embriões com base em avaliação genética.

Nos anos 1990, a FIV e técnicas genéticas tinham chegado a um ponto em que já era possível tentar a técnica de Edwards em embriões humanos. No Hospital Hammersmith, em Londres, o cientista Alan Handyside trabalhou com casais que tinham um histórico de doenças ligadas ao cromossomo X, que apenas crianças do sexo masculino corriam o risco de desenvolver. Ao "sexar" os embriões antes da implantação — como Edwards tinha feito com coelhos —, Handsyde e seus colegas demonstraram ser possível garantir que só embriões femininos fossem implantados, eliminando assim o risco de nascimento de um bebê com a doença ligada ao cromossomo X. A técnica foi chamada de diagnóstico genético pré-implantacional (DGPI) ou, na linguagem comum, seleção de embriões. O DGPI logo se estendeu para a triagem de embriões com síndrome de Down, fibrose cística, doença de Tay-Sachs e distrofia miotônica, entre outros distúrbios.

Mas a seleção de embriões, para falar com franqueza, é em essência um processo *negativo*. Com a remoção de apenas embriões masculinos, podem-se selecionar embriões que adquiriram um determinado traço genético. No entanto, não se pode mudar fundamentalmente a roleta genética que dá aos embriões seus genes. Em outras palavras, pode-se preferir ou remover embriões de um conjunto de permutações, mas não se podem fazer embriões com novos conjuntos de genes. O que você consegue é o que você consegue (e não fica aborrecido): permutações de genes de ambos os pais, mas nada além dessas combinações predeterminadas.

E se quisermos produzir embriões humanos com traços (e futuros) genéticos que nenhum dos pais tem? E se quisermos alterar algumas informações de um genoma de embrião — para desabilitar um gene, digamos, que possa causar uma doença fatal? Em 2012, por exemplo, fui procurado por uma mulher com um trágico histórico de câncer de mama na família. O risco maior da doença vinha de uma mutação no gene BRCA-1, uma mutação que podia se manifestar aqui e ali na família. Ela mesma portava aquela variante nociva, bem como uma das duas filhas. Poderia eu ajudá-la a encontrar uma estratégia médica para restaurar o gene mutante nos embriões de sua filha? Eu tinha pouca coisa a oferecer, exceto a possibilidade futura de que ela ou as filhas pudessem usar a seleção de embriões para eliminar os que carregavam a mutação BRCA-1.

E se ambos os pais forem portadores de mutações em *ambas* as cópias de um gene ligado a uma doença? Duas cópias no pai, duas cópias na mãe. Um homem com fibrose cística quer conceber um bebê com a mulher que ama, que por acaso também sofre de fibrose cística. *Todos* os filhos carregarão a mutação em ambas as cópias e serão, portanto, suscetíveis à doença. Pode um cientista fazer alguma coisa para garantir que um filho dessa união tenha pelo menos uma cópia corrigida do gene? Dito de outra forma, pode um embrião humano ser alvo não só de um processo negativo — a seleção de embriões —, mas também de um processo *positivo*: a adição ou a alteração de um gene, uma edição de genes?

Durante décadas os cientistas tentaram com embriões de animais. Nos anos 1980, tiveram êxito em introduzir células geneticamente modificadas em blastocistos de camundongo. Depois de múltiplas etapas, geraram camundongos "transgênicos" vivos com genomas que tinham sido deliberada e permanentemente alterados. Seguiram-se logo vacas e ovelhas transgênicas, todas criadas com o uso de técnicas meio parecidas. Quando produziam espermatozoides e óvulos, esses animais levavam a alteração genética adiante para futuras gerações.

Mas não era fácil aplicar em seres humanos os métodos utilizados para criar esses animais. Havia sérios obstáculos técnicos. E as preocupações éticas sobre intervenção genética, com as questões paralelas sobre eugenia humana, eram também dissuasivas. O sonho de gerar humanos transgênicos — com genomas permanentemente alterados a serem transmitidos para os filhos — continuava em suspenso.

Em 2011, no entanto, uma nova e surpreendente tecnologia entrou em cena com grande impacto. Cientistas se depararam com um método de alteração de genes que seria muitíssimo mais fácil de usar em células e, potencialmente, nos primeiros estágios de embriões humanos.* A técnica, chamada de edição genética, é oriunda de um sistema defensivo bacteriano.

A edição de genes — fazer mudanças dirigidas, deliberadas e específicas num genoma — pode ser realizada por meio de múltiplas estratégias, mas a forma mais comum tem por base uma proteína bacteriana chamada Cas9. Essa proteína pode ser introduzida em células humanas e então "guiada", ou dirigida, para uma parte específica do genoma de uma célula e ali efetuar uma alteração deliberada: em geral um corte no genoma que costuma incapacitar o gene visado. As bactérias usam esse sistema para desmembrar os genes de vírus invasores, desativando assim o invasor. Os pioneiros da edição genética, como Jennifer Doudna, Emmanuelle Charpentier, Feng Zhang e George Church, entre outros, adaptaram esse sistema de defesa bacteriana e fizeram dele uma maneira de efetuar edições deliberadas no genoma humano.

Imaginemos, por um instante, todo o genoma humano como uma vasta biblioteca. Seus livros são escritos num alfabeto de apenas quatro letras: A, C, G e T, os quatro elementos químicos de construção do DNA. O genoma humano tem mais de 3 bilhões dessas letras — 6 bilhões por célula, se contarmos os genomas de ambos os pais. Metamorfoseado em biblioteca, com cerca de 250 palavras por página e trezentas páginas por livro, cada um de nós pode pensar em si mesmo — ou nas instruções para nos construir, manter e reparar — como um universo de cerca de 80 mil livros.

A Cas9, combinada com um pedaço de RNA para servir de guia, pode ser

* É impossível citar pelo nome todos os cientistas que contribuíram para esse campo — o número é vastíssimo —, mas alguns investigadores se destacam. Nos anos 1990, um cientista espanhol, Francis Mojica, foi o primeiro a perceber que um sistema de defesa antiviral estava codificado no genoma bacteriano. De 2007 a 2011, Philippe Horvath, trabalhando na fábrica de iogurte Danisco, na França, e Virginijus Syksnys, em Vilna, Lituânia, aprofundaram a compreensão dessa forma de imunidade. E de 2011 a 2013, Jennifer Doudna, Emmanuelle Charpentier e Feng Zhang manipularam geneticamente o sistema para fazer cortes programáveis em DNA. Essa lista é necessariamente abreviada; uma história mais completa pode ser encontrada em "CRISPR Timeline", Broad Institute. Disponível em: <www.broadinstitute.org/what-broad/areas-focus/project-spotlight/crispr-timeline>.

orientada a fazer uma mudança deliberada no genoma humano. Seria como, para usarmos uma analogia bem ilustrativa, localizar e apagar *uma* palavra em *uma* frase em *uma* página em *um* volume daquela biblioteca de 80 mil livros. De vez em quando ela erra e apaga uma palavra que não devia, mas sua confiabilidade, em termos gerais, é notável. Nos últimos tempos, o sistema foi modificado para que, além de apagar palavras, execute toda uma série de alterações potenciais num gene, como acrescentar *novas* informações ou fazer alterações mais sutis. A Cas9 é uma borracha de apagar projetada para localizar e destruir. Continuando com nossa analogia, ela é capaz de trocar "verbal" por "herbal" no prefácio do primeiro volume de *The Diary of Samuel Pepys* numa biblioteca de faculdade contendo 80 mil livros. Todas as demais palavras, em todas as demais frases, em todos os demais livros da biblioteca, no geral permanecem intactas.

Em março de 2017, de acordo com JK, o Comitê de Ética Médica do Hospital para Mulheres e Crianças Harmonicare, de Shenzhen, aprovou seu estudo para editar um gene em embriões humanos. "O comitê é formado por sete pessoas", escreveu ele. "Fomos informados de que o comitê organizou uma ampla discussão dos riscos e benefícios antes de concluir pela aprovação." O hospital depois negaria ter lido ou aprovado o protocolo. Também não existe qualquer documentação sobre a "ampla discussão" que teria resultado na aprovação. Além disso, as sete pessoas que, segundo consta, aprovaram o protocolo até hoje não foram identificadas.

O gene que JK queria editar em embriões humanos era o CCR5, que está ligado ao sistema imunológico e é um conhecido método de entrada do vírus HIV. Estudos anteriores mostraram que seres humanos que por acaso tenham duas cópias desativadas do gene CCR5 com uma mutação natural chamada delta 32 são resistentes à infecção pelo HIV.[5]

Mas é aqui que a lógica do experimento de He Jiankui começa a desmoronar. Em primeiro lugar, os casais foram escolhidos porque *o pai*, e não a mãe, tinha uma infecção crônica, mas controlada, de HIV. O risco de transmissão do vírus pelo esperma, depois que o sêmen é lavado para processamento da FIV, é zero. Esses embriões, em resumo, não corriam risco maior de ser infectados pelo HIV do que um embrião concebido por um casal HIV negativo. Pior ainda, há indícios de que a desativação do CCR5, que coordena aspectos críticos da resposta imunológica, pode agravar a intensidade da infecção causada por outros vírus, como o do Nilo Ocidental e o influenza (este último bastante comum na China). JK tinha decidido editar um gene sem benefícios óbvios para um embrião humano, e com um risco futuro potencialmente letal. E até hoje restam dúvidas sobre se os casais foram informados dos possíveis efeitos adversos do procedimento, e se o consentimento livre e esclarecido foi de fato obtido. No afã de ser o primeiro a produzir humanos com genes editados, JK tinha, em suma, invertido praticamente todos os princípios que governam o uso ético de humanos como objeto de estudos clínicos.

É difícil reconstituir o que aconteceu em seguida e quando, mas em algum momento do começo de janeiro de 2018 doze óvulos foram coletados de uma das mulheres e fertilizados com o sêmen lavado do marido. A julgar pelos slides de JK, ele teria injetado um único espermatozoide num óvulo usando uma microagulha, num procedimento conhecido como injeção intracitoplasmática de espermatozoides. Ao mesmo tempo, deve ter injetado no óvulo a proteína Cas9 junto com a molécula de RNA para fazer o corte no gene CCR5.

Após seis dias, escreveu JK, quatro dos zigotos unicelulares cresceram e se tornaram "blastocistos viáveis". Não muito tempo depois, ele deve ter feito a biópsia do invólucro do blastocisto para determinar se as edições tinham sido realizadas.[6]

"Dois dos blastocistos foram editados com êxito", escreveu o geneticista. Num deles, ambas as cópias do gene CCR5 tinham sido editadas, ao passo que no outro só uma cópia fora editada. Mas as edições genéticas que JK efetuou não eram iguais à mutação natural delta 32 encontrada em humanos. Ele produzira uma mutação diferente no gene, talvez com o efeito de conferir resistência ao HIV, talvez não — não há como saber, uma vez que ninguém até então tinha feito essa edição genética. E só um dos embriões teve as duas cópias deletadas; o outro ficou com uma cópia intacta. As células dos blastocistos submetidas a biópsia foram, ao que tudo indica, escaneadas devido à possibilidade de edições genéticas terem sido feitas inadvertidamente em outras partes do genoma — edições não intencionais. Uma possível edição não intencional foi encontrada numa amostra das células submetidas a biópsia, mas a equipe concluiu, sem muita comprovação, que isso era "irrelevante".

Apesar dessas múltiplas restrições, a equipe de JK implantou os dois embriões editados no útero da mãe no começo de 2018. Logo depois, ele enviou um e-mail para Steve Quake, seu ex-orientador de pós-doutorado em Stanford, com o assunto "Sucesso". Dizia: "Boa notícia! A mulher está grávida, a edição de genoma um sucesso!".[7]

Quake ficou muito preocupado. Num encontro anterior com JK em Stanford em 2016, ele tentara várias vezes convencê-lo, e mesmo instá-lo com firmeza, a obter a autorização necessária dos comitês de ética e o consentimento livre e esclarecido dos pacientes. Foi o que fez também Matt Porteus, professor de pediatria em Stanford com quem JK se aconselhara. Disse Porteus: "Passei meia hora, 45 minutos, citando todas as razões pelas quais aquilo não estava certo, que não havia justificativa médica; ele não estava abordando uma necessidade médica não satisfeita e não tinha falado sobre isso publicamente".[8] JK permaneceu calado durante todo o encontro, o rosto corado, porque não contava com uma crítica tão veemente.

Quake encaminhou o e-mail de JK para um colega bioeticista, cujo nome não foi divulgado.

> Para sua informação, esta é talvez a primeira edição da linha germinal humana [...]. Recomendei a ele com veemência que obtivesse aprovação do IRB [conselho de revisão institucional], e pelo que entendo ele conseguiu. O objetivo é ajudar pais HIV positivos a terem filhos. É um pouco cedo demais para ele comemorar, mas se for gravidez a termo será uma grande notícia, imagino.[9]

O colega deu a seguinte resposta: "Na semana passada eu estava justamente comentando com alguém que eu achava que isso já tinha acontecido. Seria, sem dúvida, uma grande notícia [...]".

E foi mesmo. Em 28 de novembro de 2018, na Cúpula Internacional sobre Edição do Genoma Humano em Hong Kong, JK, de calça escura e camisa listrada, subiu ao palco carregando uma valise de couro. Foi apresentado por Robin Lovell-Badge, geneticista inglês. Lovell-Badge tinha acabado de saber que em sua palestra He Jiankui ia anunciar o nascimento de bebês com código genético editado e previa uma tempestade midiática. A iminente notícia-bomba já tinha vazado para a imprensa, e na plateia jornalistas, especialistas em ética e cientistas olhavam ansiosos para a tribuna, para fazer perguntas. Lovell-Badge apresentou JK com certa hesitação:

> Só para lembrar a todos os presentes que... queremos dar ao dr. He a oportunidade de explicar o que fez... hm... em termos de ciência, em particular, mas também... hm... hm... ahn... em termos de outros aspectos do que fez. Por favor, permitam que fale sem interrupção. Como já disse, tenho o direito de suspender a sessão se houver muito barulho e muitas interrupções... Não fomos avisados dessa história. Na verdade, ele tinha me mandado os slides que ia apresentar nesta sessão, e não incluíam nada sobre o trabalho do qual ele vai falar agora.[10]

A apresentação de JK foi ao mesmo tempo forçada e vaga — quase como se ele fosse um diplomata soviético lendo uma declaração preparada. Mostrou slides sem muita convicção, fazendo descrições igualmente banais do experimento, às vezes como se não passasse de um observador. As células de um blastocisto submetidas a biópsia, disse ele, carregavam duas cópias "talvez" desativadas do gene CCR5[11] — embora nenhuma das variantes, como já mencionei, fosse igual à mutação natural delta 32 encontrada em humanos.* O outro embrião tinha uma cópia intacta, e uma cópia com outra mutação nova não encontrada na natureza — talvez conferindo resistência ao HIV, talvez não. A mãe, disse JK, preferiu implantar os dois embriões modificados, e não os outros dois não modificados. Como a mãe chegou a essa decisão, se o caminho que escolheu

* Para compreender a natureza exata das mutações introduzidas nos genomas dos bebês pelo método de JK, precisamos começar com a composição dos genes. Os genes são "escritos" no DNA, que é composto de uma cadeia de quatro subunidades: A, C, T e G. Um gene como o CCR5 é composto de uma sequência dessas subunidades: digamos, ACTGGGTCCCGGGG, e assim por diante. Para a maioria dos genes, a sequência de letras pode se estender a milhares dessas subunidades. Na mutação natural humana CCR5-delta 32, 32 letras contínuas são apagadas no meio do gene, desativando-o. No entanto, JK não recriou essa deleção exata de 32 letras. Na edição de genes, é muito simples visar um gene e apagar parte dele. Mas recriar uma mutação *exata* é muito mais desafiador do ponto de vista técnico. O que JK fez foi pegar um atalho. Como resultado disso, em uma gêmea faltam quinze (e não 32) letras em uma cópia do gene CCR5, enquanto a outra cópia permanece intacta. Na outra gêmea faltam quatro letras em uma cópia, e ela tem uma letra a mais adicionada na segunda cópia. Nenhuma das duas tem a mutação CCR5-delta 32 que ocorre naturalmente em humanos.

era muito mais arriscado? Quem lhe oferecera orientação ética e médica para fazer a escolha? Era como se essas questões nunca tivessem sido levadas em conta.

Gêmeas "geneticamente editadas" nasceram dessa mulher em outubro de 2018, informou JK — embora, o que é estranho, no manuscrito que submeteu a respeito do experimento, jamais publicado numa revista médica, mas apenas tornado público on-line, a data tenha sido alterada para novembro. As duas bebês, aparentemente saudáveis, passaram a ser chamadas de Lulu e Nana. JK se recusou a divulgar a verdadeira identidade delas. Alguns resultados superficiais haviam sido obtidos de células das gêmeas — sangue do cordão umbilical e da placenta — para confirmar a presença da mutação, mas questões cruciais ficaram sem resposta. Todas as células do corpo das gêmeas carregam as mutações, ou apenas algumas?* Alguma mutação não intencional foi observada? As células com o CCR5 deletado eram resistentes ao HIV?

JK repete a expressão "com sucesso" várias vezes em seu manuscrito. Mas, como Hank Greely, especialista em direito e bioeticista de Stanford, escreveu:

> "Com sucesso" aqui é duvidoso. Nenhum dos embriões teve a deleção de 32 pares de bases no CCR5 que é conhecida em milhões de seres humanos. Em vez disso, os embriões/prováveis bebês ficaram com variações novas, cujos efeitos não estão claros. Além disso, o que significa "resistência parcial" ao HIV? Parcial até que ponto? E isso por si só justificava a transferência do embrião, com um gene CCR5 jamais visto em humanos, para um útero com vistas a um possível nascimento?[12]

A sessão de perguntas depois da apresentação de JK só pode ser descrita como um dos momentos mais surreais da história da medicina. No fim da pa-

* Existem questões científicas fundamentais a que He Jiankui não respondeu e que continuam sem resposta. Quando usou o sistema CRISPR para fazer alterações nos embriões, todas as células dos embriões foram geneticamente modificadas, ou apenas algumas? Se apenas algumas, quais? O fenômeno pelo qual algumas células de um organismo são geneticamente alteradas e outras não é chamado de mosaicismo. Lulu e Nana são mosaicos genéticos? A segunda série de perguntas vem dos efeitos não buscados da manipulação genética. Outros genes foram alterados? Células individuais foram sequenciadas para determinar se apenas o CCR5 foi modificado? Nesse caso, quantas células foram avaliadas? Simplesmente não sabemos.

lestra, demonstrando imensa moderação profissional, Lovell-Badge e Porteus o conduziram para uma discussão cortês, estruturada, dos dados. Perguntaram-lhe sobre efeitos possivelmente perniciosos da edição de genes em Lulu e Nana, sobre a natureza do consentimento livre e esclarecido e sobre os métodos usados no recrutamento dos casais para o estudo.

As respostas foram superficiais; a impressão que se tinha era que JK atravessara em estado sonambúlico tanto seu próprio experimento como suas implicações éticas. "Além de minha equipe... hm... umas quatro pessoas leram o consentimento livre e esclarecido", gaguejou ele, recusando-se a fornecer qualquer nome. Admitiu que tinha obtido o consentimento em pessoa, fato testemunhado, no caso de alguns pacientes, por dois professores — supostamente Michael Deem e Yu Jun. (Mas Deem e Jun não estavam, segundo constava, conversando sobre a genética do bicho-da-seda no outro lado da sala?) Outras perguntas arrancaram respostas que pareciam astutamente difusas: sobre a pandemia de HIV e a necessidade de novos medicamentos, mas pouco sobre a edição genética real feita nas gêmeas. A reunião acabou com David Baltimore, um dos organizadores da cúpula e agraciado com o prêmio Nobel, no palco sacudindo a cabeça, exasperado, enquanto verbalizava uma das críticas mais devastadoras do estudo clínico de JK. "Não acho que o processo tenha sido transparente. Só agora descobrimos [...]. Acho que houve uma falha de autodisciplina por parte da comunidade científica, devido à falta de transparência."[13]

E então foi a vez da plateia. Indóceis durante a palestra, os ouvintes explodiram numa saraivada de perguntas. Um cientista levantou para perguntar que "necessidade médica não satisfeita" tinha sido atendida pelo experimento: afinal, o risco de infecção das gêmeas pelo HIV era *zero*, não era?

He Jiankui se referiu em termos vagos à possibilidade de que Lulu e Nana fossem HIV negativas, mas ainda assim estivessem expostas ao HIV. No entanto, isso também repousava numa lógica inconcebivelmente pífia: a mãe, afinal, não era portadora do HIV, e a lavagem de sêmen e a fertilização in vitro teriam garantido que os embriões ficassem invulneráveis por completo ao vírus. Então ele disse à plateia que se sentia "orgulhoso" de ter conduzido o experimento, provocando suspiros generalizados. Outros entrevistadores insistiram na questão do consentimento. Outros, ainda, questionaram o véu de sigilo em torno do experimento: por que praticamente ninguém, no público ou na comunidade científica, tinha sido informado da escolha?

No fim, a apresentação de JK — cuja intenção, talvez, fosse estabelecer sua reputação como o primeiro cientista a realizar edição genética num embrião humano — degenerou em confusão. Jornalistas, armados de microfones, aguardavam em fila do lado de fora para assediá-lo com perguntas impertinentes. Ele saiu escoltado por um grande grupo de organizadores, quase como se estes fizessem parte de um destacamento de segurança para um prisioneiro político.

A bioquímica Jennifer Doudna, uma das pioneiras do sistema de edição genética, e agraciada com o prêmio Nobel em 2020 ao lado de sua colaboradora, Emannuelle Charpentier, se lembra de ter ficado "chocada e perplexa" com a palestra de JK. O biofísico chinês tinha tentado contatá-la antes da palestra — talvez para recrutar seu apoio —, mas ela ficou horrorizada. Quando ela pousou em Hong Kong, sua caixa de entrada estava entupida de e-mails desesperados com pedidos de conselhos. "Francamente, pensei, *isto é falso, não é? Isto é uma piada*", disse. "'Bebês nascidos.' Quem põe isso como assunto num e-mail dessa importância? Era chocante, de um jeito maluco, quase cômico."[14] A palestra confirmou a intuição de Doudna: JK havia passado dos limites sem nenhum escrúpulo ético. "Tendo ouvido o dr. He", declarou a especialista em bioética Robin Alta Charo, "só posso concluir que aquilo foi equivocado, prematuro, desnecessário e quase totalmente inútil."[15]

No fim de 2019, JK foi condenado a três anos de prisão na China; além disso, ficou impedido de realizar qualquer pesquisa ligada a FIV no futuro. Enquanto isso, no momento em que escrevo, junho de 2021, Denis Rebrikov, um geneticista russo robusto e apaixonado que trabalha num dos maiores centros de FIV financiados pelo governo da Rússia, anunciou seus planos de editar um gene da surdez humana hereditária. Herdar duas cópias alteradas do gene, GJB2, causa surdez. O implante coclear pode restaurar um pouco da audição de fala, mas, o que é estranho, não de música; além disso, os pacientes com implante costumam precisar de meses de reabilitação.

Rebrikov promete, seguindo os passos de Steptoe e Edwards, ser o "não conformista cuidadoso". Cuidadoso ou não, porém, ele quer ser não conformista de qualquer maneira: diz que, embora vá buscar a aprovação reguladora e obter o consentimento livre e esclarecido com base em padrões rigorosos, ainda assim seguirá em frente com as manipulações genéticas de embriões.[16] Acrescenta que executará o processo passo a passo: publicando dados, sequenciando genomas em profundidade para efeitos desejados e indesejados. E suas terapias, afirma ele, serão destinadas apenas a casais surdos portadores da mutação nas duas cópias do gene, que deem consentimento total para o procedimento e queiram ter um filho que não seja surdo. O geneticista já identificou cinco casais que preenchem esses requisitos, e um deles em particular — um homem e uma mulher moscovitas com mutações no GJB2 e uma filha surda — está levando sua proposta muito a sério.

Sociedades médicas e científicas no mundo inteiro lutam para estabelecer regras e padrões que orientem a edição genética humana de embriões. Algumas propuseram uma moratória internacional, apesar de não terem autoridade para aplicá-la. Outras permitiriam o uso de edição genética para tratar doenças que causem sofrimento extraordinário — mas, nesse caso, a surdez hereditária se qualifica? Embora organizações internacionais de ciência e bioética possam preferir responder a essa pergunta, não existe órgão governamental com poder ou autoridade para permitir ou excluir experimentos de edição genética em embriões humanos.

A fertilização in vitro, como a descrevi, é uma manipulação celular que possibilita profundas formas de manipulação humana. A seleção de embriões, a edição de genes e, potencialmente, a colocação de novos genes no genoma dependem, no fundo, da reprodução celular (o encontro do espermatozoide com o óvulo) e da primeira explosão de produção celular (o crescimento do embrião inicial) numa placa de Petri. Quando a criação de embrião humano for transferida para fora do útero — quando o embrião, em várias etapas, puder ser microinjetado, cultivado, congelado, colhido, geneticamente modificado, submetido a biópsia —, todo um conjunto de tecnologias genéticas transformadoras poderá ser desencadeado.

He Jiankui fez escolhas terríveis em todos os níveis: gene errado, pacientes errados, protocolo errado, objetivos errados. Mas ele também estava reagindo à sedução inevitável de novas tecnologias: queria ser "o primeiro". Costumava dizer que a pesquisa seria seu bilhete para o prêmio Nobel. Comparava-se a Edwards e Steptoe, mas a mim ele faz lembrar, na verdade, um Landrum Shettles moderno: dono de uma ambição feroz e inquieto, apaixonado pela ciência, mas aparentemente incapaz de distinguir objetos experimentais humanos de peixes de um aquário.

Isso não serve de desculpa para suas opções; outros cientistas, armados da mesma tecnologia, conseguiram se conter. Mas, seja pela seleção de embriões, seja pela edição de genes, o fato é que a manipulação genética do embrião humano para evitar doenças (ou, quem sabe, para aprimorar aptidões humanas) parece cada vez mais ser o objetivo inevitável da medicina. O que começou como tratamento para a infertilidade humana agora está sendo reformulado como terapia para a vulnerabilidade humana. E no centro dessa terapia está uma célula cada vez mais maleável e preciosa: o óvulo fertilizado, o zigoto humano.

Estamos em vias de sair do mundo enclausurado do zigoto unicelular para nos aproximarmos do embrião em desenvolvimento. Mas podemos fazer uma pausa e perguntar: Por que saímos do mundo unicelular? Por que "nós" nos tornamos "nós" — ou seja, organismos multicelulares? Vejamos o caso da célula de levedura ou de uma espécie qualquer de alga unicelular. Essas células únicas, ou células modernas, como o biólogo Nick Lane as chama, têm quase todas as características das células de organismos muito mais complexos, como os humanos. São abundantes, ferozmente bem-sucedidas em seu ambiente e prosperam em vários lugares da Terra. Comunicam-se entre si, reproduzem-se, metabolizam e trocam mensagens. Têm núcleo, mitocôndrias e a maior parte das organelas celulares que garantem o funcionamento extremamente eficiente de uma célula autônoma. O que impõe outra pergunta: Por que então preferiram formar organismos multicelulares?[17]

Quando biólogos evolucionistas exploraram essa questão no começo dos anos 1990, sua explicação foi que entre eucariotas (células com núcleo) a transição da existência unicelular para a multicelularidade deve ter envolvido a escalada de uma imponente muralha evolutiva. Uma célula de levedura, afinal, não pode simplesmente acordar de manhã e decidir que é melhor funcionar como organismo multicelular. Nas palavras de László Nagy, biólogo evolucionista húngaro, a transição para a multicelularidade "tem sido vista como uma importante transição com grandes obstáculos genéticos [e, portanto, evolutivos]".[18]

Mas as provas fornecidas por uma série de experimentos e estudos genéticos recentes sugerem uma história bem diferente. Para começar, a multicelularidade é antiga. Fósseis em espiral, na forma das primeiras frondes produzidas por samambaias, começaram a aparecer em algas verde-azuladas e verdes há cerca de 2 bilhões de anos; eram coleções de células que parecem ter se agregado por uma boa razão. "Organismos" parecidos com folhas e estruturas raiadas semelhantes a pequenas veias (vênulas), e contendo múltiplas células, apareceram há cerca de 570 milhões de anos e floresceram no fundo dos oceanos. Esponjas se formaram a partir de células individuais. Colônias de micro-organismos se organizaram em novos "seres", anunciando um novo tipo de existência.

Mas talvez a característica mais espantosa da multicelularidade seja o fato de ela evoluir *de forma independente*, e em múltiplas espécies diferentes, não uma vez só, mas muitas, muitas vezes.[19] É como se o impulso para ser multicelular fosse tão forte e generalizado que a evolução tivesse saltado várias barreiras. É o que os indícios genéticos sugerem de forma incontestável. A existência coletiva — de preferência ao isolamento — era tão seletivamente vantajosa que forças de seleção natural visavam de maneira reiterada o coletivo. A transformação de células unicelulares em multicelulares foi, como escreveram os biólogos evolucionistas Richard Grosberg e Richard Strathmann, uma "pequena grande transição".[20]

Até certo ponto, a "pequena grande transição" da unicelularidade para a multicelularidade pode ser estudada e reproduzida em laboratório. Numa das tentativas mais intrigantes, conduzida na Universidade de Minnesota em 2014, um grupo de pesquisadores encabeçado por Michael Travisano e William Ratcliff fez um ser multicelular evoluir a partir de um organismo unicelular.[21]

Magro, dono de um entusiasmo sem limites, usando óculos de aro fino, Ratcliff parece um eterno aluno de pós-graduação, embora seja um professor bastante citado com um grande laboratório em Atlanta.[22] Certa manhã em 2010, Ratcliff, às vésperas de concluir seu doutorado em ecologia, evolução e comportamento, conversava com Travisano sobre a evolução da multicelularidade. Ambos sabiam que diferentes organismos unicelulares tinham evoluído para diferentes formas multicelulares por diferentes razões, usando caminhos diversos.

Ratcliff ria muito ao descrever o experimento, parafraseando a famosa primeira frase do clássico romance de Tolstói: "Todas as famílias felizes se parecem, cada família infeliz é infeliz à sua maneira". No caso da evolução multicelular, disse ele, a lógica é invertida: cada organismo unicelular que evoluiu para a multicelularidade tomou um caminho único. Tornou-se "feliz" — ou melhor, mais apto em termos evolutivos — à sua maneira. Organismos unicelulares permaneceram unicelulares de forma parecida. Nas palavras de Ratcliff, é "o inverso da situação de Anna Kariênina".

Travisano e Ratcliff trabalharam com levedura. Assim, em dezembro de 2010, no feriado de Natal, Ratcliff preparou um dos experimentos evolutivos mais magnificamente simples de que se tem notícia. Fez as células de levedura crescerem em dez frascos separados e depois as deixou em repouso durante 45 minutos, de modo que a levedura unicelular continuasse flutuando enquanto os agregados multicelulares iam para o fundo. (Depois de algumas repetições, eles descobriram que ao girar o caldo a baixa velocidade numa centrífuga a seleção se tornava mais eficiente.) Ratcliff pegou os agrupamentos multicelulares que tinham sido puxados pela gravidade, cultivou-os e repetiu o processo mais de sessenta vezes com cada uma das dez culturas originais, a cada vez selecionando os agregados que foram para o fundo. Era a simulação de múltiplas gerações de seleção e crescimento — as ilhas Galápagos de Darwin capturadas numa garrafa.[23]

Nevava forte quando Ratcliff voltou ao laboratório no décimo dia. "Grandes, pesadas bolas de flocos de neve de Minnesota", lembra. Limpou os sapatos e o anoraque, olhou os frascos e percebeu de imediato que alguma coisa tinha acontecido: a décima cultura era clara, com sedimentos no fundo. E o que ele viu ao microscópio era um espelho do que viu do lado de fora: os sedimentos em todas as dez culturas tinham convergido na seleção de um novo tipo de agregado multicelular — uma acumulação semelhante a cristal de centenas de células ramificadas de levedura. *Um floco de neve vivo*. Uma vez agregados, os "flocos de neve" continuavam a viver naqueles agrupamentos. Cultivados de novo, não se tornaram unicelulares e retiveram a configuração. Tendo saltado a barreira da multicelularidade, a evolução não quis recuar.

Ratcliff percebeu que os agregados ("flocos de neve", como os chamava) se formaram porque as células-mães e as células-filhas se juntaram umas às outras mesmo antes da divisão celular. Esse padrão se repetia geração após geração, como uma família unida na qual crianças já adultas se recusassem para sempre a deixar o lar ancestral.

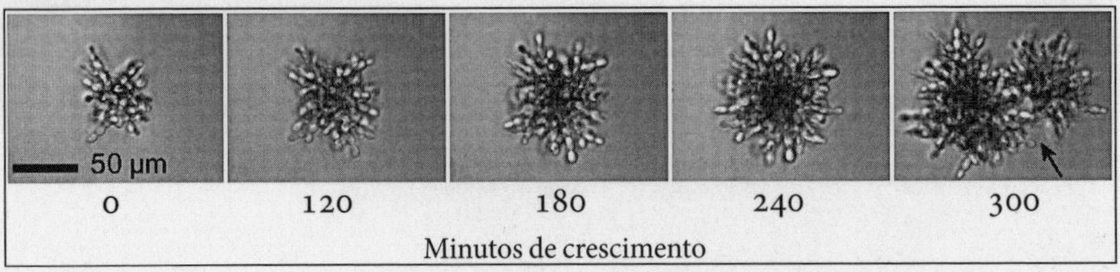

O ciclo de vida de uma levedura "floco de neve". As formas de floco de neve evoluíram a partir de células únicas de levedura selecionando agrupamentos maiores. Com o tempo, elas mantiveram essa forma de grandes agrupamentos e não retornaram à condição de células únicas — ou seja, tinham sido selecionadas evolutivamente para a multicelularidade. Novas células são acrescentadas aos ramos em desenvolvimento, aumentando o tamanho do agrupamento. De início, os flocos de neve foram divididos pela pressão física do tamanho, como um galho de árvore que cresceu demais para continuar preso ao tronco. Ao longo de gerações, porém, células especializadas evoluíam para cometer suicídio deliberado, programado para criar um ponto de clivagem que se quebra para facilitar a divisão de um agrupamento em outro.

Com a continuação do experimento e a criação de agrupamentos de flocos de neve cada vez maiores, os pesquisadores de repente se viram diante de outra questão intrigante. Como os agregados se propagavam? Um modelo simples sugere que uma célula única se separa de um agrupamento e em seguida dá origem a alevinos para produzir uma nova forma de explosão estelar multicelular. Mas eles descobriram que, em vez disso, os agrupamentos se reproduziam dividindo-se ao meio em novos agrupamentos quando atingiam certo tamanho. A família unida se dividia em duas famílias unidas. "Foi espetacular", disse Ratcliff. "Evolução — evolução multicelular — num frasco."

De início, a propagação dos agrupamentos multicelulares era determinada por limitações físicas: os flocos de neve cresciam tanto que eram forçados a se dividir pela tensão física decorrente de seu tamanho. Foi aí que os pesquisadores tiveram outra surpresa: quando os agrupamentos continuavam a evoluir, um subconjunto de células do meio cometia uma forma de suicídio deliberado, programado, que possibilitava o surgimento de uma fenda — um sulco entre os dois agregados, permitindo que um agrupamento se desprendesse do agrupamento-mãe.

Perguntei a Ratcliff o que aconteceria se ele continuasse cultivando os flocos de neve geração após geração. Ele já chegou a milhares e quer continuar até 50 mil, ou mesmo 100 mil, enquanto viver. "Oh, já testemunhamos o aparecimento de novas propriedades", respondeu ele com um olhar distante, como se imaginasse o futuro desse novo Ser.

> Os agrupamentos agora são 20 mil vezes maiores do que as células individuais. E as células desenvolveram uma espécie de entrosamento umas com as outras. Ficou difícil separá-las enquanto não se formam os sulcos de células mortas. E algumas passaram a dissolver as paredes entre elas. Estamos tentando ver se começam a formar algum tipo de canal de comunicação para fornecer nutrientes, ou transmitir mensagens, através desses grandes agrupamentos. Acrescentamos genes de hemoglobina para verificar se criam um mecanismo de transferência de oxigênio. Começamos a acrescentar genes que possam fazê-las converter luz em energia, como fazem as plantas.

Cientistas evolucionistas realizaram variações desse experimento com vários organismos unicelulares diferentes — levedura, mofos, algas — e delas surge um princípio geral.[24] Sob a pressão evolutiva correta, células individuais podem se tornar agregados multicelulares em poucas gerações. Algumas demoram mais, porém: num experimento, algas unicelulares se tornaram agrupamentos em 750 gerações. Isso é pouco mais que um piscar de olhos em tempo evolutivo, mas são 750 vidas para uma célula de alga.

Tudo que nos resta é produzir teorias e experimentos laboratoriais para descobrir *por que* células individuais são tão singularmente atraídas pela formação de agrupamentos multicelulares. Para ver as forças reais da seleção natural em ação, teríamos que recuar no tempo. Mas as teorias dominantes sugerem que especialização e cooperatividade conservam energia e recursos, ao mesmo tempo que permitem o desenvolvimento de novas funções sinergéticas. Uma parte do coletivo pode cuidar da eliminação de resíduos, por exemplo, enquanto outra vai buscar comida — e com isso o agrupamento multicelular adquire uma vantagem evolutiva. Uma hipótese em voga, respaldada por experimentos e modelagem matemática, sugere que a multicelularidade evoluiu para dar suporte a tamanhos maiores e a movimentos rápidos, possibilitando ao organismo escapar de predação (é difícil engolir um corpo do tamanho de um floco de neve) ou executar movimentos mais rápidos, coordenados, rumo a fracos gradientes de alimento. A evolução se embrenhou na direção da existência coletiva porque "organismos" conseguiam correr para não serem comidos — ou, também, correr para comer.[25] A resposta talvez seja inescrutável, ou talvez haja muitas respostas. O que sabemos é que a evolução da multicelularidade não foi acidental, mas deliberada e direcional. Como descrevi no experimento de Ratcliff com levedura, certas células adquirem a aptidão de executar uma forma programada de morte celular, ou de autossacrifício, para separar um agrupamento de outro — um sinal de especialização celular em posições particulares, definidas. E, como descobriu Ratcliff, à medida que crescem de geração para geração, seus agregados multicelulares podem estar em processo de desenvolvimento de canais para fornecer nutrientes às profundezas de sua anatomia.

Prestemos atenção às palavras: "especialização", "anatomia" e "posição". A certa altura, Ratcliff talvez comece a descrever seus agrupamentos como "organismos". Ele já começou a dissecar seu modo de adquirir anatomia. Agora se pergunta como células se dividem para criar estruturas especializadas, o que as faz adquirir determinadas funções e como essas estruturas determinam sua posição dentro dos agrupamentos. Como imaginar os canais recém-formados? Como vasos celulares? Sistemas de fornecimento de nutrientes? Aparelho primitivo de sinalização? Um biólogo celular pode ser tentado a usar uma palavra para descrever a formação de anatomias organizadas e funcionais, e o surgimento de células especializadas quando esses "organismos" aumentam de tamanho e complexidade. O nome escolhido pode ser "desenvolvimento".

8. A célula em desenvolvimento: Uma célula se torna um organismo

A vida mais "se torna" do que "é".[1]
Ignaz Döllinger, naturalista, anatomista
e professor de medicina alemão do século XIX

Façamos uma pausa para examinar o nascimento do zigoto humano. Um espermatozoide abre caminho* nadando através de uma distância aparente-

* O principal mecanismo que permite ao espermatozoide nadar é uma longa cauda em forma de chicote chamada flagelo. Em sua base, há uma série de moléculas de proteína que interagem umas com as outras para criar um motor minúsculo, mas potente, ao qual a cauda está presa, possibilitando seu constante movimento de chicote. Anéis de mitocôndrias cercam o motor celular, fornecendo-lhe a energia necessária para o frenético esforço do espermatozoide em direção ao óvulo. Em contraste com o grande e agitado flagelo, proteínas semelhantes também podem formar projeções ou filamentos bem menores, móveis, que lembram fios de cabelo, chamados cílios, essenciais na biologia celular. Os cílios permitem que múltiplos tipos de célula se movimentem pelo corpo meneando seus filamentos num movimento constante, quase sempre unidirecional. Exemplifico: os cílios presos às células que forram os intestinos permitem que nutrientes viajem pelo corpo, enquanto os dos glóbulos brancos os capacitam a correr pelos vasos sanguíneos para defender o corpo de infecções. Acredita-se que os cílios das células da trompa de Falópio impulsionem um óvulo recém-liberado na direção do local

mente oceânica e penetra num óvulo. Uma proteína especial na superfície do óvulo e seu receptor cognato no espermatozoide prendem as duas células uma na outra. Depois que um espermatozoide penetra num óvulo, uma onda de íons se difunde de dentro deste, dando início a uma série de reações que impedem a entrada de outro espermatozoide.

Somos, afinal, monógamos no sentido celular.

Aristóteles imaginava as etapas seguintes da formação do feto como uma espécie de escultura menstrual. Sugeriu que a "forma" do feto era o sangue menstrual, que vinha da mãe. O pai fornecia o espermatozoide — as "informações" — para dar ao sangue a forma fetal e lhe infundir vida e calor. *Havia* uma lógica nisso, apesar de distorcida: a concepção leva à perda de mênstruo, e para onde iria esse sangue, raciocinava Aristóteles, senão para formar o feto?

Era um esquema incorreto, mas com um grão de verdade. Aristóteles rompeu com a ideia antiga de pré-formação, que sugeria que o mini-humano, chamado homúnculo, já vinha pré-fabricado — com olhos, nariz, boca e orelhas completos —, mas encolhia até atingir um tamanho microscópico e se dobrava no esperma, como um brinquedo que cresce quando se acrescenta água. A teoria da pré-formação ocuparia mentes científicas desde a Antiguidade até o começo do século XVIII.

Já a proposta aristotélica postulava que o desenvolvimento fetal se dava através de *uma série de eventos distintos* que em última análise levavam à sua formação. A gênese ocorria, digamos, por gênese — e não por simples expansão. Como escreveria o fisiologista William Harvey nos anos 1600: "Existem alguns

---

de fertilização, enquanto os cílios das células que revestem o trato respiratório se agitam sem cessar para expelir muco e partículas estranhas. E durante o desenvolvimento do organismo, os cílios facilitam o movimento celular dentro do embrião. Sem cílios funcionando de forma adequada, seria praticamente impossível reproduzir, desenvolver ou reparar um corpo humano. Algumas crianças são afetadas por uma rara síndrome genética chamada discinesia ciliar primária, que prejudica a capacidade dos cílios de manterem as rodovias e as estradas secundárias do corpo em atividade. Isso pode levar a múltiplas anomalias sistêmicas, como congestão nasal crônica e frequentes infecções respiratórias pela acumulação de muco e corpos estranhos nas vias respiratórias. Para complicar ainda mais, cerca de metade dos pacientes de discinesia ciliar primária sofre de deslocamento congênito de órgãos, devido à disfunção celular na fase de desenvolvimento; por exemplo, o coração pode estar do lado direito do peito e não do lado esquerdo. Mulheres com discinesia tendem a ser estéreis, porque as células do trato reprodutivo não conseguem posicionar os óvulos para fertilização.

[animais] nos quais uma parte é feita antes da outra, e então, do mesmo material, mais tarde, recebem ao mesmo tempo nutrição, volume e forma". Essa última teoria viria a ser chamada epigênese, refletindo de maneira vaga a ideia de que a gênese ocorria através de uma cascata de alterações embriológicas que incidiam no ou acima do (*epi*) zigoto em desenvolvimento.

Em meados dos anos 1200, um frade alemão, Alberto Magno, cujos interesses abrangiam da química à astronomia, estudou embriões de animais e aves. Como Aristóteles, ele acreditava, incorretamente, que os primeiríssimos estágios da formação fetal eram uma espécie de coagulação corpórea — como queijo — entre o esperma e o óvulo. Mas Magno fez a teoria da epigênese avançar de maneira radical, tendo sido um dos primeiros a identificar a formação de órgãos distintos no embrião: a protuberância de um olho onde não havia protuberância alguma e as extensões das asas de um pintinho a partir de protuberâncias difíceis de visualizar nos dois lados do embrião.

Em 1759, quase cinco séculos depois, o filho de 25 anos de um alfaiate alemão, Caspar Friedrich Wolff, escreveu uma tese de doutorado intitulada *Theoria Generationis*, na qual levava as observações de Magno um pouco mais longe ao descrever a série de mudanças contínuas ocorridas durante o desenvolvimento embrionário.[2] Wolff concebeu um método criativo de estudar embriões de animais e aves ao microscópio. E conseguiu acompanhar o desenvolvimento dos órgãos de etapa em etapa: o coração fetal iniciando seus primeiros movimentos de pulsação e os intestinos formando seus intricados tubos.

Foi a *continuidade* do desenvolvimento que mais chamou a atenção de Wolff: ele pôde rastrear a formação de novas estruturas oriundas de estruturas anteriores, ainda que sua morfologia final tivesse pouca semelhança física com qualquer coisa no embrião inicial. "Novos objetos precisam ser descritos e explicados", escreveu ele, "e ao mesmo tempo sua história precisa ser contada, mesmo que não tenham alcançado sua forma firme, duradoura, e ainda estejam *mudando continuamente*" (grifo meu). Para o poeta alemão Johann Wolfgang von Goethe, a metamorfose em série — e milagrosa — de uma forma embrionária em organismo maduro mostrava a Natureza "brincando". "É dar-se conta da forma como a Natureza, por assim dizer, sempre brinca", escreveu ele em 1786, "e, brincando, produz vida múltipla."[3] O feto não inchava passivamente até ganhar vida; a Natureza "brincava" com as formas iniciais do embrião, como uma criança brinca com argila — moldando-a, esculpindo-a — para lhe dar a forma de um organismo maduro.

As observações de Alberto Magno e, mais tarde, de Caspar Wolff sobre a mudança contínua dos órgãos fetais — a Natureza brincando — por fim sepultariam o preformismo.[4] Ele seria substituído por uma teoria *biológica celular* do desenvolvimento embrionário, na qual as estruturas anatômicas de um embrião em desenvolvimento são formadas por células que se dividem, criando diferentes estruturas e executando várias funções. Como escreveria o naturalista Ignaz Döllinger nos anos 1800, "A vida mais 'se torna' do que 'é'".

Mas voltemos a nosso zigoto flutuando no útero. A célula fertilizada logo se divide em duas, depois em quatro e assim por diante, até formar uma pequena bola de células. As células continuam se dividindo e se movimentando — a aceleração que a enfermeira-cientista Jean Purdy tinha observado no laboratório de Robert Edwards —, até que a massa inicial de células se torna oca por dentro, como um balão de água com o centro cheio de fluido e células recém-formadas criando suas paredes — uma estrutura chamada blastocisto. E um minúsculo rolo de células se divide de novo e vai se pendurando na parede interna da bola oca. As paredes externas da cavidade — o revestimento do balão — se prenderão ao útero materno, tornando-se parte da placenta, as membranas que envolvem o feto, e o cordão umbilical. O pequeno caroço de células penduradas como morcegos dentro da bola se desenvolverá para formar o feto humano.*

A série seguinte de eventos representa a verdadeira maravilha da embriolo-

* Isso é até certo ponto uma simplificação, e tentei evitar ao máximo o jargão da embriologia. Para os leitores que quiserem dar um mergulho mais profundo: a parede do blastocisto, chamada de trofoblasto, dá origem a membranas que abrigam inicialmente o embrião — o córion e o âmnio — e uma estrutura que fornece nutrientes chamada saco vitelino. À medida que o córion invade o útero, formando a placenta, o saco vitelino se degenera, o que torna a placenta a principal fonte de nutrientes. O cordão umbilical, contendo vasos sanguíneos e uma haste, conecta o embrião à circulação sanguínea materna, possibilitando trocas de gases e nutrientes. Para uma revisão exaustiva do desenvolvimento do trofoblasto, sugiro Martin Knöfler et al., "Human Placenta and Trophoblast Development: Key Molecular Mechanisms and Model Systems" (*Cellular and Molecular Life Sciences*, v. 76, n. 18, pp. 3479-96, set. 2019). DOI: 10.1007/s00018-019-03104-6. Disponível em: <pubmed.ncbi.nlm.nih.gov/31049600/>.

gia. O pequeno agrupamento de células penduradas nas paredes do balão celular, a massa celular interna, se divide de maneira desenfreada e começa a formar duas camadas de células — a exterior (ectoderma) e a interior (endoderma). E, mais ou menos três semanas depois da concepção, uma terceira camada de células invade as duas camadas e se aloja entre elas, como uma criança espremendo-se na cama entre os pais. Vem a ser a camada intermediária (mesoderma).

Esse embrião de três camadas — ectoderma, mesoderma e endoderma — é a base de cada órgão do corpo humano. O ectoderma dará origem a tudo que fica voltado para a superfície externa do corpo: pele, cabelo, unhas, dentes, até as lentes dos olhos. O endoderma produz tudo que fica voltado para a superfície interna do corpo, como os intestinos e os pulmões. O mesoderma cuida de tudo que está no meio: músculo, osso, sangue, coração.

Agora o embrião está pronto para a sequência final de atividades. Dentro do mesoderma, uma série de células se junta em torno de um fino eixo para formar a notocorda, uma estrutura em forma de bastão, que vai da frente às costas do embrião. A notocorda se tornará o GPS do embrião em desenvolvimento, determinando a posição e o eixo dos órgãos internos, além de expelir proteínas chamadas indutoras. Em resposta, logo acima da notocorda, uma seção do ectoderma — a camada externa — invagina, dobrando-se para dentro e formando um tubo. Esse tubo será o precursor do sistema nervoso, constituído de cérebro, medula espinhal e nervos.

Numa das muitas ironias da embriologia, depois de preparar o arcabouço do embrião a notocorda humana perderá sua posição de destaque e sua função entre o desenvolvimento embrionário e a idade adulta. Seu único remanescente celular no corpo humano adulto é a polpa que fica presa entre os ossos do esqueleto. No fim, o mestre fabricante do embrião fica confinado dentro da prisão óssea da própria criatura que criou.

Uma vez que a notocorda e o tubo neural são gerados, órgãos individuais começam a se formar a partir das três camadas (quatro, se contarmos o tubo neural): o coração primitivo, o broto do fígado, os intestinos, os rins. Mais ou menos três semanas após a gestação, o coração produz sua primeira batida. Uma semana depois, uma parte do tubo neural começa a se salientar, formando os primórdios do cérebro humano. É bom lembrar que tudo isso vem de uma célula única: o óvulo fertilizado. Como escreveu o médico Lewis Thomas em sua coletânea de artigos *A medusa e a lesma*, "a certa altura surge uma célula individual que terá como prole o cérebro humano. A simples existência dessa célula deveria constituir um dos grandes assombros da Terra".[5]

Mas o que acabo de escrever é descritivo. O que dizer dos mecanismos que movem a embriogênese? Como essas células e esses órgãos *sabem* no que se transformar? É impossível, em alguns parágrafos, capturar a imensa complexidade das interações célula-célula e célula-gene que possibilitam ao embrião em desenvolvimento criar cada uma de suas partes — órgãos, tecidos e sistemas orgânicos — no momento certo e no lugar certo do corpo. Cada uma dessas interações é um ato de virtuosismo, uma sinfonia elaborada, de múltiplas partes, aperfeiçoada por milhões de anos de evolução. O que *podemos* capturar aqui é um tema muito básico dessa sinfonia — os mecanismos e processos fundamentais que permitem à célula em desenvolvimento se transformar num organismo desenvolvido.

Nos anos 1920, num dos experimentos talvez mais cativantes da embriologia, um biólogo alemão corpulento, de gestos bruscos, chamado Hans Spemann e sua aluna Hilde Mangold começaram a resolver o enigma. Assim como Antonie van Leeuwenhoek tinha aprendido a polir glóbulos de vidro para fabricar lentes primorosamente translúcidas, Spemann e Mangold aprenderam a aguçar pipetas de vidro e agulhas aquecendo-as em bicos de Bunsen e puxando a ponta com delicadeza até que o tubo — meio derretido — esticasse e afinasse, ficando quase invisível.[6] (Na verdade, talvez a história da biologia celular pudesse ser escrita através das lentes da história do vidro.) Usando pipetas, agulhas, dispositivos de sucção, tesouras e micromanipuladores, Spemann e Mangold conseguiam extrair minúsculos pedaços de tecido de partes específicas de embriões de rã enquanto eles ainda eram globulares — bem antes que se formassem estruturas, órgãos e camadas complexos.

Spemann e Mangold garimparam um desses pedaços de tecido num embrião de rã em fase bem inicial. De experimentos anteriores, nos quais tinham acompanhado o destino de várias partes do embrião, eles sabiam que esse agrupamento de células já se destinava a suportar a porção frontal da notocorda, partes do intestino e alguns órgãos adjacentes. Esse pedaço seria mais tarde chamado de "organizador".

Transplantaram o tecido para debaixo da superfície de outro embrião de

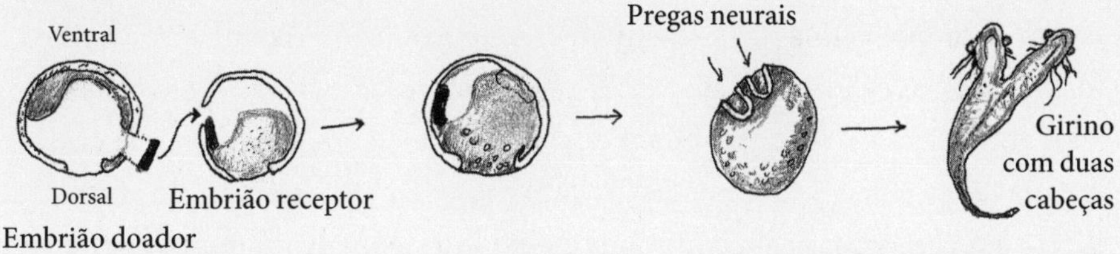

Representação de um dos primeiros diagramas do artigo de Spemann e Mangold que descreve seu experimento. Note-se que a transferência de tecido do lábio dorsal de um embrião para outro induz um embrião com duas pregas neurais, resultando num girino com duas cabeças. Uma parte do lábio dorsal de um embrião de rã em fase bem inicial (antes que qualquer órgão ou estrutura se forme) é transplantado para um embrião receptor. O receptor agora tem dois desses lábios: um próprio e outro do doador. Spemann e Mangold descobriram que as células organizadoras transplantadas da rã doadora geravam seus próprios tubos neurais, suas vísceras e — por fim — a segunda cabeça inteiramente formada de um girino. Em outras palavras, sinais das células do lábio dorsal induzem células acima e em volta a formar as estruturas do embrião, entre as quais a cabeça e o sistema nervoso. As células organizadoras, portanto, devem ter a capacidade inerente de determinar o destino de suas vizinhas.

rã e esperaram que o girino crescesse. O que surgiu ao microscópio foi um monstro tipo Jano. Como esperado, o girino quimérico tinha duas notocordas e dois intestinos — um próprio e outro do doador. Mas o embrião ficou ainda mais monstruoso, tornando-se um girino com as partes superiores de dois corpos unidas lado a lado, dois sistemas nervosos completamente formados e duas cabeças. O tecido extraído do segundo embrião de rã não só se organizara a si mesmo como também ordenara que as células hospedeiras acima e em volta adotassem finalidades de acordo com *suas* especificações.[7] Ele tinha "induzido", para usar a palavra de Spemann, uma segunda cabeça a crescer por inteiro.*

Os cientistas demoraram décadas para identificar as proteínas expelidas para "impelir" as células a formarem um novo sistema nervoso e uma nova cabeça. Mas Spemann e Mangold tinham descoberto uma base para o desenvolvimento etapa por etapa de diferentes estruturas do embrião. Células em desen-

* Nesse caso, as células transplantadas vinham da porção frontal da notocorda, e por isso duas cabeças com dois sistemas nervosos foram formadas. Os experimentos para fazer a região posterior do embrião de rã se desenvolver a partir da porção caudal da notocorda e do mesoderma são muito mais difíceis, por razões anatômicas.

volvimento inicial como as células organizadoras expelem fatores locais que fazem com que células em desenvolvimento avançado fixem seus destinos e formas, e essas células, por sua vez, expelem fatores que criam órgãos e as conexões entre órgãos.* O crescimento de um embrião é um *processo*, uma cascata. A cada fase, células preexistentes liberam proteínas e substâncias químicas que dizem às células que acabam de emergir e que acabam de migrar para onde ir e o que se tornar. Elas comandam a formação de outras camadas e, mais tarde, a formação de tecidos e órgãos. E as células dentro dessas camadas ativam e desativam genes, em resposta à localização e a suas propriedades intrínsecas, para obter autoidentidades. Uma etapa tem por base sinais vindos de uma etapa anterior — a queda da epigênese, que embriologistas anteriores tinham capturado de forma tão vívida.

Desde os anos 1970, embriologistas vêm descobrindo que o processo é ainda mais complexo. Há uma interação de sinais intrínsecos, codificados por genes dentro das células, e sinais extrínsecos, induzidos por células circundantes. Os sinais extrínsecos (proteína e substâncias químicas) atingem as células receptoras e ativam ou reprimem genes nelas. Também interagem uns com os outros: cancelando ou ampliando suas ações, em última análise levando células a adotar seu destino, posição, conexões e localização.

É assim que construímos nossa casa celular.

Em 1957, a empresa alemã Chemie Grünenthal desenvolveu o que julgava ser um maravilhoso remédio sedativo e ansiolítico feito com uma substância chamada talidomida.[8] O marketing foi agressivo. O medicamento visava sobretudo mulheres grávidas, que, em razão da displicente misoginia da época, costumavam ser consideradas "ansiosas" e "emotivas" e, por isso, precisavam ser sedadas. A talidomida logo foi aprovada em quarenta países e passou a ser receitada para dezenas de milhares de mulheres.

* Isso leva à seguinte pergunta: Como as organizadoras assumem *seus* destinos? Ora, a partir de sinais surgindo de células em desenvolvimento anteriores — até chegar ao óvulo unicelular fertilizado. O óvulo fertilizado contém fatores proteicos que são distribuídos em gradientes. Logo que ele começa a se dividir, esses gradientes preestabelecidos enviam sinais e começam a determinar o futuro de células em várias partes do embrião.

O fato de que a talidomida estava prestes a fazer o maior sucesso nos Estados Unidos, onde médicos estavam ainda mais ansiosos para sedar pessoas e onde ela enfrentaria uma regulamentação ainda mais branda do que na Europa, era óbvio para o fabricante alemão desde o início. No começo dos anos 1960, a Grünenthal começou a buscar um sócio que a ajudasse a levar o medicamento para os Estados Unidos. O único obstáculo a transpor era conseguir autorização da FDA, em geral considerada uma tarefa simples, embora um tanto onerosa, de seguir os trâmites burocráticos. Encontraram o parceiro ideal na Wm. S. Merrell Company, que se fundira com outra empresa para formar o conglomerado farmacêutico Richardson-Merrell.

Nesse meio-tempo, no começo da década de 1960, a FDA tinha nomeado uma nova analista, Frances Kelsey. Nascida no Canadá, Kelsey, de 46 anos, tinha doutorado e diploma de medicina pela Universidade de Chicago. Depois de um período como professora de farmacologia (onde aprendeu a avaliar a segurança de medicamentos) e como clínica geral na Dakota do Sul (onde aprendeu que até remédios "seguros" podem produzir efeitos colaterais graves quando administrados na dose errada ou para o paciente errado), ela começou uma longa carreira na FDA. Por fim chegaria ao cargo de chefe da Divisão de Novos Fármacos e subchefe para assuntos científicos e médicos no Escritório de Conformidade. Burocrata de nível médio. Porteira, supôs a Merrell. Uma laje insignificante, entre muitas, na jornada de um novo e esplêndido medicamento desenvolvido por uma gigante farmacêutica e comercializado por outra.

O pedido da Merrell para levar a talidomida para os Estados Unidos percorreu os corredores da FDA e acabou pousando na mesa de Kelsey. Ao ler sobre o fármaco, porém, Kelsey não ficou muito convencida de sua segurança. Os dados pareciam bons demais. "Era só coisa positiva", lembrava. "Não podia ser o remédio perfeito sem risco nenhum."

Em maio de 1961, enquanto os executivos da Merrell pressionavam a FDA para liberar o remédio para uso geral, Kelsey disparou uma resposta que talvez seja uma das cartas mais significativas de toda a história da FDA: "O ônus da prova de que a substância é segura [...] *cabe ao requerente*"[9] (grifo meu). Ela passou noites acordada, lendo relato de caso após relato de caso. Notou que, em fevereiro de 1961, um médico na Inglaterra tinha relatado acentuada dormência no sistema nervoso periférico depois de tratar algumas pacientes; uma enfermeira com acesso ao medicamento tinha dado à luz uma criança com defeitos graves nos membros. Ela se apoiou no caso do médico. "A esse respeito, muito nos preocupa o fato de que sinais de neurite periférica na Inglaterra eram, pelo visto, conhecidos dos senhores, mas não foram revelados."[10]

Os executivos da Merrell ameaçaram entrar com uma ação judicial, mas Kelsey fincou o pé. Começara a ouvir relatos de defeitos congênitos; agora queria provas de que o remédio era seguro — não só para neurônios periféricos como para mulheres grávidas. Quando a Merrell tentou de novo conseguir autorização, Kelsey insistiu para que a empresa provasse que a talidomida era segura ou retirasse o pedido.

Enquanto a acirrada batalha entre a Merrell e Kelsey era travada em Washington, DC, relatos ainda mais sinistros começaram a pingar da Europa. Mulheres para as quais o medicamento fora receitado durante a gravidez na Inglaterra e na França passaram a notar anomalias congênitas graves em seus bebês. Alguns tinham o sistema urinário malformado. Outros apresentavam problemas cardíacos. Outros, ainda, defeitos intestinais. A manifestação mais explicitamente horrível foi o nascimento de alguns bebês com membros muito curtos, ou sem eles. Ao todo, nos anos seguintes, houve relatos de cerca de 8 mil bebês malformados, e outros 7 mil devem ter morrido no útero — nos dois casos, é provável que os danos reais tenham sido gravemente subestimados.

No entanto, mesmo com um fluxo de casos alarmantes vindo da Europa, a Merrell continuava gelidamente otimista quanto às perspectivas do fármaco. Apesar das objeções de Kelsey, a empresa tinha distribuído o remédio para cerca de 1200 médicos americanos como "agente investigativo". (A Smith, Kline & French, outra empresa, também estava envolvida nos ensaios clínicos.) Em fevereiro de 1962, a Merrell enviou uma carta redigida com serenidade para médicos, recomendando, indiferente, que continuassem receitando o medicamento: "Ainda não há prova positiva de relação causal entre o uso da talidomida durante a gravidez e malformações em recém-nascidos".

Em julho, com a onda de casos na Europa atingindo as alturas, a FDA enviou uma mensagem urgente para seus funcionários:

> Em vista do grande interesse público por essa situação, estamos diante de uma das [tarefas] mais importantes que temos em muito tempo. Todos os esforços devem ser feitos para entrar em contato com os médicos no prazo recomendado [...] o mais tardar na quinta-feira de manhã, 2 de agosto [de 1962].[11]

Mais tarde, ainda naquele mês, todas as prescrições foram suspensas. A talidomida estava morta.

No outono, a FDA começou a analisar se a Merrell tinha violado a lei ao prescrever a talidomida como parte de seu "ensaio investigativo" e prevaricado ao ocultar informações nos documentos de segurança submetidos à agência governamental. Advogados da entidade elencaram 24 possíveis violações da lei. E apesar disso, em 1962, Herbert J. Miller, o procurador-geral assistente do Departamento de Justiça dos Estados Unidos, decidiu não processar a empresa, alegando, com tragicômica falta de lógica, que ela havia distribuído o remédio para "médicos da mais alta reputação profissional"[12] e que só se comprovara com certeza que "um bebê malformado" tinha sido prejudicado. Os dois argumentos eram inverídicos. Miller concluiu dizendo que "uma acusação criminal não é justificável nem desejável". O caso foi encerrado. Nesse meio-tempo, a Merrell, sem alarde, havia retirado o pedido apresentado à FDA e engavetado a substância em definitivo. A talidomida tinha sido responsável por um crime de proporções incomensuráveis — mas nenhum criminoso foi encontrado.

Como a talidomida causa defeitos congênitos? Enquanto o zigoto se desenvolve, as células precisam determinar sua identidade e sua posição integrando fatores extrínsecos (proteínas e substâncias químicas vindas de células vizinhas com mensagens dizendo às células para onde ir e em que se transformar) e fatores intrínsecos (proteínas nas células, codificadas por genes, que são ativadas e desativadas em resposta a essas mensagens).

A talidomida, como agora sabemos, se prende a uma (ou várias) das proteínas na célula que quebram outras proteínas específicas; ela atua como degradador específico de proteínas. Um apagador intracelular de proteínas. Como vimos com os genes ciclinas, a quebra regulada de uma proteína particular numa célula é essencial para a capacidade desta de integrar mensagens — mensagens para se dividir, se diferenciar, integrar sinais extrínsecos e intrínsecos e determinar seu destino. Em biologia celular, a *ausência* de uma proteína, assim como a presença de uma proteína, pode ser igualmente importante para regular o crescimento, a identidade e a posição de uma célula.

Em particular, células de cartilagem, certos tipos de células imunológicas e células do coração talvez sejam afetados pela destruição regulada de proteínas alteradas pela talidomida, embora algumas delas ainda sejam alvos hipotéticos. Incapazes de integrar as mensagens que recebem, as células provavelmente morrem ou se tornam disfuncionais. Uma multidão de células é afetada, resultando em dezenas de difusas malformações congênitas causadas pela talidomida.[13] O efeito é poderosíssimo: descobriu-se que um único comprimido de vinte miligramas é suficiente para causar defeitos congênitos. Dezenas de milhares de mulheres no mundo inteiro não sabem se seus filhos foram abortados, se morreram no útero ou se nasceram com defeitos congênitos irreversíveis devidos à talidomida.

Frances Kelsey provavelmente salvou dezenas de milhares de vidas ao resistir, como último baluarte regulatório, à investida implacável de uma gigante farmacêutica. Em 1962, ela foi agraciada com a Medalha de Honra Presidencial.[14] Este capítulo se destina a preservar a memória de seus serviços e de sua tenacidade.

Se este livro fala do nascimento da medicina celular, também deve assinalar o nascimento de seu oposto demoníaco: o nascimento, e a morte, de um veneno celular.

Dei à parte II o título de "O uni e o multi" não só para marcar a transição em nossa história da célula individual para os organismos multicelulares, mas também para capturar uma tensão essencial na ciência. Biólogos costumam trabalhar sozinhos ou às vezes em duplas, mas, como as próprias células, também se aglutinam em comunidades científicas. E essas comunidades, por sua vez, pertencem, e precisam responder, à comunidade de todos os seres humanos. Existe o uni e o multi e também o "multi multi".

Mencionamos as propriedades fundamentais da célula nesta parte: autonomia, organização, divisão celular, reprodução e desenvolvimento. Quais são, portanto, os limites permissíveis e os perigos de adulterar essas propriedades primeiras, fundamentais, e como nossa percepção de "adulterar" está mudando à medida que novas tecnologias progridem? Com a fertilização in vitro, por exemplo, a reprodução "medicamente assistida" — que já foi considerada radical, proibida e até abominável por alguns — foi transformada em norma. E enquanto Denis Rebrikov, o biólogo russo, prepara seu laboratório para editar geneticamente embriões com distúrbios auditivos, estamos diante de novas maneiras de reprodução manipulada que perturbam nosso senso de normatividade. A saga da talidomida obviamente serve de alerta sobre a adulteração (involuntária) do feto em desenvolvimento. Mas nos últimos anos a cirurgia para corrigir defeitos de nascença em fetos no útero avançou de forma espetacular, e sistemas de transporte de medicamentos visando especificamente o feto estão sendo desenvolvidos em modelos animais. Os processos "naturais" que evoluíram intactos desde o nascimento dos primeiros humanos já pertencem ao passado, enquanto a "adulteração" de células em desenvolvimento se tornou nosso futuro inevitável?

A verdade inegável é que abrimos a caixa-preta da célula. Fechar a tampa agora talvez signifique eliminar a possibilidade de um futuro magnífico. Calçá-la para que não feche, mas sem estabelecer diretrizes e regras, seria supor que chegamos a algum tipo de acordo tácito global sobre o que é permissível ou não na manipulação da reprodução e do desenvolvimento humanos — coisa que, com certeza, não é verdade. Antes pensávamos nas características fundamentais de nossas células como nosso destino, evidente. Agora estamos começando a tratar essas propriedades como arenas legítimas de anexação científica — destino manifesto.

Essas discussões — a manipulação da reprodução e do desenvolvimento, ou de embriões para alterar seus genes — ricocheteiam no mundo inteiro no momento em que escrevo (e já escrevi exaustivamente sobre as promessas, bem como os perigos, dessas tecnologias em *O gene*). As disputas não serão resolvidas com facilidade, pois incidem não apenas sobre as características fundamentais das células, mas também sobre as características fundamentais dos humanos. A única maneira de encontrar uma resposta razoável ou chegar a um acordo está na participação contínua nesse debate sobre os limites da intervenção científica e o front das tecnologias celulares, que não para de avançar. Todo ser humano é parte interessada nessa discussão. Ela envolve o uni, o multi e o "multi multi".

PARTE III

SANGUE

A multicelularidade, a transição evolutiva que levou organismos unicelulares a se organizarem em seres de muitas células, talvez tenha sido inevitável, mas não foi fácil. Os organismos multicelulares precisavam desenvolver órgãos especializados e separados para atender a suas muitas funções. Cada um desses seres desenvolveu unidades funcionais — separadas, mas conectadas — para cuidar de suas numerosas e variadas exigências: autodefesa, autorreconhecimento, o movimento de mensagens através do corpo, digestão, metabolismo, armazenamento, eliminação de resíduos.

Cada órgão do corpo exemplifica essas características: a cooperação entre células e a especialização celular para alcançar a função do órgão. Mas, talvez mais do que qualquer sistema celular, o sangue representa um modelo para descrever como um sistema inteiro de células alcança essas funções. A circulação constante do sangue funciona como a rodovia central do corpo para levar oxigênio e nutrientes a todos os tecidos. Ela assegura uma resposta coordenada a lesões: plaquetas e fatores de coagulação usam o sistema circulatório para inspecionar e navegar pelo corpo para responder a lesões agudas. E também possibilita uma resposta a infecções: glóbulos brancos trafegam pelo mesmo sistema de vasos para fornecer camadas e mais camadas de defesa contra patógenos.

Decifrar a biologia de cada um desses sistemas levou, por sua vez, à criação de novas terapias celulares — transplante de sangue, ativação da resposta imune e modulação plaquetária, entre outras. E assim, partindo de células individuais, agora passamos para sistemas de células múltiplas: para cooperação, defesa, tolerância e autorreconhecimento, as marcas registradas que personificam os benefícios e as responsabilidades da multicelularidade.

9. A célula inquieta: Círculos de sangue

A célula [...] é um nexo: um ponto de ligação entre disciplinas, métodos, tecnologias, conceitos, estruturas e processos. Sua importância para a vida, e para as ciências da vida e mais além, se deve a essa posição notável de nexo, e ao potencial aparentemente inexaurível da célula a ser encontrado nessas relações conectivas.[1]

Maureen A. O'Malley, filósofa da microbiologia, e Staffan Müller-Wille, historiador da ciência, 2010

Em mim há muita coisa irresoluta e inquieta.[2]

Rudolf Virchow, em carta ao pai, 1842

Vejamos em que ponto estamos em nossa história. Começamos com a descoberta das células: estrutura, fisiologia, metabolismo, respiração e anatomia interna. Passamos, ainda que rapidamente, pelo mundo dos micróbios unicelulares e pelo efeito transformador dessa descoberta na medicina: a antissepsia e a descoberta dos antibióticos. Em seguida nos deparamos com a divisão celular: a produção de novas células a partir de células existentes (mitose) e a gênese de células para a reprodução sexual (meiose). Vimos a identificação das quatro fases da divisão celular (G1, S, G2, M), a descrição de seus reguladores cruciais — proteínas Ciclinas e CDK — e a dança coordenada, yin-yang, de suas funções. Descobrimos que a compreensão da divisão celular está transformando a medicina do câncer e a fertilização in vitro (FIV), e que tecnologias reprodutivas, associadas à biologia celular, nos obrigaram a entrar no cenário eticamente pouco familiar das intervenções em embriões humanos.

Mas até aqui lidamos com células em isolamento: o micróbio unicelular, invadindo o corpo e desencadeando infecções. O zigoto que se divide, flutuando sozinho na placa de Petri como um planeta solitário. O óvulo e o esperma, em frascos separados, levados às pressas de hospital para hospital num táxi em Manhattan. A célula ganglionar da retina do olho, resgatada da degeneração pela terapia genética.

O objetivo de uma célula no organismo celular, no entanto, não é ficar sozinha, ou viver sozinha; é atender às necessidades do organismo. Ela tem que funcionar como parte de um ecossistema; tem que ser parte integrante da soma. "A célula [...] é um nexo", escreveram Maureen O'Malley e Staffan Müller-Wille em 2010. Toda célula vive e funciona num "potencial aparentemente inexaurível a ser encontrado nessas relações conectivas".

É para essas *relações conectivas* — entre células e células, entre células e órgãos e entre células e organismos — que agora voltaremos nossa atenção.

Passo a maior parte das segundas-feiras com sangue. Sou formado em hematologia. Estudo sangue e trato doenças do sangue, entre elas cânceres e pré-cânceres de glóbulos brancos. Na segunda-feira, chego bem mais cedo do que meus pacientes, quando a luz da manhã ainda ilumina obliquamente a ardósia preta das bancadas do laboratório. Fecho as persianas e espio manchas de sangue ao microscópio. Uma gotícula de sangue foi espalhada numa lâmina de vidro para produzir uma película de células individuais, cada uma tingida com um corante especial. As lâminas são como amostras de livro ou trailers de filme. As células começam a revelar a história dos pacientes antes mesmo de eu encontrá-los pessoalmente.

Sento-me ao microscópio na sala escurecida, um caderno do lado para tomar notas, e converso baixinho comigo mesmo enquanto examino as lâminas. É um hábito antigo; quem passar por mim pode achar que estou delirando. Cada vez que examino uma lâmina, murmuro o método que meu professor de hematologia na faculdade de medicina, um homem alto com uma caneta sempre a manchar de tinta o bolso do jaleco, me ensinou: "*Divida os principais componentes celulares do sangue. Células vermelhas. Células brancas. Plaqueta. Examine cada tipo de célula separadamente. Anote o que observar sobre cada tipo. Trabalhe de maneira metódica. Número, cor, morfologia, forma, tamanho*".

É, de longe, o momento favorito de meu dia de trabalho. *Número, cor, morfologia, forma, tamanho*. Sou metódico. Adoro olhar para células, do jeito que um jardineiro adora olhar para plantas — não só o todo, mas também as partes dentro das partes: as folhas, a ramagem, o cheiro específico de argila em torno de uma samambaia, os furos feitos pelo pica-pau nos galhos mais altos de uma árvore. O sangue conversa comigo — mas só se eu prestar atenção.

Greta B. era uma mulher de meia-idade com diagnóstico de anemia. Os médicos desconfiavam que o distúrbio vinha do sangramento menstrual e receitaram suplemento de ferro. Mas não adiantou. Bastava Greta dar alguns passos para ficar sem fôlego. Numas férias nas montanhas de Sierra Nevada, mais de 1800 metros acima do nível do mar, ela mal conseguia respirar. Os médicos aumentaram a dose dos comprimidos de ferro, mas sem resultado.

A doença de Greta, na verdade, era mais misteriosa do que a princípio se suspeitara. Examinando sua contagem sanguínea, podia-se ver que não se tratava de uma simples anemia. Sim, o número de glóbulos vermelhos estava abaixo do normal, como era de esperar. Mas também os glóbulos brancos — apenas um tantinho abaixo do limite normal para sua idade. E as plaquetas também estavam aquém dos valores normais, embora por muito pouco.

Sob o microscópio, a amostra de sangue de Greta revelava uma história mais complicada. Corri os olhos por ela como um animal selvagem apreendendo uma nova paisagem — pausando, farejando, enviando vibrações de pensamento pelo cérebro. Os glóbulos vermelhos pareciam quase normais. *Quase*. Sublinhei a palavra. Examinando a amostra, encontrei alguns de aparência estranha, com um distinto ponto azul no meio — os restos de um núcleo que a maioria dos glóbulos vermelhos não tem, pois costumam expelir seus núcleos na medula óssea. "*Esse resto de núcleo não deveria estar aí*", disse eu em voz alta, e anotei em meu caderno.

Os glóbulos brancos eram os mais estranhos. Glóbulos brancos normais têm duas formas principais: linfócitos e leucócitos. (Voltaremos mais tarde a essa distinção.) No caso de Greta, um tipo de leucócito, conhecido como neutrófilo, era o de aparência mais esquisita. Os núcleos dos neutrófilos normais têm de três a cinco lobos, como um arquipélago de três a cinco ilhas ligadas entre si por istmos estreitos. Mas alguns neutrófilos de Greta tinham apenas dois lobos nucleares, perfeitamente redondos e ligados entre si por uma estreita linha de azul. Lembravam um par de óculos do século XVIII. "Células com pincenê", escrevi. Óculos de Gandhi. E pelo menos dois neutrófilos tinham núcleos grandes, dilatados, com cromação de aparência desorganizada. Células sanguíneas imaturas, ou blastos. Os primeiros sinais de glóbulos brancos malignos.

Reli minhas anotações. Os glóbulos vermelhos e os glóbulos brancos — dois dos principais componentes celulares do sangue — eram anormais. Uma biópsia da medula óssea confirmou que Greta tinha síndrome mielodisplásica (SMD), uma síndrome clínica na qual a medula óssea não gera sangue normal. Em mais ou menos um em cada três pacientes com diagnóstico de SMD a doença evolui para leucemia — câncer dos glóbulos brancos.

A suplementação de ferro de Greta foi suspensa e ela começou a tomar um medicamento experimental. Sua contagem sanguínea se normalizou por cerca de seis meses, mas a anemia voltou e a porcentagem de blastos em sua medula óssea subiu de novo. Em circunstâncias normais, as células blásticas compõem, no máximo, 5% da medula; o número das células blásticas de Greta era várias vezes maior, indicando que a SMD estava passando pelo processo de transformação em franca leucemia. Naquela altura, suas opções de tratamento se limitariam à quimioterapia, para matar a leucemia, ou à possibilidade de tentar outra substância experimental para manter a doença sob controle.

Na faculdade de medicina, meus professores me ensinaram a falar a linguagem do sangue; agora, enfim, o tecido me responde. Na verdade, o sangue fala com todos e com tudo; é o mecanismo central de comunicação de longa distância, de transmissão, em humanos. Sejam hormônios, nutrientes, oxigênio ou produtos residuais, o sangue entrega e se conecta — *fala* — a cada órgão, e de um órgão para outro. Fala até com ele mesmo: seus três componentes celulares, glóbulos vermelhos, glóbulos brancos e plaquetas, em particular, participam de um elaborado sistema de sinalização e conversa cruzada. As plaquetas se agrupam para formar um coágulo. Uma única plaqueta, em isolamento, não consegue produzir um coágulo, mas milhões de plaquetas, em conjunto com proteínas no sangue, colaboram para selar um ponto de sangramento. Os glóbulos brancos têm o sistema mais complexo de todos: trocam mensagens uns com os outros para coordenar uma resposta imunológica, a cura de ferimentos, combatendo micróbios e inspecionando o corpo à procura de invasores como um *sistema* de células. O sangue é uma rede. Como no caso de M. K., o jovem paciente de pneumonia com imunodeficiência, o colapso de uma parte da rede pode levar ao colapso de toda a rede.

A ideia do sangue como órgão de comunicação ou transmissão entre órgãos tem uma longa história. Por volta do ano 150, Galeno de Pérgamo — o cirurgião grego dos gladiadores romanos e, mais tarde, médico do imperador Lúcio Aurélio Cômodo — tinha sugerido que corpos normais eram compostos de uma espécie de "equilíbrio" de quatro humores: sangue, fleuma, bile amarela e bile negra.[3] Essa teoria humoral de doenças é anterior a Galeno: Aristóteles tinha escrito a respeito dela e médicos védicos se referiam com frequência à interação de fluidos internos. Mas Galeno foi um de seus defensores mais veementes. A doença, sustentava ele, ocorria quando um dos humores se desequilibrava no corpo. A pneumonia era resultado de um excesso de fleuma. A icterícia (ou melhor, a hepatite) vinha da bile amarela. O câncer era uma doença da acumulação de bile negra, um fluido associado também à melancolia e à depressão (*melan-cholia* significa, literalmente, "bile negra") — magnífica teoria, tão sedutora em sua metáfora quanto falha em sua mecânica.

Dos quatro fluidos, o sangue era o mais conhecido. Jorrava das feridas dos gladiadores; era fácil de adquirir em animais abatidos para manipulações experimentais; estava, na verdade, embutido no próprio vocabulário da linguagem humana comum. Era quente, ativo e vermelho, para começar, como notou Galeno, e então, como as vítimas das quais vertia sangue, ficava azul, vagaroso e frio. Galeno associava sua função normal a calor, energia e nutrição. A cor vermelha, ou rubor, era sinal de quentura e vitalidade. O sangue existia para distribuir nutrição e calor aos órgãos, postulava Galeno. O coração, imaginava ele, era a fornalha do corpo — uma máquina de fundição geradora de calor resfriada pelos pulmões, que se assemelhavam a foles. Era uma reafirmação da ideia de Aristóteles do sangue como "óleo de cozinha" interno do corpo. O sangue pegava o alimento aquecido pelo coração e, como um veículo de entrega, mantinha os nutrientes aquecidos até chegarem ao cérebro, aos rins e a outros órgãos.

Em 1628, o fisiologista inglês William Harvey virou essa teoria de cabeça para baixo em seu livro *Exercitatio Anatomica de Motu Cordis et Sanguinis in Animalibus* [Exercício anatômico sobre o movimento do coração e do sangue em animais].[4] Anatomistas anteriores tinham sugerido que o fluxo de sangue era unidirecional, viajando do coração para os intestinos, digamos, onde chegava a um beco sem saída. Harvey afirmava que o sangue se movia em círculos contínuos: entrava no coração, saía e depois voltava para o coração, após ter completado sua rota de entrega. Não havia canais separados para aquecer e esfriar. "Comecei a pensar comigo mesmo que ele poderia ter certo movimento, por assim dizer, em círculo",[5] escreveu ele.

> [O sangue] flui através dos pulmões e do coração e é bombeado para todo o corpo. Ali ele passa por poros na carne para as veias, através das quais retorna de todos os pontos da periferia para o centro, das veias menores para as maiores, chegando por fim ao [coração de novo].[6]

O coração não era uma fornalha nem uma fábrica, ou um ventilador para resfriar uma fornalha ou uma fábrica. Era uma bomba — ou melhor, duas bombas, unidas entre si — que impulsionava esses dois circuitos. (Voltaremos dentro de poucos capítulos à obra de Harvey sobre o coração.)

Mas para que servia o movimento circular do sangue? Qual substância o sangue transportava — nesses círculos contínuos, desassossegados — por todo o corpo?

Células, claro, entre outras coisas. Glóbulos vermelhos. Van Leeuwenhoek os vira flutuando no sangue. Em 14 de agosto de 1675, escreveu:

> Esses glóbulos sanguíneos [glóbulos vermelhos] num corpo saudável devem ser muito flexíveis e adaptáveis para passar pelas pequenas veias capilares e pelas artérias, e em sua passagem adquirir uma figura oval, reassumindo a redondeza quando chegam a um espaço maior.[7]

Era uma ideia profética: as células sanguíneas, quando passavam por capilares de fino calibre, sofriam uma deformação em sua estrutura e depois reassumiam sua redondeza de disco. Marcello Malpighi, o anatomista italiano do século XVII, também tinha visto glóbulos vermelhos.[8] Assim como o médico-cientista holandês Jan Swammerdam, que extraíra uma gota de sangue humano recém-ingerido do estômago de um piolho em 1658. Nos anos 1770, um anatomista e fisiologista britânico de nome William Hewson estudou a forma dos glóbulos vermelhos com mais atenção.[9] Não eram glóbulos redondos, concluiu, mas em forma de disco, com uma mossa no meio, como um travesseiro circular que acaba de levar um soco.

As células eram tão abundantes que decerto tinham uma função, conjeturou Hewson. Mas o mistério sobre o que os glóbulos vermelhos transportavam — por que os círculos se deslocavam de forma tão incansável, e por que se espremiam deliberadamente através de capilares minúsculos, distorcendo a própria forma — continuava sem solução. Em 1840, Friedrich Hünefeld, fisiologista alemão, encontrou uma proteína nos glóbulos vermelhos de minhocas.[10] Hünefeld se surpreendeu com a abundância da proteína — mais de 90% do peso líquido do glóbulo vermelho vem de apenas uma proteína —, mas não compreendeu sua função. O nome dado à proteína — hemoglobina — foi só uma reafirmação insípida de sua localização celular. Uma bola de sangue.

No fim dos anos 1880, no entanto, fisiologistas tinham começado a entender a importância da "bola". Notaram que a hemoglobina transportava ferro, e o ferro, por sua vez, ligava oxigênio, a molécula responsável pela respiração celular. As observações feitas por Harvey, Swammerdam, Hünefeld e Van Leeuwenhoek começaram a se consolidar numa teoria. O principal objetivo do glóbulo vermelho era transportar oxigênio, preso à hemoglobina, aos tecidos em todos os órgãos do corpo. Os glóbulos vermelhos captam oxigênio nos pulmões, depois são direcionados para o coração, que os impulsiona em sua viagem através das artérias para o resto do corpo.*

Além de células, o plasma, o componente fluido do sangue, transporta

* Mas por que alguém há de precisar de uma *célula* para transportar oxigênio? Por que não fazer a hemoglobina flutuar como uma proteína livre no plasma e deixá-la mover-se pelo corpo? É um enigma ainda não decifrado e tem a ver com a estrutura da hemoglobina — assunto fascinante ao qual retornaremos nas últimas páginas deste livro.

outros materiais indispensáveis para a fisiologia humana: dióxido de carbono, hormônios, metabólitos, produtos residuais, nutrientes, fatores de coagulação e mensagens químicas.

Uma espantosa característica da circulação do corpo é que, como todos os círculos, é repetitiva. Glóbulos vermelhos transportam oxigênio para todas as partes do corpo — e, no devido tempo, para os músculos do coração, o órgão responsável por impulsionar o sangue para todo o corpo. O coração tira oxigênio de glóbulos vermelhos para bombear, com isso enviando os glóbulos vermelhos em outra missão rotatória para trazer mais oxigênio para bombear e assim por diante, em círculos intermináveis. Em resumo, a circulação depende do coração, cuja função essencial depende... da circulação. A transmissão de todas as substâncias do corpo e, por extensão, a operação de *todos* os órgãos dependem, portanto, da mais inquieta de todas as nossas células.

Mas há ainda outro tipo de transmissão de que o sangue é capaz: ele pode ser transferido de um ser humano para outro. A transfusão de sangue, a primeira forma moderna de terapia celular, lançaria as bases da cirurgia, do tratamento da anemia, da quimioterapia de câncer, da traumatologia, do transplante de medula óssea, da segurança do parto e do futuro da imunologia.

A transfusão de sangue não teve uma origem particularmente propícia: os primeiros experimentos para transfundir sangue em humanos oscilavam entre o macabro e o maluco. Em 1667, Jean-Baptiste Denys, médico pessoal do rei Luís XIV da França, sangrou um menino várias vezes com sanguessugas e depois tentou transfundir nele sangue de ovelha. Por milagre, o menino sobreviveu — talvez porque a quantidade de sangue transfundido tenha sido mínima e não tenha havido resposta alérgica. Ainda naquele ano, Denys tentou transferir sangue animal em Antoine Mauroy, um homem com distúrbio psiquiátrico.[11] O sangue de um bezerro, animal conhecido por seu temperamento dócil, foi escolhido com base na crença de que poderia acalmar a loucura eufórica de Mauroy — mais uma vez reforçando a noção de Galeno do sangue como um dos portadores da psique. Depois de três transfusões, o desafortunado Mauroy não estava celestialmente calmo: estava morto, o corpo e o rosto inchados por causa de uma reação alérgica. Sua viúva tentou processar Denys por homicídio e o médico escapou por pouco da prisão. Parou de praticar a medicina. O episódio provocou furor na França e experimentos com transfusões de animais em seres humanos foram proibidos.

Pesquisas sobre transfusão de sangue prosseguiram ao longo dos séculos XVII e XVIII. Cientistas notaram que a transfusão entre animais gêmeos idênticos era aceita, ao passo que as realizadas entre irmãos, entre os quais gêmeos fraternos (não idênticos), eram rejeitadas — sugerindo que alguma compatibilidade genética era pré-requisito para o êxito do procedimento. Mas a natureza dessa compatibilidade ainda era um mistério.

Em 1900, um cientista austríaco chamado Karl Landsteiner começou a enfrentar o desafio da transfusão de sangue humano de forma mais sistemática. Onde antes dele havia loucura — sangue de ovelha e de bezerro transferido para meninos sugados por sanguessugas ou homens psiquicamente perturbados — Landsteiner era só método. Sangue era um órgão líquido. Movia-se livre pelo corpo. Por que não poderia ser movido, com a mesma liberdade, de um corpo humano para outro?

Landsteiner misturou sangue de um indivíduo (que vamos chamar de A) e soro de outro (B) e viu os dois reagirem em tubos de ensaio e em lâminas de vidro.[12] O soro difere do plasma: é o fluido que resta quando o sangue coagula. Contém proteínas, entre as quais anticorpos, mas não células. O soro de A misturado com o sangue de A obviamente não produziu reação — sinal de compatibilidade. "O resultado foi exatamente como se as células sanguíneas tivessem sido misturadas com seu próprio soro", notou Landsteiner.[13] A mistura se fundiu e continuou líquida. Mas em outras ocasiões, quando sangue do paciente A era misturado com soro do paciente B, a combinação formava minúsculos torrões semissólidos. (Meu professor de hematologia os descreveu como "sementes em suco de morango".) A incompatibilidade não podia estar nas *células* de A rejeitando as células de B; lembremos que o soro não tem células. Em vez disso, só podia estar numa proteína — que depois se descobriu ser um anticorpo — presente ou ausente no sangue de A que estava atacando as células de B, sinal de incompatibilidade imunológica.*

* Mais tarde se descobriu que o anticorpo reagia a um conjunto único de *açúcares* encontrado na superfície de glóbulos vermelhos.

Misturando e combinando sangue de diversos doadores, Landsteiner acabou descobrindo que era possível classificar o sangue humano em quatro grupos: A, B, AB e O.* Os grupos indicavam compatibilidade de transfusão. Humanos com o grupo sanguíneo A só podiam aceitar sangue de outros com o grupo sanguíneo A (e com o grupo O). Os humanos com o grupo B só podiam aceitar sangue de outros com o grupo B (e com o grupo O). O grupo O era o mais estranho: o sangue O não reagia nem com A nem com B. Humanos nesse grupo podiam *doar* sangue para alguém de qualquer tipo, mas só podiam *aceitar* sangue de companheiros do grupo O. Um quarto e último grande grupo sanguíneo, AB, foi descoberto logo depois. Esses indivíduos podiam *receber* sangue de todos os doadores, mas só podiam doar para outros humanos do grupo AB. No linguajar comum, os quatro grupos passaram a ser conhecidos como A, B, O (doadores universais) e AB (receptores universais). Numa única tabela (reproduzida em seus artigos reunidos e publicados em 1936), Landsteiner delineou os quatro grupos sanguíneos básicos e pavimentou o caminho para a transfusão de sangue. Foi um avanço de significado médico e biológico tão grande que essa tabela sozinha seria suficiente para render ao cientista o prêmio Nobel de Fisiologia ou Medicina de 1930.

Com o tempo, o sistema de grupos sanguíneos seria refinado. Outros fatores foram acrescentados, como Rh positivo (denotando a presença de uma proteína herdada chamada fator Rhesus na superfície dos glóbulos brancos) e Rh negativo (indicando ausência de fator Rh), para determinar a compatibilidade dentro de cada grupo: A+, B–, AB– e assim por diante.

A descoberta da compatibilidade sanguínea transformou o campo da transfusão de sangue. Em 1907, no Hospital Mount Sinai, em Nova York, Reuben Ottenberg começou a usar a reação de compatibilidade de Landsteiner para fazer as primeiras transfusões de sangue entre humanos. Compatibilizando o sangue de doadores e recipientes *antes* do procedimento, o médico demonstrou que o sangue podia ser transferido com segurança de um ser humano para ou-

* De início, Landsteiner descobriu apenas três grupos sanguíneos, que denominou A, B e C. Mas em seus artigos, publicados em 1936, já tinha distinguido quatro grupos sanguíneos independentes, agora denominados A, B, AB e O.

tro. Aos poucos, a transfusão se tornou uma ciência sistemática e segura. Em 1913, depois de mais de meia década de experiência com compatibilização de sangue, Ottenberg escreveu:

> Acidentes depois da transfusão têm sido frequentes o bastante para que muitos médicos pensem duas vezes antes de recomendar transfusão, salvo em casos desesperados, mas desde que começamos a fazer observações sobre o assunto, em 1908, esses acidentes puderam ser evitados mediante testes preliminares cuidadosos [...]. Nossas observações em mais de 125 casos confirmaram essa opinião e acreditamos que sintomas desagradáveis podem ser prevenidos com absoluta certeza.[14]

Mas, mesmo assim, as primeiras transfusões de sangue ainda eram extraordinariamente desajeitadas. O tempo certo era tudo; lembrava uma frenética corrida de revezamento, com uma seringa cheia de sangue fazendo as vezes do bastão em movimento. Um técnico tirava litros de sangue repetidamente através de uma agulha enfiada no braço do doador, outro atravessava a sala com o líquido carmesim o mais rápido possível e um terceiro injetava o sangue no braço do receptor. Ou o cirurgião estabelecia uma ligação *física* entre a artéria do doador e a veia do receptor — unindo-os literalmente por um vínculo de sangue — para que o fluido pudesse passar direto da circulação do doador para a do receptor, sem contato com o ar. Mas sem essas intervenções, a forma líquida do sangue desaparecia fugazmente fora do corpo. Deixado de lado por alguns minutos a mais, ele coagulava, transformando-se de fluido capaz de salvar vidas numa substância gelatinosa sem serventia.

Alguns avanços tecnológicos finais foram necessários para possibilitar o uso de transfusões de sangue em campo. A adição de um sal simples encontrado no suco de limão, o citrato de sódio, impedia o sangue de coagular, prolongando seu armazenamento. Em 1914, ano em que a Grande Guerra começou, um médico argentino, Luis Agote, transferiu sangue citratado de uma pessoa para outra — exemplo glorioso da tecnologia antecipando-se a suas necessidades. "Esse grande passo na técnica da transfusão de sangue coincidiu tão de perto com o começo do conflito",[15] escreveu o cirurgião britânico Geoffrey Keynes em 1922, "que foi quase como se o *pressentimento* da necessidade dela para tratar ferimentos de guerra tivesse estimulado a pesquisa." Outro avanço, a refrigeração, aumentou a longevidade do sangue armazenado. Vieram inovações envolvendo o uso de sacos de armazenamento forrados de parafina e a adição de açúcar simples (dextrose) para impedir que o sangue estragasse. O número de transfusões disparou nos hospitais do mundo inteiro. Em 1923, houve 123 transfusões no Hospital Mount Sinai. Em 1953, já eram mais de 3 mil por ano.[16]

O teste decisivo para a transfusão de sangue — o teste de campo, a bem dizer — ocorreu nos campos de batalha encharcados de sangue da Primeira e da Segunda Guerras Mundiais. Bombardeios arrancavam membros; ferimentos internos sangravam profusamente; artérias rompidas por balas se exauriam em questão de minutos. Em 1917, quando os Estados Unidos se juntaram aos Aliados na luta contra a Alemanha e as outras Potências Centrais, dois médicos militares, o major Bruce Robertson e o capitão Oswald Robertson, foram pioneiros em transfusões em casos de perda de sangue rápida e de choque. O plasma também era bastante usado para reanimar soldados gravemente feridos. Apesar de ser uma solução de curto prazo para a perda de sangue, era mais fácil de armazenar e não exigia tipagem ou compatibilização.

Os dois Robertson não eram parentes. Oswald, servindo no front francês do US Medical Corps, começou a pensar no sangue como um órgão móvel — inquieto, não só dentro de humanos ou entre humanos, mas entre fronteiras nacionais e campos de batalha. Ele coletava sangue do grupo O de soldados convalescentes num lugar, depois embalava garrafas de vidro esterilizadas de dois litros contendo sangue citratado suplementado com dextrose em caixas de munição cheias de serragem e gelo, então as despachava para o campo de batalha. A rigor, o capitão Oswald tinha criado um dos primeiros bancos de sangue. (Um banco de sangue mais estruturado seria criado em Leningrado em 1932.)

Houve manifestações de gratidão. "Em 13 de junho, o senhor cortou minha perna acima do joelho",[17] escreveu um soldado para o major Bruce Robertson em 1917, "e enquanto eu não recebia sangue de alguém, o senhor achava que as chances de eu apagar de vez eram de três para um [...]. O senhor teria um tempinho para me dizer o nome do homem que me doou sangue? Eu gostaria muito de escrever para ele."

Quando a Segunda Guerra Mundial começou, apenas duas décadas depois, armazenar, compatibilizar e fazer transfusões já eram práticas comuns em campo. Em comparação com a Primeira Guerra Mundial, a taxa de mortalidade de soldados feridos que chegavam a hospitais de campanha caiu quase pela metade — em parte graças às transfusões de sangue. No começo dos anos 1940, os Estados Unidos, ajudados pela Cruz Vermelha americana, lançaram um programa nacional de doação e criação de bancos de sangue. No fim da guerra, a Cruz Vermelha coletara 13 milhões de unidades de sangue, e em questão de anos o sistema de sangue dos Estados Unidos tinha 1500 bancos de sangue baseados em hospitais.[18] Havia 46 centros comunitários e 31 centros regionais de doação de sangue.

Como disse um escritor num número de 1965 da revista *Annals of Internal Medicine*, "a guerra jamais cumulou a humanidade de presentes; uma exceção talvez seja o impulso e a popularização do uso de sangue e plasma [...] que podem ser atribuídos à Guerra Civil Espanhola, à Segunda Guerra Mundial e ao conflito coreano".[19] Talvez mais do que qualquer outra intervenção, a transfusão e a criação de bancos de sangue — terapia celular — se destacam como o legado médico mais significativo da guerra.

É praticamente impossível imaginar o desenvolvimento da cirurgia moderna, do parto seguro ou da quimioterapia do câncer sem a invenção da transfusão de sangue. No fim dos anos 1990, ressuscitei um homem com insuficiência hepática que teve uma das mais graves formas de hemorragia que já vi. De sessenta e tantos anos, era do sul de Boston e tinha cirrose hepática, causada por alguma coisa que os hepatologistas consultores jamais puderam identificar com clareza. Antigo dono de restaurante, consumia bebidas alcoólicas, mas jurava que em quantidades bem abaixo dos níveis que prejudicassem o fígado daquela maneira. Não havia infecção viral crônica. Alguma predisposição genética devia ter exacerbado os efeitos do álcool e causado a inflamação celular crônica, resultando, por fim, num fígado encolhido e incapaz de funcionar. Os olhos eram amarelos de icterícia e o nível de albumina, uma proteína sintetizada em seu sangue, era perigosamente baixo. O sangue não conseguia coagular normalmente — outro sinal de doença do fígado, pois o órgão produz alguns dos fatores necessários para a coagulação sanguínea. O paciente agora aguardava no hospital um transplante de fígado. Mas, no geral, estava bem e tinha sido posto em monitoramento de rotina.

A noite começou sem intercorrências. Mas de repente o paciente sentiu uma onda de náusea e sua pressão arterial despencou. Um pequeno monitor apitou. O aparelho de pressão lia e relia os números. Havia algo errado. Dentro de minutos, era como se uma torneira tivesse sido aberta em suas entranhas, com sangue jorrando por todos os lados. A insuficiência hepática por vezes faz os vasos sanguíneos do estômago e do esôfago dilatarem e ficarem frágeis; quando se rompem, o jorro de sangue pode ser impossível de conter. Acrescente-se a isso a coagulação deficiente associada à cirrose e o sangramento pode evoluir para um desastre médico. Enfermeiras e médicos na UTI tentavam estancar o sangramento e emitiram um chamado de urgência "em código". Eu era o médico sênior de plantão naquela noite.

Quando entrei no quarto o clima era de frenética atividade. Os cateteres intravenosos inseridos nas veias eram finos demais. "Preciso de um dispositivo", ordenei, surpreso com o volume e a autoconfiança de minha própria voz. Inserimos mais dois, mas as bolsas de solução salina, pingando devagar, estavam longe de acompanhar o ritmo da perda de sangue.

Àquela altura, o homem começou a se debater e a perder a consciência. Dizia disparates — palavrões, nomes de personagens de *sitcom*, lembranças da meninice — e então, de maneira sinistra, parou de falar. Toquei nele. Os pés estavam gelados: os vasos sanguíneos na pele estavam comprimidos, para conservar o sangue nos órgãos vitais. O chão, enquanto isso, se cobriu de toalhas brancas já manchadas de vermelho; havia coágulos sanguíneos secando em meus sapatos. Meu uniforme estava endurecendo e adquirindo uma cor vermelho-arroxeada. Uma enfermeira trocou as toalhas empapadas de sangue, mas em poucos minutos as limpas estavam vermelhas também.

Um residente de cirurgia conseguiu enfiar um cateter intravenoso de grosso calibre na veia do pescoço, enquanto eu buscava freneticamente um local de acesso na virilha.

Pulso, pulso, pulso, eu dizia para mim mesmo. A pressão arterial do homem, enquanto isso, continuava caindo e ficou difícil medir o pulso. A equipe continuava trabalhando numa dança coreografada que me fez pensar nos primeiros tempos da transfusão de sangue: isso, também, era uma corrida de revezamento, com o sangue como o bastão central.

Tive a impressão de que se passaram horas antes de as bolsas de sangue chegarem, quando, na verdade, todo o processo durou menos de dez minutos.

Penduramos duas. "Aperte devagar", disse eu, e a enfermeira conseguiu despachar uma bolsa em poucos minutos. "Aperte com força", prossegui, mudando de ideia, como se pudesse acelerar o tempo. Foram necessárias onze, talvez doze bolsas de sangue para estabilizá-lo. Perdi a conta. Acrescentamos uma ou duas bolsas de fatores coagulantes e plaquetas para ajudar o sangue a coagular. Duas horas depois, conseguimos restaurar o pulso e o sangramento diminuiu. No fim da noite, a hemorragia tinha cessado. A pele esquentou e o paciente começou a responder a instruções. "Mexa a mão esquerda." Ele mexeu. "Mexa os dedos do pé." Ele mexeu. Senti uma alegria que não sei descrever. Ele acordou no dia seguinte e conseguiu segurar um copo de gelo na mão.

A imagem que guardo daquela noite é andar pelo solitário corredor do sexto andar e me meter no banheiro para desinfetar os sapatos com spray e remover deles o sangue ressecado. O couro estava tão profundamente incrustado que me deu náusea. Foi um momento Macbeth: eu não conseguia me livrar das manchas. Joguei os sapatos no lixo e de manhã comprei outros na loja do hospital.

Depois daquela noite, nunca mais usei de maneira impensada a expressão "banho de sangue". Sou uma das poucas pessoas que de fato já foram banhadas de sangue.

10. A célula que cura: Plaquetas, coágulos e uma "epidemia moderna"

César dominador, morto e tornado barro,
Virou do furo tampo vedando ar no jarro.
A terra que causou assombro em teu tempo
É só pó cimentando um muro contra o vento?[1]

William Shakespeare, *Hamlet*, Ato v, Cena 1

Seria leviano dizer que os cirurgiões, ou os enfermeiros, ou eu contivemos o sangramento do homem naquela noite em Boston. Fomos auxiliares. Havia uma célula — ou melhor, um fragmento de célula — que teve papel central no controle do sangramento.

Em 1881, o patologista e microscopista italiano Giulio Bizzozero descobriu que o sangue humano transportava minúsculos fragmentos de célula — pequeníssimos pedaços cortados, quase invisíveis, mas sempre presentes.[2] Durante décadas, hematologistas tentaram decifrar esses fragmentos flutuantes no sangue. Em 1865, um alemão especializado em anatomia microscópica chamado Max Schultze os descreveu como "fragmentos granulares".[3] Schultze os via como pedaços de células sanguíneas trituradas, encontrava-os em coágulos e dizia que, para "quem se interessa pelo estudo aprofundado do sangue de humanos, o estudo desses grânulos no sangue humano é recomendado com entusiasmo".[4]

Bizzozero viu neles um componente independente do sangue. "A existência de uma partícula sanguínea constante, diferente dos glóbulos vermelhos e dos glóbulos brancos, tem sido suspeitada por vários autores há algum tempo",[5] escreveu. "É espantoso que nenhum dos investigadores anteriores tenha usado a observação do sangue circulante em animais vivos." Ele deu a essas lasquinhas um nome: *piastrine*, em italiano, por causa de sua aparência plana, redonda, de prato. Em inglês elas passaram a ser chamadas de *platelets* — plaquetas, pequenas placas.

Bizzozero era mais do que microscopista; era um fisiologista completo. Tendo observado esses fragmentos de célula no sangue, começou a se perguntar sobre sua função. Seriam apenas detritos — destroços no oceano vermelho do sangue? Ao perfurar a artéria de um rato com uma agulha, viu plaquetas se acumularem no lugar do ferimento: "Plaquetas de sangue, arrastadas pela corrente sanguínea, ficam presas ao lugar danificado assim que chegam", escreveu.[6]

> De início, é possível ver apenas duas, quatro, seis [plaquetas]; logo mais o número pula para centenas. Alguns glóbulos brancos costumam ficar presos no meio delas. Aos poucos, o volume aumenta, e logo o *trombo* [coágulo] enche a cavidade dos vasos sanguíneos e atrapalha cada vez mais o fluxo de sangue.

Em termos biológicos, plaquetas são inusitadas desde que nascem. No começo dos anos 1900, o hematologista James Wright, de Boston, desenvolveu um novo corante para visualizar células na medula óssea. Aninhada em vários tipos de célula — neutrófilos em fase de amadurecimento, desenrolando devagar seus núcleos ovais em núcleos de muitos lóbulos; glóbulos vermelhos formando densos agrupamentos —, ele descobriu uma célula imensa que parecia desafiar as convenções da biologia celular. Em vez de um único núcleo, tinha mais de uma dezena de lóbulos nucleares. Nascera, supunha-se, de uma célula-mãe que tinha replicado seus conteúdos nucleares, mas suspendera a divisão ou o nascimento de células-filhas — preferindo, em vez disso, amadurecer e depois se fragmentar em mil lascas. Na verdade, à medida que Wright acompanhou o destino desses megacariócitos (imensas células com lóbulos multinu-

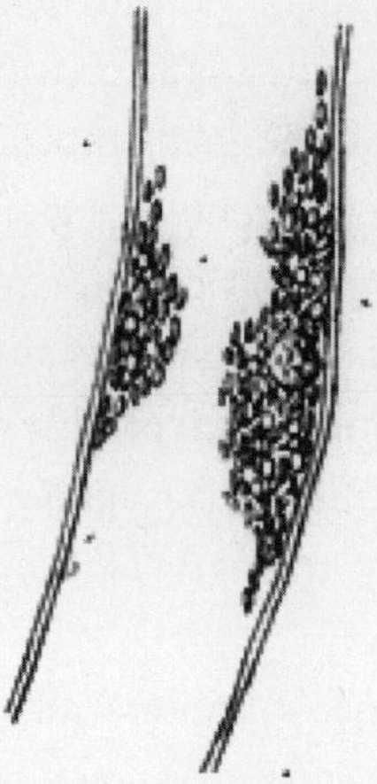

Ilustração de Bizzozero de seu artigo sobre coagulação que mostra o crescimento de um coágulo em volta de uma lesão vascular. Note-se a célula grande central, provavelmente um neutrófilo, atraído pela inflamação, cercado por plaquetas.

cleares), ele descobriu que elas se partiam, como fogos de artifício, em milhares de pequenos cacos — plaquetas.

Esse trabalho anatômico inicial levou a um período de intensa investigação sobre a função e a fisiologia dessas células. Como Bizzozero tinha observado, as plaquetas eram o componente central do coágulo. Ativadas por sinais de uma lesão — um ferimento, digamos, ou um vaso sanguíneo rompido —, acorriam em enxame para o lugar do ferimento e davam início a um ciclo autoperpetuante para conter o sangramento. Era uma célula (ou, mais precisamente, um fragmento de célula) curativa.

Paralelamente, pesquisadores descobriram no sangue um segundo sistema, intersecional, para conter o sangramento. Envolvia uma cascata de proteínas a flutuar no sangue, apalpando a lesão e também ajudando na coagulação de uma densa malha para estabilizar o coágulo de plaquetas e estancar o sangramento. Os dois sistemas — plaquetas e proteínas formadoras de coágulo — se comunicam entre si, cada um ampliando o efeito do outro para formar um coágulo estável.

Numerosos distúrbios genéticos envolvendo a falha da função das plaquetas — e resultando em anomalias na coagulação — esclareceram ainda mais a maneira como a plaqueta detecta uma lesão. Em 1924, o hematologista finlandês Erik von Willebrand relatou o caso de uma menina de cinco anos das ilhas Åland, no mar Báltico, cujo sangue não coagulava de maneira adequada.[7] Analisando o sangue de pessoas da família, várias das quais apresentavam distúrbios de coagulação semelhantes, Von Willebrand descobriu que todas tinham uma anomalia hereditária que prejudica a função das plaquetas. Em 1971, pesquisadores enfim apreenderam o culpado: as pessoas com essa doença, que leva o nome de Von Willebrand, tinham falta ou deficiência de uma proteína essencial para a coagulação, chamada, apropriadamente, de fator de Von Willebrand (vWf).

O fator de Von Willebrand circula no sangue e, além disso, está estrategicamente localizado debaixo das células que forram vasos sanguíneos. Uma lesão de vaso sanguíneo expõe o vWf. Plaquetas transportam receptores que se prendem ao vWf e, dessa maneira, têm a capacidade de "sentir" onde um ferimento expôs o vaso e começam a se juntar em volta do ponto de lesão.

Mas a formação de um coágulo é um processo bem mais complexo. Proteínas expelidas pelas células lesionadas enviam mais sinais para convocar plaquetas ao local da lesão, ampliando a ativação delas. E fatores de coagulação flutuando no sangue usam ainda outros sensores para detectar a lesão. Uma cascata de mudanças é iniciada. Em última análise, a cascata conduz à conversão da proteína fibrinogênio numa proteína formadora de malha chamada fibrina. As plaquetas, presas na malha de fibrina como sardinhas numa rede, acabam formando um coágulo maduro.

Se flutuações da vida humana de antigamente envolviam tapar ferimentos para manter a homeostase, os caprichos da vida moderna desencadearam o problema oposto: *excesso* de ativação de plaquetas. O processo destinado a curar feridas se tornou patológico: como diria Rudolf Virchow, a fisiologia celular deu meia-volta e se transformou em patologia. Em 1886, William Osler, um dos fundadores da medicina moderna, mencionou coágulos ricos em plaquetas que se formavam nas válvulas do coração e na aorta, o grande vaso sanguíneo em arco que percorre o corpo.[8] Quase três décadas depois, em 1912, um cardiologista de Chicago descreveu o misterioso caso de um banqueiro de 55 anos que "caiu como se apagasse". Investigando o caso, os médicos descobriram que a artéria que levava sangue para o coração do paciente tinha sido obstruída por um coágulo. A doença ficou conhecida como "ataque cardíaco" — a palavra "ataque" significando a velocidade e a subitaneidade da crise.

E assim, tanto quanto os humanos de antigamente desejavam um remédio para ativar plaquetas e curar suas feridas, os humanos modernos buscam remédios que *diminuam* a atividade plaquetária. Nosso estilo de vida, nossa expectativa de vida, nossos hábitos e ambientes — dietas ricas em gorduras, falta de exercícios, diabetes, obesidade, hipertensão e tabagismo, em particular — levaram, por sua vez, à acumulação de placas: bolas inflamadas, calcificadas, ricas em colesterol, presas às paredes das artérias, como precários montes de lixo ao longo das estradas, com acidentes esperando para acontecer.* Quando uma placa se rompe, é

* A decifração dos mecanismos do metabolismo do colesterol, suas ligações com doenças cardíacas e a criação de medicamentos para manipular o colesterol compõem uma história exemplar de como observações clínicas perspicazes, biologia celular, genética e bioquímica podem atuar em conjunto para resolver um misterioso problema clínico. A história começa com observações clínicas sobre várias famílias que apresentavam sintomas inusitados de níveis de colesterol elevadíssimos no sangue. Em 1964, por exemplo, um menino de três anos chamado John Despota foi levado para uma consulta com seu clínico geral em Chicago. A pele dele apresentava protuberâncias amarelo-amarronzadas cheias de colesterol. O colesterol no sangue estava cinco vezes acima do normal. Aos doze anos, tinha sinais de placas de colesterol nas artérias e sentia crises regulares de dor no peito. Obviamente, John tinha uma predisposição genética para a acumulação anormal de colesterol — era acometido por ataques cardíacos aos *doze anos* — e os médicos enviaram uma biópsia de sua pele para dois pesquisadores que investigavam a biologia do colesterol. Nos dez anos seguintes, analisando casos como os de John, os pesquisadores Michael Brown e Joe Goldstein descobriram que células normais carregam na superfície receptores para certo tipo de partícula rica em colesterol que circula no sangue: a lipoproteína de baixa densidade, ou LDL. Em circunstâncias normais, as células internalizam o colesterol e o metabolizam, tirando-o do sangue e baixando os níveis de LDL em circulação. Em pacientes como John, esse processo de internalização e metabolismo é interrompido em consequência de mutações genéticas. Altos níveis de colesterol LDL circulam no sangue, produzindo, em última análise, esses depósitos de consistência de mingau nas artérias, entre elas as do coração, e levando a dores no peito e ataques cardíacos. Nos anos seguintes, Brown e Goldstein descobriram dezenas de mutações genéticas raras que perturbam o metabolismo do colesterol. Mas numa grande síntese desse trabalho que se seguiu, cardiologistas começaram a perceber que um alto nível de colesterol era responsável por depósitos de colesterol não só em raros indivíduos com mutações genéticas, mas também numa ampla faixa da população com risco de ataques cardíacos. Isso, por sua vez, levou ao desenvolvimento do Lipitor e de outros medicamentos redutores do colesterol que causaram impacto muito positivo em doenças cardíacas. Brown e Goldstein foram agraciados com o prêmio Nobel em 1985; seu trabalho salvou milhões de vidas. Nos anos 1980, trabalhando no laboratório de Brown e Goldstein, Helen Hobbs e Jonathan Cohen descobriram outros genes que alteravam a internalização e o metabolismo do colesterol LDL, o que resultou em outra geração de remédios que reduzem os níveis de LDL e previnem ataques cardíacos. Joseph L. Goldstein et al., "Heterozygous Familial Hypercholesterolemia: Failure of Normal Allele to Compensate for Mutant Allele at a Regulated Genetic Locus". *Cell*, v. 9, n. 2, pp. 195-203, 1 out. 1976. DOI: doi.org/10.1016/0092-8674(76)90110-0.

percebida como se fosse um ferimento. E a velha cascata para curar feridas é ativada e liberada. Plaquetas correm para tapar o "ferimento" — só que a tampa, em vez de selar uma lesão, bloqueia o fluxo vital de sangue para o músculo cardíaco. A plaqueta curativa agora se transforma em plaqueta letal.

"A epidemia moderna de doenças cardíacas",[9] escreve o médico e historiador James Le Fanu,

> apareceu de repente nos anos 1930. Médicos não tiveram dificuldade em reconhecer sua gravidade, porque havia muitos colegas seus entre as primeiras vítimas, pessoas aparentemente saudáveis, de meia-idade, que, sem razão aparente, tinham morte súbita [...]. Essa nova doença precisava de um nome. A causa, ao que tudo indicava, era um coágulo de sangue nas artérias do coração, estreitadas por uma substância parecida com mingau [...] composta de material fibroso e de um tipo de gordura chamado colesterol.

Se dermos uma lida nos obituários de jornais locais dos anos 1950 e 1960 — um interesse reconhecidamente mórbido —, veremos o nascimento da epidemia moderna. Obituários de jornal com nomes de homens e mulheres acometidos por "uma dor súbita no peito", acompanhada de colapso e morte. Elmer Sweet, de Mendocino, Califórnia, diretor, 53 anos em 1950; John Adams, funileiro de Pine City, Minnesota, de 77 anos, em 1952; Gordon Mitchell, supervisor de uma fiação, de quarenta anos, em 1962; Lloyd Ray Luchsinger, de 61 anos, em 1963; e assim por diante, todos os dias. Com o número de vítimas de ataques cardíacos subindo, farmacologistas voltaram a atenção para remédios que bloqueassem a cascata de entupimentos. O de maior destaque era a aspirina. Seu princípio ativo, o ácido salicílico, originariamente encontrado em extrato de salgueiro, tinha sido usado na Antiguidade por gregos, sumérios, indianos e egípcios para controlar inflamação, dor e febre.

Em 1897, um jovem químico chamado Felix Hoffman, trabalhando para a empresa farmacêutica alemã Bayer, descobriu um jeito de sintetizar uma variante química do ácido salicílico.[10] O remédio recebeu o nome de aspirina, ou AAS, abreviatura de ácido acetilsalicílico. (O nome vinha de *a*, de *acetil,* e *spir*, de *Spiraea ulmaria*, a planta da qual o ácido salicílico era extraído.)

A síntese da aspirina realizada por Hoffman era uma maravilha química, mas o caminho da molécula para o medicamento foi tortuoso. Um alto executivo da Bayer, Friedrich Dresser, desconfiado da aspirina, quase suspendeu sua produção, alegando que ela tinha efeito "debilitante" no coração. Ele preferia se concentrar no desenvolvimento de outra substância — heroína — como xarope para tosse e analgésico. Mas Hoffman insistiu com veemência na produção de aspirina, abusando da paciência dos executivos da empresa, que por pouco não o demitiram. Por fim os comprimidos foram fabricados e comercializados para o público. Por ironia, para atenuar as preocupações de Dresser, o remédio, de início vendido para aliviar dores persistentes, desconforto e febre, trazia na embalagem a advertência "Não Afeta o Coração".

Nos anos 1940 e 1950, Lawrence Craven, clínico geral de Glendale, Califórnia, começou a receitar aspirina a seus pacientes para prevenir ataques cardíacos.[11] Craven a experimentou em si mesmo, aumentando a dose para doze comprimidos — bem acima da recomendada —, até que seu nariz passou a sangrar espontânea e profusamente. Enxugando o sangramento com lenços, e convencido de que a aspirina era um poderoso agente anticoagulante, Craven tratou com ela quase 8 mil pacientes. Notou que a incidência de ataques cardíacos caiu de maneira acentuada.

Mas Craven não era um médico-cientista convencional; não dispunha de um grupo de controle de pacientes não tratados para compará-los com aqueles que ele tinha tratado com o remédio. Seu estudo foi rejeitado por décadas até que, nos anos 1970 e 1980, grandes estudos clínicos randomizados provaram que a aspirina era, de fato, uma das terapias mais eficientes para prevenir e tratar um ataque cardíaco em andamento.

Nos anos 1960, investigações mais aprofundadas da biologia das plaquetas mostraram como a aspirina funciona na prevenção de coágulos. As plaquetas, em conjunto com outras células, produzem substâncias químicas para sinalizar lesões e serem ativadas. A aspirina, em doses pequenas, bloqueia a principal enzima produtora dessas substâncias químicas que detectam lesões, diminuindo assim a ativação das plaquetas e os coágulos subsequentes. Como mecanismo de prevenção contra ataques cardíacos, a aspirina talvez esteja entre os medicamentos mais importantes do século passado.

Um ataque cardíaco, ou infarto do miocárdio, ocorre quando uma placa numa das artérias coronárias se rompe e estimula um coágulo. Nos anos 1990, eu era trainee numa clínica de medicina interna dirigida por um octogenário já meio calvo, sempre com sapatos *wingtip* muito bem engraxados e um ar refinado, aristocrático. Ele me falava de uma época, durante seus anos de formação médica, em que o único tratamento para ataque cardíaco era repouso na cama, oxigênio e sedação com morfina, administrada através de uma seringa de vidro. Ainda faltava muito para que se chegasse aos testes diagnósticos e às terapias de hoje: a louca corrida para o hospital (cada minuto perdido é um minuto de músculos cardíacos morrendo, com danos irreparáveis); um eletrocardiograma (ECG), para medir a atividade elétrica do coração, conduzido na ambulância e transmitido digitalmente para o hospital; aspirina, oxigênio e a corrida frenética para levar o paciente até um laboratório de cateterismo cardíaco, onde ele pode receber um fármaco intravenoso conhecido como trombolítico, que dissolve com rapidez um coágulo sanguíneo, ou passar por um procedimento para abrir a artéria entupida com o uso de um dispositivo inflável, em forma de balão.

Meu professor dizia que lhe bastava o exame físico para diagnosticar a doença arterial coronariana. Primeiro, ele fazia uma lista mental dos fatores de risco do paciente, alguns evitáveis, outros não — obesidade, altos níveis de um determinado tipo de colesterol, tabagismo crônico, hipertensão e/ou histórico familiar de doenças coronarianas —, atribuindo a cada fator pontos num cálculo que guardava para si. Encostava o estetoscópio no pescoço da pessoa para ouvir ruídos — gorgolejos — que pudessem indicar a formação de placa nas artérias carótidas, que passam pelo pescoço e vão para o cérebro; gosma gordurosa numa artéria costumava indicar gosma gordurosa na outra. E anotava cuidadosamente qualquer relato de dor no peito, ou mesmo de leve formigamento, quando o paciente andava ou corria. Com os gestos grandiosos de um mágico, ele então declarava se o paciente tinha ou não tinha doença coronariana, antes de pedir exames confirmatórios. Quase sempre acertava. Com um pouco da mesma solenidade, chamava as artérias coronárias que fornecem sangue para o coração de "os rios da vida".

Como a acumulação de lixo e sedimento à beira de um rio, a placa coronária em geral se forma ao longo de décadas — projetando-se na direção do centro do vaso oco e desacelerando o fluxo sanguíneo, mas sem jamais obstruí-lo de todo. A placa contém depósitos de colesterol, células imunes inflamadas e cálcio, entre outros componentes. A abertura da artéria (lúmen) fica mais estreita e o tráfego congestionado se manifesta na dor no peito intermitente, lancinante, chamada *angina pectoris*, quando o músculo do coração se esforça para conseguir sangue oxigenado suficiente para atender a suas demandas.

Mas a angina às vezes pressagia uma crise muito mais aguda. Um dia os detritos podem se romper, espalhando-se para o centro do rio. Plaquetas, os detetives de lesões do corpo, correm para o local da lesão aberta a fim de tapá-la. O que foi concebido como resposta fisiológica a um ferimento se torna uma resposta patológica a uma placa. O tráfego desacelerado no rio evolui para um congestionamento que não sai do lugar — um ataque cardíaco.

Ao longo dos anos, farmacologistas descobriram uma série de substâncias e de procedimentos para prevenir ou tratar ataques cardíacos. Existe a aspirina, é claro, que impede que as plaquetas formem coágulos. Há medicamentos que dissolvem coágulos,[12] que quebram um coágulo ativo e os que inibem a formação de plaquetas e asseguram que as plaquetas permaneçam inativas. E, nos domínios da prevenção, existe o Lipitor, um dos muitos fármacos que reduzem o nível de uma forma particular de colesterol, presente no sangue em partículas arredondadas, chamado LDL. Medicamentos como o Lipitor reduzem os níveis sanguíneos de LDL e isso, por sua vez, impede a formação dos montículos de lixo ricos em colesterol que entopem nossas artérias.

Mas esses remédios precisam ser tomados todos os dias, a vida inteira. Há pouco tempo a Verve Therapeutics, uma recém-lançada empresa de biotecnologia de Boston, propôs uma estratégia audaciosa para reduzir níveis de colesterol LDL. Seu fundador, o geneticista e cardiologista Sek Kathiresan, trabalhou no Hospital Geral de Massachusetts poucos anos antes de mim. O hospital era do tipo "todo mundo faz e todo mundo ensina"; os médicos mais experientes instruíam os residentes mais antigos, que, por sua vez, instruíam os mais novos e os estagiários. Foi com Sek, residente sênior quando estagiei, que aprendi a inserir um cateter intravenoso, serpenteando através das veias jugulares, no ventrículo do coração de uma mulher para medir com precisão as pressões nele. Anos depois, eu descobriria que o interesse de Sek por doenças cardíacas era profundamente pessoal: seu irmão, de quarenta e tantos anos, caíra morto ao voltar de uma corrida, fulminado por um ataque cardíaco. Nas décadas seguintes, o trabalho pioneiro de Sek identificaria dezenas de genes que, quando herdados numa forma alterada, aumentam o risco de ataques cardíacos.

Muitas proteínas que possibilitam a formação, o tráfego e a circulação do chamado colesterol ruim são sintetizadas no fígado. Lembremos as tecnologias de edição genética usadas por He Jiankui para alterar genes em embriões humanos — em essência, reescrever o roteiro genético das células humanas. Sek e a Verve não estão interessados em alterar genes em embriões humanos; na verdade, o que desejam é poder usar tecnologias de edição genética para desativar os genes que codificam essas proteínas relacionadas ao colesterol nas células do fígado humano — e isso sem retirar o órgão do corpo. Cientistas da Verve conceberam maneiras de inserir cateteres nas artérias que levam ao fígado. (A destreza adquirida por Sek em décadas de prática de cardiologia ajudou.) Esses cateteres levarão para o órgão enzimas geneticamente editadas conduzidas dentro de minúsculas nanopartículas. Quando essas partículas depositarem sua carga dentro das células hepáticas, as enzimas de edição genética mudarão o roteiro dos genes que ajudam e estimulam o metabolismo do colesterol, de modo a reduzir de forma drástica a quantidade de colesterol circulando no sangue — em suma, ativando as vias metabólicas do LDL. Uma única infusão basta. Uma vez que se alterem os genes, isso se mantém para o resto da vida. Se tiver êxito, a terapia genética da Verve nos transformará em humanos com níveis de colesterol sempre baixos, sempre protegidos contra doenças arteriais coronarianas, sempre imunes ao infarto do miocárdio. Seria a mais alta façanha de reengenharia celular para doenças cardíacas. O rio da vida (para usar a frase favorita de meu professor) estará limpo para sempre.

11. A célula guardiã: Neutrófilos e sua *Kampf* contra patógenos

Em 1736 perdi um de meus filhos, um belo menino de quatro anos, para a varíola, contraída da maneira comum. Por muito tempo me arrependi amargamente, e ainda me arrependo, de não a ter dado a ele por inoculação [*vacinação*].[1]

Benjamin Franklin

O sangue é tão vermelho — essa cor tão dominantemente arraigada na imagem que temos do que *é* sangue — que os glóbulos brancos levaram séculos para serem descobertos, ou mesmo notados. Nos anos 1840, um patologista francês em Paris, Gabriel Andral, viu pelo microscópio o que duas gerações de microscopistas pareciam ter deixado passar: mais um tipo de célula no sangue.[2] Ao contrário dos glóbulos vermelhos, essas células não tinham hemoglobina, tinham núcleo e apresentavam forma irregular, às vezes com pseudópodes — extensões e projeções que lembram dedos. Foram chamadas de "leucócitos", ou glóbulos brancos. (Só são "brancos" porque não são "vermelhos".)

Em 1843, o médico inglês William Addison propôs, perspicaz, que esses glóbulos brancos — "corpúsculos incolores", como os chamava — desempenhavam uma função crucial nas infecções e nas inflamações.[3] Addison vinha compilando relatórios de autópsia de tubérculos: nódulos brancos cheios de pus em geral associados à tuberculose, mas também a outras infecções. Num relato de caso, observou ele, "um esplêndido rapaz de vinte anos relatou que tinha tosse, e dor no lado [...], uma tossezinha [seca] que o afligia".[4] Logo os sintomas evoluíram para "um estertor mucoso, profundo, e, ao tossir, um *murmúrio* muito característico". O homem faleceu quatro meses depois, "com todos os sinais característicos de um declínio profundo e rápido". Quando examinou os pulmões dele na autópsia, Addison descobriu que estavam tomados por "tubérculos, em número considerável".[5] Colocados entre lâminas de vidro, os tubérculos muitas vezes se fragmentavam ou fundiam em glóbulos. Ao microscópio, podia-se ver que os glóbulos eram constituídos de pus e milhares de células sanguíneas brancas, como se estas tivessem sido recrutadas especialmente para os lugares inflamados. Algumas estavam "cheias de grânulos", notou Addison.[6] Talvez, pensou ele, estivessem entregando essa carga granular às áreas infectadas do corpo.

Mas qual era a ligação entre glóbulos brancos e inflamação? Em 1882, um professor itinerante de zoologia, Elie (ou Ilya) Metchnikoff, se desentendeu com seus colegas da Universidade de Odessa e partiu para Messina, na Sicília, onde estabeleceu um laboratório particular.[7] Era homem de temperamento difícil, com tendências depressivas — tentou o suicídio duas vezes, numa delas engolindo uma cepa de bactéria patogênica —, que quase sempre discordava da ortodoxia da ciência, mas tinha um olho infalível para a verdade experimental.

Em Messina, onde as águas mornas e rasas das praias ventosas produziam uma abundância perene de animais marinhos, Metchnikoff se pôs a fazer experimentos com estrelas-do-mar. Sozinho certa noite — a mulher e os filhos tinham ido assistir à apresentação de macacos no circo —, ele concebeu um experimento que definiria sua carreira e mudaria nosso entendimento da imunidade. As estrelas-do-mar eram semitransparentes, e ele vinha observando o movimento de células dentro do corpo delas. Interessava-lhe em particular o movimento das células depois de uma lesão. O que aconteceria, portanto, se ele enfiasse um espinho num dos braços da estrela-do-mar?

Metchnikoff não conseguiu dormir à noite e voltou ao experimento pela manhã. Um grupo de células móveis — "uma grossa camada almofadada"[8] — se acumulara animadamente em torno do espinho. Ele tinha, em resumo, observado as primeiras etapas da inflamação e da resposta imunológica: o recrutamento de células imunológicas para o lugar da lesão, e sua ativação quando elas detectavam uma substância estranha (nesse caso, o espinho). Metchnikoff notou que as células imunológicas se moviam em direção ao ponto de inflamação de maneira autônoma, como que impelidas por uma força ou por uma substância atrativa. (Mais tarde, essas substâncias atrativas seriam identificadas como proteínas específicas, chamadas quimiocinas e citocinas, liberadas por células depois de um ferimento.) "A acumulação de células móveis em torno do corpo estranho ocorre sem ajuda dos vasos sanguíneos ou do sistema nervoso", escreveu ele, "pela simples razão de que esses animais não têm uma coisa nem outra. É, portanto, graças a uma espécie de ação espontânea que as células se juntam em torno da farpa."[9]

Nos anos seguintes, Metchnikoff plantou a semente dessa ideia — células imunológicas recrutadas ativamente para locais de inflamação — e conduziu uma série de experimentos. Ampliou suas observações para outros organismos e outras formas de lesão. Introduziu esporos infecciosos que penetravam nas entranhas de dáfnias, minúsculos crustáceos conhecidos como pulgas-d'água. Descobriu que as células imunológicas não se limitavam a viajar para os pontos de inflamação. Elas tentavam ingerir — *comer* — o agente infeccioso ou irritante que se acumulara no local. Metchnikoff deu ao fenômeno o nome de fagocitose: a ingestão e destruição de um agente infeccioso por uma célula imunológica.[10]

Numa série de artigos publicados em meados dos anos 1880, que mais tarde lhe valeriam o prêmio Nobel, Metchnikoff usou a palavra alemã "*Kampf*", significando "luta", "combate", "peleja", para resumir a relação entre um organismo e seus invasores.[11] Descreveu um "drama que se desenrola dentro dos organismos" e que se assemelhava a uma luta perpétua. (É tentador conjeturar que sua relação com o establishment científico era a constante *Kampf* desse establishment.) De acordo com Metchnikoff:

> Uma batalha é travada entre os dois elementos [o micróbio e as células fagocíticas]. Às vezes os esporos conseguem procriar. São gerados micróbios que expelem uma substância capaz de dissolver as células móveis. De modo geral, esses casos são raros. O mais frequente é que as células móveis matem e digiram os esporos infecciosos e com isso garantam a imunidade do organismo.

As versões humanas das células fagocíticas que Metchnikoff descobriu — macrófagos, monócitos e neutrófilos — estão entre as primeiríssimas células a responder a lesões e infecções.[12] Os neutrófilos são produzidos na medula óssea. Seu nome é uma referência ao fato de que podem ser tingidos por corantes naturais, mas não por corantes ácidos ou básicos: daí "neutro-filo", ou "amante do neutro".*

Os neutrófilos vivem poucos dias após entrar em circulação. Mas que dias dramáticos! Instigadas por uma infecção, as células amadurecem na medula óssea e transbordam para os vasos sanguíneos, prontas para a luta, as faces granuladas, os núcleos dilatados — uma frota de soldados adolescentes mobilizados para o combate. Desenvolveram mecanismos especiais para se movimentar com rapidez pelos tecidos, retorcendo-se através dos vasos sanguíneos como contorcionistas. É como se uma mania as induzisse a chegar a pontos de infecção e inflamação — em parte porque percebem com acurácia o gradiente de citocinas e quimiocinas liberado pela lesão. São máquinas sem nada de supérfluo, vigorosas, móveis, construídas para o ataque imunológico. Assassinas profissionais — células guardiãs — cumprindo uma missão.

Sua chegada ao local da infecção deflagra um elaborado desdobramento militar. Primeiro, elas vão costeando em direção às bordas de um vaso sanguíneo. Em seguida, começam a rolar ao longo de suas paredes, agindo enquanto se prendem a, e se desprendem de, proteínas específicas aí localizadas. Por fim, agarram-se com firmeza à borda de um vaso e migram, ativamente, para dentro do tecido

* Essa classificação de glóbulos brancos a partir de suas manchas de corante foi mais uma contribuição essencial de Paul Ehrlich à biologia. Trabalhando com milhares de corantes, ele descobriu que alguns tinham uma notável capacidade de se prender a uma célula ou a uma de suas subestruturas. De início, Ehrlich usou essa característica de ligação para diferenciar células umas das outras — daí *neutrófilos*, que eram coloridos de azul quando se prendiam a corantes naturais, e *basófilos*, outro tipo de célula encontrado no sangue que se liga a corantes não ácidos. Ehrlich, dando a essa ideia o nome de afinidade específica, começou a se perguntar se a afinidade específica de uma substância química com uma célula em particular não poderia ser usada não só para tingir uma célula, mas também para matá-la. Essa ideia serviu de base para a criação do antibiótico comercializado sob o nome Salvarsan em 1910 e ocuparia o cerne de seu desejo de encontrar uma bala mágica para o câncer: uma substância química com afinidade, e toxicidade, específica para uma célula maligna. Paul R. Ehrlich, *The Collected Papers of Paul Ehrlich*. Org. de Fred Himmelweit, Henry Hallett Dale e Martha Marquardt. Londres: Elsevier Science & Technology, 1956, p. 3.

— o pulmão ou a pele —, onde bombardeiam o micróbio com substâncias tóxicas transportadas em seus grânulos. Podem começar a fagocitar o micróbio ou seus pedaços, internalizando os cacos e encaminhando-os para lisossomos — compartimentos especiais repletos de enzimas tóxicas para desintegrar o micróbio.

Uma espantosa característica dessa resposta imunológica inicial é que suas células, com neutrófilos e macrófagos entre elas, estão *intrinsecamente* armadas com receptores que reconhecem proteínas (e outras substâncias químicas) encontradas na superfície ou no interior de algumas células bacterianas e de alguns vírus. Façamos aqui uma pausa para refletir sobre esse fato. Nós — animais multicelulares — estamos em guerra com micróbios há tanto tempo na história evolutiva que, como inimigos antigos, inseparáveis, somos definidos uns pelos outros. Dançamos no mesmo passo. Nossas células imunológicas que respondem primeiro carregam receptores de reconhecimento de padrões que são projetados para se agarrar a moléculas encontradas em células microbianas ou em células lesionadas que não sejam específicas de um patógeno específico (*Streptococcus*, digamos), mas amplamente presentes apenas nas caudas nadadoras de algumas bactérias. Outros, ainda, detectam sinais enviados por células infectadas por vírus. Em termos gerais, esses receptores pertencem a duas classes: os que reconhecem "padrões moleculares associados a lesões" (substâncias liberadas quando há danos celulares) e os que detectam "padrões moleculares associados a patógenos" (componentes de células microbianas). Em suma, eles farejam o corpo à procura de *padrões* de lesão e infecção — substâncias que sinalizem invasão e patogenicidade.

Quando se encontra com uma célula bacteriana, um neutrófilo ou um macrófago já está preparado para o combate. A imunidade deles não é de uma forma "aprendida" ou adaptativa; a resposta é intrínseca à célula e os sensores da resposta existem no neutrófilo desde o início. Em resumo, carregamos na superfície de nossas células imagens invertidas de alguns micróbios, ou lembranças do que eles estimulam em nosso corpo, como negativos fotográficos. Nós e eles: eles estão dentro de nós mesmo quando não estão dentro de nós. É um símbolo de nossa *Kampf*.

Nos anos 1940, essa ala da resposta imunológica — neutrófilos, macrófagos, entre outros tipos de célula, com seus sinais e quimiocinas concomitantes

— começou a ser chamada de "sistema imune inato".* *Inato*, em parte, porque nos é inerente, sem nenhum requisito para se adaptar a, ou para aprender, qualquer aspecto do micróbio que causou a infecção. (Veremos a ala adaptativa da resposta imunológica, com células B, células T e anticorpos, no próximo capítulo.) Inato, também, porque é a mais antiga ala do sistema imune e, portanto, inato a nossos antepassados. Estrelas-do-mar o possuem, como Metchnikoff foi o primeiro a observar. E também pulgas-d'água, tubarões, elefantes, lóris, gorilas e, é claro, humanos.

Uma versão qualquer da resposta inata é encontrada em praticamente todas as criaturas multicelulares. Moscas têm apenas sistema inato; se mudarmos os genes desse sistema, elas — e todas as criaturas associadas à decomposição — passam a ser infectadas por micróbios e começam a se decompor. Uma das imagens mais impressionantes que vi em biologia celular é a de uma mosca — seu sistema imune inato destruído — comida viva por bactérias.

O sistema inato é não só um dos mais antigos, mas também, por ser o primeiro a responder, o mais indispensável à nossa imunidade. Associamos a imunidade às células B e às células T, ou a anticorpos, mas sem neutrófilos e macrófagos teríamos o mesmo destino da mosca em decomposição.

Apesar da centralidade da resposta imune inata, ou talvez *por causa* dessa centralidade, ela tem se mostrado difícil de manipular clinicamente. Mas, talvez sem querer, temos brincado com a imunidade inata há mais de um século. Esse antigo caso de manipulação da imunidade inata é a vacinação — muito embora, é claro, na época em que as vacinas foram inventadas o vocabulário da imuni-

* O sistema imune inato tem muitas outras células, como as células mastócitas, as células exterminadoras naturais (*natural killer*, NK) e as células dendríticas. Cada um desses tipos desempenha uma função diferente na resposta imunológica inicial a patógenos. Uma característica comum a todos é não terem nenhuma capacidade aprendida ou adaptativa para dirigir seu ataque contra um patógeno específico. Também não guardam nenhuma lembrança de um determinado patógeno (embora estudos recentes tenham mostrado que subconjuntos de células exterminadoras naturais podem ter uma limitada memória adaptativa para certos patógenos). Na verdade, como células de primeira resposta, são ativadas por sinais gerais liberados depois de uma infecção, inflamação ou lesão, e dispõem de mecanismos para atacar, matar e fagocitar células enquanto convocam e ativam as respostas de célula B e de célula T.

dade inata não existisse, nem fosse conhecido o mecanismo de proteção. Até a palavra "vacina" só seria cunhada após séculos de ampla prática da vacinação na China, na Índia e no mundo árabe.

Em abril de 2020, numa manhã sufocante em Calcutá, Índia — os falcões que eu avistava de meu quarto de hotel voavam em círculos ascendentes, sustentados pelas correntes de ar quente —, visitei um santuário da deusa Shitala, divindade que preside a cura da varíola. Ela divide o santuário com Manasa, a deusa das serpentes, que cura mordidas peçonhentas e protege contra venenos. O nome Shitala significa "a refrescante": diz o mito que ela surgiu das cinzas resfriadas de uma pira sacrificial. Mas o fogo que, acredita-se, ela atenua não é só a intratável ferocidade do verão que atinge a cidade em meados de junho, mas também o calor interno da inflamação. Segundo consta, ela protege crianças contra a varíola e cura a dor das que a contraem. É a deusa anti-inflamatória.

O santuário era uma sala pequena e úmida nos confins da College Street, a poucos quilômetros da Faculdade de Medicina de Calcutá. No canto dos santos do templo, umedecida com borrifos de água, havia uma estatueta da deusa sentada num burrico e carregando uma jarra de líquido refrescante — a maneira como é representada desde os tempos védicos. O templo tinha 250 anos, segundo me informou o zelador. Isso o situa, e não por acaso talvez, mais ou menos na época em que uma misteriosa seita de brâmanes começou a percorrer a planície do Ganges para popularizar a prática da *tika*: extrair material da pústula viva de um doente de varíola, misturá-la com uma pasta de arroz cozido e ervas e inoculá-la na criança não infectada esfregando a mistura num corte na pele. (A palavra "tika" vem da palavra sânscrita equivalente a "marca".)

"O lugar onde as punções são feitas costuma infestar [sic] e se tornar uma pequena supuração",[13] escreveu um incrédulo médico inglês sobre a prática em 1731, "e [...] se as punções supurarem e não houver febre ou erupção, então as crianças já não ficam sujeitas à infecção."

Os praticantes indianos da *tika* provavelmente a aprenderam com médicos árabes, que, por sua vez, a tinham aprendido com os chineses. Já no ano 900, médicos curandeiros na China tinham percebido que as pessoas que sobreviviam à varíola não voltavam a contraí-la, o que fazia delas cuidadoras ideais daquelas que padeciam da enfermidade. Uma contenda anterior com a doença de alguma forma protegia o corpo de seus futuros casos, como se o corpo guardasse uma "lembrança" da exposição inicial.[14] Para tirar partido dessa ideia, médicos chineses colhiam cascas de ferida da varíola de um paciente, moíam-nas para produzir um pó seco e fino, e com um longo cano de prata o insuflavam no nariz da criança.[15] A vacinação era como andar na corda bamba: se o pó contivesse excesso de inóculo de vírus vivo, a criança, em vez de adquirir imunidade, contraía a doença — um resultado arrasador, que ocorria mais ou menos uma vez em cada cem inoculações. Mas se a criança sobrevivesse ao inóculo e à "infecção", desenvolveria apenas uma forma atenuada e local da doença, sem sintomas ou com sintomas leves, e estaria imunizada pelo resto da vida.

Nos anos 1700, a prática tinha se espalhado por todo o mundo árabe. Na década de 1760, curandeiros tradicionais no Sudão eram conhecidos por praticar a *Tishteree el Jidderee* — "a compra da varíola".[16] O curandeiro, quase sempre uma mulher, se aproximava da mãe da criança doente a fim de comprar as pústulas mais amadurecidas para inoculação, pechinchando no preço. Era uma arte refinadamente calibrada: os curandeiros mais perspicazes sabiam identificar as lesões mais adequadas, em sua maturidade, para ceder *apenas o necessário* do material viral para conferir proteção, mas não a ponto de introduzir a doença. Os vários tamanhos e formas das pústulas levaram ao nome europeu para a enfermidade: varíola, da palavra "variação". E a imunização era chamada de variolização.

No começo do século XVIII, Lady Mary Wortley Montagu, esposa do embaixador britânico na Turquia, contraiu varíola e sua pele perfeita se tornou marcada por lesões. Naquele país, ela testemunhou a prática da variolização e, em 1º de abril de 1718, escreveu, maravilhada, para sua amiga de longa data Sarah Chiswell:

> Há um grupo de mulheres de idade que se dedica a fazer a operação no outono, no mês de setembro, quando o calorão diminui um pouco [...]. A velha chega com uma casca de noz cheia do material do melhor tipo de varíola e pergunta que veia você quer que ela abra. Ela de imediato rasga a que você lhe oferece, com uma grande agulha (o que não dói mais do que um arranhão comum), e introduz em sua veia todo o material contido na ponta da agulha e, depois disso, liga a pequena ferida com uma lasca de concha, e desse jeito abre quatro ou cinco veias. Então a febre começa a tomar conta da pessoa, e ela fica de cama dois dias, às vezes três. Muito raramente tem mais de vinte ou trinta feridas no rosto, que nunca fica marcado, e em oito dias está tão bem quanto antes da doença. Onde há ferimen-

tos, escorre pus durante a doença, o que não duvido que seja um grande alívio para ela. Todos os anos milhares se submetem a essa operação e o embaixador francês diz, afável, que eles tomam a varíola aqui meio que por diversão, assim como se vai às águas termais em outros países. Não há caso de ninguém que tenha morrido, e veja que estou muito satisfeita com a segurança desse experimento, pois pretendo testá-lo em meu querido filhinho.[17]

O filho nunca teve varíola.

A variolização deixou mais um legado: deu origem talvez ao primeiro uso da palavra "imunidade". Em 1775, um diplomata holandês que se interessava um pouco por medicina, Gerard van Swieten, usou a palavra "immunitas" para descrever a febre e a resistência à varíola induzida pela variolização.[18] A história da imunidade e a história da varíola estariam, portanto, interligadas para sempre.

Datada de 1762, a história, muito provavelmente apócrifa, conta que um aprendiz de boticário, de nome Edward Jenner, ouviu uma leiteira dizer: "Nunca vou pegar varíola, pois já tive varíola bovina. Nunca vou ter um rosto feio, esburacado de marcas de varíola".[19] Talvez ele a tenha ouvido do folclore local, pois "uma pele leitosa de leiteira" era um dito muito comum na Inglaterra. Em maio de 1796, Jenner propôs uma abordagem mais segura para a vacinação contra a varíola. A varíola bovina, causada por um vírus aparentado com o da varíola, era uma forma bem menos adversa da doença, sem pústulas profundas e sem risco de vida.

Jenner colheu pústulas de uma jovem leiteira, Sarah Nelmes, e as inoculou no filho de oito anos de seu jardineiro, James Phipps. Em julho, voltou a inocular o menino, dessa vez com material de uma lesão de varíola. Embora Jenner tenha violado praticamente todos os limites éticos da experimentação em seres humanos (por exemplo, não há registro de consentimento livre e esclarecido, e o subsequente "desafio" com vírus vivos poderia ter sido letal para a criança), o que ele fez pelo jeito deu certo: Phipps não contraiu varíola. Depois de enfrentar a resistência inicial da comunidade médica, Jenner intensificou sua atividade com o procedimento e veio a ser amplamente celebrado como o pai da vacinação. Na realidade, a palavra "vacina" traz a lembrança do experimento de Jenner: ela vem de "vacca", a palavra latina para "vaca".

No entanto, essa história, repetida e reciclada em livros didáticos, pode estar infectada de atribuições equivocadas. O vírus contido nas lesões de varíola de Sarah Nelmes devia ser o da varíola equina, e não da varíola bovina. Num livro publicado por ele próprio em 1798, Jenner reconheceu o fato: "Assim a doença avança do cavalo [como imagino] para a teta da vaca, e da vaca para humanos".[20] Além do mais, ele pode não ter sido o primeiro vacinador do mundo ocidental: em 1774, Benjamin Jesty, robusto e próspero fazendeiro do vilarejo de Yetminster, no condado de Dorset, também influenciado por histórias de leiteiras que contraíam a varíola bovina e depois se tornavam aparentemente imunes à varíola, teria coletado lesões do úbere de uma vaca infectada e inoculado a mulher e os dois filhos.[21] Jesty foi ridicularizado por médicos e cientistas — mas a mulher e os filhos sobreviveram à epidemia de varíola sem contrair a doença.

Mas de que modo a inoculação gera imunidade, em especial imunidade de longo prazo? Algum fator produzido no corpo deve ser capaz de conter a infecção e também de guardar uma memória da infecção por muitos anos. A vacinação, como logo veremos, em geral funciona estimulando anticorpos específicos contra um micróbio. Os anticorpos vêm das células B e são retidos na memória celular do hospedeiro porque algumas dessas células vivem décadas — por muito depois que o inóculo inicial foi introduzido. Veremos no próximo capítulo como as células B conseguem adquirir memória, e como as células T ajudam.

Mas um fato um tanto subestimado da vacinação é que ela é, antes de tudo, uma manipulação do sistema imune inato. Bem antes de as células B e T entrarem em cena, o primeiro passo da vacinação consiste na ativação das células de primeira resposta: macrófagos, neutrófilos, monócitos e células dendríticas. São elas que pegam o inóculo, sobretudo se estiver misturado com um elemento irritante; a pasta de arroz cozido e ervas a que me referi antes pode, inadvertidamente, ter servido para isso. Então, através de vários processos de sinalização, entre os quais a fagocitose, elas digerem e processam o inóculo para iniciar a resposta imunológica.

E aí está o enigma central da imunologia: se desabilitarmos o sistema inato antigo e não adaptativo — o sistema projetado para atacar micróbios sem discriminação —, também desabilitamos as células adaptativas B e T, o sistema que guarda, para poder discriminar, a lembrança de um micróbio específico. Em camundongos, a desativação genética da imunidade inata faz com que os animais respondam mal a vacinas. Humanos sem um sistema inato funcional — em geral crianças com raras síndromes genéticas — são gravemente imunocomprometidos, e sua resposta a vacinas também fica muitíssimo diminuída.[22] Eles morrem de infecções bacterianas e fúngicas, assim como as moscas sem imunidade inata morrem de uma trágica falha imunológica: infestadas, subjugadas, devoradas por micróbios.

A vacinação, mais do que qualquer outra forma de intervenção médica — mais do que antibióticos, cirurgia do coração ou qualquer novo medicamento —, mudou a face da saúde humana (um concorrente próximo talvez seja o parto seguro). Hoje há vacinas contra os patógenos humanos mais mortíferos: difteria, tétano, caxumba, sarampo, rubéola. Desenvolveram-se vacinas para prevenir infecção pelo papilomavírus humano (HPV), de longe a maior causa de câncer do colo do útero. E mais recentemente nos deparamos com a descoberta triunfal não apenas de uma, mas de várias vacinas contra o Sars-cov-2, o vírus que desencadeou a pandemia da covid.

Mas a história da vacinação não é a história do racionalismo científico progressista. Seu herói não é um Addison, o primeiro a encontrar glóbulos brancos. Nem um Metchnikoff, cuja descoberta dos fagócitos pode ter aberto a porta para a imunidade protetora. Nem mesmo os cientistas que descobriram a resposta inata a células bacterianas merecem ser aplaudidos como os heróis por trás desse momento decisivo da história da medicina.* Na verdade, essa história é constituída de boatos velados, fofocas e lendas. Seus heróis são anônimos: os médicos chineses que primeiro secaram pústulas de varíola por exposição ao ar; a misteriosa seita de adoradores de Shitala que moíam material viral com arroz cozido e o inoculavam em crianças; os curandeiros sudaneses que aprenderam a distinguir as lesões mais maduras.

* Boa parte do nosso conhecimento da imunidade inata e dos genes que ativam essa ala da resposta imune vem de experimentos realizados nos anos 1990 por Charles Janeway, Ruslan Medzhitov, Bruce Beutler e Jules Hoffman.

Numa manhã de abril de 2020, liguei um microscópio em meu laboratório nova-iorquino. O frasco com cultura de tecido fervilhava de monócitos que um de meus pesquisadores pós-doutorandos vinha cultivando.

E aqui estamos, disse a mim mesmo. Era uma dessas manhãs em que não há ninguém no laboratório e posso conversar comigo mesmo longe de ouvidos humanos. Aqueles monócitos, células do sistema imune inato capazes de "comer" patógenos e seus destroços, haviam sido geneticamente modificados para se tornar superfagócitos, sua fome decuplicada. Tínhamos inserido um gene que os faz quererem comer dez vezes mais material celular do que os fagócitos normais consomem, e devorá-lo dez vezes mais rápido. O projeto, em colaboração com o cientista Ron Vale, envolve a engenharia de um novo tipo de imunidade. Lembremos que monócitos, junto com macrófagos e neutrófilos, desconhecem estímulos específicos; na verdade, carregam receptores que se prendem a fatores comuns a muitas bactérias e a muitos vírus, e migram para células que enviam mensagens gerais de S.O.S de lesão e inflamação.

E se conseguíssemos redirecionar o monócito para comer e matar uma determinada célula? E se o equipássemos com genes que, em vez de detectar padrões genéricos de infecção, estivessem sintonizados com uma proteína em particular existente apenas, digamos, na superfície de uma célula cancerosa? O soldado, que costuma ser destacado para um batalhão, agora se torna um assassino direto, com a missão de ir atrás de um alvo específico. Era isso que estávamos tentando fazer: tínhamos criado uma nova classe de receptores que seriam expressos em monócitos, se prenderiam a uma proteína nas células cancerosas e provocariam uma forma hiperativa de fagocitose — resultando, na melhor das hipóteses, no monócito a consumir a célula cancerosa com um apetite insaciável e nunca visto. Em essência, tínhamos tentado produzir uma célula intermediária que vivesse em algum lugar entre um monócito, com sua propensão a comer células de maneira indiscriminada, e uma célula T, com sua capacidade de ir atrás de um determinado alvo. É um tipo de célula que nunca existiu na biologia — uma quimera. Esperávamos que essa célula combinasse a fúria tóxica e indiscriminada da imunidade inata com a aptidão de matar com mais discernimento, própria da imunidade adaptativa — desferindo, dessa maneira, um golpe potente contra o câncer, mas sem deflagrar a resposta inflamatória generalizada.

Em experimentos anteriores com animais, tínhamos implantado tumores em camundongos e introduzido neles milhões de superfagócitos. Essas células tinham comido tumores vivos. Agora as estamos cultivando em imensa quantidade e testando todos os tipos de mecanismo que nos permitam redirecioná-las contra cânceres de mama, melanomas e linfomas.

Lá se vão quase dois anos desde aquela manhã de abril em que vi pela primeira vez superfagócitos comendo células cancerosas em meu laboratório. E, por uma estranha coincidência, no momento em que escrevo esta frase — na manhã de 9 de março de 2022 — a primeiríssima paciente, uma jovem do Colorado com um câncer mortal de células T, está sendo tratada com essa terapia experimental (o protocolo passou por todas as aprovações necessárias da FDA e de conselhos de revisão).

Só dentro de alguns meses saberemos se o tratamento funcionou. A única coisa que já sei sobre o resultado é que a jovem sobreviveu ao tratamento sem complicações. Mas enquanto a infusão goteja em seu sangue, é como se eu pudesse sentir cada gotícula lhe penetrar nas veias. *Em que estará ela pensando? O que estará olhando? Está sozinha?*

Quando enfim adormeci naquela noite, por volta das quatro da manhã, sonhei com meus tempos de infância. No sonho, eu era um menino de dez anos em Delhi, pensando — como não poderia deixar de ser — em gotículas. As monções atingiriam a cidade em julho e agosto, e eu poderia repetir uma brincadeira minha: quando a chuva começasse, eu ficaria na janela, de boca aberta para tentar capturar gotas de água. No sonho da noite passada, peguei as gotículas na boca no começo, mas um súbito borrifo de água caiu em meu olho. E então ouvi um trovão distante e a chuva parou.

É difícil descrever a inebriante mistura de terror, expectativa e euforia que toma conta de alguém quando uma descoberta de seu laboratório faz a transição e se torna um medicamento humano. Thomas Edison, o inventor, costumava definir gênio como 90% transpiração e 10% inspiração. Não tenho a menor pretensão de ser gênio; só conheci a parte da transpiração. Não consigo tirar da cabeça a imagem da mulher no ensaio clínico. O único momento em que senti coisa parecida foi durante os primeiros minutos depois do nascimento de meus dois filhos.

Mas esse também é um momento de nascimento. Talvez uma nova terapia esteja nascendo. E, com ela, um novo humano.

* * *

Desliguei o microscópio e pensei um pouco no estranho templo de Shitala — e em como tem sido difícil, e em como tem demorado, esfriar ou aquecer a imunidade inata para transformá-la em agente de nossas necessidades médicas. Shitala, a deusa do resfriamento, é conhecida também por ter um lado irritadiço: basta enfurecê-la para que produza o caos em seu corpo, com inflamações causadas por varíolas, febres, pestes. Em algum momento do futuro próximo, aprenderemos a voltar a ira do sistema imune inato contra as células cancerosas; a atenuá-la no caso de doenças autoimunes; a insuflá-la para criar uma nova geração de vacinas contra patógenos. Quando conseguirmos ensinar nossas células imunes inatas a atacar células malignas em humanos, teremos inventado um modo inteiramente novo de terapia celular, que tira proveito das inflamações. Talvez possamos descrevê-la como varíola no câncer.

12. A célula defensora: Se uma pessoa encontra uma pessoa

Se uma pessoa encontra uma pessoa
Vindo num campo de centeio,
Se uma pessoa beija uma pessoa
— A pessoa precisa gritar?[1]

Robert Burns, "Comin Thro' the Rye", 1782

Não por acaso o santuário da deusa Shitala em Calcutá também é dedicado a outra divindade: Manasa, a deusa das serpentes e protetora de picadas e venenos de cobra. Ela costuma ser representada como um ser magnífico, embora implacável, quase sempre em pé em cima de uma serpente e aureolada por um dossel de serpentes com as cabeças erguidas. Serpentes descem de seus cachos de cabelo embaraçado, como uma Medusa. Retratos de Manasa na Bengala tribal são muito mais ameaçadores: ela carrega um corpo de serpente e muitas vezes está toda cingida por cobras.

A combinação das duas antigas pestilências traz uma lembrança antiga: as picadas de serpente e a varíola assombraram a Índia do século XVII como dois demônios gêmeos, e as deusas que protegiam contra cada um deles podiam muito bem compartilhar um templo. (A Índia ainda relata 80 mil picadas de cobra por ano, o número mais alto do mundo.)

É, portanto, muito apropriado que, tendo a história do sistema imune inato começado com Shitala, a história da segunda ala do sistema imune, o adaptativo — composta de anticorpos, células B e células T —, comece com uma picada de cobra.

A lenda tem tantas versões que às vezes é difícil separar fato de ficção. No verão de 1888, Paul Ehrlich, trabalhando no laboratório de Robert Koch em Berlim, foi infectado pela mesma cepa da tuberculose que usava em seus experimentos. Ehrlich fez o autodiagnóstico através de um teste que desenvolvera, a coloração acidorresistente, para detectar a bactéria em sua expectoração. Foi então se restabelecer no Egito, onde o ar quente às margens do Nilo era tido como salubre.[2]

Certa manhã em sua estada lá, Ehrlich foi convocado às pressas para ajudar numa emergência médica. O filho de um homem tinha sido picado por uma cobra e os moradores da região sabiam que ele era um médico visitante. Não se sabe se o menino sobreviveu, mas o pai fez a Ehrlich um relato extraordinário de sua própria experiência: também tinha sido picado por cobra na infância e várias vezes quando adulto. Sobrevivera ao primeiro ataque, e a cada nova picada os sintomas iam ficando cada vez mais suaves. Depois de múltiplas exposições ao veneno daquela espécie particular de cobra, o homem ficara praticamente imune a ele. Variações dessa história são comuns entre caçadores de cobra da Índia. Diz a lenda que eles fazem pequenos cortes na pele e se expõem a doses de veneno minúsculas, mas cada vez maiores, desde a infância até a adolescência. Depois de várias exposições, também se tornam resistentes a ele.

A história do pai ficou gravada na mente de Ehrlich. Era evidente que o homem tinha desenvolvido algum tipo de resposta ao veneno — um antídoto — e retido uma memória imunológica. Mas qual era o mecanismo que equipava o corpo humano para possibilitar a geração de uma imunidade protetora? Por que, podemos nos perguntar, uma *única* exposição a uma pústula seca de varíola conferia imunidade à doença pelo resto da vida?

No começo dos anos 1890, pouco depois de voltar do Egito, Ehrlich conheceu o biólogo Emil von Behring, que tinha acabado de ingressar no recém-

-fundado Instituto Real Prussiano de Doenças Infecciosas, em Berlim. No instituto, Von Behring e um cientista japonês de visita, Shibasaburo Kitasato, logo iniciaram uma série de experimentos sobre imunidade específica. Um dos mais espetaculares foi um estudo que fez Ehrlich se lembrar da imunidade protetora do egípcio:[3] Kitasato e Von Behring demonstraram que o soro de um animal exposto à bactéria causadora de tétano ou difteria podia ser transferido para outro animal e lhe conferir imunidade contra a doença.[4] Numa nota de rodapé um tanto incoerente ao artigo sobre difteria, Von Behring usou pela primeira vez a palavra "antitoxisch", ou antitoxina, para descrever a atividade do soro.[5]

A pergunta persistia: O que era essa *antitoxisch* e como era gerada?[6] De início, Von Behring a imaginara como uma propriedade do soro — uma abstração. Ou seria, quem sabe, uma substância *material* produzida no corpo? Num artigo abrangente e conjetural de 1891 intitulado "Estudos experimentais sobre imunidade", Ehrlich levou seus colegas cientistas a pensar não só na natureza potencial, mas também na natureza *material* dessa substância. De maneira audaciosa, ele cunhou a palavra "Anti-Körper" (anticorpo). *Körper*, de *corpus*, ou *corpo*, sinalizava sua convicção cada vez mais forte de que um anticorpo era uma substância química real: um "corpo" produzido para defender o corpo.

Como esses anticorpos eram produzidos? E como era possível que fossem específicos de uma toxina e não de outra? Nos anos 1890, Ehrlich começara a elaborar uma teoria magnífica. Toda célula do corpo, afirmava ele, exibia um imenso conjunto de proteínas únicas — chamou-as de cadeias laterais — presas à sua superfície. Essencialmente um químico, Ehrlich tinha retomado a linguagem da fabricação de corantes. Sabia que se pode mudar a cor de um corante anexando-lhe uma diferente cadeia lateral química. E talvez isso se desse com os anticorpos: alterando a cadeia lateral de uma substância química, alteravam-se as propriedades de ligação, ou a afinidade específica, de um anticorpo. Quando uma toxina ou uma substância patogênica se prendia a uma dessas cadeias laterais na célula, a célula aumentava a produção do anticorpo. Com repetidas exposições, conjeturava Ehrlich, a célula produzia tanto anticorpo preso à célula que ele acabava expelido para o sangue. E a presença do anticorpo no sangue resultava numa memória imunológica. A substância presa ao anticorpo — a toxina ou a proteína estranha — foi logo chamada de antí*geno*: uma substância que *gera* anticorpo.

A teoria de Ehrlich era um erro construído de muitos acertos. Ele supôs

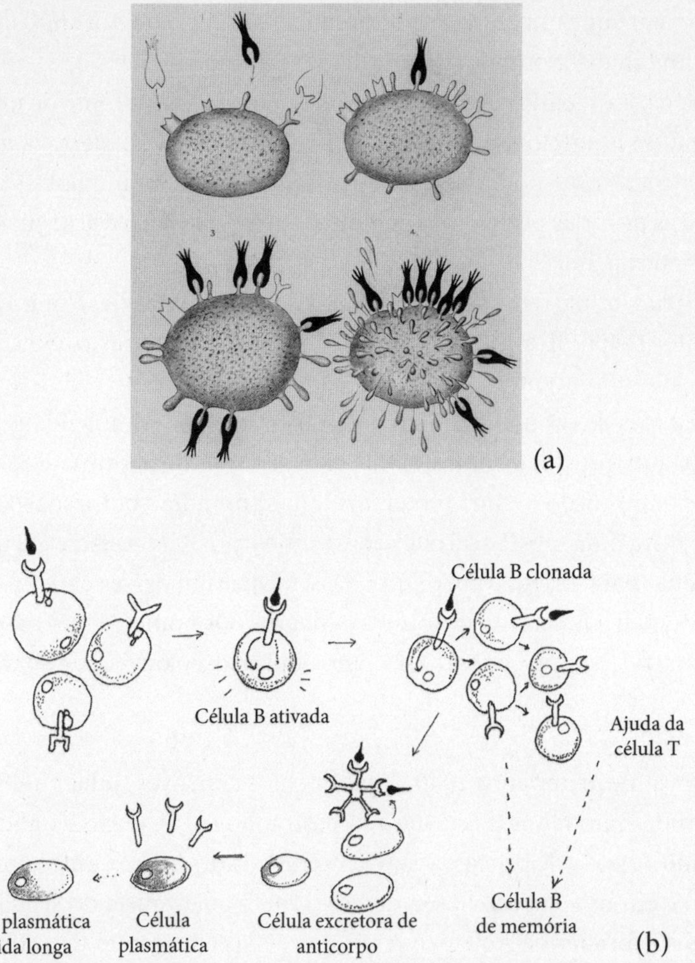

(a) Ilustração de Ehrlich que mostra como anticorpos são gerados. O cientista alemão imaginava que as células B (que aparecem em 1) tivessem muitas cadeias laterais em sua superfície. Quando um antígeno (molécula preta) se prende a uma dessas cadeias laterais (2), a célula B produz cada vez mais dessa cadeia lateral particular (3), à exclusão de outras, até que por fim começa a expelir esse anticorpo (4). (b) Ilustração feita pelo autor do processo real de gênese de anticorpos por seleção clonal, usando motivos gráficos similares aos de Ehrlich. Cada célula B expressa um único receptor em toda a sua superfície celular. Quando um antígeno é preso, essa célula B particular se expande e faz surgir uma célula secretora de anticorpo de vida curta (o anticorpo inicial costuma ser um complexo de cinco anticorpos, um pentâmero). Finalmente, uma célula plasmática secretora de anticorpos é formada. Algumas dessas células plasmáticas se tornam células plasmáticas de vida longa. As células B ativadas, com a ajuda de células T, também se tornam células B de memória.

corretamente que um anticorpo se prendia fisicamente a seu antígeno cognato como uma chave se prende a uma fechadura. Também estava certo ao supor que anticorpos eram enfim expelidos para o sangue e eram a fonte de uma espécie de memória imunológica. Mas sua teoria da cadeia lateral deixava muitas perguntas no ar. Como poderia a memória imunológica durar quase a vida inteira, quando as próprias proteínas têm limitado tempo de vida e acabam sendo destruídas ou expelidas?

No fim, as palavras de Ehrlich, mais do que suas teorias, foram guardadas na memória científica. Outros pesquisadores tinham proposto os termos "corpo imune", ou "amboceptor", ou, ainda, "cópula", que talvez tivessem registrado as propriedades dos anticorpos com mais precisão. Mas a simplicidade poética da palavra "anticorpo" a tornou atraente para gerações de pesquisadores. Um anticorpo era um corpo — uma proteína — que se prendia a outra substância. E um antígeno era uma substância que gerava anticorpos. Como escreveu um cientista, "as duas palavras estavam destinadas a formar um desses pares inseparáveis, como Romeu e Julieta, ou o Gordo e o Magro".[7] Os nomes, como as substâncias químicas, ficaram presos entre si, como duplas inseparáveis. Grudaram.

No começo dos anos 1940, experimentos com aves tinham mostrado que anticorpos eram feitos de células num estranho órgão perto do ânus (cloaca), chamado bursa de Fabricius, assim denominada devido a sua estrutura de bolsa (bursa) e em homenagem a seu descobridor, o anatomista do século XVI Hieronymus Fabricius de Aquapendente. As células fabricantes de anticorpos têm o nome de células B, por causa da palavra "bursa". Mamíferos, entre os quais os humanos, não têm bursa cloacal. Nosso corpo produz células B basicamente na medula óssea, as quais depois amadurecem nos linfonodos.

Até agora, a teoria da cadeia lateral de Ehrlich — de que anticorpos são feitos de células com receptores de antígenos anexados a cadeias laterais — permanece basicamente intacta. A verdadeira "forma" molecular do anticorpo seria descoberta anos depois:[8] entre 1959 e 1962, Gerald Edelman e Rodney Porter, trabalhando, respectivamente, na Universidade de Oxford e no Instituto Rockefeller, em Nova York, descobririam que anticorpos são moléculas organizadas em forma de Y, com duas cabeças agudas.[9] As cabeças, ou pontas, do Y se prendem ao antígeno, cada uma delas funcionando como garra: a maioria dos anticorpos tem, portanto, duas garras para prender. O cabo, ou haste, do Y tem múltiplas serventias. Macrófagos — as células comedoras — usam a haste do anticorpo para pegar e engolir micróbios, vírus e fragmentos peptídeos, mais ou menos como o garfo é usado para levar alimento à boca; receptores específicos nos macrófagos agarram a haste, assim como uma mão segura um garfo. Esse, na verdade, é um mecanismo da fagocitose, o fenômeno que Elie Metchnikoff tinha observado.

O cabo ou haste do Y tem outras serventias: uma vez preso a uma célula, ele também atrai uma avalanche de proteínas imunológicas tóxicas do sangue para atacar células bacterianas. Um anticorpo, em suma, pode ser visto como uma molécula com múltiplas partes — as garras que se prendem ao antígeno e um cabo que lhe permite se ligar ao sistema imune para se tornar um poderoso assassino molecular. Essas duas funções distintas do anticorpo — cola de antígeno e ativador imunológico — estão combinadas numa molécula, com a forma — um forcado imunológico — adequada à sua função.

Mas recuemos uma década: nos anos 1940, bem antes de a forma de garfo dos anticorpos ser conhecida, as questões filosóficas e matemáticas levantadas pela ideia de Ehrlich eram profundas e perturbadoras. Segundo o elemento-chave de sua teoria, as células eram capazes de exibir centenas, ou até milhares, de receptores *pré-fabricados* para um antígeno existente em sua superfície, como um ouriço capaz de ostentar 1 milhão de espinhos de formas diferentes. A resposta imunológica envolvia apenas um aumento da produção desses anticorpos — a ativa liberação de um espinho — quando um desses receptores se prendia a um antígeno.

Mas os números não faziam sentido. Quantos anticorpos pré-fabricados poderiam existir na superfície de uma célula? Quantos espinhos um ouriço seria capaz de ter? Estaria todo o universo dos antígenos "refletido como uma imagem espelhada" em receptores na célula — um ouriço com infinitos espinhos? Como poderia haver *genes* suficientes numa célula B para produzir esse antiuniverso de anticorpos? Se Ehrlich estava certo, cada uma de nossas células B devia carregar eternamente um cosmos invertido de todas as coisas capazes de reações imunológicas. Para cada antígeno imaginável? Há uma lenda indiana sobre Yashodhara, mãe de Krishna, uma das principais divindades hindus, em que ela abre a boca de seu bebê, que engoliu um torrão de terra. Ao fazê-lo, ela enxerga todo o universo lá dentro: estrelas, planetas, os milhões de sóis, galáxias rodopiantes, buracos negros. Cada uma de nossas células B carregava um cosmos refletido — o inverso cognato de cada antígeno do universo?

Em 1940, Linus Pauling, o célebre químico do Instituto de Tecnologia da Califórnia, sugeriu uma resposta — uma resposta tão errada que acabaria ajudando a encontrar a verdade.[10] As proezas científicas de Pauling eram lendárias. Ele tinha decifrado uma característica essencial da estrutura das proteínas e descrito a termodinâmica da ligação química — mas também era capaz de se equivocar de modo espetacular. Há uma história segundo a qual o físico quântico Wolfgang Pauli, famoso por ser tanto rabugento quanto brilhante, teria lido o artigo científico de um estudante e comentado que era "tão ruim que não chegava sequer a estar errado". Pauling, com suas teorias ousadas, meio malucas, muitas vezes lançadas casualmente em reuniões científicas, conseguiu a façanha inversa: suas hipóteses ou seus modelos às vezes eram tão equivocados que não chegavam sequer a ser ruins. Os colegas de Pauling tinham se acostumado com suas teorias birutas; até gostavam delas. Analisando as contradições internas de modelos do químico — em outras palavras, refletindo sobre *o que* havia de errado numa proposta, e *por que* não poderia estar certa —, eles quase sempre descobriam que era possível chegar ao mecanismo real, a verdade.

Pauling imaginava que, quando confrontavam seus antígenos, os anticorpos eram ativamente torcidos e postos na forma certa pelo antígeno. Em resumo, o antígeno (parte de uma proteína bacteriana, digamos) "instruía" — como dizia ele — a forma do anticorpo, agindo como uma fôrma dentro da qual este era construído e moldado, como cera derretida despejada para criar uma máscara mortuária.

Mas pesquisadores tinham grande dificuldade para conciliar a teoria instrucional de anticorpos de Pauling com os fundamentos da genética e da evolução. Proteínas são, afinal, codificadas por genes, e, se os genes são fixados em seu código, então a proteína, construída a partir desse código, está fixada em sua estrutura. Um anticorpo — uma proteína — é uma substância química biológica com uma forma física predeterminada, não uma espécie de sudário que muda de forma e pode se enrolar, com perfeição, em volta de um antígeno mumificado.

Havia apenas uma resposta possível: se a estrutura dos anticorpos era maleável, os genes que os codificavam tinham que ser maleáveis também — por mutação. Em Stanford, o geneticista Joshua Lederberg contestou as ideias de Pauling e propôs uma alternativa: "Antígenos trazem instruções sobre a especificidade dos anticorpos, ou selecionam linhagens de células que surgem por mutação?".[11] Para Lederberg, pelo menos em teoria, a resposta era óbvia. Na biologia celular e na genética — na verdade, em quase todo o mundo biológico —, aprendizado e memória costumam ocorrer por mutação, não por instrução ou aspiração. O pescoço comprido da girafa não é produto de gerações de antepassados desejando esticar o pescoço para alcançar árvores altas. É efeito de mutações, acompanhadas por seleção natural, que produzem um mamífero com uma estrutura vertebral alongada que, por sua vez, cria um pescoço comprido. Como seria possível anticorpos "aprenderem" a se torcer para se enquadrarem na forma de um antígeno? Por que um anticorpo alteraria seu comportamento habitual, como uma espécie de sudário medieval maleável que pudesse espontaneamente mudar de forma para se ajustar a um antígeno?

Lederberg estava certo, é claro. A resposta correta ao enigma da gênese dos anticorpos acabaria sendo encontrada escondida num obscuro artigo científico publicado em 1957 no *Australian Journal of Science*, de autoria de um imunologista australiano. (Até hoje, professores de imunologia confessam nunca o ter lido.) Nos anos 1950, Frank Macfarlane Burnet, baseando-se em obra anterior de Niels Jerne e David Talmage, percebeu que nem Pauling nem Ehrlich tinham encontrado a resposta para o quebra-cabeça. Anticorpos não eram criados por instrução nem por aspiração. E uma única célula B não tinha como exibir o universo de todos os anticorpos potenciais capazes de se prender a todos os antígenos potenciais.

Burnet rejeitou Ehrlich. A ideia de Ehrlich, lembremos, era que toda célula — um ouriço de infinitos espinhos — exibia uma vasta série de anticorpos e os anticorpos eram selecionados quando se prendiam ao antígeno. Mas e se cada célula exibisse apenas *um* receptor para um antígeno, sugeriu Burnet, e a *célula* — e não o anticorpo — é que fosse selecionada, e crescesse, ao se ligar ao antígeno? Proteínas não crescem obedecendo a ordens, mas células, sim. Uma célula B que tenha um único receptor de ligação ao antígeno na proteína de sua superfície, recebendo a mensagem apropriada, pode fazer exatamente isso.

A comparação incisiva, afirmava Burnet, poderia ser extraída da lógica neodarwiniana. Imaginemos uma ilha de tentilhões, cada um deles carregando uma mutação que lhe dá um bico único e um pouco diferente: ora grande e achatado, ora fino e pontiagudo. Em seguida, imaginemos que os recursos naturais de repente se tornam escassos: as árvores frutíferas são derrubadas durante um vendaval e todas as frutas tenras desaparecem; o único alimento que resta são sementes de casca dura. Um tentilhão de bico grosso, capaz de quebrar as sementes caídas, poderia ser selecionado naturalmente e sobreviver, enquanto o tentilhão de bico fino, destinado a se alimentar de néctar de fruta, morreria.

Em suma, tentilhões individuais, como células individuais, não têm um repertório infinito, ou um cosmos, de bicos e escolhem ou adaptam o mais adequado a suas circunstâncias. *Ao contrário, a seleção natural é que escolhe o tentilhão individual com bico ideal para o desastre natural.* A população desses tentilhões selecionados cresce. E a lembrança do desastre anterior persiste.

Burnet estendeu a analogia para as células B.[12] Imaginemos um enorme grupo de células B num corpo, cada qual carregando um único receptor ligado à sua superfície — cada célula um tentilhão de bico único, por assim dizer. Imaginemos cada receptor como um anticorpo — com a diferença de que está preso à superfície de uma célula B (e conectado a uma rede de moléculas de sinalização para ativar a célula). Quando se prende a uma dessas células B (um clone), o antígeno é estimulado e começa a crescer mais do que os outros. O tentilhão (ou célula B) que tiver o bico certo (ou o anticorpo certo) é selecionado. Não se trata de seleção natural, mas de seleção *clonal*: a seleção de uma célula individual capaz de se prender a um antígeno.

Ocorre um processo maravilhoso quando um linfócito B, exibindo o receptor certo, se depara com um antígeno estranho. Como escreveu Lewis Thomas em seu livro *As vidas de uma célula: Notas de um estudioso de biologia*, de 1974:

> Quando a conexão é feita, e um linfócito particular com um receptor particular é levado à presença do antígeno particular, ocorre um dos mais estupendos pequenos espetáculos da natureza. A célula cresce, começa a produzir novo DNA em

> ritmo acelerado e se transforma no que é chamado, apropriadamente, de blasto. Ele então começa a se dividir, replicando-se numa nova colônia de células idênticas, todas elas rotuladas com o mesmo receptor.[13]

No fim, os clones da célula B dominante, ao exibir o receptor "certo" (o que se prende melhor ao antígeno), explodem, superando o resto. É um processo darwiniano, mais ou menos como o tentilhão de bico certo é "escolhido" por seleção natural.

Como Ehrlich tinha imaginado em 1891, esses blastos agora começam a expelir o receptor para o sangue. Livre da membrana da célula B e agora flutuando no sangue, o receptor "se torna" o anticorpo.* Uma vez ligado ao alvo, o anticorpo pode convocar uma avalanche de proteínas para envenenar o micróbio e recrutar macrófagos para devorá-lo ou fagocitá-lo. Décadas depois, pesquisadores demonstraram que algumas dessas células B ativadas não se limitam a ir desaparecendo. Persistem no corpo na forma de células de memória. Nas palavras de Thomas, "o novo grupo [de células estimuladas pelo antígeno] é uma lembrança, nada menos". Cessada a infecção fulminante e eliminado o micróbio, algumas dessas células B se tornam mais quiescentes, mas persistem — tentilhões amontoados na caverna. Quando o corpo volta a se deparar com o antígeno, a célula B de memória é ativada. Ela emerge da dormência para a divisão ativa e amadurece como célula plasmática fabricante de anticorpos, codificando, dessa maneira, uma memória imunológica. O lócus da memória imunológica, em resumo, não é uma proteína que persiste, como Ehrlich talvez tenha imaginado. É uma *célula* B, previamente estimulada, que guarda memória da exposição anterior.

* Simplifiquei um pouco o processo, mas mantendo aqui os pormenores básicos da gênese dos anticorpos. A ativação de um receptor de célula B por um antígeno, a descarga desse receptor no sangue, o refinamento do anticorpo ao longo do tempo, a secreção sustentada do anticorpo por células plasmáticas e a transformação de algumas células B ativadas como células B de memória apreendem a essência do processo. Como logo veremos, algumas células secretoras de anticorpos — células plasmáticas — também se tornam longevas. Ambas aparecem para contribuir para a lembrança da infecção anterior. As células T auxiliares são essenciais nesse processo e serão tratadas nos próximos capítulos.

Como cada célula adquire seu anticorpo exclusivo? Os tentilhões de Darwin desenvolveram seus bicos individuais através de mutações no espermatozoide e no óvulo — mutações essas que alteraram a morfologia de cada bico. Tais mutações são linhagem germinativa: estão presentes no DNA de cada célula da ave e são transportadas, intactas, de geração para geração; dessa maneira, um tentilhão de bico grosso dará origem a um tentilhão de bico grosso, e assim por diante.

Nos anos 1980, uma série de experimentos esclarecedores conduzidos pelo imunologista japonês Susumu Tonegawa mostrou que as células B também adquirem seus anticorpos exclusivos por mutação, embora uma forma de mutação precisamente regulada que se passa nessas células, e não em espermatozoides e óvulos.[14] As células B rearranjam um conjunto de genes produtores de anticorpos, misturando e combinando módulos genéticos, como peças de roupa. A analogia simplifica demais o processo, mas é importante. Para dar um exemplo, um anticorpo pode ser composto de três módulos de genes misturados: uma jaqueta clássica combinando com calça amarela e boina preta, enquanto um segundo pode usar um arranjo diferente de módulos — talvez um casaco escuro combinando com calça azul e sapatos *wingtip*. Há um imenso guarda-roupa de módulos genéticos cujas peças toda célula B pode experimentar; pensemos em cinquenta camisas, trinta chapéus, doze pares de sapatos e assim por diante. Para se tornar madura, tudo que a célula B precisa fazer é abrir o closet, escolher alguma combinação exclusiva de módulos de genes e rearranjar os módulos para produzir um anticorpo.

Cada uma dessas rearrumações de genes é também uma mutação, embora de um tipo altamente regulado, e deliberado, numa célula B. Um aparelho especial molda os rearranjos de genes numa célula B individual, dando a cada anticorpo uma identidade conformacional e, portanto, uma afinidade única para prender e segurar determinado antígeno. O arranjo genético distinto em cada célula B madura lhe permite exibir um receptor particular na superfície. Quando um antígeno se prende a ela, a célula B é ativada. Deixa de exibir o receptor em sua superfície e passa a descarregá-lo no sangue, na forma de anticorpo. Novas mutações se acumulam na célula B, refinando o vínculo do anticorpo ao antígeno.* Por fim, a célula B amadurece, tornando-se uma célula tão obsessi-

* Esse processo é chamado de maturação de afinidade e continua até que o anticorpo atinja uma afinidade de vínculo incrivelmente alta com um antígeno.

vamente dedicada à produção de anticorpos que sua estrutura e seu metabolismo são alterados para facilitar o processo. Ela agora é uma célula dedicada à produção de anticorpos — uma célula plasmática. Algumas dessas células plasmáticas também se tornam longevas e guardam a memória da infecção.

O novo conhecimento das células B, das células plasmáticas e dos anticorpos explodiu na medicina de maneiras inesperadas. Já tocamos no papel do sistema inato — macrófagos e monócitos, entre eles — nos efeitos de uma vacina. Mas a atividade final de uma vacina depende do sistema adaptativo: é a célula B que produz anticorpos, e esses anticorpos são, em geral, responsáveis pela imunidade de longo prazo. (Como sabemos, as células T também contribuem para isso.) Um macrófago ou monócito pode apresentar fragmentos digeridos de um micróbio ou convocar células B para o lugar de uma infecção, mas é o anticorpo expelido pela célula B que se prende a alguma parte do micróbio. A célula portadora de um receptor que se prende ao micróbio é ativada para se ampliar, por propagação, e começa a descarregar o anticorpo no sangue. Por fim, essa célula B muda sua paisagem interna e passa a fazer parte do compartimento de memória da célula B, dessa maneira preservando a lembrança do inóculo original.

Mas, além de vacinas, a descoberta de anticorpos reacendeu a fantasia da bala mágica de Paul Ehrlich: um anticorpo, se pudesse, de alguma forma, ser convencido a atacar uma célula cancerosa ou um patógeno microbiano, funcionaria como remédio natural contra a célula. Seria um medicamento sem rival: feito sob medida para atacar e matar seu alvo.

O desafio de produzir esses anticorpos com função medicamentosa foi vencido pelo cientista argentino César Milstein, na Universidade de Cambridge. Milstein tinha chegado lá na condição de aluno visitante para estudar a química de proteínas em células bacterianas. O laboratório era uma câmara com uma única sala. Ele precisava de um medidor de pH para medir a acidez de suas soluções químicas, e Fred Sanger, o lendário químico especialista em proteínas que trabalhava ao lado, só tinha um desses instrumentos numa sala de canto do departamento de bioquímica. Conversa vai, conversa vem, enquanto as medições de pH eram feitas, os dois se tornaram amigos íntimos. Em 1958, Sanger foi agraciado com o prêmio Nobel por decifrar a estrutura de uma proteína — monumental façanha na biologia molecular. E em 1980 ganharia um segundo Nobel, por aprender a sequenciar o DNA.

Em 1961, Milstein voltou para a Argentina, para ocupar o cargo de chefe do departamento de biologia molecular do Instituto Malbrán. Mas a mudança, motivada pela ânsia sonhadora de retornar à terra natal, logo se tornou um pesadelo. A Argentina estava contaminada por um nacionalismo sectário e conflituoso. Em 20 de março de 1962, um ano depois de Milstein ter se estabelecido em Buenos Aires, o país foi devastado por mais um sangrento golpe político — o quarto, que seria seguido por mais dois.

O caos tomou conta da Argentina. Judeus foram expulsos de universidades. O departamento de Milstein foi quase todo desativado, comunistas eram abatidos a tiros e civis, em especial judeus, jogados na cadeia. Milstein, com nome e antecedentes judaicos, e propensões liberais, vivia com medo de ser preso e acusado de ser dissidente ou comunista. Sanger, por meio de sua complexa rede de contatos, conseguiu que o amigo saísse do país de forma clandestina e voltasse para Cambridge. O medidor de pH, compartilhado no último andar de um laboratório, acabou funcionando como talismã — a passagem que levaria Milstein involuntariamente de volta para a Inglaterra.

Em Cambridge, o interesse por proteínas bacterianas de Milstein migrou para anticorpos. Fascinado por sua especificidade, ele começou a sonhar em produzir balas mágicas a partir de células B. Seria possível pegar uma única célula plasmática, capaz de expelir um único anticorpo selecionado, e transformá-la numa fábrica de anticorpos? Poderia esse anticorpo se tornar um novo medicamento?

O problema era que as células plasmáticas individuais não eram imortais. Elas se desenvolviam durante alguns dias, depois se debatiam para continuar vivas e, por fim, secavam e morriam. Milstein, trabalhando com o biólogo celular alemão Georges Köhler, concebeu uma solução ao mesmo tempo brilhante e nada ortodoxa: utilizando-se de um vírus capaz de colar uma célula em outra, eles fundiram a célula B com uma célula cancerosa. Até hoje essa ideia me deixa de queixo caído. Como eles chegaram a *pensar* em usar mortos-vivos para ressuscitar moribundos? O resultado foi uma das células mais estranhas de toda a biologia. A célula plasmática preservava a propriedade de secretar anticorpos, enquanto a célula cancerosa lhe conferia imortalidade. Deram a essa célula peculiar o nome de "hibridoma" — um híbrido de *híbrido* e *oma*, o sufixo de "carcinoma". A célula plasmática imortal era capaz de expelir perpetuamente apenas um tipo de anticorpo. Chamamos esse anticorpo de tipo único (em outras palavras, um clone), um anticorpo monoclonal.

O artigo de Milstein e Köhler saiu na *Nature* em 1975.[15] Semanas antes da publicação, a Corporação Nacional de Desenvolvimento de Pesquisa (National Research Development Corporation, NRDC), no Reino Unido, foi alertada para as abrangentes aplicações comerciais desses anticorpos; eles podiam servir de base para novos remédios altamente específicos. Mas a NRDC preferiu não patentear o método nem nenhum material. "É difícil identificar quaisquer aplicações práticas imediatas", afirmou a entidade numa declaração por escrito. Nas décadas seguintes, esse julgamento apressado sobre a aplicabilidade de anticorpos monoclonais deve ter custado à NRDC e à Universidade de Cambridge bilhões de dólares em receita.

As implicações práticas foram imediatas. Os anticorpos monoclonais — MoAb na forma abreviada — agora podiam ser usados como agentes de detecção ou como marcadores de células. Mas a aplicação mais importante, mais lucrativa e mais conhecida era médica: eles poderiam formar uma imensa variedade de novos medicamentos.

Um fármaco costuma funcionar prendendo-se a seu alvo — como Paul Ehrlich ressaltara, como uma chave numa fechadura — e desativando, às vezes ativando, sua função. A aspirina, por exemplo, se enfia na fechadura da ciclo-oxigenase, uma enzima envolvida na coagulação sanguínea e na inflamação. Seguindo essa lógica, anticorpos projetados para se prender a outras proteínas poderiam também ser transformados em remédios. E se um anticorpo pudesse se prender a uma proteína na superfície de uma célula cancerosa e convocar uma avalanche para matá-la? Ou reconhecer uma proteína de uma célula imunológica hiperativa que esteja causando artrite reumatoide e atingi-la de morte como um arpão?

Em agosto de 1975, N. B., um bostoniano de 53 anos, notou que os gânglios linfáticos de suas axilas e de seu pescoço estavam inchados e doloridos.[16] À noite, ele ficava encharcado de suor e sentia uma fadiga sem fim. Apesar disso, demorou um ano para consultar os médicos do Instituto do Câncer Sidney Farber, em Boston.* Ao examiná-lo, os oncologistas notaram que, além dos gânglios inflamados, o baço de N. B. tinha crescido tanto que, ao apalpar seu ventre, conseguiam sentir sua borda.

Em seguida, verificaram alguns valores laboratoriais. A contagem dos glóbulos brancos do paciente estava apenas um pouco acima do normal. No entanto, era o *padrão* dos glóbulos brancos no sangue que chamava a atenção: os linfócitos não só apresentavam número elevado como pareciam malignos. Uma agulha de biópsia fina e longa foi introduzida num dos gânglios linfáticos inchados para a retirada de uma amostra de tecido, enviada a seguir a um patologista para análise. N. B. recebeu o diagnóstico de linfoma — um linfoma linfocítico difuso e pouco diferenciado.

Em estágio avançado — com baço e gânglios linfáticos inchados, e células linfáticas circulando —, essa é uma doença de prognóstico sombrio. O baço do homem, abarrotado de células malignas, foi cirurgicamente removido e ele passou a se submeter a quimioterapia. Substância matadora de célula após substância matadora de célula lhe foram injetadas por via intravenosa. Nenhuma funcionou. As contagens continuavam subindo.

Lee Nadler, oncologista do instituto, preparou um novo plano. Células de linfoma têm numerosas proteínas em sua superfície. Injetadas em camundongos, fazem com que o corpo dos animais produza antibióticos contra células malignas. Adotando uma modificação do método de Milstein e Köhler, Nadler usou células cancerosas de N. B. para criar anticorpos contra as células tumorais e em seguida injetou no paciente soro contendo um dos anticorpos, na esperança de uma resposta. Foi um exemplo de terapia do câncer extremamente personalizada — ou, para ser mais exato, de *imuno*terapia personalizada contra o câncer.

A primeira dose do soro, de 25 miligramas, pelo visto foi ignorada pelo linfoma. A segunda dose, de 75 miligramas, provocou uma queda acentuada na contagem dos glóbulos brancos. O câncer respondeu, mas logo estava de volta. Uma terceira dose, de 150 miligramas, mais uma vez produziu resposta: as células do linfoma no sangue caíram quase pela metade. Mas as células tumorais

* Agora conhecido como Instituto do Câncer Dana-Farber.

de N. B. se tornaram resistentes e pararam de responder. A soroterapia, como Nadler chamava o procedimento, foi suspensa e N. B. morreu.

Mas Nadler continuou buscando proteínas nas membranas de células de linfoma que pudessem ser alvos de anticorpos. Por fim, achou uma candidata ideal, chamada CD20. Mas poderia um anticorpo contra a CD20 ser usado como um fármaco contra linfoma?

A quase 5 mil quilômetros dali, na Universidade Stanford, o imunologista Ron Levy também estava em busca de um anticorpo que atacasse células de linfoma. No começo dos anos 1970, Levy tinha voltado de um período de estudos no Instituto Weizmann de Ciência, em Israel. Ali, o pesquisador Norman Kleinman desenvolvera um método para isolar células plasmáticas individuais capazes de produzir anticorpos — possivelmente anticorpos contra o câncer —, mas elas tinham vida tão curta que o trabalho parecia inútil. "Isolávamos células plasmáticas individuais capazes de produzir um único tipo de anticorpo, mas elas sempre morriam", contou Levy.[17]

"Até que em 1975", prosseguiu ele, "de repente Milstein e Köhler apresentaram esse método de fundir uma célula plasmática com uma célula cancerosa. A fusão permitia que a célula produtora de anticorpo vivesse para sempre." A expressão do rosto de Levy se animou; as mãos começaram a tamborilar na mesa. "Foi uma revelação. Um prêmio de loteria. Ironicamente, poderíamos usar a imortalidade de uma célula cancerosa [fundida com uma célula plasmática] e fazer uma célula imortal para produzir anticorpos contra o câncer. Podíamos combater o fogo com fogo."

Levy passou a procurar anticorpos contra linfomas de célula B — cânceres de células B. De início, concentrou-se na terapia personalizada de anticorpos, na qual um anticorpo exclusivo era construído sob medida, por assim dizer, para cada paciente. Descobriu uma companhia chamada IDEC para fabricar os anticorpos. No entanto, apesar de alguns pacientes responderem aos anticorpos fabricados, a IDEC e Levy logo perceberam que a abordagem era impraticável: quantos anticorpos, contra quantos antígenos individuais, uma empresa teria condições de produzir?

A segunda série de imunizações produziu um MoAb contra a CD20, a molécula que Nadler tinha descoberto assentada na superfície das células B, tanto normais quanto malignas. Levy admite que não ficou nem um pouco impressionado: achava que a intervenção experimental "destruiria o sistema imunológico e não seria segura", disse. "Mas eles [a IDEC] nos convenceram a fazer o ensaio clínico assim mesmo."

Além de estar errado, Levy teve uma sorte incrível. Fortuitamente, humanos podem viver sem células B que expressem a CD20, em parte porque elas, quando amadurecem e se tornam células secretoras de anticorpos, ou células plasmáticas, não têm a CD20 na superfície e são, portanto, resistentes ao anticorpo. Atacar células de linfoma que expressam a CD20 *iria* desencadear, ao mesmo tempo, um ataque às células B normais, deixando os pacientes parcialmente imunocomprometidos, mas sem matá-los; eles ainda preservariam as células plasmáticas para produzir anticorpos. "Havia uma chance de dar certo", disse Levy. Em 1993, ele recrutou dois colegas, David Maloney e Richard Miller, para conduzir o estudo.

Um dos primeiros pacientes que receberam o anticorpo foi W. H., uma internista tagarela e eloquente. Tinha linfoma folicular, um câncer de progressão lenta, ou indolente, que é marcado pela CD20. "Ela respondeu à primeira dose", lembrou o dr. Levy. No entanto, teve uma recidiva um ano depois e precisou retornar ao MoAb experimental. Dessa vez, W. H. teve uma resposta completa e os tumores desapareceram. O padrão persistiu, no entanto: uma terceira recidiva em 1995, contra a qual ela recebeu o anticorpo monoclonal em combinação com quimioterapia. Outra resposta.

Em 1997, a FDA aprovou o anticorpo, rituximabe, vendido com o nome fantasia de Rituxan. Naquele ano, o linfoma de W. H. voltou. O Rituxan desferiu um golpe terrível, nocauteando a doença, mas ela voltou para revanches em 1998, 2005 e 2007. Vinte e cinco anos depois do diagnóstico original, W. H. ainda está viva. Desde então, o Rituxan encontrou seu lugar no tratamento de vários tipos de cânceres e também de doenças não cancerosas. Tem sido usado em combinação com quimioterapia para tratar e até curar linfomas agressivos, letais, que expressam a CD20, bem como contra raros cânceres linfáticos. No começo dos anos 2000, conheci um jovem com um câncer de baço incomum, envolvendo células que expressam a CD20. Ele tinha picos de febre diários e sentia que era impossível andar. Removemos seu baço inchado — tão volumoso que não coube numa bandeja cirúrgica comum, tendo que ser colocado num carrinho para o transporte até o departamento de patologia — e a seguir o submetemos a um tratamento com Rituxan. Os tumores nodulares se dissolveram devagar e as febres abrandaram. Ele continua em remissão, vinte anos depois.

O Rituxan foi um dos primeiros anticorpos monoclonais contra o câncer. Uma grande quantidade desses MoAbs hoje povoa a farmacopeia, como o Herceptin (usado para tratar certas formas de câncer de mama), o Adcetris (linfoma de Hodgkin) e o Remicade (doenças imunomediadas, como a doença de Crohn e a artrite psoriática). Lembrei a Levy que a NRDC, na Inglaterra, tinha duvidado da "aplicabilidade prática" da terapia com anticorpos. Ele riu: "Não sei nem se *nós* mesmos tínhamos consciência de seu potencial".

"Usar células para combater células", disse ele, em tom de admiração. "Na verdade, nós nunca pensamos que fosse possível fazer tanta coisa quando desenvolvemos esse primeiro anticorpo."

13. A célula sagaz: A sutil inteligência da célula T

Durante séculos, o timo foi um órgão em busca de uma função.[1]
Jacques Miller, 2014

Em 1961, Jacques Miller, um doutorando londrino de trinta anos, descobriu a função de um órgão humano que a maioria dos cientistas tinha esquecido havia tempos.[2] O timo, que leva esse nome por lembrar vagamente as folhas lanceoladas do tomilho, é, como Galeno o descreveu, "uma glândula volumosa e macia" situada acima do coração. Até Galeno, que praticou a medicina no século II, notou que ele passa por um processo de involução à medida que os humanos envelhecem. E quando o órgão era removido de animais adultos, nada de significativo ocorria. Um órgão que diminui de tamanho, é dispensável e involui; como poderia ser ele essencial para a vida humana? Médicos e cientistas começaram a pensar no timo como um vestígio deixado pela evolução, não muito diferente do apêndice e do cóccix.

Teria ele uma função durante o desenvolvimento fetal? Usando minúsculos fórceps e os mais finos fios de sutura de seda, Miller removeu o timo de camundongos neonatos cerca de dezesseis horas depois do nascimento. O efeito foi tão inesperado quanto dramático: o nível sanguíneo de linfócitos — os glóbulos brancos na circulação que não são macrófagos nem monócitos — despencou de maneira vertiginosa e os animais se tornaram cada vez mais suscetíveis a infecções comuns. O número de células B caiu, mas outra célula branca — de tipo até então desconhecido — diminuiu ainda mais drasticamente. Muitos camundongos morreram do vírus da hepatite de camundongo; outros tiveram o baço colonizado por patógenos bacterianos. Mais estranho ainda, quando Miller enxertou um pedaço de pele no flanco de um dos animais, o enxerto não foi rejeitado. Em vez disso, permaneceu vivo e intacto, e nele cresceram "bastos cabelos".[3] Era como se o camundongo não tivesse um mecanismo para distinguir seus próprios tecidos de tecidos alheios. Tinha perdido o senso de "eu".

Em meados dos anos 1960, Miller e outros pesquisadores tinham percebido que o timo estava longe de ser vestigial. Em recém-nascidos, era o local de maturação de um tipo diferente de célula imune: não de uma célula B, mas de uma célula T (T de "timo").

Mas se as células B geravam anticorpos para matar micróbios, o que faziam as células T? Por que os camundongos sem células T eram colonizados por infecções, e por que aceitavam, de maneira tão submissa, enxertos de pele alheia que deveriam ser rejeitados de imediato? Como e por que perdiam o senso de "eu"? E, por falar nisso, o que é mesmo o "eu"?

Prova de que a biologia celular engatinhava como ciência é o fato de que a fisiologia de uma das células mais essenciais do corpo humano ainda permanecia um mistério nos anos 1970. As células T só foram descobertas há cerca de cinquenta anos. E foi apenas duas décadas depois do experimento de Miller — em 1981 — que essas células se tornaram o epicentro de uma das epidemias definidoras da história humana.

O laboratório de Alain Townsend ficava no alto de uma colina íngreme no Instituto de Medicina Molecular* na periferia da Universidade de Oxford. No outono de 1993, quando cheguei a Oxford para estudar com Alain como pós-graduando de imunologia, os mistérios da função das células T ainda estavam sendo decifrados. O instituto ficava num edifício modernista de aço e vidro. A responsável pela segurança na recepção, uma mulher com forte sotaque galês,

* Agora Instituto Weatherall de Medicina Molecular.

verificava a identidade de todos que entravam. Sem o cartão apropriado, não deixava ninguém passar. Levei dois anos revirando os bolsos à procura desse cartão antes de afinal criar coragem para enfrentá-la. Eu estava lá, todos os dias, havia 24 meses. Ela não me reconhecia por minha fisionomia?

Ela me olhou, impassível. "Só estou fazendo meu trabalho." O trabalho dela, imagino, era detectar intrusos — como se eu pudesse ser um James Bond, que subira a colina num Aston Martin e com uma máscara de Mukherjee na missão ultrassecreta de alimentar minhas culturas de células T à noite. Pensando melhor, acabei gostando de sua dedicação. Ela tinha internalizado a imunidade.

No laboratório de Alain, fui incumbido de trabalhar num problema que continua a fascinar e frustrar cientistas: Como pode um vírus crônico, como o do herpes simples, o citomegalovírus ou o vírus Epstein-Barr (VEB), continuar escondido persistentemente dentro do corpo humano, ao passo que outros vírus, como o influenza, são eliminados por completo depois de uma infecção? Por que os vírus crônicos não são derrotados pelo sistema imunológico — sobretudo por células T?*

O laboratório era um agitado paraíso intelectual, impregnado de uma energia frenética que eu nunca tinha presenciado. Às quatro da tarde, um velho sino de bronze tocava e o instituto descia em peso até a lanchonete para tomar um chá fraco, morno e quase intragável com biscoitos duros, quase incomíveis. Ita

* Cada um desses vírus, agora sabemos, desenvolveu um método específico para evitar a detecção imunológica — um fenômeno chamado imunoevasão viral. No caso do VEB, os estudos da imunologista Maria Masucci e meu próprio trabalho de pós-graduação coincidiram na mesma resposta. O genoma do vírus Epstein-Barr codifica vários genes. Mas quando entra nas células B, o VEB pode desligar a maioria desses genes, à exceção de dois: EBNA1 e LMP2. A proteína EBNA1 seria um candidato ideal para as células T detectarem — mas, surpreendentemente, é invisível para elas. Parte do motivo é que o EBNA1 resiste a ser cortado em pedaços dentro da célula. Como logo veremos, Alain Townsend descobriu que as células T só conseguem reconhecer pedaços de proteína viral — peptídeos — carregados numa molécula conhecida como complexo principal de histocompatibilidade, abreviado para MHC. E o EBNA1, como se viu, não produz peptídeo nenhum. O LPM2 pode ter outros meios de imunoevasão, mas esses meios não são conhecidos. O vírus do herpes simples adota uma abordagem diferente para a imunoevasão, desabilitando o mecanismo pelo qual os peptídeos são transportados para carregamento nas moléculas MHC. Da mesma forma, o citomegalovírus ainda tem outra manobra evasiva: faz uma proteína que pode destruir o MHC — a molécula que permite às células T localizarem uma célula infectada por citomegalovírus. Margo H. Furman e Hidde L. Ploegh, "Lessons from Viral Manipulation of Protein Disposal Pathways". *Journal of Clinical Investigation*, v. 110, n. 7, pp. 875-9, 2002. DOI: doi.org/10.1172/JCI16831.

Askonas, uma das pioneiras da imunologia, de vez em quando pontificava num canto; Sydney Brenner, geneticista de Cambridge que ganhou o Nobel, às vezes aparecia para um bate-papo, com suas sobrancelhas fabulosamente hirsutas, como taturanas gêmeas, erguendo-se e ondulando de alegria toda vez que lhe falávamos de um resultado experimental.

Um pós-doutorando italiano, Vincenzo Cerundolo, era meu orientador direto. Conhecido como Enzo, era baixo, tagarela, entusiasmado. No entanto, durante minhas primeiras semanas no laboratório, ele me ignorou por completo; corria de um lado para outro no laboratório, passando por mim como se eu fosse uma irritante peça de equipamento que alguém tivesse deixado fora de lugar. Estava tentando terminar um artigo sobre pesquisa, e ensinar a um recém-chegado aluno de pós-graduação os detalhes rococós da imunologia não parecia tarefa digna nem de seu tempo nem de sua energia.

Um aspecto do projeto de Enzo envolvia a produção de vírus para infectar camundongos e células humanas. O vírus foi desenvolvido para depositar genes em células humanas, de modo que Enzo pudesse testar as funções dos genes. Para ampliar o vírus — ou seja, para fazer mais partículas virais —, era preciso infectar uma camada de células. E, em seguida, extrair o vírus colocando toda a cultura num tubo, e congelando-o e descongelando-o três vezes. O procedimento exigia precisão e paciência. Sem congelar e descongelar, não era possível liberar as partículas virais; mas exagerar no processo podia matar o vírus por completo. Certa manhã, logo depois de chegar ao laboratório, encontrei Enzo às voltas com um desses tubos. Uma técnica de pesquisa, também italiana, tinha feito um preparado viral para ele, mas saíra de férias, e Enzo não sabia se o vírus tinha sido extraído ou se o tubo tinha ficado sem a extração viral. Foi um momento de tensão. Uma baixa contagem viral e todo o experimento, essencial para seu artigo, sumiria pelo ralo. Ele praguejava em italiano, murmurando: "*Cavolo*" [droga].

Perguntei se podia dar uma olhada e ele me passou o tubo.

No fundo, em tinta quase invisível, vi que a técnica tinha rabiscado as letras C, S, C, S, C, S.

"Como se diz 'congelar' em italiano?", perguntei.

"*Congelare*", respondeu Enzo.

"E 'descongelar'?"

"*Scongelare*."

O que a técnica escrevera era, portanto: Congelar. Descongelar. Congelar. Descongelar. Congelar. Descongelar, só que numa espécie de código Morse italiano: C, S, C, S, C, S. Três vezes cada.

Enzo me olhou com atenção. No fim das contas, talvez eu não fosse uma perda de tempo. Ele terminou seu experimento e me perguntou se eu queria tomar um café. Preparou duas xícaras. Alguma coisa tinha se descongelado entre nós.

Ficamos amigos. Ele me ensinou virologia, cultura de célula, biologia de célula T, gíria italiana e o segredo do preparo de um bom espaguete à bolonhesa. Todas as manhãs eu pegava minha bicicleta e subia a ladeira na chuva incessante para trabalhar com ele, e descia de bicicleta todas as noites de novo embaixo de chuva. Eu ia e vinha a meu bel-prazer — às vezes subindo e descendo a colina à meia-noite, enquanto meus experimentos cozinhavam nas incubadoras do laboratório.

Meu mundo interior estava impregnado de pensamentos sobre células T e suas interações com vírus crônicos. Eu repassava meus experimentos na cabeça quando descia a colina de bicicleta, reexaminando os dados, imaginando a vida dos vírus dentro da célula. "*Para entender a virologia da célula T, aprenda a pensar como um vírus*", dizia Enzo. Foi o que fiz. Uma tarde eu "me tornava" o VEB, na tarde seguinte o vírus do herpes. (Este último exigia boa dose de senso de humor.)

Mesmo depois que saí de Oxford, Enzo e eu continuamos a colaborar um com o outro, publicando artigos juntos. Ele me mandava frascos de células para meus experimentos no laboratório, eu lhe mandava receitas de minha mãe para seus experimentos na cozinha. Nós nos encontrávamos em seminários mundo afora, a cada vez retomando nossa conversa, como se não tivesse havido interrupções. Nossos interesses mudaram, quase ao mesmo tempo, da imunologia para o câncer e, por fim, para a imunologia *do* câncer. Ao longo das décadas, amadureci, passando de pupilo a colega e amigo. Mas jamais consegui preparar para Enzo um expresso que ele achasse satisfatório. Tentei uma vez, e ele cuspiu. Era, como diria Wolfgang Pauli, tão ruim que não estava nem sequer errado.

No começo de 2019, fiquei sabendo que Enzo tinha recebido o diagnóstico de câncer de pulmão em estágio avançado. A notícia de sua doença foi tão chocante que me deixou estarrecido; passei dias sem conseguir ligar para ele. Uma, talvez duas semanas depois, afinal lhe telefonei de Nova York. Ele atendeu de imediato e falou sem rodeios de sua situação. Talvez aquelas células T cujos mistérios mais íntimos ele passara a vida desvendando pudessem encontrar um jeito de lutar contra seu câncer. Como escreveu Alain Townsend sobre Enzo na revista *Nature Immunology*:

> A gente ouve muito a frase "Lutar contra o câncer", mas essa descrição é apenas uma pálida sombra da intensa, pessoal e opressiva batalha imunológica que ele travou contra as células rebeldes que o desafiavam. Ele lutava com quaisquer recursos em que pudesse botar a mão, em casa ou no resto do mundo, utilizando-se de cada partícula de seu profundo conhecimento e de sua experiência. Fazia isso [...] com serenidade, sem perder um seminário, sempre à disposição de alunos e colegas. Foi uma demonstração de suprema coragem.[4]

Em 2020, poucas semanas antes de ir a Oxford para dar uma palestra, descobri que Enzo tinha morrido. Cancelei a viagem. Naquela noite, sentei-me calado no laboratório, pensando em meu mentor, meu instrutor de espaguete à bolonhesa, meu amigo, segurando as lembranças até que elas solidificassem. Eu me sentia atordoado, seco, cristalizado em melancolia. Foi só então, horas depois, que a dor arrebentou dentro de mim, liquefeita numa sucessão de ondas.

Congelare; *scongelare*.

Mundos de dentro, mundos de fora, separados por membranas. O que fazem as células T durante uma infecção? Imaginemos, adotando o ponto de vista do sistema imunológico humano, que existem dois mundos patológicos de micróbios. Há o mundo "exterior" de uma bactéria ou vírus flutuando fora da célula, em fluido linfático ou sangue, ou em tecidos. E existe o mundo "interior" de um vírus incrustado vivendo dentro da célula.

É esse último mundo que apresenta um problema metafísico, ou melhor, físico. A célula, como já dissemos, é uma entidade autônoma, confinada, com uma membrana que a isola do lado de fora. Seu lado de dentro — o citoplasma, o núcleo — é um santuário fechado, basicamente inescrutável para quem está do lado de fora, à exceção dos sinais, ou receptores, que a célula resolve enviar para sua superfície.

Mas e se o vírus fixou residência dentro da célula? E que dizer de um vírus influenza, para citar um exemplo, que se infiltrou na célula e sequestrou seu aparelho de fabricação de proteínas para produzir proteínas virais que não se distinguem das proteínas da própria célula? É o que os vírus fazem: eles "se naturalizam". Um vírus influenza transforma seu hospedeiro numa verdadeira fábrica de influenza, produzindo milhares de víríons por hora. E, não podendo entrar nas células, como os anticorpos identificam essas células trapaceiras disfarçadas de células normais? O que, então, impede qualquer vírus de usar cada célula de nosso corpo como um perfeito refúgio microbiano?

As respostas a todas essas perguntas, como eu logo descobriria, estavam na célula cuja canção tentadora me arrastara da Califórnia até o laboratório de Alain Townsend em Oxford; a célula que era capaz, com uma sensibilidade quase milagrosa, de distinguir uma célula infectada por vírus de uma célula não infectada, e a célula que consegue separar o eu do não eu. A sutil, sábia e perspicaz célula T.

Nos anos 1970, Rolf Zinkernagel e Peter Doherty, imunologistas que trabalhavam na Austrália, encontraram a primeira chave para decifrar o reconhecimento das células T.[5] Elas começam com as chamadas células T assassinas: linfócitos T que reconhecem células infectadas por vírus e as encharcam de toxinas até secarem e morrerem, expurgando, dessa maneira, o micróbio que ali se refugia. Essas células T citotóxicas (matadoras de células) ostentavam um marcador particular em sua superfície: CD8, um tipo de proteína.

A peculiaridade dessas células CD8 positivas, como descobriram Zinkernagel e Doherty, era que tinham a capacidade de reconhecer infecções virais *apenas no contexto do eu*. Pensemos nisto: nossas células T só conseguem reconhecer células infectadas por vírus se vierem de *nosso próprio* corpo, e não do corpo de outra pessoa.*

* Se houver "incompatibilidade" entre a célula T e a célula-alvo — ou seja, se vierem de corpos diferentes e carregarem diferentes marcadores de proteína em sua superfície —, o sistema imunológico as destruirá de qualquer maneira, estejam ou não infectadas. Esta é a base da rejeição de enxertos: se implantarmos células alheias em nosso corpo, essas células serão rejeitadas. Voltaremos a esse reconhecimento de "não eu" mais adiante.

Uma segunda característica das Ts assassinas era também misteriosa. Embora fosse capaz de reconhecer uma célula do mesmo corpo, uma célula T CD8 só matava células *infectadas* do mesmo corpo. Sem infecção viral, não havia mortes. Era como se a célula T fosse capaz de fazer duas perguntas independentes. Primeira: *A célula que estou inspecionando pertence a meu corpo*? Em outras palavras, é eu? E segunda: *Está infectada com vírus ou com bactéria*? O eu foi alterado? Se as duas coisas fossem verdadeiras, e só nesse caso — o eu *e* a infecção —, a célula T matava seu alvo.

Em suma, as células T tinham evoluído a ponto de reconhecer o eu, porém um eu *alterado* que abrigasse uma infecção. Mas como? Usando técnicas genéticas, Zinkernagel e Doherty rastrearam a detecção do eu a um conjunto de moléculas chamadas MHC classe I.*

É como se a proteína MHC fosse uma moldura. Sem a moldura — ou o contexto ("você") — correta, a célula T não consegue nem mesmo ver o quadro, ainda que seja uma versão distorcida do "eu". E sem o quadro na moldura (supostamente, alguma parte do vírus — um eu *infectado*), mais uma vez a célula T não consegue reconhecer a célula infectada. Ela precisa do patógeno *e* do eu — do quadro *e* da moldura.**

Zinkernagel e Doherty tinham encontrado uma peça do quebra-cabeça: a que diz que as células T reconhecem o "eu" infectado. Mas a segunda peça era um problema igualmente difícil. Essa molécula — MHC classe I — está envolvida, sim, mas como uma célula sinaliza um eu *alterado* — em outras palavras, um eu com uma infecção? Como uma célula CD8 encontra uma célula que é ela mesma com o vírus influenza lá dentro?

Alain Townsend, meu ex-mentor, que com o passar dos anos acabou se tornando amigo próximo, trabalhou nessa pergunta nos anos 1990, primeiro

* A proteína MHC classe I apresenta milhares de variantes. Cada um de nós carrega uma combinação única de genes MHC classe I. É esse eu MHC que a célula T detecta primeiro. Se a célula infectada e a célula T CD8 vêm de uma pessoa (com o mesmo MHC classe I), há um reconhecimento, e a célula infectada é morta.

** Supõe-se que há uma profunda lógica evolutiva por trás disso. Um fragmento de peptídeo exibido por um macrófago ou por um monócito indica uma infecção real. Um fragmento flutuante — sem a moldura fornecida por uma célula fagocítica e não apresentado de maneira adequada — pode ser um detrito incidental ou, o que é pior, um fragmento de célula humana. Montar uma resposta imune ao fragmento do "eu" deflagraria a autoimunidade — uma consequência arrasadora da imunidade das células T.

no Instituto Nacional de Pesquisa Médica em Mill Hill, em Londres, e depois em Oxford. Alain é um dos cientistas mais brilhantes e visionários que conheço. Era, às vezes, a própria caricatura do acadêmico de Oxford: odiava viajar para encontros científicos em lugares exóticos. A palavra "tropical" lhe inspirava terror. Almoçava pastéis de carne quase todos os dias e tinha aperfeiçoado o hábito inglês do eufemismo letal. Se uma ideia lhe parecesse idiota, ou não científica, ele olhava vagamente para longe, fazia uma pausa e dizia: "Ah, essa ideia me parece... hum... muito *sutil*". Confesso que nas reuniões de laboratório eu às vezes era muito sutil.

No fim dos anos 1980 e princípio dos anos 1990, Townsend, entre outros, começou a entender como uma célula T assassina detecta uma célula infectada por vírus. Ele deu início a seus experimentos com células T CD8 assassinas. Interessava-se sobretudo pelas células infectadas com o vírus influenza. Como essas células infectadas são reconhecidas e eliminadas? Assim como Zinkernagel e Doherty tinham demonstrado, Townsend descobriu que as células T CD8 matavam células infectadas pelo influenza vindas do mesmo corpo — em outras palavras, elas dependiam do reconhecimento do eu. Mas, como já mencionei, a célula do eu tinha que ser portadora de infecção — e da expressão de uma proteína viral — para ser morta. Que proteína viral era reconhecida? Algumas dessas células T assassinas, como descobriram pesquisadores, detectavam a presença da proteína do influenza, chamada nucleoproteína (NP), dentro de uma célula infectada pelo influenza.*

Mas é aí que começa o mistério. Era um problema interno-externo. "Essa proteína, a NP, jamais chega à superfície da célula", disse Alain.[6] Estávamos sentados num táxi londrino, voltando de uma palestra. Era fim de tarde, fim de tarde londrino, com seus repentinos fragmentos de oblíqua luz inglesa, e as ruas por onde passávamos — Regent Street, Bury Street — eram repletas de fileiras infindáveis de casas com janelas parcialmente iluminadas e portas invulnerá-

* Nucleoproteína é uma proteína do influenza fabricada dentro da célula. Em seguida ela é embrulhada no vírion do influenza. A proteína não tem sinais que lhe permitam alcançar a superfície da célula — o que explica a perplexidade de Alain Townsend sobre como uma célula T conseguia detectá-la.

veis. Como poderia um detetive, batendo de porta em porta, encontrar um morador numa daquelas casas, sem que a pessoa pusesse a cabeça para fora?

As células T não conseguem *entrar* nas células — há membranas que as separam —, mas, nesse caso, como uma célula T avalia os componentes do lado de dentro de uma célula infectada?

"A NP está sempre *dentro* da célula", prosseguiu Alain. Seus olhos brilhavam — refulgiam — agora, enquanto recordava os experimentos. Ele conduzira os testes mais sensíveis — ensaio após ensaio, semana após semana — para encontrar um vestígio que fosse da proteína NP na superfície da célula infectada pelo influenza, ali onde uma célula T poderia detectá-la. Mas não havia nada ali. Ela jamais botava a cabeça do lado de fora da membrana da célula. "No que diz respeito a proteínas de superfície celular, não há nada para ser visto por uma célula T que detecta NP", disse ele. "Ela é invisível na superfície da célula — *nem sequer está lá* —, e, no entanto, é perfeitamente visível para a célula T." O táxi parou num sinal luminoso, como se esperasse uma resposta.

Então como a célula T detectava a NP? As descobertas decisivas vieram no fim dos anos 1980. As células CD8 assassinas, como descobriu Alain, não reconheciam a NP intacta botando a cabeça para fora da célula. Na verdade, detectavam *peptídeos* virais — pedacinhos, ou fragmentos, da proteína viral, a NP. E, crucialmente, esses peptídeos tinham que ser "apresentados" às células T na "moldura" correta — nesse caso, transportados pela proteína MHC classe I ou carregados nela, e trazidos à superfície da célula. O eu, é verdade, mas o eu alterado.

A proteína MHC classe I — a mesma proteína que Zinkernagel e Doherty tinham envolvido na resposta da célula T assassina — era, na verdade, uma transportadora, uma carregadora de peptídeo, e uma "moldura". *A MHC levava o interior para o exterior, o tempo todo enviando para fora uma amostra das entranhas da célula.*

Pensemos nela como um espião — nosso homem em Havana — a enviar sinais semafóricos sobre o interior da célula para serem decifrados pelo sistema imunológico. A célula T precisa do espião certo — o que explica a necessidade de autorreconhecimento. E precisa do semáforo certo — o que explica a exigência de um patógeno estranho dentro da célula. É mais um exemplo dos códigos da biologia. Combine-se o homem certo infiltrado e o semáforo certo — a própria MHC carregando um pedaço de peptídeo viral — e a célula T se prepara para matá-la.

* * *

Em biologia, é raro haver um momento mais tocante do que aquele em que a estrutura de uma molécula combina com sua função: o que a molécula *parece* e o que a molécula faz se fundem com perfeição. Vejamos o caso do DNA, a icônica dupla-hélice. *Parece* um mensageiro de informações — uma sequência de quatro substâncias químicas, A, C, T e G, com uma sequência única (ACTGGCCTGC), como um código Morse de quatro letras. A dupla-hélice também nos permite compreender como se dá a replicação. As fitas são complementares, yin e yang: o A numa fita é combinado com o T na outra, e o C com o G. Quando uma célula se divide para produzir duas cópias de DNA, cada fita serve de molde para produzir a outra. O yin dita a formação do yang; o yang molda o yin — e duas novas duplas-hélices yin-yang de DNA se formam.

A cauda do espermatozoide, que se mexe para fazê-lo se contorcer em direção ao óvulo, *parece* uma cauda, só que construída a partir de uma montagem de proteínas. O motor que faz a cauda girar *lembra* um motor, com um conjunto de partes móveis arranjadas em círculo. E o gancho que liga o motor à cauda, transformando o movimento circular no movimento natatório, de hélice, do espermatozoide, *se assemelha* a um gancho projetado precisamente para conseguir essa transformação.

Era assim também com a MHC classe I. Quando sua estrutura foi afinal decifrada pelo cristalógrafo Pam Bjorkman, atualmente no Instituto de Tecnologia da Califórnia, parecia combinar perfeitamente com sua função.[7] A molécula lembra o que se poderia esperar: uma mão segurando duas metades abertas de um pão de cachorro-quente. Os dois lados do pão — duas hélices de proteína da molécula MHC — deixam um sulco perfeito no meio. O peptídeo viral pronto para ser apresentado é a salsicha enfiada no sulco entre as duas metades do pão, esperando para ser servido a uma célula T.

"Tudo estava ali naquela imagem. Tudo se encaixava", contou Alain. O elemento estranho (o peptídeo viral em seu sulco) *e* o elemento do eu (as bordas espirais da molécula da MHC) são visíveis para a célula T. Alain estava comovido ao extremo ao olhar essa estrutura; conseguia visualizar de fato a apresentação de um peptídeo viral para uma célula T. "O pulso de todo imunologista se acelera quando vê a estrutura tridimensional do ponto de ligação de uma molécula de MHC exibida pela primeira vez",[8] escreveu nas páginas da *Nature*, em 1987, porque isso explica a "base estrutural" do reconhecimento do antígeno. Essa imagem da molécula classe I respondia a milhares de perguntas de imunologistas e levantava outras milhares. Alain intitulou seu artigo com o fragmento de um poema de William Butler Yeats: "Essas imagens que eram,/ E outras imagens geram [...]".[9]

E, de fato, a imagem da MHC, com seu peptídeo vinculado, gerou novas imagens. E se a MHC classe I permite o reconhecimento das células T? E, sendo a MHC classe I — a proteína transportadora — um prato molecular que exibe tanto elementos do eu como alheios, o que dizer da estrutura da molécula cognata de reconhecimento na superfície da célula T? Qual é a aparência da proteína que detecta o complexo de peptídeos da MHC transportadora?

Mais ou menos na mesma época em que a estrutura molecular da MHC classe I foi decifrada, vários grupos, como o de Mark Davis em Stanford, o de Tak Mak em Toronto e o de Jim Allison em Houston, deram toda a atenção ao gene que codifica o receptor das células T — a molécula na célula T que reconhece a MHC vinculada ao peptídeo.[10] E quando sua estrutura foi por fim decifrada, houve, mais uma vez, um profundo casamento de estrutura e função.

O receptor de células T lembra dois dedos estendidos. Partes dos dois dedos tocam no eu — ou seja, as dobradiças levantadas da molécula de MHC em volta dos lados do peptídeo. E partes tocam no peptídeo estranho transportado no sulco. Tanto o eu como o estranho são reconhecidos *ao mesmo tempo*: os dois requisitos para a detecção de uma célula infectada estão contidos na estrutura. Uma parte de um dedo toca no eu, outra parte faz contato com o estranho. Quando ambos são tocados, dá-se o reconhecimento.

O casamento de forma e função é uma das ideias mais belas da biologia, enunciada pela primeira vez séculos atrás por pensadores como Aristóteles. Nas estruturas das duas moléculas — MHC e receptor de células T — se identificam os temas fundamentais da imunologia e da biologia celular. Nosso sistema imunológico é construído com base no reconhecimento do eu e de sua distorção. É projetado, em termos evolutivos, para detectar o eu alterado. Como concluiu Alain em seu artigo de grande influência: "O reconhecimento de células T pode agora ser explorado de forma racional".

Deixemos de lado por um instante o casamento de estruturas e funções. Townsend sabia que a solução para o problema do reconhecimento de células T tinha criado outro problema. Gerara outra imagem nova: como uma proteína viral — a NP, digamos — sintetizada *dentro* de uma célula vai para um lugar lá fora onde uma célula T possa encontrá-la?

Com o aprofundamento de seus estudos moleculares, Townsend e outros cientistas começaram a desvendar um complexo aparelho interno que cumpriria essa tarefa de virar as entranhas da célula pelo avesso para exibi-la ao mundo exterior. O processo se inicia, como agora sabemos, logo que a proteína viral é fabricada dentro da célula. A célula não sabe se a proteína é parte de seu repertório normal ou se é estranha; não há traço especial em uma proteína viral que a identifique como tal.

E dessa maneira, como todas as proteínas, a NP é enfim enviada para o mecanismo natural de eliminação de resíduos da célula, seu moedor de carne — o proteassoma —, que os reduz então a peças menores (peptídeos) e as ejeta para dentro da célula. Então, usando canais especiais, esses peptídeos são transportados para um compartimento onde podem ser colocados na MHC classe I. As proteínas classe I carregadas levam os peptídeos virais para a superfície da célula e os apresentam à célula T. As moléculas de classe I, como suas estruturas indicavam, são como pratos moleculares, apresentando o tempo todo amostras sedutoras — *aperitivos* — das entranhas da célula para inspeção das células T.

Essa é uma das formas mais inteligentes de dar outro uso a um aparelho molecular intrínseco da célula: ele pega o mecanismo natural de eliminação de resíduos do corpo, trata a proteína viral como se fosse qualquer outra proteína destinada a eliminação, coloca-a numa transportadora de proteína e a empurra para fora por uma escotilha para a superfície da célula.

O dentro agora está fora. A célula mandou uma amostra de sua vida interior, encaixada na moldura correta, para ser inspecionada pelo sistema imunológico. Uma célula CD8, quando chega farejando a superfície da célula, encontra uma vasta seleção de peptídeos do interior dela expostos em sua superfície — entre os quais, é claro, o peptídeo do vírus. E só se for apresentado pela própria MHC (o eu alterado) é que esse peptídeo estranho desencadeará uma resposta imunológica, matando a célula infectada.

Até aqui nos concentramos no mundo "interior" da célula — ou seja, em patógenos alojados dentro dela. Mas o mundo "exterior" — quando patógenos flutuam livremente no corpo — apresenta enigmas próprios: Como vírus e bactérias presentes *fora* da célula ativam uma resposta das células T?

Em princípio, essa ativação *antes* de um vírus infectar sua célula-alvo — enquanto ainda viaja pelo sangue, digamos assim, ou se move através do sistema linfático — traria muitas vantagens para o organismo: ele poderia preparar as várias alas da resposta imune para a infecção iminente. Poderia disparar alarmes no corpo — febres, inflamação e a produção de anticorpos, num esforço para frustrar a infecção num estágio inicial.

Como já vimos, as células do sistema imune inato — macrófagos, neutrófilos e monócitos — estão o tempo todo inspecionando o corpo à procura de sinais de lesões e infecções. Uma vez detectada uma infecção, elas se dirigem em grandes quantidades para o lugar infectado a fim de ingerir, ou fagocitar, células bacterianas ou partículas virais. Elas devoram as invasoras, internalizando-as, e as direcionam para compartimentos especiais. Esses compartimentos — lisossomos, entre eles — estão abarrotados de enzimas que decompõem o vírus em fragmentos menores, como os pedacinhos de proteínas conhecidos como peptídeos.

Isso também é uma forma de "internalização" — embora não seja uma internalização causadora de infecção. Aqui o vírus é claramente um estrangeiro, destinado à destruição. Ele ainda vai entrar na célula, produzir novos vírions e "se naturalizar". O trabalho de Alain Townsend, já discutido, tinha se concentrado na resposta das células T CD8 que se dá *depois* que o vírus se abriga dentro de célula. Mas e se uma resposta de células T é preparada logo que o sistema de vigilância do corpo detecta um patógeno?

Nos anos 1990, Emil Unanue, agora professor da Faculdade de Medicina da Universidade de Washington, começou a explorar a resposta das células T a micróbios fora da célula.[11] Ele descobriu que essa forma de detecção imune obedece a princípios quase análogos aos que Townsend tinha encontrado.

Uma vez fagocitados, encaminhados para o lisossomo e degradados, as bactérias e os vírus são cortados e reduzidos a peptídeos.* E assim como a mo-

* Aqui, uma advertência: uma pequena fração de peptídeos do interior da célula — em geral

lécula MHC classe I emoldura e apresenta os peptídeos *internos* da célula às células T, uma classe relacionada de proteínas — chamadas MHC classe II — apresenta peptídeos na maioria *externos* às células T. Sua estrutura também é parecida: uma mão segurando duas metades de um pão, com um sulco para o peptídeo no meio.

Em outras palavras, falando em termos gerais:

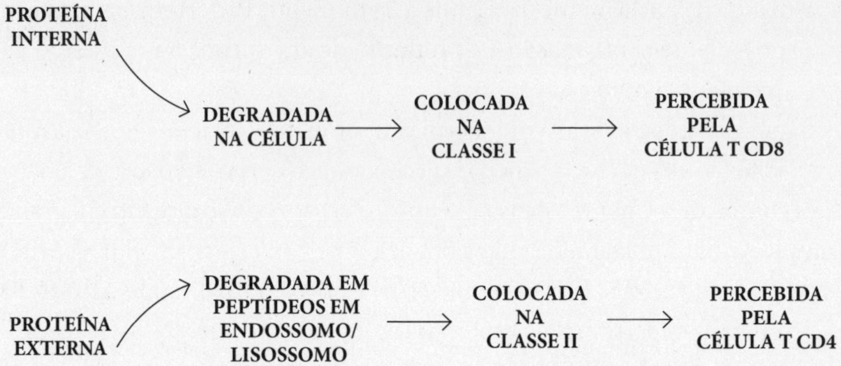

Mas é aqui que a resposta imune se diversifica, incorporando uma segunda ala de ataque. Os peptídeos internos, apresentados pelas MHCs classe I, como Zinkernagel e Doherty tinham descoberto, são detectados por um conjunto de células T chamadas de células T CD8 assassinas. As células CD8, como já foi dito, matam a célula infectada, expurgando o vírus durante o processo.

Por outro lado, uma maioria de peptídeos vindos de patógenos de fora da célula (e alguns do interior da célula que acabam no lisossomo) é apresentada por MHCs classe II. Eles são detectados por uma segunda classe de células T, chamadas de células T CD4.[12]

A célula CD4 não é assassina (mais uma vez, há uma lógica nisso. O vírus já está morto e reduzido a pedaços; por que matar a célula que está alertando a célula T sobre um vírus morto?). Na verdade, essa célula T é *orquestradora*. Tendo detectado o complexo peptídico da MHC II, ela inicia a coordenação de uma resposta imune. Instiga as células B a começarem a sintetizar anticorpos.

---

produtos residuais — também é enviada ao lisossomo para destruição e apresentada nas MHCs classe II.

Expele substâncias que amplificam a capacidade de fagocitose dos macrófagos. Provoca um aumento de fluxo sanguíneo local e convoca mais outras células imunológicas, entre as quais células B, para enfrentar a infecção.

Na ausência da célula CD4, a transição de imunidade inata para imunidade adaptativa — ou seja, da detecção de um patógeno para a produção de anticorpos pelas células B — não ocorreria. Devido a todas essas propriedades, e sobretudo por apoiar a resposta das células B a anticorpos, esse tipo de célula é chamado de célula T "auxiliar". Sua função é estabelecer uma ponte entre o sistema imunológico inato e o sistema imunológico adaptativo — macrófagos e monócitos de um lado, e células B e T do outro.*

* Nossa batalha com os patógenos é tão desesperada e constante que até as auxiliares precisam de auxiliares. Muitos tipos de células diferentes — monócitos, macrófagos e neutrófilos, que já encontramos — podem apresentar complexos de peptídeos/MHCs, esses pratos moleculares repletos de seus conteúdos internos, para envolver também células auxiliares e assassinas; afinal de contas, esse é um sistema *geral* de vigilância contra células infectadas por vírus. Mas há uma célula especializada tão bem preparada para envolver uma célula T — tão inerentemente especializada para apresentação de antígeno — que sua primeira e única função é detectar patógenos e deflagrar uma resposta imune. Essa célula, descoberta pelo cientista Ralph Steinman, vive basicamente no baço e emite dezenas de galhos — como se quisesse fazer acenos para que a célula T se aproximasse e desse uma olhada. Steinman a descobriu por observação no microscópio nos anos 1970 e passou quase quatro décadas decifrando sua função. Essa célula tem um dos mecanismos mais eficientes para capturar vírus e bactérias, e um dos mais eficientes sistemas de processamento para apresentar complexos de peptídeos/MHCs, as mais densas coleções de moléculas de superfície para ativar células T e um dos mais potentes mecanismos de secreção de alarmes moleculares que ativam respostas tanto do sistema imune adaptativo como do sistema imune inato. É chamada de "célula dendrítica", da palavra grega para "galho", por causa dos muitos galhos que se estendem de seu corpo (pode-se até imaginar que eles se desenvolveram com o objetivo de criar docas separadas para as células T atracarem). Mas em termos metafóricos ela é também capaz, com seus múltiplos galhos, de coordenar todos os aspectos do sistema imune de múltiplas investidas e prepará-lo adequadamente para responder a uma infecção. A célula dendrítica é talvez a primeira entre os primeiros reagentes a ativar a imunidade no tranco contra um patógeno. Ralph Steinman morreu em Nova York em 30 de setembro de 2017, poucos dias antes de o Comitê do Nobel lhe conceder o prêmio por sua descoberta (por um instante, tragicamente, houve um prêmio, mas não seu ganhador. O Nobel não é concedido postumamente, mas a decisão de premiar Steinman tinha sido tomada bem antes da sua morte, de modo que mesmo assim a honra lhe foi conferida). Necrológios e homenagens a Steinman choveram da parte de cientistas, médicos e estagiários que com ele trabalharam. Mas o tributo que me parece o mais evocativo, escrito pelo imunologista Phil Greenberg, de Seattle, traz um título que nos leva de volta às raízes da biologia celular — a Van Leeuwenhoek, Hooke e Virchow, debruçados

O processamento do antígeno e sua apresentação para células CD4 e CD8 — os esteios do reconhecimento da célula T — são processos lentos, mas penosamente metódicos. Ao contrário do anticorpo, xerife bom de tiro ansioso para travar um duelo com uma gangue de criminosos moleculares no centro da cidadezinha, a célula T é o detetive que vai de porta em porta à procura de criminosos escondidos dentro de casa. Em *As vidas de uma célula: Notas de um estudioso de biologia*, Lewis Thomas escreveu: "Os linfócitos, como as vespas, são geneticamente programados para exploração, mas parece que a cada um deles é permitido ter uma ideia diferente e única. Eles percorrem os tecidos, farejando e monitorando".[13] À diferença da célula B, no entanto, a célula T não está à procura de um culpado que saia correndo do bar a disparar tiros. Está, como um onisciente Sherlock Holmes de cachimbo e boné xadrez, procurando os *sinais* de uma pessoa. Os resíduos deixados por uma presença interior. Uma carta rasgada, com o fragmento de um nome, jogada na lata de lixo do lado de fora. (Pode-se pensar nesse pedaço de papel amassado, largado dentro de uma lata de lixo, como um peptídeo apresentado a uma molécula de MHC.)

Há uma dualidade no sistema imunológico: um sistema de reconhecimento não necessita de contexto celular (células B e anticorpos), ao passo que o outro só é deflagrado quando a proteína estrangeira é apresentada no contexto de uma célula (células T). É essa dualidade que garante que vírus e bactérias sejam não só eliminados do sangue por anticorpos, mas também eliminados de células infectadas onde, caso contrário, poderiam ser abrigados com segurança, por células T.

Contrariando o uso dado à palavra por Alain, é na verdade bastante sutil.

Os primeiros pacientes começaram a chegar a hospitais e clínicas em 1979 e 1980. Era o inverno de 1979, e um médico de Los Angeles, Joel Weisman, notou um aumento súbito do número de homens jovens, em geral na casa dos

---

em seus microscópios e desvendando um novo cosmos biológico —: "Ralph M. Steinman: Um homem, um microscópio, uma célula e tantas coisas mais". É a história de praticamente todos os pesquisadores que habitam este livro expressa em três palavras: "cientista", "microscópio", "célula". Philip D. Greenberg, "Ralph M. Steinman: A Man, a Microscope, a Cell, and So Much More". *Proceedings of the National Academy of Sciences of the United States of America*, v. 108, n. 52, pp. 20871-2, 8 dez. 2011. DOI: doi.org/10.1073/pnas.1119293109.

vinte e dos trinta anos, que apareciam em sua clínica com uma doença bizarra: uma "síndrome parecida com a mononucleose, marcada por febre contínua, perda de peso e gânglios linfáticos inchados".[14] Do outro lado do país, agregados similares de enfermidades incomuns também tinham começado a surgir de repente. Em março de 1980, em Nova York, um paciente chamado Nick apareceu com uma doença estranha, debilitante: "lassidão, perda de peso e um desgaste lento do corpo inteiro".[15]

No começo de 1980, houve mais pacientes — mais uma vez, também em geral homens jovens em Nova York e Los Angeles, muitos dos quais tinham adquirido uma forma de pneumonia só vista antes disso em pacientes gravemente imunocomprometidos, causada por um patógeno do qual quase só se tinha notícia em livros didáticos: *Pneumocystis*. A doença era tão rara que a única medicação para tratá-la, a pentamidina, era distribuída através de uma farmácia federal. Em abril de 1981, um farmacêutico do Centro de Controle e Prevenção de Doenças (Centers for Disease Control and Prevention, CDC) dos Estados Unidos notou que a demanda pelo antifúngico tinha quase triplicado e que todos os pedidos pareciam vir de vários hospitais em Nova York e Los Angeles.[16]

Em 5 de junho de 1981, uma data decisiva, o *Relatório Semanal de Morbidade e Mortalidade* (*Morbidity and Mortality Weekly Report*, *MMWR*), documento elaborado pelo CDC sobre as doenças do país, publicou cinco casos de homens jovens com pneumonia por *Pneumocystis* (PCP), notando o fato bastante inusitado de que todos eles tinham ocorrido em Los Angeles, num raio de poucos quilômetros.[17] Quase sempre, como se ficou sabendo mais tarde, os pacientes eram homens que faziam sexo com outros homens. "A ocorrência de PCP nesses indivíduos até então saudáveis sem uma imunodeficiência clinicamente aparente é incomum",[18] dizia o relatório.

> Todos os três pacientes testados tinham função imunecelular anormal, dois dos quatro relataram contatos homossexuais recentes. Todas as observações acima sugerem a possibilidade de uma *disfunção imunecelular* [grifo meu] ligada a uma exposição comum que predispõe indivíduos a infecções oportunistas.[19]

E então, nas duas costas do país, homens começaram a aparecer em consultórios médicos com um raro câncer de pele e das membranas mucosas do corpo. O sarcoma de Kaposi, raro nos Estados Unidos, era uma malignidade indolente mais tarde associada a uma infecção viral. Costumava se apresentar como lesões de pele arroxeadas que surgiam ocasionalmente em homens mediterrâneos idosos e em pacientes num cinturão endêmico na África subequatorial. Mas em Nova York e Los Angeles, os sarcomas eram cânceres agressivos, invasivos, cobrindo a pele de braços e pernas de vergões erosivos e de cor violeta. Em março de 1981, a revista *Lancet* publicou um relatório que descrevia oito casos como esses — outro agregado peculiar.[20] Àquela altura, Nick, o homem com a doença debilitante, já tinha morrido devido a uma lesão por cavitação cerebral causada pelo *Toxoplasma gondii*, um patógeno comum, em geral não invasivo, encontrado, quem diria, em inofensivos gatos domésticos.

No fim do verão de 1981, doenças peculiares só vistas até então em pacientes seriamente imunocomprometidos pareciam surgir do nada. Semana após semana, o *MMWR* relatava a crônica sinistra de uma peste com mil faces, composta de doenças que pareciam desconexas: mais casos de pneumonia por *Pneumocystis*, meningite criptocócica, toxoplasmose, sarcomas arroxeados surgindo em homens jovens, vírus estranhos e indolentes repentinamente tornados ativos e furiosos, linfomas incomuns vindos do nada.

A única conexão epidemiológica era que essas doenças tinham uma forte predileção por homens que faziam sexo com outros homens — muito embora, em 1982, também já estivesse claro que receptores habituais de transfusão de sangue, como pacientes com hemofilia, o distúrbio da coagulação sanguínea, também se encontravam em situação de risco. Em quase todos os casos, havia sinais de um catastrófico colapso imunológico, em especial da imunidade celular. Numa edição de 1981 da *Lancet*, uma carta ao editor sugeriu o nome "síndrome do comprometimento gay".[21] Alguns a chamavam de "imunodeficiência relacionada a gays", ou, de maneira mais perversa (e com clara intenção discriminatória), "câncer gay".[22] Em julho de 1982, com médicos ainda em busca, ansiosos, de uma causa, o nome da doença foi mudado para síndrome da imunodeficiência adquirida, ou aids, na sigla em inglês.[23]

Mas qual era a causa desse colapso imunológico? Já em 1981, três grupos independentes em Nova York e em Los Angeles tinham estudado os pacientes e descoberto que seu sistema imunecelular tinha sido dizimado.[24] (Até o *MMWR* de junho de 1981 tinha notado um colapso na "imunidade celular".) Examinando cuidadosamente cada tipo de célula imune, logo se identificou o defeito crucial como uma célula T CD4 auxiliar disfuncional, que também ocorria em números muito baixos. Uma contagem normal de CD4 gira em torno de quinhentas a 1500 células por milímetro cúbico de sangue. Pacientes com aids já desenvolvida por completo tinham apenas cinquenta, ou mesmo dez. A aids, como um grupo de pesquisadores a descreveu, era "a primeira doença humana a ser caracterizada pela perda seletiva de um subconjunto específico de células T, as células T CD4+ auxiliares/indutoras".[25] A linha limítrofe para a aids foi estabelecida em duzentas células CD4 auxiliares por milímetro cúbico de sangue.

Logo ficou claro que um agente infeccioso, talvez um vírus, estava envolvido. Podia ser transmitido sexualmente, tanto através do sexo homossexual como do heterossexual, por transfusão de sangue e por agulhas infectadas introduzidas na corrente sanguínea, em geral para uso ilícito de drogas intravenosas. Testes rotineiros não revelavam nenhum vírus ou bactéria conhecidos. Tratava-se de uma infecção por vírus desconhecido de fonte desconhecida que atacava a imunidade celular. Configurava também uma situação particularmente ruim, pois um vírus como esse é, em termos biológicos e metafóricos, um patógeno consumado, matando o próprio sistema projetado para matá-lo.

A identidade do vírus causador da aids foi afinal revelada em 20 de março de 1983, quando o pesquisador francês Luc Montagnier, em trabalho com Françoise Barré-Sinoussi, publicou um artigo na revista *Science* descrevendo o isolamento de um novo vírus dos gânglios linfáticos de vários pacientes com aids.[26] Durante o ano seguinte, enquanto a doença se espalhava pela Europa e pelos Estados Unidos, matando milhares, virologistas discutiam se esse vírus era, de fato, a causa da síndrome. Em 1984, o laboratório do pesquisador biomédico Robert Gallo, no Instituto Nacional do Câncer, encerrou o debate de uma vez por todas: a equipe publicou quatro artigos na *Science* com provas inequívocas de que o novo vírus causava a aids.[27] Foi batizado com o nome de vírus da imunodeficiência humana (*human immunodeficiency virus*, HIV).[28, 29] O laboratório de Gallo descreveu um método para cultivar o vírus e desenvolver anticorpos contra ele que serviriam de base para os primeiros testes de infecção.

Costumamos pensar na aids como uma doença viral. Mas ela é também uma doença celular. A célula T CD4 positiva fica na encruzilhada da imunidade celular. Chamá-la de "auxiliar" é como chamar o estadista Thomas Cromwell de burocrata de nível médio; a célula CD4 é menos um auxiliar do que o próprio mestre maquinador de todo o sistema imunológico, o coordenador, o nexo central por onde praticamente passam todas as informações imunológicas. Suas funções são diversas. Seu trabalho começa, como vimos antes, quando ela detecta peptídeos de patógenos, carregados em moléculas de MHC classe II e apresentados por células. Em seguida ela liga no tranco a resposta imune, ativando-a, enviando alarmes, possibilitando a maturação de células B e recrutando células CD8 para pontos de infecção viral. Ela expele fatores que permitem uma conversa geral entre as diversas alas da resposta imunológica. É a ponte central entre a imunidade inata e a imunidade adaptativa — entre todas as células do sistema imunológico. O colapso das células CD4, portanto, degenera com rapidez no colapso de todo o sistema imunológico.

O homem alto e magro que me procurou numa sexta-feira à tarde só tinha uma queixa: estava perdendo peso. Nada de febre, nada de calafrios, nada de suores noturnos. Apesar disso, seu peso continuava despencando. Todo dia ele subia numa balança em casa para descobrir que tinha perdido mais meio quilo. Levantou-se para me mostrar: tinha apertado a fivela do cinto furo após furo, nos últimos seis meses, até chegar ao último. E ainda assim a calça escorregava da cintura.

Sondei um pouco mais fundo. Era corretor de imóveis aposentado, de Rhode Island. Fora casado, mas vivia sozinho. O homem tinha uma atitude incomum: apesar de franco e direto no que se referia aos sintomas médicos e aos riscos, era reservado quanto à vida pessoal, fornecendo apenas vagos detalhes.

"Usa drogas intravenosas?", perguntei.

"Não", respondeu, enfático. Nunca.

"Histórico de câncer na família?"

Sim. O pai morrera de câncer de cólon. A mãe tinha câncer de mama.

"Sexo sem proteção?" Ele me olhou como se eu fosse maluco.

"Não." Alegava estar havia anos sem manter relações sexuais.

Fiz um exame físico. Nada que chamasse a atenção. "Vamos pedir uns exames básicos", disse eu. Perda assintomática de peso é um enigma médico difícil de resolver. Poderíamos verificar se havia sangramento oculto ou quaisquer sinais de câncer. Tuberculose parecia uma hipótese improvável. O risco de HIV era baixo, mas voltaríamos ao assunto.

Terminado nosso tempo de consulta, ele se levantou para sair. Calçava tênis sem meias. E quando se virou foi que vi com o canto do olho: uma lesão arroxeada no tornozelo, logo acima do sapato.

"Volte aqui um minutinho", pedi. "Tire os tênis."

Examinei a lesão com cuidado. Era uma pequena elevação na pele, do tamanho de um feijão, com uma cor escura de berinjela. Parecia sarcoma de Kaposi. "Vamos pedir também uma contagem de CD4", disse eu, acrescentando, com delicadeza, "e um teste de HIV?" Ele continuou imperturbável.

Uma semana depois, os números chegaram: ele tinha aids. Sua contagem de CD4 estava em um décimo do que consideramos normal, e uma biópsia da lesão arroxeada testou positivo, como eu suspeitara, para sarcoma de Kaposi, uma das doenças definidoras da aids.

Encaminhei o homem para um especialista em HIV. Quando ele voltou para se consultar comigo, mais uma vez negou com veemência ter tido sexo sem proteção com homens ou mulheres, usado drogas intravenosas ou feito transfusão de sangue, os comportamentos de risco associados a HIV/aids. Era como se o vírus tivesse surgido do nada. Não havia sentido em continuar investigando. Uma camada impenetrável de privacidade se erguia entre nós. Em seu romance *Os filhos da meia-noite*, de 1981, Salman Rushdie escreve sobre um médico que só tem permissão para examinar sua paciente, uma jovem, através de um buraco num lençol branco.[30] Às vezes eu tinha a impressão de que só conseguia visualizar meu paciente através de um buraco num lençol — de quê? Homofobia? Negação? Vergonha sexual? Dependência química? Começamos a terapia antirretroviral. Sua contagem de CD4 começou a subir, mais devagar do que esperávamos, mas aos poucos, dia após dia. O peso se estabilizou por um tempo.

Até que voltou a cair. Numa inusitada reviravolta narrativa, duas novas lesões — arroxeadas — de repente apareceram no braço. Um novo machucado? Mais Kaposi? Mas o momento em que apareceram não fazia sentido. Àquela altura, ele começara a ter febres e calafrios. Surgiram caroços nas axilas e as duas lesões arroxeadas cresceram. Poucas tardes depois, estava de volta ao pronto-socorro.

Então as coisas começaram a fugir rapidamente do controle. A pressão arterial despencou e os dedos dos pés ficaram roxos. Suas hemoculturas desenvolveram a bactéria *Bartonella*, encontrada de hábito em pacientes com aids. E o trava-língua do caso deu outra guinada: as lesões arroxeadas que tinham voltado a crescer na pele não eram Kaposi; eram protuberâncias em forma de tumor causadas por vasos sanguíneos inflamados pela *Bartonella*. Quais são as chances de duas lesões idênticas no mesmo paciente terem duas causas radicalmente diversas? Às vezes os mistérios médicos são mais profundos do que se pode imaginar.

Nós o tratamos com os antibióticos doxiciclina e rifampicina até que os sintomas cederam. Ele ficou duas semanas no hospital. Fui vê-lo depois de uma semana de internação e ele voltou à sua atitude reservada de sempre. A infecção por *Bartonella* é quase sempre causada por arranhão de gato; em geral, pulgas que entram na pele através do arranhão transmitem a doença.

Ficamos um tempo sentados, em silêncio, como se cada um de nós estivesse arquitetando sua estratégia nessa batalha de ocultações.

"Gatos?", perguntei. "Você nunca me disse que tinha gatos."

Ele me olhou espantado. Nada de gatos.

Nenhum fator de risco de HIV. Nada de drogas. Nada de relação sexual sem proteção. Nada de gatos. Nada de arranhões. Dando de ombros, desisti.

Por sorte, o homem se recuperou de suas infecções. Os medicamentos antirretrovirais estão funcionando e sua contagem de CD4 voltou ao normal. Mas a caixa-preta das causas continua hermeticamente fechada. Às vezes os mistérios humanos são mais profundos do que os da medicina.

A combinação de terapia de substâncias antivirais com mais três ou quatro medicamentos mudou o panorama do tratamento contra o HIV. A farmacopeia contra o vírus vem aumentando de ano para ano. Há remédios que impedem o vírus de se replicar com eficiência, que evitam que ele duplique seu RNA ou se integre ao genoma do hospedeiro, que não o deixam amadurecer em partículas infecciosas, que o impedem de se fundir nas células vulneráveis — ao todo, cinco ou seis classes separadas de medicamentos. A terapia com eles é tão eficaz que pacientes com HIV podem viver décadas sem qualquer sinal do vírus — *indetectável*, no jargão da medicina. Não estão curados, mas, de tão profundamente controlados, com cargas virais tão baixas, já não infectam ninguém.

E laboratórios no mundo inteiro estão à procura de vacinas contra o HIV que consigam impedir por completo a infecção, eliminando, com isso, a necessidade de terapia crônica com múltiplos remédios. Na verdade, alguns dos testes de medicação mais ambiciosos evoluíram do tratamento para a prevenção. Em um desses estudos, um regime de duas doses do antiviral nevirapina — receitado para uma mãe HIV positivo antes do parto, e uma dose ministrada ao recém-nascido até três dias depois do nascimento — faz o risco de transmissão cair de 25% para cerca de 12%.[31] Custa mais ou menos quatro dólares. Combinações mais potentes de medicamentos para prevenir a transmissão em mulheres grávidas ou em indivíduos de alto risco depois do contato sexual são submetidas a teste praticamente todos os meses.

Mas enquanto aguardamos a vacina contra o HIV, pelo menos uma rota para a cura de uma doença celular envolve a terapia celular. Em 7 de fevereiro de 2007, Timothy Ray Brown, um homem HIV positivo, foi submetido a um transplante de medula óssea.[32] Originariamente de Seattle, ele recebeu o diagnóstico de HIV em 1995, quando era estudante universitário em Berlim. Tinha sido tratado com medicamentos antivirais, entre os quais os então novos inibidores de protease, e vivido sem sintomas por uma década. Sua contagem de CD4 estava só um pouco abaixo do normal e a carga viral era indetectável.

No entanto, em 2005, ele começou a se sentir exausto e fraco de repente, e incapaz de completar seus costumeiros passeios de bicicleta. Descobriu-se que estava com uma anemia moderada, ainda que seu HIV estivesse sob controle. Uma biópsia da medula óssea revelou que ele tinha leucemia mieloide aguda, um câncer letal dos glóbulos brancos. (Na verdade, Brown foi muito azarado. Esse câncer e a infecção pelo HIV estão fracamente relacionados; homens e mulheres infectados pelo HIV têm risco elevado de contrair certos linfomas, e um risco duas vezes maior de adquirir leucemia mieloide aguda, embora estudos adicionais sejam necessários.)

De início, seu tratamento consistiu na quimioterapia padrão, mas a leucemia reapareceu em 2006. Para o próximo passo, seus oncologistas sugeriram altas doses de quimioterapia destinadas a eliminar as células malignas — e com elas suas defesas contra doenças —, acompanhadas por um transplante de medula óssea de um doador compatível. Costuma ser difícil encontrar esses doadores, mas, de maneira surpreendente, Brown acabou contando com uma fartura de 267 doadores compatíveis no cadastro internacional. Assim, diante dessa abundância de opções, seu médico, Gero Hütter, hematologista de Berlim com uma queda para experimentos, sugeriu procurar um doador que também tivesse uma mutação natural no CCR5, o correceptor de que o HIV se utiliza para entrar nas células CD4. Em alguns humanos, todas as células, entre elas as CD4, têm uma mutação natural no gene CCR5 chamada CCR5 delta 32 — a mesma mutação que o geneticista chinês He Jiankui tentou criar em Lulu e Nana por edição genética. Humanos que herdam duas cópias de gene CCR5 mutante são resistentes à infecção pelo HIV. Nesse caso, o transplante de Brown não seria apenas um tratamento médico inovador, mas também um experimento único na vida.

Hütter sabia do caso de um paciente anterior, também de Berlim, que deixara de tomar remédios contra o HIV porque se supunha que ele tivesse um gene herdado que conferia resistência ao vírus. A carga viral do paciente não reapareceu nem mesmo depois que o uso de seus medicamentos contra o HIV foi descontinuado — indício sugestivo, mas não prova concreta, de que os antecedentes genéticos de um paciente eram capazes de alterar sua suscetibilidade ao vírus.

Hütter não tinha dúvida de que o caso de Brown seria um avanço significativo. Uma das razões era que o *doador* de células-tronco, e não o hospedeiro, forneceria o gene de resistência. E, embora o objetivo principal do transplante fosse curar a leucemia, pensava Hütter, por que não tentar derrotar a infecção pelo HIV com a mesma cajadada celular?

Infelizmente, a leucemia reapareceu pouco mais de um ano depois do transplante, tornando necessária uma segunda tentativa com o uso de células-tronco do mesmo doador. Foi uma provação muitíssimo fatigante. "Eu delirava muito, quase fiquei cego e paralítico",[33] escreveu Brown num reflexivo artigo em 2015, o décimo aniversário do diagnóstico de seu câncer. A recuperação se estendeu por meses, depois anos. Aos poucos, ele reaprendeu a andar e sua visão foi restaurada. Mas não precisou usar medicamentos contra o HIV, como tinha sido planejado depois do primeiro transplante. E, à medida que se estabelecia o enxerto das novas células-tronco, com a versão naturalmente resistente das células CCR5 delta 32, ele continuava HIV negativo. Estava curado da leucemia — e, talvez o que é mais espantoso, do HIV.

O caso Brown ainda é amplamente discutido na comunidade médica. De início mencionado como o "paciente de Berlim", Brown resolveu revelar sua identidade para a mídia e em revistas científicas no começo de 2010, ano em que voltou para os Estados Unidos. Permaneceu livre do HIV por treze anos e começou a se declarar "curado". Em 2020, Timothy Ray Brown morreu de recidiva da leucemia aos 54 anos — mas ainda sem qualquer sinal do HIV no sangue.

Mas há uma coisa que precisamos deixar bem clara: a pandemia do HIV não será resolvida por transplantes de medula óssea com células CCR5 delta 32 de doadores. O procedimento é caro demais, tóxico demais e trabalhoso demais para ser considerado uma opção prática para uma grande faixa da população humana.

No entanto, a história de Brown deixa lições importantes e questões em aberto, que são relevantes para o desenvolvimento de vacinas e medicamentos antivirais. Para começo de conversa, alterando-se o reservatório celular do HIV no sangue é possível, pelo menos em tese, curar a doença, ou no mínimo permitir um controle profundo e permanente da viremia. Na esteira da cura de Timothy Brown do HIV, um segundo paciente, em Londres, também foi curado do vírus com um transplante de medula óssea. A não ser que esses dois casos sejam anomalias, é improvável que haja um reservatório "secreto", além do sangue, onde o HIV possa se esconder e ser reativado quando o uso de medicamentos for descontinuado — problema potencial que há décadas preocupa os pesquisadores. (Note-se que especifiquei sangue, e não apenas células T CD4. Macrófagos, também provenientes do sangue, por exemplo, são conhecidos por agirem como reservatórios do HIV.)

É impossível saber se um reservatório adormecido de HIV permaneceu no corpo de Brown depois de sua suposta cura, mas o fato é que ele viveu sem o vírus por mais de uma década. E se *havia* esses estoques nos macrófagos restantes, então talvez o vírus, incapaz de infectar suas células T CD4 positivas, tenha ficado permanentemente aprisionado, como alguém atrás da porta trancada de um porão.

Que fatores tinham contribuído para a possível cura? A cepa particular de HIV? A baixa carga viral antes dos transplantes? A "engenharia" do sistema imunológico de Brown depois do transplante? Respostas a essas perguntas servirão para nortear a próxima onda de terapias do HIV. Aprenderemos onde o vírus se esconde, como ataca seus reservatórios, como as células podem resistir à infecção. Mais importante ainda, aprenderemos como o sistema imune pode ser instruído a reconhecer o mais traidor dos patógenos.

14. A célula tolerante: O eu, o horror autotóxico e a imunoterapia

E o que eu assumo você vai assumir,
Pois cada átomo que pertence a mim pertence a você.[1]
Walt Whitman, "Canção de mim mesmo", 1892

Hora de voltarmos à pergunta: o que é o eu? Um organismo, como já sugeri, é uma união cooperativa de unidades; um parlamento de células. Mas onde começa e onde termina a união? E se uma célula estranha tentar aderir à união? Que passaporte deve carregar que lhe permita a entrada? Como a Lagarta pergunta a Alice em *Alice no País das Maravilhas*: "Quem é *você*?".[2]

Esponjas no fundo do oceano estendem os galhos uma na direção da outra, mas os galhos param de crescer quando a esponja chega perto de uma vizinha. Como escreveu um esponjologista: "Uma clara margem não confluente separa espécies diferentes ou [até] espécimes diferentes pertencentes à mesma espécie".[3] O que impede as células de transitar entre uma esponja e outra — ou entre um humano e outro? Como uma esponja conhece *a si mesma*?

Há uma pergunta parecida implícita no capítulo anterior que precisa ser respondida: escrevi ali que as células T reconhecem o eu alterado. Mas se analisarmos bem essa frase, ela se transforma numa penca de perguntas; enigmas de todos os tipos aparecem de todos os lados. Dividamos a frase em duas partes. Em primeiro lugar, como uma célula reconhece seu eu alterado? Em outras palavras, como ela sabe que deve matar o alvo quando um peptídeo viral ou bacteriano está presente, mas não quando um peptídeo *do eu* lhe é apresentado? A célula não mantém um registro de todos os peptídeos do eu sobrepostos — o número dos peptídeos possíveis numa célula ultrapassaria centenas de milhões — e, assim, qual mecanismo existente garante que uma célula T não ataque o próprio corpo? Em segundo lugar, que dizer do eu? Como uma célula T sabe que a moldura que carrega o peptídeo — a molécula de MHC — vem do próprio corpo, e não de um corpo alheio?

Comecemos pela questão do eu. À primeira vista, parece um problema artificial. Nós, humanos, não precisamos nos preocupar com células de outros humanos invadindo e colonizando nosso corpo e tentando se passar por nossas (ainda que a fantasia continue a inspirar filmes e livros de terror). Mas para organismos multicelulares mais primitivos — esponjas, digamos —, cuja existência competitiva é uma batalha diária e para os quais cada pedaço de alimento é precioso, a constância é uma ameaça iminente e o território é um recurso limitado, a possível invasão de outro eu não é questão banal. Esses organismos precisam indagar: Onde *eu* acabo e *você* começa? O eu deles só pode existir se suas fronteiras forem rigorosamente policiadas. Esses organismos precisam perguntar o tempo todo a cada célula sua: "Quem é *você*?".

Muito antes do nascimento da biologia celular, Aristóteles imaginou o eu como o âmago do ser; uma unidade do corpo e da alma.[4] O limite *físico* do eu, sugeriu ele, era definido pelo corpo e sua anatomia. Mas a totalidade do eu era uma unidade formada por esse receptáculo físico e uma entidade metafísica que o ocupava — o corpo preenchido pela alma. Em princípio, também Aristóteles deve ter se preocupado com a possível invasão do receptáculo físico por uma alma estranha — na verdade, "possessão" era um conceito muito usado por médiuns para explicar colapsos mentais e comportamentais —, mas ele parece não ter insistido muito na questão: uma vez que o receptáculo era ocupado por uma alma, sua invasão potencial por outra alma — ou fusão — não o incomodava nem um pouco.

No sentido contrário, alguns filósofos védicos na Índia, escrevendo entre os séculos V e II a.C., saudavam a eliminação do eu individual e sua fusão com o universal.[5] Rejeitavam o dualismo grego entre corpo e alma — e, na verdade, entre corpo individual e alma cósmica. Chamavam o eu de *atman*. (Há muitas outras palavras sânscritas para "eu", mas *atman* é a que carrega mais significado.) O eu universal, multitudinário, em contraste, era o Brahma. Para esses filósofos, o eu era uma fusão ideal de *atman* e Brahma, ou, talvez mais exatamente, o fluxo incessante do eu universal através do eu individual. No entanto, essa fusão/fluxo era reservada como meta de aspiração espiritual. Havia uma ecologia cósmica que ligava o individual e o coletivo espiritual num único Ser. A frase "*Tat Twam Asi*" — "Você é *Isso*" — permeia os Upanixades e é uma expressão do eu ilimitado que permeia não apenas um único corpo físico, mas também o cosmos. *Você*, o eu, proclamam os Upanixades, é permeado e penetrado pelo *Isso*, o universal. Num corpo ideal, o universal flui através do individual. (A palavra "invade", com suas conotações negativas, obviamente é evitada.)

Na ciência, essa ilimitabilidade do corpo individual e do corpo cósmico encontrou seu eco mais recentemente na ecologia. Todo o ecossistema dos seres vivos, podemos dizer, é interligado por um sistema de relações e, até certo ponto, pela eliminação do eu delimitado. Um corpo humano e uma árvore, assim como o pássaro que mora nessa árvore, estão ligados por esse sistema — uma rede de conexões que os ecologistas estão apenas começando a decifrar. O pássaro come as frutas de uma árvore e espalha as sementes através de seus excrementos; a árvore, de maneira recíproca, oferece um poleiro para esse pássaro. Não é invasão, como insistem os ecologistas. É interconectividade.

Mas a interconectividade ecológica não é física nem competitiva; é relacional e simbiótica — assunto ao qual voltaremos. Para os biólogos celulares, no entanto, é a fusão física que continua a apresentar um enigma fundamental. A noção de quimerismo — a fusão de eus físicos — não é uma fantasia New Age, mas uma ameaça antiquíssima. Os eus celulares não gostam, em especial, de se misturar com outros eus celulares. Por que outro motivo uma esponja se daria tanto trabalho para limitar sua fusão com outra esponja e formar uma esponja cósmica bramânica inebriantemente ilimitada?

* * *

Estendamos o mesmo desafio a uma célula T. Lembremos que uma célula T é ativada quando o peptídeo estrangeiro é apresentado numa proteína MHC montada na superfície de uma célula — mas *apenas* quando apresentado por uma MHC que seja do mesmo corpo. É como se a célula T fosse ativada apenas se a moldura, ou o contexto, for a certa — "certa" no sentido de que a moldura vem do eu e o que é carregado é alheio. Mas como a célula T reconhece o próprio eu?

Até os primeiros fisiologistas notaram que a rejeição do não eu — e a definição rigorosa de fronteiras — era uma característica dos tecidos humanos. Cirurgiões na Índia, em especial Sushruta, que viveu entre 800 e 600 a.C., tinham enxertado pele da testa no nariz.[6] (Esse procedimento não era raro na Índia antiga, pois criminosos e dissidentes costumavam ter o nariz cortado como castigo, deixando aos médicos a tarefa de inventar um jeito de reconstruí-lo.) Mas os primeiros cirurgiões, quando tentavam o aloenxerto — enxerto de pele de um corpo em outro —, descobriam que o sistema imunológico do receptor atacava com violência e rejeitava a pele transplantada, que ficava lívida e gangrenosa, até que por fim degenerava e morria.

Durante a Segunda Guerra Mundial, renovou-se o interesse pela compreensão da ciência subjacente da enxertia. O enxerto de pele, em particular, era muito necessário, pois tanto soldados como civis costumavam sofrer ferimentos, queimaduras ou outros efeitos de bombas e incêndios. O governo britânico nomeou um Comitê de Ferimentos de Guerra, como parte do Conselho de Pesquisa Médica, para incentivar as pesquisas sobre cicatrização e cura de feridas.

Em 1942, uma mulher de 22 anos deu entrada na Enfermaria Real de Glasgow com "extensas queimaduras no peito, no flanco direito e no braço direito".[7] O cirurgião, Thomas Gibson, trabalhou em colaboração com um zoólogo de Oxford, Peter Medawar, para enxertar em seus ferimentos pequenos pedaços da pele do irmão dela. Infelizmente, o tecido transplantado foi rejeitado de imediato, deixando marcas chamuscadas e mosqueadas nas feridas da mulher. Quando tentaram de novo, a rejeição foi ainda mais rápida. Estudando biópsias seriais dos enxertos e examinando as células infiltradas, Medawar e Gibson começaram a compreender que era o sistema imunológico — ou melhor, células imunológicas mais tarde identificadas como células T — que rejeitava o enxerto. O não eu, segundo Medawar, era reconhecido pela imunidade do eu.[8]

Medawar estava informado sobre o trabalho de um imunologista britânico chamado Peter Gorer e do geneticista americano Clarence Cook Little, que, em experimentos independentes, tinham transplantado tecidos de um camundongo para outro. Se o camundongo doador e o camundongo receptor vinham da mesma cepa, os tecidos transplantados — em geral tumores — eram "aceitos" e cresciam; mas quando os tumores eram transferidos de uma cepa para outra diferente, havia uma rejeição imunológica. (O interesse de Little pela "pureza genética" por vezes parecia obsessivo. Ele produziu cepas de camundongos consanguíneos para experimentos com transplante — essenciais para o campo da tolerância das células T. Tentou criar cães para experimentos e mantinha uma coleção pessoal de dachshunds consanguíneos como animais de estimação. Mas essa mesma inclinação, talvez, acabou por torná-lo um fervoroso defensor da eugenia americana, conspurcando sua reputação de cientista.)*

Mas que fatores eram responsáveis por essa compatibilidade ou tolerância — o reconhecimento do eu versus o do não eu? Em 1929, à procura de um lugar de contemplação, longe da cacofonia dos departamentos universitários onde debates sobre compatibilidade e transplante de tumores explodiam toda semana, Clarence Little fundou o Jackson Laboratory num campus de dezesseis hectares à beira do oceano Atlântico em Bar Harbor, Maine. Ali ele podia criar milhares de camundongos em paz. A paisagem vista das janelas era espetacular; os longos verões impregnavam o campus de uma claridade sobrenaturalmente translúcida do Atlântico Norte. Por sua vez, o campo dos transplantes continuava um caos — um impenetrável quebra-cabeça biológico com centenas de observações agregadas e emaranhadas. Quase não fazia sentido para Little.

Transplantando tumores de diferentes cepas em série, Little percebeu que muitos genes, e não apenas um, estavam envolvidos na rejeição imunológica do transplante. No começo dos anos 1930, o Jackson Laboratory já se tornara um refúgio natural para pesquisadores de transplante em busca dos misteriosos genes de compatibilidade que definiam o eu versus o não eu. Um jovem cientis-

* Apesar de ser um gigante no campo dos transplantes, Little seria criticado também por seu conluio com fabricantes de cigarro nos anos 1950, quando se envolveu com o Instituto de Pesquisa do Tabaco, que insistia em dizer que cigarros eram seguros para a saúde.

ta, George Snell, foi atraído para o laboratório para aprofundar os estudos de transplante de Little. Formado pelo Dartmouth College e pela Universidade Harvard, Snell criou camundongos, geração após geração, para produzir animais que aceitassem ou rejeitassem enxertos uns dos outros. Era um homem de poucas palavras, recluso, frio como as águas oceânicas e muito persistente: certa vez, quando uma colônia inteira de camundongos, desenvolvida ao longo de pelo menos catorze gerações, morreu num incêndio no laboratório, Snell limpou o macacão e recomeçou a criação.

A reprodução seletiva, com a monitoração da tolerância entre o eu e o não eu, teve bom resultado. Em termos imunológicos, Snell acabou criando múltiplos eus gêmeos: camundongos cujos tecidos eram perfeitamente compatíveis entre si. Colocando a pele, ou outro tecido, de um desses camundongos em seu irmão compatível, ela era "aceita" — tolerada — como se fosse do próprio irmão. Mais importante ainda, o experimento endogâmico produziu duas cepas de camundongo quase exatamente idênticas do ponto de vista genético — só que elas rejeitavam os enxertos uma da outra.

Snell usou esses animais para esmiuçar a genética do eu versus o não eu.[9] No fim dos anos 1930, baseando-se no trabalho de Gorer, ele aos poucos concentrou sua atenção num conjunto de genes que determinavam a tolerância. Chamou-os de genes H, genes de histocompatibilidade — *histo* de "tecido", e *compatibilidade* devido à aptidão para fazer tecidos estranhos serem aceitos como próprios. Snell percebeu que é uma versão desses genes H que define a fronteira do eu imunológico. Se organismos compartilhassem os genes H, seria possível transplantar tecido de um organismo para outro. Caso contrário, o transplante seria rejeitado.

Nas décadas seguintes, mais genes de histocompatibilidade foram identificados em camundongos — todos localizados, juntinhos, no cromossomo 17. (Em humanos, ocorrem sobretudo no cromossomo 6.) O maior avanço nesse campo ocorreu talvez quando a identidade dos genes H foi enfim revelada. Descobriu-se que a maioria codifica moléculas MHC funcionais — como já vimos, as mesmas moléculas envolvidas no reconhecimento do alvo pela célula T.

Recuemos por um instante. Em imunologia, como em qualquer ciência, há momentos de grande síntese, quando observações à primeira vista díspares e fenômenos que parecem inexplicáveis convergem numa única resposta mecanicista. Como o eu se reconhece? Ele se reconhece porque cada célula de nosso corpo expressa um conjunto de proteínas de histocompatibilidade (H2) que são diferentes das proteínas expressas pelas células de um estranho. Quando a pele ou a medula óssea de um estranho é implantada em nosso corpo, nossas células T reconhecem essas proteínas MHC como estranhas — como não eu— e rejeitam as células invasoras.

Quais são esses genes do eu versus não eu que codificam as proteínas? São os próprios genes que Snell e Gorer tinham descoberto e chamado de H2. Humanos têm múltiplos genes "clássicos" principais de histocompatibilidade, e potencialmente muitos outros, dos quais pelo menos três, talvez mais, estão fortemente relacionados com a compatibilidade ou a rejeição de enxerto. Um gene, o HLA-A, tem mais de mil variantes, algumas comuns, outras raríssimas. Herda-se uma dessas variantes da mãe e uma do pai. Um segundo gene, o HLA-B, também apresenta milhares de variantes. A esta altura, pode-se imaginar que o número de permutações entre apenas dois genes altamente variáveis é tão alto que escapa à compreensão. As chances de alguém compartilhar esse código de barras com um estranho encontrado por acaso num bar é quase inexistente (e mais uma razão para que não se misture com essa pessoa).

E o que *fazem* essas proteínas quando não estão rejeitando enxertos e células de estranhos — obviamente um fenômeno artificial, pelo menos em humanos (mas talvez não em esponjas e outros organismos)? Como Alain Townsend e outros mostraram, sua principal função é possibilitar a resposta imune que inspecione células à procura de componentes internos e, por conseguinte, detectar infecções virais.

Em suma, as moléculas H2 (ou HLA) atendem a dois objetivos interligados. Apresentam peptídeos a uma célula T para que ela possa detectar infecções e outros invasores e preparar uma resposta imune. E também são os fatores determinantes para a distinção entre as células de uma pessoa e as células de outra, definindo assim as fronteiras de um organismo. Dessa maneira, a rejeição de enxertos (provavelmente importante para organismos primitivos) e o reconhecimento de invasores (importante para organismos complexos, multicelulares) se combinam num único sistema. Ambas as funções se baseiam na capacidade de a célula T reconhecer o complexo peptídico da MHC, ou o eu alterado.

* * *

Voltemos à outra metade do enigma: a questão do eu "levemente alterado". A célula T, como já mencionei, usa as moléculas da MHC para reconhecer o eu e rejeitar o não eu. Mas como ela sabe se o peptídeo apresentado pela própria MHC vem de uma célula normal (em outras palavras, é parte da lista normal de peptídeos da célula) ou de um invasor estranho, como o vírus internamente residente, que entrou numa célula e se "naturalizou"? Já escrevi muito sobre guerra: *Kampf*, os ataques tóxicos contra patógenos; a rejeição de enxertos. E que dizer sobre a *paz*? Por que as células imunes, carregadas de toxinas e ansiosas por vingança, não se voltam contra nós mesmos?

Esse fenômeno de autotolerância também deixava os imunologistas desnorteados. No começo dos anos 1940, em Madison, Wisconsin, o geneticista Ray Owen, filho de um produtor de leite, conduziu um experimento que era, em certo sentido, o oposto conceitual do de Peter Medawar. Em seu teste, Medawar tentara entender o fenômeno da rejeição, ou da *intolerância com o não eu*: Por que o sistema imunológico da irmã rejeita a pele do irmão? Owen inverteu a pergunta: Por que uma célula T não se volta contra seu próprio corpo?[10] Como ela desenvolve *tolerância com o eu*?

De seus tempos de trabalho na fazenda, Owen sabia que as vacas são conhecidas por às vezes dar à luz gêmeos de touros diferentes: uma vaca da raça Guernsey pode conceber bezerros gêmeos gerados por um touro Guernsey *e* por um touro Hereford, porque eles a fertilizaram no mesmo período de fecundidade. Os gêmeos nascidos de uma fertilização Guernsey-Hereford compartilham uma placenta. Mas têm glóbulos vermelhos diferentes, carregando antígenos diferentes. De modo geral, um bezerro Guernsey não gêmeo rejeitaria o sangue de um Hereford. Mas nos raros gêmeos que compartilham a placenta, Owen descobriu que não ocorria rejeição. Era como se alguma coisa na placenta educasse o sistema imunológico de um animal para que ficasse "tolerizado" com as células do outro animal.

A ideia de Owen foi praticamente ignorada. Mas nos anos 1960, quando começaram a levar a sério a tolerização, os imunologistas retomaram seus resultados. Alguma coisa sobre a *exposição* de embriões a um antígeno deve tolerizar o sistema imunológico para que este o reconheça como eu e não ataque a célula que o apresenta. No livro intitulado *Self and Not-Self* [Eu e não eu], de 1969,

Macfarlane Burnet (então agraciado com o prêmio Nobel por sua teoria clonal de anticorpos) levou as observações de Owen um passo adiante com uma teoria radical: "O reconhecimento de que um determinante antigênico é alheio exige que ele não esteja presente no corpo *durante a vida embrionária*"[11] (grifo meu), escreveu Burnet, reconhecendo os experimentos anteriores do geneticista.

A base dessa tolerância era que as células T que reagiam contra células do "eu" — células imunes que atacavam as nossas próprias (ou seja, pedaços de proteína vindos de nossas próprias células e apresentados sobre nossas próprias moléculas de MHC) — eram de alguma forma apagadas ou removidas do sistema imunológico durante a infância ou o desenvolvimento pré-natal. Os imunologistas chamavam as células autorreativas de "clones proibidos" — *proibidos* porque tinham ousado reagir a algum aspecto de um peptídeo próprio e foram, portanto, eliminados da existência antes de terem chance de amadurecer e atacar o eu. Burnet as comparou a "buracos" na reatividade imune. Um dos enigmas filosóficos da imunidade é que o eu existe basicamente no negativo — como buracos no reconhecimento do que é estranho. O eu é definido, em parte, pelo que está proibido de atacá-lo. Do ponto de vista biológico, o eu é demarcado não pelo que é afirmado, mas pelo que é invisível: ele é o que o sistema imune não consegue ver. "*Tat Twam Asi.*" "Você é isso."

Mas onde esses buracos proibidos eram gerados? De que maneira células imunes, como as células T, fazem um buraco em seu repertório de reconhecimento que não ataca uma proteína própria — digamos, os antígenos na superfície de um glóbulo vermelho ou uma célula dos rins — como estrangeira?

Uma resposta foi dada por uma série de experimentos. Como Jacques Miller tinha mostrado, as células T nascem na medula óssea como células imaturas e migram para o timo, a fim de amadurecer. Philippa Marrack e John Kappler, uma dupla de imunologistas do Colorado, expressaram à força uma proteína estrangeira em células de camundongo, entre as quais as células do timo.[12] Normalmente, essa proteína deveria ser reconhecida e rejeitada pelas células T. No entanto, mais ou menos como Burnet tinha previsto, eles descobriram que as células T imaturas que reconheciam pedaços dessa proteína — as que atacavam o eu — eram eliminadas no timo por um processo chamado seleção negativa. As células T apagadas jamais amadureciam. Elas deixaram em seu lugar os "buracos" que Burnet tinha proposto nas células T autorreativas.

Mas a eliminação de células T no timo — mecanismo conhecido como tolerância central por afetar todas as células T durante sua maturação central — não basta para garantir que células imunes não acabem atacando o próprio eu. Além da tolerância central, há um fenômeno chamado tolerância periférica; aqui a tolerância é induzida depois que as células T saem do timo.[13]

Um desses mecanismos envolve uma célula estranha e misteriosa chamada célula T regulatória (Treg). Parece quase idêntica a uma célula T, só que, em vez de estimular uma resposta imune, ela a suprime. As células T regulatórias concentram sua atenção em pontos de inflamação e expelem fatores solúveis — mensageiros anti-inflamatórios — que diminuem a atividade das células T. A mais profunda demonstração de sua atividade é a doença que ocorre quando elas desaparecem. Em humanos, uma rara mutação perturba a formação dessas células e resulta num distúrbio autoimune assustadoramente progressivo no qual as células T atacam a pele, o pâncreas, a tireoide e os intestinos. Crianças afetadas pela síndrome de desregulação imune, poliendocrinopatia e enteropatia ligada ao X (IPEX) sofrem de diarreia intratável, diabetes, psoríase e pele friável e descamada. Estão sendo atacadas por elas mesmas, porque as células T que controlam outras células T, os policiais que policiam a polícia, estão desaparecendo em combate.

Uma excentricidade ainda indecifrada do sistema imunológico é que o tipo de célula que confere imunidade ativa e estimula a inflamação (a célula T) e o tipo de célula que atenua o processo (a célula T regulatória) vêm das mesmas células-mães: as precursoras da célula T na medula óssea. Na verdade, fora a distinção muito sutil em marcadores genéticos, as células T e as células Treg não se distinguem umas das outras. E, no entanto, são complementares do ponto de vista funcional. A imunidade e seu oposto são gêmeos: o Caim da inflamação ligado ao Abel da tolerância. Em algum momento no futuro haveremos de compreender por que a evolução resolveu emparelhar essas células. Mas a célula Treg permanece um mistério — uma célula que aparentemente vai ativar a imunidade, mas em vez disso a suprime.

“Mas além das montanhas há montanhas”, diz um provérbio haitiano. Uma célula T fora de controle pode ser tão tóxica para o corpo que há sistemas de backup para os sistemas de backup. O que acontece quando as grandes forças regulatórias já não impedem o sistema imunológico de atacar o próprio corpo?

Na virada do século XX, Paul Ehrlich, o eminente bioquímico, deu a isso o nome de horror autotóxico — o corpo envenenando a si mesmo.[14] O distúrbio justifica o nome. A autoimunidade vai de suave a absolutamente feroz. Na alopecia areata, uma doença autoimune, supõe-se que as células T atacam células do folículo piloso. Um paciente talvez perceba apenas uma área de perda de cabelo, enquanto em outro todos os folículos pilosos sofrem um ataque agressivo, resultando em calvície total.

Em 2004, quando era bolsista de medicina, ofereci-me para ser assistente de um curso de pós-graduação em imunologia clínica. Minha tarefa era vasculhar o hospital à procura de pacientes com doenças autoimunes e, com seu consentimento, discutir as manifestações físicas, a causa e o tratamento com alunos de pós-graduação. A única restrição que faço à frase de Ehrlich é quanto ao uso do singular. O horror autotóxico — a autoimunidade — apresenta tantas manifestações e tantas formas que não é um horror só, mas uma multidão de horrores.

Encontramos uma mulher de trinta e poucos anos com esclerodermia, doença na qual o sistema imunológico ataca a pele e o tecido conjuntivo. No caso dela, tinha começado, como quase sempre, com um fenômeno chamado doença de Raynaud, em que os dedos das mãos e dos pés ficam azuis quando expostos ao frio. "E então", disse ela aos estudantes, "meus dedos começaram a azular sempre que eu ficava emocionalmente estressada ou exausta, mesmo quando não estava frio." Minha mente se voltou para uma imagem do poema sobre o inverno na peça *Trabalhos de amor perdidos*, de Shakespeare: "Dick, o pastor, sopra a unha",[15] enquanto o vento uiva à sua volta. Mas o frio da paciente era interno, causado por espasmos dos vasos sanguíneos nas mãos e nos pés. Era como se a autoimunidade tivesse provocado um congelamento interior.

Ataques estranhos atingiram o corpo da mulher: manchas da pele começaram a envolvê-lo, enquanto o sistema imunológico se voltava contra seu tecido conjuntivo. Elas se tornaram lustrosas, como se fossem puxadas por uma força invisível, e se estenderam pelos ossos. Os lábios ficaram apertados e cheios de cicatrizes. A paciente passou a ser tratada com imunossupressores e, para reduzir a inflamação, corticosteroides, que a deixavam maníaca. "Era como se minha própria pele tivesse começado a me amarrar, como um filme plástico enrolado no corpo."

O próximo paciente era um homem com lúpus eritematoso sistêmico (LES), mais conhecido simplesmente como lúpus. A doença tem esse nome em referência a lobo, ou porque os médicos romanos achavam que as lesões de pele dessa forma de horror autotóxico se pareciam com mordidas desse animal, ou, o que é mais provável, porque a erupção, que se espalha pelo rosto, cruzando a ponte nasal e debaixo dos olhos, lembrava suas manchas características. Acrescente-se a isso o fato de que a luz solar pode exacerbar a erupção, quase sempre obrigando quem padece de lúpus a viver no escuro, saindo apenas em noites enluaradas, e o nome, sonoramente sinistro, acabou pegando. As persianas do quarto de hospital tinham sido baixadas, deixando entrar apenas um feixe de luz diagonal. Ficamos em pé em volta dele, como se estivéssemos numa espécie de sepulcro.

O homem tinha uma erupção suave — passara a usar óculos para escondê-la —, mas os rins também estavam sob ataque. Dores excruciantes, que viviam mudando de lugar, migravam por suas articulações, dos cotovelos até os joelhos. O lúpus é uma doença escorregadia, móvel. Pode atacar apenas um sistema de órgãos, como a pele ou os rins, ou múltiplos sistemas, de repente e ao mesmo tempo. Esse paciente se oferecera para participar no ensaio clínico de um novo imunossupressor e o remédio parecia ter atenuado um pouco o distúrbio. A que, precisamente, o sistema imunológico está reagindo no caso do lúpus continua sendo um mistério, mas em geral envolve antígenos no núcleo da célula, antígenos nas membranas celulares e antígenos em proteínas presas ao DNA. E às vezes a lista de órgãos afetados não para de crescer: a doença passa das articulações para os rins e para a pele. É como um incêndio que alimenta a si mesmo: uma vez rompida a barreira do eu, tudo que seja eu está sujeito a ataque.

O horror autotóxico trazia, oculta dentro de si, uma profunda lição científica, embora os imunologistas tenham levado décadas para entendê-la e aceitá-la. A autoimunidade, o ataque às próprias células, suscitava uma pergunta óbvia: E se a toxicidade imunológica pudesse ser direcionada contra células cancerosas? Afinal de contas, as células malignas ficam na perturbadora fronteira entre o eu e o não eu; provêm de células normais e compartilham características da normalidade, mas também são invasores malignos — rinocerontes numa percepção e unicórnios em outra. Nos anos 1890, o cirurgião de Nova York William Coley tinha tratado pacientes de câncer com um preparado de células bacterianas que ficaram conhecidas como toxinas de Coley.[16] Ele esperava provocar uma resposta imune potente, capaz de atacar o tumor. Mas as reações eram imprevisíveis. E com o desenvolvimento de quimioterapias destruidoras de células nos anos 1950, a ideia de um ataque imunológico contra o câncer saiu de moda.

Mas, com câncer após câncer reaparecendo depois de tratamentos com a quimioterapia padrão, a ideia da imunoterapia foi ressuscitada. Lembremos, por um momento, os mecanismos que fazem o corpo *não* ser comido vivo por suas próprias células T. Há clones "proibidos" que, não fosse isso, reagiriam contra tecidos normais forçados a desaparecer durante a maturação das células T. E há células Treg, que podem reduzir a atividade da resposta imune.

Nos anos 1970, cientistas descobriram outros mecanismos pelos quais as células T podem ser "tolerizadas" pelo corpo para que não ataquem o próprio eu. Para matar o alvo — por exemplo, uma célula infectada por vírus ou uma célula cancerígena —, apenas engajar o receptor de célula T em combate com o complexo de MHCs/peptídeos não era suficiente. Outras proteínas na superfície das células T também eram ativadas para estimular um ataque imunológico. Não havia apenas um interruptor, mas uma multidão de interruptores. Esses backups de backups — montanhas além das montanhas — são como travas de segurança de armas de fogo, e evoluíram para garantir que as células T não voltassem seu fogo amigo por engano contra as células normais. As travas de gatilho atuariam como etapas de verificação contra a matança indiscriminada de nossas células.

Mas antes de compreender e desativar essas travas de gatilho, havia a incerteza da especificidade: Seria possível direcionar a resposta de uma célula T humana contra o câncer? No Instituto Nacional do Câncer, em Bethesda, Maryland, o cirurgião oncológico Steven Rosenberg tinha extraído células T nativas de tumores malignos, como melanomas, baseando-se na lógica segundo a qual células imunes que se infiltravam num tumor tinham, forçosamente, a capacidade de reconhecer e atacar o tumor. A equipe de Rosenberg desenvolvera esses linfócitos infiltrantes tumorais aumentando seu número para milhões e injetando-os de volta em pacientes.[17]

Houve respostas impressionantes: pacientes de melanoma tratados com as células T transferidas de Rosenberg viram seus tumores encolherem, em alguns casos com regressão completa, que se manteve ao longo do tempo. Mas as respostas também tanto podiam dar certo como dar errado. As células T colhidas do tumor de um paciente talvez aprendessem sozinhas a combatê-lo, mas também podiam ser apenas espectadoras, testemunhas passivas rondando a cena do crime. Podiam ter se tornado exauridas ou calejadas — "tolerizadas" para com o tumor.

Apesar de tão diversificados, os cânceres compartilham algumas características — entre elas, a invisibilidade para o sistema imunológico. Em princípio, as células T podem ser poderosas armas imunológicas contra tumores. Como Clarence Little e Peter Gorer tinham mostrado já nos anos 1930, quando um tumor é implantado em camundongos geneticamente incompatíveis, as células T do camundongo receptor rejeitam o tumor como "estrangeiro". Mas os sistemas tumor/receptor que Little e Gorer haviam escolhido eram flagrantemente incompatíveis: o tumor brandia em sua superfície uma molécula de MHC reconhecível de imediato como "estrangeira" e, portanto, logo rejeitada. Mais recentemente, no caso de Emily Whitehead, suas células CAR-T tinham sido modificadas para reconhecer uma proteína na superfície das células leucêmicas.

A maioria dos cânceres humanos, no entanto, representa um desafio muito maior para o sistema imunológico. Harold Varmus, biólogo especialista em câncer premiado com o Nobel, chamava o câncer de "versão distorcida de nosso eu normal". E é o que ele é: as proteínas que as células cancerosas produzem são, com raras exceções, as mesmas que as células normais produzem, com a diferença de que células cancerosas distorcem a função dessas proteínas e sequestram as células para o crescimento maligno. O câncer, em resumo, talvez seja um eu trapaceiro — mas é, fora de qualquer dúvida, um eu.

Em segundo lugar, as células cancerosas que em última análise formam num humano uma doença relevante do ponto de vista clínico surgem através de um processo evolutivo. As células que são deixadas após seus ciclos de seleção talvez *já* tenham se tornado capazes de escapar à imunidade — como as células imunes de Sam P., que durante anos haviam simplesmente passado perto de seu tumor, ignorando-o e seguindo em frente.

Esse problema duplo — o parentesco do câncer com o eu e sua invisibilidade imunológica — é o bicho-papão dos oncologistas. Para atacar o câncer imunologicamente é preciso, antes de mais nada, torná-lo *re*visível (para cunharmos uma expressão) ao sistema imune. E, depois, o sistema imune precisa descobrir algum determinante distinto no câncer que possibilite um ataque, sem, ao mesmo tempo, destruir a célula normal.*

O experimento de Steve Rosenberg foi um primeiro e bruxuleante sinal de que era possível vencer esses dois desafios: em alguns casos, os tumores se tornavam detectáveis em termos imunológicos, podendo ser mortos por células T. Mas o que, exatamente, as células cancerosas estavam *fazendo* para adquirir invisibilidade? Estariam usando os mesmos mecanismos que o corpo normal usa para impedir ataques contra si mesmo — ou seja, ativando os sistemas de travamento de gatilho que impedem a autoimunidade?

No inverno de 1994, Jim Allison, trabalhando na Universidade da Califórnia em Berkeley, concebeu um experimento que reativaria o campo da imunoterapia — em parte destravando os mecanismos que mantêm as células T sob controle. Imunologista por formação, Allison vinha estudando uma proteína chamada CTLA4 que fica na superfície das células T. Ela era conhecida desde os anos 1980, mas sua função permanecia um mistério.

Allison implantou em camundongos tumores conhecidos por resistirem a uma resposta imune. Os tumores teimaram em crescer, como esperado, desprezando qualquer rejeição imunológica. Experimentos dos imunologistas Tak

* Existe uma terceira área de investigação, de importância crescente, que diz respeito à habilidade do câncer de resistir à destruição por medicamentos ou por mecanismos naturais no corpo. As células cancerosas evoluem para criar ambientes celulares únicos em torno de si — em geral cercando-se de células normais — que são impossíveis de serem penetrados por fármacos, ou que ativamente desenvolvem resistência a eles. Da mesma forma, esses ambientes celulares podem driblar a imunidade ao tornar inativas as células T, as células NK e outras células imunes, impedindo-as de chegar à vizinhança da célula cancerosa, ou induzindo vasos sanguíneos a fornecerem nutrientes para as células malignas. Testes para interromper o suprimento de sangue do câncer usando uma variedade de medicamentos tiveram êxito apenas modesto. O mesmo se deu com testes para forçar as células imunes a permanecerem ativas no "microambiente" do câncer. Uma das imagens científicas mais assustadoras que vi há pouco tempo é a de um tumor cercado por uma carapaça de células normais que excluem as células T ativadas. As células T formam um anel em torno da carapaça celular que o câncer desenvolveu em torno de si mesmo, mas não conseguem penetrá-la. O imunologista Ruslan Medzhitov deu a isso o nome de hipótese da "célula freguesa": as células cancerosas fingem ser, ou, para ser mais preciso, se desenvolvem para parecer, células "freguesas" do órgão onde crescem, da mesma forma que um ladrão finge ser freguês da loja que está sendo assaltada enquanto a polícia — nesse caso o sistema imunológico — o procura em outro lugar.

Mak e Arlene Sharpe nos anos 1990 tinham dado a entender que a CTLA4 podia ser uma das travas de gatilho usadas para manter sob controle as células T; quando eles deletaram o gene em camundongos, as células T tinham passado a agir de modo descontrolado e os animais haviam desenvolvido doenças autoimunes letais. Allison reformulou o experimento, mas com uma pequena diferença: em vez de deletar por completo o gene CTLA4, um bloqueio do CTMLA4 induzido por fármacos não liberaria as células T contra câncer?

Allison injetou em alguns camundongos anticorpos para bloquear o CTLA4 — em essência, bloqueou a função da proteína.[18] Em poucos dias, os tumores imunorresistentes nos camundongos injetados com os bloqueadores de CTLA4 desapareceram. Ele repetiu o experimento no Natal. Mais uma vez os tumores malignos nos camundongos injetados com o bloqueador de CTLA4 se dissolveram — comidos vivos, como ele descobriria depois, por uma infiltração de células T ativadas e rabugentas.

Intrigados por essa ativação de células T contra um tumor, Allison e outros pesquisadores passaram mais de uma década tentando aprofundar seu entendimento da função da proteína. Como todos os experimentos anteriores tinham mostrado, eles constataram que a CTLA4 era um sistema para prevenir o horror autotóxico; era uma trava de gatilho das células T. Em circunstâncias normais, quando a CTLA4 em células T ativadas encontra um ligante cognato, chamado B7,* que esteja presente na superfície de células dos gânglios linfáticos, onde células T amadurecem, a trava de segurança é ativada. As células T em maturação são desabilitadas para não atacarem o eu, mas também se tornam incapazes de rejeitar tumores. Se bloquearmos essa via de desabilitação, no entanto, a trava de segurança é desativada e cancelamos a tolerância. A CTLA4 funciona como uma barreira entre células T desativadas e células T ativadas. Foi nomeada *ponto de checagem*, com base na ideia de que a proteína controlava a ativação das células T.**

* Tentei evitar uma enorme quantidade de termos do jargão imunológico. B7 é, na verdade, um complexo de duas moléculas, CD80 e CD86. E existem ainda outros sistemas de backup para impedir que células T sejam indevidamente ativadas. Uma dessas proteínas, CD28, descoberta pelo imunologista Craig Thompson, também é objeto de intensa investigação no meu e em outros laboratórios.

** Com o tempo, pesquisadores descobriram que as células T têm múltiplos pontos de checagem. Cada um atua como uma trava de segurança para impedir que células T muito propensas a atirar ataquem o eu.

Do jeito que narro essa história, parece que todas essas realizações cruciais ocorreram em questão de minutos, mas a verdade é que elas consumiram décadas de trabalho e amor. Conheci Allison em Nova York poucos anos atrás, e conversamos sobre o tortuoso percurso científico que levou à descoberta da função da CTLA4. Ele riu jovialmente, como se os dez anos de trabalho árduo que dedicou ao projeto fossem apenas uma lembrança remota. "Ninguém acreditava em mim", disse ele. "Ninguém achava que houvesse mais uma maneira de manter as células T sob controle contra células cancerosas. Mas ficamos em cima do problema até resolvê-lo."

Enquanto Allison desvendava a função da CTLA4, o cientista japonês Tasuku Honjo, trabalhando em Kyoto, estava preocupado com a função de outra proteína misteriosa, chamada PD-1. Como no caso de Allison, passou-se uma década de resultados peculiares, muitas vezes contraditórios. Mas a equipe de Honjo aos poucos chegou à mesma conclusão sobre a função da PD-1.[19] Os japoneses descobriram que essa proteína se assemelhava à CTLA4 no sentido de que também era "tolerizante". Como a CTLA4, a PD-1 é expressa em células T. Seu ligante cognato — a rigor seu botão de "desligar" — é conhecido como PD-L1. Está presente na superfície de células normais em todo o corpo. Se imaginarmos a CTLA4 nas células T como uma trava de segurança numa arma de fogo, então a PD-L1, em células normais, é um colete laranja que um espectador inocente usa significando "Não atire. Sou inofensivo!".*

Em questão de décadas, dois novos sistemas de tolerância periférica tinham sido descobertos e potencialmente desativados. A vinculação da CTLA4 às células T as torna impotentes. A presença da PD-L1 em células normais as torna invisíveis. Em algum ponto da combinação de impotência e invisibilidade ficam os mecanismos duplos que impedem o corpo de engolir a si mesmo.

Já sabemos que os cânceres podem usar ambos os mecanismos para se cobrir e escapar do ataque imunológico. Alguns expressam a PD-L1, em essência, costurando seus próprios coletes laranja de invisibilidade. "Não atire. Sou inofensivo!" Quando inibidores da PD-1 foram injetados em camundongos, como Honjo descobriu, as células T eram estimuladas a atacar até tumores imunorresistentes vestidos de colete laranja; o blefe do câncer foi descoberto.

* Na verdade, a PD-L1 é mais que um colete de segurança laranja. Chega a induzir a morte da célula T, com isso desabilitando por completo um ataque de células T.

Tanto Honjo como Allison tinham, de maneira independente, chegado ao mesmo paradigma: desligando as travas de segurança de uma célula T, ou tirando os coletes laranja das células cancerosas, a resposta do sistema imunológico pode de fato se voltar contra o câncer. Eles deram um xeque-mate nos pontos de checagem.

Uma nova classe de medicamentos foi criada a partir desse trabalho, entre os quais anticorpos para inibir a CTLA4 e a PD-1.[20] Os primeiros ensaios clínicos com as novas substâncias revelaram sua potência. Melanomas resistentes a quimioterapias regrediram e desapareceram. Tumores de bexiga metastatizados foram atacados* e rechaçados. Nascia uma nova forma de imunoterapia do câncer, chamada "inibição de ponto de checagem" — a remoção de controles tolerizados nas células T.

No entanto, essas terapias tinham suas limitações: tirando as travas de gatilho, as células T ativadas, loucas para atacar, podem se voltar contra as células normais. Foi esse ataque autoimune contra as células do próprio fígado que, em última análise, limitou a resposta de Sam P. ao tratamento. Inibidores de ponto de checagem lançaram células T contra seu melanoma, pondo sob controle o crescimento de sua malignidade. Mas também liberaram um assalto feroz contra seu fígado, que jamais conseguimos superar. Foi uma forma de horror autotóxico medicamente induzida. Ele ficou preso na fronteira entre o câncer e o próprio eu. Por fim, as células tumorais contornaram a fronteira e sobreviveram. Sam foi deixado para trás.

* Por que, como — *por que, por que, por que, como, como* — uma célula cancerosa consegue contornar células T projetadas para a reconhecer e matá-la? Essa pergunta até hoje persegue a imunoterapia. Alguma coisa relativa a um tumor sólido — talvez o ambiente que ele criou em torno de si — é capaz de contornar e inibir até a mais potente reativação das células T. Que "alguma coisa" é essa? As provas mais sólidas, e não se trata aqui de jogo de palavras, indicam que o ataque imunológico contra o câncer só ocorre se um órgão linfoide plenamente ativo, contendo neutrófilos, macrófagos, células T auxiliares, células T assassinas e uma estrutura celular organizada, puder ser formado dentro de um tumor sólido. Esse órgão linfoide secundário (*secondary lymphoid organ*, SLO) é como um gânglio linfático que costuma se formar quando células T atacam um vírus ou um patógeno, só que nesse caso ele se organiza contra um tumor. Tumores que não possibilitam a formação desses SLOs são resistentes à imunoterapia, enquanto os que os formam costumam ser sensíveis a ela. Mas isso é uma correlação. As relações de causa e efeito e os mecanismos que habilitam ou desabilitam a formação desses SLOs ainda estão por ser desvendados. Quando tivermos compreendido isso, uma nova geração de fármacos imunoterapêuticos, ou combinações deles, poderá ser lançada contra células cancerosas.

***

Por coincidência, acabei de redigir esta parte do livro numa manhã de segunda-feira, o dia que reservo para olhar sangue. Saí do escritório onde costumo escrever e caminhei pelo corredor até a sala de microscópios. Por sorte, deserta e silenciosa. As luzes foram apagadas, o microscópio bruxuleou. Uma caixa de lâminas de vidro aguardava em cima da mesa. Coloquei uma no telescópio e girei o botão do foco.

Sangue. Um cosmos de células. As inquietas: glóbulos vermelhos. As guardiãs: neutrófilos multilobulados que organizam as primeiras fases da resposta imune. As que curam: plaquetas minúsculas — em outros tempos descartadas como bobagens fragmentárias — que redefiniram nossa resposta a violações no corpo. As defensoras, as sagazes: células B que produzem mísseis anticorpos; as células T, viajantes que vão de porta em porta tentando detectar até o mais vago cheiro de um invasor, como, possivelmente, o câncer.

Enquanto meus olhos dançavam de uma célula para outra, eu pensava na trajetória deste livro. Nossa história caminhou. Nosso vocabulário se alterou. Nossas metáforas mudaram. Folheando algumas páginas para trás, imaginávamos a célula como uma espaçonave solitária. Então, no capítulo "A célula que se divide", a célula já não estava sozinha, mas se tornara progenitora de duas células, depois de quatro. Era uma fundadora, uma arquiteta de tecidos, órgãos, corpos — realizando o sonho de uma célula que se transforma em duas e em quatro. E depois se transformou numa colônia: o embrião em desenvolvimento, com células se estabelecendo e assumindo posições dentro da paisagem do organismo.

E o sangue? É um conglomerado de órgãos, um sistema de sistemas. Construiu campos de treinamento para seus exércitos (gânglios linfáticos), rodovias e ruas para movimentar suas células (vasos sanguíneos). Tem cidadelas e muralhas que são o tempo todo inspecionadas e reparadas por seus residentes (neutrófilos e plaquetas). Inventou um sistema de carteiras de identidade para reconhecer os cidadãos e expulsar intrusos (células T) e um exército para se proteger de invasores (células B). Desenvolveu linguagem, organização, memória, arquitetura, subculturas e autorreconhecimento. Uma nova metáfora me ocorre. Talvez possamos pensar no sangue como uma civilização celular.

PARTE IV

CONHECIMENTO

15. A pandemia

[...] na insigne cidade de Florença, a mais bela de todas as da Itália, ocorreu uma peste mortífera, que [...] começara alguns anos antes no lado oriental, [...] até se estender desgraçadamente em direção ao Ocidente. [...] Para tratar tais enfermidades não pareciam ter préstimo nem proveito a sabedoria dos médicos e as virtudes da medicina [...] as roupas ou quaisquer outras coisas que tivessem sido tocadas ou usadas pelos doentes pareciam transmitir a referida enfermidade a quem as tocasse. [...] E [...] todos [...] tendiam a esquivar-se e fugir aos doentes [...] e, assim agindo, [...] acreditavam obter saúde. Alguns [...] passavam a viver separados dos outros, [...] encerrando-se em casas onde não houvesse nenhum enfermo e fosse possível viver melhor.[1]

Giovanni Boccaccio, *Decameron*

No começo do inverno de 2020, antes que nossa autoconfiança fosse abalada, parecia que o sistema imunológico, de todos os complexos sistemas celulares do corpo, era o que compreendíamos melhor. Em 2018, quando Allison e Honjo foram agraciados com o Nobel por descobrirem como os tumores se esquivavam da imunidade das células T, o prêmio pareceu marcar um ponto alto de nossa compreensão da imunidade — e talvez da biologia celular em geral. Acompanhávamos a criação de remédios potentes, capazes de deixar visíveis tumores imunologicamente encobertos. Mistérios fundamentais persistiam, é claro. Como esse sistema conseguia o equilíbrio acrobático entre gerar uma vigorosa resposta imune contra patógenos e ao mesmo tempo assegurar que a mesma resposta não se voltasse contra nosso próprio corpo — como a *Kampf* contra invasores microbianos não degenerava na guerra civil do horror autotóxico — continuava sendo um profundo enigma (no caso de Sam P., jamais conseguimos controlar a hepatite autoimune induzida pela imunoterapia de rejeição do câncer). Mas as peças centrais do quebra-cabeça pareciam ter se encaixado no lugar. Anos atrás, conversei com um pesquisador de pós-doutorado prestes a trocar seu cargo na universidade por um emprego numa empresa de biotecnologia que pretendia criar novas terapias imunológicas contra o câncer. Ele me contou que pesquisadores pensavam cada vez mais no sistema imune como uma máquina inteligível, com rodas dentadas, engrenagens e peças móveis — manipuláveis, decifráveis e intercambiáveis. Não senti um pingo de arrogância em seu otimismo. Em 2020, oito dos quase quinze fármacos aprovados pela agência americana FDA envolviam a resposta imune; em 2018, esse número era de doze em 29; quase um quinto de *todos* os medicamentos humanos então descobertos tinha alguma coisa a ver com o sistema imunológico. Tudo indicava que estávamos passando, com grande confiança, da imunologia básica para a imunologia aplicada.

E de súbito, biblicamente, levamos um tombo.

Em 19 de janeiro de 2020, um homem de trinta e poucos anos, recém-saído de um voo vindo de Wuhan, China, entrou numa clínica no condado de Snohomish, Washington, com tosse. Ler esse primeiro relato de caso, publicado no *New England Journal of Medicine* em março daquele ano, é sentir um frio na barriga.[2]

"Ao dar entrada na clínica, o paciente vestiu uma máscara na sala de espera."

Quem estava perto dele naquela sala? Quantas pessoas tinham sido infectadas nos últimos dias? Quem se sentara do outro lado do corredor no avião de Wuhan para Seattle?

"Depois de uma espera de cerca de vinte minutos, ele foi levado para uma sala de exame e avaliado."

O médico que o examinou usava máscara? A enfermeira que verificou sua temperatura? Onde estão eles agora?

"Ele revelou que tinha voltado para o estado de Washington em 15 de janeiro, depois de uma viagem para visitar a família em Wuhan, China."

Em 20 de janeiro, um cotonete nasal e um cotonete oral (e, depois, amostras de fezes) foram enviados para o Centro de Controle e Prevenção de Doenças. Todos testaram positivo para um novo coronavírus: o Sars-cov-2.

No nono dia de doença — e quinto de hospitalização —, a situação do paciente piorou. Seus níveis de oxigênio caíram para 90% — sem dúvida anormais para um homem jovem, sem histórico de doenças pulmonares. Uma radiografia do tórax mostrou estrias difusas e opacas no pulmão, indicando uma pneumonia em evolução. Os exames de sangue de função hepática revelaram anormalidades; a febre alta aparecia e desaparecia. Ele esteve à beira da morte, mas acabou sobrevivendo.

Lá se vão mais de dois anos desde que o homem com tosse entrou na clínica em Seattle. No momento em que escrevo, março de 2022, o mundo já registrou quase 450 milhões de infecções, quase 6 milhões de mortes (talvez esses números sejam muito subestimados, devido à falta de relatórios confiáveis de testes e mortes pelo vírus). A contaminação se espalhou pelo mundo inteiro, não deixando praticamente nenhum canto intocado. Ondas de cepas virais com novas mutações apareceram, algumas mais letais do que outras — Alfa, Delta, e agora Ômicron. Mais de sessenta vacinas contra o vírus estão na fase de testes clínicos. Três foram aprovadas nos Estados Unidos, nove pela Organização Mundial da Saúde e várias outras estão sendo desenvolvidas.

Países ricos, com sistemas de saúde e de assistência médica bem estabelecidos, fraquejaram. O Reino Unido teve mais de 160 mil mortes. Nos Estados Unidos, o número oficial de óbitos é de 965 mil. E a contagem dos mortos, dos doentes, dos prejudicados com gravidade, dos desterrados, dos falidos, dos enlutados continua. E continua.

Não consigo me livrar das imagens ou dos sons da pandemia. Quem consegue? Os sacos laranja para transportar cadáveres, empilhados em depósitos, em necrotérios improvisados. As valas comuns no Equador. O lamento incessante das ambulâncias na frente de meu hospital, fundindo-se numa coisa só até se transformarem para mim numa muralha de gritos; o pronto-socorro, na primavera de 2021, superlotado, com macas transbordando pelos corredores; os pacientes arfando enquanto se afogavam nos próprios fluidos; a UTI lutando por mais leitos todos os dias. Os médicos e enfermeiros exaustos no fim do turno da noite, a perambular como zumbis atravessando a faixa de pedestres na frente de meu consultório, com aquela aparência de olhar vazio, de depois do plantão, e as marcas características no rosto deixadas pelas máscaras N95. As cidades recolhidas, desertas, com o vento arrastando sacos de papel pelas ruas. O olhar de desconfiança, de franco terror, quando alguém tossia ou espirrava no metrô.

A fotografia do primo de um amigo meu — um brasileiro saudável, vigoroso, de quarenta e tantos anos — numa praia do Rio de Janeiro dois verões atrás, os braços erguidos em cima da água num gesto de alegria. No fim de julho de 2021, ele ficou doente, com o vírus. Sua pneumonia se agravou. A frequência respiratória subiu para os trinta. Há outra imagem que só posso imaginar: o mesmo homem num leito de UTI lutando com tanta dificuldade para respirar que os músculos do pescoço estão esticados e visíveis, os lábios roxos. Os braços estão erguidos de novo, mas agora se debatem — erguidos não para manifestar alegria, mas para indicar o desejo de sobreviver. Troquei mensagens, noite após noite, com meu amigo e, por um momento, fiquei tranquilo. O primo estava num ventilador pulmonar, e melhorando, embora devagar. E de repente, a última mensagem, recebida no fim da noite de 9 de abril: "Lamento muito, mas ele não resistiu".

Uma segunda onda que varreu a Índia em abril de 2021 foi muito mais letal do que a primeira.[3] O vírus tinha sofrido uma mutação e se tornado uma cepa chamada Delta — muito mais contagiosa e talvez mais letal do que a cepa original, oriunda de Wuhan. A Delta provocou estragos na Índia, dizimando o já arruinado sistema de saúde pública e revelando a chocante ausência de uma resposta organizada, coordenada. Delhi foi interditada, deixando no desamparo milhões de trabalhadores migrantes. Minha mãe se tornou uma prisioneira solitária em seu apartamento na cidade. Ao longo de semanas e semanas de confinamento, as mensagens de texto que me mandava todos os dias se reduziram a um código Morse de consolo: "*Hoje: O.k.*".

Não consigo tirar da cabeça a imagem de um trabalhador migrante de Nova Delhi de joelhos na frente do hospital, implorando por um cilindro de oxigênio para sua família. Um jornalista de 65 anos de Lucknow tuitou informando que estava infectado, febril, com dificuldade para respirar, mas seus telefonemas para hospitais e médicos não eram atendidos.[4] Os tuítes, ricocheteando no ciberespaço, explicitavam um grau cada vez maior de desespero. Enquanto o mundo assistia, abjetamente horrorizado, o homem divulgava fotos de seus níveis de oxigênio despencando — 52%, 31% —, níveis incompatíveis com a vida. No último tuíte, há uma imagem dele segurando um oxímetro no pulso com dedos roxos. Nível de oxigênio: 30%. Depois disso, as mensagens cessaram.

Houve dias em que não tive coragem de abrir o jornal. Era como se tivéssemos reinventado as fases do luto: a raiva que se torna acusação, e a acusação que se torna desamparo. A Índia ardia com tanta velocidade que todos os sistemas, todas as redes entraram em colapso, se consumiram e derreteram.

Às vezes fico pensando numa lenda. Bali, o rei demônio, tinha conquistado três mundos — a Terra, o mundo inferior e os céus. Um homem minúsculo com olhos enevoados e segurando um guarda-chuva aberto, Vamana — avatar de Vishnu —, aparece para ele e pede que lhe conceda um único desejo. Com arrogância inflada e disfarçada de generosidade, Bali, o rei demônio, concorda. Vamana pede uma coisa ridiculamente pequena: um lotezinho quadrado cujas bordas sejam definidas pela distância que ele é capaz de cobrir em três passos. O homem tem quanto de altura — duas vezes o comprimento dos braços estendidos? Deseja uns poucos metros quadrados de um reino que se estende até o infinito? Bali responde com uma risada; sim, o homenzinho pode ter seu pedacinho de terra.

E então, enquanto Bali o observa, horrorizado, Vamana se expande. Seu corpo se arqueia de maneira exponencial pelos céus. A primeira passada cobre a Terra inteira; a segunda cruza os céus; a terceira se arqueia por sobre o mundo inferior. Não há mais reino para conceder. Ele firma um pé com força na cabeça de Bali e o empurra para as profundezas do inferno.

A analogia, é óbvio, deixa a desejar em algumas partes — Vamana era um ser divino, e o vírus era tudo menos uma intervenção divina. Nossos defeitos, infelizmente, eram humanos demais: um sistema mundial de saúde pública insuficiente e ultrapassado, falta de preparação, a desinformação se espalhando como um vírus por todos os países, problemas na infraestrutura de abastecimento que tornavam impossível adquirir máscaras de proteção e roupas médicas descartáveis, líderes ditatoriais que se revelaram fracos na resposta ao contágio viral.

Mas o pé plantado sobre nossa cabeça era real. No exato momento em que julgávamos *conhecer* a biologia celular do sistema imunológico, quando nossa confiança estava nas alturas, a cabeça dos cientistas foi empurrada para as profundezas do inferno.

Quando um micróbio diminuto começou a atravessar mundos, saltando de continente para continente, pouca coisa fazia sentido. Como me disse Akiko Iwasaki, virologista de Yale, coronavírus parecidos com o Sars-cov-2 circulavam havia milênios pelas populações humanas, mas nenhum deles causara tanta devastação. Alguns vírus aparentados, como o da síndrome respiratória aguda grave (*severe acute respiratory syndrome*, Sars) e o da síndrome respiratória do Oriente Médio (*Middle East respiratory syndrome*, Mers), eram mais letais do que o cov-2, mas logo tinham sido contidos.[5] Que característica da interação do Sars-cov-2 com células humanas permitiu a *esse* vírus provocar uma pandemia?

Duas pistas vieram de um relatório médico divulgado por uma clínica alemã que, à primeira vista, não parecia nada sinistro. Em janeiro de 2020 (pensando bem, como fomos inocentes, como fomos autoconfiantes durante aquela breve calma; *quanto reino um homem de noventa centímetros podia reivindicar*?), um homem de 33 anos de Munique teve um encontro de negócios com uma mulher de Shanghai.[6] Poucos dias depois, adoeceu, com febre, dor de cabeça e sintomas de gripe. Recuperou-se em casa e voltou ao trabalho, participando de reuniões com vários colegas. Uma febre, uma dor de cabeça e uma recuperação rápida. Uma infecção corriqueira. Um caso comum de resfriado comum.

Poucos dias depois, o hospital de Munique convocou o homem: a mulher de Shanghai adoecera no voo de volta para a China. Testara positivo para o Sars-cov-2. Mas aí estava o enigma: ela não apresentara sintoma algum quando do encontro com o homem; parecia bem. Só tinha adoecido dois dias depois. Em resumo, transmitira o vírus para o homem *quando ainda era pré-sintomática*. Não haveria como alguém lhe dizer, ou ao homem exposto, que ela era portadora do vírus. Nenhum isolamento, nenhuma quarentena com base em sintomas poderiam ter segurado o vírus.

O mistério cresceu quando o homem foi testado. Seus sintomas já tinham amainado àquela altura; ele voltara ao trabalho, sentindo-se ótimo. Mas quando o vírus foi medido em seu escarro, verificou-se que este era na verdade um turvo caldeirão de contágio: havia nele, por milímetro, *100 milhões* de partículas virais infecciosas; bastava que o homem desse umas poucas tossidas para impregnar uma sala inteira com uma névoa densa, invisível, profundamente contagiosa. Ele também transmitia o vírus enquanto não apresentava nenhum sintoma discernível.

Ao passo que o rastreamento de contato prosseguia, a segunda característica sinistra do vírus apareceu: o homem tinha infectado três pessoas. A "contagiosidade" do vírus — fator-chave para determinar o curso do crescimento de uma infecção — era de pelo menos três. Se uma pessoa pode infectar três, o crescimento da infecção é inevitavelmente exponencial. Três, nove, 27, 81. Em vinte ciclos, o número chega a 3486784401 — quase metade da população mundial.

Transmissão assintomática/pré-sintomática. Crescimento exponencial. Os dois ingredientes críticos na receita de uma pandemia já tinham sido estabelecidos por aquele relatório à primeira vista inocente. O terceiro logo ficaria claro: letalidade imprevisível, misteriosa. Àquela altura, quem não tinha visto a foto granulada, tirada por câmera de celular, do oftalmologista de Wuhan que ousara relatar os primeiros casos? Ele está empapado de suor e pelejando para respirar enquanto luta contra a pneumonia que por fim vai matá-lo. Enquanto a infecção se espalhava, o mundo ia despertando para sua macabra letalidade: em Seattle, Nova York, Roma, Londres e Madri, as UTIs se entupiam e a contagem de mortos disparava. E as perguntas surgiram com a mesma fúria: Qual era a base das infecções pré-sintomáticas? E como era possível que um vírus capaz de causar infecções relativamente benignas em alguns se tornasse tão letal em outros?

Pode-se perguntar por que os mistérios médicos da pandemia de covid-19 ocupam o centro de um livro sobre biologia celular. É porque a biologia celular ocupa o centro dos mistérios médicos. Tudo que sabíamos sobre as células e suas interações umas com as outras — como o sistema imunológico responde a um patógeno; como as células imunes se comunicam entre si; como um vírus, desenvolvendo-se com tamanha tenacidade dentro de uma célula do pulmão, pode causar uma infecção pré-sintomática sem alertar outras células à sua volta; como as células do sistema gastrointestinal podem atuar como as primeiras a responderem a um patógeno — tem que ser repensado e dissecado. A pandemia exige autópsias de muitos tipos, mas uma autópsia de nosso conhecimento da biologia celular também é necessária. Eu não poderia escrever este livro sem escrever sobre a covid.

Em 2020, um grupo de pesquisadores holandeses, à procura de genes que pudessem aumentar a suscetibilidade a formas graves da covid, encontrou um vislumbre de resposta.[7] O grupo identificou dois pares de irmãos de famílias diferentes, quatro homens jovens que tinham sofrido formas inusitadamente agressivas da doença. O sequenciamento genético revelou que um par herdou uma mutação desativadora num gene, o TLR7 (em média, irmãos têm metade dos genes em comum). O segundo par de irmãos, o que era espantoso, também tinha herdado uma mutação nesse mesmo gene que parecia diminuir sua atividade (a mutação exata era diferente, mas estava no mesmo gene).

O que no gene TLR7 podia explicar seu envolvimento com consequências tão graves da infecção do Sars-COV-2? Lembremos do sistema imunológico inato, que responde a padrões ou sinais de perigo enviados por células durante as primeiríssimas fases de uma infecção. Antes que o sistema inato possa ser ativado, a célula primeiro precisa *detectar* a invasão. O TLR7 — Toll Like Receptor 7 [receptor do tipo Toll] —, como se viu, é um dos principais detectores de invasão viral. É um sensor molecular, embutido na célula, que é "ligado" quando a célula é infectada por um vírus. A ativação do TLR7, por sua vez, estimula os sinais de perigo de uma célula — entre eles, uma molécula chamada interferon tipo 1, para alertar outras células a fim de que amplifiquem suas defesas antivirais e deem início à resposta imune.

A teoria é que mutações no TLR7 nos dois pares de irmãos tinham, de alguma forma, desativado a proteína ou diminuído sua função. Como resultado, a secreção do interferon tipo 1 — o sinal de perigo — ficou embotada. A invasão não foi detectada, o sino de alarme nunca disparou e o sistema imune inato jamais reagiu de modo adequado. Alguma coisa sobre a debilitação funcional da primeira resposta celular inata a uma infecção viral tinha tornado os dois pares de irmãos holandeses suscetíveis a formas graves da doença causada pelo Sars-COV-2.

Enquanto cientistas se reuniam para estudar o vírus e sua interação com a imunidade, pistas mais sugestivas foram aparecendo. No laboratório de Benjamin tenOever, em Nova York, pesquisadores descobriram que logo após a infecção o vírus "reprograma" a célula infectada.[8] Em janeiro de 2020, falei com TenOever, imunologista de quarenta anos que trabalha no Hospital Mount Sinai. "É quase como se o vírus sequestrasse a célula", explicou.[9]

O "sequestro" celular envolve um passe de prestidigitação extraordinariamente astuto: ao mesmo tempo que converte a célula numa fábrica produtora de milhões de vírions, o Sars-cov-2 impede a célula infectada de expelir o interferon tipo 1. Na Universidade Rockefeller, em Nova York, Jean-Laurent Casanova chegou à mesma conclusão: ele descobriu que os casos mais graves de infecção pelo Sars-cov-2 se davam em pacientes — em geral homens — que não tinham a capacidade de provocar um sinal funcional do interferon tipo 1 depois da infecção.[10] Às vezes, a biologia celular produz os resultados mais peculiares e inesperados. Esses homens com casos graves de covid tinham autoanticorpos *pre*existentes contra o interferon tipo 1 — ou seja, seus corpos tinham atacado e tornado a proteína não funcional mesmo *antes* de serem infectados. Esses pacientes *já* eram deficientes quanto à resposta do interferon tipo 1 — mas só ficaram sabendo disso quando o vírus atacou. Para eles, a infecção de covid revelava uma doença *autoimune* antiga, mas antes disso invisível — um horror autotóxico adormecido, incognoscível (contra o interferon tipo 1, o sino de alarme), só revelado pela infecção pelo Sars-cov-2.

Os estudos começaram a fazer sentido, como peças de um quebra-cabeça que se encaixavam: o vírus era mais letal quando infectava um hospedeiro cuja resposta antiviral inicial tinha sido funcionalmente paralisada — "como um assaltante que entrasse numa casa destrancada", nas palavras de um escritor.[11] A patogenicidade do Sars-cov-2, em resumo, talvez esteja precisamente na sua capacidade de enganar as células para que elas acreditem que ele não é patogênico.

Mais dados começaram a surgir. A célula hospedeira infectada, com sua capacidade de emitir um sinal inicial de perigo prejudicada, era não apenas uma "casa destrancada". A rigor, era uma casa destrancada com dois sistemas de alarme disfuncionais, e não apenas um. Ela não conseguia emitir um alerta inicial — o interferon tipo 1, entre os sinais —, mas, enquanto a casa pegava fogo, a célula pressionava o gatilho de um poderoso segundo alarme, emitindo uma série separada de sinais de perigo — citocinas — para convocar células imunes. Um exército descoordenado de células — soldados confusos, iludidos — corria para os locais de infecção e iniciava um programa de bombardeio de saturação. Era demais, e tarde demais. As belicosas células imunes despejavam um nevoeiro de toxinas para conter o vírus. A guerra contra o vírus — tanto quanto ele próprio — se transformava numa crise cada vez mais intensa.

Os pulmões estavam inundados de fluido; destroços de células mortas entupiam os alvéolos. "Parece haver uma bifurcação na estrada para a imunidade contra a covid-19 que determina o desfecho da doença", explicou Iwasaki.[12]

> Se organizar uma resposta imunológica robusta durante a primeira fase da infecção [supostamente através de uma resposta intacta do interferon tipo 1], você controla o vírus e fica com uma doença branda. Se não organizar, você tem uma replicação descontrolada de vírus no pulmão que [...] atiça o incêndio da inflamação, levando a uma doença grave.

A virologista usou uma frase particularmente pitoresca para descrever esse tipo de inflamação hiperativa, disfuncional: ela o chamou de "tiro imunológico falho".

Por que, ou como, o vírus provoca o "tiro imunológico falho"? Não sabemos. Como ele sequestra a resposta do interferon da célula? Temos algumas pistas, mas nenhuma resposta conclusiva. Será o grande problema o *momento* em que a resposta é disparada — o comprometimento da fase inicial, somado à hiperatividade da fase posterior? Não sabemos. E que dizer do papel das células T que detectam pedaços de proteína viral nas células infectadas? Poderiam elas oferecer alguma proteção contra a gravidade da infecção viral? Alguns indícios sugerem que a imunidade das células T pode atenuar a intensidade da infecção, mas outros estudos não confirmam o grau de proteção. Não sabemos. Por que o vírus causa doença mais séria em homens do que em mulheres? Aqui também há uma resposta hipotética, mas nenhuma definitiva. Por que algumas pessoas geram potentes anticorpos neutralizantes depois da infecção, enquanto outras não? Por que algumas sofrem consequências de longo prazo da infecção, como fadiga crônica, tontura, "nevoeiro mental", perda de cabelo e falta de ar, entre tantos outros sintomas? Não sabemos.

A monotonia das respostas é humilhante, enlouquecedora. Não sabemos. Não sabemos. Não sabemos.

As pandemias nos ensinam epidemiologia. Mas também nos ensinam epistemologia: como sabemos o que sabemos. O Sars-cov-2 nos obrigou a jogar o facho de nossas mais potentes lanternas científicas sobre o sistema imune, dando como resultado, talvez, o exame mais intenso a que essa comunidade de células, e os sinais que se movem entre elas, já foi submetida. Mas talvez o que achamos que sabemos sobre o Sars-cov-2 se limite ao que *já* sabemos sobre o sistema imune — ou seja, aos conhecidos já conhecidos. Não podemos conhecer os desconhecidos desconhecidos.

E talvez a pandemia tenha apontado para outra lacuna em nosso entendimento: talvez outros vírus, como o SARS-COV-2, tenham maneiras inesperadas de contorcer as células do sistema imunológico que resultem em sua patogenicidade, e nós simplesmente nada sabemos dessas explicações mais profundas (na verdade, sabemos desses mecanismos em vírus como o citomegalovírus ou o vírus Epstein-Barr). A história que contamos a nós mesmos sobre por que o Sars-cov-2 é tão hábil em sequestrar nosso sistema imunológico é, talvez, uma história totalmente incompleta. Parte de nosso entendimento das verdadeiras complexidades do sistema imunológico foi enfiada de volta em sua caixa-preta.

A ciência busca verdades. Há uma imagem difícil de esquecer num dos ensaios de Zadie Smith que envolve uma charge de Charles Dickens cercado por todos os personagens por ele criados: o atarracado Mr. Pickwick em seu colete mal-ajambrado, o aventureiro David Copperfield de cartola, a suja, desgrenhada e inocente Nell.[13]

Smith escreve sobre escritores — em particular sobre a experiência de viver fora do corpo e na mente de outra pessoa que um ficcionista tem quando habita com perfeição a mente, o corpo e o mundo de um personagem que criou. Essa familiaridade, ou intimidade, tem um sabor de "verdade". "Dickens não parecia preocupado ou constrangido", escreve Smith a respeito da charge. "Não parecia suspeitar que talvez fosse esquizofrênico ou tivesse algum distúrbio patológico qualquer. Ele tinha um nome para sua doença: romancista."

Imaginemos agora outro personagem, só que cercado por meios-fantasmas. Alguns desses "personagens" — como o interferon tipo 1, o receptor tipo Toll ou o neutrófilo — são muito visíveis, só que habitam a meia-luz da visibilidade. Achamos que os conhecemos e compreendemos, mas a verdade é que estamos enganados. Alguns projetam apenas sombras. Alguns são visíveis de todo. Alguns nos ludibriam sobre sua identidade. E há outros à nossa volta cuja presença não conseguimos nem mesmo sentir. Ainda nem sequer os encontramos, ou lhes demos nomes.

Eu também tenho um nome para essa doença: cientista. Olhamos, criamos, imaginamos — mas só encontramos explicações incompletas para fenômenos, mesmo para fenômenos que talvez tenhamos (em parte) descoberto com nosso próprio trabalho. Não podemos viver na mente deles.

A covid expôs a humildade que se exige para coabitar com esses personagens que nos cercam. Somos como Dickens, só que cercados de sombras, fantasmas e mentirosos. Como me disse um médico: "Não sabemos sequer o que é que não sabemos".

Há uma história alternativa — uma narrativa triunfalista — que também pode ser contada a respeito da pandemia. É mais ou menos assim: imunologistas e virologistas, baseando-se em décadas de investigação dos fundamentos da biologia celular e da imunidade, desenvolveram vacinas contra o Sars-COV-2 em tempo recorde — algumas delas, menos de um ano depois que o homem de Wuhan deu entrada na clínica de Seattle. Muitas dessas vacinas trouxeram métodos inteiramente novos de provocar imunidade — uma forma química alterada de RNA mensageiro, por exemplo —, mais uma vez usando décadas de conhecimento de como as células imunes detectam proteínas estrangeiras, e de como podem prevenir infecções.

Mas o triunfalismo não tem cabimento diante de mais de 6 milhões de mortes. A pandemia energizou a imunologia, mas também expôs grandes fissuras em nosso conhecimento. Ela forneceu uma dose necessária de humildade. Não consigo pensar num momento científico que tenha revelado falhas tão profundas e fundamentais em nosso conhecimento da biologia de um sistema que julgávamos compreender. Aprendemos muito. E temos muito a aprender.

PARTE V

ÓRGÃOS

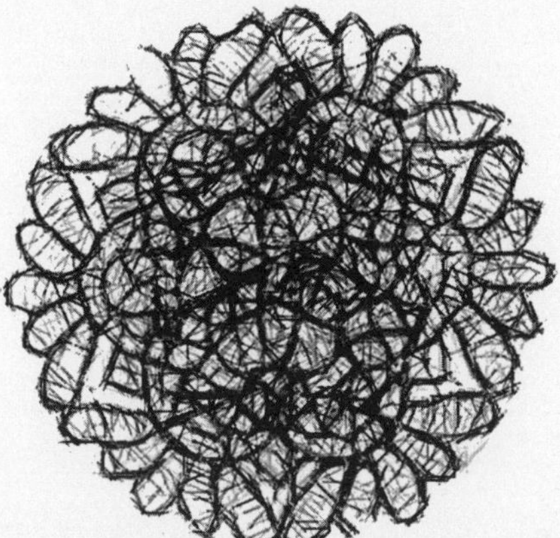

Falamos muito sobre órgãos, mas até agora não conhecemos nenhum. O sangue, que vimos ser um modelo de cooperação e comunicação celular, não é um simples "órgão". É, na verdade, um sistema de órgãos: um para fornecer oxigênio (glóbulos vermelhos), outro para responder a lesões (plaquetas) e outro para responder a infecções e inflamações (glóbulos brancos). Alguns de seus sistemas têm outros sistemas em seu interior — existe a imunidade inata (neutrófilos e macrófagos, com uma capacidade embutida de detectar e matar patógenos), que coopera com a imunidade aprendida (células B e T, que se adaptam e aprendem a preparar uma resposta imune específica ao patógeno).

Em biologia, "órgão" é definido como uma unidade estrutural ou anatômica na qual células se juntam para alcançar um objetivo comum. Em animais menores, até uma pequena coleção de células servirá a esse objetivo. O verme nematoide C. elegans, *que muitos biólogos estudam, tem um sistema nervoso que consiste em 302 neurônios. Só para comparar, o número de neurônios existentes no cérebro humano é 300 milhões de vezes maior.*

À medida que os organismos ficavam maiores e mais complexos, os órgãos também se tornavam necessariamente maiores e mais complexos. Mas a característica definidora fundamental dos órgãos — um objetivo comum, a "cidadania" de células imaginada por Virchow — continuava, e continua, constante. Em ani-

mais, órgãos são definidos em termos anatômicos, de modo que as células que residem em cada um deles possam agir em conjunto — como cidadãs — para possibilitar a fisiologia.

Veremos que células em órgãos ainda utilizam os princípios básicos da biologia celular — síntese de proteínas, metabolismo, eliminação de resíduos, autonomia. Mas cada célula em cada órgão é também especialista; adquire uma função única que serve a todo o órgão, e em última análise coordena algum aspecto da fisiologia humana. Órgãos humanos, e suas células, precisam, portanto, desenvolver funções cada vez mais especializadas. A lombriga respira pela pele, mas humanos precisam de pulmão. E em organismos megacelulares, como os seres humanos, existem distâncias oceânicas a cobrir: o pâncreas envia insulina para células nos dedos dos pés a cada batida do coração — uma distância maior do que a maioria dos nematoides percorre durante a vida.

Especialização celular e cidadania celular — as marcas registradas da biologia celular de um órgão — resultam nas profundas propriedades "emergentes" da fisiologia humana, ou seja, propriedades que só podem surgir quando múltiplas células coordenam suas funções e trabalham juntas. Um batimento cardíaco. Um pensamento. E a restauração da constância — a orquestração da homeostase.

Para compreender a biologia dos humanos, portanto, precisamos compreender órgãos. E para compreender órgãos, suas disfunções na doença e a possibilidade de reconstruí-los temos que compreender a biologia das células que os fazem funcionar.

16. A célula cidadã: Os benefícios de pertencer

Um fenômeno tão enigmático quanto universal é o da massa que repentinamente se forma onde, antes, nada havia. Umas poucas pessoas se juntam — cinco, dez ou doze, no máximo. Nada foi anunciado; nada é aguardado. De repente, o local preteja de gente. As pessoas afluem, provindas de todos os lados, e é como se as ruas tivessem uma única direção.[1]

Elias Canetti, *Massa e poder*

Pois o conceito de um circuito do sangue não destrói, antes faz avançar a medicina tradicional.[2]

William Harvey, 1649

Durante meses, nos primeiros e mortificantes dias da pandemia em Nova York, fui incapaz de escrever. Como médico, era considerado "trabalhador essencial" — e dessa maneira o "trabalho essencial" prosseguia. De fevereiro a agosto de 2020, enquanto o contágio rodopiava como um tornado virulento pela cidade, eu ia a meu consultório em Columbia, usando minha indispensável N95, para atender meus pacientes que precisavam de cuidados (o Cancer

Center continuou funcionando, mas com um mínimo de funcionários. De alguma maneira, conseguimos cumprir o cronograma de quimioterapia essencial, transfusões e procedimentos). Alguns de meus pacientes contraíram o vírus — uma mulher de sessenta e tantos anos com pré-leucemia, outra com mieloma cujo transplante de células-tronco teve que ser postergado —, mas, felizmente, só houve duas internações de UTI e nenhuma morte. Os demais se recuperaram.

Mas meus movimentos eram mecânicos, de robô, e minha cabeça estava vazia: eu olhava para a tela, quase sempre até uma ou duas da madrugada, produzia um ou dois parágrafos e de manhã jogava tudo fora. Não era bloqueio de escritor, era só desalento de escritor: eu escrevia, é verdade, mas tudo que botava no papel me parecia sem vida, sem energia. O que me preocupava era o colapso da infraestrutura, e da homeostase, que tínhamos testemunhado durante o pior da crise nos Estados Unidos e, depois, no resto do mundo.

No auge de minha frustração, praticamente regurgitei um artigo, mais tarde publicado na *New Yorker*. Era em parte *cri de coeur*, em parte pedido de mudança, em parte autópsia do que eu tinha visto no meio da pandemia. A medicina, escrevi, não é um médico com uma mala preta.[3] É uma rede complexa de sistemas e processos. E sistemas que achávamos que fossem autorreguladores e autocorretivos, como um corpo humano com boa saúde, acabaram se revelando absurdamente sensíveis à turbulência, como o corpo durante uma doença grave.

Eu tinha passado quase um ano pensando em corpos sucumbindo a doenças, num sistema celular pronto para ir à luta contra invasores. Mas, ao se aproximar a primavera de 2021, as constantes metáforas de batalha tinham acabado por destruir nossos nervos. Eu queria pensar em normalidade e restauração, em sistemas celulares que formam a infraestrutura da fisiologia humana (e, por outro lado, no conserto e na restauração futuros dos sistemas humanos que tinham falhado). Eu queria escrever sobre homeostase e autocorreção. Estava cansado de minhas reflexões sobre como o corpo reconhece coisas — vírus — que não lhe pertencem. Eu queria tratar de cidadania, de pertencimento.

O coração, mais que todos os outros órgãos do corpo, simboliza o pertencimento. Usamos a palavra "pertencer" no sentido de apego ou amor — e o coração tem sido o significante principal desse sentimento há milênios (muito embora, é claro, agora saibamos que boa parte da vida das emoções se passa no cérebro). Quando alguém diz "Meu coração te pertence", está falando da conexão entre órgão e vínculo.

Quando menino, meu coração pertencia a minha mãe. Meu pai era uma presença distante — confiável e bondoso, mas reservado, de alguma forma inatingível. A mãe dele — minha avó — vivia conosco. Traumatizada pela mudança que fizera durante a Partição, ela vivia sozinha num quarto, preparava a própria comida, lavava a própria roupa, quase como se a casa fosse um abrigo temporário, que pudesse ser tirado de suas mãos a qualquer momento. Suas coisas, nas quais quase não tocava e que ainda estavam embrulhadas em folhas de jornal, ficavam num baú de metal que ela tinha arrastado pela fronteira do Paquistão Oriental para dentro da Índia. Seu quarto era praticamente apenas uma cama e um colchão velho; ela se separara da possibilidade de separação. Não lembro se alguma vez tocou em mim. Tinha o coração partido.

Minha transição para a idade adulta trouxe uma mudança na relação com meu pai. Na época em que era estudante em Stanford, num mundo anterior a telefones celulares e e-mails, comecei a lhe escrever cartas. De início, nossa correspondência era curta e forçada, mas com o tempo se tornou mais extensa e carinhosa. Comecei a entendê-lo sob uma nova luz. A história de seu desterro me parecia familiar: em 1946, ele tinha sido arrancado de seu vilarejo, quando mal entrara na adolescência, e enfiado num ferry noturno com destino a Calcutá, cidade à beira de um ataque de nervos. No fim dos anos 1950, ele se mudara mais uma vez, como jovem executivo, para Delhi, cidade cultural e socialmente tão estrangeira para um jovem da Bengala Oriental quanto a vida de *frisbees*, iogurtes gelados e disputas de *beer-pong* de meu dormitório era para mim. Em 1989, na quinta semana de meu primeiro semestre, San Francisco foi atingida pelo sismo de Loma Prieta — uma sacudida de tamanha magnitude que, abrigado debaixo da viga da porta de meu dormitório, vi o corredor se arquear e uma onda senoidal percorrer o cimento, como se eu estivesse em pé no dorso de uma serpente que acabara de acordar. Meu pai soube da notícia e na mesma hora me escreveu. Em 1960, quando construía sua primeira casa em Delhi, um terremoto tinha destruído a estrutura de um andar na qual investira todas as suas economias. Ele me contou — e não tinha contado para ninguém — que passou a noite sentado nos alicerces, cercado por caibros despedaçados, chorando.

O que eu mais queria era voltar para casa — nem que fosse por pouco tempo. Certa tarde, ao pegar minha correspondência, vi que havia um pacote pesado: ele me fizera a surpresa de mandar passagens para Delhi em meu primeiro inverno (eu deveria permanecer na Califórnia até o verão seguinte). Foi um voo de dezesseis horas, e dormi o tempo todo, até as luzes da cidade aparecerem amortecidas pelo nevoeiro e o avião produzir um ruído de elefante quando a escotilha do trem de pouso se abriu para a aterrissagem. Depois dessa viagem, devo ter voado para a Índia umas quarenta vezes — mas é um barulho que faz meu coração pular de estranha alegria.

O funcionário da alfândega me pediu uma graninha, e tive vontade de abraçá-lo: eu estava em casa. Ainda sinto a batida do coração quando deixei o aeroporto. Eu poderia falar na cascata neural que vivi — as lembranças voltando num dilúvio, a liberação de adrenalina no sangue —, mas, embora o estímulo fosse disparado no cérebro, a experiência era sentida no coração. Meu pai lá estava, como estaria ano após ano quando eu voltava, enrolado num xale branco e com um xale extra para mim. Retornando. Pertencendo.

Metáforas à parte, o coração é um órgão no qual o pertencimento e a cidadania entre as células são de importância fundamental. O que torna as células do coração especiais? O que lhes permite executar a atividade coordenada com precisão — segundo a segundo, dia a dia — que reconhecemos como batimento cardíaco? Examinemos o batimento cardíaco: esse fenômeno, que muitos podem considerar a síntese do que há de mais corriqueiro — o coração baterá mais de 2 bilhões de vezes durante o tempo de vida médio das pessoas —, é, na verdade, uma proeza milagrosamente complexa de biologia celular. O coração é um modelo de cooperação, de cidadania e de pertencimento celular.

Aristóteles, por exemplo, pensava no coração como o primeiro entre seus iguais — o mais importante cidadão de todos os órgãos, o centro de vitalidade do corpo.[4] Os outros órgãos que se aglomeravam à sua volta, sugeriu ele, ali estavam apenas como câmaras de aquecimento e resfriamento. Os pulmões eram como foles, expandindo-se e contraindo-se para manter o motor frio. O fígado era um dissipador de calor turbinado, desviando o excesso de calor produzido pela maioria dos órgãos vitais, para evitar o superaquecimento. Galeno de Pérgamo tocou a ideia para a frente: "O coração é, por assim dizer, a lareira e a fonte do calor inato pelas quais o animal é governado".[5]

Mas a centralidade do coração para a vida humana — a ponto de todos os demais órgãos serem meros tubos de aquecimento e resfriamento para seu motor — implicava uma pergunta: O que *faz* esse órgão? O fisiologista medieval Ibn Sina (ou Avicena), que viveu por volta do ano 1000, tentou responder a ela num majestoso tratado a que deu o título de *al-Qanun fi'at-Tibb — O cânone da medicina* (a palavra "Qanun" também pode ser traduzida como "Lei";[6] Ibn Sina buscava as leis universais que governavam a fisiologia). Ibn Sina se concentrou no pulso, notando sua propriedade ondulatória e sua correlação com a pulsação cardíaca. Quando o pulso estava irregular, o mesmo ocorria com o batimento cardíaco — e palpitações causavam sintomas, como desmaio ou letargia. Quando os batimentos cardíacos se tornavam quase inaudíveis, o mesmo acontecia com o pulso, e os sintomas pressagiavam morte. A ansiedade acelerava o pulso e, ao mesmo tempo, o batimento cardíaco. E, notou Ibn Sina, a "doença do amor" também — saudade ou pertencimento. Um amigo me contou a história de uma visita sua a um médico tibetano especializado em pulsos. O médico lhe fez algumas perguntas triviais e depois verificou o pulso. "O senhor passou por uma separação terrível", disse. "Sua vida nunca mais será a mesma." O médico tibetano estava certo: alguma coisa no pulso — a rapidez, ou a lentidão — dera uma pista sobre saudade e pertencimento. A separação de meu amigo tinha revirado tudo para sempre.

A descrição feita por Ibn Sina do coração como fonte de pulsação — em essência, uma bomba — foi uma das primeiras tentativas de descrever sua função. No entanto, foi o fisiologista inglês William Harvey, trabalhando nos anos 1600, que descreveu por completo o circuito conjunto do coração como bomba no corpo humano.[7] Harvey estudou medicina em Pádua e depois voltou a Cambridge para continuar seus estudos. Em 1609, foi nomeado médico do Hospital São Bartolomeu, com salário anual de 33 libras esterlinas. Baixo e de rosto redondo — "olhos pequenos, redondos, muito negros e animados; o cabelo era negro como um corvo e cacheado"[8] —, era homem de gostos simples. Vivia numa casa pequena na arruinada Ludgate, embora seu cargo de médico de hospital lhe desse acesso a duas casas muito maiores perto do trabalho. É tentador vincular sua austeridade material à austeridade de seus métodos experimentais. Usando nada mais do que faixas e torniquetes, e de vez em quando um aperto em uma artéria ou veia, Harvey começou a resolver um problema que havia séculos desnorteava os fisiologistas.

Já nos deparamos antes com a mente inquisitiva e nada ortodoxa de Harvey na embriologia e na fisiologia: ele era um dos críticos mais veementes da ideia de que o embrião chegava ao útero "pré-formado", ou de que o sangue era o óleo aquecedor do corpo. Mas foi sua influente obra sobre o coração e a circulação que representou sua contribuição científica mais significativa. Harvey não contava com o uso de microscópios potentes, por isso recorria a experimentos fisiológicos mais simples para compreender o funcionamento do órgão. Perfurava as artérias de animais, descobrindo, dessa forma, que quando o sangue era drenado delas as veias também acabavam vazias de sangue: em consequência disso, concluiu, artérias e veias tinham que estar conectadas num circuito. Quando ele apertava a aorta, o coração ficava inchado de sangue. Quando apertava as veias principais, o coração ficava sem sangue: isso significava que a aorta devia tirar sangue do coração e as veias deviam levar sangue para o coração — conclusão tão manifestamente essencial para o entendimento da circulação que é difícil aceitar que tenha escapado a gerações de fisiologistas.

O mais importante é que, quando examinou o septo — a parede — entre o lado esquerdo e o lado direito do coração, Harvey o achou espesso demais e sem poros: por conseguinte, o sangue do lado direito tinha que viajar para os pulmões antes de reentrar do lado esquerdo (um ataque direto às convicções de Galeno e de anatomistas anteriores). Ao observar o coração batendo, Harvey viu que ele se contraía e descontraía: consequentemente, o coração devia ser a bomba que envia o sangue num circuito pelo corpo todo, das artérias para as veias, e vice-versa.

Em 1628, Harvey publicou suas conclusões numa série de sete volumes, hoje intitulada *De Motu Cordis* (*Um relato anatômico do movimento do coração e do sangue*), que abalariam os alicerces da anatomia e da fisiologia do órgão. O coração, afirmava Harvey, era uma bomba que movimentava o sangue pelo corpo de maneira circular — de artérias para veias e de veias para artérias. Essas opiniões, escreveu ele,

> agradaram muito a alguns, menos a outros: alguns [...] me caluniaram e me imputaram o crime de ter ousado me afastar dos preceitos e das opiniões de todos os anatomistas; outros queriam explicações adicionais sobre as novidades que, segundo eles, mereciam consideração e talvez pudessem ter importante utilização.[9]

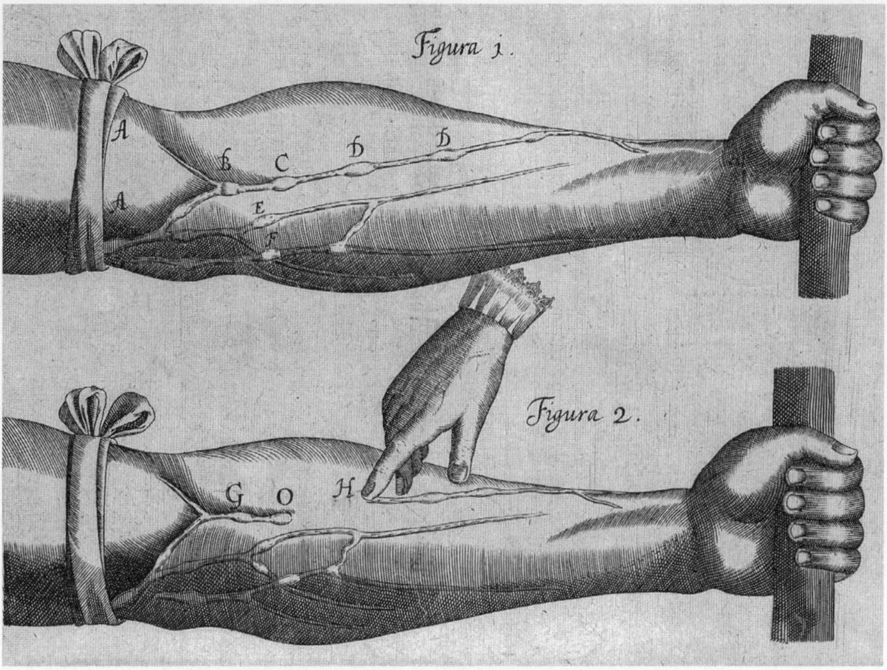

Desenho de William Harvey (*de* De Motu Cordis) *de exercícios simples, como apertar veias e artérias para mostrar como o sangue flui das veias para o coração, e das artérias para longe dele.*

Agora sabemos, em parte, através da obra de Harvey sobre a anatomia do coração, que ele consiste, na verdade, em *duas* bombas — uma esquerda e outra direita, posicionadas lado a lado, como gêmeos no útero.

É tudo um círculo, portanto comecemos pelo lado direito. A bomba do lado direito coleta sangue das veias. Exausto e desfalcado, tendo fornecido oxigênio e nutrientes para os órgãos, o sangue "venoso" (em geral de um vermelho mais escuro do que um carmesim claro) escorre para a câmera superior direita, chamada átrio direito. Em seguida, passa por uma válvula e é levado para a câmera de bombeamento, o ventrículo direito. Uma poderosa arfada do ventrículo direito bombeia o sangue para os pulmões. É o circuito do lado direito — das veias para o coração, para o pulmão.

Os pulmões, tendo recebido sangue do lado direito do coração, o oxigenam e eliminam o dióxido de carbono. Cheio de oxigênio e limpo, o sangue, agora de um carmesim brilhante, segue para o lado esquerdo. Acumula-se no átrio esquerdo do coração. Em seguida, é empurrado para o ventrículo esquerdo. É o ventrículo esquerdo, talvez o músculo mais infatigável de todo o corpo, que ejeta com vigor o sangue para o vasto arco da aorta, o grande vaso sanguíneo que leva sangue oxigenado para o corpo e para o cérebro.

Indo e vindo em círculo. "O conceito de um circuito de sangue não destrói, pelo contrário, faz avançar [...] a medicina", escreveu Harvey.

Mas imaginar o coração em termos mecânicos, como uma bomba, é esquecer o enigma central: Como se faz uma bomba com células? Uma bomba é, no fim das contas, uma máquina muito bem coordenada. Precisa de um sinal para se dilatar e de um sinal para se comprimir. Precisa de válvulas para garantir que o fluido não escorra em sentido contrário. Exige um mecanismo para garantir que a bexiga, ao se contrair, não oscile sem objetivo ou direção. Uma bomba descoordenada não é melhor do que um balão oscilante.

Em 17 de janeiro de 1912, Alexis Carrel, cientista francês do Instituto Rockefeller, em Nova York, cortou um pequeno pedaço do coração de um feto de pintinho de dezoito dias e o colocou numa cultura líquida.[10] "O fragmento pulsou com regularidade por alguns dias e cresceu muito",[11] anotou ele. "Depois da primeira lavagem [...] a cultura voltou a crescer muito." Quando removeu e recultivou um pedaço dele, descobriu que ainda era capaz de pulsar: em março, quase três meses depois de tê-lo retirado do coração do pintinho, "ele [ainda] pulsava a um ritmo que variava de sessenta a 84 por minuto [...]". Por fim, "em 12 de março as pulsações estavam irregulares, e o fragmento batia por uma série de três a quatro pulsações e parava por cerca de vinte segundos". Ao longo de três meses, o pedaço de coração de pintinho numa placa de Petri tinha produzido cerca de 9 milhões de batimentos cardíacos.

O experimento de Carrel foi amplamente saudado como prova de que órgãos eram capazes de viver, e funcionar, fora do corpo — mas sugeria uma ideia também importante: as células do coração, cultivadas fora do corpo, tinham a capacidade *autônoma* de pulsar de maneira rítmica. Alguma coisa intrínseca nelas as tornava capazes de uma "ação parecida com bombeamento" — pulsação coordenada. Naquele ano, W. T. Porter, fisiologista de Harvard, tinha mostrado que mesmo cortando os nervos do coração de um cachorro os ventrículos podiam pulsar de forma autônoma — uma demonstração "ao vivo" do que Carrel mostrara numa placa de Petri.[12]

* * *

A pulsação coordenada das células do coração fascinava fisiologistas. Nos anos 1880, o biólogo alemão Friedrich Bidder tinha notado que as células do coração "se ramificam e intercomunicam, formando uma sequência".[13] Elas formam uma espécie de consórcio — uma coletividade cidadã de células. A fonte de seu poder contrátil parecia estar em sua união, em seu pertencimento.

Mas como surgia esse poder contrátil? Nos anos 1940, o fisiologista húngaro Albert Szent-Györgyi começou a investigar como a célula adquiria a capacidade de se contrair e relaxar.[14] Àquela altura, ele já se estabelecera como um dos fisiologistas mais ilustres de sua geração: ganhara o prêmio Nobel pela descoberta da vitamina C e estudara como as células geram energia. Boa parte do que sabemos sobre as reações mitocondriais que produzem moléculas de energia vem de sua obra. Szent-Györgyi era um homem de convicções fortes e de uma curiosidade andarilha. Recrutado para o corpo médico do Exército durante a Primeira Guerra Mundial, ficou tão horrorizado com a carnificina e tão desiludido com a guerra que deu um tiro no próprio braço, alegando ter sido ferido por fogo inimigo, e com isso conseguiu retomar seus estudos médicos e científicos. Ia de universidade em universidade, de laboratório em laboratório e de cidade em cidade — Praga; Berlim; Cambridge, Inglaterra; e Woods Hole, em Massachusetts — estudando a bioquímica da respiração celular, a fisiologia de ácidos e bases no corpo e vitaminas e reações bioquímicas essenciais à vida.

Nos anos 1940, sua mente infinitamente curiosa já se voltara para o estudo do músculo cardíaco. A questão que o preocupava era essencial para o entendimento da função do coração: Como era gerada sua força de bomba? Szent-Györgyi partiu da ideia de Virchow: se um órgão é capaz de se contrair e se dilatar, então *suas células* devem ser capazes de contração e dilatação. Szent-Györgyi achava que dentro de cada célula muscular devia haver uma molécula especializada qualquer, ou um conjunto de moléculas especializadas, capaz de gerar uma força direcional, com isso encurtando a célula — contraindo-a. "Para fazer um sistema capaz de encurtar",[15] escreveu, "a natureza tem que usar partículas finas e longas de proteína." Naquela altura, uma das "finas e longas proteínas" já fora identificada. Escreveu ele: "A partícula de proteína parecida com fio, muito fina e muito longa, com a qual a natureza construiu a matéria contrátil é a 'miosina'".

Mas uma proteína fina e longa não passa de uma corda. Prenda a corda às extremidades de uma célula e você começa a dispor dos elementos básicos de um aparelho contrátil. Mas como esse sistema de cordas apertava e afrouxava? Szent-Györgyi e seus colegas descobriram que as fibras de miosina estão intimamente ligadas a outra rede densa e organizada de fibras longas e finas — compostas basicamente de uma proteína chamada actina. Em resumo, havia *dois* sistemas de fibras interligadas dentro da célula muscular: actina e miosina.

O segredo da contração da célula muscular é que essas duas fibras — actina e miosina — deslizam uma contra a outra, como duas redes de cordas. Quando uma célula é estimulada a se contrair, uma parte da fibra de miosina se prende a um ponto da fibra de actina, como uma mão de uma corda agarrando a outra. Ela então a solta e avança para se prender ao próximo ponto — um homem suspenso numa corda, agarrando e puxando na outra, uma mão depois da outra. *Agarra. Puxa. Solta. Agarra. Puxa. Solta.*

Cada célula muscular tem milhares dessas cordas alinhadas — faixas de actina com faixas de miosina paralelas.* Quando as cordas, lado a lado, deslizam uma contra a outra — *agarra*, *puxa*, *solta* —, as bordas da célula também são repuxadas e ela é forçada a uma contração. O processo exige energia, claro, e cada célula cardíaca, e cada célula muscular, está abarrotada de mitocôndrias que vão fornecer a energia necessária para as duas fibras deslizarem (um rápido aparte: uma peculiaridade do sistema é que a *liberação* de actina da miosina — e não a ligação das fibras — é que requer energia. Quando um organismo morre e a fonte de energia desaparece, as fibras musculares, incapazes de abrir as mãos, são flagradas num aperto permanente — atadas. As cordas celulares em todos os músculos se retesam. O corpo enrijece e se contrai no aperto permanente da morte — o fenômeno que chamamos de rigor mortis).

Mas isso descreve a jornada contrátil de uma célula. Para que o coração funcione como órgão, todas as suas células precisam se contrair na ordem coor-

* Há três tipos fundamentais de célula muscular no corpo humano: músculo cardíaco, que constitui o principal assunto deste capítulo; músculo esquelético (o que move nossos braços quando queremos); e músculo liso (o que se move involuntária mas consistentemente, permitindo, digamos, que o líquido nos intestinos continue se movimentando). Os três tipos de músculo usam variantes do sistema actina/miosina, junto com algumas outras proteínas, para contratilidade.

denada. E é nisso que a observação de Friedrich Bidder — de que as células do coração parecem formar uma "sequência" — se torna crítica. Nos anos 1950, microscopistas descobririam que as células cardíacas são conectadas entre si através de minúsculos canais moleculares, chamados de junções comunicantes. Em outras palavras, toda célula é projetada para se comunicar com a próxima. Apesar de serem muitas, elas *se comportam* como uma só. Um estímulo para contrair, quando gerado numa célula, automaticamente viaja para a próxima célula, resultando em sua estimulação e, por fim, na contração em uníssono.

O que é esse "estímulo"? É o movimento de íons — sobretudo cálcio — para dentro e para fora das células por canais especializados nas membranas das células cardíacas. Em repouso, a célula cardíaca tem baixos níveis de cálcio. Quando recebe um estímulo para se contrair, o cálcio a inunda, o que instiga a contração. E a entrada de cálcio é um circuito que se autoalimenta: liberta mais cálcio da célula cardíaca, resultando numa disparada dos níveis de cálcio. As interconexões das células — as "junções" identificadas nos anos 1950 — transmitem a mensagem iônica de célula para célula. O um se torna muitos. Multidões geram poder. O órgão — uma sequência de células — se comporta como um todo.

Há dois elementos celulares finais que são essenciais para a atividade do coração. Inicialmente, há válvulas entre as câmaras para garantir que o sangue não escorra para trás. As células dos átrios — as câmaras de coleta — se contraem primeiro, enviando sangue para os ventrículos. As válvulas entre os átrios e os ventrículos se fecham, produzindo um ruído de batida: *Lub*, o primeiro som do coração. E, depois disso, as células do ventrículo se contraem de modo também coordenado. As válvulas de saída dos ventrículos se fecham: *Dub*, o segundo som do coração. *Lub-Dub, Lub-Dub*. O som de uma coletividade cidadã em sincronia, trabalhando em conjunto.

O elemento final da bomba é um gerador de ritmo, ou metrônomo. Fisiologistas descobriram que células especializadas parecidas com nervos, residentes no coração, geram impulsos compassados, rítmicos, que estimulam a contração. Outros nervos ainda — fios elétricos de rápida condução — levam esses impulsos através do coração, primeiro para os átrios, depois para os ventrículos. Quando o impulso chega a uma célula, as junções intercelulares asseguram a contração conjunta de todas as células.

O resultado é uma coordenação miraculosa. Contração atrial. Contração ventricular. As células do coração formam uma coletividade cidadã orquestrada. Cada célula do músculo cardíaco mantém sua identidade. Mas cada célula está tão intimamente ligada à seguinte que, quando o impulso para contrair chega, a contração é deliberada e coordenada. O coração não oscila; os ventrículos se contraem num impulso vigoroso. Pode-se imaginar que o órgão se comporta quase como se fosse uma única e obstinada célula.

17. A célula contemplativa: O neurônio versátil

O cérebro é mais vasto que o céu
Pois se os pomos lado a lado —
Aquele o outro contém —
Fácil — e a você também —

O cérebro é mais fundo que o mar —
Ponha-se azul contra azul —
Aquele o outro absorve —
Como a esponja baldes sorve —[1]

Emily Dickinson, *c.* 1862

Se o coração é obstinado, o cérebro é versátil. Reconheçamos logo um desafio: é impossível tratar da função de um órgão de complexidade tão imensa num livro inteiro, que dirá num único capítulo.

Mas, deixando a função de lado por um instante, vamos começar pela estrutura. Em meu laboratório de anatomia na faculdade de medicina, os alunos eram divididos em grupos. Meu grupo, quatro alunos, recebeu um cérebro humano molenga e úmido conservado em formaldeído — um presente para a ciência médica deixado por um homem de quarenta e tantos anos que tinha decidido doar seus órgãos antes de morrer num acidente automobilístico. Era uma sensação de imensa estranheza segurar um órgão, mais ou menos do tamanho e do formato de uma grande luva de boxe, e imaginar que ali estava o depósito da memória, da consciência, da fala, do temperamento, da sensação e do sentimento. Amor. Inveja. Ódio. Compaixão. Tudo isso tinha repousado lá dentro, num emaranhado de neurônios. *Ele* estava em minhas mãos, pensei, aquele homem cujo nome, ou identidade, eu jamais saberia. Em algum lugar daquele órgão tinham vivido os neurônios que outrora recordavam o rosto de sua mãe. Em algum lugar estava a lembrança de seu derradeiro momento antes de o carro ser lançado fora da estrada, em algum lugar a melodia de sua canção predileta.

Visto de fora, o mais extraordinário de todos os órgãos parecia extraordinariamente comum — um volume de tecido envolto em saliências curvilíneas de massa cinzenta. O cerebelo, cada um dos lobos do tamanho de um punho de criança, ficava na parte de baixo. Havia protuberâncias dos dois lados do cérebro — os "polegares" da luva de boxe, vistos de perfil. Um pedaço de tecido cortado, lembrando um caule, era o ponto onde antes estivera ligado à medula espinhal.

Mas quando fatiei o tecido pela lateral, foi como se estivesse abrindo uma caixa de maravilhas. Havia uma infinidade de estruturas — vias circulares de nervos, ventrículos repletos de fluido, bolsas, glândulas e densos aglomerados de células nervosas, chamados de núcleos. A glândula pituitária, uma das poucas glândulas que não formam pares no corpo, pendia no meio, como uma pequenina baga. A glândula pineal, que Descartes julgava ser a sede da alma, também se aninhava no centro. Cada uma dessas glândulas, cada um desses núcleos continha um conjunto único de células dedicadas a uma função particular e quase sempre distinta. De que maneira essa coleção interminável de estruturas — e uma coleção também interminável de células (neurônios, células produtoras de hormônio e células gliais, as células não neuronais que apoiam a função dos nervos) — acaba possibilitando as profundas funções do cérebro é algo que não se consegue abarcar num livro sobre biologia celular. Mas é na função do neurônio — a unidade mais essencial de todo o cérebro — que podemos começar a entender o cérebro.

Durante décadas no fim do século XIX, a mais versátil e estranha das células do corpo não era nem mesmo considerada célula. Na verdade, ela era invisível para a maioria dos microscopistas: a estrutura de um neurônio estava em grande parte oculta. Em 1873, Camillo Golgi, biólogo italiano que trabalhava em Pavia, descobriu que, se acrescentasse uma solução de nitrato de prata a uma fatia translúcida de tecido neuronal, ocorria uma reação química cujo resultado era uma mancha preta que se acumulava dentro de alguns neurônios.[2] Ao microscópio, Golgi viu um sistema rendilhado. Achou que essa rede representava uma conexão contínua — uma "reticulação", como dizia. A teoria da célula ainda estava engatinhando — Schwann e Schleiden tinham sugerido que todos os organismos eram coleções de células em 1838 e 1839 —, e, assim, Golgi se perguntava se o sistema nervoso inteiro não seria uma teia de aranha de "apêndices celulares", um "emaranhado inextricável" de extensões celulares contíguas, interligadas, como disse um escritor.[3] Era uma teoria sem pé nem cabeça: segundo Golgi, todo o sistema nervoso era como uma rede de pesca, formada por rijas extensões emitidas pelo cérebro.

Um jovem e rebelde patologista da Espanha contestou a teoria de Golgi. Ginasta, atleta e fanático desenhista — "tímido, antissocial, reservado, rude", como o descreveu um de seus biógrafos —,[4] Santiago Ramón y Cajal era filho de um professor de anatomia que, na tradição de Vesalius, levava o filho ainda menino aos cemitérios da cidade para dissecar espécimes.[5] Quando criança, Cajal era conhecido pelo gosto por pegadinhas elaboradas. Seu primeiro "livro" versava sobre a construção de estilingues — uma fusão, por assim dizer, de seu amor pela precisão e de seu desdém por figuras de autoridade. Além disso, desenhava de maneira compulsiva — ovos de pássaro, ninhos, folhas, ossos, espécimes biológicos, estruturas anatômicas: era fascinado por todas as formas de objetos naturais e os esboçava em seu caderno. Mais tarde chamaria esse hábito do desenho de sua "mania irresistível".[6] Cajal estudou medicina em Saragoça e a seguir se mudou para Valência, onde foi nomeado professor de anatomia e patologia. Em Madri, encontrou por acaso um amigo que acabava de voltar de Paris, onde ficara sabendo da técnica de coloração de Golgi.

Muitos cientistas tentaram reproduzir a coloração de Golgi, mas era uma reação caprichosa, temperamental, que quase sempre resultava numa bolha de tecido manchado de preto. Se desse certo, ela costumava iluminar — ou melhor, destacar em silhueta — a densa rede reticular que tinha levado o biólogo italiano a imaginar o sistema nervoso como uma intricada conexão de fios contínuos. Mas o gênio de Cajal envolvia brincar sem dó com o método — mais uma vez misturando precisão com desdém pela autoridade. Ele titulava o nitrato até chegar a uma diluição exata, cortava o tecido em seções precisas, finíssimas, e usava o melhor microscópio para visualizar os neurônios tingidos pela "reação negra". E, ao contrário de Golgi, o que Cajal via era uma organização de células radicalmente diferente. Não havia "reticulação" emaranhada no sistema nervoso, nem mistura de finas extensões. O que havia eram células neuronais *individuais*, com uma anatomia intricada, delicada, que buscavam se conectar com células neuronais *individuais*.

Ele as desenhava com tinta preta, produzindo algumas das imagens mais belas da história da ciência. Alguns neurônios pareciam árvores com milhares de galhos, com densos caramanchões de extensões por cima, um corpo celular piramidal no meio e uma extensão semelhante a um tronco abaixo. Algumas lembravam explosões de estrelas, outras, hidras de muitas cabeças. Algumas tinham extensões finíssimas, com múltiplos dedos. Outras eram compactas; havia as que se estendiam da superfície do cérebro a camadas mais profundas abaixo.

No entanto, apesar de sua insondável diversidade, Cajal descobriu que os neurônios quase sempre compartilhavam certos traços. Tinham um corpo celular — o soma —, do qual brotavam dezenas, centenas, até milhares de projeções parecidas com galhos chamadas dendritos. E tinham um trato de escoamento — um "axônio" — que se estendia em direção à próxima célula. De maneira notável, o axônio de um neurônio, seu ponto de escoamento, era separado do segundo neurônio por um espaço intermediário — por fim batizado como "sinapse". O sistema nervoso era conectado, sem dúvida, mas os "fios" consistiam em células conectadas a células conectadas a células, com espaços intermediários entre elas.

Cajal usou os desenhos, tão delicadamente belos quanto cientificamente precisos, para propor uma teoria da estrutura do sistema nervoso. Afirmava que as informações viajavam numa direção única no nervo. Os dendritos — as extensões que ele visualizara brotando do corpo celular dos neurônios — "recebiam" o impulso. O impulso então percorria todo o corpo celular. E saía pelo axônio, através da sinapse, rumo à próxima célula nervosa. O processo era repetido na célula seguinte: *seus* dendritos pegavam o impulso, transmitiam-no para o corpo celular, e em seguida o impulso escorria através do axônio para a próxima célula. E assim por diante, ad infinitum.

O processo de condução nervosa, portanto, era o movimento do impulso de célula para célula. Não havia uma teia de aranha reticular única de "apêndices celulares", como Golgi tinha proposto, nem um sincício de células cidadãs, como no coração. Em vez disso, células nervosas "batiam papo" umas com as outras — coletando inputs (via dendritos) e gerando outputs (via axônio). E era esse bate-papo celular — ou melhor, esse bate-papo *inter*celular — que dava origem às profundas propriedades do sistema nervoso: senciência, sensação, consciência, memória, pensamento e sentimento.

Em 1906, Cajal e Golgi receberam juntos o Nobel pela elucidação da estrutura do sistema nervoso.[7] Talvez tenha sido a premiação mais estranha da história, mais um armistício do que um prêmio: as ideias de Cajal e Golgi sobre a estrutura do sistema nervoso eram completamente opostas. Com o tempo, e a invenção de microscópios mais potentes, a teoria de Cajal — de neurônios separados se comunicando entre si e o impulso se propagando de célula em célula numa trajetória direcional — seria comprovada. O sistema nervoso *era* feito de fios e circuitos, porém os "fios" não eram um retículo contíguo, mas células individuais dotadas da capacidade de coletar e transmitir informações para outras séries de neurônios.

Um dos legados de Cajal é jamais ter realizado um único experimento em biologia celular — ou pelo menos um experimento no sentido tradicional. Ver seus desenhos de neurônios é perceber o quanto se pode aprender apenas *olhando*.[8] Retornamos a personagens como Da Vinci ou Vesalius, que imaginavam o desenho como um jeito de pensar: um observador/desenhista perspicaz pode gerar uma teoria científica tanto quanto um intervencionista experimental. Cajal fazia esboços do que observava, e seu entendimento de como o sistema nervoso "funcionava" veio inteiramente de seu hábito de desenhar células e tirar conclusões. Até a frase "chegar a uma conclusão" [*to draw a conclusion*, em inglês] ilumina a conexão entre pensar e desenhar: "desenhar" [*to draw*] não é apenas ilustrar, mas extrair, tirar uma substância, extrair uma verdade. Foi a "mania irresistível" de Cajal — desenhar verdades, extrair verdades — que lançou os alicerces da neurociência.

Voltemos por um instante à ideia de neurônio segundo Cajal: trata-se de uma célula separada, capaz de transmitir um impulso — uma mensagem — para outra célula. Qual era a mensagem e quem era o mensageiro?

Durante séculos, cientistas acreditaram que os nervos eram conduítes, como canos, e que algum fluido, ou ar — pneuma —, circulando por eles, carregava uma onda de informações de um nervo para outro, e do nervo para um músculo, e por fim fazia esse músculo se contrair. De acordo com a teoria "balonista", como era chamada, o músculo era um balão, e quando estava cheio de pneuma inchava como uma bexiga cheia de ar.

Em 1791, um biofísico italiano, Luigi Galvani, esvaziou o "balonismo" com um experimento que mudou o curso da ciência neurológica. A história, provavelmente apócrifa, diz que seu assistente estava dissecando uma rã morta com um bisturi quando sem querer tocou num nervo.[9] Uma faísca elétrica atingiu o bisturi e o músculo do animal morto estremeceu, como se ele tivesse ressuscitado.

Espantado, Galvani repetiu o experimento com algumas variações. Ligou a perna da rã à sua medula espinhal usando fios improvisados, um deles feito de ferro, o outro de bronze. Quando pôs os dois fios em contato, uma corrente atravessou os eletrodos e, de novo, a perna da rã estremeceu (Galvani supunha que a eletricidade que passava da medula para o músculo pertencia ao animal — fenômeno que chamou de eletricidade animal. Seu colega Alessandro Volta, maravilhado com esse experimento, descobriu que a verdadeira fonte de eletricidade não era o animal, mas o contato entre os dois metais parcialmente submersos nos fluidos da rã morta. Com o tempo, Volta usaria essa ideia para inventar a primeira bateria primitiva).

Galvani passou boa parte da vida explorando a "eletricidade animal" — forma única de energia biológica que ele considerava sua descoberta mais espetacular. Mas o centro de suas descobertas acabaria sendo bastante periférico. A maioria dos animais — enguias-elétricas e jamantas à parte — não descarrega bioeletricidade. A descoberta menor de Galvani é que viria a ser revolucionária: sua ideia de que o sinal que passava de nervo para nervo, e de nervo para músculo, não era ar, mas *eletricidade* — o influxo e o efluxo de íons carregados.

Em 1939, Alan Hodgkin, um recém-formado de Cambridge, Inglaterra, foi convidado para trabalhar em condução nervosa com Andrew Huxley, fisiologista da Associação de Biologia Marinha do Reino Unido, em Plymouth.[10] O laboratório era um grande prédio de tijolinhos em Citadel Hill, com corredores percorridos por uma refrescante brisa oceânica. A localização era fundamental. Das janelas que davam para o mar na baía de Plymouth, os pesquisadores podiam ver a pesca que chegava nos barcos pesqueiros. E entre todas as coisas colhidas no oceano, havia uma que era preciosíssima para eles: a lula, dotada de um dos maiores neurônios do reino animal, quase cem vezes maior do que alguns dos delgados e diminutos neurônios que Cajal tinha desenhado em seu caderno.

Hodgkin tinha aprendido a dissecar esse neurônio de lula nos Laboratórios de Biologia Marinha em Woods Hole. E a dupla perfurou a célula com um minúsculo e afiadíssimo eletrodo de prata. Eles aprenderam a enviar impulsos e registrar o output, auscultando a "tagarelice" de um neurônio individual.

Em setembro de 1939, no exato momento em que Hodgkin e Huxley registravam o impulso de um axônio, os nazistas invadiram a Polônia, mergulhando todo o continente na guerra. Os dois cientistas tinham concluído os primeiros registros de condução elétrica e enviaram às pressas seu artigo para a *Nature*.[11] Era um trabalho fantástico, com apenas duas imagens, uma delas mostrando a montagem experimental, com o axônio da lula e uma lasquinha de fio de prata enfiada nele.

A segunda imagem, no entanto, é que era espetacular. Eles viram a chegada de um pequeno impulso elétrico — uma minionda — seguido de uma grande onda de íons carregados indo para dentro do neurônio. A grande onda se acalmou, afundou, e então o sistema voltou ao normal. Nas várias vezes em que estimulavam o axônio, eles observavam o mesmo pico de carga e sua restauração ao normal. Tinham assistido à dinâmica de um nervo a conduzir seu sinal para outro nervo.

A guerra interrompeu a colaboração de Hodgkin e Huxley por quase sete anos. Hodgkin, o engenheiro-funileiro, foi despachado para fabricar máscaras de oxigênio e radares para pilotos; Huxley, o matemático, foi incumbido de usar equações para melhorar a precisão das metralhadoras. Em 1945, pouco depois do fim da guerra, eles retomaram seu trabalho em Plymouth, vasculhando os barcos que voltavam da pesca à procura de lulas e mergulhando cada vez mais fundo no sistema nervoso, concebendo formas cada vez mais exatas de medir o fluxo de carga no neurônio, culminando num modelo matemático para descrever o movimento de íons na célula neuronal.

Quase sete décadas depois, neurocientistas ainda usam as equações de Hodgkin e Huxley e seus métodos experimentais para entender o sistema nervoso. As linhas gerais de como um neurônio "bate papo" estão decifradas. Talvez possamos recorrer a um dos desenhos de Cajal como molde para elucidar o movimento de um sinal através de um nervo. Imaginemos o nervo, primeiro, em "repouso". Nesse estado, o ambiente interno do neurônio contém alta concentração de íons de potássio e uma concentração mínima de íons de sódio. Essa exclusão de sódio do interior do neurônio é fundamental; podemos imaginar esses íons como uma multidão do lado de fora da cidadela, impedida de atravessar os muros do castelo e batendo desesperada nos portões. O equilíbrio químico natural leva o influxo de sódio para o neurônio. Em seu estado de repouso, a célula ativamente impede o sódio de entrar, usando energia para expulsar os íons. O resultado é que o neurônio em repouso tem carga negativa, como Hodgkin e Huxley tinham descoberto em seu experimento original em 1939.

Voltemos, agora, aos dendritos, as estruturas de muitos galhos desenhadas por Cajal. Eles são o local dentro do neurônio onde o "input" do sinal tem sua origem. Um estímulo — em geral uma substância química chamada de "neurotransmissor" —, quando chega a um dos dendritos, se prende a um receptor cognato na membrana. E é nesse ponto que a cascata de condução nervosa começa.

A ligação da substância química ao receptor faz canais da membrana se abrirem. Os portões da cidadela são entreabertos e o sódio inunda a célula. À medida que íons entram, a carga líquida do neurônio muda: cada influxo de íons gera um pequeno pulso positivo. E à medida que mais e mais transmissores se ligam, e mais canais desses se abrem, o pulso aumenta de amplitude. Uma carga cumulativa percorre o corpo da célula.

Imaginemos agora que o exército de íons invasores, uma carga (literalmente) passa marchando pelos dendritos rumo ao corpo celular do neurônio — o soma — e alcança um ponto essencial nele, chamado de "outeiro do axônio". É ali que o ciclo biológico decisivo que possibilita a condução nervosa é posto em movimento. Se o pulso que atinge o outeiro do axônio for maior do que um limiar definido, os íons dão início a um circuito já esperado e inevitável. *Eles estimulam a abertura de mais canais no axônio.* Em biologia, uma substância química que estimula a liberação dela própria desencadeia um circuito de feedback — mais se torna mais. Os canais de íon sensíveis ao íon são os elementos-

-chave na condução axonal: eles se autopropagam, como se a multidão fosse agora uma multidão que se perpetua — abrindo à força os portões da cidadela, entrando cada vez em maior número. Mais sódio escorre pelos canais, enquanto o potássio, outro íon, vai saindo.

O processo se amplia: a multidão invasora de íons arrebenta mais portões e mais íons de sódio entram. À medida que mais e mais canais são destravados e abertos, um maremoto de íons de sódio entra e íons de potássio saem, provocando o grande pico positivo que Hodgkin e Huxley viram pela primeira vez em 1939. A carga líquida do axônio passa de negativa para fortemente positiva. A cascata de condução, uma vez desencadeada, é impossível de conter: avança mais e mais ao longo do axônio.* O processo se propaga em si mesmo. Um conjunto de canais se abre e fecha, gerando um pico de energia elétrica. Esse primeiro pico abre outro conjunto de canais alguns micrômetros adiante no neurônio, produzindo com isso um segundo pico a uma curta distância do primeiro. Em seguida, um terceiro pico poucos micrômetros adiante — e assim sucessivamente, até que o impulso atinja o fim do axônio.**

Mas, depois que esses picos são desencadeados em todo o neurônio, o equilíbrio precisa ser restaurado. Quando a célula conclui seu pico de carga, os canais começam a se fechar. O neurônio começa a ser resetado, bombeando o sódio para fora e o potássio para dentro, restaurando o equilíbrio e retornando, no fim das contas, a seu estado de repouso com carga negativa.

Ao examinar de maneira minuciosa as profundezas tortuosas dos desenhos de Cajal, descobrimos mais uma característica inusitada. Nas fatias mais finas que ele cortou e desenhou, e em seus esboços mais delicados, nos quais neurônios não se sobrepõem a neurônios, há uma minúscula lacuna entre o fim do neurônio, onde seu impulso acaba (ou seja, no fim do axônio), e o começo do neurônio seguinte, onde o impulso supostamente dispara um segundo impulso (ou seja, no começo de um de seus dendritos em formato de árvores).

* Esse mecanismo de condução dentro de um neurônio — canais de sódio se abrindo e um dilúvio de sódio entrando — não se aplica a *todos* os neurônios. Alguns usam outros íons — por exemplo, cálcio — como mecanismo para conduzir seus sinais.

** A maioria dos neurônios é coberta por uma bainha semelhante ao isolante de plástico em volta de um fio. A bainha isolante é interrompida de tantos em tantos micrômetros em toda a extensão do axônio. É nessas partes "desembainhadas" da membrana do neurônio que ficam os canais de íon. Os picos elétricos são gerados nesses pontos. O pico avança então alguns micrômetros ao longo do neurônio para a parte "desembainhada" seguinte, onde gera outro pico.

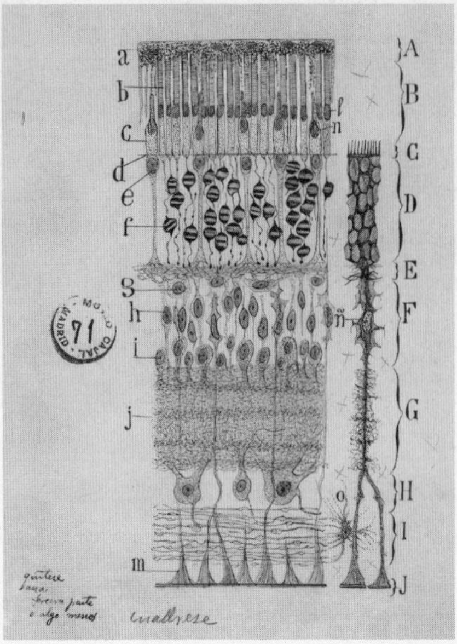

Desenho de Santiago Ramón y Cajal que mostra uma fatia da retina com várias camadas de células neuronais. Note-se que alguns neurônios terminam num bouton *(por exemplo, na camada marcada com "f"), que representa parte da sinapse. Note-se também que o fim do axônio nem sempre toca fisicamente nos dendritos (delicados processos do segundo neurônio). Esse espaço vazio representa a sinapse, que, como mais tarde se descobriria, transporta sinais químicos (neurotransmissores) que ativam ou inibem o segundo neurônio. Esses espaços vazios, e sua proximidade dos ramos dendríticos do segundo neurônio, são especialmente visíveis nos neurônios assinalados com "f".*

Examinemos de novo, por exemplo, o detalhe de parte da imagem assinalada com "g". Os *boutons* que marcam o fim do nervo quase tocam nos dendritos do nervo seguinte. Mas *não chegam* a fazê-lo. "É preciso ser uma pessoa corajosa",[12] escreveu certa vez a poeta Kay Ryan, "para deixar espaços vazios" — e Cajal, o cientista-desenhista, era qualquer coisa, menos medroso. Esse espaço — cerca de vinte a quarenta nanômetros de distância — é deixado em branco. É minúsculo; era possível ignorá-lo. Talvez fosse um artefato de microscopia ou coloração. Mas, como o espaço negativo na pintura chinesa, esse espaço pode representar o elemento mais importante de todo o desenho — e, quem sabe, de toda a fisiologia do sistema nervoso. Ele nos leva a perguntar de imediato por que existe um espaço em branco: Se estamos construindo um sistema nervoso como uma caixa de fios, só um eletricista idiota deixaria brechas entre os fios. Mas Cajal desenhava exatamente o que via — o cavalo da observação puxando a carroça da teoria. E, mais uma vez, como tantas nessa história, era o ver que levou ao descrer.

Como um impulso nervoso, tendo atravessado o nervo como Hodgkin e Huxley descreveram, passa para o nervo seguinte? Nos anos 1940 e 1950, o eminente neurofisiologista John Eccles, que dominava o campo da neurotransmissão, afirmou com veemência que o único meio apropriado para o sinal era elétrico. Neurônios eram condutores elétricos — "fios" —, propôs Eccles, portanto, por que fios usariam qualquer coisa que não fossem impulsos elétricos para levar sinais de um para outro? Quem já ouviu falar num dispositivo em que a fiação mudasse *modos* de transmissão de fio para fio? Num livro didático publicado em 1949, o fisiologista John Fulton, colega de Eccles, escreveu: "A ideia de um mediador químico liberado no fim do nervo e atuando sobre um segundo [neurônio] ou músculo parecia, pois, insatisfatória em muitos sentidos".[13]

Talvez seja proveitoso distinguir dois grandes tipos de problema em ciência. O primeiro tipo — vamos chamá-lo de problema "olho na tempestade de areia" — surge quando há uma confusão tão imensa num campo que não se consegue perceber nenhum padrão ou itinerário. O que existe é areia no ar em qualquer lado para onde se olhe, e uma maneira de pensar totalmente nova se faz necessária. A teoria quântica é um bom exemplo. No começo dos anos 1900, quando os mundos atômico e subatômico foram descobertos, os princípios heurísticos da física newtoniana não mais bastavam e um novo paradigma nesse mundo atômico/subatômico era necessário para sair da tempestade de areia.

O segundo tipo é o inverso: vamos chamá-lo de problema "areia no olho". Tudo faz todo sentido, exceto um fato espinhoso que simplesmente não se encaixa dentro da bela teoria. Ele irrita o cientista como um grão de areia no olho — *por que, por que*, ele se pergunta, esse fato irritantemente contraditório não desaparece?

Nos anos 1920 e 1930, para o neurofisiologista inglês Henry Dale e seu colega de longa data Otto Loewi, a lacuna entre os neurônios tinha se tornado um problema do tipo areia no olho.[14] Sim, eles reconheciam que a transmissão entre neurônios era elétrica; não havia como contestar o sinal que Hodgkin e Huxley tinham visto enquanto perscrutavam o impulso de um neurônio. Mas se tudo era uma caixa de fios, qual era o sentido da interrupção especial entre os nervos?

Dale, numa decisão inusitada para a época, depois de estudar em Cambridge e passar um breve período no laboratório de Ehrlich em Frankfurt, de início abandonou cargos acadêmicos — que achava arriscados demais — para trabalhar como farmacologista nos Laboratórios Wellcome, na Inglaterra.[15] Ali, tomando por base a obra de John Langley e Walter Dixon, começou a isolar substâncias químicas que tivessem efeitos profundos no sistema nervoso. Algumas, como a acetilcolina, infundida num gato, desaceleravam sua frequência cardíaca. Outras podiam acelerar os batimentos cardíacos. No entanto, outras, ainda, podiam agir como estimulantes da atividade de células nervosas em músculos. Em 1914, Dale se tornou diretor do Instituto Nacional de Pesquisa Médica em Mill Hill, nos arredores de Londres. Ele conjeturava, de forma muito prudente, que essas substâncias químicas eram "transmissores" de informação entre neurônios, ou entre neurônios e células musculares que eles inervavam. A infusão delas no corpo de gatos tinha apenas estimulado os nervos que inervavam o coração, resultando nas atividades de desaceleração e aceleração do órgão. E essas *substâncias químicas* reiniciavam o próximo impulso elétrico. Dale voltava sempre a esse pensamento. Substâncias químicas — não apenas eletricidade — podiam transmitir impulsos de nervo para músculo e até, talvez, de nervo para nervo.

Em Graz, Áustria, outro neurofisiologista, Otto Loewi, também chegou à mesma ideia de neurotransmissores químicos.[16] Na noite da véspera do Domingo de Páscoa de 1920 — na breve trégua entre as guerras —, ele sonhou com um experimento. Lembrou-se de pouca coisa do sonho, mas lhe pareceu que este envolvia um músculo e um nervo de uma rã. "Acordei", escreveu ele,

> acendi a luz e rabisquei algumas anotações num minúsculo pedaço de papel fino. Depois voltei a pegar no sono. Às seis da manhã me ocorreu que durante a noite eu tinha escrito uma coisa importante, mas fui incapaz de decifrar os rabiscos. Na noite seguinte, às três horas, a ideia voltou. Era o projeto de um experimento para determinar se a hipótese da transmissão química que eu tinha enunciado dezessete anos antes estava certa ou errada. Levantei na mesma hora, fui para o laboratório e fiz um experimento simples no coração de uma rã de acordo com o projeto noturno.[17]

No Domingo de Páscoa, pouco depois das três da manhã, Loewi correu para seu laboratório. Primeiro, rompeu o nervo vago de uma rã, isolando-o de um dos principais motores do batimento cardíaco. O vago envia um impulso para desacelerar o batimento cardíaco — e assim, como esperado, o coração da rã sem o vago se acelerou. Então ele estimulou o nervo vago intacto de uma segunda rã, fazendo o coração bater mais devagar. Isso também era esperado: estimule-se o nervo inibidor e o coração tem que desacelerar.

Mas que fator, no nervo vago intacto estimulado, tinha provocado a redução do batimento cardíaco? Se tivesse sido um impulso elétrico — como Eccles insistia com tanta veemência —, ele jamais poderia ser transferido de um para outro (íons elétricos se espalhariam e seriam diluídos durante a transferência). O segredo do experimento estava na transferência: quando Loewi coletou as substâncias químicas (o "perfusato") surgidas do nervo vago estimulado e as transferiu para o coração da *primeira* rã — o que fora acelerado —, este também se desacelerou. Como Loewi cortara o nervo, o impulso não poderia ter vindo do próprio nervo vago da rã. Só poderia ter vindo do perfusato.

Em resumo, alguma *substância química* — e não um impulso elétrico — vinda de um nervo vago podia ser transferida de um animal para outro para controlar a frequência do batimento cardíaco. Essa substância química — um neurotransmissor — seria mais tarde identificada como nada menos que a que Henry Dale já identificara: acetilcolina.

No fim dos anos 1940, com um número de evidências cada vez maior apoiando a hipótese de Dale e Loewi, até Eccles se convenceu. Dale e Loewi, que receberam o prêmio Nobel em 1936, escreveram que a conversão de Eccles era como "a conversão de Paulo na estrada de Damasco, quando 'uma luz vinda do céu o envolveu de claridade [...] caíram-lhe dos olhos umas como escamas'".[18]

Sabemos agora que as substâncias químicas liberadas — transmissores — ficam armazenadas em vesículas (sacolas com membranas) no fim do axônio. Quando o impulso elétrico chega ao fim do axônio, essas vesículas reagem à sua chegada liberando a carga. As substâncias químicas atravessam o espaço entre uma célula e a célula seguinte — a sinapse — e mais uma vez dão início ao processo de estimulação. Elas se prendem a seus receptores nos dendritos do próximo neurônio, abrem canais de íon e reiniciam o impulso no segundo neurônio (o receptor).* O sinal passa para a terceira célula. Um neurônio con-

* Um pequeno número de neurônios nos animais transmite seus impulsos entre si através de estímulos elétricos. Em vez de liberar neurotransmissores, esses neurônios se conectam direta e eletricamente entre si através de poros especializados chamados de junções comunicantes — semelhantes aos poros de conexão encontrados nas células cardíacas. A proximidade entre os neurônios é, portanto, ainda maior — um décimo de uma sinapse química. Embora presentes, essas "sinapses elétricas" são raras. Sua maior vantagem é a velocidade — a eletricidade avança

versador e prestativo "falou" com o neurônio seguinte. As duas contramelodias do neurônio se juntam, uma atrás da outra, como numa canção infantil: elétrica, química, elétrica, química, elétrica.

Uma característica essencial dessa forma de comunicação é que a sinapse tem a capacidade não só de induzir o neurônio a disparar — como no exemplo acima —, mas ela também pode ser uma sinapse *inibidora*, tornando o neurônio seguinte *menos* propenso à excitação. Um único neurônio pode, portanto, receber inputs positivos e inputs negativos de outros neurônios. Sua tarefa consiste em "integrar" esses inputs. É o total integrado desses inputs excitadores e inibidores que determina se um neurônio dispara ou não dispara.

Delineei um esqueleto de esboço de como um neurônio funciona e de como essa função está relacionada à construção do cérebro. Mas é o mais básico dos esboços. De todas as células do corpo, o neurônio talvez seja a mais sutil e a mais magnífica. O princípio nu e cru é este: precisamos imaginar o neurônio não apenas como um "fio" passivo, mas como um integrador ativo.* E, pensan-

---

com rapidez de uma célula para a célula seguinte — e, por isso, costumam ser encontradas em circuitos celulares onde a rapidez é fundamental. A lesma-do-mar (ou lebre-do-mar) *Aplysia* usa um circuito elétrico para esguichar tinta e se ocultar de predadores durante sua resposta de fuga. Stephen G. Rayport e Eric R. Kandel, "Epileptogenic Agents Enhance Transmission at an Identified Weak Electrical Synapse in *Aplysia*". *Science*, v. 213, n. 4506, pp. 462-4, 1981. Disponível em: <www.jstor.org/stable/1686531>.

* Aqui surge uma questão filosófica e biológica: Por que o circuito neuronal não é inteiramente elétrico? Por que *não* a ideia de Eccles de construir um sistema de fiação apenas para conduzir eletricidade, em vez de um sistema que o tempo todo passa de eletricidade para sinais químicos, de sinais químicos para eletricidade, e vice-versa, em ciclos infinitos? A resposta pode estar (como sempre) na evolução e no desenvolvimento do circuito neural. Um circuito neural não é apenas um fio a transmitir sinais do cérebro para o resto do corpo. É, como já escrevi, uma "integração" de fisiologia. Talvez haja momentos em que o coração precise ser acelerado, ou desacelerado. Ou, numa esfera mais complexa: o humor, ou a motivação, talvez precise ser regulado para cima ou para baixo. Se os circuitos neuronais estivessem selados na "caixa fechada" de um sistema de fiação elétrica, integrá-los com a fisiologia do restante do corpo seria um processo custoso, e potencialmente impossível. Mais ainda: além da integração, as sinapses químicas têm a capacidade de "ganhar" ou amplificar um sinal ou atenuá-lo — fenômenos que as tornam mais maleáveis à construção dos circuitos exigidos pelas complexidades do sistema nervoso. Imaginemos um notebook: uma caixa fechada, com um sistema de fiação interno. O notebook não tem como "saber" quando estamos frustrados, ou irritadiços, ou temos que trabalhar mais depressa, ou quando precisamos desacelerar; é uma caixa de fiação e de circuitos elétricos sem sinapse com nosso estado emocional ou mental. Órgãos não podem ser caixas fechadas. Um

do em cada neurônio como um integrador ativo, podemos imaginar a construção de circuitos extraordinariamente complexos utilizando esses fios ativos. Indo ainda mais longe, suponhamos que esses circuitos complexos servem de base para a construção de módulos computacionais ainda mais complexos — capazes de dar suporte à memória, à senciência, ao sentimento, ao pensamento e à sensação.[19] Uma coleção desses módulos computacionais poderia se juntar para formar a mais complexa das máquinas do corpo humano. Essa máquina é o cérebro humano.

"Se um tema [...] tem uma aura de glamour, se os profissionais da área recebem prêmios que oferecem bolsas de grande valor",[20] aconselhou o biólogo E. O. Wilson, "fique longe dele." Para os biólogos celulares que exploravam o cérebro, o neurônio tinha um glamour tão evidente — era tão misterioso, tão insondavelmente complexo, tão diverso do ponto de vista funcional e tão glorioso em sua forma — que eclipsava uma célula companheira que o rondava sem cessar como uma sombra. A célula glial, ou glia, era como a assessora de uma estrela de cinema, condenada a viver sempre nas sombras da celebridade. Até o nome, proveniente da palavra grega para "cola", indicava um século de abandono: as células gliais eram consideradas nada mais que a cola que juntava os neurônios.[21] Um pequeno grupo de obstinados neurocientistas tinha estudado essas células desde o começo dos anos 1900, quando Cajal as descreveu em fatias do cérebro. Todos os demais a consideravam irrelevantes — não a matéria, mas o recheio do cérebro.

As células gliais estão presentes em todo o sistema nervoso — mais ou menos na mesma quantidade que os neurônios. A certa altura, julgava-se que fossem dez vezes mais comuns, reforçando com isso a hipótese do "recheio do cérebro". Ao contrário dos neurônios, elas não geram impulsos elétricos, mas,

---

sinal conduzido entre neurônios, hormônios e transmissores transportados pelo sangue, ou por outros neurônios, precisa ser capaz de se conectar com outros sinais para modificar e modular sua função coletiva, integrando, assim, a fisiologia neuronal com a fisiologia do restante do corpo. E um mediador químico solúvel é uma solução ideal. Pode acelerar ou desacelerar a atividade de um circuito. Esse é um notebook "inteligente" que é ao mesmo tempo reativo e complexo: se lhe dissermos que estamos de mau humor, ele talvez nos dê um feedback para pararmos de enviar e-mails furiosos dos quais mais tarde nos arrependeremos; se o informarmos do fim de um prazo, ele pode acelerar.

como eles, são extraordinariamente diversas tanto em estrutura como em função.[22] Algumas têm extensões ricas de gordura, que se ramificam enrolando-se nos neurônios, formando bainhas. Esses envoltórios, chamados de bainhas de mielina, atuam como isolantes elétricos dos neurônios, à maneira dos plásticos que cobrem fios. Algumas são andarilhas e catadoras de resíduos e células mortas do cérebro. Já outras fornecem nutrientes para o cérebro ou enxugam transmissores das sinapses para resetar sinais neuronais.

A emergência das células gliais das sombras da neurociência para o centro do palco das investigações assinala uma fascinante mudança na biologia celular do sistema nervoso. Poucos anos atrás, fui à Universidade Harvard visitar o laboratório de Beth Stevens, que vem estudando glias há mais de uma década. Como tantos neurobiólogos ao longo da história, Stevens chegou à glia através dos neurônios. Em 2004, ela começou a trabalhar como estagiária de pós-doutorado na Universidade Stanford para estudar a formação de circuitos neurais no olho.

As conexões neurais entre os olhos e o cérebro são formadas bem antes do nascimento, estabelecendo a fiação e os circuitos que permitem ao bebê começar a visualizar o mundo no minuto em que sai do útero.[23] Muito antes da abertura das pálpebras, durante a fase inicial do sistema visual, ondas de atividade espontânea se agitam da retina para o cérebro, como dançarinas praticando seus movimentos antes de uma apresentação. Essas ondas configuram a fiação do cérebro — ensaiando seus circuitos futuros, fortalecendo e afrouxando as conexões entre neurônios. (A neurobióloga Carla Shatz, que descobriu essa onda de atividade espontânea, escreveu: "Células que disparam juntas permanecem conectadas".)[24] Esse ato de aquecimento fetal — a soldagem de conexões neurais antes que os olhos de fato comecem a funcionar — é crucial para o desempenho do sistema visual. O mundo precisa ser sonhado antes de ser visto.

Nesse período de ensaios, sinapses — pontos de conexão química — entre células são geradas em quantidades excessivas, para serem podadas numa fase posterior. Para criar uma sinapse, o neurônio dispõe de estruturas especializadas, muitas vezes vistas como pequenos inchaços, na extremidade do axônio, onde ele armazena as substâncias químicas que são emitidas para transmitir um sinal para o neurônio seguinte. Supõe-se que a "poda" sináptica envolva a redução dessas estruturas especiais, eliminando dessa maneira a conexão sináptica naquele ponto — mais ou menos como se remove ou se corta a junção de solda entre dois fios. É um fenômeno estranho — nosso cérebro faz um imenso excesso de conexões, e nós aparamos o excesso.

As razões dessa redução de sinapses são um mistério, mas uma possibilidade é que a poda sináptica aguça e fortalece as sinapses "corretas", ao mesmo tempo que remove as malfeitas e desnecessárias. "Isso reforça uma velha intuição",[25] explicou um psiquiatra de Boston. "O segredo do aprendizado está na eliminação sistemática de excessos. Crescemos, basicamente, morrendo." Somos programados para não ser programados, e essa plasticidade anatômica talvez seja a chave da plasticidade de nossa mente.

Mas quem faz a poda das sinapses? No inverno de 2004, Beth Stevens começou a trabalhar no laboratório de Ben Barres, neurocientista de Stanford. "Na época, pouco se sabia sobre como sinapses específicas são eliminadas", disse ela. Stevens e Barres concentraram sua atenção em neurônios visuais: o olho seria a fenda por onde olhar para dentro do cérebro.

Em 2007, Stevens e Barres anunciaram um achado espantoso.[26] Eles descobriram que as células gliais eram responsáveis pela poda das conexões sinápticas no sistema visual. O trabalho, publicado na *Cell*, atraiu enorme atenção, ao mesmo tempo que levantava uma série de questões. Qual célula glial específica era responsável pela poda? E que dizer do mecanismo de poda? No ano seguinte, Stevens se mudou para o Hospital Infantil de Boston, para montar seu próprio laboratório. Quando a visitei numa gélida manhã de março de 2015, o recinto vibrava de agitação. Alunos de pós-graduação se debruçavam sobre microscópios. Uma mulher sentada à sua bancada triturava, resoluta, um fragmento de cérebro humano recém-submetido a biópsia para reduzi-lo a células individuais que pudessem ser cultivadas num frasco de cultura de tecido.

Há qualquer coisa de espontaneamente cinético em Stevens: quando ela fala, as mãos e os dedos traçam os arcos de ideias, fazendo e desfazendo sinapses no ar. "As perguntas com que lidamos no novo laboratório eram uma continuação direta das perguntas com que eu lidava em Stanford", disse ela.[27]

Em 2012, Stevens e seus alunos dispunham de modelos experimentais criados para estudar a poda sináptica e já tinham identificado as células responsáveis pelo fenômeno. Células especializadas conhecidas como micróglias — araneiformes e com múltiplos dedos — tinham sido vistas rastejando pelo cérebro, à cata de detritos, e sua função na eliminação de patógenos e resíduos celulares era conhecida havia décadas. Mas Stevens também as encontrou envoltas em sinapses assinaladas para eliminação. As micróglias mordem de leve as conexões sinápticas entre neurônios e as desbastam. São os "jardineiros constantes" do cérebro, nas palavras de um relatório.[28]

Talvez o traço mais notável da poda sináptica seja o uso de um mecanismo imunológico para eliminar conexões entre neurônios. Macrófagos no sistema imunológico fagocitam — comem — patógenos e detritos celulares. Micróglias no cérebro usam proteínas e processos similares para assinalar as sinapses a serem mordiscadas — só que, em vez de ingerir patógenos, elas ingerem os pedaços do neurônio envolvido nas conexões sinápticas. É mais um exemplo fascinante de reaproveitamento: as mesmas proteínas e vias utilizadas para eliminar patógenos no corpo são rearranjadas para fazer a sintonia fina das conexões entre neurônios. As micróglias foram desenvolvidas para "comer" pedaços de nosso próprio cérebro.

"Quando descobrimos o envolvimento das micróglias, pipocaram perguntas dos mais variados tipos", contou Stevens.

> Como uma célula micróglia sabe quais são as sinapses que devem ser eliminadas? [...] Sabemos que as sinapses competem entre si, e que a mais forte vence. Mas como a sinapse mais fraca é marcada para a poda? O laboratório está trabalhando em todas essas questões.

A poda de conexões neurais por células gliais se tornou objeto de profundos estudos — e não só no laboratório de Stevens. Experimentos recentes sugerem que disfunções na poda glial podem estar relacionadas à esquizofrenia — doença em que a poda não é feita de forma adequada.[29] Outras funções de diferentes células gliais têm sido vinculadas à doença de Alzheimer, à esclerose múltipla e ao autismo. "Quanto mais fundo olhamos, mais descobrimos", disse Stevens. É difícil encontrar um aspecto da neurobiologia que *não* envolva a célula glial.

Saí do laboratório de Stevens para as ruas cobertas de gelo de Boston, recitando mentalmente os versos do poema "Um trem pode esconder outro", de Kenneth Koch:[30]

Numa família uma irmã pode ocultar outra,
Então, quando você estiver paquerando uma delas, é melhor ter todas à vista
[...]
E no laboratório
Uma invenção pode esconder outra invenção,
Uma noite pode esconder outra, uma sombra, um ninho de sombras [...].

Por décadas, o neurônio desfilou com tanto glamour pela passarela da biologia que ocultou a célula glial. Mas quando estamos cortejando achados científicos ou produzindo invenções, é melhor ter todas as células à vista, não só as que estão desfilando. A célula glial saiu de seu "ninho de sombras". Como um de seus próprios subtipos, ela se enrolou, à maneira de uma bainha, em volta de todo o campo da neurobiologia. Longe de ser uma assistente de celebridade, é a nova estrela da disciplina.

Na primavera de 2017, fui massacrado pela mais profunda onda de depressão que já vivi. Uso a palavra "onda" de propósito: quando ela afinal arrebentou contra mim, tendo se aproximado, sorrateira, durante meses, senti como se estivesse me afogando numa maré de tristeza que eu não era capaz de contornar ou atravessar. Na superfície, minha vida parecia sob perfeito controle — mas por dentro eu estava inundado de dor. Certos dias, levantar da cama ou abrir a porta para pegar o jornal era inconcebivelmente difícil. Simples momentos de prazer — o engraçado desenho de um tubarão feito por minha filhinha, ou uma ótima sopa de cogumelos — davam a impressão de estar trancados dentro de caixas, com todas as chaves jogadas nas profundezas do oceano.

Por quê? Eu não saberia dizer. Talvez isso se devesse, em parte, ao esforço para aceitar a morte de meu pai no ano anterior. No rescaldo de seu falecimento, tinha me atirado como um louco no trabalho, esquecendo de dar a mim mesmo tempo para o luto. Em parte, também, era resultado do confronto com a inevitabilidade do envelhecimento. Eu já beirava os últimos anos da casa dos quarenta, fitando o que parecia um abismo diante de mim. Ao correr os joelhos doíam e rangiam. Apareceu do nada uma hérnia abdominal. Os poemas que eu sabia de cor? Agora eu precisava vasculhar o cérebro à procura de palavras que tinham sumido ("Ouvi uma Mosca zumbir — quando morri —/ A Quietude no Quarto/

Era como..." como... como o que mesmo?). Eu me fragmentava. Oficialmente, entrava na meia-idade. Não era a pele que começava a despencar, mas o cérebro. Ouvi uma mosca zumbir.

As coisas pioraram. Meu jeito de lidar com a depressão consistiu em ignorá-la, até ela atingir o auge. Eu era como a proverbial rã na panela que não sente o aumento gradual da temperatura, até que a água começa a ferver. Comecei a tomar antidepressivos (o que ajudou, mas não muito) e procurei ajuda psiquiátrica (que ajudou muito mais). No entanto, a súbita onda da doença e sua persistência me desconcertavam. Tudo que eu sentia era a "úmida ausência de alegria" que o escritor William Styron descreve em *Escuridão visível*.[31]

Liguei para Paul Greengard, professor da Universidade Rockefeller. Eu o conhecera anos antes, num retiro no Maine — tínhamos reconhecido um ao outro como colegas cientistas e caminhávamos quase dois quilômetros por uma praia de pedras brancas, onde ventava muito, falando de células e de bioquímica —, e ficamos bons amigos. Ele era bem mais velho do que eu — tinha 89 anos naquela época —, mas a cabeça parecia sempre jovem. Costumávamos almoçar juntos em Nova York, ou fazer longas e lentas caminhadas pela York Avenue, ou pelo campus da universidade. Nossas conversas abordavam os mais variados assuntos. Neurociência, biologia celular, fofocas universitárias, política, amizade, a última exposição do Museu de Arte Moderna, as mais recentes descobertas nas pesquisas sobre o câncer; Paul se interessava por tudo.

Nas décadas de 1960 e 1970, os experimentos de Greengard o levaram a uma nova maneira de pensar sobre a comunicação neuronal. Os neurobiólogos que estudavam a sinapse basicamente descreviam a comunicação entre neurônios como um processo rápido. Um impulso elétrico chega ao fim do neurônio — ou seja, ao terminal axônio. Isso provoca a liberação de neurotransmissores químicos para dentro de um espaço especializado — a sinapse. As substâncias químicas, por sua vez, abrem canais no neurônio seguinte, e íons correm para dentro, reiniciando o impulso. Esse é o cérebro "elétrico" — uma caixa de fiação e circuitos (com um sinal químico — um neurotransmissor — posto entre os dois fios).

Mas Greengard sustentava que havia um tipo diferente de neurotransmissão. Os sinais químicos enviados por um neurônio também criam uma cascata de sinais "lentos" no neurônio. A sinalização neuronal de uma célula para a célula seguinte instiga profundas mudanças *bioquímicas* e *metabólicas* na célula receptora. Uma complexa cascata de mudanças químicas é deflagrada no neurônio receptor: alterações no metabolismo, na expressão gênica e na natureza e concentração dos transmissores químicos que são expelidos para a sinapse. E essas mudanças "lentas", por sua vez, alteram a condução elétrica de um impulso de nervo para nervo. Durante décadas, essa lenta cascata foi vista como periférica ("Oh, ele vai acabar se recuperando", disse outro pesquisador a respeito do trabalho de Greengard).[32] Mas agora se sabe que as alterações bioquímicas produzidas nas células neuronais — a "cascata de Greengard" — permeiam o cérebro, mudam a função dos neurônios e ditam muitas das propriedades subsequentes.

Podemos, portanto, dividir as patologias do cérebro naquelas que afetam os sinais "rápidos" (a rápida condução elétrica das células neuronais), nas que afetam os sinais "lentos" (as cascatas bioquímicas que são alteradas nas células nervosas) e nas que ficam no meio das duas.

Depressão? Quando falei com Greengard sobre a névoa de dor em que eu estava mergulhado, ele me convidou para um almoço. Foi no fim do outono de 2017. Comemos na lanchonete da universidade — ele comia devagar, de maneira meticulosa, examinando cada porção no garfo como se fosse um espécime biológico, antes de colocá-la na boca — e depois fizemos uma caminhada pelo campus da Universidade Rockefeller. Seu cão boiadeiro de Berna, Alpha, bamboleava, babando, junto a nós.

"Depressão é um problema de lentificação mental", disse ele.[33]

Lembrei-me do poema de Carl Sandburg: "A neblina chega/ com passos de gato./ Senta-se olhando/ para o porto e a cidade/ sobre as ancas silenciosas/ E então segue em frente".[34] Meu cérebro vivia enevoado, como se uma criatura tivesse descido com ancas lentas e silenciosas, mas não seguisse em frente.

O escritor Andrew Solomon certa vez descreveu a depressão como a "imperfeição no amor".[35] Mas, em termos médicos, era um problema com a regulação de neurotransmissores e seus sinais. Uma imperfeição nas substâncias químicas.

"Que substâncias químicas? Que sinais?", perguntei a Paul.

Eu sabia que tinha alguma coisa a ver com serotonina, o neurotransmissor.

Paul me contou a história da origem da teoria da "química cerebral" da depressão. No outono de 1951, médicos que tratavam de tuberculosos no Hospital Sea View, em Staten Island, com um novo fármaco — iproniazida — tinham observado neles súbitas transformações de humor e comportamento.[36] As enfermarias, em geral sombrias e silenciosas, com pacientes moribundos e letárgicos, estavam "animadas na semana passada com o rosto alegre de homens e mulheres", como escreveu um jornalista. A energia voltara, assim como o apetite. Muitos pacientes, doentios e catatônicos havia meses, agora exigiam cinco ovos no café da manhã. Quando a revista *Life* mandou um fotógrafo ao hospital para investigar, os pacientes já não estavam deitados, entorpecidos, em seus leitos. Jogavam cartas ou andavam a passos rápidos pelos corredores.[37]

Mais tarde pesquisadores descobriram que a iproniazida tinha, como efeito colateral, aumentado os níveis de serotonina no cérebro. E a ideia de que a depressão era causada pela escassez do neurotransmissor serotonina na sinapse neural tomou conta da psiquiatria. Não há serotonina em quantidade suficiente na sinapse, e por isso os circuitos elétricos que respondem à substância química não recebem estimulação bastante. A estimulação inadequada dos neurônios reguladores do humor resulta em depressão.

Se depressão fosse só isso, aumentar a serotonina no cérebro deveria resolver a crise. Nos anos 1970, Arvid Carlsson, bioquímico da Universidade de Gotemburgo, na Suécia, colaborou com a empresa farmacêutica sueca Astra AB no desenvolvimento de uma substância, a zimelidina, que aumentava os níveis do neurotransmissor.[38] Esses fármacos iniciais levaram a substâncias químicas mais seletivas que aumentavam os níveis de serotonina no cérebro — os inibidores seletivos da recaptação de serotonina (ISRSs), como Prozac e Paxil.* E, de fato, alguns pacientes deprimidos tratados com esses medicamentos experimentavam profunda remissão da doença. Em seu livro de memórias, o best-seller *Prozac Nation*, de 1994, a escritora Elizabeth Wurtzel descreveu uma experiência transformadora.[39] Antes de começar o tratamento com antidepressivos, ela vagava de um "devaneio suicida" para outro. No entanto, poucas semanas depois de começar a tomar Prozac, sua vida mudou. "Certa manhã acordei e de fato queria viver. [...] Era como se o miasma da depressão tivesse se afasta-

* Carlsson, neurofisiologista, já era muito conhecido por seu trabalho anterior sobre o neurotransmissor dopamina e seus efeitos no mal de Parkinson. Seu trabalho sobre a substância química L-Dopa, precursora da dopamina, levou ao desenvolvimento dessa droga para tratar o distúrbio de movimento dessa doença.

do de mim, da mesma forma que o nevoeiro em San Francisco vai embora à medida que o dia avança. Foi o Prozac. Sem a menor dúvida."[40]

Mas a resposta aos ISRSs estava longe de ser positiva para todos. E resultados experimentais e clínicos de seu uso revelaram dados contraditórios: em alguns ensaios, com pessoas gravemente deprimidas, havia uma melhora mensurável nos sintomas para pacientes que receberam o medicamento em comparação com os que receberam placebo, enquanto em outros estudos o efeito foi marginal, com frequência quase nulo. E o tempo para o remédio fazer efeito — quase sempre semanas, ou meses — não sugeria que bastava elevar o nível de serotonina para restabelecer o nível de algum circuito elétrico, e com isso curar a depressão. Quando experimentei Paxil, e depois Prozac, o nevoeiro em meu cérebro não se desfez. Uma coisa era clara: a resposta não podia ser tão simples como apenas o ajuste do nível de serotonina nas sinapses dos neurônios reguladores do humor.

Paul fez que sim com a cabeça. Seu laboratório na Universidade Rockefeller tinha acabado de descobrir uma via "lenta", estimulada pela serotonina, que podia ser responsável pela depressão. A serotonina, como ele e outros pesquisadores tinham constatado, não age apenas como um neurotransmissor "rápido", e a depressão não é apenas um circuito neuronal com defeito de funcionamento que possa ser resetado aumentando-se a serotonina na sinapse. Em vez disso, a serotonina emite um sinal "lento" nos neurônios — sinais bioquímicos que chegam com patas de gato —, que inclui a alteração da atividade e da função de várias proteínas intracelulares que o laboratório de Greengard havia identificado.

Paul acredita que essas proteínas, que modificam a atividade neuronal, são cruciais para a lenta sinalização nos neurônios que regulam o humor e a homeostase emocional. Em seu trabalho anterior, ele tinha mostrado que um desses fatores, de nome DARPP-32, tem um papel crítico na forma como um neurônio responde a outro transmissor, chamado dopamina, que está envolvido em muitas outras funções neurológicas, como a resposta de nossa mente a recompensas e à formação de adicções.[41]

"Não é só o *nível* de serotonina", disse Paul com veemência, sacudindo os dedos. O ar de Nova York era claro e terrivelmente frio, e seu hálito deixava um rastro de condensação. "Isso é simples demais. É o que a serotonina *faz* com o neurônio. O jeito como ela altera a química e o metabolismo do neurônio", explicou. "E isso pode variar de indivíduo para indivíduo." Ele se virou para mim.

"Em seu caso, pode haver inputs, ou motivos genéticos, que tornam mais difícil sustentar ou restaurar a resposta."

"Estamos buscando novos medicamentos que afetem essa via lenta", prosseguiu Greengard. Ele procurava um novo paradigma para a depressão e, portanto, uma nova maneira de tratar esse distúrbio.

Nossa caminhada tinha acabado. Ele não tocara em mim, mas eu me sentia como se ele tivesse curado uma ferida interior implacável. Despedi-me com um aceno e fiquei olhando enquanto ele tomava o caminho de volta para o laboratório. Alpha estava exausto, mas Paul tinha recebido uma injeção de energia.

A depressão é a imperfeição no amor. Porém, mais fundamentalmente talvez, é também uma imperfeição na resposta — lenta — dos neurônios aos neurotransmissores. Não é só um problema de fiação, acredita Greengard, mas um distúrbio celular — ou um sinal, instigado por neurotransmissores, que de alguma forma dá defeito e cria um estado disfuncional no neurônio. É uma imperfeição em nossas células que se torna uma imperfeição no amor.

Paul Greengard morreu de ataque cardíaco em abril de 2019, com 93 anos. Sinto falta dele.

Conheci Helen Mayberg no Hospital Mount Sinai, em Nova York, numa tarde de novembro de 2021. O vento me cortava o rosto enquanto eu ia a pé para seu escritório. Folhas de outono caíam à minha volta como flocos de neve, pressagiando o inverno. Mayberg é neurologista especializada em doenças neuropsiquiátricas e dirige um centro chamado Terapêuticas de Circuitos Avançados. É uma das pioneiras numa técnica conhecida como estimulação cerebral profunda (ECP), na qual minúsculos eletrodos, por meio de cirurgia, são profundamente inseridos em partes muito específicas do cérebro. Através desses eletrodos, minúsculas descargas elétricas são enviadas para células cerebrais cujo mau funcionamento pode ser responsável por doenças neuropsiquiátricas. Modulando essas áreas do cérebro com estimulação elétrica, Mayberg espera tratar as formas mais persistentes de depressão que resistem às terapias comuns. É uma espécie de terapia celular — ou melhor, uma terapia que visa circuitos celulares.

No começo dos anos 2000, num desvio radical da predominância da utilização de remédios como Prozac e Paxil, Mayberg começou a lançar mão de uma grande variedade de técnicas para mapear circuitos celulares no cérebro que talvez fossem responsáveis pela depressão.[42] A ECP já fora usada para tratar a doença de Parkinson, e pesquisadores notaram que ela podia melhorar a coordenação de movimentos em pacientes afetados. Mas ainda não tinha sido tentada contra a depressão persistente. Usando potentes técnicas de imagem, o mapeamento de circuitos de células neuronais e testes neuropsiquiátricos, Mayberg encontrou uma área do cérebro, chamada área 25 de Brodmann (BA25), suposta residência de células que parecem regular o tom emocional, a ansiedade, a motivação, o impulso, a autorreflexão e até o sono — sintomas que são marcadamente desregulados na depressão. Ela descobriu que a BA25 era hiperativa em pacientes com depressão persistente. E sabia que a estimulação elétrica crônica pode diminuir a atividade de uma área do cérebro. Isso pode parecer contraditório, mas não é; a estimulação elétrica crônica de um circuito neuronal em altas frequências pode reduzir sua atividade. A ideia de Mayberg era que a estimulação elétrica de células na BA25 poderia aliviar os sintomas da depressão crônica severa.

A área 25 de Brodmann não é de fácil acesso. Se imaginarmos o cérebro humano como uma luva de boxe dobrada em sua posição de socar, a BA25 se situa bem no centro da dobra, no ponto exato onde ficaria o dedo médio (há uma área dessas em cada lado do cérebro). Nas palavras de um jornalista: "Um par de curvas rosa-pálido de carne neural chamado cingulado subcaloso, cada uma mais ou menos do tamanho e da forma do dedo torto de um recém-nascido, a área 25 [de Brodmann] ocupa as pontas dos dedos".[43] Em 2003, em colaboração com neurocirurgiões de Toronto, Mayberg deu início a um ensaio para inserir eletrodos em ambos os lados do cérebro e estimular a BA25 em pacientes que padeciam de depressão resistente a tratamento. Era uma tarefa impossivelmente delicada: coçar as pontas dos dedos de um recém-nascido para fazê-lo rir.

Havia seis pacientes no estudo: três homens e três mulheres, com idades de 37 a 48 anos. "Lembro-me de cada um desses pacientes",[44] disse Mayberg. "A primeira era uma enfermeira com deficiência física. Ela descrevia a si mesma como totalmente entorpecida", como se estivesse sempre anestesiada.

> Como muitos pacientes que tive antes e depois, suas metáforas para a doença eram verticais. Estava presa dentro de um buraco, um vazio. Tinha caído lá dentro. Outros falavam em cavernas; em campos de força que os puxavam para baixo, para

dentro de alguma coisa. Não me dei conta na época, mas ouvir as metáforas era absolutamente essencial. Eram elas que me permitiam concluir se um paciente estava ou não estava respondendo.

Para posicionar o eletrodo com precisão na BA25, o neurocirurgião que colaborava com Mayberg, Andres Lozano, teve que colocar uma armação na cabeça da paciente (a armação funciona como um sistema GPS tridimensional para rastrear a posição do eletrodo quando o cirurgião o introduz no cérebro). Enquanto Mayberg apertava os fechos da armação estereotáxica, a paciente olhava para ela como se não a visse, sem expressar medo ou apreensão. "Ali estava ela, uma mulher prestes a ter buracos perfurados na cabeça para que se fizesse em seu cérebro um procedimento jamais testado, e tudo que ela conseguia expressar era entorpecimento. Nada. Foi quando percebi como aquilo era ruim para ela."

Mayberg levou a mulher para a sala de cirurgia. "Meu Deus, como estávamos apreensivos. Não tínhamos a menor ideia *do que* a estimulação poderia causar." Provocaria uma queda da pressão arterial? Acionaria um circuito celular sobre o qual os neurocientistas nada sabiam? Deflagraria uma psicose inesperada? O cirurgião perfurou o crânio da paciente e inseriu os eletrodos. A posição parecia correta, e Mayberg ligou a corrente elétrica, aumentando aos poucos a frequência.

"E foi então que aconteceu", contou. "Quando atingimos o ponto certo, a paciente disse de repente: 'O que foi que você fez?'." "Como assim?", perguntou Mayberg.

"Estou dizendo que você fez alguma coisa e o vazio se desfez."

O vazio se desfez. Mayberg desligou o estimulador.

"Ah, acho que senti um troço estranho. Deixa pra lá."

Mayberg ligou de novo. *E de novo o vazio se desfez*. "Descreva para mim", pediu.

"Não sei se vou conseguir. É como a diferença entre sorriso e risada."

"É por isso que se deve prestar atenção nas metáforas", disse Mayberg. A diferença entre sorriso e risada. Em seu consultório há uma foto de um riacho com um sumidouro profundo no meio, onde a água entra por todos os lados. "Uma paciente me mandou essa foto para descrever sua depressão." Outro vazio, um buraco. Armadilhas verticais, inescapáveis. Quando Mayberg ligou o esti-

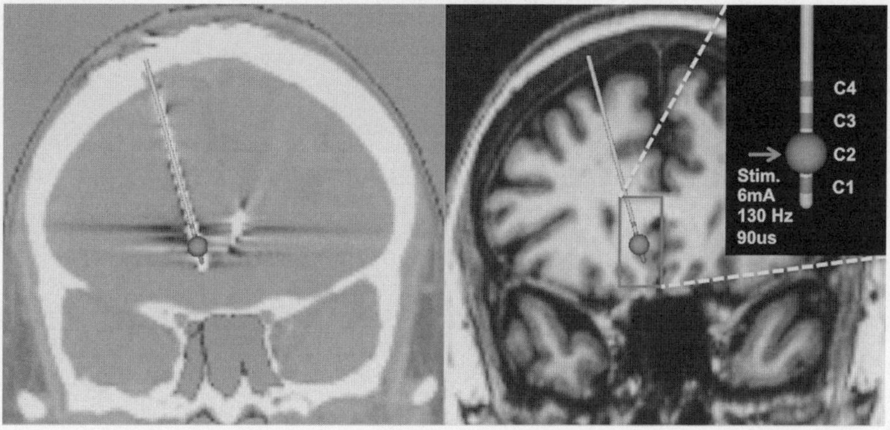

Imagem do artigo de Mayberg que mostra a inserção de um eletrodo através do crânio na área 25 de Brodmann profundamente no cérebro. A estimulação elétrica crônica de células neuronais nessa área era usada para tratar a depressão persistente.

mulador, a mulher disse que se viu puxada do buraco e sentada numa pedra acima da água. Conseguia ver seu eu antigo dentro do buraco — mas estava numa pedra, sentada acima do buraco. "Essas fotos, essas descrições nos dizem muito mais do que verificar quadradinhos numa escala de depressão." Mayberg tratou mais cinco pacientes com a ECP antes de publicar seus dados. Eis o que acontecia quando o estimulador era ligado:

> Todos os pacientes relatavam espontaneamente efeitos agudos, como "uma calma ou uma leveza súbita", "desaparecimento do vazio", sensação de consciência aguçada, interesse aumentado, "conectividade" e súbita iluminação da sala, além da descrição de detalhes visuais ficando mais nítidos e de cores ficando mais intensas em resposta à estimulação elétrica.[45]

Os pacientes foram mandados para casa com seus eletrodos e suas baterias. Seis meses depois, quatro dos seis continuavam a responder, com mensurações significativas e objetivas de melhora de humor. "Toda a síndrome é reparada", disse Mayberg em uma entrevista. "Pode ser de grande impacto em alguns pacientes, ao passo que em outros leva tempo para se tornar evidente — um ou dois anos. Já outros pacientes parecem não ter sido ajudados pela estimulação cerebral profunda, por razões que ainda não estão claras."

Mayberg tratou quase uma centena de pacientes. "Nem todo mundo responde, não sabemos por quê", ela me contou. Mas em alguns pacientes o efeito é quase imediato. Uma mulher, também enfermeira, descreveu sua doença como uma total incapacidade de estabelecer ligações emocionais, ou mesmo sensoriais. "Ela me disse que não sentia nada quando abraçava os próprios filhos. Nenhuma sensação, nenhum aconchego, nenhum prazer." Quando Mayberg ligou o estimulador, a paciente se virou para ela e disse: "Sabe o que é mais estranho? Eu me sinto ligada a você". Outra paciente se lembrou do momento exato em que a doença começou. "Ela passeava com o cachorro à beira de um lago e sentiu que todas as cores tinham sumido. Tinham virado preto e branco. Ou apenas cinza." Quando Mayberg ligou o estimulador, a paciente pareceu levar um susto. "As cores pipocaram." Outra mulher, ainda, descreveu sua resposta como uma quase mudança de estação. Ainda não era primavera, mas ela sentia o *prenúncio* da primavera. "Os açafrões. Tinham acabado de aparecer."

"Ainda há tudo quando é tipo de mistério que não consigo entender", acrescentou Mayberg.

> A gente sabe que a depressão tem um componente psicomotor — pacientes muitas vezes não conseguem se mover. Ficam deitados na cama, catatônicos. Quando fazemos a ECP, os pacientes querem voltar a se movimentar, mas as atividades que querem realizar envolvem limpar quartos. Tirar o lixo da cozinha. Lavar pratos. Um paciente, antes de mergulhar na depressão, vivia atrás de emoções fortes. Pulava de aviões. Quando liguei o estimulador, ele disse que queria se movimentar de novo.

"Quer fazer o quê?", perguntou Mayberg.

"Limpar minha garagem."

Estão em andamento estudos mais rigorosos — ensaios randomizados, controlados, multi-institucionais — com foco na ECP para o tratamento da depressão resistente a tratamento. De maneira significativa, um estudo importantíssimo (chamado BROADEN — de Broadmann area 25 Deep Brain Neuromodulation [Neuromodulação cerebral profunda da área 25 de Brodmann]), iniciado em 2008, foi interrompido porque os primeiros dados não chegaram nem perto do tipo de eficácia que Mayberg tinha visto em seus estudos anteriores.[46] Em 2013, quando foram disponibilizados os dados de cerca de noventa pacientes que tinham se submetido à ECP havia pelo menos seis meses, seus ganhos na depressão não eram melhores do que os do grupo controle — pacientes que tinham passado por cirurgia, mas sem o estimulador "ligado" (e pior ainda: alguns pacientes com o implante sofreram múltiplas complicações pós-cirúrgicas, como infecções ou dores de cabeça intoleráveis, e outros, ainda, relataram *agravamento* da depressão e da ansiedade). O patrocinador, uma empresa chamada St. Jude's (depois disso adquirida pela Abbott), suspendeu o ensaio. Como escreveu um jornalista:

> A experiência, que foi extrema, reconduziu [Mayberg] a seus primeiros princípios de pesquisa: examinar com rigor os critérios pelos quais candidatos [a estimulação cerebral profunda] são escolhidos; estabelecer formas de melhorar os procedimentos de implante para incluir neles equipes com menos experiência na técnica; aperfeiçoar os métodos de ajustamento do dispositivo depois de implantado no paciente; e, o mais importante, fazer pesquisas para determinar por que a ECP talvez não funcione para alguns pacientes, e como identificá-los antes de passarem por cirurgia. O oposto também está sendo estudado: descobrir quem tem probabilidade de ser ajudado, e ajudado com mais rapidez, antes da realização do procedimento cirúrgico.[47]

Mayberg acredita que há várias razões para o insucesso do estudo BROADEN. "Temos que encontrar o paciente certo, a área certa e a maneira certa de monitorar a resposta. Há muita coisa aqui que ainda precisamos aprender." Alguns de seus detratores mais implacáveis continuam céticos. ("Os eletrocêuticos estão dentro, os farmacêuticos estão fora", escreveu um blogueiro, com sarcástica mordacidade, que os leitores entenderam.)[48]

Mas, curiosamente, durante muitos meses, os pacientes do estudo suspenso que resolveram manter seus dispositivos da ECP "ligados" começaram a ter respostas poderosas e objetivas. Num artigo publicado em *Lancet Psychiatry* em 2017,[49] depois que pacientes foram rastreados por dois anos, e não pelos seis meses adotados na análise inicial, 31% tinham tido remissão — aproximando-se das taxas de remissão que Mayberg documentara em seus primeiros estudos. Em consequência disso, há um renovado entusiasmo pela ECP para o tratamento de depressão crônica severa. "Só precisamos conduzir o estudo da forma correta", disse Mayberg. O campo passou por seu próprio distúrbio cíclico de humor: desespero, seguido de um otimismo extático (e talvez prematuro), depois uma recaída no desespero. Por fim, há uma esperança renovada, mas cautelosa. Naquela tarde de novembro, tive a impressão de que Mayberg começava a sentir o prenúncio de uma mudança de estação. Não havia açafrões nos jardins na frente do Hospital Mount Sinai — afinal de contas, estávamos em novembro —, mas eu sabia que eles florescem em fevereiro.

Enquanto isso, a estimulação cerebral profunda — terapia de "circuito celular", como prefiro pensar nela — está sendo testada para vários distúrbios neuropsiquiátricos e neurológicos, como transtorno obsessivo-compulsivo e dependência química, entre outros. Em resumo, o que acontece é o seguinte: a estimulação elétrica de circuitos celulares está tentando se tornar um novo tipo de medicina. Algumas dessas tentativas podem dar certo; outras, não. Mas, se alcançarem algum êxito, essas tentativas devem gerar um novo tipo de pessoa (e de personalidade) — humanos com "marca-passos cerebrais" implantados para modular circuitos celulares. É de supor que andem pelo mundo com baterias recarregáveis em pochetes e ao passar pela segurança dos aeroportos avisem: "Tenho uma bateria no corpo com um eletrodo através do crânio que emite impulsos para as células do cérebro para regular meu humor". Talvez eu seja um deles.

18. A célula orquestradora: Homeostase, fixidez e equilíbrio

Toda célula tem sua ação especial, ainda que receba seu estímulo de outras partes.[1]

Rudolf Virchow, 1858

Agora contaremos até doze
E ficamos quietos.
Por uma vez na Terra,
Não falemos língua nenhuma,
Paremos por um segundo
Não mexamos tanto os braços[2]

Pablo Neruda, "A calar-se"

Quase todas as células que vimos até agora falam umas com as outras localmente. Fora as células do sistema imunológico, onde um sinal de uma célula pode convocar células distantes para o ponto de infecção ou inflamação, não ouvimos muita coisa sobre bate-papo celular capaz de atravessar vastas extensões do corpo de um organismo. Uma célula nervosa sussurra através da sinapse para a próxima célula nervosa. As células do coração são tão fisicamente unidas que um impulso elétrico dentro de uma se espalha para a outra através das junções entre as células. Há muitos murmúrios, mas pouquíssimos gritos.

No entanto, um organismo não pode depender apenas de comunicação local. Imaginemos um caso que afete não apenas um sistema orgânico, mas todo o corpo. A fome. A doença crônica. O sono. O estresse. Cada órgão individual pode preparar uma resposta particular a esse evento. Mas, para voltarmos à ideia de Virchow do corpo como uma coletividade cidadã de células, as mensagens entre órgãos precisam ser orquestradas. Algum sinal, ou impulso, precisa se movimentar entre células, informando-as do "estado" global que o corpo está habitando. Os sinais vão de um órgão para o próximo, levados pelo sangue. Deve haver um meio que permite a uma parte do corpo "se encontrar" com uma parte distante dela. A esses sinais damos o nome de "hormônios", da palavra grega "hormon" — "impelir", ou "pôr uma ação em movimento". Em certo sentido, eles impelem o corpo a agir como um todo.

Enfiado numa curva do abdômen, acotovelado entre o estômago e os redemoinhos dos intestinos, fica um órgão que parece uma folha — "misterioso, oculto", como descreveu um patologista.[3] Tem dois lóbulos — sua "cabeça" e sua "cauda" — conectados por um corpo. O anatomista Herófilo de Alexandria, que viveu por volta de 300 a.C., foi talvez o primeiro a identificá-lo como órgão distinto — mas não lhe deu nome.[4] (Reconheçamos que é difícil atribuir a alguém uma descoberta que não tem nome.) O nome "pâncreas" aparece na literatura médica nos escritos de Aristóteles — "um assim chamado pâncreas", escreveu ele, em tom um tanto desdenhoso —, mas a palavra não dava pista nenhuma de sua função. Foi apenas rotulado de "pan" (tudo) e "kreas" (carne) — um órgão que é todo carne. A certa altura de suas dissecações anatômicas, Galeno — quatrocentos anos depois de Herófilo — notou que o pâncreas era repleto de secreções. Mas ele também não tinha certeza de sua função — embora isso raramente o impedisse de arriscar um palpite.

> Como a veia, a artéria e o nervo se juntam atrás do estômago, todos esses vasos são facilmente vulneráveis no lugar onde se dividem. [...] A natureza, portanto, foi sábia em criar um corpo glandular, chamado "pâncreas", e colocou debaixo e em

volta dele todos os órgãos, enchendo os espaços vazios para que nenhum deles se rasgue sem um apoio.[5]

Séculos mais tarde, Vesalius desenhou um dos diagramas mais minuciosos do órgão, situando-o em relação ao estômago e ao fígado. Notou que parecia um "grande corpo glandular"[6] — e que, portanto, deveria se destinar a expelir *alguma coisa*, como sempre é o caso das glândulas —, mas então, como Galeno, retornou à ideia de que ele existia basicamente como estrutura de apoio para impedir que o estômago esmagasse vasos sanguíneos contra a coluna vertebral. Em resumo, uma almofada repleta de um fluido qualquer. Um travesseiro enobrecido.

Parece ter havido apenas uma pessoa que discordava da história do pâncreas como almofada, e sua lógica tinha por base um simples raciocínio anatômico. Gabriele Falloppio, biólogo que viveu em Pádua no século XVI, não via sentido nenhum naquilo: em animais que andavam sobre quatro patas, afirmava ele, como era possível que uma almofada localizada atrás do estômago servisse para alguma coisa? "Seria inútil para animais que caminhassem com o ventre para baixo", escreveu.[7] Mas sua arguta linha de raciocínio, como o órgão em que ele pensava, logo foi esquecida.

A descoberta da função das células pancreáticas começou, de forma pouco auspiciosa, com uma disputa entre dois anatomistas que acabou em assassinato. O mais velho deles, o alemão Johann Wirsung, era um professor de anatomia muitíssimo respeitado em Pádua. Em 2 de março de 1642, num hospital anexo à igreja de São Francisco, Wirsung dissecou o abdômen de um criminoso executado na forca para remover o pâncreas. Vários assistentes ajudavam na autópsia, entre os quais Moritz Hoffman, aluno seu. Enquanto extraía o pâncreas e investigava o órgão mais a fundo, Wirsung descobriu uma característica até então despercebida: havia um duto que passava por ele — mais tarde chamado de duto pancreático principal — em direção aos intestinos.[8] O professor publicou uma série de desenhos médicos que descreviam sua descoberta e mandou as ilustrações para os principais anatomistas da época, com poucos comentários sobre a função daquele duto (embora alguém pudesse se perguntar: Qual é a razão de uma almofada anatômica ter um *duto* passando por dentro dela, a não ser que o canal transporte alguma coisa?).

Pode ser que a reivindicação dessa descoberta anatômica por Wirsung tenha alimentado uma velha rivalidade. Na noite de 22 de agosto de 1643, pouco mais de um ano depois de ter anunciado a revolucionária identificação do duto pancreático, ele andava por um beco perto de casa em Pádua quando foi abordado e morto a tiros por um belga.[9] As razões do estranho e brutal fim de sua vida ainda são objeto de conjeturas, mas pelo menos um possível motivo se destaca. Moritz Hoffman, o aluno mais brilhante de Wirsung, se envolvera numa acirrada disputa com ele. Alegava que tinha lhe mostrado a existência do duto pancreático num pássaro e que seu mentor usara esse achado para identificar o mesmo duto em humanos, sem lhe dar o crédito pela descoberta. O mestre anatomista, dizia Hoffman, era na verdade um plagiador magistral.

Era de supor que o assassinato de Wirsung tivesse feito calafrios percorrerem o campo da anatomia pancreática — não consigo pensar em outro homicídio provocado por um duto —, mas o fato é que o interesse pela função do pâncreas foi despertado. Se o pâncreas não era a almofada do estômago, então para que servia? O que esse duto enterrado lá dentro carregava? Em 25 de março de 1848, uma manhã de sábado, Claude Bernard — o fisiologista parisiense que cunhou o conceito de "homeostase" — conduziu um experimento crucial. Não era um tempo muito fácil para as pessoas se dedicarem à ciência. Havia revoluções por toda a Europa. O rei francês tinha acabado de abdicar. Os exércitos tinham saído para as ruas, mas Bernard se isolara em seu laboratório. Estava mais interessado na restauração do equilíbrio do corpo, em como células podiam manter um estado equilibrado (ao contrário de Virchow, ele não estava particularmente interessado em manter o Estado equilibrado).

Bernard extraiu o "suco" pancreático de um cachorro e lhe adicionou um pedaço de gordura de vela. Notou então que em mais ou menos oito horas o suco tinha emulsificado a gordura — decompondo-a em partículas — de tal maneira que havia uma camada de gotículas leitosas flutuando nela. Baseando-se em trabalhos anteriores de outros fisiologistas, ele descobriu que os sucos pancreáticos, expelidos por células pancreáticas, também decompunham amidos e proteínas — essencialmente convertendo moléculas de alimento complexas em unidades mais simples e digeríveis. Em 1856, Bernard publicou *Mémoire sur le pancréas*, expondo de forma minuciosa a ideia de que o órgão liberava esses sucos para possibilitar a digestão.[10] O duto descoberto por Wirsung, portanto, era o principal canal desses sucos: repassava-os para o sistema digestivo, onde eles decompunham moléculas de alimento complexas em moléculas simples. Bernard tinha, afinal, descoberto a função da glândula.

Mas o mundo precisa ser medido a olho. Quando Bernard concluiu seus estudos fisiológicos sobre o pâncreas, a teoria celular vivia seu momento de glória e microscopistas já tinham apontado suas lentes para a microanatomia da glândula pancreática. E no inverno de 1869, examinando finas fatias de tecido pancreático ao microscópio, o fisiologista Paul Langerhans descobriu que o órgão reservava outra surpresa. Como era de esperar, ele descobriu os dutos descritos por Wirsung, cercados por células grandes, inchadas, em forma de baga, que mais tarde seriam identificadas como as que produzem os sucos digestivos — células "acinosas", como acabariam sendo chamadas ("acinus" é a palavra latina para "baga"). Mas, quando Langerhans virou as lentes para enxergar além das células acinosas, seus olhos se depararam com uma segunda estrutura celular. Aninhadas dentro do pâncreas, e distintas das células acinosas, havia pequenas ilhas de células que um corante celular coloria de azul-claro. Essas células pareciam em tudo diferentes das que produziam sucos digestivos.* Muitas vezes ficavam bastante separadas umas das outras, parecendo flutuar como arquipélagos no mar do tecido pancreático. Com o tempo, esses aglomerados receberiam o nome de ilhotas de Langerhans.

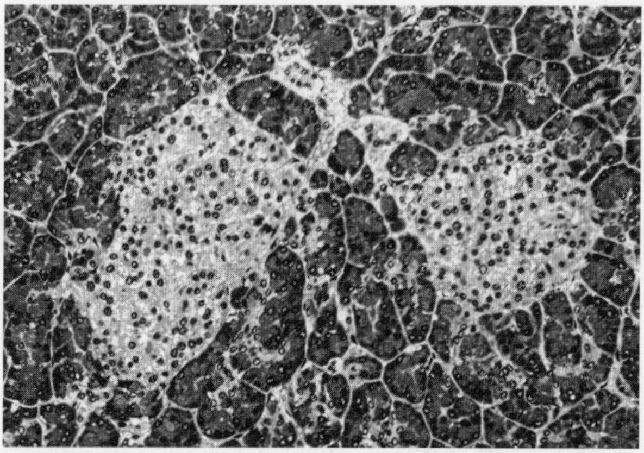

Seção do pâncreas que mostra os dois principais tipos de célula. As grandes células acinosas que fazem enzimas digestivas cercam "ilhas" de células ilhotas (células menores) que expelem insulina.

* As células ilhotas produzem uma ampla variedade de outros hormônios, como glucagon, somatostatina e grelina.

O campo estava mais uma vez repleto de perguntas e conjeturas sobre a função dessas ilhotas de células. Parecia que o pâncreas era uma glândula que não parava de ter consequências positivas.

Em julho de 1920, Frederick Banting era um cirurgião que trabalhava num subúrbio de Toronto.[11] Sua clientela era pequena e cada vez mais escassa, e ele costumava ficar sentado sozinho na clínica sem nenhum caso para atender. Naquele julho, ganhou quatro dólares; em setembro, 48 — mal dava para pagar pelos confortos básicos, menos ainda para manter a clínica. Andava num calhambeque de quinta mão, que depois de rodar uns quatrocentos quilômetros praticamente se desintegrou. Com dívidas e dúvidas se acumulando naquele outono, Banting arranjou um emprego de demonstrador médico — assistente do professor principal — na Universidade de Toronto.

Num fim de noite de outubro de 1920, ele leu um artigo na revista *Surgery, Gynecology and Obstetrics* com a descrição do desenvolvimento do diabetes em pacientes que tinham contraído doenças do pâncreas, entre as quais cálculos que obstruíam os dutos por onde passam os sucos digestivos.[12] O autor comentava que algumas dessas doenças, em especial as responsáveis pelo entupimento dos dutos, resultavam na degenerescência das células acinosas — as que produziam as enzimas digestivas. Mas o curioso era que, embora as células *acinosas* costumassem secar e se degenerar cedo quando os dutos entupiam, as células *das ilhotas* conseguiam sobreviver por muito mais tempo. O diabetes, observava o autor quase entre parênteses, só se desenvolvia quando as células das ilhotas de Langerhans enfim se degeneravam.

Banting ficou intrigado. A função das ilhas de células era desconhecida; talvez elas tivessem alguma relação com o diabetes. Doença do metabolismo do açúcar — quando o corpo não consegue detectar ou sinalizar de modo adequado a presença de açúcar, deixando que este se acumule no sangue e transborde para a urina —, o diabetes era uma doença enigmática. Banting teve uma noite de insônia, virando de um lado para o outro na cama, refletindo sobre a ideia. Talvez o pâncreas, com seus dois lóbulos, tivesse, na verdade, dupla função. Gerações de fisiologistas, entre os quais se destacava Bernard, haviam se concentrado apenas em sua função externa — a secreção de sucos digestivos. E se as células de ilhota expelissem uma segunda substância química — uma substância *interna* — que detectasse e regulasse a glicose? A disfunção dessas células tornaria o corpo incapaz de detectar a glicose e faria os níveis de açúcar dispararem no sangue — a marca registrada do diabetes. "Pensei sobre a aula e sobre o artigo, e pensei em minhas dificuldades e em como seria bom se eu me livrasse das dívidas e de minhas preocupações", escreveu Banting. Anotou num pedaço de papel as vagas linhas gerais de um experimento.

Se ele pudesse separar as funções "externa" e "interna" — as secreções das células acinosas da secreção das ilhotas —, talvez descobrisse a substância responsável pelo controle do açúcar, a chave para a compreensão do diabetes.

"*Diabetus*", escreveu ele naquela noite.

"Ligar os dutos pancreáticos de cães. Manter cães vivos até que as acinosas degenerem deixando ilhotas."

"Tentar isolar a secreção interna destas para aliviar glicosúria [presença de açúcar na urina, sinal do diabetes]."

O ilustre historiador da ciência Karl Popper certa vez contou a história de um homem da Idade da Pedra a quem pediram que imaginasse a invenção da roda em algum momento do futuro distante. "Descreva essa invenção", pede um amigo. O homem se esforça para encontrar palavras. "Será redonda e sólida, como um disco", diz ele. "Terá raios e um centro. Ah, e um eixo para ligá-la à outra roda, também um disco." Então, o homem faz uma pausa para reavaliar o que fez. Ao prever a invenção da roda, ele *já* a tinha inventado.

Anos depois, Banting descreveria suas anotações daquela noite de outubro de um jeito muito parecido com a invenção da roda. No que lhe dizia respeito, ele já tinha descoberto o hormônio que controla o açúcar, que viria a ser chamado de insulina.

Mas onde Banting poderia conduzir o experimento para provar isso? Com a confiança estimulada por uma combinação de ansiedade e curiosidade, ele logo arranjou coragem para abordar um dos professores mais importantes de Toronto, um escocês sério, erudito, chamado John Macleod, para fazer um experimento com cães.

A primeira reunião, em 8 de novembro de 1920, foi um desastre.[13] Eles se encontraram no escritório de Macleod, onde havia uma mesa coberta de pilhas de papel, e o professor folheava, distraído, algumas dessas pilhas enquanto conversavam. Macleod investigara o metabolismo do açúcar durante décadas e era um gigante naquela área, ao mesmo tempo compassivo e exigente. Não ficou nem um pouco impressionado. Esperava, talvez, que Banting tivesse um conhecimento aprofundado do diabetes e da resposta metabólica ao açúcar; em vez disso, o que viu foi um jovem e inseguro cirurgião, quase sem experiência de pesquisa, falando de um órgão sobre o qual parecia saber muito pouco, e um plano incoerente, pouco claro, para explorá-lo. Apesar disso, concordou em deixá-lo fazer o experimento com alguns cães em seu laboratório. Banting o importunou sem piedade; o experimento *tinha* que funcionar. No fim, Macleod destacou dois alunos para ajudá-lo. Os alunos decidiram no cara ou coroa quem trabalharia primeiro com Banting. Um jovem e talentoso pesquisador, Charles Best, ganhou.

Banting e Best começaram seus principais experimentos no calor escaldante do verão de 1921, operando cães num laboratório cheio de poeira, pouco usado e com telhado de alcatrão no último andar do Medical Building. Em 17 de maio, Macleod mostrou aos dois como realizar uma pancreatectomia em cães — um processo de duas etapas muito mais complicado na prática do que nas descrições de artigos de revista. O laboratório era espartanamente equipado e o calor, sufocante. Banting, pingando de suor, cortou as mangas do macacão. "Descobrimos que era quase impossível manter o corte limpo naquele calorão", queixou-se.

O experimento que Banting tinha concebido era simples, em tese, mas de uma diabólica complexidade na prática. Em alguns cães, eles fechavam os dutos do pâncreas cirurgicamente com costuras até que as células acinosas atrofiassem e morressem, mas com as células das ilhotas permanecendo, de acordo com o protocolo do artigo cirúrgico que Banting tinha lido.[14] Num segundo conjunto de cães, removiam todo o pâncreas — nada de acinosas, nada de ilhotas — e, portanto, nada da "substância" das ilhotas. Ao transferir as secreções de um grupo para outro — um com ilhotas e o outro sem —, eles poderiam identificar a função das células das ilhotas e a substância material por elas expelida.

As primeiras tentativas foram um desastre.[15] Best matou o primeiro cão com uma overdose de anestésico. O segundo morreu de hemorragia. E um terceiro, de infecção. Muitas tentativas foram necessárias para que Banting e Best conseguissem que um cão sobrevivesse pelo tempo suficiente para realizarem a primeira etapa do experimento.

No fim daquele verão, com a temperatura ainda subindo, o cão 410 — um terrier branco — teve o pâncreas removido por completo.[16] Como era de esperar, o animal começou a manifestar diabetes brando, com níveis de glicose duas vezes acima do normal. Foi de longe o caso mais extremo, mas Banting e Best resolveram que servia. O próximo passo foi crucial: eles trituraram o pâncreas de um cão que tinha as células das ilhotas intactas e injetaram no terrier o suco extraído. Se existisse, a "substância das ilhotas" deveria reverter o diabetes. Uma hora depois, o nível de açúcar do terrier voltou ao normal. Injetaram uma segunda dose — e, mais uma vez, o nível de açúcar voltou ao normal.

Banting e Best repetiram várias vezes o experimento. Remover o extrato pancreático de um cão, deixando as ilhotas intactas. Injetar o extrato num cão diabético e medir o nível de glicose no sangue. Depois de múltiplas tentativas, veio a certeza de que alguma coisa expelida pelas células das ilhotas fazia a glicose no sangue cair. Eles inventaram um nome para uma substância que só tinham visto no sentido abstrato. Chamaram-na de "isletina".

Era difícil trabalhar com a isletina — uma substância temperamental, instável, imprevisível. Como o nome sugeria: insular. Mas Macleod começou a achar que Banting e Best tinham de fato encontrado uma coisa importante — ainda que o sinal fosse fraco. Logo destacou outro cientista para o projeto — James Collip, jovem bioquímico canadense que já se mostrara uma autoridade em extrações bioquímicas. A tarefa de Collip era purificar a fugidia substância, a isletina, a partir dos extratos pancreáticos produzidos por Banting e Best.

As primeiras tentativas foram toscas — e seus efeitos, desanimadores. Collip trabalhava com litros e mais litros da gosma pancreática moída, com consistência de sopa, tentando seguir a sugestão de atividade de redução de açúcar que Banting e Best tinham visto em cães. Por fim, ele obteve uma primeira amostra — diluída e impura, mas de qualquer forma um preparado extraído do pâncreas.

O teste crucial para o extrato era determinar se ele seria capaz de reverter o diabetes em pacientes humanos. Foi um experimento clínico muito tenso. O paciente era Leonard Thompson, um adolescente de catorze anos às voltas com uma forte crise diabética. Açúcar jorrava de sua urina. O corpo, caquético e famélico, era só pele e osso. Ele entrava e saía do coma. Em janeiro de 1922, Banting injetou nele o extrato em estado bruto, mas o resultado foi frustrante. O menino teve uma resposta suave, quase indetectável, que logo se desfez.

Banting e Best se sentiram derrotados: o primeiro experimento em humanos fora um fracasso. Mas Collip seguiu em frente com extrações cada vez mais puras. Se a "substância" existisse mesmo em algum lugar do pâncreas, ele ia dar um jeito — um método qualquer — de purificá-la. Obteve novos solventes, descobriu novos métodos de destilação, variou temperaturas e alterou as concentrações de álcool para solubilizar o material, até conseguir um extrato altamente purificado.

Em 23 de janeiro de 1922, a equipe voltou a Thompson. O menino, ainda com a saúde em estado grave, recebeu nova dose do extrato altamente purificado de Collip. O efeito foi imediato. O açúcar no sangue despencou de maneira acentuada. Desapareceu da urina. O cheiro adocicado e frutado de cetonas, advertência sinistra de um corpo em intensa crise metabólica, sumiu de seu hálito. O menino, semicomatoso, despertou.

Agora Banting queria mais extrato para tratar mais pacientes. Mas Collip, um retardatário, se recusou a ceder à equipe o protocolo para purificação; afinal, não tinha sido *ele* que resolvera o enigma? Psicológica e fisicamente tenso a ponto de ter um colapso, Banting, o homem que, como um capitão Ahab, havia caçado aquela substância durante quatro anos, entrou no laboratório de Collip e o agarrou pelo sobretudo. Jogou-o numa cadeira e lhe pôs as mãos no pescoço, ameaçando estrangulá-lo. Se Best não interviesse no momento certo para separar os dois homens, o pâncreas seria responsável não apenas por um, mas por dois assassinatos.

Uma frágil trégua foi negociada entre Collip, Best, Macleod e Banting. Eles deram à universidade licença para usar a substância purificada e estabeleceram um laboratório para produzi-la, a fim de tratar pacientes. O nome foi trocado de isletina para insulina. Um ensaio clínico mais abrangente teve sucesso igual e espetacular: os níveis de glicose em pacientes injetados com insulina despencaram. Crianças semicomatosas, com cetoacidose, despertaram. Corpos caquéticos, emaciados, ganharam peso. Logo ficou evidente que a insulina era o maior regulador do metabolismo do açúcar — o hormônio responsável por detectar o açúcar e enviar uma mensagem para as células em todo o corpo.

Em 1923, apenas dois anos depois que Banting e Best conduziram o primeiro experimento, Banting e Macleod foram agraciados com o Nobel pela descoberta da insulina. Banting ficou tão incomodado com a escolha de Macleod e a exclusão de Best que anunciou que dividiria o prêmio pessoalmente com este. Macleod contra-atacou, dizendo que dividiria sua metade com Collip. A história, talvez com razão, empurrou Macleod, que tinha oscilado entre o ceticismo e o apoio durante todo o projeto, para segundo plano. Hoje a descoberta da insulina é amplamente atribuída a Banting e Best.

Agora sabemos que a insulina é sintetizada por um subconjunto particular de células das ilhotas no pâncreas — células beta — e que sua secreção é estimulada pela presença de glicose no sangue. Em seguida ela viaja pelo corpo. Praticamente todos os tecidos respondem à insulina: a presença de açúcar significa que a extração de energia, e tudo que advém da energia — a síntese de proteínas e gorduras, a armazenagem de substâncias químicas para uso futuro, o disparo de neurônios, o crescimento de células —, pode seguir adiante. É, talvez, uma das mais importantes mensagens de "longo alcance" que atuam como coordenador central e orquestram o metabolismo em todo o corpo.

O diabetes tipo 1, que afeta milhões de pacientes mundo afora, é uma doença na qual células imunes atacam as células beta das ilhotas do pâncreas.[17] Sem insulina, o corpo é incapaz de detectar a presença de açúcar — mesmo que haja quantidade suficiente da substância química no sangue. As células, achando que o corpo não dispõe de açúcar, começam a buscar outras formas de combustível. Enquanto isso, o açúcar, já pronto, mas sem ter para onde ir, se acumula de maneira ameaçadora no sangue e transborda para a urina. Açúcar, açúcar por toda parte — mas nenhuma molécula nas células para saciá-las. É uma das crises metabólicas decisivas do corpo humano — a fome celular em meio à abundância.

Nas décadas que se seguiram à descoberta da insulina, a vida de milhões de pessoas com diabetes tipo 1 tem sido transformada. Quando estudei medicina nos anos 1990, os pacientes costumavam verificar os níveis de glicose usando gotas de sangue testadas em monitores e injetar em si mesmos a dose certa do fármaco com base num gráfico. Agora, existem monitores implantáveis que checam o tempo todo a glicose no sangue — monitoramento contínuo da glicose — e máquinas bombeadoras que automaticamente liberam a dose correta de insulina. É um sistema de circuito fechado.

Mas o sonho dos pesquisadores do diabetes é produzir humanos com pâncreas bioartificiais. Se as células beta puderem ser de alguma forma cultivadas dentro de uma bolsa implantável e inseridas num ser humano, as células podem funcionar com autonomia: detectando glicose, expelindo insulina, talvez até se dividindo para formar mais células beta. Esse dispositivo exigiria um suprimento de sangue para levar nutrientes e oxigênio, e uma saída para mandar insulina para fora. E, o que é mais importante, teria que ser protegido contra o ataque imunológico — ou seja, a matança autoimune das células das ilhotas pelo sistema imune da pessoa — que começou o diabetes.

Em 2014, uma equipe encabeçada por Doug Melton em Harvard publicou um método para pegar células parecidas com células-tronco humanas e convencê-las, passo a passo, a formar células beta produtoras de insulina.[18] Melton começou sua carreira acadêmica como biólogo do desenvolvimento e de célula-tronco, estudando as mensagens usadas pelo embrião para produzir órgãos e a resposta das células a essas mensagens.

Então, os dois filhos de Melton desenvolveram diabetes tipo 1.[19] Seu filho, Sam, aos seis meses de idade começou a tremer e a vomitar — e ficou tão mal que teve de ser levado às pressas para o hospital. Sua urina estava espessa de tanto açúcar. Sua filha, Emma, nascida poucos anos antes, também acabou desenvolvendo a doença. Por um momento, como disse Melton a um jornalista, sua mulher atuou como se fosse o pâncreas dos filhos — picando os dedos deles quatro vezes por dia, checando os níveis de glicose e injetando-lhes a dose certa de insulina.[20] Mas, com o tempo, essa saga pessoal fez de Melton um pesquisador do diabetes numa missão compulsiva para produzir células beta humanas e implantá-las no corpo — um pâncreas bioartificial.

A estratégia de Melton consistiu em recapitular o desenvolvimento humano. Todo ser humano começa a vida como uma única célula pluripotente (ou seja, uma célula capaz de dar origem a todos os tecidos do corpo) e por fim faz brotar um pâncreas perfeitamente capaz de detectar açúcar e desenvolver células das ilhotas produtoras de insulina. Se isso podia ser feito no útero, Melton achou que poderia ser feito também numa placa de Petri com os fatores e as etapas corretos. Nas duas décadas seguintes, cientistas trabalharam em seu laboratório para convencer células-tronco humanas pluripotentes a formar células das ilhotas. Mas elas sempre empacavam no penúltimo estágio antes de se tornarem maduras.

Numa noite de 2014, a pesquisadora de pós-doutorado Felicia Pagliuca ficou até tarde no laboratório de Melton, conduzindo experimentos.[21] O marido já tinha ligado, pedindo-lhe que fosse para casa jantar, mas Pagliuca precisava concluir um último experimento. Acrescentou um corante em células-tronco que vinha persuadindo ao longo da via das células das ilhotas, na esperança de que ficassem azuis — sinal de que estavam produzindo insulina. De início, viu um vago matiz de azul — que foi ficando mais e mais escuro. Ela olhou outra vez, e depois de novo, para ter certeza de não estar sendo enganada pelos olhos. As células tinham produzido insulina.

Melton, Pagliuca e sua equipe relataram seu sucesso naquele ano. As células que tinham gerado, como escreveu a equipe,

> expressam marcadores encontrados em células beta maduras, descarregam cálcio em resposta à glicose [sinal de que detectaram o açúcar], embalam insulina em grânulos secretores e expelem quantidades de insulina comparáveis às células beta adultas em resposta a múltiplos desafios sequenciais de glicose in vitro.[22]

Foi o mais perto que pesquisadores chegaram de conseguir fazer células beta humanas que sobrevivam e funcionem e possam ser desenvolvidas em milhões de células.

As células secretoras de insulina produzidas a partir de células-tronco puderam enfim chegar à fase dos ensaios clínicos. Uma estratégia consiste em pegar esses milhões de células das ilhotas e injetá-las no corpo do paciente, administrando-lhe ao mesmo tempo imunossupressores, para evitar que sejam rejeitadas. Um dos primeiros pacientes a receberem a infusão, um homem de 57 anos de Ohio chamado Brian Shelton, com diabetes tipo 1, parece ter conseguido o controle do açúcar — primeiro passo essencial na avaliação da eficácia de toda a estratégia.[23] Mais pacientes estão sendo rapidamente inscritos no ensaio.

Um provável próximo passo será encapsular essas células num dispositivo que seja imunoprotegido, estável no corpo e que consiga atuar como fenda de entrada e saída de nutrientes. Uma equipe que inclui Jeff Karp, também de Harvard, está criando maquininhas minúsculas, implantáveis, que possam atingir esses objetivos.

Num momento qualquer do futuro talvez possamos nos deparar com um novo tipo de paciente de diabetes sem injeções, baterias ou monitores com bipe (em vez disso, as baterias e os monitores serão usados como os dos pacientes que recebem estimulação cerebral profunda para doença de Parkinson ou para depressão). Depois de tantos erros tortuosos e de tantas concepções equivocadas, de um prêmio Nobel dividido em quatro e daquele momento inesquecível da mancha azul se espalhando por um aglomerado de células, talvez tenhamos decifrado o enigma do órgão de dupla função e transformado esse órgão num eu bioartificial. Uma vez que esse neo-órgão esteja integrado em nosso corpo, o pâncreas — coordenador central do metabolismo, o fabricante do hormônio ao qual todos os tecidos respondem — fará por merecer seu nome grego. Será parte de nós, uma nova forma de "todo carne".

A gente sai para jantar certa noite. Talvez em Veneza, Itália — um restaurante resplandecente perto dos Giardini, os jardins públicos da cidade perto da beira do Bacino di San Marco. Começamos com *baccalà mantecato*, um purê de bacalhau salgado que os venezianos roubaram dos portugueses e transformaram num monumento culinário nacional. Há uma pilha de pão torrado e uma gigantesca tigela de rigatoni para acompanhar, e Chablis suficiente para encher um pequeno canal.

No caminho de volta, talvez a gente não se dê conta de que uma cascata celular foi ativada. Deixemos de lado a digestão por um momento. É a cascata *metabólica* — e a restauração do equilíbrio químico — que representa o pequeno milagre de biologia celular que se desenrola em nosso corpo enquanto caminhamos para o hotel.

Os carboidratos do pão e do rigatoni são decompostos em açúcares — em última análise, em glicose. A glicose é tirada dos intestinos, absorvida pelo sangue e posta em circulação. Quando o sangue chega ao pâncreas, este detecta um pico de glicose e emite insulina. A insulina, por sua vez, leva o açúcar do sangue para todas as células do corpo, onde ele pode ser armazenado, se for preciso, ou usado como energia, conforme a necessidade. O cérebro é o receptor final desses sinais: se o açúcar ficar baixo demais, ele reage enviando sinais inversos. Outros hormônios, secretados por diferentes células, enviam mensagens para liberar açúcares estocados no sangue. Os estoques vêm de células hepáticas, que respondem, pelo menos transitoriamente, liberando seus estoques de glicose armazenada para restaurar o equilíbrio.

* * *

Mas e todo aquele sal? O corpo acabou de ser assaltado por cloreto de sódio. Se não houver restauração, dia após dia, o sangue aos poucos se tornará água do mar, com a salinidade do canal perto de onde a gente se sentou. E dessa maneira, talvez sem nos darmos conta, sentimos uma pontada de sede. Bebemos um, dois, talvez três copos de água. E agora um segundo sensor metabólico entra em ação. Para entender como o sal é distribuído, precisamos entender a biologia celular de outro órgão orquestrador — o rim.

Bem dentro do rim fica uma estrutura anatômica multicelular chamada néfron. Pode-se imaginar o néfron — identificado pela primeira vez por anatomistas celulares no fim dos anos 1600 — como um rim em miniatura. É o lugar onde as células do sangue e do rim se encontram e as primeiras gotas de urina são geradas. A circulação do sangue carrega o excesso de sal, dissolvido em plasma, para os rins. Os vasos sanguíneos se dividem e subdividem para formar artérias mais finas de paredes cada vez mais finas. Por fim, as artérias mais finas dão voltas em torno de si mesmas formando um ninho de capilares de paredes finas — tão delicadas e tão porosas que a parte líquida e não celular do sangue — o plasma — pode passar dos vasos para o néfron — ou seja, para dentro do minirrim.

O líquido segue então através de uma membrana que envolve os vasos e, por fim, através de uma parede de células renais especializadas que formam uma barreira fenestrada. Cada uma dessas transições — sair do vaso sanguíneo, passar por uma membrana e então pelas paredes das células renais — funciona como filtro. Grandes proteínas e grandes células são seletivamente retidas, passando apenas pequenas moléculas, como sais, açúcar e resíduos metabólicos. O líquido — urina — avança para uma bacia coletora, e depois para dentro de um sistema de tubos revestidos de células chamados túbulos renais. Os túbulos se conectam a canos que deságuam em dutos coletores maiores, como afluentes que se juntam para formar um rio, até convergir no grande duto — o ureter — que leva a urina para a bexiga.

Voltando, portanto, ao sódio que consumimos. O excesso de sódio faz com que um sistema hormonal, regulado pelo rim e pela glândula adrenal, logo acima daquele, diminua seu sinal. As células no túbulo respondem a essas mudanças expelindo o excesso de sódio para a urina, descartando, dessa maneira, o sal e devolvendo ao sódio o nível normal. O sal é também detectado por células especializadas no cérebro que monitoram a concentração geral de sais no sangue, uma propriedade chamada osmolaridade. Essas células, detectando uma osmolaridade alta, despacham outro hormônio para fazer as células do rim reterem mais água. Com mais água absorvida pelo corpo, o nível de sódio no sangue é diluído e a concentração, reajustada — se bem que ao custo de reter mais água de modo geral. Nossos pés podem estar inchados na manhã seguinte — mas é possível argumentar que o *baccalà* valeu o sacrifício dos pés que não entram nos sapatos.

E que dizer dos produtos *não* residuais? Por que não perdemos moléculas de nutrientes essenciais, ou açúcares, toda vez que fabricamos urina? O açúcar e outros produtos essenciais são *reabsorvidos* no corpo pelas células do duto coletor através de canais especiais. A resposta nos leva de volta às estranhas estratégias usadas com frequência pelas células: geramos excesso e depois o eliminamos para restaurar a normalidade.

E o álcool? O último tipo de célula desse trio de células orquestradoras (ou desse quarteto, se contarmos o cérebro) é a do fígado — hepatócito. Ela é especializada na armazenagem e eliminação de resíduos, secreção, síntese de proteínas, entre dezenas de outras tarefas. Mas a eliminação de resíduos é tão essencial para o corpo — e o fígado é tão especializado nisso — que merece um foco especial.

Pensamos no metabolismo como um mecanismo para gerar energia. Mas examinando-o de outro ângulo, é também um mecanismo gerador de resíduos. O rim faz um pouco disso, como vimos, através da urina. Mas ele não é uma usina de detoxificação: seu grande plano para os resíduos consiste apenas em jogá-los no esgoto.

Já as células do fígado desenvolveram dezenas de mecanismos para detoxificar e distribuir resíduos.[24] Num desses sistemas, ele gera uma molécula sacrificial que se prende a uma molécula potencialmente tóxica e a torna inativa; tanto a molécula sacrificial como a toxina são decompostas até que o veneno seja detoxificado. Para outros produtos residuais, o fígado destrói a substância química utilizando-se de reações especializadas. O álcool, por exemplo, é detoxificado numa série de reações, até ser reduzido a uma substância química inofensiva. Existem inclusive células especializadas dentro do fígado que comem células mortas ou moribundas — glóbulos vermelhos, por exemplo. Produtos reutilizáveis das células mortas são reciclados. Outros são distribuídos para os intestinos ou expelidos pelo rim. Em resumo, as células hepáticas também fazem parte da "orquestra" de regulação e constância — só que, ao contrário das células das ilhotas pancreáticas, fazem sua regulação de forma local. As células pancreáticas mantêm a constância metabólica, os rins, a constância da salinidade. O fígado mantém a constância química.

No começo da primavera de 2020, os laboratórios foram fechados por causa da covid, que se espalhava como metástase por Nova York e pelo mundo. Eu atendia um número limitado de pacientes no hospital — em parte porque, ainda não vacinado (as vacinas não tinham sido aprovadas), temia transmitir uma infecção para aqueles que faziam quimioterapia e cujo sistema imunológico seria incapaz de combater um vírus letal. Ainda cuidava dos mais doentes, dos mais vulneráveis. A ala de oncologia do hospital seguia em frente, heroica, sobrevivendo graças aos enfermeiros.

Quando não estava no hospital ou no laboratório, eu passava os fins de semana numa casa sobre um penhasco que dava para o estuário de Long Island. À primeira claridade da manhã, com o hachurado dos raios de sol atravessando o gramado como os raios de luz de um prisma, eu observava duas águias-pesqueiras que tinham seu ninho por ali. Elas sobrevoavam o oceano e de repente pareciam pousar como que por milagre no ar — mesmo com caprichosas rajadas de vento vindo de qualquer direção. O escritor Carl Zimmer descreveu o mesmo fenômeno com relação a morcegos. Sua miraculosa fixidez no ar, escreveu ele, era outra forma de homeostase em ação.[25]

O fígado, o pâncreas, o cérebro e o rim são os quatro principais órgãos da homeostase.* As células beta pancreáticas controlam a homeostase metabólica através do hormônio insulina. Os néfrons dos rins controlam o sal e a água, mantendo um nível constante de salinidade no sangue. O fígado, entre muitas

* Note-se que escrevi "principais". Cada célula em cada órgão do corpo tem uma forma de homeostase. Algumas formas são exclusivas, enquanto outras são comuns a todas as células, como vimos na parte I.

outras funções, impede que sejamos encharcados por produtos tóxicos, como o etanol. O cérebro coordena essa atividade detectando níveis, despachando hormônios e atuando como principal orquestrador de restauração de equilíbrio.

Quietude. Contar até doze. "*Agora contaremos até doze e ficamos quietos.*" Talvez nossa qualidade mais subestimada.

No fim, é claro, seremos todos arrastados de nossa posição por alguma feroz rajada de aberração patológica num desses sistemas de células. Mas os quatro guardiães da homeostase, trabalhando juntos, como sistemas de penas de asas e caudas, fazendo levíssimos ajustes quando os ventos mudam de direção, mantêm o organismo na posição. Se esses sistemas funcionam, há fixidez. Há vida. Se não funcionam, o delicado equilíbrio se perde. A águia-pesqueira não consegue mais ficar parada.

PARTE VI

RENASCIMENTO

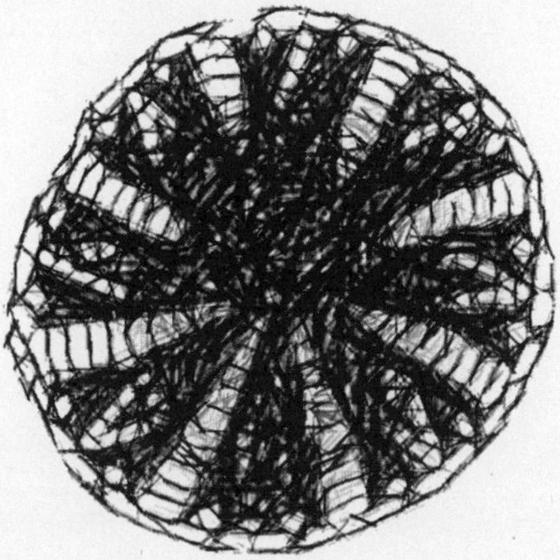

"A velhice é um massacre", escreveu Philip Roth.[1] *Na verdade, é uma maceração — o desgaste constante de lesão em cima de lesão, o declínio incontornável de função em disfunção e a perda inexorável da capacidade de superação e recuperação.*

Os humanos resistem a esse declínio com dois processos sobrepostos — reparo e rejuvenescimento. Quando digo "reparo", estou me referindo à cascata celular que começa com uma lesão. Costuma ser marcado por inflamação, seguida do crescimento de células para reparar o dano. Já "rejuvenescimento" diz respeito à constante reposição de células, em geral a partir de um reservatório de células-tronco ou células progenitoras, em resposta à morte e à degeneração natural delas. Com a idade, as duas coisas diminuem — seja no número, seja na função das células-tronco — de maneira drástica. O reservatório de rejuvenescimento entra em declínio.

Um dos mistérios remanescentes na biologia celular é o motivo pelo qual, na idade adulta, alguns órgãos conseguem se reparar, alguns conseguem rejuvenescer, enquanto outros perdem a capacidade de uma coisa e de outra. As células-tronco que formam sangue podem regenerar por completo um sistema sanguíneo. Mas a morte de um neurônio quase nunca resulta num neurônio substituto. Outros órgãos selecionam e combinam os dois processos. O osso, por exemplo, é um dos mais complexos — utiliza reparo e rejuvenescimento para combater a deterioração. Células capazes de reparar o osso se mantêm durante toda a fase adulta — embora com a função bem diminuída pela idade. Já as que formam cartilagens em articulações se degeneram de maneira acentuada com o passar dos anos. Minha mãe quebrou o tornozelo e a ruptura foi curada, embora devagar. Mas as articulações dos joelhos incharam de forma irreversível, jamais retornando à maleabilidade da meninice, quando ela subia com facilidade em pés de goiaba.

Por fim, voltamos a um tipo de célula que desafia o declínio — a célula cancerosa, ou melhor, várias células cancerosas. Será porque os cânceres se comportam como órgãos que dispõem de reservatórios de rejuvenescimento — células-tronco cancerosas? Ou é só porque células continuam dando origem a células — como ocorre quando um órgão repara a si mesmo depois de uma lesão? O câncer é uma doença do reparo ou do rejuvenescimento, ou das duas coisas?

Outro mistério que persiste sobre o câncer é o fato de algumas células malignas crescerem em certos órgãos e se recusarem a crescer em outros. Haverá alguma coisa no ambiente circundante de células que sustenta ou rejeita cânceres? Os nutrientes que fornece?

Obviamente, há qualquer coisa no entendimento da ecologia celular do câncer que nos escapa. E assim acabamos nossa história das células tomando de empréstimo conceitos da ecologia. Aprendemos sobre células, sistemas de células, órgãos e tecidos. Mas há outra camada de organização que falta conhecer: os ecossistemas das células. A música que dá impulso à complexidade da fisiologia celular — e, por outro lado, a lista de reprodução da patologia maligna — ainda é um dos enigmas indecifrados da biologia celular.

19. A célula renovadora: Células-tronco e o nascimento do transplante

"Quem não está empenhado em nascer está empenhado em morrer" [...]. *Estamos empenhados em nascer durante toda a primeira longa ascensão da vida e então, depois de passar por um ápice, estamos empenhados em morrer: essa é a lógica da linha.*[1]

Rachel Kushner, *The Hard Crowd*

As células-tronco não se transformam simplesmente em outras células (processo chamado diferenciação) para construir o que o corpo precisa e depois, tendo feito seu trabalho, desaparecem em silêncio. São algo mais do que progenitoras de outras células. Também se replicam — num estado não refinado, indiferenciado — para que possam ficar por ali e atender à chamada mais tarde, quando o sistema sanguíneo precisar de reconstrução.[2]

Joe Sornberger, *Dreams and Due Diligence*

Em 6 de agosto de 1945, às 8h15, 9500 metros acima da cidade japonesa de Hiroshima, uma bomba atômica apelidada de Little Boy foi lançada de uma aeronave militar americana, um bombardeiro B-29 apelidado de *Enola Gay*.[3] A queda levou cerca de 45 segundos e a bomba detonou no ar, 580 metros acima do Hospital Cirúrgico Shima, onde médicos e enfermeiras trabalhavam e pacientes se encontravam em seus leitos. O artefato liberou o equivalente energético a quinze quilotons de TNT — mais ou menos 35 mil carros-bombas explodindo ao mesmo tempo. Um círculo de fogo, com um raio de mais de seis quilômetros, se abriu a partir do epicentro, destruindo tudo pelo caminho. O alcatrão das ruas ferveu. Vidros escorriam como se fossem líquido. Casas desapareceram, como que incineradas por uma mão gigantesca. Na escadaria de pedra em frente ao Banco Sumitomo, um homem ou uma mulher em segundos transformado em vapor deixou uma sombra na pedra que a conflagração converteu numa bolha branca.

As ondas mortais que se seguiram tiveram três pontos altos. De 70 mil a 80 mil pessoas — quase 30% da população — morreram queimadas quase instantaneamente. "Eu estava tentando descrever o cogumelo [a nuvem], essa massa turbulenta",[4] escreveu um dos artilheiros de cauda da aeronave:

> Vi incêndios brotando em diferentes lugares, como chamas se levantando num monte de carvão [...] parecia lava ou melaço cobrindo toda a cidade, e parecia escorrer em direção ao pé dos morros onde pequenos vales vinham dar na planície, com incêndios começando em toda parte.

Então veio a segunda onda — de doença da radiação (ou "doença da bomba atômica", como foi chamada de início). De acordo com o psiquiatra Robert Jay Lifton,

> Sobreviventes começaram a perceber em si uma estranha forma de doença. Consistia em náusea, vômito e perda de apetite; diarreia com sangue nas fezes; febre e fraqueza; manchas roxas em várias partes do corpo, por causa de sangramento na pele [...] inflamação e ulceração da boca, da garganta e das gengivas.[5]

Haveria ainda uma terceira onda de devastação. Os sobreviventes que receberam as doses mais baixas de radiação começaram a desenvolver insuficiência da medula óssea, resultando em anemia crônica. A contagem de seus glóbulos brancos sofreu espasmos, depois diminuiu e entrou em colapso em poucos meses. Como disseram os cientistas Irving Weissman e Judith Shizuru, "é quase certo que os que morreram da mais baixa dose letal de radiação morreram de insuficiência hematopoiética [da produção de sangue]".[6] Não foi a morte súbita de células sanguíneas que matou esses sobreviventes. Foi a incapacidade de manter o *reabastecimento* constante de sangue; o colapso da homeostase do sangue. O equilíbrio entre regeneração e morte foi alterado. Parafraseando Bob Dylan: as células não empenhadas em nascer estavam empenhadas em morrer.

Macabro como foi, o bombardeio de Hiroshima forneceu provas de que o corpo humano tem células que geram sangue de maneira contínua, não apenas no momento, mas por períodos prolongados, durante toda a idade adulta. Se essas células forem mortas — como em Hiroshima —, todo o sistema sanguíneo acabará pifando, incapaz de equilibrar a taxa de degradação natural com a taxa de rejuvenescimento. Com o tempo, essas células, capazes de rejuvenescer o sangue, viriam a ser chamadas de "formadoras de sangue" — ou "hematopoiéticas" — "células-tronco e células progenitoras".

Nosso entendimento das células-tronco veio de um paradoxo: um ataque incrivelmente violento numa tentativa de restaurar a paz no fim de uma guerra incrivelmente violenta. Mas as células-tronco são, em si, um paradoxo biológico. De início, suas duas funções principais parecem excludentes. De um lado, a célula-tronco precisa gerar células funcionais "diferenciadas"; uma célula-tronco do sangue, por exemplo, precisa se dividir para dar origem a células que formam os elementos maduros do sangue — glóbulos brancos, glóbulos vermelhos, plaquetas. Mas de outro lado ela também precisa se dividir para se reabastecer — ou seja, uma célula-tronco. Se uma célula-tronco realizasse apenas a primeira função — diferenciação em células maduras, funcionais —, o reservatório de reabastecimento acabaria vazio. Ao longo da vida adulta, nossas contagens sanguíneas cairiam ano após ano, até não sobrar nada. No entanto, se tudo que ela fizesse fosse se reabastecer — fenômeno chamado "autorrenovação" —, não haveria produção de sangue.

É o equilíbrio acrobático entre autopreservação e altruísmo — autorrenovação e diferenciação — que torna a célula-tronco indispensável para o organismo e possibilita a homeostase de tecidos como sangue. A ensaísta Cynthia Ozick certa vez escreveu que os antigos acreditavam que o rastro pegajoso de muco deixado pelo caracol era parte do eu do animal.[7] Pedacinho a pedacinho, à medida que o muco se desvanece, o caracol vai diminuindo, até que todo o organismo desapareça. Uma célula-tronco (ou, no caso do caracol, a célula produtora de muco) é um mecanismo que garante que o rastro pegajoso de muco — isto é, novas células — seja gerado sem cessar e que o caracol não remova a si mesmo até desaparecer por completo.

Façamos aqui uma analogia peculiar. É tentador pensar na célula-tronco como um antepassado tataravô. Sua progênie dá origem a mais progênie, resultando numa vasta linhagem que vem de uma única célula tataravó.

Mas, para ser uma verdadeira célula-*tronco*, ela precisaria ser a mais estranha das tataravós. Precisaria dar vida a uma cópia de si mesma que pudesse garantir o reabastecimento da linhagem. Essa tataravó, além de dar à luz um filho (que estabelecerá uma enorme linhagem), precisaria dar à luz também uma cópia de si mesma — uma gêmea eternamente viva. E, depois que essa tataravó autorrenovável nascesse, o processo de regeneração poderia se tornar ilimitado. Há uma qualidade mítica nesse arranjo — e nos mitos são frequentes as tentativas de reis poderosos, ou de deuses, para construir gêmeos sobressalentes (bonecos, objetos de vodu, almas escondidas no interior de animais, personalidades gêmeas presas em amuletos) para recomeçarem a si mesmos e seu clã na eventualidade de uma catástrofe. Como a maioria das células-tronco reais, esses dublês míticos em geral ficam adormecidos — quiescentes — até que um solavanco os desperte. E então acordam e voltam a semear todo o clã. Tudo resulta não em nascimento, mas em renascimento.

Todos os organismos adultos têm células-tronco? Essas células existem em todos os tecidos, ou apenas em alguns? Na ciência, como na moda, tendências entram em voga com força por um tempo, depois são descartadas. Em 1868, o embriologista alemão Ernst Haeckel sugeriu que todos os organismos multicelulares vêm de uma única célula — a primeira célula.[8] Por extensão lógica, essa primeira célula devia ter a propriedade de se diferenciar em todo tipo de célula — sangue, músculo, estômago, neurônios. Foi Haeckel o primeiro a empregar o termo "Stammzellen" — célula-tronco — para descrever essa primeira célula. Mas o uso do termo "célula-tronco" pelo embriologista ainda era impreciso: a primeira célula sem dúvida gerou um organismo inteiro, mas terá gerado uma cópia de si mesma?

Por um momento nos anos 1890, biólogos discutiram se essa célula totipotente — capaz de dar origem a todos os tecidos do corpo — não estaria escondida em algum ponto no organismo adulto (em certo sentido, as fêmeas têm um *precursor* dessa célula — o óvulo. Uma vez fertilizado, ele pode dar origem a todos os tecidos de um novo organismo, muito embora, infelizmente, não regenere a mãe). Em 1892, o zoólogo Valentin Hacker, ao estudar o *Cyclops*, uma pulga de água doce assim nomeada por ter um corpo que lembra um olho só, como o do monstro grego ciclope, descobriu uma célula dentro dela que se dividia em duas.[9] Uma célula-filha dava origem a duas camadas de tecido que formavam parte do organismo, enquanto a outra se tornava uma célula germinativa — uma célula capaz, no futuro, de dar origem a todos os tecidos do organismo e, por conseguinte, uma célula-tronco. Hacker também chamou essas células de *Stammzellen*, tomando de empréstimo o termo de Haeckel. Mas, diferentemente do caso de Haeckel, o uso do termo por Hacker era mais preciso: ali estavam uma primeira célula que se dividia para dar origem a uma filha que dava origem ao corpo do *Cyclops*, e outra célula, sugeriu Hacker, capaz de gerar um novo *Cyclops* a partir do zero.

Mas mamíferos? Entre todos os órgãos e tecidos encontrados em organismos mamíferos, o lugar onde se deve procurar essas células seria o sangue. Glóbulos vermelhos e alguns glóbulos brancos (neutrófilos, por exemplo) estão o tempo todo morrendo e sendo reabastecidos; se era para existir uma célula-tronco, onde mais estaria ela senão no sangue? O citologista Artur Pappenheim, em seus estudos sobre a medula óssea no fim dos anos 1890, tinha descoberto ilhas de células onde múltiplos tipos celulares de sangue eram regenerados — como se uma única célula central fosse capaz de gerar múltiplos tipos de célula.[10] Em 1896, o biólogo Edmund Wilson usou a expressão "célula-tronco" para descrever a célula capaz de diferenciação e autorrenovação, exatamente como Hacker tinha observado em *Cyclops*.[11]

À medida que ganhava popularidade na biologia no começo dos anos 1900, a ideia de uma "célula-tronco" foi adquirindo mais definição hierárquica.[12] A célula totipotente era a que podia dar origem a todos os tipos de célula, incluindo todos os tecidos no organismo (como a placenta, o cordão umbilical e as estruturas que alimentam e protegem o embrião). Mais abaixo na escada de renovação estava a célula "pluripotente" — capaz de dar origem a *quase* todos os tipos de célula no organismo (ou seja, todos os tecidos no feto — cérebro, ossos, entranhas —, à exceção dos que formam a placenta e as estruturas de apoio que ligam o feto à mãe). E ainda mais abaixo na hierarquia situava-se a célula "multipotente" — capaz de dar origem a todos os tipos de célula num *determinado tipo* de tecido, como sangue ou osso.

Entre os anos 1890 e o começo dos anos 1950, alguns biólogos sustentavam que os elementos do sangue — glóbulos brancos, glóbulos vermelhos e plaquetas — tinham sua origem nas mesmas células-tronco "multipotentes" que residiam na medula óssea. Outros afirmavam que cada tipo de célula vinha de uma célula-tronco exclusiva. Mas, sem provas formais num ou noutro sentido, o interesse por essa mística célula-tronco do sangue acabou saindo de moda. Nos anos 1950, as referências a células-tronco tinham praticamente desaparecido da literatura sobre biologia.

Em meados dos anos 1950, dois pesquisadores canadenses, Ernest McCulloch e James Till, iniciaram uma colaboração para decifrar a fisiologia da regeneração das células sanguíneas depois da exposição à radiação.[13] Till e McCulloch formavam uma dupla improvável, com trajetórias muito diferentes. McCulloch — baixinho, atarracado — vinha de uma família "tradicionalmente rica" de Toronto, nas palavras de um biógrafo.[14] Era dono de um intelecto vivo, volúvel: "Pensava de maneira tangencial, muitas vezes brincando de ligar os pontos". McCulloch praticou clínica geral no Hospital Geral de Toronto. Foi recrutado, por pouco tempo, como chefe da hematologia no Instituto do Câncer de Ontário em 1957, mas se cansou do ramerrão da medicina diária e saiu de lá para se dedicar por inteiro à pesquisa.

Till, por sua vez, era um trabalhador agrícola alto e magro de Saskatchewan, com doutorado em biofísica por Yale. Tinha uma mente objetiva, com propensão para a matemática e uma atenção implacável para detalhes. Acrescentava método à loucura inventiva de McCulloch. Havia complementaridade também nos interesses e nas expertises dos dois. Till estudara física de radiação; sabia calibrar a radiação e medir seus efeitos no corpo (tinha sido aluno do notoriamente exigente Harold Johns, que investigara os efeitos da radiação do cobalto). McCulloch era hematologista, com interesse pelo sangue e sua gênese.

Em 1957, quando tinham começado sua colaboração, Toronto era uma cidade pacata, regional. As notícias científicas chegavam em gotas. Mas no rescaldo da bomba houve uma movimentação internacional para estudar se era possível proteger corpos, e órgãos, dos efeitos letais da radiação. Till e McCulloch estavam particularmente interessados no efeito da radiação no sangue. Mas como quantificar esse efeito? Expondo um camundongo a uma grande dose de radiação, descobriram que a gênese do sangue cessava em duas semanas e meia e o animal morria — mais ou menos como no caso das vítimas da terceira onda de morte em Hiroshima. A única maneira de resgatar o camundongo era transferir para ele células da medula óssea (órgão onde o sangue é gerado) de outro camundongo. Ao fazê-lo, Till e McCulloch poderiam salvar o camundongo irradiado e o animal retomaria sua gênese de sangue. Esse experimento tosco — o resgate de um animal semimorto — abriria uma nova fronteira na biologia da célula-tronco.

Numa tarde invernal de domingo, em dezembro de 1960, poucos dias antes do Natal, Till saiu de casa em Toronto para dar uma olhada nos resultados de um experimento em seu laboratório. O experimento era simples: camundongos tinham sido irradiados com doses altas o suficiente para matar sua gênese intrínseca de sangue e recebido transplante de medula óssea de outros camundongos. Cada animal recebera um número diferente de células de medula óssea — uma dose titulada — para salvá-lo da morte.

Till sacrificou os camundongos e os preparou para autópsia, examinando metodicamente cada órgão. Medula óssea. Fígado. Sangue. Baço. À primeira vista, não havia muita coisa digna de nota. Mas, ao olhar o baço com mais atenção, Till encontrou minúsculas saliências brancas — colônias. Com sua mente matemática, contou o número total de colônias em cada camundongo e fez um gráfico. As "saliências" correspondiam quase que ao número exato de células de medula óssea transplantadas. Quanto mais células transplantadas, mais colônias se formavam. O que significaria isso? A resposta mais simples era que essas colônias não eram apenas uma conta aleatória de células transplantadas que por acaso tinham encontrado o baço, mas a medida quantitativa de um tipo especial de célula. Essa célula tinha forçosamente que ter a propriedade intrínseca de formar colônias no baço — sinal de regeneração — e tinha que existir numa proporção fixa na medula óssea (por isso quanto mais células eram transplantadas, mais colônias "salientes" eram produzidas).

Till e McCulloch logo descobririam que cada saliência — uma colônia — era um nódulo regenerativo de células sanguíneas. Mas não um nódulo regenerativo qualquer. Aquelas colônias estavam produzindo *todos* os elementos ativos do sangue — glóbulos vermelhos, glóbulos brancos e plaquetas. E eram raríssimas: uma colônia para cada 10 mil células da medula.

Os dois publicaram seus dados num artigo com um título prosaico ("Medição direta da sensibilidade à radiação de células normais da medula óssea de camundongos"; note-se que não há nenhuma menção, mesmo de passagem, a "células-tronco") numa revista acadêmica de radiobiologia.[15] "É preciso lembrar que o número de pessoas interessadas nesse tipo de trabalho era muito pequeno àquela altura",[16] escreveu Till. "Isso se deu muito antes de toda a comoção que viria a acontecer na década seguinte." Mas, instintivamente, Till e McCulloch sabiam que seu resultado revelava um princípio de enorme significação: uma fração minúscula de células de medula óssea transplantadas, como fundadores intrépidos que atravessavam o oceano num barco improvisado, tinha migrado do baço e estabelecido colônias isoladas para regenerar o sangue — *todos* os principais elementos celulares do sangue. Como escreveu o divulgador científico Joe Sornberger,

> o artigo representava um jeito inteiramente novo de entender como o corpo produz sangue, sem falar que apresentava uma série de implicações potenciais para outras reconsiderações biológicas, como: se isso é verdade para o sangue, como o corpo produz músculo cardíaco ou tecido cerebral? No entanto, não tirou o mundo científico dos eixos de imediato e passou quase despercebido pela comunidade biológica mais ampla.[17]

Trabalhando com Lew Siminovitch e Andrew Becker no começo dos anos 1960, Till e McCulloch aprofundaram seus estudos sobre essas células do sangue formadoras de colônias. Primeiro confirmaram que algumas colônias produziam os três tipos de célula — glóbulos vermelhos, glóbulos brancos e plaquetas —, a própria definição de célula "multipotente". Um ano depois, provaram que cada colônia tinha surgido de uma única célula "fundadora". E por fim, quando isolaram as colônias de células do baço e as transplantaram para camundongos irradiados, descobriram que elas podiam redefinir sua capacidade de gerar colônias multipotentes adicionais — marca registrada da autorrenovação.

Eles tinham, na verdade, descoberto uma célula capaz de dar origem não só a uma, mas a múltiplas linhagens de células sanguíneas — glóbulos vermelhos, glóbulos brancos e plaquetas: a célula-tronco formadora do sangue, ou hematopoiética. Irving Weissman, agora diretor do programa Célula-Tronco de Stanford, era estudante quando leu o primeiro artigo de Till e McCulloch sobre sensibilidade à radiação. "A verdadeira descoberta",[18] disse ele depois, "foi deixar de pensar 'a medula óssea é uma caixa-preta; nada sabemos a respeito dela' para pensar 'a medula óssea tem células distintas capazes de produzir diferentes tipos de célula'."

Weissman lembra que o experimento repercutiu no mundo da biologia celular. Till e McCulloch tinham "redefinido a maneira de pensarmos sobre sangue, a fonte da vida". "Antes de seus experimentos, as pessoas achavam que cada tipo distinto de célula no sangue vinha de uma célula parental exclusiva", acrescentou. "Mas Till e McCulloch provaram que era justamente o contrário. A 'mãe' dos glóbulos vermelhos e a 'mãe' dos glóbulos brancos e a célula 'mãe' das plaquetas", explicou Weissman,

> vinham todas da mesma célula-tronco. E essas células-tronco davam origem a mais e mais células — glóbulos vermelhos, glóbulos brancos, plaquetas — até que um novo sistema sanguíneo fosse criado. O efeito no campo do transplante de medula óssea foi extraordinário. Se os transplantadores conseguissem encontrar essa célula, seria possível regenerar todo o sistema sanguíneo.[19]

Seria possível construir um humano com sangue novo a partir dessa célula-tronco.

E assim Weissman continuou à procura da célula. Onde essas células-tronco ou células progenitoras residiam? Qual era seu comportamento, como era seu metabolismo, quais eram seu tamanho, sua forma, sua cor? Inspirado pelos experimentos de Till e McCulloch, Weissman começou a usar uma técnica desenvolvida em Stanford pelo casal Leonore e Len Herzenberg, chamada citometria de fluxo, para purificar as células.[20] Reduzida à sua essência, a citometria de fluxo é mais ou menos o equivalente a colorir células com lápis de cera — cada célula com uma diferente permutação de cores (uma: azul e verde; outra: verde e vermelho), tendo por base as permutações de proteínas em sua superfície. Os "lápis de cera" são anticorpos, transportando substâncias químicas que fluorescem em diferentes cores — anticorpos esses que reconhecem as diferentes proteínas na superfície da célula. Pode-se usar uma máquina para separar células com base em sua coloração por diferentes permutações de cores.

Weissman examinou dezenas de permutações e por fim encontrou uma combinação de marcadores para purificar células-tronco de sangue de camundongo tiradas da medula óssea.[21] Como previram Till e McCulloch, elas eram raras — com uma frequência de menos de uma em 10 mil células —, mas muitíssimo potentes. Com o tempo, à medida que a técnica de Weissman era refinada e mais marcadores eram acrescentados, pesquisadores conseguiram isolar uma *única* célula-tronco do sangue e regenerar todo o sistema sanguíneo de um camundongo. E puderam extrair uma célula isolada *daquele* camundongo para regenerar o sangue de um segundo camundongo. No começo dos anos 1990, Weissman e outros pesquisadores usaram a mesma técnica para identificar células-tronco humanas formadoras do sangue.

Células-tronco hematopoiéticas de camundongos e de humanos têm a mesma aparência. São células pequenas e redondas, com núcleo compacto. Em seu estado de repouso, ficam quase sempre dormentes — ou seja, raramente se dividem. Mas, postas no ambiente certo de fatores químicos, ou dados os sinais internos certos na medula óssea, dão início a um programa feroz de divisão celular (nos anos 1960, o pesquisador australiano Donald Metcalf foi um dos primeiros a descobrir esses "fatores" químicos que possibilitam o crescimento de tipos particulares de célula que surgem da célula-tronco).[22] Uma única célula-tronco é capaz de produzir *bilhões* de glóbulos vermelhos e brancos maduros — o sistema orgânico completo de um animal.

Na primavera de 1960, Nancy Lowry, uma menina de seis anos, adoeceu.[23] Tinha olhos e cabelos escuros, com uma franjinha que alcançava as sobrancelhas. As contagens sanguíneas começaram a cair; os pediatras notaram que ela estava anêmica. Uma biópsia da medula óssea revelou uma alteração nesse tecido, a moléstia chamada anemia aplástica. No entanto, Barbara Lowry, gêmea idêntica de Nancy, gozava de saúde perfeita. As contagens de Barbara eram normais, sem indício de insuficiência da medula óssea.

A medula produz células sanguíneas, que necessitam de reabastecimento regular, e a de Nancy estava encerrando a produção com rapidez. As origens dessa doença costumam ser misteriosas — uma infecção, ou uma reação imune, ou até uma reação a medicamento —, mas em sua forma típica os espaços onde as células sanguíneas jovens deveriam ser formadas aos poucos se enchem de glóbulos de gordura branca.

Os Lowry moravam em Tacoma, Washington, região arborizada onde a chuva torna tudo escorregadio. No hospital da Universidade de Washington, em Seattle, onde Nancy era tratada, os médicos não tinham ideia do que fazer. Submeteram a menina a transfusões de glóbulos vermelhos, mas as contagens voltavam a cair. Um deles conhecia um médico-cientista de nome E. Donnall "Don" Thomas, que tinha realizado transplantes de medula entre humanos.[24] Thomas trabalhava em Cooperstown, Nova York. Os médicos de Seattle entraram em contato com ele para pedir ajuda.

Nos anos 1950, Thomas tinha experimentado um novo tipo de terapia injetando num paciente de leucemia células da medula de um gêmeo idêntico e saudável. Havia vagos indícios de que as células-tronco sanguíneas das células da medula doada tinham se "enxertado" nos ossos do paciente, embora este sofresse rápida recidiva. Thomas procurara refinar o protocolo de transplante de células-tronco sanguíneas em cães, com sucesso relativo. Os médicos de Seattle o convenceram a tentar de novo em humanos. A medula de Nancy estava pifando, mas sem ser ocupada por células malignas. Por um feliz acaso, as Lowry eram gêmeas idênticas, com "histocompatibilidade" perfeita — a medula óssea poderia ser transferida de uma para a outra sem rejeição. As células-tronco da medula de uma gêmea "pegariam" na outra?

Thomas viajou para Seattle. Em 12 de agosto de 1960, Barbara foi sedada, e seus quadris e pernas foram perfurados cinquenta vezes com uma agulha de grosso calibre para extrair a pasta carmesim de sua medula óssea. A medula, diluída em solução de água e sal, foi injetada em gotas na corrente sanguínea de Nancy. Os médicos aguardaram. As células seguiram seu caminho rumo aos ossos e aos poucos começaram a produzir sangue normal. Quando Nancy teve alta, sua medula estava reconstituída quase por completo. Em certo sentido, o sangue de Nancy pertence à sua irmã gêmea.

Nancy Lowry passou por um dos primeiros transplantes de medula bem-sucedidos da história da medicina. Foi o exemplo perfeito de terapia celular em ação — as *células* de sua irmã gêmea, e não uma substância ou uma pílula, tinham sido o "medicamento" de Nancy. Em Toronto, Till e McCulloch estavam caracterizando células-tronco sanguíneas com suas descobertas em camundongos. Em Stanford, Weissman acabaria aprendendo a purificá-las a partir da medula óssea humana. Em Seattle, Donnall Thomas tinha dado a essas células-tronco sanguíneas uma aplicação médica. Ele as tinha "vivificado" em humanos.

Em 1963, Thomas se mudou de vez para Seattle. Estabelecendo seu laboratório primeiro no hospital do Serviço de Saúde Pública local e, uns dez anos depois, no recém-fundado Centro de Pesquisas sobre Câncer Fred Hutchinson — o Hutch, como os médicos o chamavam —, estava decidido a usar o transplante de medula no tratamento de outras doenças, em especial leucemia. Nancy e Barbara Lowry eram gêmeas idênticas, e uma doença sanguínea não cancerosa em uma pôde ser curada por células da outra, uma oportunidade raríssima. E se uma doença envolvesse células sanguíneas malignas, como na leucemia? E se o doador não fosse gêmeo? A promessa dos transplantes estava sendo frustrada pelo fato de que nosso sistema imunológico é propenso a rejeitar material de outros corpos como estrangeiras; só gêmeos idênticos, com tecidos totalmente compatíveis, conseguem contornar a dificuldade.

Thomas vislumbrou um jeito de resolver esse problema. Primeiro, tentaria erradicar as células sanguíneas malignas com doses de quimioterapia e radiação tão altas que a medula seria destruída, purgada tanto das células cancerosas como das células normais. Isso costumava ser fatal, mas as células-tronco da medula doadora de um gêmeo idêntico a substituiriam, gerando novas células saudáveis.[25]

Os problemas seguintes viriam da tentativa de realizar um transplante "alogênico" (de "allo", a palavra grega para "outro"), transplantando medula de alguém que *não fosse* gêmeo idêntico. Em 1958, o pioneiro francês dos transplantes de medula Georges Mathé tinha transplantado medula óssea de uma série de doadores para alguns pesquisadores iugoslavos que haviam recebido por acidente doses tóxicas de radiação e desenvolvido falência fulminante de medula óssea.[26] As células doadoras haviam se enxertado por um breve tempo — mas acabaram desaparecendo. No entanto, logo depois do transplante, Mathé observara o oposto do que esperava: uma aguda doença debilitante apareceu no corpo dos pesquisadores iugoslavos.

Mathé deduziu que essa doença debilitante era causada pela resposta imune na medula doadora atacando o corpo dos pacientes transplantados. *O convidado atacava o anfitrião*. Essa resposta é consequência de um sistema antigo para manter a soberania dos organismos (e rejeitar células invasoras) — exceto em transplantes de medula óssea, a direção da soberania é invertida. Como uma tripulação sediciosa posta à força num navio desconhecido, as células imunes do doador reconhecem o corpo à sua volta como estrangeiro e o atacam. O outro (quer dizer, anteriormente o enxerto) se torna o eu, e o eu, por conseguinte, se torna o outro.

Outros pioneiros no transplante de órgãos tinham aprendido que essas forças de rejeição poderiam ser atenuadas se o doador e o hospedeiro fossem razoavelmente compatíveis (tenhamos presente aqui nossa discussão sobre a descoberta de genes de histocompatibilidade — genes que decidem se um receptor aceitará o enxerto de um hospedeiro). Já existiam testes para ajudar a prever compatibilidade (ou tolerância) e para aumentar as chances de que o enxerto de células alogênicas de medula pegasse. E vários medicamentos imunossupressores tinham sido desenvolvidos para atenuar ainda mais a resistência do hospedeiro, permitindo que o aloenxerto (ou seja, o enxerto de um doador estrangeiro) fosse aceito pelo corpo, ou impedindo que o hóspede atacasse o hospedeiro.

Nos anos seguintes, Thomas reuniu um grupo de médicos que ampliou as fronteiras do transplante de medula óssea. Havia um alemão alto, entusiasta do remo, chamado Rainer Storb, que concentrava suas atenções na tipagem de tecidos e na terapia de transplante; sua mulher, Beverly Torok-Storb, era uma clínica perspicaz.[27] Alex Fefer, um siberiano baixinho fanático por futebol, tinha mostrado que sistemas imunes podiam se voltar contra tumores em camundongos (e que, por conseguinte, o sistema imune do doador poderia matar a leucemia). E a mulher de Don, Dottie Thomas, que cuidava dos assuntos diários do laboratório e da clínica, era chamada por todos de "a mãe do transplante de medula óssea".

Thomas, que recebeu o prêmio Nobel por esses estudos, mais tarde os descreveria como "primeiros sucessos clínicos". Mas para os enfermeiros e os técnicos que cuidavam dos pacientes em Seattle — para não falar destes últimos —, a experiência muitas vezes era dolorosa e aflitiva. "Das centenas de pacientes com leucemia que receberam transplantes naqueles primeiros anos, 83 morreram nos primeiros meses", contou um dos médicos.

O último cataclismo dessa série bíblica de pragas acontecia quando glóbulos brancos produzidos pela medula do doador organizavam uma vigorosa resposta imune ao corpo do paciente — fenômeno chamado de doença do enxerto contra o hospedeiro, que Mathé tinha descoberto em seus primeiros transplantes.[28] Às vezes era apenas uma tempestade passageira, outras vezes se tornava uma doença crônica. Tanto na forma aguda como na forma crônica, podia ser fatal.

Mas, como Fred Appelbaum, da equipe médica que realizou os primeiros transplantes de medula óssea para o tratamento da leucemia, e outros pesquisadores descobriram ao analisar os dados, o ataque imunológico ao eu — enxerto contra hospedeiro — também podia ser um ataque imunológico à doença.[29] Os que sobreviviam a esse cataclismo eram também os que tinham mais chance de vencê-la. Era a prova mais definitiva de que um sistema imunológico "reiniciado" — de um doador estrangeiro — poderia se enxertar num corpo e rejeitar um câncer, resultando na cura de variantes letais de cânceres do sangue.

Era um resultado ao mesmo tempo notável e desanimador: o veneno era a cura. Quando puxei o assunto desses primeiros transplantes com Appelbaum, percebi um traço de melancolia em seu olhar, como se estivesse se lembrando de cada um dos pacientes.[30] Há nele qualquer coisa de gentilmente aristocrático, com uma humildade adquirida em anos de fracassos. Ele se recordou dos anos em que ninguém sobrevivia — e depois dos anos em que, um a um, a equipe acompanhou sobreviventes de longo prazo da terapia celular para doenças letais. Tinham tido êxito — mas a um custo altíssimo.

Encontrei Don e Dottie Thomas numa conferência em Chicago. Estavam frágeis e magros, num apego mútuo que lembrava duas cartas de baralho apoiadas uma na outra; se tirássemos uma, a outra caía. Abri caminho numa multidão de admiradores para cumprimentar os pais gêmeos da terapia celular.

Na hora de seu discurso, Don andou a passos lentos até o pódio. Outrora famoso pela estatura imponente, ele agora se curvava ao falar, detendo-se entre uma frase e outra. Na sala de conferência lotada — quase 5 mil hematologistas se reuniram para ouvir a palestra —, o ar estava impregnado de reverência. Don falou dos primeiros anos de transplante, e dos esforços heroicos — e do heroísmo dos primeiros pacientes — que por fim tinham levado aos primeiros transplantes alogênicos de medula óssea.

Em 2019, viajei para Seattle para entrevistar as enfermeiras que tinham trabalhado na ala de transplante de medula óssea durante os primeiros anos. A maioria estava aposentada, mas algumas mantinham contato com o hospital. Sentei numa sala de conferência poucos andares acima dos novos e reluzentes laboratórios onde células de pacientes eram preparadas para ensaios de terapia genética, como o que resultara na cura de Emily Whitehead com células CAR-T.

As enfermeiras trocavam abraços e beijos à medida que iam chegando. Lembravam-se dos apelidos umas das outras e dos nomes de todos os pacientes tratados naqueles primeiros anos. Algumas se desmancharam em lágrimas. Era uma reunião improvisada.*

"Me digam alguma coisa sobre os primeiros pacientes", pedi.

"O primeiro de todos foi um paciente com leucemia crônica", contou a enfermeira A. L. "O nome dele era Bowlby [...]. Um idoso", disse ela, e se corrigiu: "Não, não, ele tinha apenas cinquenta e poucos anos. Morreu [...] de infecção. O segundo foi um jovem, com leucemia, e depois uma menininha. Os dois morreram".

Elas se lembravam de Don e Dottie, dos Storb, de Appelbaum e Fefer — os baluartes e pioneiros da terapia celular daqueles primeiros tempos. "Todas as manhãs, um deles fazia a ronda, segurando a mão de cada paciente, perguntando como tinha passado a noite", disse uma delas.

"Em 1970, tivemos um menino pequeno com leucemia", lembrou outra enfermeira. "Tinha dez anos. Sobreviveu e chegou à faculdade — uns dez anos —, mas enfrentou infecções pulmonares. E morreu."

Perguntei como era o hospital, e como era estar ali naquela época.

"Eram vinte leitos", disse outra enfermeira, J. M. "A enfermagem ficava na sala de gelo. Lembro que era pequena. Ficava perto. Todo mundo torcia por

* Evitei deliberadamente mencionar os nomes das enfermeiras. Não para diminuir sua imensa contribuição no transplante de medula óssea, mas para proteger sua identidade e respeitar sua privacidade.

todo mundo. Havia uma criança que queria ouvir a mesma história toda noite. Era sobre um menino que entrava numa caverna e matava um urso." E com isso, noite após noite, enquanto as substâncias da quimioterapia gotejavam em suas veias, ele ia dormir ouvindo essa história.

O lugar onde os pacientes recebiam radiação — para matar suas células sanguíneas e abrir espaço para a nova medula — era um amplo bunker de cimento, a alguns quilômetros de distância. Os cães, usados em experimentos de transplante, ficavam ao lado, e os pacientes, trancados na câmara de cimento, eram obrigados a ouvir os latidos incessantes durante a radioterapia.

De início, a dose inteira de radiação para matar a medula era ministrada de uma vez.* "Na metade do procedimento, os pacientes ficavam tão enjoados que não conseguiam aguentar", disse uma enfermeira. "Eles vomitavam, vomitavam, vomitavam. Tínhamos que abrir as portas do bunker e entrar para cuidar deles. Não havia remédios fortes contra náusea naquela época [...] por isso levávamos água, tubos, lenços para enxugar a boca e toalhas úmidas. E havia um menino de sete anos..."

Ela ficou emocionada.

Outra mulher se levantou para abraçá-la.

"Conte a história do piloto", pediu uma das enfermeiras.

O piloto era Anatoly Grishchenko. Em 1986, quando o reator nuclear explodiu em Tchernóbil, Grishchenko foi despachado de helicóptero para lançar areia e concreto e sepultar um dos respiros abertos do reator que vomitavam gás radioativo tóxico — em resumo, para converter a fábrica num sarcófago cimentado.[31] Acreditava-se que ele estivesse protegido da cabeça aos pés com o escudo de chumbo, mas a radioatividade penetrou em seu corpo, até a medula óssea.

Em 1988, ele recebeu o diagnóstico de uma doença pré-leucêmica. Em 1990, a doença desabrochou em leucemia. Descobriu-se na França uma mulher quase perfeitamente compatível. Um médico do Hutch viajou a Paris para supervisionar a extração da medula óssea, e esta seguiu de noite de jato para Seattle, onde Grishchenko foi submetido ao transplante.

* Mais tarde, a dose passou a ser fragmentada num período de vários dias, o que diminuiu muito a náusea. Novos antieméticos, como Zofran e Kytril, também tornaram muito mais toleráveis as ondas de náusea causadas pela radiação.

"Mas ele não resistiu", contou a enfermeira. "Cuidamos dele por vários dias, mas a leucemia acabou voltando."

E assim é a vida.

> Tivemos um sobrevivente de 1970. Três de 1971. E em 1972 tivemos alguns. Não tivemos muitos sobreviventes de longo prazo — mas alguns chegaram a vinte, trinta, até quarenta anos. Em meados dos anos 1980, começamos a ver sobreviventes realmente de longo prazo. Dezenas, dúzias deles, vivendo cinco ou dez anos depois do transplante.

No andar de baixo, no saguão do Hutch, havia uma escultura em espiral representando o progresso aparentemente inexorável e constante dos transplantes.[32] Dei uma olhada mais de perto e examinei os números que aumentavam ano a ano — cinco, vinte, duzentos, mil, até milhares em 2021. E os índices de cura de doenças mortais também aumentaram: num estudo, pacientes com leucemia mieloide aguda tinham de 20% a 50% de chance de sobreviver cinco anos depois do transplante.

Uma das enfermeiras havia descido para olhar a escultura comigo. Ela pôs as mãos em meus ombros.

"Não foi fácil naquele tempo", desabafou. Ela sabia que a linha em uniforme espiral foi, na verdade, um histórico irregular de fracassos misturados com êxitos pouco frequentes. Mas os êxitos acabaram se acumulando. Milhares de transplantes de medula óssea são realizados todos os anos, para dezenas de doenças. O sucesso varia, mas o procedimento é hoje um dos pilares da terapia celular. Em minha própria clínica, sei de multidões de pacientes com variantes mortais da leucemia que acabaram curados por transplante de medula óssea.

A enfermeira passou as mãos pela linha uniforme da curva e sorriu. Pensei em Grishchenko em seu helicóptero, suspenso no ar e cercado por uma névoa de plutônio tóxico. No menino que entrava numa caverna para matar um urso. Era possível sentir o medo aterrador da criancinha na câmara de cimento, recurvada de enjoo, enquanto cães latiam na sala ao lado. Pensei nas enfermeiras com toalhas úmidas e nas que pernoitavam ali, naquelas que mantinham vigília constante contra infecções, nas que seguravam as mãos de pacientes o dia inteiro e cuidavam deles como se fossem seus próprios filhos. Quando as enfermeiras saíram do hospital, muitos médicos e funcionários se levantaram para lhes dar passagem. Era um reconhecimento silencioso de suas muitas e muitas contribuições. Percebi que meus olhos se enchiam de lágrimas.

A terapia celular para doenças do sangue teve um nascimento assustador.

Células-tronco já foram encontradas em diversos órgãos e em diversos organismos. No entanto, mais do que qualquer outro tipo de célula-tronco, as duas que continuam sendo mais fascinantes, e mais controvertidas, talvez sejam a célula-tronco embrionária (CTE) e sua prima ainda mais estranha, a célula-tronco pluripotente induzida (CTPI).

Em 1998, James Thomson, um embriologista que trabalhava no Centro Regional de Pesquisa de Primatas do Wisconsin, obteve catorze embriões humanos descartados em procedimentos de fertilização in vitro.[33] Ele sabia que o experimento que ia realizar era polêmico por si só, e tinha consultado dois bioéticos, R. Alta Charo e Norman Fost, antes mesmo de iniciá-lo. Os embriões humanos foram cultivados numa incubadora até alcançarem a fase de blastocisto, quando o embrião forma uma bola vazia. O blastocisto normalmente cresce dentro do útero, mas também pode ser cultivado numa placa de Petri em condições especiais. A bola tinha duas estruturas distintas. Havia um invólucro semelhante a um véu que com o tempo formaria a placenta e as estruturas que prendem o embrião ao corpo da mãe. Enrolada no interior da casca há uma pequenina saliência de células internas que formarão o embrião.

Thomson extraiu essas células internas e as cultivou numa camada "alimentadora" de células de camundongo que supriria as células embrionárias humanas de nutrientes e apoio (uma técnica comum de cultura de células. Algumas células são tão frágeis, sobretudo nos primeiros dias de transição para a cultura celular, que não conseguem viver por conta própria; precisam de alimentadoras, ou células assistentes, para "cuidar" delas nessas etapas iniciais). Ao longo de vários dias, cinco linhagens de células humanas cresceram a partir do embrião — três "masculinas" e duas "femininas". Proliferaram durante meses em cultura de células, sem qualquer dano genético óbvio, e sem alteração em seu potencial de crescimento.

Injetadas nos camundongos imunocomprometidos, as células produziram uma sequência de camadas de tecido humano maduro — entranha, cartilagem, músculo, nervo e elementos de pele. As células eram obviamente capazes de autorrenovação numa placa de Petri e de se diferenciarem em múltiplos tipos de tecido humano.* Receberam o nome de "células-tronco embrionárias humanas", ou CTEh. Uma dessas células, chamada H-9 — uma célula "fêmea", com cromossomos XX —, se tornou a CTE padrão. Tem sido cultivada em milhares de incubadoras em centenas de laboratórios em todo o planeta e submetida a dezenas de milhares de experimentos.

Eu mesmo cultivei a H-9 e vi as células crescerem continuamente. Também as vi se diferenciarem em vários tipos de células maduras, como osso e cartilagem. Até hoje, a existência dessa linhagem celular me transtorna: não consigo olhar pelo microscópio para um frasco contendo essas células sem sentir um pequeno tremor, alguma coisa que lembra uma ansiedade sobre o futuro. Em princípio, a existência dessas células-tronco embrionárias provoca um estranho experimento mental: e se pudéssemos voltar no tempo e injetá-las — um pequenino rolo — de volta no útero celular do blastocisto de onde vieram, e implantar essa bola de volta num útero humano? Talvez fosse preciso misturá-las com outras células da massa celular interna — mas, nesse caso, voltando à sua origem, formariam um ser humano? Que nome daríamos a esse novo tipo de ser celular? Helen-9? Se uma alteração genética fosse introduzida na H-9 na placa de Petri, esse ser humano agora carregaria essa alteração, passando-a para os filhos? E se as células H-9 no ser humano produzissem um óvulo, e depois um embrião, assistiríamos a um novo ciclo de vida — de embrião para blastocisto, para CTE, para humano, para embrião?

* Uma questão técnica: as CTEs derivadas por Thomson provinham de uma massa celular (que virá a formar o embrião) e não da parede externa das células (que forma a placenta, o cordão umbilical e outras estruturas chamadas extraembrionárias). Essas CTEs não são totipotentes, uma vez que a placenta, para citar um exemplo, deriva da parede externa das células e não da massa celular interna. Trabalhos mais recentes mostraram que, sob certas condições de cultura, uma fração das CTEs pode continuar totipotente — em outras palavras, capaz de dar origem a tecidos extraembrionários. No entanto, a maioria dos investigadores considera as CTEs pluripotentes e não totipotentes, já que dão origem a todos os tecidos exceto os tecidos extraembrionários. Sophie M. Morgani et al., "Totipotent Embryonic Stem Cells Arise in Ground-State Culture Conditions". *Cell Reports*, v. 3, n. 6, pp. 1945-57, 2013. DOI: 10.1016/j.celrep.2013.04.034.

O artigo de Thomson, publicado na *Science* em 1998, provocou uma imediata conflagração.[34] Muitos cientistas tomaram o partido dele, que acreditava no valor inerente das células-tronco embrionárias humanas: essas células não só nos permitiriam compreender a embriologia humana com mais profundidade, mas também se tornariam, do ponto de vista terapêutico, ferramentas valiosíssimas. Como escreveu Thomson perto do fim de seu artigo pioneiro:

> As células-tronco embrionárias humanas deveriam oferecer vislumbres sobre eventos de desenvolvimento que não podem ser estudados diretamente no embrião humano intacto, mas que têm consequências importantes em áreas clínicas, como defeitos de nascença, infertilidade e perda da gravidez. [...] As células-tronco embrionárias humanas serão particularmente valiosas para o estudo do desenvolvimento e da função de tecidos que não são iguais em camundongos e em humanos. Triagens baseadas na diferenciação in vitro de células-tronco embrionárias humanas para especificar linhagens poderiam identificar alvos genéticos para novos medicamentos, genes que poderiam ser usados para terapias de regeneração de tecidos e compostos teratogênicos ou tóxicos.
>
> A elucidação dos mecanismos que controlam a diferenciação facilitará a diferenciação eficiente e dirigida de células-tronco embrionárias para tipos de célula específicos. A produção padronizada de grandes populações purificadas de [...] células humanas como cardiomiócitos e neurônios será uma fonte potencialmente ilimitada de células para a descoberta de remédios e terapias de transplante. Muitas doenças, como o mal de Parkinson e o diabetes melito juvenil, resultam da morte ou da disfunção de apenas um ou de um pequeno número de tipos de célula.

Mas críticos, na maioria da direita religiosa, não queriam saber de nada disso.[35] Diziam que embriões humanos tinham sido destruídos — profanados — durante a produção dessas células e que embriões eram seres humanos. O fato de esses embriões produzidos por fertilização in vitro ainda estarem por adquirir senciência, de não terem órgãos e de não passarem de bolas de células indiferenciadas que de qualquer forma seriam descartadas não os aplacava nem um pouco; era o *potencial* de formarem seres humanos futuros que já os tornava humanos, afirmavam os detratores de Thomson. Em 2001, o presidente George W. Bush, pressionado por opositores das pesquisas com células-tronco embrionárias, aprovou uma lei que restringia o financiamento federal de pesquisas envolvendo células-tronco embrionárias já derivadas (como a H-9);[36] nenhuma tentativa de produzir novas células-tronco embrionárias contaria com apoio federal. Também na Alemanha e na Itália as pesquisas sobre células-tronco embrionárias humanas foram rigidamente restringidas e, em alguns casos, proibidas.

Por quase uma década, pesquisadores só puderam dispor de umas poucas e selecionadas linhagens de células-tronco embrionárias humanas para explorar a embriologia humana e a diferenciação de tecidos a partir de células-tronco embrionárias. Até que, em 2006 e 2007, o campo sofreu outra reviravolta radical. A questão que tinha provocado intensas discussões nessa área no começo dos anos 2000 era a seguinte: *Havia alguma coisa nas células-tronco que as tornava especiais*? Por que uma célula da pele ou uma célula B, digamos, não podia acordar certa manhã e resolver se tornar uma célula-tronco embrionária — e nadar, contorcendo-se, rio acima, voltando no tempo para sua origem?

A pergunta parece absurda à primeira vista. Até os anos 1990, nenhum embriologista de meu conhecimento tinha pensado na embriologia como uma via de mão dupla. Seguindo em frente, você se torna um ser humano, com todas as suas células maduras — nervos, sangue, células do fígado. Andando para trás, você pega uma célula madura — nervo, sangue, fígado — e a transforma numa célula-tronco embrionária. "Parecia uma total maluquice", disse um pesquisador.

Mas um fato mantinha viva a fantasia da "via de mão dupla" — pelo menos para um pequeno grupo de embriologistas. A sequência de DNA em todas as células (ou seja, o genoma) é idêntica em quase todas as nossas células;* é o *subconjunto* de genes "ligado" ou "desligado" numa célula cardíaca, ou numa célula da pele, que determina sua identidade. E se pudéssemos alterar esse padrão — "ligar" e "desligar" os genes das células-tronco numa célula da pele? A célula da pele se transformaria numa célula-tronco — capaz de produzir não apenas pele, mas células de osso, cartilagem, coração, músculo e cérebro —, quer dizer, cada célula do corpo? E o que impedia uma célula da pele de fazer justamente isso?

* Agora sabemos que os genomas de células individuais no corpo podem ser ligeiramente alterados por mutações à medida que um organismo amadurece. Os seres humanos, em suma, são quimeras de células não idênticas do ponto de vista genômico. O significado biológico dessas diferenças ainda não foi determinado.

Em 2006, em seu trabalho em Kyoto, Japão, um pesquisador de células-tronco chamado Shinya Yamanaka pegou fibroblastos da ponta da cauda de camundongos adultos — células comuns, em forma de fuso, encontradas em várias formas no corpo inteiro (enchimento, no mundo das células-tronco) — e introduziu quatro genes nessas células. Yamanaka não tinha topado com esses genes por acaso: passara anos estudando e selecionando Oct3/4, Sox2, c-Myc e Klf4 por sua aptidão única de "reprogramar" as propriedades de células adultas de modo que fiquem parecidas com células-tronco.[37] No fim dos anos 1990, ele tinha começado com *24* genes, comparando o efeito de cada gene e cada permutação, experimento após experimento, combinando um com o próximo e depois acrescentando outro, até ter reduzido os genes relevantes aos quatro essenciais. (Cada um desses genes codifica uma proteína reguladora mestra, um interruptor molecular que liga e desliga dezenas de outros genes.) Cada um, como ele havia descoberto, desempenha papel crítico na manutenção do estado das células-tronco em células-tronco embrionárias de seres humanos e em camundongos. O que aconteceria se pegássemos uma célula adulta que *não* fosse célula-tronco — um fibroblasto qualquer — e a induzíssemos à força a expressar esses quatro genes reguladores mestres que dão às células-tronco sua identidade, em combinação?

Certa tarde, Kazutoshi Takahashi, pós-doutorando no laboratório de Yamanaka, mirou o telescópio em fibroblastos nos quais tinha expressado à força os quatro genes essenciais. "Temos colônias!", berrou.[38] Yamanaka correu para ver. Colônias, sem dúvida. As células — em forma normal de parafuso e de aparência prosaica — haviam alterado sua morfologia, transformando-se em aglomerados brilhantes em formato de bola. Mudanças químicas tinham aparecido em seu DNA, como Yamanaka descobriria depois; as proteínas que dobram e empacotam o DNA em cromossomos mudaram. Até o metabolismo das células sofrera alteração. Os fibroblastos se transformaram em células-tronco. Como no caso das células-tronco embrionárias, eles se renovaram na cultura. E, injetados em camundongos imunocomprometidos, também formaram múltiplos tipos de tecido humano — osso, cartilagem, pele, neurônios. *Tudo isso derivado de um fibroblasto de pele, uma célula plenamente desenvolvida que não tem função aparente, além de servir de andaime para manter a integridade do tecido cutâneo e reparar um ferimento.*[39]

O resultado foi um choque absoluto para biólogos — um Loma Prieta que abalou as placas tectônicas do mundo das células-tronco. Lembro-me de como um importante biólogo químico de meu departamento estava agitado, ofegante e estupefato ao voltar de um seminário em Toronto, onde Yamanaka tinha acabado de apresentar seus dados. "Simplesmente não dá para acreditar", disse ele ao chegar. "Mas o resultado foi reproduzido muitas vezes. *Tinha* que ser verdade." Yamanaka produzira uma célula-tronco a partir de um fibroblasto — transição tida como impossível na biologia. Foi como se — *presto!* — ele tivesse feito o tempo biológico andar para trás. Transformara um adulto plenamente desenvolvido não só num bebê, mas num embrião.

Em 2007, Yamanaka usou essa técnica para transformar fibroblastos de pele humana em similares das células-tronco embrionárias.[40] No ano seguinte, Thomson, famoso pelas células-tronco embrionárias, substituiu c-Myc e Klf4 por dois outros genes, e mais uma vez converteu fibroblastos humanos em células-tronco embrionárias (a expressão de c-Myc, em particular, para criar similares de células-tronco embrionárias, foi vista como um desafio potencial, pois, sendo ele um gene causador de câncer, os biólogos temiam que esses similares de células-tronco embrionárias acabassem se tornando cancerígenos). O campo os chamou de células-tronco pluripotentes induzidas, ou células iPS — "induzidas" por terem sido alteradas, através de manipulações genéticas, de fibroblastos maduros em células pluripotentes induzidas.

Depois da descoberta de Yamanaka, que lhe valeu o prêmio Nobel em 2012, centenas de laboratórios começaram a trabalhar com células iPS. O atrativo é o seguinte: você pega sua *própria* célula — um fibroblasto de pele ou uma célula de seu sangue — e a faz rastejar de volta no tempo, transformando-a numa célula iPS. E dessa célula iPS você agora pode fazer as células que quiser — cartilagem, neurônios, células T, células beta pancreáticas — e elas ainda serão suas. Não haverá problema de histocompatibilidade. Nada de supressão imune. Nenhuma razão para temer que o hóspede se volte, em termos imunológicos, contra o hospedeiro. E, em princípio, é possível repetir o processo indefinidamente — de iPS para célula beta, para célula iPS, para célula beta (a bem da verdade, ninguém até agora tentou). A recursividade, no entanto, cria mais uma fantasia sobre um novo ser humano: um ser humano no qual todo órgão ou tecido degenerado pode ser regenerado, uma, duas, três vezes, ad infinitum.

Às vezes penso na história grega do navio de Teseu. O navio é feito de muitas tábuas. Aos poucos, as tábuas apodrecem e são substituídas por novas, até que só haja tábuas novas. Mas esse navio mudou? Ainda é o mesmo navio?

Essas meditações hoje são metafísicas. Mas pode ser que daqui a pouco se tornem físicas. E à medida que construirmos novas peças de seres humanos a partir de células IPS — e muitos cientistas já o fizeram — e tentarmos construir novas peças a partir dessas novas peças, repetidamente, penso também no caracol de Ozick. Tendo escapado de desaparecer aos poucos no próprio muco enquanto caminha, ele deixa atrás de si um rastro de perguntas metafísicas enquanto avança para reinos incertos, desconhecidos. No fim, todo ele se desvanecerá no chão e será substituído. Ainda será o mesmo caracol?

20. A célula reparadora: Lesão, decomposição e constância

A ternura e a podridão
têm uma fronteira comum.
E a podridão é um
vizinho agressivo,
cuja iridescência
não para de rastejar.[1]

Kay Ryan, 2007

Dan Worthley, pesquisador australiano de pós-doutorado, chegou a meu laboratório depois de atravessar muitos oceanos, alguns físicos, outros metafísicos. Era, por formação, gastroenterologista — área que eu conhecia muito pouco. Tinha vindo para a Universidade Columbia, em Nova York, trabalhar com Tim Wang em câncer de cólon e na regeneração de células do cólon (Wang, professor de Columbia, é um velho amigo e colaborador), e estudar câncer colorretal.

Técnicas padrão da engenharia genética moderna em camundongos nos permitem pegar um único gene e alterá-lo, de tal maneira que a proteína que ele codifica seja rotulada com um marcador fluorescente. A proteína se torna um farol a brilhar no escuro; com microscópio, é possível detectar onde e quando a proteína está fisicamente presente. Imaginemos fazer isso com o gene ciclina, que regula o ciclo celular: veríamos a célula começar a brilhar quando uma determinada proteína Ciclina é feita e desaparecer quando essa proteína é degradada. Se adotarmos a mesma abordagem para a actina — a proteína que forma o esqueleto da célula —, praticamente o animal inteiro se tornará um camundongo a brilhar no escuro. O receptor das células T só brilharia nas células T. A insulina brilharia nas células pancreáticas. Por falar nisso, as proteínas brilhantes vêm de águas-vivas; em termos genéticos, um pedacinho desse camundongo vem de uma criatura que balança e pulsa nas profundezas de um oceano.

Worthley tinha manipulado geneticamente um camundongo e engendrado um gene — chamado Gremlin-1 — através dessa técnica. Sempre que a proteína Gremlin-1 era produzida numa célula, esta se tornava fluorescente e, portanto, visível, por microscopia. Com base em descobertas anteriores, Dan esperava que Gremlin-1 acendesse nas células do cólon. E, como era de imaginar, ele a encontrou num tipo particular dessas células. Mas uma mistura de curiosidade inata e meticulosidade o levara a procurar as células rotuladas como Gremlin-1 em outros tecidos. Um lugar onde as células acenderam foi nas células do osso. E nesse momento nossa relação começou.

Se um catálogo de órgãos humanos negligenciados, porém vitais, fosse preparado — ou, talvez, se fosse enumerada uma proporção entre a importância para o "mundo real" e a "negligência científica" de um órgão —, é provável que o osso estivesse entre os primeiros das duas listas. Anatomistas medievais imaginavam os ossos como nada mais do que cabides da pele, ou como andaimes para as entranhas do corpo (apesar de Vesalius, fugindo dessa tendência, ter feito complexos desenhos de esqueletos; várias de suas ilustrações representam a anatomia minuciosa de diversos ossos). No Hospital Geral de Massachusetts, onde fui residente no começo dos anos 2000, residentes de ortopedia chamavam a si mesmos, de brincadeira, embora com certa base, de *boneheads* [lerdos, idiotas; literalmente, "cabeça (*head*) de osso (*bone*)"]. E como esquecer o tragicômico solilóquio de "Bonehead Bill", do poema de Robert Service nos tempos de guerra — um soldado treinado para mutilar e matar sem pensar duas vezes: "Meu trabalho é arriscar a vida e os membros/ Mas... seja certo ou errado [...]"?[2]

No entanto, a verdade é que o esqueleto representa um dos sistemas celulares mais complexos. Cresce até certo ponto e sabe quando parar de fazê-lo. Cura a si mesmo continuamente durante toda a vida adulta e repara a si mesmo depois de uma lesão. Responde com sensibilidade a hormônios; potencialmente até *sintetiza* os próprios hormônios.* Suas cavidades centrais — a medula — são os berçários de paredes brancas da gênese do sangue. É o local da osteoartrite e da osteoporose, duas das principais doenças que acompanham o envelhecimento, envolvidas em milhões de mortes de idosos no mundo inteiro. E é meu inimigo íntimo: a queda de meu pai, a fratura em seu crânio e o sangramento que dele jorrava foram em última instância os responsáveis por sua morte.

Mas voltemos a Dan e seus ossos. Certa manhã do verão de 2014, Dan pegou o elevador para meu laboratório — o dele ficava três andares acima do meu — com uma caixa cheia de lascas de osso. Eu poderia mentir e dizer que fiquei curioso. Mas não fiquei; pesquisadores de laboratórios de todos os tipos viviam atrás dos pós-doutorandos em meu laboratório (e de mim) pedindo que déssemos uma olhada em suas amostras, perguntando se havia alguma coisa interessante nos ossos, e era uma perda constante do tempo deles (e do meu). Educadamente pedi a Dan que viesse outra hora.

Mas Dan era implacável. Baixo, sério, dinâmico e impulsionado por um único objetivo, ele era como uma granada de mão. Sabia de meu interesse por ossos. Como oncologista, trato da leucemia, doença que tem sua origem na medula óssea, onde vivem células-tronco formadoras de sangue. E, durante décadas, investiguei

* Pesquisa encabeçada por Gerard Karsenty e colegas em Columbia sugere que o osso não só responde a hormônios como também os produz. Experimentos anteriores mostram que uma dessas proteínas, chamada osteocalcina, feita pelas células ósseas, modula o metabolismo do açúcar, o desenvolvimento do cérebro e a fertilidade masculina, apesar de partes desses resultados ainda aguardarem confirmação. Sarah C. Moser e Bram C. J. van der Eerden, "Osteocalcin — A Versatile Bone-Derived Hormone". *Frontiers in Endocrinology*, v. 9, p. 794, jan. 2019. DOI: doi.org/10.3389/fendo.2018.00794. Ver também Cassandra R. Diegel et al., "An Osteocalcin-Deficient Mouse Strain Without Endocrine Abnormalities" (*PLoS Genetics*, v. 16, n. 5, art. e1008361, 2020). DOI: doi.org/10.1371/journal.pgen.1008361; e Takeshi Moriishi et al., "Osteocalcin Is Necessary for the Alignment of Apatite Crystallites, but Not Glucose Metabolism, Testosterone Synthesis, or Muscle Mass" (*PLoS Genetics*, v. 16, n. 5, art. e1008586, 2020). DOI: doi.org/10.1371/journal.pgen.1008586.

a interação de células ósseas e células sanguíneas: por que, para citar um exemplo, não existem células-tronco sanguíneas no cérebro, ou nos intestinos? O que há de tão especial no osso? Como campo, obtivemos algumas respostas: células residentes na medula óssea enviam sinais particulares para células-tronco sanguíneas que mantêm sua função. Ao longo de todos esses anos, desvendei também a anatomia e a fisiologia dos ossos. Há uma ideia hoje em voga de que adquirimos uma determinada forma de expertise quando realizamos uma atividade — arremessos no beisebol, digamos — por mais de 10 mil horas. Na biologia celular, isso se traduz em ver: examinei ao microscópio mais de 10 mil espécimes de osso.

Uma semana depois Dan estava de volta, passando pelos corredores com a mesma mistura de cortesia e determinação, e com sua caixa azul de lâminas. Era indiferente à minha indiferença. Respirei fundo e resolvi dar uma olhada.

Escureci a sala e o microscópio piscou, emitindo uma fluorescência difusa, azul-esverdeada. Dan andava de um lado para outro no fundo da sala, como um animal enjaulado, murmurando alguma coisa sobre *Gremlins*. As fatias haviam sido lindamente cortadas num micrótomo, expondo a histologia clássica do osso.

Superficialmente, o osso parece um pedaço de cálcio endurecido, mas ele é feito, na verdade, de uma multiplicidade de células. As mais familiares são as células de cartilagem — os condrócitos — e há dois tipos de célula que soam pouco familiares. A segunda é o "osteoblasto" — a célula que sedimenta cálcio e outras proteínas para formar uma matriz calcificada em camadas, e em seguida fica presa em seu próprio depósito para formar osso novo. É a célula que faz osso e sedimenta osso: os osteoblastos costumam se adensar e encompridam o osso (meu truque para lembrar seu nome é a letra "o", de "fabricação de *o*sso").

A terceira é um osteoclasto: são células grandes com múltiplos núcleos que comem osso. Mastigam a matriz, ou a perfuram, removendo e remodelando osso, como jardineiros que vivem fazendo podas. O equilíbrio dinâmico entre osteoblastos e osteoclastos — fabricantes de ossos e mastigadores de ossos — é um mecanismo para que o osso mantenha a homeostase. Se tirarmos os osteoblastos, novos ossos não têm como ser formados. Se os osteoclastos — os mastigadores — derem defeito, os ossos ficam espessos — "ossos de pedra", como diziam os primeiros patologistas —, com aparência dura, mas difíceis de reparar. As cavidades internas se contraem, abrindo espaço à força para a medula, ocasionando uma doença chamada osteopetrose.*

* Cataloguei apenas as células do osso. Há um catálogo muito mais vasto de células que residem

Mas o osso não se limita a afinar e engrossar. Ele também se alonga. E há um mistério em seu crescimento. Já vimos conjuntos de células que fazem órgãos aumentar de tamanho. Mas como é possível que coleções de células se movam em determinada direção para fazer um órgão *se encompridar*? Os primeiros anatomistas, entre os quais Marie-François-Xavier Bichat, notaram que o osso começa, em seu primeiro estágio de desenvolvimento, como uma matriz de cartilagem glutinosa. Em seguida, ele sedimenta cálcio e se consolida na estrutura que chamamos de osso e passa a se alongar. Mas a principal mudança em seu comprimento ocorre nas extremidades; o "meio" permanece relativamente constante. Em meados dos anos 1700, o cirurgião John Hunter enfiou dois parafusos num osso adolescente, em fase de crescimento. A distância entre eles não mudou. Mas se enfiasse os parafusos *nas pontas*, teria visto o crescimento do osso — os parafusos separados um do outro no tempo, como duas pontas de um elástico se afastando cada vez mais à medida que o elástico estica. Em resumo, há células nas extremidades de um osso — mas não no meio — que geram novas células que o tornam mais longo.

Há um lugar especial no osso, no ponto exato onde sua cabeça — a extremidade em forma de punho de ossos compridos — encontra a haste. Em algum ponto dessa junção, sepultada no osso, há uma estrutura chamada "placa de crescimento". Se você fechar a mão e imaginar que o antebraço é a haste de um osso longo e a mão fechada é a extremidade, a placa de crescimento estará perto do pulso.

A placa de crescimento existe em crianças e adolescentes — às vezes, é possível vê-la como uma linha branca numa radiografia —, mas aos poucos vai

---

na medula óssea. Ele inclui células-tronco sanguíneas e células progenitoras de sangue. Acredita-se que haja células estromais que desempenham função de apoio para as células-tronco sanguíneas. Há neurônios, células que armazenam gordura — adipócitos — e células de vasos sanguíneos (endoteliais), que conduzem sangue para dentro e para fora da medula. Li Ding et al., "Clonal Evolution in Relapsed Acute Myeloid Leukaemia Revealed by Whole-Genome Sequencing". *Nature*, v. 481, pp. 506-10, 2012. DOI: doi.org/10.1038/nature10738. Ver também Lei Ding e Sean J. Morrison, "Haematopoietic Stem Cells and Early Lymphoid Progenitors Occupy Distinct Bone Marrow Niches" (*Nature*, v. 495, n. 7440, pp. 231-5, 2013). DOI: 10.1038/nature11885; e Laura M. Calvi et al., "Osteoblastic Cells Regulate the Haematopoietic Stem Cell Niche" (*Nature*, v. 425, n. 6960, pp. 841-6, 2003). DOI: 10.1038/nature02040.

se fechando nos adultos. Pode-se pensar na placa de crescimento como o jardim de infância das células ósseas novas. É ela que dá origem a células de cartilagem maduras e a osteoblastos. As células de cartilagem jovens, e depois os osteoblastos formadores de osso, saem rápido da placa de crescimento e migram para a área adjacente à cabeça do osso, depositando nova matriz e novo cálcio entre a cabeça e a haste — o que, por sua vez, alonga o osso.

É nesse ponto que entram as lâminas de Dan. A existência da "placa de crescimento" era conhecida havia décadas. Mas como o crescimento do osso se mantinha, sobretudo durante a feroz explosão da adolescência, quando o jovem pode crescer aos centímetros toda semana? Sabemos que a cartilagem plenamente madura — cartilagem hipertrófica — não cresce nem se divide. Portanto, que células produzem células ósseas, semana após semana? Haveria um reservatório de células de esqueleto que continuavam originando células de cartilagem e células ósseas jovens? As células que Dan iluminara em seu camundongo ficavam exatamente na placa de crescimento, numa fila impecável, um pouco curvilínea, como um conjunto de dentes perfeitamente formados. Olhei uma vez, olhei de novo. Agora eu estava curiosíssimo.

Há um momento na vida de uma equipe de cientistas — em geral dois pesquisadores — em que a linguagem desaparece. Alguma coisa parecida ocorreu entre mim e Dan. A linguagem — pelo menos a linguagem tradicional — sumiu. Permutávamos instintos. Feromônios de ideias iam e vinham entre nós, quase sempre sem palavras. À noite, eu ficava acordado até tarde, andando de um lado para o outro, pensando no próximo experimento que deveríamos fazer. De manhã, ao chegar no laboratório, descobria que Dan se adiantara e já o tinha realizado.

A primeira série de experimentos era simples. Que células *eram* essas? Onde viviam? Por quanto tempo? O primeiro experimento de Dan tinha iluminado células que expressavam Gremlin-1 na placa de crescimento de um camundongo jovem. Num camundongo fetal, ele as encontrou reunidas brilhantemente no ponto onde novos ossos e cartilagens eram formados. Imaginemos um pé minúsculo, ou um dedo minúsculo, emergindo. As células estavam ali, dividindo-se ferozmente.

E então, enquanto Dan as acompanhava, aconteceu uma coisa espantosa: as células migraram das pontas do osso neonatal para a placa de crescimento — a parte onde a haste se junta ao osso longo — e ambas se organizaram em camada bem na placa de crescimento. Quando o camundongo ficou mais velho e o encompridamento do osso terminou, o número de células foi aos poucos diminuindo. Alguma coisa nessas células, portanto, tinha a ver com a formação dos ossos.

Mas que coisa era essa? O farol molecular que Dan havia criado tem outra propriedade especial. Pode-se usá-lo para acompanhar o destino de uma célula enquanto ela se divide. Vamos precisar de um pouco mais de engenharia, mas podemos ter certeza de que, quando uma célula produz a proteína Gremlin-1 (tornando-se, portanto, fluorescente), suas células-filhas também ficam fluorescentes, e as filhas das filhas também brilharão no escuro, e assim por diante, ad infinitum. A técnica é chamada de rastreamento de linhagem — como se pudéssemos, de alguma forma, conhecer todos os membros de uma enorme família, sem exceção, mesmo que estejam espalhados no tempo e no espaço. É um jeito molecular de iluminar toda uma árvore genealógica.

Dan conduziu esse experimento num camundongo bem jovem. E, rastreando as células que expressam Gremlin, descobriu que elas deram origem a cartilagem jovem. Isso me deixou intrigado — células formadoras de cartilagem sempre foram um tanto misteriosas. Mas, examinando o tecido por períodos cada vez mais longos, ele percebeu que a árvore genealógica ficava mais complexa. As células a serem iluminadas em seguida eram gordas, inchadas, de cartilagem madura. E então os osteoblastos — células formadoras de ossos — começaram a se iluminar. Por fim, apareceu um tipo de célula desconhecido, uma célula com fibras finas estendendo-se para fora cuja função ainda desconhecemos, e que chamamos de células reticulares. Talvez o mais notável de tudo seja que as células originalmente rotuladas de Gremlin — as que tinham vindo primeiro — não iam embora, pelo menos em camundongos jovens. Em resumo, Dan havia descoberto *aquela* célula — a célula, localizada na placa de crescimento, que dá origem a células de cartilagem, as quais, por sua vez, amadurecem na forma de osteoblastos, os dois componentes principais do osso. Nós as chamamos de *osteo* (osso), *condro* [*chondro*] (cartilagem) e células reticulares [*reticular cells*] — ou células "OCHRE".

Dan publicou seu artigo comigo e com Tim Wang na *Cell* em 2015.[3] Na mesma época, Chuck Chan — brilhante pesquisador de pós-doutorado (e agora professor assistente) que trabalhava com Irving Weissman em Stanford, também descobriu uma célula-tronco de esqueleto.[4]

Magro como um palito e alto, Chan lembra um roqueiro punk; chega ao laboratório como se tivesse acabado de sair de uma noitada numa rave. No entanto, sua disciplina de experimentador é formidável. Chan, Weissman e Michael Longaker, um cirurgião convertido em cientista, tinham triturado ossos e usado a técnica predileta de Weissman — citometria de fluxo — para purificar populações de células de esqueleto que deram origem a cartilagem e osso. O artigo deles saiu junto com o nosso, um em seguida ao outro, na revista *Cell*. As similaridades — genéticas, fisiológicas, histológicas — entre nossas duas células eram notáveis. Por um momento, travamos uma batalha amistosa sobre o nome a ser dado para elas. Mas OCHRE, que também é uma cor [ocre] pela qual tenho uma queda particular, acabou pegando.

Os artigos originais de Dan e de Chuck também deixaram um rastro de perguntas. Ainda não se sabe se essas células marcadas como Gremlin dão origem *primeiro* à cartilagem jovem — estado intermediário — e depois aos osteoblastos. Ou dão origem aos dois ao mesmo tempo? Há fatores intrínsecos e extrínsecos que influenciam essa decisão? Como o equilíbrio — essa homeostase — é mantido? Essas células se autorrenovam? Resultados anteriores, envolvendo o transplante dessas células para ossos de camundongo, sugerem *realmente* que elas se renovam. As células marcadas como Gremlin, então, preencheriam os requisitos para ser as verdadeiras células-tronco de esqueleto — capazes de se diferenciar em múltiplos tipos de células e capazes de autorrenovação. A célula OCHRE — aparente progenitora ou célula-tronco — talvez tenha sido a descoberta da qual eu e meu laboratório mais nos orgulhamos. Ela representa uma possível resposta — uma teoria — que resolve dois mistérios antigos. Como o osso cresce durante a adolescência? Bem, ele cresce porque uma população especial de células, localizada na placa de crescimento nas duas pontas do osso, emite cartilagens e osteoblastos que possibilitam seu alongamento. E por que ele para de crescer? Porque essa população decresce com o tempo, até o iniciozinho da idade adulta, quando restam pouquíssimas células.

Mas, alto lá, isso não é tudo. A história sofreria nova reviravolta. No Texas, Sean Morrison — antigo trainee de Weissman e um dos biólogos celulares mais tenazes que conheço — descobriu outro tipo de célula, residente dentro da medula óssea, capaz de fazer osteoblastos e de sedimentar osso. À diferença das células rotuladas como Gremlin, as células de Morrison (vamos chamá-las de células LR, por causa de um gene que expressam) nascem mais adiante na vida adulta e em grande parte dão origem ao osso que é sedimentado nas longas hastes — não na placa de crescimento, mas no longo tubo de osso entre as duas placas.[5] Elas não originam células de cartilagem nem células reticulares. Se fraturarmos a longa haste óssea mais ou menos no meio, as células LR entram em ação, gerando células formadoras de osso que reparam o longo osso lesionado.

Que problema, pode-se dizer, mas é exatamente o oposto. O osso não é um órgão com um único fornecedor de células rejuvenescedoras; é um sonho de rejuvenescimento. Tem pelo menos *duas* fontes para dois locais. Há células OCHRE residentes na placa de crescimento, formadoras de osso que se alonga. Surgem nas fases iniciais de desenvolvimento e entram em declínio com a idade. E há células LR, que surgem mais tarde, na adolescência e na vida adulta, e que participam na manutenção da *espessura* dos ossos longos e na reparação de fraturas ósseas.

Os dados de Morrison, portanto, representam a possível solução de um terceiro mistério. Por que o osso pode ficar mais espesso nos adultos — e reparar fraturas —, quando a placa de crescimento já diminuiu e desapareceu? Possivelmente, porque existe uma população de reserva de células diferentes — residentes não na placa de crescimento, mas dentro da medula óssea — que executa essa função. As células primogênitas (ou seja, as que Dan descobriu) constroem e alongam o osso durante a vida fetal e depois assumem o papel mais limitado de manter a placa de crescimento durante a vida adulta, pensamos nós. As células nascidas mais tarde (as que Morrison descobriu) entram marchando como um segundo exército que conserta fraturas e mantém a integridade do osso. Essa solução "de dois exércitos" desatrela as funções de formação de osso e de manutenção de osso. Por que dois exércitos? Não sabemos.

Dan voltou para a Austrália em 2017, deixando-me desolado — mas logo jogou outra granada de mão (muito apreciada) através do oceano. Jia Ng — seca, compenetrada, com a energia concentrada e a tenacidade de Dan — veio para o laboratório no mesmo ano, para estudar as células marcadas como Gremlin. Se Dan havia feito a pergunta fisiológica (como o osso e a cartilagem crescem?), Jia tinha interesse em sua antítese patológica (como eles se deterioram?).

A osteoartrite é uma doença de degeneração da cartilagem. Segundo o antigo dogma, o atrito constante entre ossos desgasta o revestimento lubrificante da cartilagem na cabeça do osso — um fêmur, digamos. As células de cartilagem na superfície da articulação morrem e o osso abaixo desta começa a se corroer. Assim, Jia começou a estudar camundongos com osteoartrite usando as técnicas pioneiras que Dan desenvolvera no laboratório.

A primeira surpresa teve a ver com o setor imobiliário: localização, localização, localização. De tão obcecados com as células-tronco do esqueleto situadas na placa de crescimento, dando à luz nova cartilagem e novo osso, deixamos de ver um segundo local onde elas também se encontravam. Quando voltamos a observar, com novos olhos, células OCHRE rotuladas como Gremlin também estavam presentes numa camada fina como um véu acima da cabeça do osso. Ficavam ali brilhando, sedutoras, na articulação de dois ossos, no exato ponto onde a osteoartrite se origina.

Seria difícil descrever a euforia dos dias seguintes. Eu engolia minha xícara de café de manhã, pegava meu caderno, acelerava pela rodovia até o laboratório e ia direto para a sala de microscópios, onde Jia tinha preparado as lâminas com os cortes da noite anterior (ela trabalhava até tarde; eu acordava cedo). O microscópio era ligado, eu olhava e contava. *Ver*.

Jia voltou ao experimento de Dan sobre rastreamento de linhagem — pegando uma tatuagem molecular indelével e marcando uma célula, suas filhas, suas bisnetas, e assim por diante. E, como no caso dos experimentos de Dan, o resultado foi surpreendente: quando ela as rotulou pela primeira vez, as células estavam situadas numa camada fina como um véu na superfície da articulação. E então, passadas as primeiras semanas, elas começaram a formar camada após camada de cartilagem na articulação. Dentro de um mês, vimos surgirem células de osso debaixo da cartilagem.

Mas o que acontece com essas células no caso da artrite? Redigimos juntos um projeto, propondo que as células-tronco marcadas como Gremlin (ou células OCHRE) atuavam como reservatório de regeneração. Quando camundongos contraíam artrite, argumentávamos, as células OCHRE tentavam regenerar a cartilagem perdida — mais ou menos como células-tronco ou progenitoras atuam em outros tecidos quando o tecido está desgastado ou lesionado. A osteoartrite era a *forme fruste* — a forma frustrada — de um tecido que tenta se recuperar, mas não consegue.

No folclore da ciência, muito já se escreveu sobre a alegria de estar completamente certo numa hipótese ou numa teoria. No começo dos anos 1900, a proposta de Einstein da constância da velocidade da luz confirmou de forma espetacular observações experimentais anteriores feitas por Albert Michelson e Edward Morley. ("Se o experimento de Michelson-Morley não nos tivesse causado forte constrangimento, ninguém teria visto a teoria da relatividade como uma [quase] redenção",[6] escreveria Einstein mais tarde.) Mas há um segundo tipo de alegria na ciência: a euforia peculiar de estar completamente errado. É uma sensação de alegria igual e contrária: quando um experimento destrói uma hipótese e a verdade se vira, como se girasse, para apontar *exatamente* na direção oposta.

Três semanas depois de Jia ter introduzido artrite nos camundongos (há muitas maneiras de fazê-lo, como lançar mão de um mecanismo para debilitar uma das articulações femorais; a lesão produzida é branda e os animais quase sempre se recuperam), voltamos ao microscópio para examinar as fatias de osso. Esperávamos que as células OCHRE, iluminadas pela proteína fluorescente, tivessem proliferado ferozmente para atenuar a lesão. A mesma luz verde-azulada inundou a sala.

Estávamos completamente errados. Em camundongos jovens sem a lesão induzida, a prevista camada de células OCHRE marcadas como Gremlin estava intacta na superfície da articulação — a mesma linha brilhante de células. Em camundongos lesionados, as células — em vez de se tornarem hiperativas e se dividirem para salvar a articulação, como tínhamos previsto — estavam mortas ou morrendo. *A lesão matara as células-tronco*, a ponto de não conseguirem mais sustentar a gênese da cartilagem.*

Desliguei o microscópio e a luz interna tremeluziu. Talvez a osteoartrite fosse uma doença de perda de células-tronco. As células que sofriam desgaste — em seus primeiros estágios — eram células-tronco formadoras de cartilagem, e elas já não conseguiam manter sua gênese. O equilíbrio entre crescimento e degeneração tinha sido desfeito. O que a lesão havia comprometido fora a capacidade da cartilagem na articulação de manter seu equilíbrio interno — entre o crescimento de cartilagem nova (por células-tronco) e a degeneração de cartilagem velha (por idade ou lesão).

Muitos experimentos foram realizados para resolver de uma vez por todas

* Este trabalho ainda está sendo revisto por cientistas.

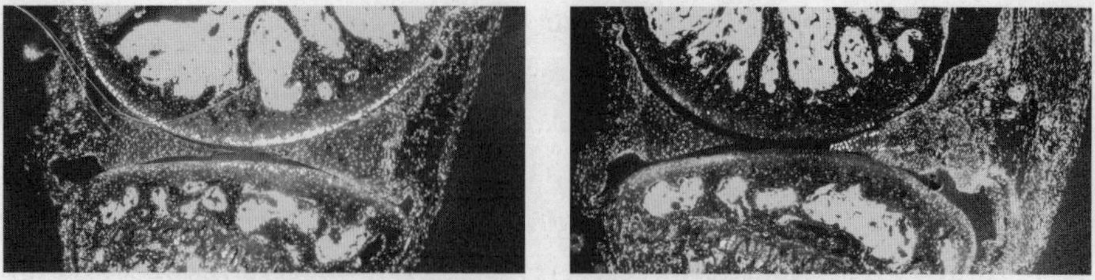

(a) (b)

(a) Um camundongo jovem mostra as células marcadas como Gremlin iluminadas por uma proteína fluorescente. (b) A mesma articulação depois de uma lesão induzida de artrite, com a morte gradual e o desaparecimento das células que expressam Gremlin. As imagens são do trabalho de Jia Ng.

a questão. Toghrul Jafarov, um pós-doutorando do Canadá, retomou o trabalho de Jia. Usando técnicas habilidosas, ele aprendeu a matar forçosamente as células marcadas como Gremlin injetando uma substância química na articulação do joelho — em resumo, o experimento de Jia de trás para a frente (se a osteoartrite tem origem na morte de células rotuladas como Gremlin, ao matar células marcadas como Gremlin é possível causar osteoartrite?). Os camundongos, notavelmente, desenvolveram osteoartrite. Mesmo camundongos jovens, saudáveis, ágeis, em tudo os mais normais, começaram a perder a integridade da articulação. Coxeavam, até as células retomarem o crescimento da cartilagem.

Jafarov continuou dando direção aos experimentos. Desativou um gene crucial para a manutenção de células que expressam Gremlin e com isso matou geneticamente as células. De novo os camundongos desenvolveram osteoartrite, dessa vez ainda mais grave do que qualquer uma que tivéssemos testemunhado. (Fiquei espantado quando vi esses ossos. Havia partes do osso nas quais a cartilagem ficara tão desgastada que a ponta dele parecia uma montanha dilacerada por dinamite. As "pedras" brutas do osso abaixo ficaram expostas — nuas e desmoronando.)

Ele purificou células Gremlin-positivas de animais, desenvolveu-as em cultura de tecido e as transplantou para camundongos. Elas se dividiram, desenvolveram mais células marcadas como Gremlin (embora menos numerosas) e recomeçaram a produzir osso e cartilagem. Ele adicionou um fármaco para aumentar o número de tais células no espaço da articulação. Os camundongos estavam protegidos contra a osteoartrite.

Toghrul, Jia, Dan e eu enviamos nossos dados para publicação no inverno de

2021. Propúnhamos uma hipótese radicalmente nova sobre a osteoartrite.[7] Não se trata apenas de degeneração de células de cartilagem, provocada por atrito e desgaste. Trata-se, primeiro, de um *desequilíbrio* causado pela morte de células progenitoras de cartilagem marcadas como Gremlin, que não conseguem gerar osso e cartilagem em ritmo adequado para atender às demandas da articulação. E temos, portanto, uma teoria para responder ao quarto mistério secular: Por que a cartilagem das articulações não é reparada em adultos, como ocorre com a fratura óssea? Porque as células reparadoras morrem durante a lesão.

Lesões e reparações compartilham uma fronteira — só que, ao envelhecermos, a lesão, assim como o desgaste da capacidade regenerativa, continua se infiltrando, rastejante, pela cerca viva. A osteoartrite é uma doença degenerativa que vem de uma doença regenerativa. É um defeito na homeostase *rejuvenescedora.*

Que princípio geral pode ser tirado desses experimentos? Um dos enigmas mais intrigantes da biologia celular é que, apesar de a gênese inicial dos órgãos aparentemente seguir um padrão mais ou menos ordenado,* a manutenção e o reparo de tecidos na vida adulta são idiossincráticos e peculiares ao próprio tecido. Se cortarmos o fígado ao meio, as células hepáticas restantes se dividem e devolvem ao órgão quase seu tamanho normal — mesmo em adultos. Se fraturamos um osso, osteoblastos sedimentam um novo osso e reparam a fratura — muito embora o processo se torne muitíssimo mais lento em adultos mais velhos. Mas há outros órgãos em que os danos, quando ocorrem, são permanentes. Os neurônios no cérebro e na medula espinhal, quando param de se dividir, não regeneram mais neurônios** (são pós-mitóticos, ou seja, perdem a capacidade de se dividir). Quando certas células renais morrem, não voltam mais.

A cartilagem nas articulações — como Dan, Jia e Toghrul descobriram

* A massa celular interna do embrião, como já mencionei, se separa em três camadas, processo seguido pela formação da notocorda e das invaginações no tubo neural. O embrião é organizado em vários compartimentos, e a formação subsequente de órgãos ao longo do eixo do corpo é governada por sinais extrínsecos que induzem células a adaptar destinos e fatores intrínsecos em células que integram esses sinais.

** Há raros exemplos documentados de regeneração neuronal em animais e humanos. A grande maioria dos neurônios, no entanto, jamais se divide ou se regenera depois de uma lesão.

— se situa em algum ponto no meio. Células de cartilagem maduras na articulação são, na maioria, pós-mitóticas em camundongos adultos. Mas em camundongos jovens existe um reservatório de células que podem gerar cartilagem; esse reservatório decresce radicalmente com a idade e com lesões, até desaparecer por completo.*

É como se cada órgão, e cada sistema de células, escolhesse seu próprio tipo de band-aid para reparo e regeneração. Pássaros o fazem, abelhas o fazem — mas o fazem de formas específicas e inerentes a pássaros e abelhas (ou a fígados e neurônios). De fato, *existem* alguns princípios gerais: os órgãos dispõem de células de "reparo" residentes capazes de detectar lesões e envelhecimento. Mas as idiossincrasias de reparo em cada órgão sugerem que os band-aids celulares individuais foram improvisados e continuam sendo exclusivos de cada órgão. Para compreender lesão e reparo, portanto, temos que fazê-lo órgão por órgão e célula por célula. Ou talvez haja um princípio *geral* de reparo que ainda não percebemos — parecido com os princípios gerais de biologia celular que pesquisadores descobriram em outros sistemas de células.

Em termos de biologia celular, portanto, pode ser mais fácil imaginar a lesão, ou o envelhecimento, de maneira mais abstrata, como uma batalha acirrada entre uma taxa de declínio e uma taxa de reparo, com cada taxa sendo exclusividade de cada célula individual e de cada órgão individual. Em alguns órgãos, a lesão vence o reparo. Em outros órgãos, o reparo acompanha passo a passo a lesão. No entanto, em outros órgãos ainda, existe um equilíbrio delicado entre uma taxa e outra. O corpo, quando em estabilidade, parece ser mantido — suspenso — em constância. *Não faça coisas o tempo todo, fique parado*. Mas ficar parado não é repouso, é um processo de frenética atividade. O que parece "quietude" — *stasis* — é, na verdade, uma guerra dinâmica entre essas duas taxas rivais. "Na morte desfazemo-nos",[8] escreveu Philip Larkin, "os pedaços que éramos/ Começam a fugir uns dos outros para sempre/ Sem ninguém a ver."

* Recente artigo de Henry Kronenberg e colegas sugere que uma fração de células de cartilagem maduras pode — emitidos os sinais corretos — "despertar" e voltar a se dividir. Resta saber se essas células são similares às que Dan, Jia e Toghrul descobriram. Koji Mizuhashi et al., "Resting Zone of the Growth Plate Houses a Unique Class of Skeletal Stem Cells". *Nature*, v. 563, pp. 254-8, 2018. DOI: doi.org/10.1038/s41586-018-0662-5.

Mas a morte não é um despedaçar de órgãos. É o desgaste devastador da lesão contra o êxtase da cura. É a ternura, como diz Ryan, em combate com a decomposição.

Os soldados no centro dessa batalha campal são as células — células morrendo em tecidos e órgãos, e células regenerando tecidos e órgãos. Voltemos por um instante à noção de homeostase — a manutenção de uma constância no ambiente interno. Evocamos essa ideia primeiro para compreender como as células mantêm sua fixidez interna. Depois recorremos a ela para compreender como um corpo saudável se ajusta a mudanças metabólicas e ambientais — carga de sal, eliminação de resíduos, metabolismo do açúcar. Agora a aplicamos à manutenção do equilíbrio entre lesão e reparo. A morte — o mais absoluto dos absolutos — é, na verdade, um equilíbrio relativo entre forças de decomposição e de rejuvenescimento. Inclinando a balança numa direção — quando a taxa de lesão vence a taxa de recuperação ou de regeneração —, despencamos no abismo. A águia-pesqueira, açoitada pelos ventos em conflito, não consegue permanecer suspensa no ar.

21. A célula egoísta: A equação ecológica e o câncer

Quem não estudou química ou medicina talvez não se dê conta de como o problema do câncer é difícil. É quase — não exatamente, mas quase — tão difícil quanto encontrar um agente que dissolve a orelha esquerda, digamos, e deixa a direita intacta.[1]

William Woglom, 1947

Voltamos no fim, fechando o círculo, à célula capaz de infinitos renascimentos: a célula cancerosa.* Nenhum nascimento ou renascimento de célula tem sido estudado de maneira tão intensa ou tão apaixonada. No entanto, apesar de décadas de investigação, nossas tentativas de frustrar tanto o nascimento como o renascimento do câncer têm sido, elas próprias, frustradas. Algumas características da natureza e dos mecanismos da origem, da regeneração e da propagação do câncer foram esclarecidas. Muita coisa, entretanto, ainda nos deixa perplexos.[2]

* "Célula cancerosa", assim no singular, é coisa que não existe, claro. O câncer é um grupo diversificado de doenças, e mesmo um único câncer pode ter múltiplos tipos de célula. O que tento fazer aqui é destilar alguns princípios gerais compartilhados pela maioria das células cancerosas. Mais adiante, veremos mais claramente como as células cancerosas diferem umas das outras, até no mesmo paciente.

Para compreender a divisão maligna de uma célula cancerosa, é bom começarmos pela divisão das células normais. Imaginemos um corte na mão. Podemos descrevê-lo como uma cascata de eventos celulares, que restauram o status do tecido depois de uma lesão — a homeostase em ação. Há vazamento de sangue. Plaquetas e fatores de coagulação, induzidos pelo dano no tecido, se juntam em torno do ferimento. Neutrófilos, detectando um sinal de perigo, se acumulam no local como os primeiros a responder à infecção; montam guarda para garantir que patógenos não tenham oportunidade de romper as fronteiras do eu. Forma-se um coágulo e o ferimento é temporariamente tapado.

E então a cura começa. Se o ferimento for superficial, as duas extremidades de pele se justapõem. Se for profundo, fibroblastos debaixo da pele — as células em forma de fuso que existem em quase qualquer tecido — se imiscuem para depositar uma matriz proteica sob o ferimento. E então células de pele proliferam sobre a matriz para cobri-lo, às vezes produzindo uma cicatriz. Quando tocam uma na outra, as células param de se dividir. A coordenação desse processo requer uma multidão de células. O ferimento está curado.

Mas aí está o enigma biológico: O que faz as células da pele começarem a crescer? E, o mais pertinente para o câncer, o que as faz *parar*? Por que não criamos um novo prolongamento no corpo toda vez que nos cortamos, como uma árvore que desenvolve um galho?

Parte da resposta nos leva de volta ao começo deste livro — aos genes que, como Hunt, Hartwell e Nurse descobriram, controlam a divisão das células. Quando o corte acontece, sinais do ferimento e das células que respondem a ele — pistas intrínsecas e extrínsecas — ativam uma cascata de genes para fazer as células reparadoras começarem a se dividir. E quando a cura está completa, e as células da pele tocam umas nas outras, outro conjunto de sinais instrui as células a saírem do ciclo. Podemos imaginar essas mensagens como aceleradores e freios de carro: quando a estrada está desimpedida (logo depois da lesão), o carro acelera, mas quando o tráfego fica pesado, a divisão celular reduz pouco a pouco a velocidade até parar. Isso é divisão celular regulada, e ocorre milhões de vezes todos os dias em todos os corpos humanos. É a base do desenvolvimento de um organismo a partir de uma única célula. Por que alguns embriões não se descontrolam e atingem vinte vezes seu tamanho? Essa é a base da embriogênese. Por que não desenvolvemos novos membros toda vez que nos cortamos? Essa é a base da reparação e da regeneração contínuas de um órgão. Por que Nancy Lowry, que recebeu o transplante das células da irmã, não explodiu de sangue? Essa é a base de nosso entendimento de como células-tronco produzem novas progenitoras, mas aparentemente param quando as contagens normais de sangue são restauradas.

Mas em certo sentido o câncer é um distúrbio da homeostase interna: sua marca registrada é a divisão celular desregulada. Os genes que controlam aceleradores e freios estão avariados — ou seja, sofreram mutações — de tal maneira que as proteínas que eles codificam, reguladoras da divisão celular, não funcionam mais em seu contexto apropriado. Os aceleradores emperram ou os freios falham de vez. Em geral, costuma ser uma combinação das duas coisas — genes de aceleração emperrados e freios quebrados — que impulsiona o crescimento disfuncional de uma célula cancerosa. Os carros avançam em alta velocidade no engarrafamento, amontoando-se e provocando tumores. Ou, frenéticos, optam por rotas alternativas, causando metástase. Não é minha intenção conferir personalidade a células cancerosas. Trata-se de um processo darwiniano, que pressupõe seleção natural: as células que têm êxito são as mais aptas para a sobrevivência. São naturalmente selecionadas para virem a ser as células mais adaptadas para crescer e se dividir em circunstâncias às quais não pertencem, e em tecidos aos quais não pertencem. A seleção natural cria células que desobedecem a todas as leis de pertencimento, exceto as leis que elas criaram para si mesmas.

Como mencionei anteriormente, o "funcionamento defeituoso" nos genes de aceleração ou de freio é causado por mutações — mudanças no DNA (e, portanto, mudanças em proteínas) que desregulam sua função, de tal forma que costumam ficar permanentemente "ligados" ou permanentemente "desligados". Os aceleradores "emperrados" são chamados de oncogenes; os freios "quebrados", de supressores de tumor. Na grande maioria, esses genes causadores de câncer não são genes que comandam diretamente o ciclo celular (embora alguns sejam). Na verdade, muitos deles são os comandantes dos comandantes: recrutam outras proteínas que recrutam outras, até que uma cascata maligna de sinais de proteína dentro da célula a estimula a entrar numa espécie de frenesi mitótico — para continuar se dividindo sem controle. Células se amontoam sobre células, invadindo tecidos aos quais não pertencem. Elas violam as leis da civilidade celular, da cidadania.

Além de controlar a divisão das células, muitos desses genes têm várias funções — ao ativar ou ao reprimir a expressão de outros genes. Alguns deles cooptam o metabolismo da célula, permitindo-lhe o uso de nutrientes para provocar o renascimento maligno da célula cancerosa. Alguns alteram a inibição normal atingida pelas células quando entram em contato umas com as outras; células cancerosas se amontoam, mesmo quando células normais parariam de se dividir.

Uma característica espantosa do distúrbio é que qualquer espécime individual de câncer tem uma permutação de mutações que é só sua. O câncer de mama de uma mulher pode ter mutações, digamos, em 32 genes; o câncer de mama de uma segunda mulher pode tê-las em 63, com apenas doze se sobrepondo entre elas duas. A aparência histológica, ou celular, dos dois "cânceres de mama" pode ser idêntica sob o microscópio do patologista. Mas é possível que os dois cânceres sejam, do ponto de vista *genético*, diferentes — que se comportem de modo diferente e exijam terapias radicalmente diferentes.

Na verdade, essa heterogeneidade de "impressões digitais mutacionais" — o conjunto de mutações carregadas por uma célula cancerosa individual — desce ao nível da célula individual. O tumor de mama de uma mulher que continha 32 mutações dentro de si? Ele pode ter uma célula cancerosa individual com doze das 32 mutações e, bem ao lado dela, outra célula com dezesseis das 32 — com algumas se sobrepondo e outras não. *Mesmo um único tumor de mama, portanto, é na verdade uma colagem de células mutantes — uma coleção de doenças não idênticas.*

Ainda não dispomos de métodos simples para compreender quais dessas mutações estão conduzindo as características patológicas do tumor (mutações condutoras) e quais estão apenas incrustadas no DNA em consequência de mutações que produzem o tumor à medida que ele se divide (mutações passageiras).[3] Algumas, como c-Myc, comuns a múltiplos cânceres, quase certamente são "condutoras". Outras são exclusivas de formas particulares de câncer, de leucemia ou de uma variante particular de linfoma. No caso de alguns genes mutantes, sabemos como eles possibilitam o crescimento desregulado, maligno. Em outros casos, ainda não sabemos.

Quando fui ver Sam P. no hospital, em maio de 2018, pediram-me que aguardasse do lado de fora do quarto. Ele estava com enjoo e pediu licença para ir ao banheiro. Quando se recompôs, uma enfermeira o ajudou a voltar para a cama.

Estava escurecendo, e ele acendeu uma lâmpada de cabeceira. Perguntou à enfermeira se podíamos conversar a sós.

"Não tem mais jeito, não é?", disse ele, encarando-me, seu cérebro perfurando um buraco no âmago do meu. "Seja honesto."

Não tinha mais jeito? Matutei sobre a pergunta. Ali tínhamos o mais estranho dos casos — alguns de seus tumores respondiam à imunoterapia, ao passo que outros eram obstinadamente persistentes. E sempre que aumentávamos a dose dos medicamentos imunes, uma hepatite autoimune — horror antitóxico do fígado — nos empurrava para trás. Era como se cada tumor individual, metastático, tivesse desenvolvido um programa próprio de renascimento e resistência, cada qual se preparando para um confronto no corpo dele, cada qual se comportando como se fosse uma comunidade independente de colonos presa em sua própria ilha. Lutávamos em múltiplos fronts ao mesmo tempo — vencendo num, perdendo noutros. E toda vez que exercíamos uma pressão evolutiva no câncer — uma substância imunoterapêutica, digamos —, alguma célula escapava da pressão para formar uma nova colônia recalcitrante.

Eu lhe disse a verdade. "Não sei, e só saberei quando isso acabar", respondi. A enfermeira voltou para trocar o medicamento no cateter intravenoso que apitava e mudamos de assunto. Uma regra do câncer que aprendi é que ele se comporta como um interrogador obstinado: não permite que se mude de assunto, mesmo quando parece possível.

Meses antes, enquanto ele trabalhava no artigo, eu o vira montar uma playlist de músicas com um grupo de amigos. Eu tinha pegado a playlist emprestada para uma festa que ofereci. Por coincidência, continha minhas músicas favoritas.

"O que você está ouvindo agora?", perguntei. Por um tempo, a casualidade do bate-papo aliviou o nervosismo e uma sensação de normalidade baixou sobre a sala. Dois amigos conversando sobre playlists. Rock; hip-hop; rap. Falamos por mais uma hora. E de repente foi como se eu tivesse chegado a um lugar onde as questões incontornáveis já não podiam ser evitadas. O interrogador obstinado voltou.

"Algum conselho, doutor?", perguntou ele. "O que acontece no fim?"

O que acontece no fim? É uma pergunta ao mesmo tempo antiga e sem resposta. Voltei um pouco no tempo para me lembrar de pacientes que tinham travado aquele tipo de batalha amorfa — ganhando, perdendo, ganhando — e pensar em suas necessidades nas últimas semanas. Pedi que ele pensasse em três coisas que estavam a seu alcance. Perdoar alguém. Ser perdoado por alguém. E dizer a pessoas que as amava.

Alguma verdade se impusera entre nós. Foi como se ele entendesse o motivo de minha visita.

Ele foi surpreendido por outra onda de enjoo. A enfermeira foi chamada e entrou com uma bacia. "Até a próxima", disse ele. "Semana que vem?"

"Até a próxima", respondi com firmeza.

Nunca mais vi Sam. Ele morreu naquela semana. Não acredito em renascimento, mas alguns hindus, entre tantos outros, acreditam.

A peculiaridade do renascimento de uma célula cancerosa está no fato de que os programas genéticos que possibilitam que esse tipo de célula sustente um crescimento maligno são compartilhados, até certo ponto, com células-tronco. Se examinarmos os genes "ligados" e "desligados" em células-tronco leucêmicas, digamos, veremos uma notável sobreposição desse subconjunto de genes com células-tronco sanguíneas normais (o que torna quase impossível, mais uma vez, encontrar um medicamento que mate o câncer, mas poupe as células-tronco). Se examinarmos os genes "ligados" e "desligados" em células ósseas cancerosas, veremos um subconjunto similar de genes "ligados" e "desligados" em células-tronco do esqueleto. E as sobreposições continuam: dos quatro genes que Shinya Yamanaka tinha "ligado" para transformar células normais em similares de células-tronco embrionárias (as células iPS que lhe renderam o prêmio Nobel), um se chama c-Myc — o gene que, quando desregulado, é um dos principais agentes de múltiplas formas de câncer. A relação entre câncer e células-tronco, em suma, está se revelando desconfortavelmente próxima.

Isso levanta duas perguntas importantes. *Células-tronco se transformam em células cancerosas?* E, inversamente, a população de células-tronco dentro do corpo traz dentro de si uma *sub*população de células responsável pela contínua regeneração do câncer, da mesma forma que o sangue e o osso trazem dentro deles reservatórios de células-tronco? Será *esse* o segredo da contínua regeneração do câncer — uma subpopulação secreta de células especializadas que faz as vezes de reservatório regenerativo? A primeira é uma pergunta relativa à origem: *De onde vêm as células cancerosas*? A segunda é uma pergunta relativa à regeneração: *Por que as células malignas continuam crescendo, enquanto outras células têm seu crescimento controlado e restrito*?

Essas perguntas continuam a alimentar debates acirrados entre oncologistas e biólogos do câncer. Tomemos a primeira delas. Células-tronco, ou seus descendentes imediatos, decerto podem ser induzidas a se tornar cancerosas em sistemas modelo. Pesquisadores que trabalham com sangue demonstraram que a introdução de um *único* gene numa célula-tronco sanguínea de camundongo é capaz de produzir uma leucemia letal. Esse gene — na verdade, uma mutação que cria uma fusão de dois genes — codifica uma proteína de múltiplas faces capaz de ligar e desligar essa abundância de genes, em sucessivas cascatas, que podem empurrar a célula-tronco em direção a uma leucemia agressiva.[4] Novas mutações também se acumulam, enquanto a célula avança rumo à leucemia.

O inverso, no entanto, é bem mais difícil de conseguir: Será possível pegar uma célula madura, diferenciada — uma impecável célula cidadã —, e transformá-la num agente maligno? Sim, é possível, mas com muito empurra daqui, empurra dali genético — ou seja, adicionando-se à célula uma ampla variedade de sinais genéticos que sejam poderosíssimos estimuladores de câncer. Lembremos das células gliais, que já vimos como acessórios do sistema nervoso. Elas são plenamente maduras; não crescem de forma descontrolada. Num estudo feito em 2002, cientistas encabeçados por Ron DePinho, então em Harvard (e agora no Texas), pegaram uma dessas células gliais maduras num camundongo, expressaram nela poderosos genes causadores de câncer e a transformaram num glioblastoma, um tumor de cérebro letal.[5] Esse fenômeno ocorre na vida real? Não sabemos.

Que dizer da segunda pergunta? Cânceres têm células-tronco que funcionam como reservatório para permitir que cresçam sem parar? Em Toronto, o grupo de John Dick demonstrou que uma fração minúscula do volume bruto de células leucêmicas na medula é capaz de regenerar a leucemia a partir do zero — da mesma maneira que uma rara população de células sanguíneas é capaz de repovoar o sangue (Dick as chamou de "células-tronco leucêmicas").[6] Em outras palavras, em alguns cânceres existe uma "hierarquia" na qual um pequeno subconjunto de células cancerosas tem a capacidade única de se propagar amplamente e impulsionar o avanço da doença, enquanto no resto das células cancerosas essa capacidade é pouca ou nenhuma. Essas células-tronco cancerosas são como as raízes de uma planta invisível. Não se pode remover a planta sem remover as raízes — e, pela mesma lógica, não se pode matar o câncer sem matar as células-tronco do câncer.

Mas há quem conteste a teoria de que *todos* os cânceres têm células-tronco. No Texas, Sean Morrison afirmou que o modelo de células-tronco do câncer é irrelevante para alguns cânceres, como o melanoma, no qual a maioria das células consegue se propagar amplamente e contribuir para o avanço da doença.[7] Elas preservam essa capacidade, sendo dotadas de propriedades parecidas com as das células-tronco. No caso desses cânceres, as terapias precisam eliminar o maior número possível de células cancerosas para ter chance de êxito.

E pode ser que haja outros tipos de câncer nos quais a observância do modelo das células-tronco cancerosas varia de paciente para paciente. Por exemplo, em alguns cânceres de mama e tumores de cérebro, pode haver células-tronco cancerosas e células-não tronco cancerosas, ao passo que em outros cânceres de mama e de cérebro não há essa hierarquia. As leis normais da fisiologia — das células-tronco — não se aplicam, devido à imensa fluidez que as células cancerosas conseguem alcançar simplesmente virando o interruptor de alguns genes.*

"Veja só", me disse Morrison,

> isso tudo vai ficar mais complicado. Alguns cânceres, como as leucemias mieloides, de fato seguem um modelo de célula-tronco cancerosa. Mas em alguns outros não existe uma hierarquia significativa, e não será possível curar um paciente visando uma rara subpopulação de células. O campo terá que trabalhar muito para descobrir que cânceres, ou mesmo que pacientes, se enquadram nesta ou naquela categoria.

Mas uma coisa é certa: algumas células cancerosas "reprogramam" a célula de maneira profunda. Genes são ligados e desligados dentro das células para possibilitar seu renascimento contínuo. A diferença é que no câncer o programa

* Para evitar dúvidas, células cancerosas não são dotadas de senciência ou de um cérebro que as leve a ligar e desligar interruptores. É a *evolução* que faz a seleção pelas células que ativaram certos genes possibilitadores de regeneração contínua.

é sempre o mesmo — porque a fixidez de suas mutações não permite que a célula mude seu programa de divisão contínua. Em células-tronco normais, saudáveis, o programa é maleável, porque a célula é capaz de se diferenciar — em osteoblastos, células de cartilagem, glóbulos vermelhos e neutrófilos. Células-tronco podem mudar o programa de identidade. Como já observei, elas mantêm um equilíbrio entre egoísmo (autorrenovação) e autossacrifício (diferenciação). Já a célula cancerosa está presa a um programa de renascimento perpétuo. É a expressão máxima da célula egoísta.

Pior ainda, se exercermos pressão evolutiva — um medicamento visando a um gene específico —, há nas células cancerosas suficientes heterogeneidade e fluidez para lhes permitir selecionar um diferente programa de genes que resista ao medicamento. Uma célula com mutação resistente pode brotar. Uma célula com um programa genético levemente alterado (é o que quero dizer com "fluidez" do programa genético do câncer). Uma célula num diferente ponto metastático, fora do alcance de remédios, pode ativar um novo programa genético para resistir a ser detectada ou eliminada.

Nas últimas décadas, tentamos visar genes específicos, ou mutações específicas em células cancerosas, para atacar o câncer. Algumas tentativas foram sucessos notáveis — Herceptin, por exemplo, para câncer de mama Her-2 positivo, ou Glivec, para um tipo de leucemia chamado leucemia mieloide crônica.[8] Mas ensaios de outras mutações com direcionamento gênico (remédios personalizados contra câncer) tiveram êxito mais modesto ou foram um rematado fracasso. Em parte, porque as células desenvolvem resistência. Em parte, por causa da heterogeneidade das células cancerosas. E, em parte, porque a similaridade entre células cancerosas e células normais, em particular as células-tronco, estabelece um teto natural para o fármaco, antes que ele se torne tóxico para o corpo. É a versão, em biologia celular, do que Kant chamaria de sublime aterrador.

Saí do quarto de Sam no hospital pensando em sua playlist. Imaginemos que todos os genes nas células — a totalidade de seu genoma — sejam uma playlist pré-selecionada fixa. Células-tronco podem escolher as músicas que querem tocar, e em que ordem, à medida que passam da autorrenovação para a diferenciação. Quando renovam a si mesmas, tocam uma sequência. Quando se diferenciam, tocam outra.

No câncer, a fixidez das mutações impede a mudança na ordem das músicas. Os aceleradores estão emperrados na posição de ligados e os freios estão emperrados na posição de desligados. Em consequência disso, e ao contrário das células-tronco normais, é pequena a capacidade do corpo de regular a atividade deles. A mesma sequência de músicas é repetida indefinidamente, como uma melodia malévola que não se consegue tirar da cabeça. E quando exercemos uma pressão seletiva, como um medicamento ou a imunoterapia, ela passa para uma nova lista de genes, ou até atropela as músicas — remixando um embaralhamento maluco de hip-hop e Chopin, digamos — da playlist, de tal maneira que as células malignas conseguem escapar do fármaco. E depois repete: agora a célula cancerosa tem uma *nova* melodia maligna fixa que não consegue tirar da cabeça.

Quando a abrangente lista de genes que impulsionam o crescimento das células cancerosas foi identificada pela primeira vez, em meados dos anos 2000, houve uma euforia no sentido de que tínhamos encontrado a chave para a cura do câncer.

"Você tem uma leucemia com mutações em Tet2, DNMT3a e SF3b1", diria eu a uma paciente perplexa. E olharia para ela com ar triunfante, como se tivesse resolvido as palavras cruzadas do jornal de domingo.

Ela me olharia como se eu fosse um marciano.

Depois, faria a pergunta mais simples de todas: "Isso quer dizer que o senhor sabe quais são os remédios que vão me curar?".

"Sim. Logo, logo", eu diria, eufórico. Pois a narrativa linear é a seguinte: isole as células cancerosas, descubra os genes alterados, compatibilize-os com remédios que visam esses genes e mate o câncer sem causar danos ao hospedeiro.

E, consequentemente, pesquisadores realizaram dois tipos de ensaio para provar que essa ideia estava certa (por que *não* estaria?). Os primeiros, chamados ensaios "de cesta", colocavam na mesma cesta diferentes cânceres (pulmão, mama, melanoma) que por acaso compartilhassem as mesmas mutações e os tratavam com a mesma substância.[9] *Afinal de contas: mesma mutação, mesma substância, mesma cesta, mesmas respostas, não?* Os resultados foram desoladores. Num estudo decisivo, publicado em 2015, descobriu-se que 122 pacientes com vários tipos diferentes de câncer — pulmão, cólon, tireoide — tinham a mesma mutação em comum, e, portanto, foram tratados com o mesmo fármaco, vemurafenibe.[10] O medicamento funcionou em alguns cânceres — houve uma taxa de resposta de 42% em câncer de pulmão —, mas não funcionou de forma alguma em outros: por exemplo, câncer de cólon teve uma taxa de resposta de 0%. E a maioria das respostas não durou, reconduzindo os pacientes à estaca zero depois de uma remissão passageira.

O segundo tipo de ensaio foi o oposto — um teste guarda-chuva. Nesse caso, um tipo de câncer, de pulmão, por exemplo, foi vasculhado em busca de diferentes mutações, e cada câncer de pulmão com um conjunto mutacional específico foi posto debaixo de um guarda-chuva diferente. Cada câncer de pulmão individual, debaixo de seu próprio "guarda-chuva", recebeu um conjunto diferente de substâncias específicas para sua combinação particular de mutações. *Afinal de contas: diferentes mutações, diferentes guarda-chuvas, diferentes terapias e, portanto, respostas específicas, não?* Também não funcionou. Um ensaio importante, chamado BATTLE-2, gerou, igualmente, dados desanimadores, e a maioria dos cânceres mal respondeu.[11] "Em última análise", comentou um abatido revisor, "o teste não identificou nenhum novo tratamento promissor."[12]

"Nós, cientistas biomédicos, somos viciados em dados, como alcoólatras são viciados em bebida barata",[13] escreveu Michael Yaffe, biólogo do câncer do MIT, na revista *Science Signaling*.

> Como naquela velha piada sobre o bêbado procurando sua carteira perdida debaixo do poste de luz, cientistas biomédicos tendem a procurar, sob o poste de luz do sequenciamento, onde "a luz é mais brilhante" [por ser onde é mais fácil ver alguma coisa] — ou seja, onde a maioria dos dados pode ser obtida o mais rápido possível. Como viciados em dados, continuamos a olhar para o sequenciamento do genoma quando as informações realmente úteis do ponto de vista clínico podem estar em algum outro lugar.

Sequenciamento é sedução. São dados, não é conhecimento. Assim, onde estão localizadas as "informações realmente de utilidade clínica"? Em algum lugar, acredito, numa interseção das mutações que as células cancerosas carregam e com identidade da própria célula. O *contexto*. O tipo de célula (pulmão?, fígado?, pâncreas?). O lugar onde vive e cresce. Sua origem embrionária e sua trajetória de desenvolvimento. Os fatores particulares que dão a ela sua identidade única. Os nutrientes que a sustentam. As células vizinhas das quais depende.

Talvez uma nova geração de terapias do câncer nos ajude a superar esse vício. Durante décadas, imaginamos o câncer como consequência de uma célula maligna individual. A "célula cancerosa" acabou se tornando um ícone do comportamento maligno da doença, da autonomia celular indiferente a regras (existe até uma revista científica chamada *Cancer Cell*). A célula cancerosa se tornou o foco de nossa atenção. É matar a célula e vencemos o câncer. "Este tumor está invadindo o cérebro", diz um cirurgião a outro na sala de cirurgia. (Só para comparar: nunca se diz que o resfriado pega alguém.) Sujeito, verbo, objeto: o câncer é o agente autônomo, o agressor, o que dá andamento. O hospedeiro — o paciente — é o membro da audiência que mantém respeitoso silêncio, a vítima aflita, o espectador passivo. O contexto que ele oferece, o comportamento específico de *suas* células cancerosas, a localização delas, a escorregadia mobilidade delas, sua resposta imune a ele; por que isso teria importância?

Mas, no caso de Sam, cada local metastático de câncer se comportava de forma diferente; seu corpo estava longe de ser um espectador passivo. O comportamento da metástase no fígado não era o comportamento da metástase no lóbulo da orelha. E alguns de seus órgãos, sabe-se lá por quê, foram poupados, enquanto outros foram densamente colonizados.

A questão vai direto ao cerne daquilo que faz a metástase do câncer sobreviver em alguns lugares, ao passo que outros — em especial o rim e o baço — parecem jamais atrair metástase. Talvez as células cancerosas, como órgãos e organismos, devessem ser imaginadas como uma *comunidade* — e uma comunidade, também, que só pode fixar residência num determinado lugar, num determinado momento. As metáforas do câncer estão mudando. O câncer como assembleia cooperativa. O câncer como uma ecologia que deu errado. O câncer como um pacto malévolo entre uma célula criminosa e um ambiente que ela coopta — um armistício entre célula e tecido no qual ele consegue prosperar. "O câncer não é mais uma doença de células do que um engarrafamento é uma doença de carros",[14] escreveu o médico e pesquisador do câncer britânico D. W. Smithers na *Lancet* em 1962. "Um engarrafamento resulta de um fracasso das relações normais entre carros dirigidos e seu ambiente, e ocorre estejam eles próprios funcionando em condições normais ou não." Smithers exagerou na provocação. O tumulto que se seguiu foi imediato e clamoroso (Bob Weinberg, um dos mais influentes pesquisadores do câncer, me disse que ela era "pura bobagem"). Mas Smithers — abusando da provocação, sem dúvida — estava só tentando desviar a atenção da célula cancerosa para os *comportamentos* dessas células em seu ambiente real.

Assim, estamos inventando novas metáforas para a doença. Esqueçamos as mutações. Ataquemos o metabolismo. Algumas células cancerosas, por exemplo, ficam superdependentes ("adictas", no jargão médico) de determinados nutrientes e determinadas vias metabólicas. Nos anos 1920, o fisiologista alemão Otto Warburg descobriu que muitas células cancerosas usam um método rápido e econômico de consumo de glicose para gerar energia.[15] As células malignas preferem a fermentação sem oxigênio à queima lenta e profunda que já vimos na mitocôndria, ainda que haja oxigênio em abundância. As células normais, por sua vez, quase sempre usam uma combinação de mecanismos de queima lenta e rápida — dependentes de oxigênio e independentes de oxigênio — para gerar energia. E se essa peculiaridade metabólica exclusiva das células malignas puder ser usada para iniciar uma incursão e matar o câncer?*

* Ninguém sabe por que as células cancerosas preferem esse mecanismo rápido e econômico (mas bastante ineficiente) de produzir energia. Afinal de contas, a respiração dependente de oxigênio (respiração aeróbica) gera 36 moléculas de ATP, ao passo que a fermentação independente de oxigênio (respiração anaeróbica) gera apenas duas dessas moléculas — uma diferença de dezoito vezes. Por que a célula cancerosa usa um sistema de geração de energia ineficiente, quando muito mais energia poderia ser extraída, e os recursos não são restritivos (a célula leucêmica, por exemplo, é literalmente banhada em sangue; há nutrientes e oxigênio em quantidade suficiente para usar respiração aeróbica)? Parte da resposta talvez esteja no fato de que o uso de reações dependentes de oxigênio para gerar energia cria subprodutos tóxicos — substâncias químicas altamente reativas que são prejudiciais às células, que então precisam ser distribuídas e limpas. Subprodutos tóxicos da respiração dependente de oxigênio incluem substâncias químicas que induzem mutações no DNA, o que, por sua vez, ativa um mecanismo que faz as células pararem de se dividir (lembremos do ponto de verificação G2, quando as células checam a qualidade do seu DNA). Células cancerosas podem ter evoluído para "tirar o máximo proveito" — em resumo, sacrificar a eficiência energética para manter distância desses subprodutos tóxicos. Essa é uma de muitas hipóteses; há quem defenda outras razões para a preferência das células cancerosas pela fermentação. Trabalho recente de alguns pesquisadores, como Ralph DeBerardinis, mostrou que o efeito Warburg — o uso, pelas células cancerosas, da via não mitocondrial para gerar energia — pode ser exagerado pelas condições artificiais usadas para cultivar células cancerosas no laboratório, em comparação com a maneira

Outro ensaio clínico que meu grupo realiza com uma equipe da Universidade Cornell e com Lew Cantley, agora em Harvard, espera rastrear a maneira perturbadoramente universal dos cânceres de depender de um metabolismo de açúcar ou proteína que difere das células normais. Trabalhando com Cantley, descobrimos que alguns cânceres usam insulina — cuja liberação é provocada pela glicose — como mecanismo de resistência a potentes fármacos anticâncer. Em outras palavras, células cancerosas são, na verdade, intoxicadas por esses fármacos — só que, como criminosas espertas, elas aprendem a usar a insulina para contornar a toxicidade deles. O que levanta a questão da dependência única do câncer — mutações à parte — para com nutrientes específicos. Se debilitarmos as formas particulares de as células cancerosas usarem nutrientes e em seguida as atacarmos com medicamentos, elas por fim se tornarão "ressensíveis" a eles? Ou se desfalcarmos o corpo de prolina, um aminoácido do qual alguns cânceres são adictos, nós as sufocaremos em termos nutricionais?

Ou nos concentremos na evasão da imunidade. Jim Allison e Tasuku Honjo usaram a ideia de que todos os cânceres precisam, em dado momento, encontrar meios de resistir ao sistema imunológico. Tirando o manto do câncer, temos uma terapia que não parece depender do sistema imunológico. Matar de fome os vasos sanguíneos do câncer, ideia defendida pelo pesquisador Judah Folkman nos anos 1990. Criar células T manipuladas, à Emily Whitehead, para atacar a leucemia.

Mas, primeiro, entendamos a fisiologia da célula cancerosa *como célula* no contexto em que ela se desenvolve — da maneira como entendemos qualquer outra célula: o órgão em que ela vive, as células de apoio de que se cerca, os sinais que emite, as dependências e vulnerabilidades que tem.

Há mistérios atrás dos mistérios. Células T manipuladas são poderosamente ativas contra leucemias e linfomas, mas não funcionam contra cânceres de ovário e de mama. Por quê? O tipo de imunoterapia usado no caso de Sam

---

como elas se desenvolvem no corpo real. Quando as cultivamos, costumamos acrescentar à cultura níveis muito altos de glicose, o que pode mudar o metabolismo para a via não mitocondrial. Dito isso, o efeito Warburg ainda é real: alguns cânceres "reais" que se desenvolvem em humanos — e não em laboratórios — usam a via não mitocondrial como principal mecanismo para gerar energia, mas pode ser que tenhamos superestimado a extensão do efeito. Ralph J. DeBerardinis e Navdeep S. Chandel, "We Need to Talk About the Warburg Effect". *Nature Metabolism*, v. 2, n. 2, pp. 127-9, 2020. DOI: 10.1038/s42255-020-0172-2.

eliminou os tumores em sua pele, mas não em seus pulmões. Por quê? Como descobriu um de meus pesquisadores de pós-doutorado, nosso método de depleção de insulina, por meio de dieta, desacelerou cânceres endometriais e pancreáticos, mas *acelerou* o desenvolvimento de algumas leucemias em camundongos. Por quê? Não sabemos o que não sabemos.*

* Devido à atenção especial dada neste capítulo à célula cancerosa, a seu comportamento, sua migração e seu metabolismo, preferi não tratar da prevenção ou da detecção precoce do câncer. Alguns desses tópicos foram abordados em meu livro *O imperador de todos os males: Uma biografia do câncer* (2012), e avanços mais recentes na prevenção e na detecção precoce serão atualizados numa futura edição.

22. As canções da célula

Não sei se prefiro
A beleza das inflexões
Ou a das insinuações,
O assovio do melro
Ou o instante depois[1]

Wallace Stevens, "Treze maneiras de olhar para um melro"

Em seu livro sobre ecologia e clima *The Nutmeg's Curse: Parables for a Planet in Crisis* [A maldição da noz-moscada: Parábolas para um planeta em crise], de 2021, Amitav Ghosh conta a história de um ilustre professor de botânica que acompanha um jovem de um vilarejo local para guiá-lo numa floresta tropical. O jovem consegue identificar cada uma das várias espécies de planta. Sua sagacidade surpreende o professor, que o cumprimenta por seu conhecimento. Mas o rapaz está desolado. "Acena com a cabeça e responde, olhos baixos: 'Sim, aprendi o nome de todos os arbustos, mas ainda não aprendi as canções.'"[2]

Muitos leitores talvez interpretem a palavra "canção" como metáfora. Em minha interpretação, porém, ela está longe de ser metafórica. O que o jovem lamenta é não ter aprendido a interconexão dos habitantes individuais da floresta tropical — sua ecologia, sua *interdependência* —, como a floresta atua e vive como um todo. Uma "canção" pode ser uma mensagem tanto interna — um zumbido — como, também, externa: uma mensagem enviada de um ser para outro a fim de sinalizar interconexão e cooperação (canções são quase sempre cantadas em conjunto, ou de um para outro). Podemos saber o nome das células, e mesmo de sistemas de células, mas ainda não aprendemos as *canções* da biologia celular.

O desafio então é este. Dividimos o corpo em órgãos e sistemas — órgãos que desempenham funções distintas (rins, corações, fígados) e sistemas de células (células imunes, neurônios) que possibilitam essas funções. Identificamos os sinais que trafegam entre eles — alguns de curto alcance e outros de longo alcance. Já é um avanço radical em relação a Hooke e Van Leeuwenhoek, os primeiros a visualizar o corpo como aglomerações de blocos vivos unitários e independentes. Chegamos mais perto de Virchow, que imaginou o corpo como uma coletividade cidadã.

Mas ainda há lacunas em nosso entendimento da interconexão de células. Ainda vivemos num mundo em que, a exemplo de Van Leeuwenhoek, imaginamos a célula como um "átomo vivo" — unitário, singular e isolado, uma nave espacial a flutuar no espaço-corpo. Enquanto não deixarmos esse mundo atomístico, não saberemos, como quis saber o cirurgião inglês Stephen Paget, por que o fígado e o baço são do mesmo tamanho, por que são vizinhos anatômicos, por que têm quase o mesmo fluxo de sangue — e, no entanto, um deles (o fígado) está entre os locais mais frequentes de metástase de câncer, ao passo que no outro (o baço) ela raramente acontece. Ou por que pacientes com certas doenças neurodegenerativas — como Parkinson — correm risco muito menor de desenvolver um câncer. Ou por que, como me disse Helen Mayberg, pacientes que descrevem sua depressão como um "tédio existencial" (palavras dela) não costumam responder à estimulação cerebral profunda, ao passo que aqueles que descrevem a si mesmos como "caindo em buracos verticais" quase sempre respondem. Como o jovem desolado na floresta tropical, aprendemos os nomes dos arbustos, mas não as canções que se movimentam entre as árvores.

Anos atrás, um amigo me contou uma história que até hoje me faz pensar. Ele estava caminhando com o avô, que viera em visita da Cidade do Cabo, África do Sul, quando este parou na frente de um prédio de apartamentos qualquer em Newton, Massachusetts, onde muitos judeus imigrantes de primeira e segunda gerações tinham se instalado. O bisavô de meu amigo emigrara da Lituânia para a África do Sul. O avô se aproximou do prédio para dar uma olhada nos nomes gravados ao lado das campainhas dos apartamentos. "Mas, vovô", disse o amigo, "não conhecemos ninguém que mora aí nesse prédio." O outro fez uma pausa e sorriu. "Nada disso", disse ele, "conhecemos *todo mundo* que mora nesse prédio."

Para construir novos seres humanos a partir de células, precisamos de conhecimento que não seja apenas de nomes, mas de interconexões de nomes. Não só de endereços, mas de bairros; não só de carteiras de identidade, mas de personalidades, casos e histórias que as acompanham.

Talvez, já chegando ao fim deste livro, devamos fazer uma pequena pausa para refletir sobre um dos legados filosóficos mais poderosos da ciência do século XX — e suas limitações. O "atomismo" afirma que objetos materiais, informativos e biológicos são construídos com substâncias unitárias. Átomos, bytes, genes, como escrevi num livro anterior. A isso podemos acrescentar: *células*. Somos feitos de blocos unitários — extraordinariamente variados em forma, tamanho e função, mas apesar disso unitários.

Por quê? As respostas só podem ser especulativas. Porque, em biologia, é mais fácil desenvolver organismos complexos a partir de blocos unitários fazendo permutas e combinações em diferentes sistemas de órgão, permitindo que cada qual tenha uma função especializada ao mesmo tempo que retém traços comuns a todas as células (metabolismo, eliminação de resíduos, síntese de proteínas). Uma célula cardíaca, um neurônio, uma célula do pâncreas e uma célula renal dependem destas comunalidades: mitocôndria para gerar energia, membrana lipídica para definir fronteiras, ribossomos para sintetizar proteínas, retículo endoplasmático e complexo de Golgi para exportar proteínas, poros através da membrana para permitir a entrada e a saída de sinais, um núcleo para abrigar seu genoma. E, no entanto, apesar dessas comunalidades, elas são funcionalmente diversas. A célula cardíaca utiliza energia mitocondrial para se contrair e funcionar como uma bomba. A célula beta no pâncreas utiliza essa energia para sintetizar e exportar o hormônio insulina. A célula renal utiliza esses canais através da membrana para regular o sal. O neurônio utiliza uma diferente série de canais de membrana para enviar sinais que possibilitem sensação, senciência e consciência. Pensemos na quantidade de arquiteturas diferentes que é possível construir com mil peças Lego de formatos diferentes.

Ou talvez possamos reformular a resposta em termos evolutivos. Lembremos que organismos unicelulares, em sua evolução, se tornaram organismos multicelulares — não uma vez, mas muitas vezes, separadamente. As forças motrizes que espicaçaram essa evolução, acredita-se, foram a capacidade de escapar de predação, para competir com mais eficiência por recursos escassos e para conservar energia por especialização e diversificação. Blocos unitários — células — encontraram mecanismos para alcançar essa especialização e essa diversificação combinando programas comuns a todos (metabolismo, síntese de proteínas, eliminação de resíduos) com programas especializados (contratilidade no caso das células musculares, ou capacidade de secretar insulina no caso das células beta pancreáticas). As células se amalgamaram, se adaptaram a diferentes finalidades, se diversificaram — e venceram.

No entanto, por mais poderoso que seja o "atomismo", aprendemos que ele está chegando a seus limites explanatórios. Podemos explicar muita coisa sobre os mundos físico, químico e biológico pelas aglomerações de unidades atomísticas, mas a bem dizer essas explicações já deram o que tinham que dar. Os genes, por si sós, são explicações extraordinariamente incompletas das complexidades e diversidades dos organismos; precisamos acrescentar interações gene-gene e interações gene-meio ambiente para explicar a fisiologia e o destino dos organismos. Décadas à frente de seu tempo, a geneticista Barbara McClintock chamou o genoma de "órgão sensível da célula".[3] As palavras "órgão" e "sensível" refletem ideias totalmente estranhas aos geneticistas dos anos 1950 e 1960. Repudiando a abordagem atomística gene a gene, preferida pelos geneticistas, McClintock propôs que o genoma só poderia ser interpretado como um todo — como um "órgão sensível" — capaz de responder a seu meio.

Pela mesma lógica, as células, por si sós, são explicações incompletas para as complexidades dos organismos. Precisamos levar em conta interações célula-célula e interações célula-meio ambiente — introduzindo o holismo na biologia celular. Dispomos de termos rudimentares para essas interações — ecologias, sociologias, "interactomas" —, mas apesar disso faltam modelos, equações e mecanismos para compreendê-las. Volto, com frequência, a pensar em doença como uma violação dos pactos sociais entre células.

Parte do problema é que a palavra "holismo" se tornou contaminada, do ponto de vista científico. Veio a ser sinônimo de enfiarmos tudo que compreendemos num liquidificador defeituoso, de lâminas (e miolos) moles. Reformulando Orwell: uma equação boa, quatro equações ruins.

E de repente as coisas pioraram. Uma variante do pensamento científico pós-moderno jogou as equações, com os quadros-negros em que eram escritas, na lata de lixo — livrando-se do que era bom junto com o que não prestava. Mas isso é um disparate do mesmo calibre, só que oposto. Uma bola newtoniana jogada no espaço *realmente* obedece às leis newtonianas. As leis que governam a bola são tão reais e tangíveis como o foram durante a concepção do universo. Pela mesma lógica, uma célula e um gene são reais. Só não são "reais" isoladamente. São, fundamentalmente, unidades cooperativas, integradoras, e, juntos, constroem, sustentam e reparam organismos. Não posso ajudar ninguém a ter as duas ideias na cabeça ao mesmo tempo. Mas talvez alguma experiência com filosofias não ocidentais ajude neste caso: "cooperativo" e "unitário" — altruísta e egoísta — não são ideias mutuamente excludentes. Existem lado a lado.

Princípios universais nos satisfazem — *uma equação boa* — porque satisfazem nossa crença num universo ordenado. Mas por que "ordem" tem que ser tão militar, tão singular, tão "anifesta" (em oposição a manifesta)? Talvez uma proclamação para o futuro da biologia celular seja um apelo para integrar "atomismo" e "holismo". A multicelularidade evoluiu de maneira reiterada porque as células, embora retendo suas fronteiras, descobriram múltiplos benefícios na coletividade cidadã. Talvez nós também devamos começar a trocar o uni pelo multi. Essa, mais do que qualquer outra, é a vantagem de compreender sistemas celulares e, além disso, ecossistemas celulares. Precisamos conhecer todos os moradores desse prédio.

Em janeiro de 1902, no exato momento em que a *danse macabre* da divisão sectária alemã, com base na pseudociência da antropologia racial e biológica, começava a zumbir em torno dele, Rudolf Virchow, correndo entre um compromisso e outro, pisou em falso ao descer de um bonde elétrico na rua Leipziger, em Berlim. Caiu e machucou a coxa.

Tinha fraturado o osso femoral. Àquela altura, já estava fraco e debilitado

— "um homenzinho franzino, pálido, cara de coruja de óculos",[4] escreveu um assistente,

> com olhos peculiarmente penetrantes, apesar de um pouco velados, desprovidos de pestanas. As pálpebras eram como pergaminho e finas como folha de papel [...]. Comia um pãozinho com manteiga quando entramos e do lado do prato havia uma xícara de café com leite. Era seu almoço; seu único lanche entre o café da manhã e o jantar.

Desencadeou-se uma cascata de patologias celulares. O quadril fraturado provavelmente era consequência de ossos quebradiços e a fragilidade óssea, consequência da incapacidade de as células ósseas envelhecidas manterem ou repararem a integridade estrutural do fêmur.

Ele passou o verão se recuperando, mas sofreu novos reveses: uma infecção por causa de um sistema imunológico enfraquecido (outra alteração celular) que a seguir se converteu em insuficiência cardíaca (uma disfunção das células cardíacas). Sistema a sistema, as sociedades das células que tinham mantido um homem em pé desmoronaram. Ele morreu em 5 de setembro de 1902.

Virchow continuara a aprofundar seu entendimento da fisiologia celular e de seu inverso, a patologia celular, até o momento da morte. As muitas ideias seminais desencadeadas por sua obra, e suas ramificações nas décadas seguintes, constituem seu duradouro legado e as lições deste livro. Os preceitos fundadores da biologia celular que ele lançou chegam a pelo menos dez, que aqui enumero, mas haverá mais, à medida que avançarmos em nossa compreensão das células:

1. Todas as células vêm de células.

2. A primeira célula humana dá origem a todos os tecidos humanos. Por isso mesmo, toda célula no corpo humano pode ser produzida, em princípio, a partir de uma célula embrionária (ou célula-tronco).

3. Embora as células variem muitíssimo em forma e função, há profundas similaridades fisiológicas entre elas.

4. Essas similaridades fisiológicas podem ser redirecionadas pelas células para funções especializadas. A célula imune usa seu aparelho molecular de ingestão para comer micróbios; a célula glial usa vias parecidas para podar sinapses no cérebro.

5. Sistemas de células com funções especializadas, comunicando-se por meio de mensagens de curto e longo alcance, podem desempenhar poderosas funções fisiológicas impossíveis para células individuais — por exemplo, a cura de ferimentos, a sinalização de estados metabólicos, a senciência, a cognição, a homeostase, a imunidade. O corpo humano funciona como uma coletividade cidadã de células sinergéticas. A desintegração dessa cidadania nos faz pender da boa saúde para a doença.

6. A fisiologia celular é, portanto, a base da fisiologia humana, e a patologia celular é a base da patologia humana.

7. Os processos de deterioração, reparo e rejuvenescimento em órgãos individuais são idiossincráticos. Em alguns órgãos, células especializadas são responsáveis pelo reparo e pelo rejuvenescimento consistentes (o sangue rejuvenesce em toda a vida adulta humana, embora em ritmo menor), mas em outros elas não existem (células nervosas raramente rejuvenescem). O equilíbrio entre lesão/deterioração e reparo/rejuvenescimento resulta, em última análise, na integridade ou degeneração de um órgão.

8. Além da compreensão das células isoladamente, decifrar as leis internas de cidadania celular — tolerância, comunicação, especialização, diversidade, formação de fronteiras, cooperação, nichos, relações ecológicas — resultará, em última análise, no nascimento de uma nova espécie de medicina celular.

9. A capacidade de construir novos humanos a partir dos elementos de que somos construídos — ou seja, células — está ao alcance da medicina hoje; a reengenharia celular pode corrigir, ou mesmo reverter, a patologia celular.

10. A engenharia celular já nos permite reconstruir partes de humanos com células manipuladas. À medida que nossa compreensão dessa área for aumentando, novos enigmas médicos e éticos surgirão, intensificando e contestando a definição básica de quem somos e quanto queremos mudar a nós mesmos.

Esses princípios continuam hoje a nos animar, impulsionar — e mesmo surpreender. Como médicos, aprendemos esses princípios. Como pacientes, vivemos com eles. Na condição de humanos entrando num novo reino da medicina, teremos que aprender a adotá-los, contestá-los e incorporá-los em nossas culturas, em nossas sociedades e em nós mesmos.

Epílogo
"Melhores versões de mim mesmo"

Se pudéssemos ser menos humanos
Se pudéssemos ficar fora do alcance
Do dilúvio do que é dado
E não ficar com os bolsos tilintando de moedas
Que não roubamos — mas deveríamos —,
Quem não o faria?[1]
Kay Ryan, "The Test We Set Ourselves", 2010

Mas eu também fiz coisas
Que um dia podem vir a ser
Melhores versões de mim mesmo.[2]
Walter Shrank, "Battle Cries of Every Size", 2021

Poucas semanas antes de Paul Greengard falecer, fizemos outra caminhada pelas escorregadias lajes de mármore da Universidade Rockefeller. Passamos pelo prédio onde George Palade tinha instalado seu laboratório no subsolo e dissecado partes e subpartes da célula usando bioquímica e microscopia eletrônica. Parte do campus estava isolada com cordas e havia muitos andaimes;

operários construíam um novo laboratório. Eu queria falar com Greengard sobre construir novos humanos.

"Você quer dizer geneticamente?", perguntou ele.[3]

Referia-se a novas tecnologias, entre elas a edição de genes, que tinham permitido a pesquisadores como He Jiankui tentar alterações deliberadas no genoma humano.

Mas eu não estava falando em termos de genética — ou pelo menos não *apenas* de genética. Pensemos em Emily Whitehead, cujo sistema imunológico foi reconstruído com células T convertidas em armas para matar seu câncer. Em Louise Brown, o primeiro bebê nascido por fertilização in vitro. Ou em Timothy Ray Brown, o paciente com aids que recebeu transplante de medula óssea de um doador com células resistentes ao HIV. Ele também foi reconstruído com novas células. Em Nancy Lowry, vivendo com o sangue da irmã. Nos primeiros pacientes de Helen Mayberg, que receberam implante de minúsculos estimuladores elétricos, com eletrodos e descargas de energia a percorrer os neurônios do cérebro.

Por que não estender a construção de peças humanas para outros sistemas celulares? Reconstruir o pâncreas debilitado num paciente de diabetes tipo 1 com células produtoras de insulina, ou substituir as articulações emperradas de uma mulher artrítica por nova cartilagem. Contei a Greengard sobre a Verve Therapeutics e como ela estava tentando criar humanos com células hepáticas capazes de reduzir o colesterol em caráter permanente.

Greengard fez que sim com a cabeça. Tinha acabado de assistir a uma palestra sobre organoides neurais — minúsculos aglomerados de células neuronais que, cultivados numa solução semelhante à matriz no laboratório, se organizam em formas arredondadas. De início, os pesquisadores os tinham chamado de "minicérebros" — um exagero, claro —, mas havia algo de inegavelmente esquisito em observar bolas minúsculas com neurônios humanos disparando e comunicando-se umas com as outras. Teria um pensamento, por mais truncado que fosse, alguma vez acendido dentro de uma dessas organelas? Ao ser cutucados, teriam alguma sensação?

Certa manhã, Toghrul Jafarov, o pós-doutorando de meu laboratório, me mostrou uma cultura cheia de células expressando Gremlin que ele tinha colhido num camundongo. Elas emitiam uma luminosidade verde, porque a proteína fluorescente de água-viva fora inserida em seus genomas.

De início, nada aconteceu: as células permaneceram obstinadamente quietas no frasco. Até que de repente começaram a se dividir, a princípio devagar, depois de maneira desenfreada. Formavam minúsculos redemoinhos de cartilagem a sua volta.

Quando o frasco se encheu de milhões de células, Jafarov as sugou numa agulha minúscula, da grossura de dois fios de cabelo humano, e as injetou na articulação do joelho de camundongos. Ele vinha repetindo esse procedimento havia meses, aos poucos aperfeiçoando-o: tinha que fazer a agulha penetrar na articulação sem causar lesão, como um mergulhador experiente penetrando na água sem a perturbar.

Poucas semanas depois, Jafarov me mostrou o joelho. As células haviam formado uma fina camada de cartilagem na articulação. Tínhamos produzido um joelho quimérico, com uma proteína de água-viva em suas células, brilhando em silêncio dentro do camundongo. Estava longe de ser perfeito — apenas algumas células tinham se enxertado —, mas era, sem a menor dúvida, o primeiro passo para construir uma nova articulação celular.

No mais estranho dos romances de Kazuo Ishiguro, *Não me abandone jamais*, somos projetados num futuro em que a clonagem humana está legalizada.[4] Conhecemos um grupo de crianças em idade escolar. Vivem num internato chamado Hailsham, talvez uma referência velada à falsa [*sham*] escola que as abriga. Elas acabam descobrindo que estão ali apenas para servir como doadoras de órgãos para os adultos dos quais foram clonadas. Aos poucos, órgãos seus são retirados e "doados" para os clones mais velhos. Uma vez coletados os órgãos, a morte delas é inevitável.

A certa altura do romance, uma das crianças, Kathy, encontra uns desenhos feitos por Tom, amigo e futuro amante. "De modo que levei um susto",[5] diz ela,

> ao ver o grau de detalhamento de cada um deles. Na verdade, levei alguns momentos para me dar conta de que eram animais. A primeira impressão fora igual à que temos ao retirar a tampa traseira de um aparelho de rádio: cavidades diminutas, tendões sinuosos, pequenas roscas e rodas, era tudo desenhado com precisão obsessiva, e só

> quando você afastava um pouco o papel é que percebia estar diante de uma espécie de tatu, digamos, ou de um pássaro. [...] Apesar de suas silhuetas metálicas, precisas, havia algo de delicado, até mesmo de vulnerável em todas elas.

As "cavidades diminutas, tendões sinuosos, pequenas roscas e rodas"[6] são, talvez, metáforas anatômicas — órgãos e células — redesenhadas como peças móveis que podem ser retiradas, remontadas e transferidas, como blocos, de um ser humano para outro. Como escreveu o crítico Louis Menand na *New Yorker*, "o sombrio pano de fundo de *Não me abandone jamais* são a engenharia genética e as tecnologias a ela associadas".[7] Mas não é bem isso. O pano de fundo é a engenharia *celular*.

Li o romance de Ishiguro enquanto Jafarov colhia as células de cartilagem de um camundongo e as transferia para outro. O primeiro camundongo teve que ser sacrificado. O experimento não foi inútil: o pós-doutorando buscava a cura da artrite humana, uma enfermidade limitadora, debilitante, que deixa centenas de milhares de pessoas incapacitadas de se mover. Mas não consigo escrever isto, e pensar no experimento, sem sentir uma pontada de remorso e o inevitável calafrio de preocupação com o que esse futuro pode nos reservar.

Conhecemos "novos humanos" neste livro. Conhecemos ideias sobre como produzir humanos mais novos, peça a peça, usando células. Algumas dessas ideias dizem respeito a um futuro distante, talvez. Mas outras já estão sendo postas em prática no momento em que escrevo. Como contei lá atrás, um grupo de pesquisadores que inclui Jeff Karp e Doug Melton está produzindo um "pâncreas artificial", na esperança de implantar esse neo-órgão em pacientes com diabetes tipo 1. Duas empresas, a Vertex e a ViaCyte, já estão aceitando a inscrição de pacientes dispostos a receber células pancreáticas produtoras de insulina criadas pela conversão de células-tronco em células pancreáticas. Na Clínica Mayo, cientistas estão produzindo um fígado bioartificial, construído com células hepáticas.[8] Corações sempre foram coletados em cadáveres — mas um ambicioso projeto de engenharia celular envolve a estruturação de células de músculo cardíaco, oriundas de células-tronco, num suporte de colágeno que lembra o coração para construir um coração bioartificial a partir de células.

O romance de Ishiguro é classificado como ficção científica. E ficcional é o que ele é: não consigo nos imaginar clonando e sacrificando seres humanos para servirem de doadores de órgãos. Mas o que dizer da engenharia celular como recurso para o aperfeiçoamento humano? Um experimento que Toghrul Jafarov está tentando realizar no laboratório consiste em injetar as células-tronco de cartilagem-osso em membros e articulações de camundongos bem jovens. Ficarão mais altos — com membros de lebre, só que em corpo de camundongo? "Camundongos-lebres"? Nesse caso, o experimento também não está sendo realizado em vão. Há seres humanos de estatura muito baixa e alguns deles gostariam de ser mais altos. Mas há outros que garantem que levam uma vida bastante satisfatória. Alguns são saudáveis e felizes. Atribuir-lhes uma "deficiência" é, segundo eles, atribuir uma "eficiência" única (altura pode ser interpretada como "eficiência"?) ao restante de nós.

Mas e se um ser humano "normal" quisesse aumentar sua altura recorrendo à terapia celular? Isso não parece ficção científica; pode caber no sombrio futuro que imaginamos. Nós o impediríamos? E em nome de quê?

O filósofo Michael Sandel tem matutado sobre essa questão há um bom tempo.[9] Anos atrás, estive com ele rapidamente em Aspen, Colorado, depois de um seminário por ele conduzido sobre engenharia genética e clonagem humana como busca da perfeição. Era uma bela tarde, entre as colinas e as trêmulas folhas de Aspen. De paletó azul e gravata, Sandel tinha um ar bem cuidado e professoral. (Mas, pensando bem, ele é professor do departamento de filosofia de Harvard.) A palestra era uma provocação. Sandel contestava a busca humana de aprimoramento baseando sua argumentação, em última análise, naquilo que o falecido teólogo William May chamava de "aceitação do inesperado".[10]

O "inesperado" — os caprichos ou dádivas do acaso —, afirma Sandel, é essencial para a natureza humana. Nossos filhos nos surpreendem com seus talentos, e essas surpresas, e nossas respostas a elas, desapareceriam se cada um de nós se lançasse em busca de aprimoramento, de perfeição. Estaríamos violando uma parte essencial do espírito humano se abolíssemos as "dádivas inesperadas". Melhor mesmo é lidar com esses caprichos e tirar o melhor partido deles.

Em 2004, Sandel consolidou suas ideias em "Contra a perfeição", um artigo logo transformado em livro. Em uma resenha da obra publicada no *Times*, o especialista em ética William Saletan disse o seguinte:

A maior preocupação [de Sandel] é que alguns tipos de aperfeiçoamento violem as normas implantadas nas práticas humanas. Espera-se, por exemplo, que o beisebol desenvolva e celebre uma vasta série de talentos. Os esteroides deformam o jogo. Espera-se que os pais cultivem os filhos com amor incondicional e também com amor condicional. Escolher o sexo do bebê trai essa relação.[11]

Para criticar o aperfeiçoamento humano, continua Saletan,

Sandel precisa de alguma coisa mais profunda: um fundamento comum às várias normas em esportes, artes e criação de filhos. Ele julga tê-lo encontrado na ideia de superdotação. Até certo ponto, ser bom pai, atleta ou artista diz respeito a *aceitar e apreciar a matéria-prima que recebemos para trabalhar* [grifo meu]. Fortaleça seu corpo, mas respeite-o. Cobre de seu filho, mas ame-o. Celebre a natureza. Não tente controlar tudo [...]. Por que teríamos de aceitar nosso quinhão como uma dádiva? Porque perder essa reverência mudaria nossa paisagem moral.

Já achei a argumentação de Sandel convincente — mas com as forças combinadas da genética e da engenharia celular ampliando seu alcance para tocar em novas profundezas do corpo e da personalidade humanos, a "paisagem moral" mudou radicalmente: a zona fronteiriça entre a libertação dos estragos das doenças (estatura extremamente baixa ou caquexia com perda de massa muscular) e a melhoria de características humanas (maior estatura e mais músculos) vai desaparecendo. A expansão *se tornou* a nova libertação. E quanto mais encolhe a zona fronteiriça entre enfermidade e aprimoramento, mais fácil é a matéria-prima, "crua", que Saletan descreve ser vista como justamente isso: "crua", e, portanto, à espera de ser moldada e transformada em outra coisa — um novo tipo de ser humano, reconstruído. "Cozida", como antônimo de "crua", tem uma conotação de melhoria, mas também de tapeação. Expansão seria tapeação? E se ela fosse usada para evitar doenças que podem ou não ocorrer? Um joelho que envelhece deveria receber uma injeção de células-tronco formadoras de cartilagem *antes* de sucumbir à osteoartrite — ou seja, em estado de *pré*-enfermidade?

No Vale do Silício, não muito longe do hospital onde crianças com leucemia aguardam transplante para gerar sangue novo, uma startup chamada Ambrosia oferece transfusões de plasma sanguíneo jovem compatível, "coletado de jovens de dezesseis a 25 anos",[12] segundo consta para rejuvenescer os corpos frágeis, enrugados, mas muito ricos, de bilionários idosos. Em vez de tirar sangue velho dos mortos, injeta-se sangue jovem nos idosos — embalsamamento de trás para a frente (sinto-me tentado a traçar uma analogia com o vampirismo, mas talvez venhamos a descobrir um novo eufemismo para esse tipo arrepiante de tentativa de rejuvenescimento celular — quem sabe "desmumificação"). Um litro de "sangue jovem" custa 8 mil dólares; dois litros são uma pechincha por 12 mil dólares. Em 2019, a FDA emitiu uma séria nota de advertência contra o programa, citando ausência de benefícios, muito embora a Ambrosia afirme que a terapia funciona.

"*Aceitar e apreciar a matéria-prima que recebemos para trabalhar.*" Que matéria-prima? A discussão de Sandel e de Saletan se refere a genes — e, de fato, a terapia genética, a edição de genes e a seleção genética têm preocupado especialistas em ética, médicos e filósofos na última década. Mas os genes não têm vida sem células. A verdadeira "matéria-prima" do corpo humano não é a informação, mas a maneira como essa informação é animada, decodificada, transformada e integrada — quer dizer, por células. "A revolução genômica criou uma espécie de vertigem moral",[13] escreve Sandel. Mas a revolução celular é que vai dar realidade a essa vertigem moral.

William K. era um jovem com uma doença antiga. Eu o via nos meus tempos de bolsista de hematologia em Boston — primeiro nas enfermarias, depois em minha clínica. Tinha 21 anos e padecia de anemia falciforme. Era internado no hospital uma vez por mês, em "crise" — uma síndrome que envolvia uma dor nos ossos e no peito tão incalculavelmente intensa que só a administração contínua de morfina por via intravenosa era capaz de suavizá-la.

A anemia falciforme é uma doença que compreendemos nos níveis celular e molecular. É uma doença da hemoglobina, a molécula portadora de oxigênio encontrada dentro dos glóbulos vermelhos, que talvez seja uma das máquinas moleculares mais sofisticadas concebidas pela evolução. A hemoglobina é um complexo de quatro proteínas e tem a forma de um trevo de quatro folhas. Duas "folhas" são formadas por uma proteína chamada alfaglobina, enquanto as duas outras constituem a proteína betaglobina.

Aninhada no centro de cada uma das proteínas há outra substância química: a heme. E no centro da heme fica um átomo de ferro. É um esquema do tipo uma boneca dentro de uma boneca dentro de outra boneca. Os glóbulos vermelhos contêm moléculas de hemoglobina que contêm heme, que, por sua vez, segura os átomos de ferro. É o ferro que prende e solta o oxigênio.

O elaborado mecanismo construído em torno desses quatro átomos de ferro na molécula de hemoglobina tem uma finalidade molecular distinta. Os glóbulos vermelhos não podem simplesmente prender e segurar oxigênio; precisam soltá-lo. Eles pegam sua carga — oxigênio — nos capilares do pulmão e a transportam. E quando as células chegam a ambientes pobres em oxigênio no corpo — com o músculo cardíaco bombeando-as e empurrando-as de um lado para outro minuto a minuto —, a hemoglobina literalmente gira e solta o oxigênio que os átomos de ferro tinham prendido. A hemoglobina é o segredo oculto do sangue — um complexo de proteínas tão essencial para nossa existência como organismo que precisamos desenvolver uma célula cuja tarefa principal é atuar como uma mala para carregá-lo.

Mas esse sistema de entrega falha se a hemoglobina, transportadora de oxigênio, for malformada. Na anemia falciforme, herda-se uma mutação nas duas cópias do gene betaglobina. A mutação é de uma refinada sutileza: resulta na mudança de *um* aminoácido em betaglobina. Mas os efeitos são arrasadores: essa única mudança produz uma proteína que — não mais um "globo" — se amontoa em aglomerados parecidos com fibras em ambientes pobres em oxigênio, que alteram a forma do glóbulo vermelho. Em vez de uma célula em formato de moeda que flutua com facilidade no sangue, os aglomerados de hemoglobina batem na membrana da célula. Esta fica reduzida a um quarto crescente, uma foice que não consegue flutuar com facilidade; ela se agrega e entope os vasos sanguíneos, sobretudo em tecidos com baixa quantidade de oxigênio: o interior profundo da medula, as pontas distais de dedos e artelhos ou as profundezas dos intestinos. A dor que essa obstrução dos capilares produz é como um saca-rolhas enfiado nos ossos (William descreveu cada episódio como entrar à força numa câmara de tortura. "E então todas as portas em volta se trancam"). É como um ataque cardíaco da medula ou dos intestinos. O termo médico para essa síndrome é "crise de célula falciforme".

William K. tinha um desses episódios todos os meses. Entrava no hospital se contorcendo de agonia. Quando a dor atenuava um pouco, ele recebia alta e ia para casa, onde tomava remédios contra a dor. Mas os demônios gêmeos — o da possibilidade de se tornar dependente de opioides e o do medo da crise seguinte — pairavam sobre sua cabeça, assim como pairavam sobre a minha. Como bolsista designado para cuidar dele, minha tarefa era controlar esses demônios, ministrando-lhe remédios apenas para aliviar a dor, mas sem exagerar na dose.

De 2019 a 2021, vários grupos independentes relataram ensaios de estratégias de terapia genética para tratar a anemia falciforme.[14] Uma dessas estratégias envolve a coleta de células-tronco sanguíneas do paciente, como no caso de um transplante comum. Um vírus é utilizado para levar uma cópia corrigida do gene betaglobina às células-tronco. As células-tronco sanguíneas desse paciente, agora com a cópia corrigida do gene, são transplantadas de volta nele e o sangue gerado a partir delas agora carrega permanentemente o gene corrigido. (Embora vários pacientes fossem tratados e apresentassem benefícios, o ensaio foi suspenso porque dois pacientes desenvolveram uma doença similar à leucemia. Se a leucemia foi consequência do vírus ou da quimioterapia exigida para o transplante, até hoje não se sabe.)[15]

Outra terapia, com uma abordagem criativa, explora uma variação na fisiologia humana. Glóbulos fetais, em comparação com glóbulos vermelhos adultos, expressam uma forma diferente de hemoglobina. Submerso no fluido uterino, onde os níveis de oxigênio são baixíssimos, o feto precisa extrair oxigênio agressivamente das células sanguíneas da mãe que passam pelo cordão umbilical (mais adiante, quando seus próprios pulmões começam a funcionar, suas células mudam para a hemoglobina adulta). Glóbulos fetais carregam, portanto, uma forma exclusiva de hemoglobina — a hemoglobina fetal —, projetada de modo a extrair oxigênio do meio ambiente fetal. Como a hemoglobina adulta, a hemoglobina fetal também tem quatro cadeias — duas cadeias alfaglobinas e duas cadeias gamaglobinas. Mas como nenhuma de suas cadeias é codificada por hemoglobina beta (o gene que passa por mutação em pacientes com célula falciforme), não há mutação para causar a falcização; é perfeitamente normal, não tem a propriedade de distorcer o glóbulo e, na verdade, pode funcionar muitíssimo bem em ambientes com pouco oxigênio.

Stuart Orkin e David Williams, em trabalho com uma equipe de pesquisadores e uma empresa de terapia celular, descobriram uma maneira de ativar permanentemente a hemoglobina fetal em células-tronco sanguíneas, contornando, com isso, a forma falciforme da hemoglobina adulta.[16] Células-tronco sanguíneas são extraídas de pacientes com anemia falciforme, manipuladas por edição genética para "reexpressar" hemoglobina fetal num adulto e em seguida transplantadas de volta para o paciente. Em resumo, glóbulos vermelhos adultos são transformados em células fetais e deixam de ser suscetíveis à falcização. Sangue velho se torna jovem.

Num ensaio relatado em 2021, uma mulher de 33 anos com anemia falciforme foi tratada seguindo essa estratégia.[17] O nível de hemoglobina em seu sangue quase dobrou em quinze meses. Nos dois anos anteriores ao tratamento, ela tinha tido de sete a nove crises fortes de dor por ano. No ano e meio depois do tratamento, não teve nenhuma. Até agora, não houve relatos de leucemia nesse estudo. Também é cedo para dizer se há efeitos adversos, que podem surgir com o tempo, mas existe uma possibilidade de que essa mulher tenha sido curada da anemia falciforme. Em Stanford, outro grupo, encabeçado por Matt Porteus, usa a edição genética para reescrever e corrigir a mutação falciforme responsável na hemoglobina beta (a hemoglobina fetal não é ativada, mas a mutação responsável é geneticamente editada).[18] A estratégia de Porteus também está sendo testada e os primeiros resultados são promissores.[19]

Não sei se William K. desejará ser tratado com alguma dessas terapias originais. Não sou mais seu médico. Mas por tê-lo conhecido bastante bem ao longo de uma década — e sabendo de seu espírito de aventura, da assustadora frequência de suas crises de dor e de seu pavor de se tornar dependente de opioides —, eu diria que ele talvez esteja na fila para um desses ensaios.

Quando fizer o transplante, ele também terá cruzado uma fronteira. Será um novo humano, construído com suas próprias células manipuladas. Será uma nova soma de novas partes.

1. Emily Whitehead, primeira criança a receber tratamento para leucemia linfoide aguda recidivada (LLA) no Hospital Infantil da Filadélfia. Essa forma da doença é letal. As células T de Whitehead foram extraídas, modificadas geneticamente para serem "transformadas em arma" contra o câncer e reintroduzidas em seu corpo. Essas células modificadas são chamadas de células de receptor de antígeno quimérico T, ou CAR-T. Tratada inicialmente em abril de 2012, quando tinha sete anos, Emily continua saudável até hoje.

2. Rudolf Virchow, em seu laboratório de patologia. Como jovem patologista trabalhando em Würzburg e Berlim nas décadas de 1840 e 1850, Virchow revolucionaria a ideia de medicina e de fisiologia. Ele sustentava que as células eram as unidades básicas de todos os organismos e que a chave para compreender as doenças humanas estava em entender as disfunções celulares. Seu livro *Patologia celular* transformaria o nosso entendimento das doenças humanas.

3. Retrato de Antonius (ou Antonie) van Leeuwenhoek. Reservado e temperamental comerciante de Delft, na Holanda, Van Leeuwenhoek foi um dos primeiros a visualizar células com o auxílio de um microscópio de lente única, nos anos 1670. Chamou as células que viu — provavelmente protozoários, fungos unicelulares e espermatozoides humanos — de “animálculos”. Van Leeuwenhoek fez mais de quinhentos microscópios daquele tipo — cada um deles um prodígio de delicada engenharia e ajustes. O polímata inglês Robert Hooke tinha visto células numa seção de uma planta mais ou menos uma década antes, mas nenhum retrato irrefutável de Hooke sobreviveu.

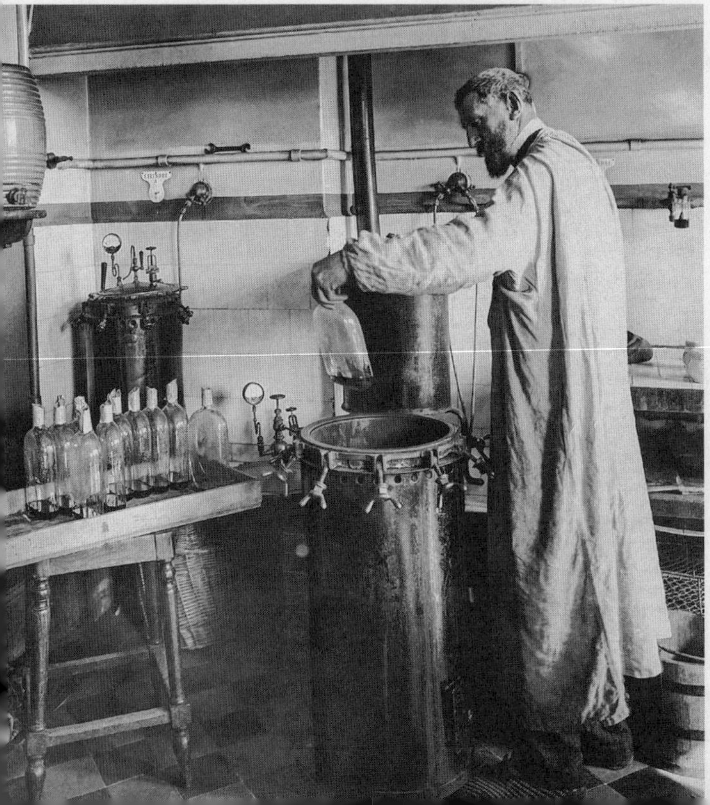

4. Nos anos 1880, Louis Pasteur propôs a ousada tese de que as células bacterianas (“germes”) eram a causa final das infecções e da putrefação. Realizando experimentos engenhosos, rejeitou a ideia de que *miasmata* invisíveis existentes no ar eram a causa do apodrecimento e das doenças humanas. A noção de que doenças humanas pudessem ser causadas por células patogênicas autônomas que se propagavam sozinhas (ou seja, germes), daria força à teoria das células e a levaria a um contato íntimo com a medicina.

5. Dr. Robert Koch (1843-1910), microbiologista alemão que, juntamente com Pasteur, apresentaria a "teoria dos germes". A grande contribuição de Koch foi formalizar a ideia da "causa" de uma doença. Ao definir critérios que caracterizam uma "causa", ele deu rigor científico à medicina.

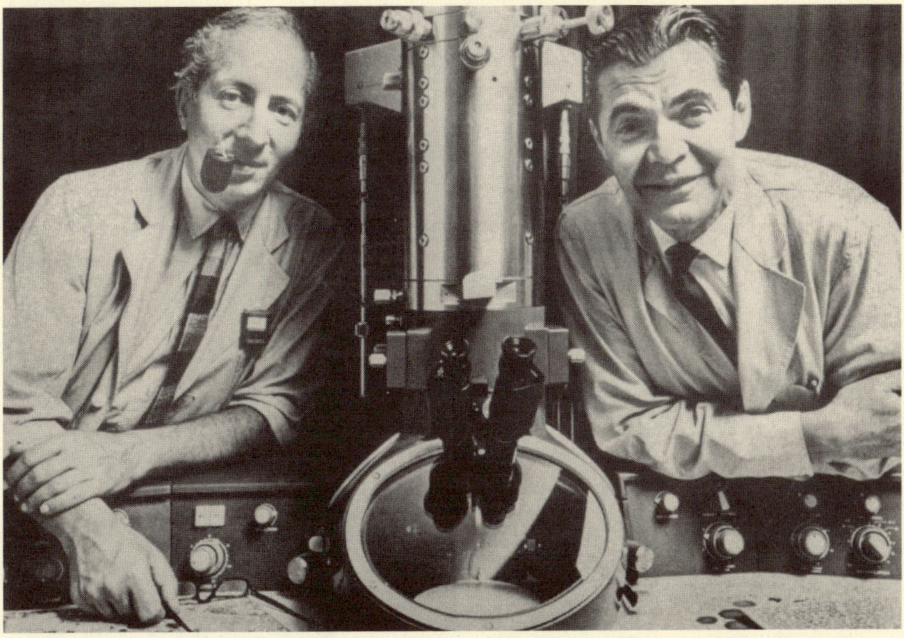

6. George Palade (à dir.) e Philip Siekevitz perto de um microscópio eletrônico no Instituto Rockefeller nos anos 1960. A equipe de biólogos celulares e bioquímicos de Palade, em colaboração com Keith Porter e Albert Claude, seria uma das primeiras a definir a anatomia interna e a função de compartimentos celulares — ou "organelas".

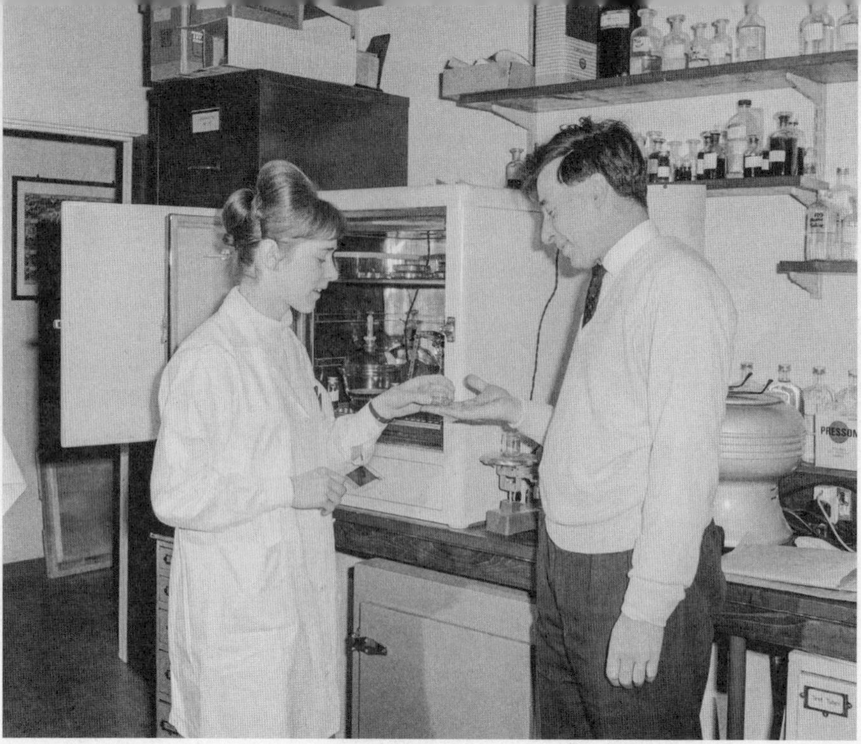

7. A enfermeira e embriologista britânica Jean Purdy (1945-85) e o fisiologista Robert Edwar(1925-2013) em seu laboratório de pesquisas em Cambridge, em 28 de fevereiro de 1968. Pur entrega a Edward uma placa, tirada de uma incubadora, contendo óvulos humanos fertilizad fora do corpo. Purdy, Edwards e o obstetra Patrick Steptoe trabalharam juntos para desenvolv as técnicas da fertilização in vitro (FIV), com a primeira "bebê de proveta" — chamada Loui Brown — nascida nove anos depois, em 1978. Purdy morreu de câncer em 1985 e jamais f plenamente reconhecida por suas contribuições para a biologia reprodutiva e para a FIV.

8. O cientista chinês He Jiankui (ou "JK") fala na II Cúpula Internacional sobre Edição do Genoma Humano, em Hong Kong, em 28 de novembro de 2018. JK estarreceu cientistas e especialistas em ética ao anunciar que tinha manipulado geneticamente dois embriões humanos. Evasivo e ambicioso, esperava obter reconhecimento por sua obra, mas em vez disso foi severamente criticado pela comunidade científica por fazer suas pesquisas com pouca supervisão e quase sem justificativa.

9. Hilde Mangold (1898-1924) com seu bebê, em 1924. Mangold e Hans Spemann realizaram experimentos fundamentais para esclarecer como um óvulo unicelular fertilizado acaba se tornando um organismo multicelular.

10. Crianças do jardim de infância no Reino Unido com malformação causada pela talidomida, medicamento receitado para suas mães durante a gravidez para controlar "ansiedade" e náusea. Essas crianças nasceram com defeitos congênitos provocados pelos efeitos celulares do medicamento, que, como agora sabemos, pode afetar múltiplas células do corpo. Aqui uma criança aprende a escrever com a ajuda de um dispositivo para segurar o lápis, em 1967. A talidomida serviria como lição para os reguladores de medicamentos no sentido de que interferir na biologia da célula, especialmente no contexto reprodutivo, pode ter efeitos devastadores.

11. Dra. Frances Oldham Kelsey (1914-2015) junto a uma mesa coberta de relatórios sobre novos medicamentos em seu escritório na Food and Drug Administration em Washington, D.C., em 31 de julho de 1962. A dra. Kelsey recusou-se a liberar a venda do medicamento alemão talidomida nos Estados Unidos. O remédio, vendido com nomes diferentes em outros países, causava malformações em bebês quando tomado pelas mulheres no começo da gravidez.

12. Vierville-sur-Mer, 6 de junho de 1944. Na costa da Normandia, na "praia de Omaha", médico do Exército fazem transfusão de sangue em um soldado ferido. A transfusão de sangue — terapi celular — salvaria a vida de milhares de homens e mulheres durante a guerra.

13. Paul Ehrlich e seu colaborador Sahachiro Hata, *c.* 1913. Ehrlich e Hata, bioquímicos, criaram novos medicamentos para tratar doenças infecciosas como a sífilis e a tripanossomíase. A teoria de Ehrlich sobre como as células B geram anticorpos provocaria vigoroso debate nos anos 1930. Em última análise, ficaria provado que Ehrlich estava errado, mas sua ideia de um "anticorpo" criado especificamente para se ligar a um invasor e atacá-lo serviria de base para a nossa compreensão da imunidade adaptativa.

14. Timothy Ray Brown, também conhecido como o “Paciente de Berlim”, um dos primeiros homens a ser curado da aids, durante a assembleia do Simpósio Internacional sobre HIV e Doenças Infecciosas Emergentes (ISHEID, na sigla em inglês), em 23 de maio de 2012, em Marselha, sul da França. Brown, infectado com HIV por mais de uma década, recebeu um transplante experimental de medula óssea com células “doadoras” que continham uma variante natural incomum do receptor de superfície celular CCR5 delta 32, a qual, comprovadamente, deixa as células resistentes à infecção pelo HIV. O hematologista alemão Gero Hütter e sua equipe comandaram o procedimento de transplante. Brown acabaria morrendo de leucemia, mas sua resistência ao HIV, provavelmente resultado da resistência natural à infecção conferida por suas células doadoras, levantaria profundas questões sobre como desenvolver vacinas contra o HIV.

15. ACIMA: Santiago Ramón y Cajal em 1876. Os desenhos de Cajal sobre o sistema nervoso, ajudados por uma mancha desenvolvida originalmente por Camillo Golgi, revolucionariam nossas concepções sobre o funcionamento do cérebro e do sistema nervoso. Os desenhos de Cajal estão entre os mais belos e reveladores da ciência.

16. À ESQ.: Frederick Banting e Charles Best com um cão no telhado do Edifício Médico na Universidade de Toronto, em agosto de 1921. Banting e Best conceberam experimentos complexos para identificar e purificar o hormônio insulina, coordenador central dos níveis de glicose no corpo.

17. Em setembro de 2005, James Till (à esq.) e Ernest McCulloch dividiram o prêmio Lasker de Pesquisas Médicas Básicas daquele ano em Nova York, em reconhecimento por sua obra pioneira na identificação da célula-tronco formadora de sangue.

18. Leland "Lee" Hartwell (à esq.), agraciado com o prêmio Nobel de Fisiologia e Medicina de 2001, conversa com E. Donnall Thomas, prêmio Nobel de 1990, depois de uma entrevista coletiva em Seattle, Washington, em 8 de outubro de 2001. Hartwell, presidente e diretor emérito do Centro de Pesquisas de Câncer Fred Hutchinson e professor de genética na Universidade de Washington, recebeu o prêmio por sua obra pioneira na identificação do processo de divisão celular. Thomas ganhou o prêmio em 1990 por suas pesquisas sobre transplante de medula óssea. Os dois campos da biologia celular — aparentemente distintos — agora se juntam em busca de temas e associações comuns (por exemplo, como uma célula-tronco de sangue transplantada pode ser induzida a se dividir para dar origem a sangue novo em um ser humano?).

Agradecimentos

Há inúmeras pessoas às quais agradecer pela gênese deste livro. Em primeiro lugar, meus muitos leitores: Sarah Sze, Sujoy Bhattacharyya, Ranu Bhattacharyya, Nell Breyer, Leela Mukherjee-Sze, Aria Mukherjee-Sze e Lisa Yuskavage.

Uma quantidade imensa de informações científicas foi acrescentada por Sean Morrison (células-tronco); Cori Bargmann (desenvolvimento); Nick Lane e Martin Kemp (evolução); Marc Flajolet (o cérebro); Barry Coller (plaquetas); Laura Otis (história); Paul Nurse (ciclo celular); Irving Weissman (imunologia); Helen Mayberg (neurologia); Tom Whitehead, Carl June, Bruce Levine e Stephan Grupp (terapia CAR-T); Harold Varmus (câncer); Ron Levy (terapia com anticorpos); e Fred Appelbaum (transplante). Conversas com Laura Otis, Paul Greengard, Enzo Cerundolo e Francisco Marty foram indispensáveis. As enfermeiras do Centro de Pesquisas sobre Câncer Fred Hutchinson forneceram um dos relatos mais comoventes dos primórdios da história desse procedimento.

Uma nota de imensa gratidão vai para Nan Graham, minha editora na Scribner; para Stuart Williams, na Bodley Head; e Meru Gokhale, na Penguin Random House. Rana Dasgupta e minha agente, Sarah Chalfant, na Wylie Agency, deram apoio crucial. Jerry Marshall e Alexandra Truitt fizeram a pesquisa do maravilhoso caderno de fotos.

Sabrina Pyun manteve a produção dentro de um cronograma vigorosamente ativo, e Rachel Rojy realizou um trabalho heroico cotejando as notas e a bibliografia. Philip Bashe foi tão perseverante com a edição de texto que nenhuma vírgula e nenhuma nota de rodapé foram ignoradas.

E, para Kiki Smith, que generosamente forneceu as imagens de "células" que adornam este livro: obrigado, obrigado, obrigado.

Notas

PRELÚDIO — "AS PARTÍCULAS ELEMENTARES DOS ORGANISMOS" [pp. 11-5]

1. Arthur Conan Doyle, *O corcunda: Um caso de Sherlock Holmes*. Rio de Janeiro: Expresso Zahar, 2014.

2. As lembranças de Schwann sobre o jantar estão registradas num discurso seu de 1878, e ele voltou a descrever o momento em Theodor Schwann, *Microscopical Researches into the Accordance in the Structure and Growth of Animals and Plants*, trad. de Henry Smith (Londres: Sydenham Society, 1847), p. xiv. Laura Otis, *Müller's Lab*. Nova York: Oxford University Press, 2007, pp. 62-4; Marcel Florkin, *Naissance et déviation de la théorie cellulaire dans l'oeuvre de Théodore Schwann*. Paris: Hermann, 1960, p. 62.

3. Ulrich Charpa, "Matthias Jakob Schleiden (1804-1881): The History of Jewish Interest in Science and the Methodology of Microscopic Botany". *Aleph: Historical Studies in Science and Judaism*, Bloomington: Indiana University Press, v. 3, pp. 213-45, 2003.

4. Detalhes de sua coleção estão disponíveis em Matthias Jakob Schleiden, "Beiträge zur Phytogenesis" (*Archiv für Anatomie, Physiologie und Wissenschaftliche Medicin*, pp. 137-76, 1838).

5. Id., "Contributions to Our Knowledge of Phytogenesis". In: *Scientific Memoirs, Selected from the Transactions of Foreign Academies of Science and Learned Societies and from Foreign Journals*. Org. de Richard Taylor. Trad. de William Francis. Londres: Richard e John E. Taylor, 1841, v. 2, p. 281.

6. O interesse de Schwann pela unidade das células como elementos de construção de animais e plantas também era estimulado pela ideia de que, se plantas e animais fossem feitos de unidades vivas autônomas e independentes, não haveria necessidade de invocar um fluido "vi-

tal" especial que fosse responsável pela vida ou pelo nascimento das células — ideia à qual Johannes Müller se apegou com teimosia. Schleiden, seu aluno, acreditava em fluidos vitais, mas tinha uma teoria própria sobre a origem celular — um processo que, pensava, era análogo à formação de cristais —, teoria que, como se constatou mais tarde, estava errada. Ironicamente, portanto, o nascimento da teoria das células não é a história de origens equivocadas, mas de equívocos sobre origem. As comunalidades que Schleiden e Schwann viam em tecidos de plantas e animais — como o fato de todos os seres vivos serem compostos de células — eram absolutamente reais, mas, como logo veremos, ficou constatado, sobretudo por Rudolf Virchow, que a teoria de Schleiden (que Schwann aceitava, mas com muitas dúvidas) sobre como essas células nasciam estava errada.

É difícil saber se Schleiden já tinha deduzido que todos os tecidos vegetais eram constituídos por unidades celulares antes de sua conversa com Schwann, ou se a conversa o levou a examinar (ou reexaminar) seus espécimes e a observar a universalidade das suas estruturas celulares sob nova luz. Dessa maneira, usei a frase "voltou a seus espécimes botânicos" para indicar certa cautela sobre quanto Schleiden havia concluído antes do jantar com Schwann, e quanto lhe ocorrera imediatamente depois. No entanto, a data do jantar (1837), a publicação de seu artigo logo em seguida (em 1838) e a bem documentada visita ao laboratório de Schwann para observar as semelhanças entre células animais e vegetais sugerem que a interação com Schwann foi um estímulo importante em seu pensamento sobre os fundamentos e a universalidade da teoria das células. Além disso, o fato de que tanto Schleiden como Schwann de pronto se reconheceram como cofundadores e não como rivais na origem da teoria celular moderna também sugere que suas interações — em conversas durante o jantar, digamos — devem ter desempenhado pelo menos algum papel no fortalecimento da convicção de Schleiden de que todos os tecidos vegetais eram formados por células. Schwann, diferentemente do botânico, é mais claro no que diz respeito à importância da conversa noturna de 1837: ela mudou a direção fundamental das suas pesquisas. No discurso de 1878 mencionado, ele admite que as observações de Schleiden sobre o desenvolvimento das plantas foram decisivas para sua descoberta subsequente de que tecidos animais também eram constituídos por células.

7. Marcel Florkin, *Naissance et déviation de la théorie cellulaire dans l'oeuvre de Théodore Schwann*, op. cit., p. 45.

8. Matthias Jakob Schleiden, "Beiträge zur Phytogenesis", op. cit., pp. 137-76.

9. Theodor Schwann, *Microscopical Researches into the Accordance in the Structure and Growth of Animals and Plants*, op. cit., p. 2.

10. Ibid., p. IX.

11. Sara Parker, "Matthias Jacob Schleiden (1804-1881)". Embryo Project Encyclopedia, 29 maio 2017. Disponível em: <embryo.asu.edu/pages/matthias-jacob-schleiden-1804-1881>.

12. Laura Otis, *Müller's Lab*, op. cit., p. 65.

13. Siddhartha Mukherjee, "The Promise and Price of Cellular Therapies". *New Yorker*, on-line, 15 jul. 2019. Disponível em: <www.newyorker.com/magazine/2019/07/22/the-promise-and-price-of-cellular-therapies>; id., "Cancer's Invasion Equation". *New Yorker*, on-line, 4 set. 2017. Disponível em: <www.newyorker.com/magazine/2017/09/11/cancers-invasion-equation>; id., "How Does the Coronavirus Behave Inside a Patient?". *New Yorker*, on-line, 26 mar. 2020. Disponível em: <www.newyorker.com/magazine/2020/04/06/how-does-the-coronavirusbehave-inside-a-patient>.

14. Roy Porter, *The Greatest Benefit to Mankind: A Medical History of Humanity from Antiquity to the Present*. Londres: HarperCollins, 1999.

15. Henry Harris, *The Birth of the Cell*. New Haven, CT: Yale University Press, 2000.

INTRODUÇÃO — “DEVEMOS SEMPRE VOLTAR À CÉLULA” [pp. 17-33]

1. Rudolf Virchow, *Disease, Life and Man: Selected Essays*. Trad. de Lelland J. Rather. Stanford, CA: Stanford University Press, 1958, p. 81.

2. Detalhes sobre o caso vêm de comunicações pessoais com Sam P. e seu médico, 2016. Nomes e detalhes de identificação foram alterados para assegurar o anonimato.

3. Detalhes sobre o caso vêm de comunicações pessoais com Emily Whitehead, seus pais e os médicos, 2019; tirado de Siddhartha Mukherjee, “The Promise and Price of Cellular Therapies”, op. cit.

4. Antonie van Leeuwenhoek, “Observations, Communicated to the Publisher by Mr. Antony van Leeuwenhoek, in a Dutch Letter of the 9th Octob. 1676. Here English'd: Concerning Little Animals by Him Observed in Rain-Well-Sea-and Snow Water; as Also in Water Wherein Pepper Had Lain Infused”. *Philosophical Transactions of the Royal Society*, v. 12, n. 133, pp. 821--32, 25 mar. 1677.

5. “CAR T-cell Therapy”. *National Cancer Institute Dictionary*, on-line. Disponível em: <www.cancer.gov/publications/dictionaries/cancer-terms/def/car-t-cell-therapy>. Acesso em: dez. 2021.

6. Serhiy A. Tsokolov, “Why Is the Definition of Life So Elusive? Epistemological Considerations”. *Astrobiology*, v. 9, n. 4, pp. 401-12, 2009.

7. Para que não haja dúvida, essas propriedades “emergentes” não são características definidoras da vida. São, antes, propriedades que as criaturas multicelulares desenvolveram a partir de sistemas de células vivas.

8. Nem todas as células têm todas as propriedades. Por exemplo, a especialização celular em organismos complexos permite que a armazenagem de nutrientes repouse em certas células, enquanto a distribuição de resíduos repousa em outras. Organismos unicelulares, como leveduras e bactérias, podem ter estruturas subcelulares especializadas que desempenham essas funções, mas organismos multicelulares, como seres humanos, desenvolveram órgãos especializados com células especializadas para realizar essas funções.

9. Akiko Iwasaki, entrevista com o autor, fev. 2020. Ver também “Sars-COV-2 Variant Classifications and Definitions” (Centers for Disease Control and Prevention, última modificação 26 abr. 2022). Disponível em: <www.cdc.gov/coronavirus/2019-ncov/variants/variant-classifications.html>. Ver ainda “Severe Acute Respiratory Syndrome (Sars)”. World Health Organization. Disponível em: <www.who.int/health-topics/severe-acute-respiratory-syndrome#tab=tab_1>. Acesso em: dez. 2021.

10. Ibid. Ver também John Simmons, *The Scientific 100: A Ranking of the Most Influential Scientists, Past and Present* (Nova York: Kensington, 2000), pp. 88-92. Ver ainda George A. Silver, “Virchow, The Heroic Model in Medicine: Health Policy by Accolade” (*American Journal of Public Health*, v. 77, n. 1, pp. 82-8, 1987).

11. Rudolf Virchow, *Disease, Life and Man: Selected Essays*, op. cit., p. 81.

1. A CÉLULA ORIGINAL: UM MUNDO INVISÍVEL [pp. 39-46]

1. Rudolf Virchow, "Letters of 1842". In: ______, *Letters to His Parents, 1839-1864*. Org. de Marie Rable. Trad. de Lelland J. Rather. Canton, MA: Science History, 1990, pp. 28-9.

2. Elliot Weisenberg, "Rudolf Virchow, Pathologist, Anthropologist, and Social Thinker". *Hektoen International*, v. 1, n. 2, inverno 2009. Disponível em: <hekint.org/2017/01/29/rudolf-virchow-pathologist-anthropologist-and-6social-thinker/>.

3. Charles D. O'Malley, *Andreas Vesalius of Brussels 1514-1564*. Berkeley: University of California Press, 1964. Ver também David Schneider, *The Invention of Surgery: A History of Modern Medicine — From the Renaissance to the Implant Revolution* (Nova York: Pegasus, 2020), pp. 68-98.

4. Andreas Vesalius, *De Humani Corporis Fabrica* (*The Fabric of the Human Body*). Trad. de William Frank Richardson e John Burd Carman. San Francisco: Norman, 1998, v. 1, pp. LI-LII, livro 1: *The Bones and Cartilages*.

5. Id., *The Illustrations from the Works of Andreas Vesalius of Brussels*. Org. de Charles O'Malley e John B. Saunders. Nova York: Dover, 2013.

6. Id., *De Humani Corporis Fabrica* (*The Fabric of the Human Body*), op. cit. 7 v.

7. Nicolaus Copernicus, *On the Revolutions of Heavenly Spheres*. Trad. de Charles Glenn Wallis. Nova York: Prometheus, 1995.

8. Ignaz Semmelweis, *The Etiology, Concept, and Prophylaxis of Childbed Fever*. Org. e trad. de K. Codell Carter. Madison: University of Wisconsin Press, 1983.

9. Izet Masic, "The Most Influential Scientists in the Development of Public Health (2): Rudolf Ludwig Virchow (1821-1902)". *Materia Socio-Medica*, v. 31, n. 2, pp. 151-2, jun. 2019. DOI: 10.5455/msm.2019.31.151-152.

10. Rudolf Virchow, *Der Briefwechsel mit den Eltern 1839-1864: zum ersten Mal vollständig in historisch-kritischer Edition* [Correspondência com os pais, 1839-1864: Completa pela primeira vez em edição histórico-crítica]. Berlim: Blackwell, 2001, p. 32.

11. Ibid., p. 246, carta de 4 de julho de 1844.

12. Manfred Stürzbecher, "Die Prosektur der Berliner Charité im Briefwechsel zwischen Robert Froriep und Rudolf Virchow". In: ______, *Beiträge zur Berliner Medizingeschichte* (Berlim: Walter de Gruyter, 1966), p. 186, carta de Virchow para Froriep, 2 de março de 1847.

2. A CÉLULA VISÍVEL: "HISTÓRIAS FICTÍCIAS SOBRE OS ANIMAIZINHOS" [pp. 47-59]

1. Gregor Mendel, "Experiments in Plant Hybridization". Trad. de Daniel J. Fairbanks e Scott Abbott. *Genetics*, v. 204, n. 2, pp. 407-22, 2016.

2. Nikolai Vavilov, "The Origin, Variation, Immunity and Breeding of Cultivated Plants". Trad. de K. Starr Chester. *Chronica Botanica*, v. 13, n. 1/6, 1951.

3. Charles Darwin, *On the Origin of Species*. Org. de Gillian Beer. Oxford: Oxford University Press, 2008.

4. "Lens Crafters Circa 1590: Invention of the Microscope". This Month in Physics History, *APS*

Physics, v. 13, n. 3, p. 2, mar. 2004. Disponível em: <www.aps.org/publications/apsnews/200403/history.cfm>.

5. Donald J. Harreld, "The Dutch Economy in the Golden Age (16th-17th Centuries)". EH.Net Encyclopedia of Economic and Business History. Disponível em: <eh.net/encyclopedia/the-dutch-economy-in-the-golden-age-16th-17th-centuries/>. Acesso em: 27 ago. 2004. Ver também Charles Wilson, "Cloth Production and International Competition in the Seventeenth Century" (*Economic History Review*, v. 13, n. 2, pp. 209-21, 1960).

6. Antonie van Leeuwenhoek, "Observations, Communicated to the Publisher by Mr. Antony Van Leeuwenhoek, in a Dutch Letter of the 9th Octob. 1676. Here English'd: Concerning Little Animals by Him Observed in Rain-Well-Sea-and Snow Water; as Also in Water Wherein Pepper Had Lain Infused", op. cit., pp. 821-31. Ver também J. Roger Porter, "Antony van Leeuwenhoek: Tercentenary of His Discovery of Bacteria" (*Bacteriological Reviews*, v. 40, n. 2, pp. 260-9, 1976).

7. Antonie van Leeuwenhoek, "Observations, Communicated to the Publisher...", op. cit., pp. 821-31.

8. Marianna Karamanou et al., "Anton van Leeuwenhoek (1632-1723): Father of Micromorphology and Discoverer of Spermatozoa". *Revista Argentina de Microbiologia*, v. 42, n. 4, pp. 311-4, 2010. Ver também Stuart S. Howards, "Antonie van Leeuwenhoek and the Discovery of Sperm" (*Fertility and Sterility*, v. 67, n. 1, pp. 16-7, 1997).

9. Lisa Yount, *Antoni van Leeuwenhoek: Genius Discoverer of Microscopic Life*. Berkeley, CA: Enslow, 2015, p. 62.

10. "The Unseen World: Reflections on Leeuwenhoek (1677) 'Concerning Little Animals'". *Philosophical Transactions of the Royal Society B*, v. 370, n. 1666, 19 abr. 2015. DOI: doi.org/10.1098/rstb.2014.0344.

11. Steven Shapin, *A Social History of Truth: Civility and Science in the Seventeenth Century*. Chicago: University of Chicago Press, 2011, p. 307. Ver também Robert Hooke para Antonie van Leeuwenhoek, 1º de dezembro de 1677, citado em Antonie van Leeuwenhoek, *Antony van Leeuwenhoek and His Little Animals: Being Some Account of the Father of Protozoology & Bacteriology and His Multifarious Discoveries in These Disciplines* [1932], comp., org. e trad. de Clifford Dobell (Nova York: Russell and Russell, 1958), p. 183.

12. Antonie van Leeuwenhoek para desconhecido, 12 de junho de 1763, citado em Carl C. Gaither e Alma E. Cavazos-Gaither (Orgs.), *Gaither's Dictionary of Scientific Quotations* (Nova York: Springer, 2008), p. 734.

13. Allan Chapman, *England's Leonardo: Robert Hooke and the Seventeenth-Century Scientific Revolution*. Bristol: Institute of Physics, 2005.

14. Ben Johnson, "The Great Fire of London". Historic UK: The History and Heritage Accommodation Guide. Disponível em: <www.historic-uk.com/HistoryUK/HistoryofEngland/The-Great-Fire-of-London/>. Acesso em: dez. 2021.

15. Robert Hooke, "Preface". In: ______, *Micrographia: Or Some Physiological Descriptions of Minute Bodies Made by Magnifying Glasses with Observations and Inquiries Thereupon*. Londres: Royal Society, 1665.

16. Samuel Pepys, *The Diary of Samuel Pepys*. Org. de Henry B. Wheatley. Trad. de Mynors

Bright. Londres: George Bell and Sons, 1893. Disponível em: <www.gutenberg.org/files/4200/4200-h/4200-h.htm>.

17. Martin Kemp, "Hooke's Housefly". *Nature*, v. 393, p. 745, 25 jun. 1998. DOI: doi.org/10.1038/31608.

18. Robert Hooke, *Microphagia: Or Some Physiological Descriptions of Minute Bodies Made by Magnifying Glasses with Observations and Inquiries Thereupon*, op. cit.

19. Ibid., p. 204.

20. Ibid., p. 110.

21. Thomas Birch (Org.), *The History of the Royal Society of London, for Improving the Knowledge, from Its First Rise*. Londres: A. Millar, 1757, p. 352.

22. Antonie van Leeuwenhoek, "To Robert Hooke". 12 de novembro de 1680. Carta 33 de *Alle de brieven: 1679-1683*. De Digitale Bibliotheek voor de Nederlandse Letteren (DBNL), p. 333, v. 3.

23. Id., *The Select Works of Antony van Leeuwenhoek, Containing His Microscopal Discoveries in Many of the Works of Nature*. Org. e trad. de Samuel Hoole. Londres: G. Sidney, 1800, p. IV.

24. Henry Harris, *The Birth of the Cell*, op. cit., p. 2.

25. Ibid., p. 7.

26. Isaac Newton, *The Principia: Mathematical Principles of Natural Philosophy*. Trad. de I. Bernard Cohen e Anne Whitman. Oakland: University of California Press, 1999.

27. Não foi o primeiro confronto entre Hooke e Newton. Nos anos 1670, Newton tinha apresentado à Royal Society seu experimento que mostrava que a luz branca, ao passar por um prisma, se fragmentava num espectro contínuo de cores individuais, como num arco-íris. Hooke, então curador da sociedade, discordou dele e criticou acerbamente o artigo, levando Newton, já paranoico quanto à divulgação de seu trabalho, a explodir num acesso de raiva. Os dois gênios da Inglaterra do século XVII, cada qual com um ego do tamanho de um planeta, continuaram a discutir pelas décadas seguintes — culminando na insistência de Hooke em ficar com o crédito pela lei da gravitação universal.

28. Em 2019, o dr. Larry Griffing, professor de biologia no Texas, examinou um retrato de um cientista não identificado, pintado por Mary Beale por volta de 1680. Griffing acredita que seja um retrato de Hooke: "Portraits", RobertHooke.org. Disponível em: <roberthooke.org.uk/?page_id=227>. Acesso em: dez. 2021.

3. A CÉLULA UNIVERSAL: "A MENOR PARTÍCULA DESTE PEQUENO MUNDO" [pp. 60-80]

1. Peter Hooke, *Microphagia: Or Some Physiological Descriptions of Minute Bodies Made by Magnifying Glasses with Observations and Inquiries Thereupon*, op. cit., p. 111.

2. Theodor Schwann, *Microscopical Researches into the Accordance in the Structure and Growth of Animals and Plants*, op. cit., p. x.

3. Leslie Clarence Dunn, *A Short History of Genetics: The Development of Some of the Main Lines of Thought, 1864-1939*. Ames: Iowa State University Press, 1991, p. 15.

4. Leonard Fabian Hirst, *The Conquest of Plague: A Study of the Evolution of Epidemiology*. Oxford: Clarendon Press, 1953, p. 82.

5. Ibid., p. 81.

6. Xavier Bichat, *Traité des membranes en général et de diverses membranes en particulier*. Paris: Richard, Caille et Ravier, 1816. Ver também Henry Harris, *The Birth of the Cell*, op. cit., p. 18.

7. Dora B. Weiner, *Raspail: Scientist and Reformer*. Nova York: Columbia University Press, 1968.

8. Pierre Eloi Fouquier e Matthieu Joseph Bonaventure Orfila, *Procès et défense de F. V. Raspail poursuivi le 19 mai 1846, en exercice illégal de la médecine*. Paris: Schneider et Langrand, 1846, p. 21.

9. Em meados dos anos 1840, Raspail já tinha outros interesses intelectuais e resolveu se dedicar à antissepsia, ao saneamento e à medicina social, especialmente entre presos e pobres. Estava convencido de que parasitas e vermes causavam a maior parte das doenças, embora jamais lhe tenha ocorrido que bactérias pudessem causar contágio. Em 1843, publicou *Histoire naturelle de la santé et de la maladie* e *Manuel annuaire de la santé*. Os dois livros, que fizeram enorme sucesso, tratavam da higiene pessoal, trazendo recomendações de dieta, exercícios e atividade mental, e ressaltavam os benefícios do ar puro. Mais tarde, Raspail entrou na política e foi eleito para a Câmara dos Deputados, onde continuou a fazer campanha por uma reforma médica para presos e pobres e por mais saneamento nas cidades, num trabalho parecido com o do médico John Snow em Londres. Talvez a imagem duradoura desse homem, que quase desapareceu da literatura médica, possa ser encontrada no quadro *Natureza-morta com prato de cebolas*, de Vincent van Gogh, que mostra um exemplar do *Manuel* de Raspail em cima de uma mesa ao lado de um prato de cebolas. Van Gogh, que era hipocondríaco, provavelmente comprou o livro na rua, mas seja como for parece apropriado colocar a obra perene de um homem acerbo ao lado de um prato de vegetais que provocam lágrimas. François-Vincent Raspail, *Histoire naturelle de la santé et de la maladie chez les végétaux et chez les animaux en général, et en particulier chez l'homme*. Paris: Elibron Classics, 2006. Id., *Manuel-annuaire de la santé pour 1864, ou médecine et pharmacie domestiques*. Paris: Simon Bacon, 1854.

10. Dora B. Weiner, *Raspail: Scientist and Reformer*, op. cit. Para mais detalhes, ver também id., "François-Vincent Raspail: Doctor and Champion of the Poor" (*French Historical Studies*, v. 1, n. 2, pp. 149-71, 1959).

11. Mais detalhes em Henry Harris, *The Birth of the Cell*, op. cit., p. 33.

12. Samuel Taylor Coleridge, "The Eolian Harp". In: ______, *The Poetical Works of Samuel Taylor Coleridge*. Org. de William B. Scott. Londres: George Routledge and Sons, 1873, p. 132.

13. Matthias Jakob Schleiden, "Contributions to Our Knowledge of Phytogenesis", op. cit., p. 281. Isso também está detalhado em Raphaële Andrault, "Nicolaas Hartsoeker, Essai de dioptrique, 1694", em Raphaële Andrault et al. (Orgs.), *Médecine et philosophie de la nature humaine de l'âge classique aux Lumières: Anthologie* (Paris: Classiques Garnier, 2014).

14. Matthias Jakob Schleiden, "Beiträge zur Phytogenesis", op. cit., pp. 137-76.

15. Theodor Schwann, *Microscopical Researches into the Accordance in the Structure and Growth of Animals and Plants*, op. cit., p. 6.

16. Ibid., p. 1.

17. Laura Otis, seus pais e médicos, entrevista com o autor, 2022.

18. Theodor Schwann, *Microscopical Researches into the Accordance in the Structure and Growth of Animals and Plants*, op. cit., p. 212.

19. Ibid., p. 215.

20. Henry Harris, *The Birth of the Cell*, op. cit., p. 102.

21. Rudolf Virchow, "Weisses Blut, 1845". In: ______ (Org.), *Gesammelte Abhandlungen zur Wissenschaftlichen Medicin*. Frankfurt: Meidinger Sohn, 1856, pp. 149-54; id., "Die Leukämie". In: ibid., pp. 190-212.

22. John Hughes Bennett, "Case of Hypertrophy of the Spleen and Liver, Which Death Took Place from Suppuration of the Blood". *Edinburgh Medical and Surgical Journal*, v. 64, pp. 413-23, 1845.

23. Id., "On the Discovery of Leucocythemia". *Monthly Journal of Medical Science*, v. 10, n. 58, pp. 374-81, 1854.

24. Byron A. Boyd, *Rudolf Virchow: The Scientist as Citizen*. Nova York: Garland, 1991.

25. Rudolf Virchow, "Erinnerungsblätter". *Archiv für Pathologische Anatomie und Physiologie und für Klinische Medicin*, v. 4, n. 4, pp. 541-8, 1852. Ver também Theodore M. Brown e Elizabeth Fee, "Rudolf Carl Virchow: Medical Scientist, Social Reformer, Role Model" (*American Journal of Public Health*, v. 96, n. 12, pp. 2104-5, dez. 2006). DOI: 10.2105/AJPH.2005.078436.

26. Kurd Schulz, "Rudolf Virchow und die Oberschlesische Typhusepidemie von 1848". *Jahrbuch der Schlesischen Friedrich-Wilhelms-Universität zu Breslau*, v. 19, pp. 107-20, 1978.

27. Rudolf Virchow, citado em Elliot Weisenberg, "Rudolf Virchow, Pathologist, Anthropologist, and Social Thinker", op. cit.

28. François Raspail, "Classification Générale des Graminées". In: *Annales des Sciences Naturelles*. Comp. de Jean Victor Audouin, A. D. Brongniart e Jean-Baptiste Dumas. Paris: Libraire de L'Académie Royale de Médicine, 1825, v. 6, pp. 287-92. Ver também George A. Silver, "Virchow, the Heroic Model in Medicine: Health Policy by Accolade", op. cit., pp. 82-8.

29. Citado em Lelland J. Rather, *A Commentary on the Medical Writings of Rudolf Virchow: Based on Schwalbe's Virchow-Bibliographie, 1843-1901* (San Francisco: Norman, 1990), p. 53.

30. Rudolf Virchow, *Cellular Pathology: As Based upon Physiological and Pathological Histology: Twenty Lectures Delivered in the Pathological Institute of Berlin During the Months of February, March, and April, 1858*. Londres: John Churchill, 1858.

31. Citado em Lelland J. Rather, *A Commentary on the Medical Writings of Rudolf Virchow: Based on Schwalbe's Virchow-Bibliographie, 1843-1901*, op. cit., p. 19.

32. Para detalhes relativos à resposta de Virchow ao racismo, ver Rudolf Virchow, "Descendenz und Pathologie" (*Archiv für Pathologische Anatomie und Physiologie und für Klinische Medicin*, v. 103, n. 3, pp. 413-36, 1886).

33. Citado em Lelland J. Rather, *Commentary on the Medical Writings of Rudolf Virchow: Based on Schwalbe's Virchow-Bibliographie, 1843-1901*, op. cit., p. 4.

34. Citado em ibid., p. 101. Ver também "Eine Antwort an Herrn Spiess" [Uma resposta ao sr. Spiess] (*Virch. Arch.*, v. 13, pp. 481-90, 1858).

35. Detalhes relativos ao caso vêm das minhas interações pessoais com M. K., 2002. Nomes e pormenores de identificação foram alterados para preservar o anonimato.

36. "Severe Combined Immunodeficiency (SCID)". National Institute of Allergy and In-

fectious Diseases (Niaid), 4 abr. 2019. Disponível em: <www.niaid.nih.gov/diseases-conditions/severe-combined-immunodeficiency-scid#:~:text=Severe%20combined%20immunodeficiency%20(SCID)%20is,highly%20susceptible%20to%20severe%20infections>.

37. Rudolf Virchow, "Lecture I". *Cellular Pathology as Based upon Physiological and Pathological Histology: Twenty Lectures Delivered in the Pathological Institute of Berlin During the Months of February, March, and April, 1858*. Trad. de Frank Chance. Londres: John Churchill, 1860, pp. 1-23.

4. A CÉLULA PATOGÊNICA: MICRÓBIOS, INFECÇÕES E A REVOLUÇÃO DOS ANTIBIÓTICOS [pp. 81-99]

1. Elizabeth Pennisi, "The Power of Many". *Science*, v. 360, n. 6396, pp. 1388-91, 29 jun. 2018. DOI: 10.1126/science.360.6396.1388.

2. Francesco Redi, *Experiments on the Generation of Insects*. Trad. de Mab Bigelow. Chicago: Open Court, 1909.

3. Ibid. Ver também Paul Nurse, "The Incredible Life and Times of Biological Cells" (*Science*, v. 289, n. 5485, pp. 1711-6, 8 set. 2000). DOI: 10.1126/science.289.5485.1711.

4. René Vallery-Radot, *The Life of Pasteur*. Trad. de Henriette Caroline Devonshire. Nova York: Doubleday, Page, 1920, v. 1, p. 141.

5. Thomas D. Brock, *Robert Koch: A Life in Medicine and Bacteriology*. Madison, WI: Science Tech, 1988, p. 32.

6. Robert Koch, "The Etiology of Anthrax, Founded on the Course of Development of Bacillus Anthracis" [1876]. In: ______, *Essays of Robert Koch*. Org. e trad. de K. Codell Carter. Nova York: Greenwood, 1987, pp. 1-18.

7. Citado em Thomas Goetz, *The Remedy: Robert Koch, Arthur Conan Doyle, and the Quest to Cure Tuberculosis* (Nova York: Gotham, 2014), p. 74. Ver também Steve M. Blevins e Michael S. Bronze, "Robert Koch and the 'Golden Age' of Bacteriology" (*International Journal of Infectious Diseases*, v. 14, n. 9, pp. e744-e51, set. 2010).

8. Citado em Robert Koch, "Über die Milzbrandimpfung. Eine Entgegung auf den von Pasteur in Genf gehaltenen Vortrag", em Julius Schwalbe, Georg Gaffky e Ernst Pfuhl (Orgs.), *Gesammelte Werke von Robert Koch* (Leipzig: Georg Thieme, 1912), pp. 207-31.

9. Ibid. Ver também Robert Koch, "On the Anthrax Inoculation", em ______, *Essays of Robert Koch*, op. cit., pp. 97-107.

10. Ignaz Semmelweis, *The Etiology, Concept, and Prophylaxis of Childbed Fever*, op. cit.

11. Ibid., p. 81.

12. Ibid., p. 19.

13. John Snow, *On the Mode of Communication of Cholera*. Londres: John Churchill, 1849.

14. Id., "The Cholera Near Golden-Square, and at Deptford". *Medical Times and Gazette*, v. 9, pp. 321-2, 23 set. 1854.

15. Id., *On the Mode of Communication of Cholera*, op. cit., p. 15.

16. Dennis Pitt e Jean-Michel Aubin, "Joseph Lister: Father of Modern Surgery". *Canadian Journal of Surgery*, v. 55, n. 5, pp. e8-e9, out. 2012. DOI: 10.1503/cjs.007112.

17. Felix Bosch e Laia Rosich, "The Contributions of Paul Ehrlich to Pharmacology: A Tribute on the Occasion of the Centenary of His Nobel Prize". *Pharmacology*, v. 82, n. 3, pp. 171--9, out. 2008. DOI :10.1159/000149583.

18. Siang Yong Tan e Yvonne Tatsumura, "Alexander Fleming (1881-1955): Discoverer of Penicillin". *Singapore Medical Journal*, v. 56, n. 7, pp. 366-7, 2015. DOI: 10.11622/smedj.2015105.

19. Harold Boyd Woodruff, "Selman A. Waksman, Winner of the 1952 Nobel Prize for Physiology or Medicine". *Applied and Environmental Microbiology*, v. 80, n. 1, pp. 208, jan. 2014. DOI :10.1128/AEM.01143-13.

20. Ed Yong, *I Contain Multitudes: The Microbes Within Us and a Grander View of Life*. Nova York: Ecco, 2016.

21. Francisco Marty, entrevista com o autor, fev. 2018.

22. Carl R. Woese e George E. Fox, "Phylogenetic Structure of the Prokaryotic Domain: The Primary Kingdoms". *Proceedings of the National Academy of Sciences of the United States of America*, v. 74, n. 11, pp. 5088-90, nov. 1977. DOI: 10.1073/pnas.74.11.5088.

23. Carl R. Woese, Otto Kandler e Mark L. Wheelis, "Towards a Natural System of Organisms: Proposal for the Domains Archaea, Bacteria, and Eucarya". *Proceedings of the National Academy of Sciences of the United States of America*, v. 87, n. 12, pp. 4576-9, jun. 1990. DOI: 10.1073/pnas.87.12.4576.

24. Ernst Mayr, "Two Empires or Three?". *Proceedings of the National Academy of Sciences of the United States of America*, v. 95, n. 17, pp. 9720-3, ago. 1998. DOI: 10.1073/pnas.95.17.9720.

25. Virginia Morell, "Microbiology's Scarred Revolutionary". *Science*, v. 276, n. 5313, pp. 699-702, 2 maio 1997. DOI: 10.1126/science.276.5313.699.

26. Nick Lane, *The Vital Question: Energy, Evolution, and the Origins of Complex Life*. Nova York: W. W. Norton, 2015, p. 8.

27. Jack Szostak, David Bartel e Pier Luigi Luisi, "Synthesizing Life". *Nature*, v. 409, pp. 387-90, jan. 2001. DOI: doi.org/10.1038/35053176.

28. Ting F. Zhu e Jack W. Szostak, "Coupled Growth and Division of Model Protocell Membranes". *Journal of the American Chemical Society*, v. 131, n. 15, pp. 5705-13, abr. 2009.

29. Nick Lane, *The Vital Question: Energy, Evolution, and the Origins of Complex Life*, op. cit., p. 2.

30. James T. Staley e Gustavo Caetano-Anollés, "Archaea-First and the Co-Evolutionary Diversification of Domains of Life". *BioEssays*, v. 40, n. 8, p. e1800036, ago. 2018. DOI: 10.1002/bies.201800036. Ver também "BioEssays: Archaea-First and the Co-Evolutionary Diversification of the Domains of Life" (YouTube, WBLifeSciences). Disponível em: <www.youtube.com/watch?v=9yVWn_Q9faY&ab_channel=CrashCourse>.

31. Nick Lane, *The Vital Question: Energy, Evolution, and the Origins of Complex Life*, op. cit., p. 1.

5. A CÉLULA ORGANIZADA: A ANATOMIA INTERIOR DA CÉLULA [pp. 105-27]

1. François-Vincent Raspail, citado em Lewis Wolpert, *How We Live and Why We Die: The Secret Lives of Cells* (Nova York: W. W. Norton, 2009), p. 14.

2. George Palade, discurso no Banquete do Nobel em 10 de dezembro de 1974. The Nobel Prize. Disponível em: <nobelprize.org/nobel_prizes/medicine/laureates/1974/palade-speech.html>.

3. Lelland J. Rather, *A Commentary on the Medical Writings of Rudolf Virchow: Based on Schwalbe's Virchow-Bibliographie, 1843-1901*, op. cit., p. 38.

4. Ernest Overton, *Über die osmotischen Eigenschaften der lebenden Pflanzen-und Tierzelle*. Zurique: Fäsi & Beer, 1895, pp. 159-84. Ver também id., *Über die allgemeinen osmotischen Eigenschaften der Zelle, ihre vermutlichen Ursachen und ihre Bedeutung für die Physiologie* (Zurique: Fäsi & Beer, 1899). Ver ainda id., "The Probable Origin and Physiological Significance of Cellular Osmotic Properties", em Daniel Branton e Roderic B. Park (Orgs.), *Papers on Biological Membrane Structure* (Boston: Little, Brown, 1968), pp. 45-52. E ver Jonathan Lombard, "Once upon a Time the Cell Membranes: 175 Years of Cell Boundary Research" (*Biology Direct*, v. 9, n. 32, 19 dez. 2014). DOI: doi.org/10.1186/s13062-014-0032-7.

5. Evert Gorter e François Grendel, "On Bimolecular Layers of Lipoids on the Chromocytes of the Blood". *Journal of Experimental Medicine*, v. 41, n. 4, pp. 439-43, 31 mar. 1925. DOI: 10.1084/jem.41.4.439.

6. Seymour Singer e Garth Nicolson, "The Fluid Mosaic Model of the Structure of Cell Membranes". *Science*, v. 175, n. 4023, pp. 720-31, 18 fev. 1972. DOI: 10.1126/science.175.4023.720.

7. Orion D. Weiner et al., "Spatial Control of Actin Polymerization During Neutrophil Chemotaxis". *Nature Cell Biology*, v. 1, n. 2, pp. 75-81, jun. 1999. DOI: doi.org/10.1038/10042.

8. James D. Jamieson, "A Tribute to George E. Palade". *Journal of Clinical Investigation*, v. 118, n. 11, pp. 3517-8, 3 nov. 2008. DOI: 10.1172/JCI37749.

9. Richard Altmann, *Die Elementarorganismen und ihre Beziehungen zu den Zellen*. Leipzig: Von Veit, 1890, p. 125.

10. Lynn Sagan, "On the Origin of Mitosing Cells". *Journal of Theoretical Biology*, v. 14, n. 3, pp. 225-74, mar. 1967. DOI: 10.1016/0022-5193(67)90079-3.

11. Nick Lane, *Vital Question: Energy, Evolution, and the Origins of Complex Life*, op. cit., p. 5.

12. Eugene I. Rabinowitch, "Photosynthesis — Historical Development of Scientific Interpretation and Significance of the Process". In: The Physical and Economic Foundation of Natural Resources, *I. Photosynthesis: Basic Features of the Process*. Washington, DC: Interior and Insular Affairs Committee, House of Representatives, United States Congress, 1952, pp. 7-10.

13. George Palade, citado em Andrew Pollack, "George Palade, Nobel Winner for Work Inspiring Modern Cell Biology, Dies at 95" (*New York Times*, p. B19, 8 out. 2008).

14. Paul Greengard, interação pessoal com o autor, fev. 2019.

15. Ibid. Ver também George Palade, "Intracellular Aspects of the Process of Protein Secretion" (Palestra do Nobel, Estocolmo, 12 dez. 1974).

16. George E. Palade, "Keith Roberts Porter and the Development of Contemporary Cell Biology". *Journal of Cell Biology*, v. 75, n. 1, pp. D3-D10, nov. 1977. DOI: doi.org/10.1083/jcb.75.1.D1.

17. Infeliz, Claude deixou o Instituto Rockefeller em 1949, voltando para sua Bélgica natal. Em 1974, dividiu o prêmio Nobel com Palade e outro biólogo celular, Christian de Duve. Ibid., pp. D3-D18.

18. Id., “Intracellular Aspects of the Process of Protein Secretion”, op. cit.

19. Id., “Intracellular Aspects of the Process of Protein Synthesis”. *Science*, v. 189, n. 4200, pp. 347-58, 1 ago. 1975. DOI: 10.1126/science.1096303.

20. David D. Sabatini e Milton Adesnik, “Christian de Duve: Explorer of the Cell Who Discovered New Organelles by Using a Centrifuge”. *Proceedings of the National Academy of Sciences of the United States of America*, v. 110, n. 33, pp. 13 234-5, 13 ago. 2013. DOI: 10.1073/pnas.1312084110.

21. Barry Starr, “A Long and Winding DNA”. KQED, 2 fev. 2009. Disponível em: <www.kqed.org/quest/1219/a-long-and-winding-dna>.

22. Thoru Pederson, “The Nucleus Introduced”. *Cold Spring Harbor Perspectives in Biology*, v. 3, n. 5, p. a000521, 1 maio 2011. DOI: 10.1101/cshperspect.a000521.

23. Claude Bernard, *Lectures on the Phenomena of Life Common to Animals and Plants*. Trad. de Hebbel E. Hoff, Roger Guillemin e Lucienne Guillemin. Springfield, IL: Charles C. Thomas, 1974.

24. Valerie Byrne Rudisill, *Born with a Bomb: Suddenly Blind from Leber's Hereditary Optic Neuropathy*. Org. de Margie Sabol e Leslie Byrne. Bloomington, IN: AuthorHouse, 2012.

25. Para mais detalhes relativos à neuropatia óptica hereditária de Leber (LHON): “Leber Hereditary Optic Neuropathy (Sudden Vision Loss)”, Cleveland Clinic, 26 fev. 2021. Disponível em: <my.clevelandclinic.org/health/diseases/15620-leber-hereditary-optic-neuropathy-sudden-vision-loss>.

26. Douglas C. Wallace et al., “Mitochondrial DNA Mutation Associated with Leber's Hereditary Optic Neuropathy”. *Science*, v. 242, n. 4884, pp. 1427-30, 9 dez. 1988. DOI: 10.1126/science.3201231.

27. Jared, citado em Valerie Byrne Rudisill, *Born with a Bomb: Suddenly Blind from Leber's Hereditary Optic Neuropathy*, op. cit.

28. Ibid.

29. Byron Lam et al., “Trial End Points and Natural History in Patients with G11778A Leber Hereditary Optic Neuropathy”. *JAMA Ophthalmology*, v. 132, n. 4, pp. 428-36, 1 abr. 2014. DOI: 10.1001/jamaophthalmol.2013.7971.

30. Shuo Yang et al., “Long-term Outcomes of Gene Therapy for the Treatment of Leber's Hereditary Optic Neuropathy”. *eBioMedicine*, pp. 258-68, 10 ago. 2016. DOI: 10.1016/j.ebiom.2016.07.002.

31. Nancy J. Newman et al., “Efficacy and Safety of Intravitreal Gene Therapy for Leber Hereditary Optic Neuropathy Treated Within 6 Months of Disease Onset”. *Ophthalmology*, v. 128, n. 5, pp. 649-60, maio 2021. DOI: 10.1016/j.ophtha.2020.12.012.

6. A CÉLULA QUE SE DIVIDE: REPRODUÇÃO CELULAR E O NASCIMENTO DA FIV [pp. 128-53]

1. Andrew Solomon, *Longe da árvore: Pais, filhos e a busca da identidade*. São Paulo: Companhia das Letras, 2013, p. 11.

2. Citado em Jacques Monod, *Chance and Necessity: An Essay on the Natural Philosophy of Modern Biology* (Nova York: Alfred A. Knopf, 1971), p. 20.

3. Neidhard Paweletz, "Walther Flemming: Pioneer of Mitosis Research". *Nature Reviews Molecular Cell Biology*, v. 2, n. 1, pp. 72-5, 1 jan. 2001. DOI: doi.org/10.1038/35048077.

4. Walther Flemming, "Contributions to the Knowledge of the Cell and Its Vital Processes: Part 2". *Journal of Cell Biology*, v. 25, n. 1, pp. 1-69, 1 abr. 1965. Disponível em: <www.ncbi.nlm.nih.gov/pmc/articles/PMC2106612/>.

5. Ibid., pp. 1-9.

6. "The p53 Tumor Suppressor Protein". *Genes and Disease*. Bethesda, MD: National Center for Biotechnology Information, 1998, pp. 215-6. Disponível em: <www.ncbi.nlm.nih.gov/books/NBK22268/>.

7. Paul Nurse, entrevista com o autor, mar. 2017. "Sir Paul Nurse: I Looked at My Birth Certificate. That Was Not My Mother's Name". *The Guardian* (ed. internacional), on-line, 9 ago. 2014. Disponível em: <www.theguardian.com/culture/2014/aug/09/paul-nurse-birth-certificate-not-mothers-name>.

8. Tim Hunt, "Biographical". The Nobel Prize. Disponível em: <www.nobelprize.org/prizes/medicine/2001/hunt/biographical/>. Acesso em: 20 fev. 2022.

9. Id., "Protein Synthesis, Proteolysis, and Cell Cycle Transitions" (Palestra do Nobel, Estocolmo, 9 dez. 2021).

10. Nurse, entrevista com o autor, mar. 2017.

11. Stuart Lavietes, "Dr. L. B. Shettles, 93, Pioneer in Human Fertility". *New York Times*, p. 41, 16 fev. 2003.

12. Para detalhes relativos ao experimento de Landrum Shettles: Tabitha M. Powledge, "A Report from the Del Zio Trial" (*Hastings Center Report*, v. 8, n. 5, pp. 15-7, out. 1978). Disponível em: <www.jstor.org/stable/3561442>.

13. Citado em "Test Tube Babies: Landrum Shettles" (*PBS American Experience*, on-line). Disponível em: <www.pbs.org/wgbh/americanexperience/features/babies-bio-shettles/>. Acesso em: 14 mar. 2022.

14. Para detalhes relativos à obra de Robert Edwards e Patrick Steptoe: Martin H. Johnson, "Robert Edwards: The Path to IVF" (*Reproductive Biomedicine Online*, v. 23, n. 2, pp. 245-62, 23 ago. 2011). DOI: 10.1016/j.rbmo.2011.04.010. Ver também James Le Fanu, *The Rise and Fall of Modern Medicine* (Nova York: Carroll & Graf, 2000), pp. 157-76.

15. Robert Geoffrey Edwards e Patrick Christopher Steptoe, *A Matter of Life: The Story of a Medical Breakthrough*. Nova York: William Morrow, 1980, p. 17.

16. John Rock e Miriam F. Menkin, "In Vitro Fertilization and Cleavage of Human Ovarian Eggs". *Science*, v. 100, n. 2588, pp. 105-7, 4 ago. 1944. DOI: 10.1126/science.100.2588.105.

17. Min Chueh Chang, "Fertilizing Capacity of Spermatozoa Deposited into the Fallopian Tubes". *Nature*, v. 168, n. 4277, pp. 697-8, 20 out. 1951. DOI: 10.1038/168697b0.

18. Robert Geoffrey Edwards e Patrick Christopher Steptoe, *A Matter of Life: The Story of a Medical Breakthrough*, op. cit., p. 43.

19. Ibid., p. 44.

20. Ibid., p. 45.

21. Ibid.

22. Ibid., p. 62.

23. Citado em "Recipient of the 2019 IETS Pioneer Award: Dr. Barry Bavister" (*Reproduction, Fertility and Development*, v. 31, n. 3, pp. vii-viii, 2019). DOI: doi.org/10.1071/RDv31n3_PA.

24. Jean Purdy, citado em ibid.

25. Robert G. Edwards, Barry D. Bavister e Patrick C. Steptoe, "Early Stages of Fertilization In Vitro of Human Oocytes Matured In Vitro". *Nature*, v. 221, n. 5181, pp. 632-5, 15 fev. 1969. DOI: doi.org/10.1038/221632a0.

26. Martin H. Johnson, "Robert Edwards: The Path to IVF", op. cit., pp. 245-62.

27. Id. et al., "Why the Medical Research Council Refused Robert Edwards and Patrick Steptoe Support for Research on Human Conception in 1971". *Human Reproduction*, v. 25, n. 9, pp. 2157-74, set. 2010. DOI: 10.1093/humrep/deq155.

28. Robin Marantz Henig, *Pandora's Baby: How the First Test Tube Babies Sparked the Reproductive Revolution*. Boston: Houghton Mifflin, 2004.

29. Martin Hutchinson, "I Helped Deliver Louise". BBC News, 24 jul. 2003. Disponível em: <news.bbc.co.uk/2/hi/health/3077913.stm>.

30. Ibid.

31. Victoria Derbyshire, "First IVF Birth: 'It Makes Me Feel Really Special'". BBC News Two, 23 jul. 2015. Disponível em: <www.bbc.co.uk/programmes/p02xv7jc>.

32. Citado em Ciara Nugent, "What It Was Like to Grow Up as the World's First 'Test-Tube Baby'". *Time*, on-line, 25 jul. 2018. Disponível em: <time.com/5344145/louise-brown-test-tube-baby/>.

33. Imagem da capa, *Time*, 31 jul. 1978. Disponível em: <content.time.com/time/magazine/0,9263,7601780731,00.html>.

34. Victoria Derbyshire, "First IVF Birth: 'It Makes Me Feel Really Special'", op. cit. Ver também Elaine Woo e *Los Angeles Times*, "Lesley Brown, British Mother of First In Vitro Baby, Dies at 64" (*Washington Post*, on-line, 25 jun. 2012). Disponível em: <www.washingtonpost.com/national/health-science/lesley-brown-british-mother-of-first-in-vitro-baby-dies-at-64/2012/06/25/gJQAkavb2V_story.html>.

35. Robert G. Edwards, "Meiosis in Ovarian Oocytes of Adult Mammals". *Nature*, v. 196, pp. 446-50, 3 nov. 1962. DOI: doi.org/10.1038/196446a0.

36. Deepak Adhikari et al., "Inhibitory Phosphorylation of Cdk1 Mediates Prolonged Prophase I Arrest in Female Germ Cells and Is Essential for Female Reproductive Lifespan". *Cell Research*, v. 26, pp. 1212-25, 2016. DOI: doi.org/10.1038/cr.2016.119.

37. Krysta Conger, "Earlier, More Accurate Prediction of Embryo Survival Enabled by Research". Stanford Medicine News Center, 2 out. 2010. Disponível em: <med.stanford.edu/news/all-news/2010/10/earlier-more-accurate-prediction-of-embryo-survival-enabled-by-research.html>.

38. Ibid.

7. A CÉLULA ADULTERADA: LULU, NANA E A QUEBRA DE CONFIANÇA [pp. 154-72]

1. Jon Cohen, "The Untold Story of the 'Circle of Trust' Behind the World's First Gene-

-Edited Baby". *Science*, on-line, 1 ago. 2019. Disponível em: <www.science.org/content/article/untold-story-circle-trust-behind-world-s-first-gene-edited-babies>.

2. Ibid.

3. Richard Gardner e Robert Edwards, "Control of the Sex Ratio at Full Term in the Rabbit by Transferring Sexed Blastocysts". *Nature*, v. 218, pp. 346-8, 27 abr. 1968. DOI: doi.org/10.1038/218346a0.

4. Ibid.

5. L. Meyer et al., "Early Protective Effect of CCR-5 Delta 32 Heterozygosity on HIV-1 Disease Progression: Relationship with Viral Load. The SEROCO Study Group". *AIDS*, v. 11, n. 11, pp. F73-F78, set. 1997. DOI:10.1097/00002030-199711000-00001.

6. "28 Nov. 2018 — International Summit on Human Genome Editing — He Jiankui Presentation and Q&A". YouTube, WCSethics. Disponível em: <www.youtube.com/watch?v=tLZufCrjrN0>.

7. Pam Belluck, "Gene-Edited Babies: What a Chinese Scientist Told an American Mentor". *New York Times*, p. A1, 14 abr. 2019.

8. Jon Cohen, "Untold Story of the 'Circle of Trust' Behind the World's First Gene-Edited Baby", op. cit.

9. Ibid.

10. Robin Lovell-Badge, introdução, "28 Nov. 2018 — International Summit on Human Genome Editing — He Jiankui Presentation and Q&A", op. cit.

11. David Cyranoski, "First CRISPR Babies: Six Questions That Remain". *Nature*, on-line, 30 nov. 2018. Disponível em: <www.nature.com/articles/d41586-018-07607-3>.

12. Mark Terry, "Reviewers of Chinese CRISPR Research: 'Ludicrous' and 'Dubious at Best'". *BioSpace*, 5 dez. 2019. Disponível em: <www.biospace.com/article/peer-review-of-china-crispr-scandal-research-shows-deep-flaws-and-questionable-results/>.

13. Badge, introdução, "28 Nov. 2018 — International Summit on Human Genome Editing — He Jiankui Presentation and Q&A", op. cit. Ver também US National Academy of Sciences e US National Academy of Medicine, Royal Society e Academy of Sciences of Hong Kong, *Second International Summit on Human Genome Editing: Continuing the Global Discussion, November, 27-29, University of Hong Kong, China* (Washington, DC: National Academies Press, 2018).

14. Jon Cohen, "Untold Story of the 'Circle of Trust' Behind the World's First Gene-Edited Baby", op. cit.

15. David Cyranoski, "CRISPR-baby Scientist Fails to Satisfy Critics". *Nature*, on-line, 30 nov. 2018. Disponível em: <www.nature.com/articles/d41586-018-07573-w>.

16. Id., "Russian 'CRISPRbaby' Scientist Has Started Editing Genes in Human Eggs with Goal of Altering Deaf Gene". *Nature*, on-line, 18 out. 2019. Disponível em: <www.nature.com/articles/d41586-019-03018-0>.

17. Nick Lane, entrevista com o autor, janeiro de 2022.

18. László Nagy, citado em Elizabeth Pennisi, "The Power of Many", op. cit., pp. 1388-91.

19. Richard K. Grosberg e Richard R. Strathmann, "The Evolution of Multicellularity: A Minor Major Transition?". *Annual Review of Ecology, Evolution, and Systematics*, v. 38, pp. 621-54, dez. 2007. DOI: doi/10.1146/annurev.ecolsys.36.102403.114735.

20. Ibid.

21. William C. Ratcliff et al., "Experimental Evolution of Multicellularity". *Proceedings of the National Academy of Sciences of the United States of America*, v. 109, n. 5, pp. 1595-1600, 2012. DOI: doi.org/10.1073/pnas.1115323109.

22. William Ratcliff, entrevista com o autor, dez. 2021.

23. Ibid.

24. Elizabeth Pennisi, "Evolutionary Time Travel". *Science*, v. 334, n. 6058, pp. 893-5, 18 nov. 2011. DOI: 10.1126/science.334.6058.893.

25. Enrico Sandro Colizzi, Renske M. A. Vroomans e Roeland M. H. Merks, "Evolution of Multicellularity by Collective Integration of Spatial Information". *eLife*, v. 9, art. e56349, 16 out. 2020. DOI: 10.7554/eLife.56349. Ver também Matthew D. Herron et al., "*De Novo* Origins of Multicellularity in Response to Predation" (*Scientific Reports*, v. 9, 20 fev. 2019). DOI: doi.org/10.1038/s41598-019-39558-8.

8. A CÉLULA EM DESENVOLVIMENTO: UMA CÉLULA SE TORNA UM ORGANISMO [pp. 173-85]

1. Ignaz Döllinger, citado em Janina Wellmann, *The Form of Becoming: Embryology and the Epistemology of Rhythm, 1760-1830*, trad. de Kate Sturge (Nova York: Zone, 2017), p. 13.

2. Caspar Friedrich Wolff, "Theoria Generationis". Halle: Universidade de Halle, 1759. Dissertação.

3. Johann von Wolfgang Goethe, "Letter to Frau Von Stein". In: ______, *The Metamorphosis of Plants*. Cambridge, MA: MIT Press, 2009, p. 15.

4. Joseph Needham, *History of Embryology*. Cambridge: University of Cambridge Press, 1934.

5. Lewis Thomas, *The Medusa and the Snail: More Notes of a Biology Watcher*. Nova York: Penguin, 1995, p. 131.

6. Edward M. De Robertis, "Spemann's Organizer and Self-Regulation in Amphibian Embryos". *Nature Reviews Molecular Cell Biology*, v. 7, n. 4, pp. 296-302, abr. 2006. DOI: 10.1038/nrm1855.

7. Scott F. Gilbert, *Development Biology*. Sunderland: Sinauer Associates, 2010, v. 2, pp. 241-86. Ver também Richard Harland, "Induction into the Hall of Fame: Tracing the Lineage of Spemann's Organizer" (*Development*, v. 135, n. 20, pp. 3321-3, fig. 1, 15 out. 2008). DOI: doi.org/10.1242/dev.021196. Ver também Robert C. King, William D. Stansfield e Pamela K. Mulligan, "Heteroplastic Transplantation", em ______, ______ e ______, *A Dictionary of Genetics*, 7. ed. (Nova York: Oxford University Press, 2007), p. 205. Ver também "Hans Spemann, the Nobel Prize in Physiology or Medicine 1935" (The Nobel Prize, 4 fev. 2022). Disponível em: <www.nobelprize.org/prizes/medicine/1935/spemann/facts/>. Acesso em: 4 fev. 2022. Ver também Samuel Philbrick e Erica O'Neil, "Spemann-Mangold Organizer" (The Embryo Project Encyclopedia, 12 jan. 2012). Disponível em: <embryo.asu.edu/pages/spemann-mangold-organizer>. Ver também Hans Spemann e Hilde Mangold, "Induction of Embryonic Primordia by Implantation of Organizers from a Different Species" (*International Journal of Developmental Biology*, v. 45, n. 1, pp. 13-38, 2001).

8. Katie Thomas, “The Story of Thalidomide in the U. S., Told Through Documents”. *New York Times*, 23 mar. 2020. Ver também James H. Kim e Anthony R. Scialli, “Thalidomide: The Tragedy of Birth Defects and the Effective Treatment of Disease” (*Toxicological Sciences* 122, n. 1, pp. 1-6, 2011).

9. *Interagency Coordination in Drug Research and Regulations: Hearings before the Subcommittee on Reorganization and International Organizations of the Committee on Government Operations*. Senado dos Estados Unidos, 87º Congresso, sessão 93, 1961 (carta de Frances O. Kelsey).

10. Ibid.

11. Katie Thomas, “The Story of Thalidomide in the U. S., Told Through Documents”, op. cit.

12. Ibid.

13. Tomoko Asatsuma-Okumura, Takumi Ito e Hiroshi Handa, “Molecular Mechanisms of the Teratogenic Effects of Thalidomide”. *Pharmaceuticals*, v. 13, n. 5, p. 95, 2020.

14. Robert D. McFadden, “Frances Oldham Kelsey, Who Saved U. S. Babies from Thalidomide, Dies at 101”. *New York Times*, p. A1, 8 ago. 2015.

9. A CÉLULA INQUIETA: CÍRCULOS DE SANGUE [pp. 191-205]

1. Maureen A. O’Malley e Staffan Müller-Wille, “The Cell as Nexus: Connections Between the History, Philosophy and Science of Cell Biology”. *Studies in History and Philosophy of Science Part C: Studies in History and Philosophy of Biological and Biomedical Sciences*, v. 41, n. 3, pp. 169-71, set. 2010. DOI: 10.1016/j.shpsc.2010.07.005.

2. Rudolf Virchow, “Letters of 1842” [26 de janeiro de 1843]. In: ______, *Letters to his Parents, 1839 to 1864*. Org. de Marie Rable. Trad. de Lelland J. Rather. Canton (MA): Science History, 1990, p. 29.

3. Rachel Hajar, “The Air of History: Early Medicine to Galen (Part 1)”. *Heart Views*, v. 13, n. 3, pp. 120-8, jul./set. 2012. DOI: 10.4103/1995-705X.102164.

4. William Harvey, *On the Motion of the Heart and Blood in Animals*. Org. de Alexander Bowie. Trad. de Robert Willis. Londres: George Bell and Sons, 1889.

5. Ibid.

6. Id., “An Anatomical Study on the Motion of the Heart and the Blood in Animals”. In: David J. Rothman, Steven Marcus e Stephanie A. Kiceluk (Orgs.), *Medicine and Western Civilisation*. New Brunswick, NJ: Rutgers University Press, 1995, pp. 68-78.

7. Antonie van Leeuwenhoek, “Mr. H. Oldenburg”. 14 de agosto de 1675. Carta 18 de *Alle de brieven: 1673-1676*. De Digitale Bibliotheek voor de Nederlandse Letteren (DBNL), p. 301.

8. Marcello Malpighi, “De Polypo Cordis Dissertatio”. In: ______, *De Viscerum Structura Exercitatio Anatomica*. Bolonha: Jacobi Montii, 1666.

9. William Hewson, “On the Figure and Composition of the Red Particles of the Blood, Commonly Called Red Globules”. *Philosophical Transactions of the Royal Society of London*, v. 63, pp. 303-23, 1773.

10. Friedrich Hünefeld, *Der Chemismus in der thierischen Organisation: Physiologisch--chemische Untersuchungen der materiellen Veränderungen oder des Bildungslebens im thieris-*

chen Organismus, insbesondere des Blutbildungsprocesses, der Natur der Blut körperchenund und ihrer Kenrchen: Ein Beitrag zur Physiologie und Heilmittellehre. Leipzig: Brockhaus, 1840.

11. Peter Sahlins, "The Beast Within: Animals in the First Xenotransfusion Experiments in France, *ca*. 1667-68". *Representations*, v. 129, n. 1, pp. 25-55, 2015. DOI: doi.org/10.1525/rep.2015.129.1.25.

12. Karl Landsteiner, "On Individual Differences in Human Blood" (Palestra do Nobel, Estocolmo, 11 dez. 1930).

13. Ibid.

14. Reuben Ottenberg e David J. Kaliski, "Accidents in Transfusion: Their Prevention by Preliminary Blood Examination — Based on an Experience of One Hundred Twenty-eight Transfusions". *Journal of the American Medical Association* (*JAMA*), v. 61, n. 24, pp. 2138-40, 13 dez. 1913. DOI: 10.1001/jama.1913.04350250024007.

15. Geoffrey Keynes, *Blood Transfusion*. Oxford: Oxford Medical, 1922, p. 17.

16. Ennio C. Rossi e Toby L. Simon, "Transfusions in the New Millennium". In: Toby L. Simon et al. (Orgs.), *Rossi's Principles of Transfusion Medicine*. Oxford: Wiley Blackwell, 2016, p. 8.

17. A. C. Taylor para Bruce Robertson, carta, 14 de agosto de 1917, L. Bruce Robertson Fonds, Archives of Ontario, Toronto.

18. "History of Blood Transfusion". American Red Cross Blood Services. Disponível em: <www.redcrossblood.org/donate-blood/blood-donation-process/what-happens-to-donated blood/blood-transfusions/history-blood-transfusion.html>. Acesso em: 15 mar. 2022.

19. "Blood Program in World War II". *Annals of Internal Medicine*, v. 62, n. 5, p. 1102, 1 maio 1965. DOI: doi.org/10.7326/0003-4819-62-5-1102_1.

10. A CÉLULA QUE CURA: PLAQUETAS, COÁGULOS E UMA "EPIDEMIA MODERNA" [pp. 206-15]

1. William Shakespeare, *A tragédia de Hamlet, príncipe da Dinamarca*. Trad., introdução e notas de Lawrence Flores Pereira. São Paulo: Penguin Classics Companhia das Letras, ato 5, cena 1, pp. 177-8.

2. Douglas B. Brewer, "Max Schultze (1865), G. Bizzozero (1882) and the Discovery of the Platelet". *British Journal of Haematology*, v. 133, n. 3, pp. 251-8, maio 2006. DOI: doi.org/10.1111/j.1365-2141.2006.06036.x.

3. Max Schultze, "Ein heizbarer Objecttisch und seine Verwendung bei Untersuchungen des Blutes". *Archiv für mikroskopische Anatomie*, v. 1, pp. 1-14, dez. 1865. DOI: doi.org/10.1007/BF02961404.

4. Ibid.

5. Giulio Bizzozero, "Su di un nuovo elemento morfologico del sangue dei mammiferi e sulla sua importanza nella trombosi e nella coagulazione". *Osservatore Gazetta delle Cliniche*, v. 17, pp. 785-7, 1881.

6. Ibid.

7. Inga M. Nilsson, "The History of von Willebrand Disease". *Haemophilia*, v. 5, sup. n. 2, pp. 7-11, maio 2002. DOI: 10.1046/j.1365-2516.1999.0050s2007.x.

8. William Osler, *The Principles and Practice of Medicine*. Nova York: D. Appleton, 1899. Ver também id., "Lecture III: Abstracts of the Cartwright Lectures: On Certain Problems in the Physiology of the Blood Corpuscles" (palestra, Association of the Alumni of the College of Physicians and Surgeons, Nova York, 23 mar. 1886), pp. 917-9.

9. James Le Fanu, *The Rise and Fall of Modern Medicine*. Londres: Abacus, 2000, p. 322.

10. Gregory Tsoucalas, Marianna Karamanou e G. Androutsos, "Travelling Through Time with Aspirin, a Healing Companion". *European Journal of Inflammation*, v. 9, n. 1, pp. 13-6, 1 jan. 2011. DOI: doi.org/10.1177/1721727X1100900102.

11. Lawrence L. Craven, "Coronary Thrombosis Can Be Prevented". *Journal of Insurance Medicine*, v. 5, n. 4, pp. 47-8, 1950.

12. Marc S. Sabatine e Eugene Braunwald, "Thrombolysis in Myocardial Infarction (TIMI) Study Group: JACC Focus Seminar 2/8". *Journal of the American College of Cardiology*, v. 77, n. 22, pp. 2822-45, 2021). DOI: 10.1016/j.jacc.2021.01.060. Ver também X. R. Xu et al., "The Impact of Different Doses of Atorvastatin on Plasma Endothelin and Platelet Function in Acute ST-segment Elevation Myocardial Infarction After Emergency Percutaneous Coronary Intervention" (*Zhonghua nei ke za zhi*, v. 55, n. 12, pp. 932-6, 2016). DOI: 10.3760/cma.j.issn.0578-1426.2016.12.005.

11. A CÉLULA GUARDIÃ: NEUTRÓFILOS E SUA *KAMPF* CONTRA PATÓGENOS [pp. 216-29]

1. Benjamin Franklin, *Autobiography of Benjamin Franklin*. Nova York: John B. Alden, 1892, p. 96.

2. Gabriel Andral, *Essai d'hématologie pathologique*. Paris: Fortin, Masson et Cie, 1843.

3. William Addison, *Experimental and Practical Researches on Inflammation and on the Origin and Nature of Tubercles of the Lung*. Londres: J. Churchill, 1843, p. 10.

4. Ibid., p. 62.

5. Ibid., p. 57.

6. Ibid., p. 61.

7. Siddhartha Mukherjee, "Before Virus, After Virus: A Reckoning". *Cell*, v. 183, pp. 308--14, 15 out. 2020. DOI: 10.1016/j.cell.2020.09.042.

8. Ilya Mechnikov, "On the Present State of the Question of Immunity in Infectious Diseases" (Palestra do Nobel, Estocolmo, 11 dez. 1908).

9. Ibid.

10. Elias Metchnikoff, "Über eine Sprosspilzkrankheit der Daphnien: Beitrag zur Lehre über den Kampf der Phagocyten gegen Krankheitserreger". *Archiv für Pathologische Anatomie und Physiologie und für Klinische Medicin*, v. 96, pp. 177-95, 1884.

11. Mechnikov, "Present State of the Question of Immunity in Infectious Diseases", op. cit.

12. Katia D. Filippo e Sara M. Rankin, "The Secretive Life of Neutrophils Revealed by Intravital Microscopy". *Frontiers in Cell and Developmental Biology*, v. 8, n. 1236, 10 nov. 2020. DOI: doi.org/10.3389/fcell.2020.603230. Ver também Pei Xiong Liew e Paul Kubes, "The Neutrophil's

Role During Health and Disease" (*Physiological Reviews*, v. 99, n. 2, pp. 1223-48, fev. 2019). DOI: 10.1152/physrev.00012.2018.

13. Citado em Om Prakash Jaggi, *Medicine in India* (Oxford: Oxford University Press, 2000), p. 138.

14. Arthur Boylston, "The Origins of Inoculation". *Journal of the Royal Society of Medicine*, v. 105, n. 7, pp. 309-13, jul. 2012. DOI: 10.1258/jrsm.2012.12k044.

15. Wee Kek Koon, "Powdered Pus up the Nose and Other Chinese Precursors to Vaccinations". *South China Morning Post*, on-line, 6 abr. 2020. Disponível em: <www.scmp.com/magazines/post-magazine/short-reads/article/3078436/powdered-pus-nose-and-other-chinese-precursors>.

16. Ahmed Bayoumi, "The History and Traditional Treatment of Smallpox in the Sudan". *Journal of Eastern African Research & Development*, v. 6, n. 1, pp. 1-10, 1976. Disponível em: <www.jstor.org/stable/43661421>.

17. Lady Mary Wortley Montagu, *Letters of the Right Honourable Lady M--y W--y M--u: Written During Her Travels in Europe, Asia, and Africa, to Persons of Distinction, Men of Letters, &c. in Different Parts of Europe*. Londres: S. Payne, A. Cook, and H. Hill, 1767, pp. 137-40.

18. Anne Marie Moulin, *Le Dernier Langage de la médecine: Histoire de l'immunologie de Pasteur au Sida*. Paris: Presses universitaires de France, 1991, p. 23.

19. Stefan Riedel, "Edward Jenner and the History of Smallpox and Vaccination". *Baylor University Medical Center Proceedings*, v. 18, n. 1, pp. 21-5, 2005. DOI: doi.org/10.1080/08998280.2005.11928028. Ver também Susan Brink, "What's the Real Story about the Milkmaid and the Smallpox Vaccine?" (National Public Radio [NPR], 1º fev. 2018).

20. Edward Jenner, "An Inquiry into the Causes and Effects of the Variole Vaccine, or Cow-pox, 1798". In: ______, *The Three Original Publications on Vaccination against Smallpox by Edward Jenner*. Louisiana State University, Law Center. Disponível em: <biotech.law.lsu.edu/cphl/history/articles/jenner.htm#top>.

21. James F. Hammarsten, William Tattersall e James E. Hammarsten, "Who Discovered Smallpox Vaccination? Edward Jenner or Benjamin Jesty?". *Transactions of the American Clinical and Climatological Association*, v. 90, pp. 44-55, 1979. Disponível em: <www.ncbi.nlm.nih.gov/pmc/articles/PMC2279376/pdf/tacca00099-0087.pdf>.

22. Mar Naranjo-Gomez et al., "Neutrophils Are Essential for Induction of Vaccine-like Effects by Antiviral Monoclonal Antibody Immunotherapies". *JCI Insight*, v. 3, n. 9, art. e97339, 3 maio 2018. DOI: 10.1172/jci.insight.97339. Ver também Jean Louis Palgen et al., "Prime and Boost Vaccination Elicit a Distinct Innate Myeloid Cell Immune Response" (*Scientific Reports*, v. 8, n. 3087, 2018). DOI: doi.org/10.1038/s41598-018-21222-2.

12. A CÉLULA DEFENSORA: SE UMA PESSOA ENCONTRA UMA PESSOA [pp. 230-47]

1. Robert Burns, "Comin Thro' the Rye" [1782]. In: James Johnson (Org.), *The Scottish Musical Museum; Consisting of Upwards of Six Hundred Songs, with Proper Basses for the Piano-forte*. Edimburgo: William Blackwood and Sons, 1839, v. 5, pp. 430-1.

2. Cay-Rüdiger Prüll, "Part of a Scientific Master Plan? Paul Ehrlich and the Origins of His

Receptor Concept". *Medical History*, v. 47, n. 3, pp. 332-56, jul. 2003. Disponível em: <www.ncbi.nlm.nih.gov/pmc/articles/PMC1044632/>.

3. Paul Ehrlich, "Ehrlich, P. (1891), Experille Untersuchungen über Immunität. I. Über Ricin". *DMW — Deutsche Medizinische Wochenschrift*, v. 17, n. 32, pp. 976-9, 1891.

4. Emil von Behring e Shibasaburo Kitasato, "Über das Zustandekommen der Diphtherie--Immunität und der Tetanus-Immunität bei Thieren". *Deutschen Medicinischen Wochenschrift*, v. 49, pp. 1113-4, 1890. DOI: doi.org/10.17192/eb2013.0164.

5. Jean Lindenmann, "Origin of the Terms 'Antibody' and 'Antigen'". *Scandinavian Journal of Immunology*, v. 19, n. 4, pp. 281-5, abr. 1984. DOI: 10.1111/j.1365-3083.1984.tb00931.x.

6. Emil von Behring, "Untersuchungen über das Zustandekommen der Diphtherie-Immunität bei Thieren". *Deutschen Medicinischen Wochenschrift*, v. 50, pp. 1145-8, 1890. Ver também William Bulloch, *The History of Bacteriology* (Londres: Oxford University Press, 1938). Ver também L. Brieger, Shibasaburo Kitasato e A. Wassermann, "Über Immunität und Giftfestigung" (*Zeitschrift für Hygiene und Infektionskrankheiten*, v. 12, pp. 254-5, 1892). Ver também Ladislas Deutsch, "Contribution à l'étude de l'origine des anticorps typhiques" (*Annales de l'Institut Pasteur*, v. 13, pp. 689-727, 1899). Ver também Paul Ehrlich, "Experille Untersuchungen über Immunität. II. Ueber Abrin" (*Deutsche Medizinische Wochenschrift*, v. 17, pp. 1218-9, 1891) e "Über Immunität durch Vererbung und Säugung" (*Zeitschrift für Hygiene und Infektionskrankheiten, medizinische Mikrobiologie, Immunologie und Virologie*, v. 12, pp. 183-203, 1892).

7. Jean Lindenmann, "Origin of the Terms 'Antibody' and 'Antigen'", op. cit., pp. 281-5.

8. Rodney R. Porter, "Structural Studies of Immunoglobulins" (Palestra do Nobel, Estocolmo, 12 dez. 1972).

9. Gerald M. Edelman, "Antibody Structure and Molecular Immunology" (Palestra do Nobel, Estocolmo, 12 dez. 1972).

10. Linus Pauling, "A Theory of the Structure and Process of Formation of Antibodies". *Journal of the American Chemical Society*, v. 62, n. 10, pp. 2643-57, 1940.

11. Joshua Lederberg, "Genes and Antibodies". *Science*, v. 129, n. 3364, pp. 1649-53, 1959.

12. Frank Macfarlane Burnet, "A Modification of Jerne's Theory of Antibody Production Using the Concept of Clonal Selection". *CA: A Cancer Journal for Clinicians*, v. 26, n. 2, pp. 119--21, mar./abr. 1976. Ver também id., "Immunological Recognition of Self " (Palestra do Nobel, Estocolmo, 12 dez. 1960).

13. Lewis Thomas, *The Lives of a Cell: Notes of a Biology Watcher*. Nova York: Penguin, 1978, pp. 91-102.

14. Susumu Tonegawa, "Somatic Generation of Antibody Diversity". *Nature*, v. 302, pp. 575-81, 1983.

15. Georges Köhler e Cesar Milstein, "Continuous Cultures of Fused Cells Secreting Antibody of Predefined Specificity". *Nature*, v. 256, pp. 495-7, 7 ago. 1975. DOI: doi.org/10.1038/256495a0.

16. Lee Nadler et al., "Serotherapy of a Patient with a Monoclonal Antibody Directed against a Human Lymphoma-Associated Antigen". *Cancer Research*, v. 40, n. 9, pp. 3147-54, set. 1980. PMID: 7427932.

17. Ron Levy, entrevista com o autor, dezembro de 2021.

13. A CÉLULA SAGAZ: A SUTIL INTELIGÊNCIA DA CÉLULA T [pp. 248-73]

1. Jacques Miller, “Revisiting Thymus Function”. *Frontiers in Immunology*, v. 5, p. 411, 28 ago. 2014. DOI: doi.org/10.3389/fimmu.2014.00411.

2. Id., “Discovering the Origins of Immunological Competence”. *Annual Review of Immunology*, v. 17, pp. 1-17, 1999. DOI: 10.1146/annurev.immunol.17.1.1.

3. Ibid.

4. Alain Townsend, “Vincenzo Cerundolo 1959-2020”. *Nature Immunology*, v. 21, n. 3, p. 243, mar. 2020. DOI: 10.1038/s41590-020-0617-5.

5. Rolf M. Zinkernagel e Peter C. Doherty, “Immunological Surveillance against Altered Self Components by Sensitised T Lymphocytes in Lymphocytes Choriomeningitis”. *Nature*, v. 251, n. 5475, pp. 547-8, 11 out. 1974. DOI: 10.1038/251547a0.

6. Alain Townsend, entrevista com o autor, 2019.

7. Pam Bjorkman e P. Parham, “Structure, Function, and Diversity of Class I Major Histocompatibility Complex Molecules”. *Annual Review of Biochemistry*, v. 59, pp. 253-88, 1990. DOI: 10.1146/annurev.bi.59.070190.001345.

8. Alain Townsend e Andrew McMichael, “MHC Protein Structure: Those Images That Yet Fresh Images Beget”. *Nature*, v. 329, n. 6139, pp. 482-3, 8-14 out. 1987. DOI: 10.1038/329482a0.

9. William Butler Yeats, “Bizâncio”. Em *Poesia da recusa*. Trad. de Augusto de Campos. São Paulo: Perspectiva, 2006.

10. James Allison, Bradley W. McIntyre e David Bloch, “Tumor-Specific Antigen of Murine T-Lymphoma Defined with Monoclonal Antibody”. *Journal of Immunology*, v. 129, n. 5, pp. 2293-300, nov. 1982. PMID: 6181166. Ver também Yusuke Yanagi et al., “A Human T cell-Specific CDNA Clone Encodes a Protein Having Extensive Homology to Immunoglobulin Chains” (*Nature*, v. 308, pp. 145-9, 8 mar. 1984). DOI: doi.org/10.1038/308145a0. Ver também Stephen M. Hedrick et al., “Isolation of CDNA Clones Encoding T cell-Specific Membrane-Associated Proteins” (*Nature*, v. 308, pp. 149-53, 8 mar. 1984). DOI: doi.org/10.1038/308149a0.

11. Javier A. Carrero e Emil R. Unanue, “Lymphocyte Apoptosis as an Immune Subversion Strategy of Microbial Pathogens”. *Trends in Immunology*, v. 27, n. 11, pp. 497-503, nov. 2006. DOI: doi.org/10.1016/j.it.2006.09.005.

12. Charles A. Janeway et al., *Immunobiology: The Immune System in Health and Disease*. 5. ed. Nova York: Garland Science, 2001, pp. 114-30. Disponível em: <www.ncbi.nlm.nih.gov/books/NBK27098/>.

13. Lewis Thomas, *A Long Line of Cells: Collected Essays*. Nova York: Book of the Month Club, 1990, p. 71.

14. Mirko D. Grmek, *History of AIDS: Emergence and Origin of a Modern Pandemic*. Trad. de Russell C. Maulitz e Jacalyn Duffin. Princeton: Princeton University Press, 1993, p. 3.

15. Ibid, p. 5.

16. Robert D. McFadden, “Frances Oldham Kelsey, Who Saved U. S. Babies from Thalidomide, Dies at 101”, op. cit.

17. “*Pneumocystis* Pneumonia — Los Angeles”. *Morbidity and Mortality Weekly Report* (*MMWR*), v. 30, n. 21, p. 250, 5 jun. 1981. Disponível em: <stacks.cdc.gov/view/cdc/1261>.

18. Ibid.

19. Ibid.

20. Kenneth B. Hymes et al., "Kaposi's Sarcoma in Homosexual Men — A Report of Eight Cases". *Lancet*, v. 318, n. 8247, pp. 598-600, 19 set. 1981. DOI: 10.1016/s0140-6736(81)92740-9.

21. Robert O. Brennan e David T. Durack, "Gay Compromise Syndrome". *Lancet*, v. 318, n. 8259, 12 dez. 1981. Cartas ao editor, pp. 1338-9. DOI: doi.org/10.1016/S0140-6736(81)91352-0.

22. Mirko D. Grmek, *History of AIDS: Emergence and Origin of a Modern Pandemic*, op. cit., pp. 6-12.

23. "Acquired Immuno-Deficiency Syndrome — AIDS". *Morbidity and Mortality Weekly Report* (*MMWR*), v. 31, n. 37, pp. 507, 513-4, 24 set. 1982. Disponível em: <stacks.cdc.gov/view/cdc/35049>.

24. Michael S. Gottlieb et al., "Pneumocystis Carinii Pneumonia and Mucosal Candidiasis in Previously Healthy Homosexual Men: Evidence of a New Acquired Cellular Immunodeficiency". *New England Journal of Medicine*, v. 305, n. 24, pp. 1425-31, 10 dez. 1981. DOI: 10.1056/NEJM198112103052401. Ver também Henry Masur et al., "An Outbreak of Community--Acquired *Pneumocystis carinii* Pneumonia: Initial Manifestation of Cellular Immune Dysfunction" (*New England Journal of Medicine*, v. 305, n. 24, pp. 1431-8, 10 dez. 1981). DOI: 10.1056/NEJM198112103052402. Ver também Frederick P. Siegal et al., "Severe Acquired Immunodeficiency in Male Homosexuals, Manifested by Chronic Perianal Ulcerative Herpes Simplex Lesions" (*New England Journal of Medicine*, v. 305, n. 24, pp. 1439-44, 10 dez. 1981). DOI: 10.1056/NEJM198112103052403.

25. Jonathan M. Kagan et al., "A Brief Chronicle of CD4 as a Biomarker for HIV/AIDS: A Tribute to the Memory of John L. Fahey". *Forum on Immunopathological Diseases and Therapeutics*, v. 6, n. 1/2, pp. 55-64, 2015. DOI: 10.1615/ForumImmunDisTher.2016014169.

26. Françoise Barré-Sinoussi et al., "Isolation of a T-Lymphotropic Retrovirus from a Patient at Risk for Acquired Immune Deficiency Syndrome (AIDS)". *Science*, v. 220, n. 4599, pp. 868-71, 20 maio 1983. DOI: 10.1126/science.6189183.

27. Jörg Schüpbach et al., "Serological Analysis of a Subgroup of Human T-Lymphotropic Retroviruses (HTLV-III) Associated with AIDS". *Science*, v. 224, n. 4648, pp. 503-5, 4 maio 1984. DOI: 10.1126/science.6200937; Robert C. Gallo et al., "Frequent Detection and Isolation of Cytopathic Retroviruses (HTLV-III) from Patients with AIDS and at Risk for AIDS". *Science*, v. 224, n. 4648, pp. 500-3, 4 maio 1984. DOI: 10.1126/science.6200936; M. G. Sarngadharan et al., "Antibodies Reactive with Human T-Lymphotropic Retroviruses (HTLV-III) in the Serum of Patients with AIDS". *Science*, v. 224, n. 4648, pp. 506-8, 4 maio 1984. DOI: 10.1126/science.6324345; Mikulas Popovic et al., "Detection, Isolation, and Continuous Production of Cytopathic Retroviruses (HTLV-III) from Patients with AIDS and Pre-AIDS". *Science*, v. 224, n. 4648, pp. 497-500, 4 maio 1984. DOI: 10.1126/science.6200935.

28. Robert C. Gallo, "The Early Years of HIV/AIDS". *Science*, v. 298, n. 5599, pp. 1728-30, 29 nov. 2002. DOI: 10.1126/science.1078050.

29. Para uma coleção completa de artigos decisivos nessa área, ver: Ruth Kulstad (Org.), *AIDS: Papers from Science, 1982-1985* (Washington, DC: American Association for the Advancement of Science, 1986).

30. Salman Rushdie, *Midnight's Children*. Toronto: Alfred A. Knopf, 2010.

31. Laura Gyuay et al., "Intrapartum and Neonatal Single-Dose Nevirapine Compared

with Zidovudine for Prevention of Mother-to-Child Transmission of HIV-1 in Kampala, Uganda: HIVNET 012 Randomised Trial". *Lancet*, v. 354, n. 9181, pp. 795-802, 4 set. 1999. DOI: doi.org/10.1016/S0140-6736(99)80008-7. Disponível em: <www.sciencedirect.com/science/article/pii/S0140673699800087>.

32. Timothy Ray Brown, "I Am the Berlin Patient: A Personal Reflection". *AIDS Research and Human Retroviruses*, v. 31, n. 1, pp. 2-3, 1 jan. 2015. DOI: 10.1089/aid.2014.0224. Ver também Sabin Russell, "Timothy Ray Brown, Who Inspired Millions Living with HIV, Dies of Leukemia" (Fred Hutchinson Cancer Center, 30 set. 2020). Disponível em: <www.fredhutch.org/en/news/center-news/2020/09/timothy-ray-brown-obit.html>.

33. Timothy Ray Brown, "I Am the Berlin Patient: A Personal Reflection", op. cit., pp. 2-3.

14. A CÉLULA TOLERANTE: O EU, O HORROR AUTOTÓXICO E A IMUNOTERAPIA [pp. 274-92]

1. Walt Whitman, "Canção de mim mesmo". Em *Folhas de relva*. Trad. de Rodrigo Garcia Lopes. São Paulo: Iluminuras, 2005.

2. Lewis Carroll, *Alice in Wonderland*. Auckland: Floating, 2009, p. 35.

3. Elda Gaino, Giorgio Bavestrello e Giuseppe Magnino, "Self/Non, Self Recognition in Sponges". *Italian Journal of Zoology*, v. 66, n. 4, pp. 299-315, 1999. DOI: 10.1080/112500099 09356270.

4. Aristotle, *De Anima*. Trad. de R. D. Hicks. Nova York: Cosimo Classics, 2008.

5. Brian Black, *The Character of the Self in Ancient India: Priests, Kings, and Women in the Early Upanishads*. Albany: State University of New York Press, 2007.

6. Marios Loukas et al., "Anatomy in Ancient India: A Focus on Susruta Samhita". *Journal of Anatomy*, v. 217, n. 6, pp. 646-50, dez. 2010. DOI: 10.1111/j.1469-7580.2010.01294.x.

7. James F. George e Laura J. Pinderski, "Peter Medawar and the Science of Transplantation: A Parable". *Journal of Heart and Lung Transplantation*, v. 29, n. 9, p. 927, 1º set. 2001. DOI: doi.org/10.1016/S1053-2498)01)00345-X.

8. Ibid.

9. George D. Snell, "Studies in Histocompatibility" (Palestra do Nobel, Estocolmo, 8 dez. 1980).

10. Ray D. Owen, "Immunogenetic Consequences of Vascular Anastomoses Between Bovine Twins". *Science*, v. 102, n. 2651, pp. 400-1, 19 out. 1945. DOI: 10.1126/science.102.2651.400.

11. Macfarlane Burnet, *Self and Not-Self*. Londres: Cambridge University Press, 1969, p. 25.

12. John W. Kappler, Neal Roehm e Philippa Marrack, "T Cell Tolerance by Clonal Elimination in the Thymus". *Cell*, v. 49, n. 2, pp. 273-80, 24 abr. 1987. DOI: 10.1016/0092-8674(87)90568-x.

13. Carolin Daniel, Jens Nolting e Harald von Boehmer, "Mechanisms of Self-Nonself Discrimination and Possible Clinical Relevance". *Immunotherapy*, v. 1, n. 4, pp. 631-44, jul. 2009. DOI: 10.2217/imt.09.29.

14. Paul Ehrlich, *Collected Studies on Immunity*. Nova York: John Wiley & Sons, 1906, p. 388.

15. William Shakespeare, "When Icicles Hang by the Wall", *Love's Labour's Lost. London Sunday Times*, on-line, 30 dez. 2012. Disponível em: <www.thetimes.co.uk/article/when-icicles-hang-by-the-wall-by-william-shakespeare-1564-1616-5kgxk93bnwc>.

16. William B. Coley, "The Treatment of Inoperable Sarcoma with the Mixed Toxins of Erysipelas and Bacillus Prodigiosus: Immediate and Final Results in One Hundred Forty Cases". *Journal of the American Medical Association (JAMA)*, v. 31, n. 9, pp. 456-65, 27 ago. 1898. DOI: 10.1001/jama.1898.92450090022001g; id., "The Treatment of Malignant Tumors by Repeated Inoculation of Erysipelas". *Journal of the American Medical Association (JAMA)*, v. 20, n. 22, pp. 615-6, 3 jun. 1893. DOI: 10.1001/jama.1893.02420490019007; id., "II. Contribution to the Knowledge of Sarcoma". *Annals of Surgery*, v. 14, n. 3, pp. 199-200, set. 1891. DOI: 10.1097/00000658189112000-00015.

17. Steven A. Rosenberg e Nicholas P. Restifo, "Adoptive Cell Transfer as Personalized Immunotherapy for Human Cancer". *Science*, v. 348, n. 6230, pp. 62-8, abr. 2015. DOI: 10.1126/science.aaa4967.

18. James P. Allison, "Immune Checkpoint Blockade in Cancer Therapy" (Palestra do Nobel, Estocolmo, 7 dez. 2018).

19. Tasuku Honjo, "Serendipities of Acquired Immunity" (Palestra do Nobel, Estocolmo, 7 dez. 2018).

20. Julie R. Brahmer et al., "Safety and Activity of anti-PD-L1 Antibody in Patients with Advanced Cancer". *New England Journal of Medicine*, v. 366, n. 26, pp. 2455-65, 28 jun. 2012. DOI: 10.1056/NEJMoa1200694. Ver também Omid Hamid et al., "Safety and Tumor Responses with Lambrolizumab (anti-PD-1) in Melanoma" (*New England Journal of Medicine*, v. 369, n. 2, pp. 134-44, 11 jul. 2013). DOI: 10.1056/NEJMoa1305133.

15. A PANDEMIA [pp. 295-306]

1. Giovanni Boccaccio, *Decameron*. Trad. de Ivone Benedetti. Porto Alegre: L&PM, 2013.

2. Mechelle L. Holshue et al., "First Case of 2019 Novel Coronavirus in the United States". *New England Journal of Medicine*, v. 382, n. 10, pp. 929-36, 2020. DOI: 10.1056/NEJMoa2001191.

3. *The Wire* e Murad Banaji, "As Delta Tore Through India, Deaths Skyrocketed in Eastern UP, Analysis Finds". *The Wire*, 11 fev. 2022. Disponível em: <science.thewire.in/health/covid-19-excess-deaths-eastern-uttar-pradesh-cjp-investigation/>.

4. Mayank Aggarwal, "Indian Journalist Live-Tweeting Wait for Hospital Bed Dies from Covid". *Independent*, 21 abr. 2021. Disponível em: <www.independent.co.uk/asia/india/india-journalist-tweet-covid-death-b1834362.html>.

5. Akiko Iwasaki, entrevista com o autor, abr. 2020.

6. Camilla Rothe et al., "Transmission of 2019-nCoV Infection from an Asymptomatic Contact in Germany". *New England Journal of Medicine*, v. 328, pp. 970-1, 2020. DOI: 10.1056/NEJMc2001468.

7. Caspar I. van der Made et al., "Presence of Genetic Variants among Young Men with Severe Covid-19". *Journal of the American Medical Association (JAMA)*, v. 324, n. 7, pp. 663-73, 2020. DOI: 10.1001/jama.2020.13719.

8. Daniel Blanco-Melo et al., "Imbalanced Host Response to Sars-COV-2 Drives Development of Covid-19". *Cell*, v. 181, n. 5, pp. 1036-45, 2020. DOI: 10.1016/j.cell.2020.04.026.

9. Ben tenOever, entrevista com o autor, jan. 2020.

10. Qian Zhang et al., "Inborn Errors of Type I IFN Immunity in Patients with Life-Threatening Covid-19". *Science*, v. 370, n. 6515, art. eabd4570, 2020. DOI: 10.1126/science.abd4570. Ver também Paul Bastard et al., "Autoantibodies against Type I IFNs in Patients with Life-Threatening Covid-19" (*Science*, v. 370, n. 6515, art. eabd4585, 2020). DOI: 10.1126/science.abd4585.

11. James Somers, "How the Coronavirus Hacks the Immune System". *New Yorker*, 2 nov. 2020. Disponível em: <www.newyorker.com/magazine/2020/11/09/how-the-coronavirus-hacks-the-immune-system>.

12. Akiko Iwasaki, entrevista com o autor, abr. 2020.

13. Zadie Smith, "Fascinated to Presume: In Defense of Fiction". *New York Review of Books*, 24 out. 2019. Disponível em: <www.nybooks.com/articles/2019/10/24/zadie-smith-in-defense-of-fiction/>.

16. A CÉLULA CIDADÃ: OS BENEFÍCIOS DE PERTENCER [pp. 311-22]

1. Elias Canetti, *Crowds and Power*. Trad. de Carol Stewart. Nova York: Continuum, Farrar, Straus and Giroux, 1981, p. 16.

2. William Harvey, *The Circulation of the Blood: Two Anatomical Essays*. Trad. de Kenneth J. Franklin. Oxford: Blackwell Scientific, 1958, p. 12.

3. Siddhartha Mukherjee, "What the Coronavirus Crisis Reveals about American Medicine". *New Yorker*, 27 abr. 2020. Disponível em: <www.newyorker.com/magazine/2020/05/04/what-the-coronavirus-crisis-reveals-about-american-medicine>.

4. Aristotle, *On the Soul, Parva Naturalia, On Breath*. Trad. de W. S. Hett. Londres: William Heinemann, 1964.

5. Galen, *On the Usefulness of the Parts of the Body*. Trad. de Margaret Tallmadge May. Nova York: Cornell University Press, 1968, p. 292.

6. Izet Masic, "Thousand-Year Anniversary of the Historical Book: 'Kitab al-Qanun fit-Tibb' — The Canon of Medicine, Written by Abdullah ibn Sina". *Journal of Research in Medical Sciences*, v. 17, n. 11, pp. 993-1000, 2012. Disponível em: <www.ncbi.nlm.nih.gov/pmc/articles/PMC3702097/>.

7. D'Arcy Power, *William Harvey: Masters of Medicine*. Londres: T. Fisher Unwin, 1897. Ver também William C. Aird, "Discovery of the Cardiovascular System: From Galen to William Harvey" (*Journal of Thrombosis and Hemostasis*, v. 9, n. 1, pp. 118-29, 2011). DOI: 10.1111/j.1538-7836.2011.04312.x.

8. Edgar F. Mauer, "Harvey in London". *Bulletin of the History of Medicine*, v. 33, n. 1, pp. 21-36, 1959. Disponível em: <www.jstor.org/stable/44450586>.

9. William Harvey, *On the Motion of the Heart and Blood in Animals*. Trad. de Robert Willis, org. de Jarrett A. Carty. Eugene, OR: Resource, 2016, p. 36.

10. Hannah Landecker, *Culturing Life: How Cells Became Technologies*. Cambridge, MA: Harvard University Press, 2007, p. 75.

11. Alexis Carrel, "On the Permanent Life of Tissue Outside of the Organism". *Journal of Experimental Medicine*, v. 15, n. 5, pp. 516-30, 1912. Disponível em: <www.ncbi.nlm.nih.gov/pmc/articles/PMC2124948/pdf/516.pdf>.

12. William T. Porter, "Coordination of Heart Muscle without Nerve Cells". *Journal of the Boston Society of Medical Sciences*, v. 3, n. 2, 1898. Disponível em: <pubmed.ncbi.nlm.nih.gov/19971205/>.

13. Carl J. Wiggers, "Some Significant Advances in Cardiac Physiology During the Nineteenth Century". *Bulletin of the History of Medicine*, v. 34, n. 1, pp. 1-15, 1960. Disponível em: <www.jstor.org/stable/44446654>.

14. Beáta Bugyi e Miklós Kellermayer, "The Discovery of Actin: 'To See What Everyone Else Has Seen, and to Think What Nobody Has Thought'". *Journal of Muscle Research and Cell Motility*, v. 41, pp. 3-9, 2020. DOI: doi.org/10.1007/s10974-019-09515-z. Ver também Andrzej Grzybowski e Krzysztof Pietrzak, "Albert Szent Györrgi (1893-1986): The Scientist Who Discovered Vitamin C" (*Clinics in Dermatology*, v. 31, pp. 327-31, 2013). Disponível em: <www.cidjournal.com/action/showPdf?pii=S0738-081X%2812%2900171-X>. Ver também Albert Szent-Györgyi, "Contraction in the Heart Muscle Fibre" (*Bulletin of the New York Academy of Medicine*, v. 28, n. 1, pp. 3-10, 1952). Disponível em: <www.ncbi.nlm.nih.gov/pmc/articles/PMC1877124/pdf/bullnyacadmed00430-0012.pdf>.

15. Ibid.

17. A CÉLULA CONTEMPLATIVA: O NEURÔNIO VERSÁTIL [pp. 323-52]

1. Emily Dickinson, "O cérebro é mais vasto que o céu" [1862]. Em *Uma centena de poemas*. Trad. de Aíla de Oliveira Gomes. São Paulo: T. A. Queiroz; Edusp, 1985.

2. Camillo Golgi, "The Neuron Doctrine — Theory and Facts" (Palestra do Nobel, Estocolmo, 11 dez. 1906). Disponível em: <www.nobelprize.org/uploads/2018/06/golgilecture.pdf>.

3. Ennio Pannese, "The Golgi Stain: Invention, Diffusion and Impact on Neurosciences". *Journal of the History of the Neurosciences*, v. 8, n. 2, pp. 132-40, 1999. DOI: 10.1076/jhin.8.2.132.1847.

4. Larry W. Swanson, Eric Newman, Alfonso Araque e Janet M. Dubinsky, *The Beautiful Brain: The Drawings of Santiago Ramon y Cajal*. Nova York: Abrams, 2017, p. 12.

5. Marina Bentivoglio, "Life and Discoveries of Santiago Ramón y Cajal". The Nobel Prize, 20 abr. 1998. Disponível em: <www.nobelprize.org/prizes/medicine/1906/cajal/article/>. Ver também Luis Ramón y Cajal, "Cajal, as Seen by His Son" (Cajal Club, 1984). Disponível em: <cajalclub.org/wp-content/uploads/sites/9568/2019/08/Cajal-As-Seen-By-His-Son-by-Luis-Ram%C3%B3n-y-Cajal-p.-73.pdf>; e Santiago Ramón y Cajal, "The Structure and Connections of Neurons" (Palestra do Nobel, Estocolmo, 12 dez. 1906). Disponível em: <www.nobelprize.org/uploads/2018/06/cajal-lecture.pdf>.

6. Santiago Ramón y Cajal, *Recollections of My Life*. Trad. de E. Horne Craigie e Juan Cano. Cambridge, MA: MIT Press, 1996, p. 36.

7. "The Nobel Prize in Physiology or Medicine 1906". The Nobel Prize. Disponível em: <www.nobelprize.org/prizes/medicine/1906/summary/>.

8. Pablo Garcia-Lopez, Virginia Garcia-Marin e Miguel Freire, "The Histological Slides and Drawings of Cajal". *Frontiers in Neuroanatomy*, v. 4, n. 9, 2010. DOI: 10.3389/neuro.05.009.2010.

9. Henry Schmidt, "Frogs and Animal Electricity". Whipple Museum of the History of Science (Universidade de Cambridge). Disponível em: <www.whipplemuseum.cam.ac.uk/explore-whipple-collections/frogs/frogs-and-animal-electricity>.

10. Christof J. Schwiening, "A Brief Historical Perspective: Hodgkin and Huxley". *Journal of Physiology*, v. 590, n. 11, pp. 2571-5, 2012. DOI: 10.1113/jphysiol.2012.230458.

11. Alan Hodgkin e Andrew Huxley, "Action Potentials Recorded from Inside a Nerve Fibre". *Nature*, v. 144, n. 3651, pp. 710-1, 1939. DOI: 10.1038/144710a0.

12. Kay Ryan, "Leaving Spaces". In: ______, *The Best of It: New and Selected Poems*. Nova York: Grove, 2010, p. 38.

13. J. F. Fulton, *Physiology of the Nervous System*. Nova York: Oxford University Press, 1949.

14. Henry Dale, "Some Recent Extensions of the Chemical Transmission of the Effects of Nerve Impulses" (Palestra do Nobel, Estocolmo, 12 dez. 1936). Disponível em: <www.nobelprize.org/prizes/medie/1936/dale/lecture/>.

15. *Report of the Wellcome Research Laboratories at the Gordon Memorial College, Khartoum*. Cartum: Wellcome Research Laboratories, 1908, v. 3, p. 138.

16. Otto Loewi, "The Chemical Transmission of Nerve Action" (Palestra do Nobel, Estocolmo, 12 dez. 1936). Disponível em: <www.nobelprize.org/prizes/medicine/1936/loewi/lecture/>. Ver também Alli N. McCoy e Yong Siang Tan, "Otto Loewi (1873-1961): Dreamer and Nobel Laureate" (*Singapore Medical Journal*, v. 55, n. 1, pp. 3-4, 2014). DOI: 10.11622/smedj.2014002.

17. Otto Loewi, "An Autobiographical Sketch". *Perspectives in Biology and Medicine*, v. 4, n. 1, pp. 3-25, 1960. Disponível em: <muse.jhu.edu/article/404651/pdf>.

18. Don Todman, "Henry Dale and the Discovery of Chemical Synaptic Transmission". *European Neurology*, v. 60, pp. 162-4, 2008. DOI: doi.org/10.1159/000145336.

19. Annapurna Uppala et al., "Impact of Neurotransmitters on Health through Emotions". *International Journal of Recent Scientific Research*, v. 6, n. 10, pp. 6632-6, 2015. DOI: 10.1126/science.1089662.

20. Edward O. Wilson, *Cartas a um jovem cientista*. Trad. de Rogério Galindo. São Paulo: Companhia das Letras, 2015.

21. Christopher S. von Bartheld, Jami Bahney e Suzana Herculano-Houzel, "The Search for True Numbers of Neurons and Glial Cells in the Human Brain: A Review of 150 Years of Cell Counting". *Journal of Comparative Neurology*, v. 524, n. 18, pp. 3865-95, 2016. DOI: 10.1002/cne.24040.

22. Sarah Jäkel e Leda Dimou, "Glial Cells and Their Function in the Adult Brain: A Journey through the History of Their Ablation". *Frontiers in Cellular Neuroscience*, v. 11, 2017. DOI: doi.org/10.3389/fncel.2017.00024.

23. Dorothy P. Schafer et al., "Microglia Sculpt Postnatal Neural Circuits in an Activity

and Complement Dependent Manner". *Neuron*, v. 74, n. 4, pp. 691-705, 2012. DOI: 10.1016/j.neuron.2012.03.026.

24. Carla J. Shatz, "The Developing Brain". *Scientific American*, v. 267, n. 3, pp. 60-7, 1992. Disponível em: <www.jstor.org/stable/24939213>.

25. Hans Agrawal, entrevista com o autor, out. 2015.

26. Beth Stevens et al., "The Classical Complement Cascade Mediates CNS Synapse Elimination". *Cell*, v. 131, n. 6, pp. 1164-78, 2007. DOI: doi.org/10.1016/j.cell.2007.10.036.

27. Beth Stevens, entrevista com o autor, fev. 2016.

28. Virginia Hughes, "Microglia: The Constant Gardeners". *Nature*, v. 485, pp. 570-2, 2012. DOI: doi.org/10.1038/485570a.

29. Andrea Dietz, Steven A. Goldman e Maiken Nedergaard, "Glial Cells in Schizophrenia: A Unified Hypothesis". *Lancet Psychiatry*, v. 7, n. 3, pp. 272-81, 2019. DOI: 10.1016/S2215-0366(19)30302-5.

30. Kenneth Koch, "Um trem pode esconder outro". Trad. de Marília Garcia. *Inimigo Rumor*, v. 20. 7Letras; Cosac & Naify, 2008.

31. William Styron, *Darkness Visible: A Memoir of Madness*. Nova York: Open Road, 2010, p. 10.

32. Paul Greengard, entrevista com o autor, jan. 2019.

33. Ibid. Ver também Jung-Hyuck Ahn et al., "The B"/PR72 Subunit Mediates Ca2+-dependent Dephosphorylation of DARPP32 by Protein Phosphatase 2A" (*Proceedings of the National Academy of Sciences*, v. 104, n. 23, pp. 9876-81, 2007). DOI: 10.1073/pnas.0703589104.

34. Carl Sandburg, "Fog". In: ______, *Chicago Poems*. Nova York: Henry Holt, 1916, p. 71.

35. Andrew Solomon, *The Noonday Demon: An Atlas of Depression*. Nova York: Scribner, 2001, p. 33. [Ed. bras.: *demônio do meio-dia: Uma anatomia da depressão*. São Paulo: Companhia das Letras, 2018, p. 15.]

36. Robert A. Maxwell e Shohreh B. Eckhardt, *Drug Discovery: A Casebook and Analysis*. Nova York: Springer Science+Business Media, 1990, pp. 143-54. Ver também Siddhartha Mukherjee, "Post-Prozac Nation" (*New York Times Magazine*, 19 abr. 2012). Disponível em: <www.nytimes.com/2012/04/22/magazine/the-science-and-history-of-treating-depression.html>; e Alexis Wnuk, "Rethinking Serotonin's Role in Depression" (BrainFacts, 8 mar. 2019). Disponível em: <www.sfn.org/sitecore/content/home/brainfacts2/diseases-and-disorders/mental-health/2019/rethinking-serotonins-role-in-depression-030819>.

37. "TB Milestone: Two New Drugs Give Real Hope of Defeating the Dread Disease". *Life*, v. 32, n. 9, pp. 20-1, 1952.

38. Arvid Carlsson, "A Half-Century of Neurotransmitter Research: Impact on Neurology and Psychiatry" (Palestra do Nobel, Estocolmo, 8 dez. 2000). Disponível em: <www.nobelprize.org/uploads/2018/06/carlsson-lecture.pdf>.

39. Elizabeth Wurtzel, *Prozac Nation*. Nova York: Houghton Mifflin, 1994, p. 203.

40. Ibid., pp. 454-5.

41. Per Svenningsson et al., "P11 and Its Role in Depression and Therapeutic Responses to Antidepressants". *Nature Reviews Neuroscience*, v. 14, pp. 673-80, 2013. DOI: 10.1038/nrn3564. Para o clássico artigo de Greengard sobre sinalização de dopamina, ver John W. Kebabian, Gary L. Petzold e Paul Greengard, "Dopamine-Sensitive Adenylate Cyclase in Caudate Nucleus of Rat

Brain, and Its Similarity to the 'Dopamine Receptor'" (*Proceedings of the National Academy of Science*, v. 69, n. 8, pp. 2145-9, ago. 1972). DOI:10.1073/pnas.69.8.2145.

42. Helen S. Mayberg, "Targeted Electrode-Based Modulation of Neural Circuits for Depression". *Journal of Clinical Investigation*, v. 119, n. 4, pp. 717-25, 2009. DOI: 10.1172/JCI38454.

43. David Dobbs, "Why a 'Lifesaving' Depression Treatment Didn't Pass Clinical Trials". *Atlantic*, 17 abr. 2018. Disponível em: <www.theatlantic.com/science/archive/2018/04/zapping-peoples-brains-didnt-cure-their-depression-until-it-did/558032/>.

44. Helen Mayberg, entrevista com o autor, nov. 2021.

45. Helen S. Mayberg et al., "Deep Brain Stimulation for Treatment-Resistant Depression". *Neuron*, v. 45, pp. 651-60, 2005. DOI: 10.1016/j.neuron.2005.02.014. Ver também Heidi Johansen-Berg et al., "Anatomical Connectivity of the Subgenual Cingulate Region Targeted with Deep Brain Stimulation for Treatment-Resistant Depression" (*Cerebral Cortex*, v. 18, n. 6, pp. 1374-83, 2008). DOI: 10.1093/cercor/bhm167.

46. David Dobbs, "Why a 'Lifesaving' Depression Treatment Didn't Pass Clinical Trials", op. cit.

47. Peter Tarr, "'A Cloud Has Been Lifted': What Deep-Brain Stimulation Tells Us About Depression and Depression Treatments". Brain and Behavior Research Foundation, 17 set. 2018. Disponível em: <www.bbrfoundation.org/content/cloud-has-been-lifted-what-deep-brain-stimulation-tells-us-about-depression-and-depression>.

48. "BROADEN Trial of DBS for Treatment-Resistant Depression Halted by the FDA". The Neurocritic, 18 jan. 2014. Disponível em: <neurocritic.blogspot.com/2014/01/broaden-trial-of--dbs-for-treatment.html>.

49. Paul E. Holtzheimer et al., "Subcallosal Cingulate Deep Brain Stimulation for Treatment-Resistant Depression: A Multisite, Randomised, Sham-Controlled Trial". *Lancet Psychiatry*, v. 4, n. 11, pp. 839-49, 2017. DOI: 10.1016/S2215-0366(17)30371-1.

18. A CÉLULA ORQUESTRADORA: HOMEOSTASE, FIXIDEZ E EQUILÍBRIO [pp. 353-70]

1. Rudolf Virchow, "Lecture I: Cells and the Cellular Theory". In: ______, *Cellular Pathology as Based Upon Physiological and Pathological Histology: Twenty Lectures Delivered in the Pathological Institute of Berlin*. Trad. de Frank Chance. Londres: John Churchill, 1860, pp. 1-23.

2. Pablo Neruda, "Keeping Still". Trad. de Dan Bellum. *Literary Imagination*, v. 8, n. 3, p. 512, 2016.

3. Salvador Navarro, "A Brief History of the Anatomy and Physiology of a Mysterious and Hidden Gland Called the Pancreas". *Gastroenterología y hepatología*, v. 37, n. 9, pp. 527-34, 2014. DOI: 10.1016/j.gastro hep.2014.06.007.

4. John M. Howard e Walter Hess, *History of the Pancreas: Mysteries of a Hidden Organ*. Nova York: Springer Science+Business Media, 2002.

5. Citado em ibid., p. 6.

6. Ibid., p. 12.

7. Ibid., p. 15.

8. Ibid., p. 16.

9. Sanjay A. Pai, “Death and the Doctor”. *Canadian Medical Association Journal*, v. 167, n. 12, pp. 1377-8, 2002. Disponível em: <www.ncbi.nlm.nih.gov/pmc/articles/PMC138651/>.

10. Claude Bernard, “Sur l’Usage du suc pancréatique”. *Bulletin de la Société Philomatique*, pp. 34-6, 1848. Ver também id., *Mémoire sur le pancréas, et sur le role du suc pancréatique dans les phénomènes digestifs; particulièrement dans la digestion des matières grasses neutres* (Paris: Kessinger, 2010).

11. Michael Bliss, *Banting: A Biography*. Toronto: University of Toronto Press, 1992.

12. Lars Rydén e Jan Lindsten, “The History of the Nobel Prize for the Discovery of Insulin”. *Diabetes Research and Clinical Practice*, v. 175, 2021. DOI: doi.org/10.1016/j.diabres.2021.108819.

13. Ian Whitford, Sana Qureshi e Alessandra L. Szulc, “The Discovery of Insulin: Is There Glory Enough for All?”. *Einstein Journal of Biology and Medicine*, v. 28, n. 1, pp. 12-7, 2016. Disponível em: <einsteinmed.edu/uploadedFiles/Pulications/EJBM/28.1_12-17_Whitford.pdf>.

14. Siang Yong Tan e Jason Merchant, “Frederick Banting (1891-1941): Discoverer of Insulin”. *Singapore Medical Journal*, v. 58, n. 1, pp. 2-3, 2017. DOI: 10.11622/smedj.2017002.

15. “Banting & Best: Progress and Uncertainty in the Lab”. Defining Moments Canada, [s.d.]. Disponível em: <definingmomentscanada.ca/insulin100/timeline/banting-best-progress-and-uncertainty-in-the-lab/>.

16. Michael Bliss, *The Discovery of Insulin*. Toronto: McClelland & Stewart, 2021, pp. 67-72.

17. Justin M. Gregory, Daniel Jensen Moore e Jill H. Simmons, “Type 1 Diabetes Mellitus”. *Pediatrics in Review*, v. 34, n. 5, pp. 203-15, 2013. DOI: 10.1542/pir.34-5-203.

18. Douglas Melton, “The Promise of Stem Cell-Derived Islet Replacement Therapy”. *Diabetologia*, v. 64, pp. 1030-6, 2021. DOI: doi.org/10.1007/s00125-020-05367-2.

19. David Ewing Duncan, “Doug Melton: Crossing Boundaries”. *Discover*, on-line, 5 jun. 2005. Disponível em: <www.discovermagazine.com/health/doug-melton-crossing-boundaries>.

20. Karen Weintraub, “The Quest to Cure Diabetes: From Insulin to the Body’s Own Cells”. *The Price of Health*, WBUR, 27 jun. 2019. Disponível em: <www.wbur.org/news/2019/06/27/future-innovation-diabetes-drugs>.

21. Gina Kolata, “A Cure for Type 1 Diabetes? For One Man, It Seems to Have Worked”. *New York Times*, 27 nov. 2021. Disponível em: <www.nytimes.com/2021/11/27/health/diabetes-cure-stem-cells.html>.

22. Felicia W. Pagliuca et al., “Generation of Functional Human Pancreatic β Cells in Vitro”. *Cell*, v. 159, n. 2, pp. 428-39, 2014. DOI: 10.1016/j.cell.2014.09.040.

23. Gina Kolata, “A Cure for Type 1 Diabetes? For One Man, It Seems to Have Worked”, op. cit.

24. John Y. L. Chiang, “Liver Physiology: Metabolism and Detoxification”. In: Linda M. McManus e Richard N. Mitchell (Orgs.), *Pathobiology of Human Disease*. San Diego: Elsevier, 2014, pp. 1770-82. DOI: 10.1016/B978-0-12-386456-7.04202-7.

25. Carl Zimmer, *Life’s Edge: The Search for What It Means to Be Alive*. Nova York: Penguin Random House, 2021, pp. 128-37.

PARTE VI — RENASCIMENTO [pp. 373-4]

1. Philip Roth, *Everyman*. Londres: Penguin Random House, 2016, p. 133.

19. A CÉLULA RENOVADORA: CÉLULAS-TRONCO E O NASCIMENTO DO TRANSPLANTE [pp. 375-98]

1. Rachel Kushner, *The Hard Crowd*. Nova York: Scribner, 2021, p. 229.

2. Joe Sornberger, *Dreams and Due Diligence: Till and McCulloch's Stem Cell Discovery and Legacy*. Toronto: University of Toronto Press, 2011, pp. 30-1.

3. Jessie Kratz, "Little Boy: The First Atomic Bomb". National Archives, 6 ago. 2020. Disponível em: <prologue.blogs.archives.gov/2020/08/06/little-boy-the-first-atomic-bomb/>. Ver também Katie Serena, "See the Eerie Shadows of Hiroshima That Were Burned into the Ground by the Atomic Bomb" (All That's Interesting, 19 mar. 2018). Disponível em: <allthatsinteresting.com/hiroshima-shadows>.

4. George R. Caron e Charlotte E. Meares, *Fire of a Thousand Suns: The George R. "Bob" Caron Story: Tail Gunner of the Enola Gay*. Littleton, CO: Web Publishing, 1995.

5. Robert Jay Lifton, "On Death and Death Symbolism". *American Scholar*, v. 34, n. 2, pp. 257-72, 1965. Disponível em: <www.jstor.org/stable/41209276>.

6. Irving L. Weissman e Judith A. Shizuru, "The Origins of the Identification and Isolation of Hematopoietic Stem Cells, and Their Capability to Induce Donor-Specific Transplantation Tolerance and Treat Autoimmune Diseases". *Blood*, v. 112, n. 9, pp. 3543-53, 2008. DOI: 10.1182/blood-2008-08-078220.

7. Cynthia Ozick, *Metaphor and Memory*. Londres: Atlantic, 2017, p. 109.

8. Ernst Haeckel, *Natürliche Schöpfungsgeschichte Gemeinverständliche wissenschaftliche Vorträge über die Entwickelungslehre im Allgemeinen und diejenige von Darwin, Göthe und Lamarck im Besonderen, über die Anwendung derselben auf den Ursprung des Menschen und andern damit zusammenhängende Gründfragen der NaturWissenschaft. Mit Tafeln, Holzschnitten, systematischen und genealogischen Tabellen*. Berlim: Berlag von Georg Reimer, 1868. Ver também Miguel Ramalho-Santos e Holger Willenbring, "On the Origin of the Term 'Stem Cell'" (*Cell*, v. 1, n. 1, pp. 35-8, 2007). DOI: doi.org/10.1016/j.stem.2007.05.013.

9. Valentin Hacker, "Die Kerntheilungsvorgänge bei der Mesoderm-und Entodermbildung von Cyclops". *Archiv für mikroskopische Anatomie*, pp. 556-81, 1892. Disponível em: <www.biodiversitylibrary.org/item/49530#page/7/mode/1up>.

10. Artur Pappenheim, "Ueber Entwickelung und Ausbildung der Erythroblasten". *Archiv für mikroskopische Anatomie*, pp. 587-643, 1896. DOI: doi.org/10.1007/BF0196990.

11. Edmund Wilson, *The Cell in Development and Inheritance*. Nova York: Macmillan, 1897.

12. Wojciech Zakrzewski et al., "Stem Cells: Past, Present and Future". *Stem Cell Research and Therapy*, v. 10, n. 68, 2019. DOI: doi.org/10.1186/s13287-019-1165-5.

13. Lawrence K. Altman, "Ernest McCulloch, Crucial Figure in Stem Cell Research, Dies

at 84". *New York Times*, 1 fev. 2011. Disponível em: <www.nytimes.com/2011/02/01/health/research/01mcculloch.html>.

14. Joe Sornberger, *Dreams and Due Diligence: Till and McCulloch's Stem Cell Discovery and Legacy*. Toronto: University of Toronto Press, 2011. Ver também Edward Shorter, *Partnership for Excellence: Medicine at the University of Toronto and Academic Hospitals* (Toronto: University of Toronto Press, 2013), pp. 107-14.

15. James E. Till e Ernest McCulloch, "A Direct Measurement of the Radiation Sensitivity of Normal Mouse Bone Marrow Cells". *Radiation Research*, v. 14, n. 2, pp. 213-22, 1961. Disponível em: <tspace.library.utoronto.ca/retrieve/4606/RadRes_1961_14_213.pdf>.

16. Joe Sornberger, *Dreams and Due Diligence: Till and McCulloch's Stem Cell Discovery and Legacy*, op. cit., p. 33.

17. Ibid.

18. Ibid., p. 38.

19. Irving Weissman, entrevista com o autor, 2019.

20. Gerald J. Spangrude, Shelly Heimfeld e Irving L. Weissman, "Purification and Characterization of Mouse Hematopoietic Stem Cells". *Science*, v. 241, n. 4861, pp. 58-62, 1988. DOI: 10.1126/science.2898810. Ver também Hideo Ema et al., "Quantification of Self-Renewal Capacity in Single Hematopoietic Stem Cells from Normal and Lnk-Deficient Mice" (*Developmental Cell*, v. 8, n. 6, pp. 907-14, 2006). DOI: doi .org/10.1016/j.devcel.2005.03.019.

21. Gerald J. Spangrude, Shelly Heimfeld e Irving L. Weissman, "Purification and Characterization of Mouse Hematopoietic Stem Cells", op. cit., pp. 58-62. DOI: 10.1126/science.2898810. Ver também Christopher M. Baum et al., "Isolation of a Candidate Human Hematopoietic Stem-Cell Population" (*Proceedings of the National Academy of Sciences of the United States of America*, v. 89, n. 7, pp. 2804-8, 1992). DOI: 10.1073/pnas.89.7.2804; e Bruno Péault, Irving Weissman e Christopher Baum, "Analysis of Candidate Human Blood Stem Cells in 'Humanized' Immune-Deficiency SCID Mice" (*Leukemia*, v. 7, supl. 2, pp. S98-101, 1993). Disponível em: <pubmed.ncbi.nlm.nih.gov/7689676/>.

22. William Robinson, Donald Metcalf e T. Ray Bradley, "Stimulation by Normal and Leukemic Mouse Sera of Colony Formation in Vitro by Mouse Bone Marrow Cells". *Journal of Cellular Therapy*, v. 69, n. 1, pp. 83-91, 1967. DOI: doi.org/10.1002/jcp.1040690111. Ver também E. Richard Stanley e Donald Metcalf, "Partial Purification and Some Properties of the Factor in Normal and Leukaemic Human Urine Stimulating Mouse Bone Marrow Colony Growth in Vitro" (*Australian Journal of Experimental Biology and Medical Science*, v. 47, n. 4, pp. 467-83, 1969). DOI: 10.1038/ icb.1969.51.

23. Carrie Madren, "First Successful Bone Marrow Transplant Patient Surviving and Thriving at 60". *American Association for the Advancement of Science*, 2 out. 2014. Disponível em: <www.aaas.org/first-successful-bone-marrow-transplant-patient-surviving-and-thriving-60>. Ver também Siddhartha Mukherjee, "The Promise and Price of Cellular Therapies", op. cit.

24. Frederick R. Appelbaum, "Edward Donnall Thomas (1920-2012)". *The Hematologist*, v. 10, n. 1, 1 jan. 2013. DOI: doi.org/10.1182/hem.V10.1.1088.

25. Israel Henig e Tsila Zuckerman, "Hematopoietic Stem Cell Transplantation — 50 Years of Evolution and Future Perspectives". *Rambam Maimonides Medical Journal*, v. 5, n. 4, 2014. DOI: 10.5041/RMMJ.10162.

26. Geoff Watts, "Georges Mathé". *Lancet*, v. 376, n. 9753, p. 1640, 2010. DOI: doi.org/10.1016/S0140-6736(10)62088-0. Ver também Douglas Martin, "Dr. Georges Mathé, Transplant Pioneer, Dies at 88" (*New York Times*, 20 out. 2010). Disponível em: <www.nytimes.com/2010/10/21/health/research/21mathe.html>.

27. Sandi Doughton, "Dr. Alex Fefer, 72, Whose Research Led to First Cancer Vaccine, Dies". *Seattle Times*, 29 out. 2010. Disponível em: <www.seattletimes.com/seattle-news/obituaries/dr-alex-fefer-72-whose-research-led-to-first-cancer-vaccine-dies/>. Ver também Gabriel Campanario, "At 79, Noted Scientist Still Rows to Work and for Play" (*Seattle Times*, 15 ago. 2014). Disponível em: <www.seattletimes.com/seattle-news/at-79-noted-scientist-still-rowstowork-and-for-play/>; e Susan Keown, "Inspiring a New Generation of Researchers: Beverly Torok-Storb, Transplant Biologist and Mentor" (Fred Hutchinson Cancer Center, 7 jul. 2014). Disponível em: <www.fredhutch.org/en/faculty-lab-directory/torok-storb-beverly/torok-storbspotlight.html&link=btn>.

28. Marco Mielcarek et al., "CD34 Cell Dose and Chronic Graft-Versus-Host Disease after Human Leukocyte Antigen-Matched Sibling Hematopoietic Stem Cell Transplantation". *Leukemia & Lymphoma*, v. 45, n. 1, pp. 27-34, 2004. DOI: 10.1080/1042819031000151103.

29. Frederick R. Appelbaum, "Haematopoietic Cell Transplantation as Immunotherapy". *Nature*, v. 411, pp. 385-9, 2001. DOI: doi.org/10.1038/35077251.

30. Frederick Appelbaum, entrevista com o autor, jun. 2019.

31. "Anatoly Grishchenko, Pilot at Chernobyl, 53". *New York Times*, 4 jul. 1990. Disponível em: <www.nytimes.com/1990/07/04/obituaries/anatoly-grishchenko-pilot-at-chernobyl-53.html>. Ver também Tim Klass, "Chernobyl Helicopter Pilot Getting Bone-Marrow Transplant in Seattle" (AP News, 13 abr. 1990). Disponível em: <apnews.com/article/5b6c2 2b da9eba11ec 767dffa5bbb665b>.

32. Avichai Shimoni et al., "Long-Term Survival and Late Events after Allogeneic Stem Cell Transplantation from HLA-Matched Siblings for Acute Myeloid Leukemia with Myeloablative Compared to Reduced-Intensity Conditioning: A Report on Behalf of the Acute Leukemia Working Party of European Group for Blood and Marrow Transplantation". *Journal of Hematology & Oncology*, v. 9, 2016. DOI: doi.org/10.1186/s13045-016-0347-1. Ver também "Acute Myeloid Leukemia (AML) — Adult". *Transplant Indications and Outcomes, Disease-Specific Indications and Outcomes* (Be the Match. National Marrow Donor Program). Disponível em: <bethematchclinical.org/transplant-indications-and-outcomes/disease-specific-indications-and-outcomes/aml---adult/>.

33. Gina Kolata, "Man Who Helped Start Stem Cell War May End It". *New York Times*, 22 nov. 2007. Disponível em: <www.nytimes.com/2007/11/22/science/22stem.html>.

34. James A. Thomson et al., "Embryonic Stem Cell Lines Derived from Human Blastocysts". *Science*, v. 282, n. 5391, pp. 1145-7, 1998. DOI: 10.1126/science.282.5391.1145.

35. David Cyranoski, "How Human Embryonic Stem Cells Sparked a Revolution". *Nature*, v. 555, pp. 428-30, 26 abr. 2018. Disponível em: <www.nature.com/articles/d41586-018-03268-4>.

36. Varnee Murugan, "Embryonic Stem Cell Research: A Decade of Debate from Bush to Obama". *Yale Journal of Biology and Medicine*, v. 82, n. 3, pp. 101-3, 2009. Disponível em:

<www.ncbi.nlm.nih.gov/pmc/articles/PMC2744932/#:~:text=On%20August%209%2C%20 2001%2C%20U.S.,still%20be%20eligible%20for%20funding>.

37. Kazutoshi Takahashi e Shinya Yamanaka, "Induction of Pluripotent Stem Cells from Mouse Embryonic and Adult Fibroblast Cultures by Defined Factors". *Cell*, v. 126, n. 4, pp. 663--76, 2006. DOI: 10.1016/j.cell.2006.07.024. Ver também Shinya Yamanaka, "The Winding Road to Pluripotency" (Palestra do Nobel, Estocolmo, 7 dez. 2012). Disponível em: <www.nobelprize.org/uploads/2018/06/yamanaka-lecture.pdf>.

38. Megan Scudellari, "A Decade of iPS Cells". *Nature*, v. 534, pp. 310-2, 2016. DOI: 10.1038/534310a.

39. M. J. Evans e M. H. Kaufman, "Establishment in Culture of Pluripotential Cells from Mouse Embryos". *Nature*, v. 292, pp. 154-6, 1981. DOI: doi.org/10.1038/292154a0.

40. Kazutoshi Takahashi et al., "Induction of Pluripotent Stem Cells from Adult Human Fibroblasts by Defined Factors". *Cell*, v. 131, n. 5, pp. 861-72, 2007. DOI: doi.org/10.1016/j.cell.2007.11.019.

20. A CÉLULA REPARADORA: LESÃO, DECOMPOSIÇÃO E CONSTÂNCIA [pp. 399-413]

1. Kay Ryan, "Tenderness and Rot". In: ______, *The Best of It: New and Selected Poems*, op. cit., p. 232.

2. Robert Service, "Bonehead Bill". Best Poems Encyclopedia. Disponível em: <www.best-poems.net/robert_w_service/bonehead_bill.html>.

3. Daniel L. Worthley et al., "Gremlin 1 Identifies a Skeletal Stem Cell with Bone, Cartilage, and Reticular Stromal Potential". *Cell*, v. 160, n. 1/2, pp. 269-84, 2015. DOI: 10.1016/j.cell.2014.11.042.

4. Charles K. F. Chan et al., "Identification of the Human Skeletal Stem Cell". *Cell*, v. 175, n. 1, pp. 43-56.e21, 2018. DOI: 10.1016/j.cell.2018.07.029.

5. Bo O. Zhou et al., "Leptin-Receptor-Expressing Mesenchymal Stromal Cells Represent the Main Source of Bone Formed by Adult Bone Marrow". *Cell Stem Cell*, v. 15, n. 2, pp. 154-68, ago. 2014. DOI: 10.1016/j.stem.2014.06.008.

6. Albrecht Fölsing, *Albert Einstein: A Biography*. Trad. de Ewald Osers. Nova York: Penguin, 1998, p. 219.

7. Dados ainda não publicados de Ng Jia, Toghrul Jafarov e Siddhartha Mukherjee.

8. Philip Larkin, "The Old Fools". Em *High Windows*. Londres: Faber & Faber, 2012. [Ed. bras.: "Os velhos tolos". Em *Janelas altas*. Trad. de Rui Carvalho Homem. Lisboa: Cotovia, 2004.]

21. A CÉLULA EGOÍSTA: A EQUAÇÃO ECOLÓGICA E O CÂNCER [pp. 414-28]

1. William H. Woglom, "General Review of Cancer Therapy". In: Forest R. Moulton (Org.), *Approaches to Tumor Chemotherapy*. Washington, DC: American Association for the Advancement of Sciences, 1947, pp. 1-10.

2. Para uma revisão geral do câncer: Vincent DeVita, Samuel Hellman e Steven Rosen-

berg, *Cancer: Principles & Practice of Oncology*. 2. ed. Org. de Ramaswamy Govindan (Filadélfia: Lippincott Williams & Wilkins, 2012). Ver também Siddhartha Mukherjee, *O imperador de todos os males: Uma biografia do câncer* (São Paulo: Companhia das Letras, 2012).

3. Para uma revisão de mutações celulares "condutoras" e "passageiras": Kristina Anderson et al., "Genetic Variegation of Clonal Architecture and Propagating Cells in Leukaemia" (*Nature*, v. 469, pp. 356-61, 2011). DOI: doi.org/10.1038/nature09650. Ver também Noemi Andor et al., "Pan-Cancer Analysis of the Extent and Consequences of Intratumor Heterogeneity" (*Nature Medicine*, v. 22, pp. 105-13, 2016). DOI: doi.org/10.1038/nm.3984; e Fabio Vandin, "Computational Methods for Characterizing Cancer Mutational Heterogeneity" (*Frontiers in Genetics*, v. 8, n. 83, 2017. DOI: 10.3389/fgene.2017.00083.

4. Andrei V. Krivstov et al., "Transformation from Committed Progenitor to Leukaemia Stem Cell Initiated by MLL-AF9". *Nature*, v. 442, n. 7104, pp. 818-22, 2006. DOI: 10.1038/nature04980.

5. Robert M. Bachoo et al., "Epidermal Growth Factor Receptor and Ink4a/Arf: Convergent Mechanisms Governing Terminal Differentiation and Transformation along the Neural Stem Cell to Astrocyte Axis". *Cancer Cell*, v. 1, n. 3, pp. 269-77, 2002. doi: 10.1016/s1535-6108(02)00046-6. Ver também Eric C. Holland, "Gliomagenesis: Genetic Alterations and Mouse Models" (*Nature Reviews Genetics*, v. 2, n. 2, pp. 120-9, 2001). DOI: 10.1038/35052535.

6. John E. Dick e Tsvee Lapidot, "Biology of Normal and Acute Myeloid Leukemia Stem Cells". *International Journal of Hematology*, v. 82, n. 5, pp. 389-96, 2005. DOI:10.1532/IJH97.05144.

7. Elsa Quintana et al., "Efficient Tumor Formation by Single Human Melanoma Cells". *Nature*, v. 456, pp. 593-8, 2008. DOI: doi.org/10.1038/nature07567.

8. Ian Collins e Paul Workman, "New Approaches to Molecular Cancer Therapeutics". *Nature Chemical Biology*, v. 2, pp. 689-700, 2006. DOI: doi.org/10.1038/nchembio840.

9. Jay J. H. Park et al., "An Overview of Precision Oncology Basket and Umbrella Trials for Clinicians". *CA: A Cancer Journal for Clinicians*, v. 70, n. 2, pp. 125-37, 2020. DOI: doi.org/10.3322/caac.21600.

10. David M. Hyman et al., "Vemurafenib in Multiple Nonmelanoma Cancers with BRAF V600 Mutations". *New England Journal of Medicine*, v. 373, pp. 726-36, 2015. DOI: 10.1056/NEJMoa1502309.

11. Chul Kim e Giuseppe Giaccone, "Lessons Learned from BATTLE-2 in the War on Cancer: The Use of Bayesian Method in Clinical Trial Design". *Annals of Translational Medicine*, v. 4, n. 23, p. 466, 2016. DOI: 10.21037/atm.2016.11.48.

12. Sawsan Rashdan e David E. Gerber, "Going into BATTLE: Umbrella and Basket Clinical Trials to Accelerate the Study of Biomarker-Based Therapies". *Annals of Translational Medicine*, v. 4, n. 24, p. 529, 2016. DOI: 10.21037/atm.2016.12.57.

13. Michael B. Yaffe, "The Scientific Drunk and the Lamppost: Massive Sequencing Efforts in Cancer Discovery and Treatment". *Science Signaling*, v. 6, n. 269, p. pe13, 2013. DOI: 10.1126/scisignal.2003684.

14. David W. Smithers, "Cancer: An Attack on Cytologism". *Lancet*, v. 279, n. 7228, pp. 493-9, 1962. DOI: doi.org/10.1016/S0140-6736(62)91475-7.

15. Otto Warburg, Karl Posener e Erwin Negelein, "The Metabolism of Cancer Cells". *Biochemische Zeitschrift*, v. 152, pp. 319-44, 1924.

22. AS CANÇÕES DA CÉLULA [pp. 429-35]

1. Wallace Stevens, "Thirteen Ways of Looking at a Blackbird". Em *The Collected Poems of Wallace Stevens*. Nova York: Alfred A. Knopf, 1971, pp. 92-5. [Ed. bras.: "Treze maneiras de olhar para um melro". In: ______, *O imperador do sorvete e outros poemas*. São Paulo: Companhia das Letras, 2017, p. 71.]

2. Amitav Ghosh, *The Nutmeg's Curse: Parables for a Planet in Crisis*. Chicago: University of Chicago Press, 2021, p. 96.

3. Barbara McClintock, "The Significance of Responses of the Genome to Challenge" (Palestra do Nobel, Estocolmo, 8 dez. 1983). Disponível em: <www.nobelprize.org/uploads/2018/06/mcclintock-lecture.pdf>.

4. Carl Ludwig Schleich, *Those Were Good Days: Reminiscences*. Trad. de Bernard Miall. Londres: George Allen & Unwin, 1935, p. 151.

EPÍLOGO — "MELHORES VERSÕES DE MIM MESMO" [pp. 437-46]

1. Kay Ryan, "The Test We Set Ourselves". In: ______, *The Best of It: New and Selected Poems*, op. cit., p. 66.

2. Walter Schrank, *Battle Cries of Every Size*. San Francisco: Blurb, 2021, p. 45.

3. Paul Greengard, entrevista com o autor, fev. 2019.

4. Kazuo Ishiguro, *Never Let Me Go*. Londres: Faber & Faber, 2009. [Ed. bras.: *Não me abandone jamais*. São Paulo: Companhia das Letras, 2016.]

5. Ibid., pp. 171-2.

6. Ibid., p. 171.

7. Louis Menand, "Something About Kathy". *New Yorker*, 28 mar. 2005.

8. Doris A. Taylor et al., "Building a Total Bioartificial Heart: Harnessing Nature to Overcome the Current Hurdles". *Artificial Organs*, v. 42, n. 10, pp. 970-82, 2018. DOI: 10.1111/ aor.13336.

9. Michael J. Sandel, "The Case against Perfection". *Atlantic*, abr. 2004. Disponível em: <www.theatlantic.com/magazine/archive/2004/04/the-case-against-perfection/302927/>.

10. Citado em ibid.

11. William Saletan, "Tinkering with Humans". *New York Times*, 8 jul. 2007. Disponível em: <www.nytimes.com/2007/07/08/books/review/Saletan.html>.

12. Luke Darby, "Silicon Valley Doofs Are Spending $8,000 to Inject Themselves with the Blood of Young People". *GQ*, 20 fev. 2019. Disponível em: <www.gq.com/story/silicon-valley-young-blood>.

13. Michael J. Sandel, "The Case against Perfection", op. cit.

14. Ornob Alam, "Sickle-Cell Anemia Gene Therapy". *Nature Genetics*, v. 53, n. 8, p. 1119, 2021. DOI: 10.1038/s41588-021-00918-8. Ver também Arthur Bank, "On the Road to Gene

Therapy for Beta-Thalassemia and Sickle Cell Anemia" (*Pediatric Hematology and Oncology*, v. 25, n. 1, pp. 1-4, 2008). DOI: 10.1080/08880010701773829. G. Lucarelli et al., "Allogeneic Cellular Gene Therapy in Hemoglobinopathies — Evaluation of Hematopoietic SCT in Sickle Cell Anemia". *Bone Marrow Transplantation*, v. 47, n. 2, pp. 227-30, 2012. DOI: 10.1038/bmt.2011.79. Raouf Alami et al., "Anti-Beta S-Ribozyme Reduces Beta S MRNA Levels in Transgenic Mice: Potential Application to the Gene Therapy of Sickle Cell Anemia". *Blood Cells, Molecules and Diseases*, v. 25, n. 2, pp. 110-9, 1999. DOI: 10.1006/bcmd.1999.0235. André Larochelle et al., "Engraftment of Immune-Deficient Mice with Primitive Hematopoietic Cells from Beta-Thalassemia and Sickle Cell Anemia Patients: Implications for Evaluating Human Gene Therapy Protocols". *Human Molecular Genetics*, v. 4, n. 2, pp. 163-72, 1995. DOI: 10.1093/hmg/4.2.163. Wayengera Misaki, "Bone Marrow Transplantation (BMT) and Gene Replacement Therapy (GRT) in Sickle Cell Anemia". *Nigerian Journal of Medicine*, v. 17, n. 3, pp. 251-6, 2008. DOI: 10.4314/njm.v17i3.37390. Ver também Julie Kanter et al., "Biologic and Clinical Efficacy of LentiGlobin for Sickle Cell Disease" (*New England Journal of Medicine*, v. 10, n. 1056, 2021). Disponível em: <www.nejm.org/doi/full/10.1056/NEJ Moa2117175>.

15. Sunita Goyal et al., "Acute Myeloid Leukemia Case after Gene Therapy for Sickle Cell Disease". *New England Journal of Medicine*, v. 396, pp. 138-47, 2022. Disponível em: <www.nejm.org/doi/full/10.1056/NEJMoa2109167>. Ver também Nick Paul Taylor, "Bluebird Stops Gene Therapy Trials after 2 Sickle Cell Patients Develop Cancer" (Fierce Biotech, 16 fev. 2021). Disponível em: <www.fiercebiotech.com/biotech/bluebird-stops-gene-therapy-trials-after-2-sicklecell-patients-develop-cancer>.

16. Christian Brendel et al., "Lineage-Specific BCL11A Knockdown Circumvents Toxicities and Reverses Sickle Phenotype". *Journal of Clinical Investigation*, v. 126, n. 10, pp. 3868-78, 2016. DOI: 10.1172/JCI87885.

17. Erica B. Esrick et al., "Post-Transcriptional Genetic Silencing of BCL11A to Treat Sickle Cell Disease". *New England Journal of Medicine*, v. 384, pp. 205-15, 2021. DOI: 10.1056/NEJMoa2029392.

18. Adam C. Wilkinson et al., "Cas9-AAV6 Gene Correction of Beta-Globin in Autologous HSCs Improves Sickle Cell Disease Erythropoiesis in Mice". *Nature Communications*, v. 12, n. 1, p. 686, 2021. DOI: 10.1038/s41467-021-20909-x.

19. Michael Eisenstein, "Graphite Bio: Gene Editing Blood Stem Cells for Sickle Cell Disease". *Nature*, 7 jul. 2021. Disponível em: <www.nature.com/articles/d41587-021-00010-w>.

Referências bibliográficas

ACKERKNECHT, Erwin Heinz. *Rudolf Virchow: Doctor, Statesman, Anthropologist*. Madison: University of Wisconsin Press, 1953.

ACKERMAN, Margaret E.; NIMMERJAHN, Falk. *Antibody Fc: Linking Adaptive and Innate Immunity*. Amsterdam: Elsevier, 2014.

ADDISON, William. *Experimental and Practical Researches on Inflammation and on the Origin and Nature of Tubercles of the Lung*. Londres: J. Churchill, 1843.

AKTIPIS, Athena. *The Cheating Cell: How Evolution Helps Us Understand and Treat Cancer*. Princeton: Princeton University Press, 2020.

ALBERTS, Bruce; BRAY, Dennis; HOPKIN, Karen; JOHNSON, Alexander D.; LEWIS, Julian; RAFF, Martin; ROBERTS, Keith; WALTER, Peter. *Essential Cell Biology*. 4. ed. Nova York: Garland Science, 2013. [Ed. bras.: *Fundamentos da biologia celular*. 4 ed. Porto Alegre: Artmed, 2017.]

ALBERTS, Bruce; JOHNSON, Alexander; LEWIS, Julian; RAFF, Martin; ROBERTS, Keith. *Molecular Biology of the Cell*. 5. ed. Nova York: Garland Science, 2002. [Ed. bras.: *Biologia molecular da célula*. 6. ed. Porto Alegre: Artmed, 2017.]

APPELBAUM, Frederick R. E. *Donnall Thomas, 1920-2012*. Biographical Memoirs. National Academy of Sciences, 2021. Disponível em: <www.nasonline.org/publications/biographicalmemoirs/memoir-pdfs/thomas-e-donnall.pdf>.

ARISTOTLE. *On the Soul, Parva Naturalia, On Breath*. Trad. de Walter S. Hett. Londres: William Heinemann, 1964. Publicado pela primeira vez em 1691.

______. *De Anima*. Trad. de Robert D. Hicks. Nova York: Cosimo Classics, 2008. [Ed. bras.: *De Anima*. São Paulo: Ed. 34, 2006.]

AUBREY, John. *Aubrey's Brief Lives*. Londres: Penguin Random House, 2016.

BARTON, Hazel B.; WHITAKER, Rachel J. (Orgs.). *Women in Microbiology*. Washington, DC: American Society for Microbiology Press, 2018.

BAZELL, Robert. *Her-2: The Making of Herceptin, a Revolutionary Treatment for Breast Cancer*. Nova York: Random House, 1998.

BISS, Eula. *On Immunity: An Inoculation*. Minneapolis: Graywolf, 2014.

BLACK, Brian. *The Character of the Self in Ancient India: Priests, Kings, and Women in the Early Upanishads*. Albany: State University of New York Press, 2007.

BLISS, Michael. *Banting: A Biography*. Toronto: University of Toronto Press, 1992.

______. *The Discovery of Insulin*. Toronto: McClelland & Stewart, 2021.

BOCCACCIO, Giovanni. *The Decameron of Giovanni Boccaccio*. Trad. de John Payne. Frankfurt: Outlook, 2020. [Ed. bras.: *Decameron*. Trad. de Ivone Benedetti. Porto Alegre: L&PM, 2013.]

BOYD, Byron A. *Rudolf Virchow: The Scientist as Citizen*. Nova York: Garland, 1991.

BRADBURY, Savile. *The Evolution of the Microscope*. Oxford: Pergamon, 1967.

BRASIER, Martin. *Secret Chambers: The Inside Story of Cells and Complex Life*. Oxford: Oxford University Press, 2012.

BRIVANLOU, Ali H. (Org.). *Human Embryonic Stem Cells in Development*. Cambridge, MA: Academic Press, 2018.

BURNET, Macfarlane. *Self and Not-Self*. Londres: Cambridge University Press, 1969.

CAJAL, Santiago Ramón y. *Recollections of My Life*. Trad. de Edward Horne Craigie e Juan Cano. Cambridge, MA: MIT Press, 1996.

CAMARA, Niels Olsen Saraiva; BRAGA, Tárcio Teodoro (Orgs.). *Macrophages in the Human Body: A Tissue Level Approach*. Londres: Elsevier Science, 2022.

CAMPBELL, Alisa M. *Monoclonal Antibody Technology: The Production and Characterization of Rodent and Human Hybridomas*. Amsterdam: Elsevier, 1984.

CANETTI, Elias. *Crowds and Power*. Trad. de Carol Stewart. Nova York: Continuum, Farrar, Straus and Giroux, 1981. [Ed. bras.: *Massa e poder*. São Paulo: Companhia das Letras, 2019.]

CAREY, Nessa. *The Epigenetics Revolution: How Modern Biology Is Rewriting Our Understanding of Genetics, Disease and Inheritance*. Londres: Icon, 2011.

CARON, George R.; MEARES, Charlotte E. *Fire of a Thousand Suns: The George R. "Bob" Caron Story: Tail Gunner of the* Enola Gay. Westminster, CO: Web, 1995.

CARROLL, Lewis. *Alice in Wonderland*. Londres: Penguin, 1998. [Ed. bras.: *Alice no País das Maravilhas*. Porto Alegre: L&PM, 2003.]

CHAPMAN, Allan. *England's Leonardo: Robert Hooke and the Seventeenth-Century Scientific Revolution*. Bristol: Institute of Physics Publishing, 2005.

CONNER, Clifford D. *A People's History of Science: Miners, Midwives, and "Low Mechanicks"*. Nova York: Nation, 2005.

COPERNICUS, Nicolaus. *On the Revolutions of Heavenly Spheres*. Trad. de Charles Glenn Wallis. Nova York: Prometheus, 1995.

CRAWFORD, Dorothy H. *The Invisible Enemy: A Natural History of Viruses*. Oxford: Oxford University Press, 2002.

DANQUAH, Michael K.; MAHATO, Ram I. (Orgs.). *Emerging Trends in Cell and Gene Therapy*. Nova York: Springer, 2013.

DARWIN, Charles. *On the Origin of Species*. Org. de Gillian Beer. Oxford: Oxford University Press, 2008. [Ed. bras.: *A origem das espécies*. São Paulo: Ubu, 2018.]

DAVIS, Daniel Michael. *The Compatibility Gene: How Our Bodies Fight Disease, Attract Others, and Define Our Selves*. Oxford: Oxford University Press, 2014.

DAWKINS, Richard. *The Selfish Gene*. Oxford: Oxford University Press, 1989. [Ed. bras.: *O gene egoísta*. São Paulo: Companhia das Letras, 2007.]

DETTMER, Philipp. *Immune: A Journey into the Mysterious System That Keeps You Alive*. Nova York: Random House, 2021.

DEVITA, Vincent; HELLMAN, Samuel; ROSENBERG, Steven. *Cancer: Principles & Practice of Oncology*. 2. ed. Org. de Ramaswamy Govindan. Filadélfia: Lippincott Williams & Wilkins, 1985.

DICKINSON, Emily. *The Complete Poems of Emily Dickinson*. Org. de Thomas H. Johnson. Boston: Little, Brown, 1960. [Ed. bras.: *Poesia completa*. Campinas: Ed. da Unicamp; Brasília: UnB, 2020-1. 2 v.]

DOBSON, Mary. *The Story of Medicine: From Leeches to Gene Therapy*. Nova York: Quercus, 2013.

DÖLLINGER, Ignaz. *Was ist Absonderung und wie geschieht sie? Eine akademische Abhandlung von Dr. Ignaz Döllinger*. Würzburg: Nitribitt, 1819.

DOYLE, Arthur Conan. *The Adventures of Sherlock Holmes*. Hertfordshire: Wordsworth, 1996. [Ed. bras.: *As aventuras de Sherlock Holmes*. Rio de Janeiro: Zahar, 2011.]

DUNN, Leslie Clarence. *A Short History of Genetics: The Development of Some of the Main Lines of Thought, 1864-1939*. Ames: Iowa State University Press, 1991.

______. *Rudolf Virchow: Four Lives in One*. Publicação própria, 2016.

DYER, Betsey Dexter; OBAR, Robert Allan. *Tracing the History of Eukaryotic Cells: The Enigmatic Smile*. Nova York: Columbia University Press, 1994.

EDWARDS, Robert Geoffrey; STEPTOE, Patrick Christopher. *A Matter of Life: The Story of a Medical Breakthrough*. Nova York: William Morrow, 1980.

EHRLICH, Paul R. *Collected Studies on Immunity*. Nova York: John Wiley & Sons, 1906.

______. *The Collected Papers of Paul Ehrlich*. Org. de Fred Himmelweit, Henry Hallett Dale e Martha Marquardt. Londres: Elsevier Science & Technology, 1956.

FLORKIN, Marcel. *Papers About Theodor Schwann*. Paris: Liège, 1957.

FRANK, Lone. *The Pleasure Shock: The Rise of Deep Brain Stimulation and Its Forgotten Inventor*. Nova York: Penguin Random House, 2018.

FRIEDMAN, Meyer; FRIEDLAND, Gerald W. *Medicine's 10 Greatest Discoveries*. New Haven: Yale University Press, 1998.

GALEN. *On the Usefulness of the Parts of the Body*. Trad. de Margaret Tallmadge May. Ithaca: Cornell University Press, 1968.

GEISON, Gerald L. *The Private Science of Louis Pasteur*. Princeton: Princeton University Press, 1995.

GHOSH, Amitav. *The Nutmeg's Curse: Parables for a Planet in Crisis*. Chicago: University of Chicago Press, 2021.

GLOVER, Jonathan. *Choosing Children: Genes, Disability, and Design*. Oxford: Oxford University Press, 2006.

GODFREY, Edmund L. B. *Dr. Edward Jenner's Discovery of Vaccination*. Filadélfia: Hoeflich & Senseman, 1881.

GOETZ, Thomas. *The Remedy: Robert Koch, Arthur Conan Doyle, and the Quest to Cure Tuberculosis*. Nova York: Gotham, 2014.

GOODSELL, David S. *The Machinery of Life*. Nova York: Springer, 2009.

GREELY, Henry T. *CRISPR People: The Science and Ethics of Editing Humans*. Cambridge, MA: MIT Press, 2022.

GRMEK, Mirko D. *History of AIDS: Emergence and Origin of a Modern Pandemic*. Trad. de Russell C. Maulitz e Jacalyn Duffin. Princeton: Princeton University Press, 1993.

GUPTA, Anil. *Understanding Insulin and Insulin Resistance*. Oxford: Elsevier, 2022.

HAKIM, Nadey S.; PAPALOIS, Vassilios E. (Orgs.). *History of Organ and Cell Transplantation*. Londres: Imperial College Press, 2003.

HAROLD, Franklin M. *In Search of Cell History: The Evolution of Life's Building Blocks*. Chicago: University of Chicago Press, 2014.

HARRIS, Henry. *The Birth of the Cell*. New Haven: Yale University Press, 2000.

HARVEY, William. *The Circulation of the Blood: Two Anatomical Essays*. Trad. de Kenneth J. Franklin. Oxford: Blackwell Scientific, 1958.

______. *On the Motion of the Heart and Blood in Animals*. Org. de Jarrett A. Carty. Trad. de Robert Willis. Eugene, OR: Resource, 2016.

HENIG, Robin Marantz. *Pandora's Baby: How the First Test Tube Babies Sparked the Reproductive Revolution*. Cold Spring Harbor: Cold Spring Harbor Laboratory Press, 2006.

HIRST, Leonard Fabian. *The Conquest of Plague: A Study of the Evolution of Epidemiology*. Oxford: Clarendon, 1953.

HO, Anthony D.; CHAMPLIN, Richard E. (Orgs.). *Hematopoietic Stem Cell Transplantation*. Nova York: Marcel Dekker, 2000.

HO, Mae-Wan. *The Rainbow and the Worm: The Physics of Organisms*. 3. ed. Hackensack, NJ: World Scientific, 2008.

HOFER, Erhard; HESCHELER, Jürgen (Orgs.). *Adult and Pluripotent Stem Cells: Potential for Regenerative Medicine of the Cardiovascular System*. Dordrecht: Springer, 2014.

HOOKE, Robert. *Microphagia: Or Some Physiological Description of Minute Bodies Made by Magnifying Glasses with Observations and Inquiries Thereupon*. Londres: Royal Society, 1665.

HOWARD, John M.; HESS, Walter. *History of the Pancreas: Mysteries of a Hidden Organ*. Nova York: Springer Science+Business Media, 2002.

ISHIGURO, Kazuo. *Never Let Me Go*. Londres: Faber & Faber, 2009.

JAGGI, Om Prakash. *Medicine in India: Modern Period*. Oxford: Oxford University Press, 2000.

JANEWAY, Charles A. et al. *Immunobiology: The Immune System in Health and Disease*. 5. ed. Nova York: Garland Science, 2001.

JAUHAR, Sandeep. *Heart: A History*. Nova York: Farrar, Straus and Giroux, 2018.

JENNER, Edward. *On the Origin of the Vaccine Inoculation*. Londres: G. Elsick, 1863.

JOFFE, Stephen N. *Andreas Vesalius: The Making, the Madman, and the Myth*. Bloomington, IN: AuthorHouse, 2014.

KAUFMANN, Stefan H. E.; ROUSE, Barry T.; SACKS, David Lawrence (Orgs.). *The Immune Response to Infection*. Washington, DC: ASM, 2011.

KEMP, Walter L.; BURNS, Dennis K.; BROWN, Travis G. *The Big Picture: Pathology*. Nova York: McGraw-Hill, 2008.

KENNY, Anthony. *Ancient Philosophy*. Oxford: Clarendon, 2006.
KETTENMANN, Helmut; RANSOM, Bruce R. (Orgs.). *Neuroglia*. 3. ed. Oxford: Oxford University Press, 2013.
KIRKSEY, Eben. *The Mutant Project: Inside the Global Race to Genetically Modify Humans*. Bristol: Bristol University Press, 2021.
KITAMURA, Daisuke (Org.). *How the Immune System Recognizes Self and Nonself: Immunoreceptors and Their Signaling*. Tóquio: Springer, 2008.
KITTA, Andrea. *Vaccinations and Public Concern in History: Legend, Rumor and Risk Perception*. Nova York: Routledge, 2012.
KOCH, Kenneth. *One Train*. Nova York: Alfred A. Knopf, 1994.
KOCH, Robert. *Essays of Robert Koch*. Org. e trad. de Kay Codell Carter. Nova York: Greenwood, 1987.
KULSTAD, Ruth. *AIDS: Papers from Science, 1982-1985*. Nova York: Avalon, 1986.
KUSHNER, Rachel. *The Hard Crowd: Essays, 2000-2020*. Nova York: Scribner, 2021.
LAGERKVIST, Ulf. *Pioneers of Microbiology and the Nobel Prize*. Cingapura: World Scientific, 2003.
LAL, Pranay. *Invisible Empire: The Natural History of Viruses*. Gurugram: Penguin, 2021.
LANDECKER, Hannah. *Culturing Life: How Cells Became Technologies*. Cambridge, MA: Harvard University Press, 2007.
LANE, Nick. *Power, Sex, Suicide: Mitochondria and the Meaning of Life*. Oxford: Oxford University Press, 2005.
______. *The Vital Question: Energy, Evolution, and the Origins of Complex Life*. Nova York: W. W. Norton, 2015. [Ed. bras.: *Questão vital: Por que a vida é como é?*. Rio de Janeiro: Rocco, 2017.]
LEE, Daniel W.; SHAH, Nirali N. (Orgs.). *Chimeric Antigen Receptor T-Cell Therapies for Cancer*. Amsterdam: Elsevier, 2020.
LE FANU, James. *The Rise and Fall of Modern Medicine*. Londres: Abacus, 2000.
LEWIS, Jessica L. (Org.). *Gene Therapy and Cancer Research Progress*. Nova York: Nova Biomedical, 2008.
LOSTROH, Phoebe. *Molecular and Cellular Biology of Viruses*. Nova York: Garland Science, 2019.
LYONS, Sherrie L. *From Cells to Organisms: Re-Envisioning Cell Theory*. Toronto: University of Toronto Press, 2020.
MARQUARDT, Martha. *Paul Ehrlich*. Nova York: Schuman, 1951.
MAXWELL, Robert A.; ECKHARDT, Shohreh B. *Drug Discovery: A Casebook and Analysis*. Nova York: Springer Science+Business Media, 1990.
MCCULLOCH, Ernest A. *The Ontario Cancer Institute: Successes and Reverses at Sherbourne Street*. Montreal: McGill-Queen's University Press, 2003.
MCMAHON, Lynne; CURDY, Averill (Orgs.). *The Longman Anthology of Poetry*. Nova York: Pearson/Longman, 2006.
MICKLE, Shelley Fraser. *Borrowing Life: How Scientists, Surgeons, and a War Hero Made the First Successful Organ Transplant*. Watertown, MA: Imagine, 2020.
MILO, Ron; PHILIPS, Rob. *Cell Biology by the Numbers*. Nova York: Taylor & Francis, 2016.
MONOD, Jacques. *Chance and Necessity: An Essay on the Natural Philosophy of Modern Biology*. Nova York: Alfred A. Knopf, 1971.

MORRIS, Thomas. *The Matter of the Heart: A History of the Heart in Eleven Operations*. Londres: Bodley Head, 2017.

MUKHERJEE, Siddhartha. *The Emperor of All Maladies: A Biography of Cancer*. Nova York: Scribner, 2011. [Ed. bras.: *O imperador de todos os males: Uma biografia do câncer*. São Paulo: Companhia das Letras, 2012.]

______. *The Gene: An Intimate History*. Nova York: Scribner, 2016. [Ed. bras.: *O gene: Uma história íntima*. São Paulo: Companhia das Letras, 2016.]

NEEDHAM, Joseph. *History of Embryology*. Cambridge: University of Cambridge Press, 1934.

NEEL, James V.; SCHULL, William J. (Orgs.). *The Children of Atomic Bomb Survivors: A Genetic Study*. Washington, DC: National Academy Press, 1991.

NEWTON, Isaac. *The Principia: Mathematical Principles of Natural Philosophy*. Trad. de I. Bernard Cohen e Anne Whitman. Oakland: University of California Press, 1999. [Ed. bras.: *Princípios matemáticos de filosofia natural*. 3 v. São Paulo: Edusp, 2022.]

NULAND, Sherwin B. *Doctors: The Biography of Medicine*. Nova York: Random House, 2011.

NURSE, Paul. *What Is Life? Understand Biology in Five Steps*. Londres: David Fickling, 2020.

O'MALLEY, Charles D. *Andreas Vesalius of Brussels, 1514-1564*. Berkeley: University of California Press, 1964.

O'MALLEY, Charles; SAUNDERS, John B. (Orgs.). *The Illustrations from the Works of Andreas Vesalius of Brussels*. Nova York: Dover, 2013.

OGAWA, Yōko. *The Memory Police*. Trad. de Stephen Snyder. Nova York: Pantheon, 2019.

OTIS, Laura. *Müller's Lab*. Oxford: Oxford University Press, 2007.

OUGHTERSON, Ashley W.; WARREN, Shields. *Medical Effects of the Atomic Bomb in Japan*. Nova York: McGraw-Hill, 1956.

OZICK, Cynthia. *Metaphor & Memory*. Nova York: Random House, 1991.

PELAYO, Rosana (Org.). *Advances in Hematopoietic Stem Cell Research*. Londres: Intech Open, 2012.

PEPYS, Samuel. *The Diary of Samuel Pepys*. Org. de Henry B. Wheatley. Trad. de Mynors Bright. Londres: George Bell and Sons, 1893. Disponível em: <www.gutenberg.org/files/4200/4200-h/4200-h.htm>.

PERIN, Emerson C. et al. (Orgs.). *Stem Cell and Gene Therapy for Cardiovascular Disease*. Amsterdam: Elsevier, 2016.

PFENNIG, David W. (Org.). *Phenotypic Plasticity and Evolution: Causes, Consequences, Controversies*. Boca Raton: CRC, 2021.

PLAYFAIR, John; BANCROFT, Gregory. *Infection and Immunity*. Oxford: Oxford University Press, 2013.

PONDER, Bruce A. J.; WARING, Michael J. *The Genetics of Cancer*. Amsterdam: Springer Science+Business Media, 1995.

PORTER, Roy. *Greatest Benefit to Mankind: A Medical History of Humanity from Antiquity to the Present*. Londres: HarperCollins, 1999.

______ (Org.). *The Cambridge History of Medicine*. Cambridge: Cambridge University Press, 2006.

POWER, D'Arcy. *William Harvey: Masters of Medicine*. Londres: T. Fisher Unwin, 1897.

PRAKASH, Satya (Org.). *Artificial Cells, Cell Engineering and Therapy*. Boca Raton: CRC Press, 2007.

RASKO, John; POWER, Carl. *Flesh Made New: The Unnatural History and Broken Promise of Stem Cells*. Sydney: ABC, 2021.

RAZA, Azra. *The First Cell: And the Human Costs of Pursuing Cancer to the Last*. Nova York: Basic, 2019.

REAVEN, Gerald; LAWS, Ami (Orgs.). *Insulin Resistance: The Metabolic Syndrome X*. Totowa: Humana, 1999.

REDI, Francesco. *Experiments on the Generation of Insects*. Trad. de Mab Bigelow. Chicago: Open Court, 1909.

REES, Anthony R. *The Antibody Molecule: From Antitoxins to Therapeutic Antibodies*. Oxford: Oxford University Press, 2015.

REYNOLDS, Andrew S. *The Third Lens: Metaphor and the Creation of Modern Cell Biology*. Chicago: University of Chicago Press, 2018.

RIDLEY, Matt. *Genome: The Autobiography of a Species in 23 Chapters*. Londres: HarperCollins, 2017.

ROBBIN, Irving. *Giants of Medicine*. Nova York: Grosset & Dunlap, 1962.

ROBBINS, Louise E. *Louis Pasteur: And the Hidden World of Microbes*. Nova York: Oxford University Press, 2001.

ROGERS, Kara (Org.). *Blood: Physiology and Circulation*. Nova York: Britannica Educational, 2011.

ROSE, Hilary; ROSE, Steven. *Genes, Cells and Brains: The Promethean Promise of the New Biology*. Londres: Verso, 2014.

ROTH, Philip. *Everyman*. Londres: Penguin Random House, 2016. [Ed. bras.: *Homem comum*. São Paulo: Companhia das Letras, 2017.]

RUDISILL, Valerie Byrne. *Born with a Bomb: Suddenly Blind from Leber's Hereditary Optic Neuropathy*. Org. de Margie Sabol e Leslie Byrne. Bloomington, IN: AuthorHouse, 2012.

RUSHDIE, Salman. *Midnight's Children*. Toronto: Alfred A. Knopf, 2010. [Ed. bras.: *Os filhos da meia-noite*. São Paulo: Companhia das Letras, 2006.]

RYAN, Kay. *The Best of It: New and Selected Poems*. Nova York: Grove, 2010.

SANDBURG, Carl. *Chicago Poems*. Nova York: Henry Holt, 1916.

SANDEL, Michael J. *The Case against Perfection: Ethics in the Age of Genetic Engineering*. Cambridge, MA: Harvard University Press, 2007.

SCHNEIDER, David. *The Invention of Surgery*. Nova York: Pegasus, 2020.

SCHWANN, Theodor. *Microscopical Researches into the Accordance in the Structure and Growth of Animals and Plants*. Trad. de Henry Smith. Londres: Sydenham Society, 1847.

SELL, Stewart; REISFELD, Ralph (Orgs.). *Monoclonal Antibodies in Cancer*. Clifton: Humana, 1985.

SEMMELWEIS, Ignaz. *The Etiology, Concept, and Prophylaxis of Childbed Fever*. Org. e trad. de Kay Codell Carter. Madison: University of Wisconsin Press, 1983.

SHAH, Sonia. *Pandemic: Tracking Contagions, from Cholera to Coronaviruses and Beyond*. Nova York: Sarah Crichton, 2016.

SHAPIN, Steven. *A Social History of Truth: Civility and Science in the Seventeenth Century*. Chicago: University of Chicago Press, 2011.

______. *The Scientific Revolution*. Chicago: University of Chicago Press, 2018.

SHORTER, Edward. *Partnership for Excellence: Medicine at the University of Toronto and Academic Hospitals*. Toronto: University of Toronto Press, 2013.

SIMMONS, John Galbraith. *The Scientific 100: A Ranking of the Most Influential Scientists, Past and Present*. Nova York: Kensington, 2000.

______. *Doctors & Discoveries: Lives That Created Today's Medicine*. Boston: Houghton Mifflin, 2002.

SKLOOT, Rebecca. *The Immortal Life of Henrietta Lacks*. Londres: Macmillan, 2010.

SNOW, John. *On the Mode of Communication of Cholera*. Londres: John Churchill, 1849.

SOLOMON, Andrew. *The Noonday Demon: An Atlas of Depression*. Nova York: Scribner, 2001. [Ed. bras.: *O demônio do meio-dia: Uma anatomia da depressão*. São Paulo: Companhia das Letras, 2018.]

______. *Far from the Tree: Parents, Children and the Search for Identity*. Nova York: Scribner, 2013. [Ed. bras.: *Longe da árvore: Pais, filhos e a busca da identidade*. São Paulo: Companhia das Letras, 2013.]

SORNBERGER, Joe. *Dreams and Due Diligence: Till and McCulloch's Stem Cell Discovery and Legacy*. Toronto: University of Toronto Press, 2011.

SPIEGELHALTER, David; MASTERS, Anthony. *Covid by Numbers: Making Sense of the Pandemic with Data*. Londres: Penguin, 2022.

STEPHENS, Trent; BRYNNER, Rock. *Dark Remedy: The Impact of Thalidomide and Its Revival as a Vital Medicine*. Nova York: Basic, 2009.

STEVENS, Wallace. *Selected Poems: A New Collection*. Org. de John N. Serio. Nova York: Alfred A. Knopf, 2009.

STYRON, William. *Darkness Visible: A Memoir of Madness*. Nova York: Open Road, 2010.

SWANSON, Larry W. et al. *The Beautiful Brain: The Drawings of Santiago Ramón y Cajal*. Nova York: Abrams, 2017.

TESARIK, Jan (Org.). *40 Years After In Vitro Fertilisation: State of the Art and New Challenges*. Newcastle: Cambridge Scholars, 2019.

THOMAS, Lewis. *The Lives of a Cell: Notes of a Biology Watcher*. Nova York: Penguin, 1978. [Ed. bras.: *As vidas de uma célula: Notas de um estudioso de biologia*. São Paulo: Brasiliense, 1976.]

______. *A Long Line of Cells: Collected Essays*. Nova York: Book of the Month Club, 1990.

______. *The Medusa and the Snail: More Notes of a Biology Watcher*. Nova York: Penguin, 1995. [Ed. bras.: *A medusa e a lesma*. Rio de Janeiro: Nova Fronteira, 1980.]

VALLERY-RADOT, René. *The Life of Pasteur*. Trad. de R. L. Devonshire. Nova York: Doubleday, Page, 1920. v. 1.

VAN DEN TWEEL, Jan G. (Org.). *Pioneers in Pathology*. Nova York: Springer, 2017.

VESALIUS, Andreas. *The Fabric of the Human Body*. Trad. de William Frank Richardson e John Burd Carman. San Francisco: Norman, 1998. 7 v., v. 1, livro 1: *The Bones and Cartilages*.

VIRCHOW, Rudolf. *Cellular Pathology as Based upon Physiological and Pathological Histology: Twenty Lectures Delivered in the Pathological Institute of Berlin During the Months of February, March, and April, 1858*. Trad. de Frank Chance. Londres: John Churchill, 1860.

______. *Disease, Life and Man: Selected Essays*. Trad. de Lelland J. Rather. Redwood City: Stanford University Press, 1938.

WADMAN, Meredith. *The Vaccine Race: How Scientists Used Human Cells to Combat Killer Viruses*. Londres: Black Swan, 2017.

WAPNER, Jessica. *The Philadelphia Chromosome: A Genetic Mystery, a Lethal Cancer, and the Improbable Invention of Life-Saving Treatment*. Nova York: The Experiment, 2014.

WASSENAAR, Trudy M. *Bacteria: The Benign, the Bad, and the Beautiful*. Hoboken: Wiley-Blackwell, 2012.

WATSON, James D.; BERRY, Andrew; DAVIES, Kevin. *DNA: The Secret of Life*. Londres: Arrow, 2017.

WATSON, Ronald Ross; ZIBADI, Sherma (Orgs.). *Lifestyle in Heart Health and Disease*. Londres: Elsevier, 2018.

WELLMANN, Janina. *The Form of Becoming: Embryology and the Epistemology of Rhythm, 1760--1830*. Trad. de Kate Sturge. Nova York: Zone, 2017.

WHITMAN, Walt. *Leaves of Grass: Comprising All the Poems Written by Walt Whitman*. Nova York: Modern Library, 1892.

WIESTLER, Otmar D.; HAENDLER, Bernhard; MUMBERG, Dominik (Orgs.). *Cancer Stem Cells: Novel Concepts and Prospects for Tumor Therapy*. Nova York: Springer, 2007.

WILSON, Edmund. *The Cell in Development and Inheritance*. Nova York: Macmillan, 1897.

WILSON, Edward O. *Letters to a Young Scientist*. Nova York: Liveright, 2013.

WOLPERT, Lewis. *How We Live and Why We Die: The Secret Lives of Cells*. Londres: Faber and Faber, 2009.

WURTZEL, Elizabeth. *Prozac Nation*. Nova York: Houghton Mifflin, 1994.

YONG, Ed. *I Contain Multitudes: The Microbes Within Us and a Grander View of Life*. Londres: Bodley Head, 2016.

YOUNT, Lisa. *Antoni van Leeuwenhoek: Genius Discoverer of Microscopic Life*. Berkeley: Enslow, 2015.

ZERNICKA-GOETZ, Magdalena; HIGHFIELD, Roger. *The Dance of Life: Symmetry, Cells and How We Become Human*. Londres: Penguin, 2020.

ZHE-SHENG, Chen et al. (Orgs.). *Targeted Cancer Therapies, from Small Molecules to Antibodies*. Lausanne: Frontiers Media, 2020.

ZIMMER, Carl. *A Planet of Viruses*. Chicago: University of Chicago Press, 2015.

______. *Life's Edge: The Search for What It Means to Be Alive*. Nova York: Penguin Random House, 2021.

ŽIŽEK, Slavoj. *Pandemic! Covid-19 Shakes the World*. Londres: Polity, 2020.

Créditos das imagens

MIOLO

p. 42: © Royal Academy of Arts, Londres. Fotógrafo: John Hammond.

p. 49, a: Sarin Images/The Granger Collection.

p. 49, b: Division of Medicine and Science, National Museum of American History, Smithsonian Institution.

p. 52, no alto: Cortesia de Lesley Robertson, Delft School of Microbiology, Delft University of Technology.

p. 52, embaixo: Universal History Archive/Getty Images.

p. 54: *Micrographia: Or Some Physiological Descriptions of Minute Bodies Made by Magnifying Glasses. With Observations and Inquiries Thereupon*, de Robert Hooke. Wellcome Collection. Attribution 4.0 International (CC BY 4.0).

p. 56: *Micrographia: Or Some Physiological Descriptions of Minute Bodies Made by Magnifying Glasses. With Observations and Inquiries Thereupon*, de Robert Hooke. Wellcome Collection. Attribution 4.0 International (CC BY 4.0).

p. 76: *Archiv für Pathologische Anatomie und Physiologie*, 1847, n. 1. Wikimedia Commons, CC BY 1.0.

p. 84: *O bacilo do antraz: Dez exemplos, como vistos através do microscópio*. Fotografia em cores, *c.* 1948, segundo A. Assmann, *c.* 1876, segundo Robert Koch e Ferdinand Cohn, *c.* 1876. Wellcome Collection. Attribution 4.0 International (CC BY 4.0).

p. 89: *Sobre o modo de comunicação do cólera*, de John Snow. Wellcome Collection. Domínio público.

p. 107: Don W. Fawcett/Science Source.

p. 116: Cortesia do autor.

p. 118, a: Don W. Fawcett/Science Source.

p. 118, b: Cortesia do autor.

p. 132: Adaptado de Walther Flemming, cc0. Gemma Anderson et al., "Drawing and the Dynamic Nature of Living Systems". *eLife*, v. 8, art. e46962, 2019. DOI: doi.org/10.7554/eLife.46962.

p. 170: William C. Ratcliff, R. Ford Denison, Mark Borrello, Michael Travisano, "Experimental Evolution of Multicellularity". *Proceedings of the National Academy of Sciences*, v. 109, n. 5, pp. 1595-600, jan. 2012. DOI: 10.1073/pnas.1115323109. Cortesia de Michael Travisano.

p. 179: Cortesia do autor.

p. 208: Fonte: Julius Bizzozero, "Ueber einen neuen Formbestandtheil des Blutes und dessen Rolle bei der Thrombose und der Blutgerinnung" (*Archiv für pathologische Anatomie und Physiologie und für klinische Medicin*, v. 90, n. 2, pp. 261-332, 1882).

p. 233, a: *Proceedings of the Royal Society of London*. Wellcome Collection. Attribution 4.0 International (CC BY 4.0).

p. 233, b: Cortesia do autor.

p. 317: *Exercitatio anatomica de motu cordis et sanguinis in animalibus*, de Guilielmi Harvei. Wellcome Collection. Domínio público.

p. 332: Cortesia do Instituto Cajal del Consejo Superior de Investigaciones Científicas, Madri, © 2022 CSIC.

p. 349: Exemplo de localização de eletrodo de estimulação cerebral profunda e volume de tecido ativado específico de paciente utilizado para mapas de tractografia. Em Ki Sueng Choi, Patricio Rivia-Posse, Robert E. Gross et al., "Mapping the 'Depression Switch' During Intraoperative Testing of Subcallosal Cingulate Deep Brain Stimulation" (*JAMA Neurology*, v. 72, n. 11, pp. 1252-60, 2015). Cortesia de Ki Sueng Choi.

p. 357: Ed Reschke/Getty Images.

p. 410: Cortesia do autor.

pp. 35, 101, 187, 293, 307, 371: Kiki Smith.

CADERNO DE IMAGENS

1. Emily Whitehead Foundation.
2. National Library of Medicine.
3. Rijksmuseum <hdl.handle.net/10934/RM0001.COLLECT.46995>.
4. GL Archive/Alamy Stock Photo.
5. Foto de ADN/picture alliance via Getty Images.
6. Cortesia de The Rockefeller Archive Center.
7. Foto de Central Press/Hulton Archive/Getty Images.
8. Foto de Anthony Wallace/AFP via Getty Images.
9. Science Source.
10. Leonard Mccombe/The LIFE Picture Collection/Shutterstock.
11. Foto AP/Bob Schutz.
12. National Archives (111-SC-192575-S).

13. Retrato de Paul Ehrlich e Sahachiro Hata. Wellcome Collection. Attribution 4.0 International (CC BY 4.0).

14. Foto de Gerard Julien/AFP via Getty Images.

15. Cortesia do Instituto Cajal del Consejo Superior de Investigaciones Científicas, Madri, © 2022 CSIC.

16. The Thomas Fisher Rare Book Library, University of Toronto.

17. Peter Foley/EPA/Shutterstock.

18. Reuters/Anthony P. Bolante/Alamy Stock Photo.

Índice remissivo

ESTA OBRA FOI COMPOSTA PELA SPRESS EM MINION E IMPRESSA EM OFSETE
PELA LIS GRÁFICA SOBRE PAPEL PÓLEN NATURAL DA SUZANO S.A.
PARA A EDITORA SCHWARCZ EM JULHO DE 2023